U0230401

国家科学技术学术著作出版基金资助出版

基 因 组 学

杨焕明　编著

科学出版社

北　京

内 容 简 介

本书是基因组学的综合性入门教科书，阐述了基因组学的源流和发展史、理念和基本概念、研究领域和核心技术、发展趋势及应用范例，特别是基因组学对生命科学和生物技术的全面贡献；讨论了相关的生命伦理与生物安全问题；从不同角度介绍了基因组学相关技术在生命科学和生物产业中的地位及其对人类社会的影响。

本书可作为已具备遗传学基础的本科生和基因组学相关专业的研究生教材使用，也可供从事与基因组学相关的生物产业，特别是农业与医学等领域的研究人员参考。

图书在版编目（CIP）数据

基因组学 / 杨焕明编著. — 北京：科学出版社，2016.10
ISBN 978-7-03-049902-8

Ⅰ.基… Ⅱ.杨… Ⅲ.基因组 Ⅳ.Q343.2

中国版本图书馆CIP数据核字(2016)第218026号

责任编辑：李 敏 刘 超 / 责任校对：彭 涛
责任印制：赵 博 / 封面设计：李姗姗

科 学 出 版 社 出版
北京东黄城根北街 16 号
邮政编码：100717
http://www.sciencep.com
北京虎彩文化传播有限公司印刷
科学出版社发行 各地新华书店经销
*
2016年10月第 一 版 开本：889×1194 1/16
2024年 5 月第五次印刷 印张：32 1/4
字数：923 000
定价：168.00元
（如有印装质量问题，我社负责调换）

致　谢

本书自 2006 年开始搜集资料，2014 年 9 月开始动笔，集中了很多人的辛劳和心血，特别向他（她）们致以衷心的感谢：

首先，要感谢助理主编夏志和王晓玲，感谢他们从资料收集到最后定稿的全过程中所显示的智慧和作出的贡献；

感谢参与本书有关章节初稿撰写的（以汉语拼音为序，下同）阿叁、董伟、方晓东、郭苗苗、胡学达、李波、倪培相、苏夜阳、沈玥、王晓玲、吴婷婷、夏志、赵宏翠、朱师达；

感谢参与本书最终校稿的董伟、刘韧、毛文静、王晓玲、夏志、张国捷、张丽、张秀清、朱燕楠；

感谢为本书构思、设计和手工描绘插图的李胜霆；

感谢参与本书资料收集的蔡锴晔、陈翠、陈姝婧、冯强、高长欣、栗东芳、李贵波、李京湘、李思淼、刘程章、刘汉奎、刘石平、聂超、田娟、王丽敏、吴静、叶辰、叶明芝、曾筱凡、周加利、张建国、张勇、赵倩、赵屹等；

感谢参与本书的组织、协调并提供资源的冯小黎、李生斌、汪建、王俊、徐讯、尹烨、杨碧澄、杨爽等；

感谢为本书提供部分素材与相关信息的华大基因相关部门和工作人员；

当然，还要衷心感谢拨冗阅读初稿，并给予鼓励、支持、指正的巴德年、强伯勤、陈润生、康乐、詹启敏和安锡培等诸位老师，特别是对《基因组学》（征求意见版）提出宝贵修改意见的郝柏林、高翼之等老师；

衷心感谢对中国及世界的基因组学作出重大贡献的华大基因的几代工作人员及他们的家人，国家人类基因组研究中心（南方、北方）与所有其他中国团队。

此外，笔者特别感谢 Ewan Birney, Lars Bolund, Allen Bradley, Sydney Brenner, George Church, Brian Clark, Francis Collins, David Cox, Antoine Danchin, Richard Durbin, Hans Galjaard, Richard Gibbs, Thomas Hudson, Eric Lander, Michael Morgan, Arno Motulsky, Søren Nørby, Stephen O'Brien, Maynard Olson, Aristides Patrinos, Richard Roberts, Edward Rubin, Yoshiyuki Sakaki, John Sulston, Harold Varmus, Friedrich Vogel, James Watson, Jeans Weissenbach 等国际师友。他们的学术思想和科学贡献，以及对笔者 17 年来的鼓励和指教，是成就本书的重要基石。

最后，还要感谢早逝的父亲和 90 高龄的老母亲、兄弟姐妹和所有其他家人的关怀，特别感谢夫人刘韧博士对本书编著的支持和贡献。

2016 年 9 月 9 日

前　言

15 年前，当全球庆祝人类基因组计划（Human Genome Project，HGP）完成人类基因组的序列草图之时，我便坚信基因组学一定会作为一门授课学科，登上高等院校的大雅之堂，也萌生了撰写一本基因组学教科书的念头。

15 年过去了，大家认为理所当然堪当此重任者——基因组学的实践者和重要贡献者、国际人类基因组测序协作组（International Human Genome Sequencing Consortium，IHGSC）的主要成员居然无一人动笔，至少迄今没有一人完成这一工作，我自己也没有将此心愿付诸行动，尽管在很多国家基因组学已成为高校的选修或必修课。也许最可能的解释是：他们或陶醉于基因组学一个又一个的新突破；或穷于应付或乐于应答该领域一个又一个的新挑战；或者担心这样的教科书只能招惹非议；最为担心的恐怕还是——这样一个日新月异的研究领域，所有的教科书都难以逃脱"刚一出版就已过时"的命运。此类实例屡见不鲜。

15 年来，我们矢志不移，使中国屹立于基因组学的世界民族之林。今天，我们既然要编写这样的教科书，就一定要写好：以我们的亲身经历，写出既反映基因组学的世界潮流和发展趋势，又体现中国特色和反映中国贡献的教科书。我们要共同努力、一起建立并完善基因组学的教学体系，正如合作建立我们的基因组学的研究体系那样。

我们与读者分享的首先是基因组学的理念，其次才是围绕这一理念和核心技术的知识和经验。

我们力图使本书成为一本"好读、好懂、好记、好学、好教"的入门教科书，特别注重科学性、系统性、可读性和趣味性相结合。我们明白，一本好的教科书的编写是一项长期的艰巨任务，本书打算"修订不止，再版不已"，计划将根据学科的发展，每年或数年修订再版，与时俱进地反映这一领域的进展、基本概念的更新；同时，也为了督促编者自己认真勘误，有错必纠。

"学而知之"乃求学之要旨——不管从师求学还是无师自通，一本好的教科书必不可少；"悟而知之"乃学习生命科学之优势——以"我是生命"来领悟基因组学；"习而知之"——"学而时习之，不亦乐乎？"乐在把书"读薄"。本书的正文只有全书的五分之一，"细目"则可一览全书。

写书难，写教科书更难，写一门新兴而又在快速发展的学科教科书更是难上加难。一本受欢迎的教科书的形成过程，正是编与读互动、学与教相长的过程。本书的命运如何，将取决于使用者与编写者现在开始的共同努力。

此为前言，言犹未尽，详见"编写说明"。

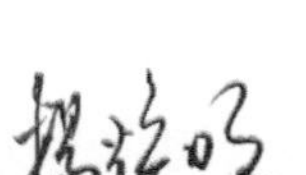

杨焕明

2016 年 9 月 9 日，于中国深圳

编 写 说 明

　　《基因组学》的编写是一次新的尝试。为使读者对我们的构思和本书的构架、体系及写作特点有更全面的了解，也便于对全书提出更有针对性的批评与建议，我们特参照享誉全球、久版不衰的《基因的分子生物学》（Watson 等著，中文第 7 版，科学出版社，2015）的相似方式，对本书的编写作较大篇幅的详细说明。

框架与构思

　　参照《基因的分子生物学》，本书将通常的目录拆分为"简目"与"细目"。"简目"仅有一页，可一目了然地通观全书的构架。"细目"共有 14 页，接近《基因的分子生物学》的"内容详注"，旨在展示我们对基因组学这一学科的科学体系与教学体系的构思，可作为全书的复习提纲。

　　本书共分五部分。

第一部分 —— 基因组学概论分为两篇。

　　第一篇《基因组学》导读不同于一般的"导论"。导论是一书的入门之"导"，而导读则是全书的阅读之"导"。作为入门教科书，本书的导读共有九节，从不同的角度，概括了基因组学这一学科的定义、理念、源流、发展趋势及应用范例，以及基因组学相关技术在生命科学和生物产业中的地位及其对人类社会的影响，特别是必须重视的相关生命伦理学 (bioethics) 原则和应该了解的中国的贡献。其内容并没有与本书的框架一一对应，而其中发展趋势和新近进展的部分，将是再版的主要更新内容。

　　第二篇基因组学的发展史主要描述 HGP 这一基因组学的第一次实践，这是史实。尽管"基因组"一词问世于 1920 年，"基因组学"命名于 1987 年，但真正意义的基因组学是随着 HGP 的讨论才开始的。正因为如此，本书以 1984 年美国 HGP 的第一次讨论会开始，特别以笔者自己亲身参与的体会，列举了这一计划的学术源流、目标变迁、技术路线改进、模式生物选取，以及人类基因组序列草图和精细图的完成，特别是中国的参与和贡献。本书还将 HGP 的诸多后续计划，包括延续至今的"国际千人基因组计划 (The International 1000 Genomes Project，G1K Project)"和"国际癌症基因组计划 (The International Cancer Genome Project，ICGP)"，作为基因组学发展史的重要部分。

　　第二部分—— 基因组学的方法学也分为两篇，是本书最重要的部分。

　　这一部分的重要特点是开宗明义，将测序仪与其他的测序关键技术作了明确的切割。测序作为一项技术，测序仪只是其中的一部分，还包括诸多更为重要的关键技术。特别是对大学生和研究生来说，了解这些机器之外的关键技术，如上机前准备工作与所有相关技术，尤其是基因组序列的组装和分析，要比按照说明书操作机器更为重要。

　　第一篇DNA 测序分为两章，第一章（测序仪）介绍测序仪的历史性技术突破、市场化的仪器和基本原理，以及"下一代"测序仪的发展趋势。第二章 （关键技术）除了介绍策略与方案、测序材料外，还特别介绍了关键技术的发展方向。

　　第二篇序列的组装和分析的前两章（序列的组装、基因组概貌分析）内容包括下机序列 (reads) 的处理与质控、序列的组装，以及基因组概貌和变异等初步分析。本书主要列举分析的实例，以及部分开源软件工具的使用方法，并没有对所有的生物信息学技术作详尽的介绍。而第三章（基因组比较分析）只是例举了演化基因组与 META 基因组，显然不尽人意。

第三部分 —— 基因组的生物学是本书的另一重要部分和特色，即在基因组序列和基因组学研究的基础上，生命科学揭开的新篇章。

这一部分主要是以物种为基础的，着力体现一个物种的基因组序列所带来的该物种生物学各方面研究的革命性变化。物种是所有生物学研究的起点，也是基因组学及其他"组学"研究的起点。本书试图从一直跟踪的已测序的诸多物种中选取一些有代表性的，如广为熟知的模式生物和具有重要科学和生态意义及经济价值的物种，来介绍基因组序列基础上的生物学新发现，也建议读者作进一步的选择。对照浩如烟海的新文献、日新月异的新知识，这部分内容显得不尽人意，也反映了笔者知识的局限性，这都将在再版时反思、再议、再补、再改。而所有跨物种、跨组学的分析，特别重要的是生物学的灵魂 —— 演化，暂且穿插在各物种基因组的分析之中，也有待补充并将其在这一知识体系中更好定位。

第一篇人类基因组中的第三章（临床基因组学）就是这一构思的尝试。本章开门见山便是基于序列数据的检测技术。这是基因组学及测序技术给医学临床带来的重大影响。在将来的再版中还会作更多的调整与充实。本章中的法医基因组，则因其特殊性而单独阐述，而外饰基因组学和 META 基因组学等新兴学科，由于已写入技术部分，在这里没有占很大篇幅。

第二篇动物基因组将按动物界的系统分类选择脊椎动物门和无脊椎动物门以及为人熟知的其他门类的典型动物作简要介绍。

第三篇植物基因组将植物人为地分为模式植物、主粮类、蔬菜类、瓜果类、经济类、花卉类和单细胞植物类，并选择典型的物种作简要的介绍。

第四篇微生物基因组则分为真菌、细菌、病毒和环境微生物群，并选择代表物种简要介绍。物种甚多，描述甚简，仅供选择使用。

第四部分 —— 基因组的设计和合成之所以没有使用常见的合成生物学一词，是由于在现阶段尚未真正实现"从头（from scratch）"合成一个新的生物体的合成生物学。而"合成"一词易被误解成仅仅是化学与工程的范畴。为了突出全基因组"设计"在这一领域的核心地位，故使用了"设计和合成"这两个术语的结合，而所有其他方面则概括成"基因组组成"。合理与接受程度如何，有待实践的检验及笔者和读者的共同努力。

第五部分 ——基因组伦理学是基于笔者十几年的工作经历和体会，深感理解生命伦理学双重使命——为生命科学和生物技术"鸣锣开道"（生命伦理学要呼唤科学技术的创新）和"保驾护航"（生命伦理学要保证生命科学和生物技术的正确方向）的极端重要性。主要内容是笔者长期担任联合国教科文组织 (The United Nations Educational, Scientific and Cultural Organization，UNESCO) 的国际生命伦理委员会（International Bioethics Committee，IBC）与政府间生物伦理委员会（International Governmental Bioethics Committee，IGBC），以及联合国人权委员会（Commission on Human Rights, UN）伦理小组成员的所得和体会。

特色与不足

本书的特色也正是本书的不足和风险。

1）重理念而不只是讲授知识。还记得巴德年先生有一次对我们青年教师说："三流教授讲书本，二流教授讲知识，一流教授讲理念"（尽管本书绝非一流）。在人手一机（手机或计算机）的信息时代，所有知识都是"现成的"，几乎都在网上可以找到，很多人都有"无师自通"的能力，但这并不影响一本好的教科书的存在意义，而更加突出了"理念"的重要性。集笔者十几年之经历，学习基因组学——掌握理念尤为重要。有理念才能矢志不移，才能掌握知识，才能举一反三，游刃有余。本书所有知识部分的介绍，都是为了证明并分享基因组学的理念；也是为了激发读者的兴趣，挖掘读者的知识潜能，培养读者的创新意识；同时也为正在构思的网络版留下更多的空间。正因为此，即使在"基因组的生物学"这样的重要部分中，我们也是惜墨如金，点到为止。

作为一门新学科，基因组学博大精深，涉及生命科学的方方面面。本书主要是供刚学完普通遗传学的本科生及基因组学相关专业的研究生作为基因组学的综合性入门教科书。其主要目的是在掌握理念的基础上，了解基因组学的基本要点。正因为如此，本书的正文仅有易读、好记的要点（约占全书篇幅的五分之一），其他拓展性的知识约占五分之四的篇幅；而为了顾及正文内容叙述的完整性与连贯性，全部以小一号的字体呈现。当然，本书的风险或许在此。笔者的初衷是宁失为"过浅"，也不愿"过深"而有悖于入门教科书。

2）讲源流而不重复相关基础。基因组学的基础几乎涉及生命科学所有学科，特别是遗传学和分子生物学。正因为这样，许多国内外的教科书或专著，尽管以基因组学为题，但究其内容，一半以上的篇幅实际是地地道道的遗传学和分子生物学。本书忍痛割爱，作了风险最大的尝试 —— 将它们基本删除或作"入框"处理，以突出基因组学的源流和精髓。而"框"的设计和撰文，则侧重历史性、相关性和趣味性，不要求读者全部仔细阅读，仅供使用时选择。据笔者四十余年各类不同的教学经验，本书特别重视专用名词或术语的准确定义及其内涵和外延，分析这一术语与另一相近术语的异同，而不泛泛而论使学生不得要领。正是出于这样的考虑，本书特别重视"术语学（terminology）"与基本概念。在书后另附"常用术语与缩写简释"，以补正文中说明之不足。也同样待议、待改及完善。

3）论原理而不详谈技术细节。基因组学也是一门理论与实验相结合的学科。除了其核心技术 —— 测序技术以外，还涉及很多其他生物和理化技术。本书重在介绍这些技术的基本原理，而不是描述其操作细节。更多的"入框"处理也体现"授人以鱼不如授人以渔"的理念。这里的"渔"，不只是渔具与鱼饵，而是有关"渔"的理念、战略（包括环境变化、天时气候、地域水势，各种"渔"的手段，如垂钓、撒网、拖网、"竭泽而渔"，以至这些手段的选择、改进与创新）。这也为将来可能由笔者自己或其他同事编写本书的配套用书 ——《基因组学技术》与《基因组信息学技术》留下空间。正是出于这样的考虑，本书用较大的篇幅介绍常用技术包括生物信息学分析技术的基本原理和操作要点，特别是在第二部分之中。

4）倡甚解而不推荐过多文献。这或许是本书的另一风险。作为教科书，理应鼓励学生广泛阅读原始文献。但作为过来之人，深知学生们所修科目甚多、学习任务繁重。列举过多的参考文献，要求学生阅读并真正读懂并不实际，也会流于形式。真正精选必读文献也绝非易事。因此本书期望读者把主要精力放在对本书正文的甚解上，而不在正文中直接关联参考文献。但为了一定程度的平衡，将所有必要的参考文献，特别是历史性的经典文献，加以汉语主题词的提示，分篇分章列于全书之后，并不要求学生必读。

5）抒己见而又博采百家。这是笔者的又一纠结。教科书与在课堂上授课一样，一定有也应该有自己的学术观点，这又一定涉及国内外历史上的一些敏感而现在已无必要的学术争议。一些颇多争议的中译名，例如"META 基因组"在本书中暂且直接使用英文缩写。而 epigenomics 则摒弃易于误导的"表观基因组学"，而采用"外饰基因组学"。本书在博采百家的同时，力求培养学生的分析能力，形成有自己独立见解的能力。

6）论贡献而不分中外老幼。本书首开先河，大量引用了中国科研团队的工作，特别是配用了很多年轻中国人的面孔。乍一看本书，一些读者或颇有微词，但如果仔细阅读有关章节对他们工作的描述，一定会觉得非常自然——中外并蓄、"老幼无欺"。当然，所有的引用仅为例举，而不是全面、平衡的评估，"文责自负"。本书使用的照片数量，还远远比不上《基因的分子生物学》。我们明白这一尝试的风险，乐意在再版时更换。

此外，本书对一些教材编写的具体问题也作了小试。对于诸多英语人名，第一次出现时皆为英文全名，而后仅用英文姓氏。地名、机构名称也作相似处理。对于常用的中译专业名词，仅在第一次出现时附上英文全名和中译名。而常用的 HGP 等缩写词，则在第一次出现时缩写词在先，然后在括号中用英文及中文全称，再次出现时就使用英文缩写词。

仿照《基因的分子生物学》已受广大读者欢迎的编排，我们也在每页的外侧（双页左侧，单页右侧）留出空白。以供学生在听课时作简略的笔记，复习时作每页的归纳或眉批。

尽管笔者和参与编写本书的全体人员已尽了很大努力，力求完美，宁晚勿滥，而必须承认的事实仍是眼高手低。作为首版，本书的各类问题比比皆是，每次再阅，不禁汗颜。请诸位读者、老师和同学严加要求，多予指正。我们仍将征求对本书勘误的修改和评论意见，既包括对本书的框架设计及有关章节中要点的描述，也包括选字、遣词、造句、插图等的具体修改意见，以及概念的更新、补充和对新进展的及时反映。正出于这一目的，本书曾在 2015 年 9 月 9 日先出"征求意见版（基因组学 2015）"仅供内部交流和师友试用，以期抛砖引玉。本版正是在整合诸位师长的勘误与雅正的基础上，也根据笔者自己授课的体会，作了较大程度的修改。

有关本书的图、表，如仍有涉及知识产权等问题，请与出版社联系，我们将在再版时定作相应的删改。

2016 年 9 月 9 日

简　目

细　目

第一部分　基因组学概论

第二部分　基因组学的方法学

第五部分　基因组伦理学

第一部分　基因组学概论

今天已经到了这样的时候，几乎所有的生物学现象都难以逃脱"组学化"。在随后的 25 年里，街头巷尾谈论的主要话题都将是"组学"，即便不只是唯一的话题。

——史蒂芬·福仁德 (2011)

Today, we've gotten to the point where almost no biological phenomenon can escape "omicsization", and within the next 25 years, omics will be the biggest, if not the only, game in town.

——Stephen Friend (2011)

我有幸有这样一个机会，让我的科学生涯从双螺旋这一步直接跨入 30 亿步 * 的人类基因组……不尽快将它完成将是非常不道德的。

——詹姆斯·沃森 (1999)

* 指人类基因组的 30 亿对核苷酸

I would only once have the opportunity to let my scientific career encompass a path from the double helix to the three billion steps of the human genome … It's essentially immoral not to get it done as fast as possible.

——James Watson (1999)

第一篇　《基因组学》导读

第一节　基因组学的一般定义

一、基因组学和基因组

基因组学 (genomics) 的一般定义是，基因组学是研究基因组 (genome) 的科学。

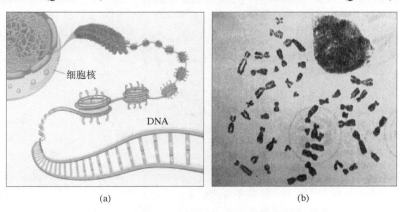

(a)　　　　　　　　　　(b)

图 1.1　染色体 -DNA(a) 和中国医学科学院吴旻团队
发表的人类外周血培养细胞的中期染色体 (b)

　　从术语学的角度，基因组学的这个一般定义，是基于"基因组"这一主体词派生的定义。而基因组本身的定义，则从不同学科的角度有不同的表述：从形式遗传学 (formal genetics，即经典的孟德尔遗传学) 的角度，基因组是指一个生物体所有基因 (遗传和功能单位) 的总和；从细胞遗传学 (染色体遗传学) 的角度，基因组是指一个生物体 (单倍体) 所有染色体的总和 (如人类的 22 条常染色体和 X、Y 染色体)；从分子遗传学的角度，基因组是指一个生物体或一个细胞器所有 DNA 分子的总和，如真核生物的核基因组 DNA 分子和线粒体基因组 DNA 分子 (植物还另有叶绿体基因组 DNA 分子)，细菌的主基因组和数目不等的质粒 DNA 组分；现在有时还指某一特定生态环境样本中所有微生物 (microbiota) DNA 的总和；最重要的是，从现代信息学的角度，基因组是指一个生物体所有遗传信息的总和。

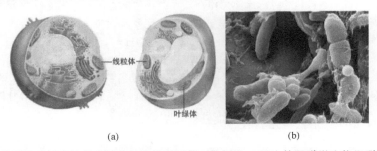

(a)　　　　　　　　　　(b)

图 1.2　动植物细胞的线粒体和植物细胞的叶绿体 (模式图，a) 及人体肠道微生物组群 (电镜照片，b)

　　Genome 是德国 Universität of Hamburg（汉堡大学）的 Hans Winkles 于 1920 年将 gene 与 choromosome 两词组合而成的，意为所有染色体上的全部基因；而 genomics 则是美国 Johns Hopkins University（约翰·霍普金斯大学）的 Victor McKusick 等在 1987 年为一个新杂志命名时提出的。

　　Gene 一词源于古希腊语 γένος (génos)，意为"种，后代"。要注意的是，Gene（基因）一词于 1909 年由丹麦植物学家 Wilhelm Johannsen 首次提出，以取代孟德尔的"factor（因子）"等用语。而 genetics（基因学，即遗传学）一词首先是英国遗传学家 William Bateson 于 1905 年开始使用的。

(a)　　　　　　　(b)　　　　　　　　　　　(c)

图 1.3　Victor McKusick (a) 和 1987 年创刊的 *Genomics* 杂志 (b) 及他的名著
Mendelian Inheritance in Man (c)

　　遗传学是学习基因组学的基础。在一定意义上，基因组学是遗传学的继续和发展，是基因组层次和规模的遗传学。

　　基因组学和一般意义上的遗传学的相同之处，是两者都以基因和其他遗传的功能因子为研究对象；不同之处在于遗传学一般研究的是一个或少数几个基因，而基因组学则是以一个生命体的所有基因和所有遗传的功能因子的自然存在单位为研究对象。也可以说，基因组学是既有全基因组的规模和广度，又有分子即核苷酸水平的深度的遗传学。

　　同遗传学从未分成"结构遗传学"和"功能遗传学"一样，基因组学更加强调结构和功能密不可分的相互关系，而不加以人为割裂与强化。也正是因为这样，基于遗传学和基因组学的这一历史性和科学上的亲缘关系，遗传学所有外延、派生的学科，几乎毫无例外地已经开始并逐步升华为与基因组学对应的有关学科。

　　例如，研究人类基因的遗传和变异的人类遗传学，研究人类疾病发生和发展的遗传机制的医学遗传学，着重研究遗传学在疾病诊断和治疗方面应用的临床遗传学，研究基因和癌症相关性的癌症遗传学，研究人类的演化与"生命之树"上其他生物亲缘关系的人类演化遗传学，研究人群的基因组特点、基因变异、迁移和分布特点的人类群体遗传学等，都已取其所需、与时俱进，汲取了基因组学的精华，部分或几乎全部升华为人类基因组学、医学基因组学、临床基因组学、癌症基因组学、人类演化基因组学、人类群体基因组学。作为学科主要特点而永远保留的只有遗传学的精髓，那就是，研究生命的遗传和变异（稳定性和变异性），连接基因型 (genotype) 和表现型 (phenotype，简称表型)。

　　因此，要学好基因组学这门科学，需要掌握形式遗传学、细胞遗传学和分子遗传学的基础知识和基本技能，以及现代信息学的基本概念和生物信息学的必要工具，特别是要有从相关的重要网站获得信息并使用信息分析工具的基本技能。此外，因为生命科学的特殊性，学习基因组学，还要学习生命伦理和生物安全相关问题的基本概念。

二、基因组学与其他学科的关系及分科

基因组学是生命科学所有学科的基础，又是 21 世纪生命科学的前沿和新的起点。基因组学是生命科学中最为年轻、最为活跃、进展最快的领域。

基因组学与遗传学一样，可依研究对象不同分为人类基因组学、动物基因组学、植物基因组学及微生物基因组学等亚学科，也可依研究策略、技术的不同分为比较基因组学和演化基因组学等。从研究的内容来说，主要分为基因组的概貌、基因组的生物学和基因组学的应用三个方面。

基因组学对生命科学其他相关学科最重要的影响和贡献是提供了"—组(-ome)"和"—组学 (-omics)"的概念、策略和技术。

"组"与"组学"就是把生命科学几乎所有学科都"组化"和"组学化"，正像历史上的所有新生学科一样。

框 1.3	"—组 (-ome)"和"—组学 (-omics)"示例
"—组 (-ome)"	"—组学 (-omics)"
基因组 (genome)	基因组学 (genomics)
转录组 (transcriptome)	转录组学 (transcriptomics)
蛋白质组 (proteome)	蛋白质组学 (proteomics)
代谢组 (metablome)	代谢组学 (metablomics)
调控组 (regulatome)	调控组学 (regulatomics)
表型组 (phenome)	表型组学 (phenomics)
甲基化组 (methylome)	甲基化组学 (methylomics)
组蛋白修饰组 (histone-modifiome)	组蛋白修饰组学 (histone-modifiomics)
RNA 组 (RNAome)	RNA 组学 (RNAomics)
非编码 RNA 组 (non-coding RNAome，ncRNAome)	非编码 RNA 组学 (non-coding RNAomics，ncRNAomics)
外饰基因组 (epigenome)	外饰基因组学 (epigenomics)
病原组 (pathogenome)	病原组学 (pathogenomics)

还有一些几乎完全基于基因组学概念和技术的新学科，如综合研究生态、环境和群体微生物的 META 基因组 (metagenome) 和 META 基因组学 (metagenomics，类似的术语 hologenomes，意为宿主基因组与肠道微生物组群基因组之和)，研究脑科学的连接组 (connectome) 和连接组学 (connectomics)。也正是如此多样而又相互关联，本书的内容不限于基因组学，其内容涉及很多其他"组学"，特别是转录组学、蛋白质组学、表型组学、外饰基因组学和 META 基因组学等，即所谓"跨组学"或"贯穿组学 (trans-omics)"，简称"组学 (omics)"。

第二节 基因组学的两个理念

基因组学有两个最主要的理念：

一、生命是序列的！(Life is of sequence!)

"生命是序列的"源于 Watson 和 Crick 于 1953 年提出的一个论点："……碱基的精确序列是携带遗传信息的密码。"（"…the precise sequence of the bases is the code which carries the genetical information."）[Watson J D & Crick F H. *Genetic implications of the structure of deoxyribonucleic acids*. *Nature* 171: 964, 1953.]

二、生命是数字的！(Life is digital!)

"生命是数字的"来自 Sulston 在 2002 年所讲的一段话"……代代相传的生命指令是数据的。而不是模拟的……"("…the instructions for making a life from one generation to the next is digital, not analogue…")[Sulston J & Ferry G. *The common thread: A story of science, politics, ethics, and the human genome*. *Joseph Henry Press*, 2002.]

这两个理念是从基因组学的角度对生命和生命世界的理解，是基因组学的基石和支柱。

(a)   (b)

图 1.4 奠定基因组学理论基础的 James Watson（左）和 Francis Crick（右）(a) 与 John Sulston (b)

基于这两个理念，现阶段的基因组有两项主要的核心技术：序列测定 (sequencing，测序) 与基因组信息学 (genome bioinformatics)。可以说，基因组学就是把生命科学"序列化"和"数字化"。测序（包括 DNA、RNA、甲基化组等测序）旨在"拿到"生命的这本"天书"，基因组信息学分析就是要借助计算机和相关软件结合表型分析来"解读"这本"天书"。

框 1.4   **基因组学的两个理念和支柱**

  "生命是序列的"，准确的理解是：生命之所以为生命（遗传，生命的连续性），生命的遗传性改变（变异，生命的多样性）的所有信息，都蕴藏在 DNA 的核苷酸序列之中。要注意的是，外饰基因组学作为基因组学的一个分支，丰富了这一理解：遗传信息蕴藏在 DNA 的核苷酸序列以及不同方式修饰的核苷酸之中。

  "生命是序列的"，并不排除任何新的重要发现或突破，更不能把 DNA 序列误解为只是基因组学的"结构"，DNA 序列的解读是基因组功能研究的重要部分。

  "生命是数字的"是基因组学的支柱，连接了 21 世纪影响最大的两门科学——生命科学与信息科学，特别是当今世界的重要趋势——数字化。如果把生命的基本语言—— A/T/C/G 与信息科学的基本语言—— 0/1 并排放在一起，就会豁然开朗：生命在本质上就是数字的。

ATCTACAACGTTATCGTCACAGCCCATG	10010001001010001010001011
CATTTGTAATAATCTTCTTCATAGTAAT	00010000010001000100100100
ACCATTTCACTATCATATTCATCGGCGT	00010001001001010000101001
AAATCTAACTTTCTTCCCACAACACTTT	10000011100000111111111000010
CTCTGAAGCTTCACCGGCGCAGTCATTC	10010101010100001000101010101
TCATAGTCGCCCACGGACTTACATCCTC	01010101010100010001001010
ATTTACTAACGTAAACAACCTCAACAC	11100011110000011010101010101
CACCTTCTTCGACCCCGCCGGAGGAGGA	10100101010101010101010100000
GACTGCAAAACCCCACTCTGCATCAACT	00000010101001001111110000 01
GAACGCAAATCAGCCACTTTAATTAAGC	10101010000100000011111111 11
TCATTAGCAGGAATAACTTTCCTCCAG	11110000000100101010101010000
GTTTCTACTCCAAAGACCACATCATCGA	10000010001111100000100010101

生命的现象太复杂了，导致生物学自成为科学以来，描述性的发现远远多于规律性的发现。"生命是数字的"，是通向新的规律性发现的重要方向与必经之路，是对生命本质和规律的新的重要发现。

框 1.5　　　　　　　**数字化 (digitalization) 和全球化 (globalization)**

20 世纪末至 21 世纪初，生命科学的发展在很大程度上受惠于当今世界的两大潮流——数字化和全球化。

首先，数字化使实验试剂和其他经典实验材料跨越了地理与物理的时空隔离，为 HGP 的全球化提供了可能性。早期最典型的例子便是遗传学最重要的试剂——DNA 探针，通过互联网远距离输送序列信息而取代了物质 (如含"DNA 探针"的细菌克隆或 DNA) 的转运。当今的实例之一是，一个病原尚未"入境"，它的基因组信息早已到达，足以启动疫苗及抗体制备或合成模拟，而严阵以待了。

其次，数字化和全球化使读取、储存、传输、分析庞大的基因组序列信息成为可能，使基因组学的全球性合作和数据分享成为可能，也使基因组学有幸成为人类科学史上合作最为"全球化"的范例。

更重要的是，人类的复杂表型 (如所有的临床数据，包括影像) 的数字化分型 (phenotyping，即表型分析)，使生物库 (BioBank) 和基因分型 (genotyping) 成为可能，也使生命科学与其他学科一样进入了"大数据 (Big Data)"的新纪元。

第三节　基因组学的三个源流

基因组学的发展，是生命科学发展的必然趋势与自然产物。

生命科学史上三大重要的规律性发现，即演化学说、细胞学说与基因学说，是现代生物学的基础，也是基因组学的源流。

一、演化学说

演化 (evolution) 是生命最重要的特点，演化学说是现代"生命科学的灵魂和基石"。

框 1.6　　　　　　　　　　　**evolution 之汉译**

本书之所以将 evolution 翻译为演化，一是承继严复先生的初译，二是听取了很多同行的建议。最直接的考虑是"进化"易被误解成生物的演化过程只能向一个方向"进步"。

现代演化学说至少包括以下几个方面：

(1) "同祖同宗"——所有的生物都由演化而来，而基因组序列则是所有生命体演化的"活化石"，古 DNA 基因组学则为生命演化提供了最直接、最有说服力的证据。

(2) "变异为源"——演化的原始动力是基因组 DNA 的自发变异，基因组序列的分析就是重建数字化的"生命之树"。由于多数变异是中性的，因而基因组变异事件及其发生的时间，可以根据基因组序列变异估算。

(3) "选择定向"——自然选择是有方向的，与表型相关的基因组区段或基因的被选择 (正选择或负选择) 的信息，是可以通过基因组序列的分析得到。

现代演化生物学还有一个十分重要的任务，就是以前所未有的序列大数据和新技术来解释物种起源、环境选择以及新表型的产生，阐明生命的连续性和多样性及其成因，使演化学说真正成为"生命科学的灵魂和基石"。

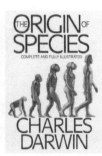

Charles Darwin 和他的 *The Origin of Species*

Thomas Huxley 和他的 *Evolution and Ethics*　　　严复和他的汉译《赫胥黎天演论》

Theodosius Dobzhansky 与他的两篇名著

图 1.5　演化学说的奠基人及著作

框 1.7　　　　　　　　　　　　**Theodosius Dobzhansky**

　　Dobzhansky，美国生物学家（出生于俄国），现代演化论的奠基人之一。他在科学上的最重要贡献是，在一版再版、经久不衰的《遗传学与物种起源》(*Genetics and the Origin of Species*，1937、1951、1953) 一书中实现了遗传学与自然选择学说的完美结合，继承和发展了演化学说。此外，他还提出了"人类的演化不能理解为一种纯生物学的过程，也不能完全描写成一部文化史。它是生物学和文化史的相互作用"。他的一段话："离开了演化的观点，生物学的一切都毫无意义。(Nothing in biology makes sense except in the light of evolution.)"已成为生物学中流传最广的名言之一。

二、细胞学说

　　细胞学说的核心是，细胞是一切生物（除了前细胞生物）基本的结构单位与功能单位。

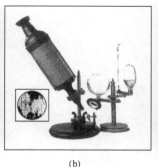

(a)　　　　　　　　(b)　　　　　　　　(c)

图 1.6　Robert Hooke (a) 和他所用的显微镜 (b) 及 Antony Leeuwenhoek (c)

1665 年，英国的 Robert Hooke 用自己发明的显微镜发现了"细胞"（软木片的"小室"）。1675 年，荷兰的 Antony Leeuwenhoek 也用自己设计的显微镜观察到了完整的动物细胞。

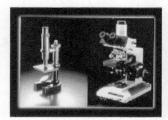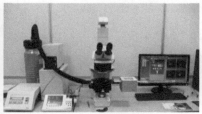

图 1.7　光镜与电镜示例

所有生物体都是由细胞组成的。所有生物细胞都来源于始祖细胞，细胞分裂、分化和死亡（老化和凋亡）是所有生物体发生、生长与发育、衰老和死亡的基础。细胞学说是 1838~1839 年由德国植物学家 Matthias Schleiden 和动物学家 Theodor Schwann 最早提出，到 1858 年德国病理学家 Rudolf Virchow 以"一切细胞来自细胞"的著名论断而完善的。

(a)　　　　　　　　(b)　　　　　　　　(c)

图 1.8　细胞学说创始人

Matthias Schleiden (a)、Theodor Schwann (b) 和 Rudolf Virchow (c)

框 1.8　　　　　　　　　　　　　基因组学与细胞学

　　细胞学有助于理解基因组的另一定义：基因组（严格来说，核基因组）是遗传物质／信息的自然存在单位。一个基因从来都不能单独遗传和行使功能，只是所在基因组的一个组分。指导细胞活动的所有指令以及细胞对环境的反应，都来自基因组。细胞分裂的过程就是基因组 DNA 分子复制的过程；细胞分化的过程就是基因组指导相关基因在特定时空和特定环境条件下的表达和互作。基因组技术的近期重要进展之一就是单细胞 DNA 和 RNA 分析技术。

三、基因学说

基因学说开始于 20 世纪初的 Gregor Mendel 遗传学定律的再发现和 30 年代 Thomas Morgan 的基因论，发展自经典遗传学和分子遗传学的"联姻"。

(a)   (b)

图 1.9　基因学说创史人 Gregor Mendel (a) 和 Thomas Morgan (b)

框 1.9　　　　　　　　　　**Mendel、Morgan 和遗传学三大定律**

  Mendel 出生于奥地利的 Brunn（现捷克），从 1856 年到 1863 年，他通过 8 年的豌豆杂交实验，发现了遗传的基本规律而奠定了现代遗传学的基础。

  Mendel 曾把他的研究结果寄给提出"颗粒说"的 Carl Nägeli。但是 Nägeli 对 Mendel 的发现不予重视，认为这些发现是"依靠经验而不是依靠理智的"。

  Mendel 于 1865 年在奥地利自然科学研究协会上报告了研究结果，1866 年又在该会会刊上发表了《植物杂交实验》(*Experiments in Plant Hybridization*) 的论文。他在这篇论文中提出了"遗传因子"（现称 gene）及显性性状、隐性性状等重要概念，并阐明其遗传规律。

  直到 1900 年，这些规律才由 3 位植物学家：荷兰的 Hugo de Vries、德国的 Carl Correns 和奥地利的 Erich von Tschermak 通过各自的工作分别予以证实，而 Mendel 也被公认为经典遗传学的奠基人。有趣的是，由于 Mendel 有关"3 : 1 分离定律"的实验数据太准确了，以致于有"先有理论，后有数据"之嫌。最后，著名的统计学家 Fisher 证明 Mendel 的实验数据千真万确！

  Morgan 及其团队在 1925 年发现果蝇有 4 对染色体，鉴定了约 100 个不同的基因，并以交配实验测量染色体位点之间的距离。1911 年提出了"染色体遗传理论"，后又提出了连锁和交换定律，被称为遗传学的"第三定律"。1926 年出版《基因论》(*The Theory of the Gene*) 一书，1933 年获诺贝尔生理学或医学奖。

---

  20 世纪 40 年代的细菌转化实验和噬菌体转导实验，为"DNA 是遗传物质"提供了最重要的确凿证明，而真正的革命性突破是 1953 年发表的 Watson-Crick 模型即 DNA 双螺旋结构模型。60 年代中期解读的遗传密码，是人类解读的第一种"自然语言"，随后建立的阐明了表明遗传信息流向的"中心法则"，奠定了遗传学和整个生物学的分子和信息学基础。70 年代 DNA 克隆等遗传工程和分子生物学技术的发展，迎来了生物产业的第一个春天。

框 1.10　　　　　　　　　　**DNA 是遗传信息载体的证明**

　　转化现象最早是由 Frederick Griffith 和 Joshua Lederberg 于 1928 年在肺炎双球菌中发现的，它在原核生物中广泛存在，是自然界中原核生物基因重组的一种重要方式。1944 年，Oswald Avery 与 Colin MacLeod、Maclyn McCarty 等再次用实验明确证明 DNA 是遗传信息的载体。1952 年 Alfred Hershey 和 Martha Chase 以转导实验进一步证明遗传物质是 DNA 而不是蛋白质。

(a)　　　　(b)　　　　(c)　　　　(d)　　　　(e)

图 1.10　转化和转导现象的发现者

Frederick Griffith (a)、Joshua Lederberg (b)、Oswald Avery (c)、Alfred Hershey (d) 和 Martha Chase (e)

框 1.11　　　　　　　　**Chargaff 定律和"碱基互补"**

　　Ervin Chargaff 等率先用纸层析技术分析了 DNA 的核苷酸组成。1949 年，他提出不但 4 种不同的核苷酸的含量不同，而且 4 种核苷酸的比率在不同的物种中也不一样。

　　更重要的是，Chargaff 实验同时也表明 4 种碱基的相对比率不是随机的。所有 DNA 样品中，A 的数目与 T 的数目相等，而 G 的数目与 C 的数目相等。另外，不论 DNA 的来源如何，嘌呤与嘧啶的比值大体上都等于 1（嘌呤 = 嘧啶）。

表 1.1　Chargaff 定律的数据基础

样本来源	A:G	T:C	A:T	G:C	嘌呤 : 嘧啶
牛	1.29	1.43	1.04	1.00	1.1
人	1.56	1.75	1.00	1.00	1.0
鸡	1.45	1.29	1.06	0.91	0.99
三文鱼	1.43	1.43	1.02	1.02	1.02
小麦	1.22	1.18	1.00	0.97	0.99
酵母	1.67	1.92	1.03	1.20	1.0
嗜血流感杆菌 (*H. influenzee*)	1.74	1.54	1.07	0.91	1.0
大肠杆菌 K2 (*E. coli* K2)	1.05	0.95	1.09	0.99	1.0
禽结核杆菌 (*Avian tubercle*)	0.4	0.4	1.09	1.08	1.1
黏质沙雷氏菌 (*S. marcescens*)	0.7	0.7	0.95	0.06	0.9

引自：Chargaff E. et al.1949. *J Biol Chem*. 177:405.

图 1.11　Ervin Chargaff

　　1953 年，Watson 和 Crick 提出了 DNA 的双螺旋模型，在双螺旋中，两条反向的 DNA 单链由碱基对之间的氢键结合在一起。这种碱基配对是高度特异的：A 只与 T 配对，而 G 只与 C 配对，即双螺旋的两条链的碱基序列存在严格的互补关系，其中任何一条 DNA 单链的序列都严格地决定了其对应链的序列。Chargaff 定律中 A 与 T 数目相等及 G 与 C 数目相等的关系对于双螺旋结构的发现有着重要的意义。

图 1.12　双螺旋结构的发现者 James Watson（左）和 Fnancis Crick（右）

$$\text{DNA} \xrightleftharpoons[\text{逆转录}]{\text{转录}} \text{RNA} \xrightarrow{\text{翻译}} \text{蛋白质}$$

图 1.13　中心法则

框 1.12　　　　　　　　　　　　　　　　　　　**中心法则**

　　1956 年，Crick 提出了遗传信息传递的"中心法则 (Central Dogma)"，指遗传信息从 DNA 传递给 DNA (DNA 的复制)，或 DNA 传递给 RNA，再从 RNA 传递给蛋白质，即完成遗传信息的转录和翻译的过程。后来，Howard Temin 在某些病毒中发现的 RNA 的自我复制 (如烟草花叶病毒等) 和在某些病毒中能以 RNA 为模板逆转录成 DNA(如某些致癌病毒)，这是对中心法则的重要补充。

图 1.14　Howard Temin

因发现逆转录酶而获 1975 年诺贝尔生理学或医学奖

(a)

(b)

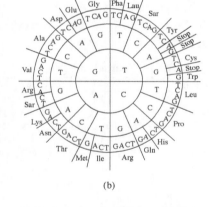

(c)

编写符号	密码子	编码氨基酸
A-Ala	GCU GCC GCA GCG	Alanine
R-Arg	CGU CGC CGA CGG AGA AGG	Arginine
N-Asn	AAU AAC	Asparagine
D-Asp	Gau GAC	Aspartic acid
C-Cys	UGU UGC	Cysteine
Q-Gln	CAA CAG	Glutamine
E-Glu	GAA GAG	Glutamic acid
G-Gly	GGU GGC GGA GGG	Glycine
H-His	CAU CAC	Histidine
Hle	AUU AUC AUA	Isoleucine
L-Leu	CUU CUC CUA CUG UUA UUG	Leucine
K-Lys	AAA AAG	Lysine
M-Met	AUG	Methionine
F-Phe	UUU UUC	Phenylalanine
P-Pro	CCU CCC CCA CCG	Proline
S-Ser	UCU UCC UCA UCG AGU AGC	Serine
T-Thr	ACU ACC ACA ACG	Threonine
W-Trp	UGG	Tryptophan
Y-Tyr	UAU UAC	Tyrosine
V-Val	GUU GUC GUA GUG	Valine

(d)

图 1.15　遗传密码的破译者 Marshall Nirenberg (右) 和 Heinrich Matthaei (左) (a) 及遗传密码表的三种表示方式 (b，c，d)

框 1.13　　　　　　　　　　　　　　遗传密码的破译

在人类认识史上，遗传密码的破译具有里程碑式的意义，这是人类解读的第一种"自然语言"，其重要性不亚于 Watson 和 Crick 在 1953 年发现的 DNA 双螺旋结构。

Marshall Nirenberg 生前一直在美国 NIH (National Institutes of Health，国家卫生研究院) 工作。1961 年 5 月的一个晚上，Nirenberg 的学生 Heinrich Matthaei 按照 Nirenberg 设计的一个方案向无细胞系统中加入了多聚尿嘧啶 (UUUUUU…)。一个历史性的时刻到来了：实验系统中出现了苯丙氨酸 (phenylalanine) 组成的多肽，说明编码苯丙氨酸的密码子就是 UUU…，这是首个破译的密码子。

1961 年 8 月，在 Moscow（莫斯科）召开的国际生物化学大会上，Nirenberg 第一次宣布了他们的发现。

1966 年，在美国 Cornell University（康奈尔大学）的 Robert Holley 和 Har Gobind Khorana 的协助下，Nirenberg 成功鉴定出全部三联体密码子（共 64 个）的碱基构成和顺序。由于这个重大发现，他们在 1968 年荣获诺贝尔生理学或医学奖。

Nirenberg 于 2010 年去世。2013 年 7 月 31 日，经英籍丹麦分子生物学家 Brian Clark 倡议，来自各国的科学家在纽约科学院举行了遗传密码解读五十周年追忆会。Nirenberg 的遗孀 Myrna Weissman 与会致辞并在她的住所招待了参会代表。

其实早在 1955 年，Crick 便开始思考遗传密码存在的可能性，并推断这会是"三联体"，而不是"二联"或"四联"。他还预测了 tRNA 的存在。

当时的三个技术突破使遗传密码的解读成为可能：一是无细胞蛋白合成系统 (cell-free protein-synthesis system)，只要加入 RNA 模板，就能得到多肽产物；二是人工化学合成寡核苷链；三是多肽链的放射性标记和生化分析，即氨基酸测序。

框 1.14　　　　　　　　Tom Maniatis 与他的"实验室圣经"

图 1.16　Tom Maniatis 和他的 *Molecular Cloning* 一书及其中文译本

《分子克隆实验指南》(*Molecular Cloning*) 是 20 世纪八九十年代分子生物学技术最常用的实验手册，被誉为分子生物学技术的"圣经"，几乎"每室必备"。很多人以此书入门并受益匪浅。而首版主编 Maniatis 是 70 年代几项主要分子克隆技术的发明者：第一个构建基因组 DNA 文库 (genomic DNA library, 1977)，第一个构建 cDNA 文库 (cDNA library, 1979)，以及发明了将外源 DNA 转染哺乳类细胞的技术 (1979) 等。此外，Maniatis 还是研究 RNA 剪接的先驱之一。

第一个中文译本是由时任杭州大学生物系生化教研室主任的沈桂芳在谈家桢先生的鼓励和支持下，于 1985 年开始翻译，并于 1988 年出版。

所有这些科学发现和技术发明，激发了人们对了解生物全基因组 —— 特别是人类全基因组的愿望，催生了基因组学的第一次成功实践 —— HGP。

第四节　测序技术的四个突破

技术的突破是科学发展和社会进步最主要的动力之一。基因组学的发展，有赖于其核心技术 —— 测序技术的四个突破。

一、直读

在直读法 (direct reading) 问世以前，核苷酸序列是通过各种手段间接推导的，就像现在蛋白质的氨基酸测序一样。

图 1.17　直读示例

20 世纪 70 年代 Frederick Sanger (1918~2013 年，因发明氨基酸与核苷酸测序技术分别于 1958 年和 1980 年两度获诺贝尔化学奖) 的双脱氧末端终止法 (dideoxy nucleotide termination method，又称 Sequencing By Synthesis，SBS 法或 Sanger 法) 与 Walter Gilbert 等的化学降解末端终止法 (Sequencing By Chemodegradation，SBC 法，又称化学终止法)，使直接阅读核苷酸序列成为可能。

二、自动化

20 世纪 80 年代中期出现的平板凝胶电泳测序仪，是测序技术自动化的开始。从此，改变了生物实验室"现代技术，手工操作"的状况。

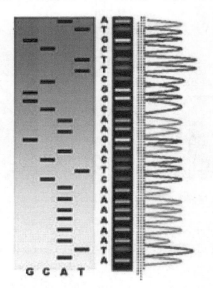

图 1.18　双脱氧末端终止法自动测序仪的"条带"和模拟"峰图"

三、规模化

20 世纪 90 年代末期出现的四色荧光毛细管凝胶电泳自动测序仪，在通量 (throughput，又称测序效率)、成本，特别是规模化操作等方面，都有了量与质的双飞跃。可以说，有了这一技术的突破，才有 HGP 的提前完成和今天的基因组学。

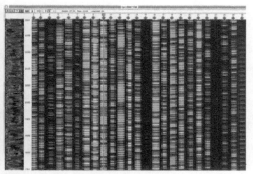

图 1.19 测序规模化示例和自动测序仪的四色荧光"峰图"

四、MPH

21 世纪初出现的 MPH (Massively Pararell High-throughput，大规模平行高通量)测序技术，也称为 NGS(Next/New Generation Sequencing，第二代/新一代测序技术)是生物技术的一个革命性的飞跃。

这一技术的突破，应主要归功于 Sanger 法原理。现在分析一个人的全基因组序列的成本已降低到数年前的三百万分之一，而通量则提高了好几个数量级。与电子计算机一样，测序仪的发展也将出现装备"中心模式 (centralized model)"的超大测序仪，以及人手一个"分散模式 (decentralized model)"的笔记本式或U 盘式甚至是一次性使用的测序仪。

图 1.20 MPH 测序仪实验室示例

第五节 基因组学发展的五大趋势

一、重绘"生命之树"

在不远的将来，地球上所有物种的代表性个体的基因组都将被测序，即分析一个或数个个体的全基因组序列来构建该物种的参考序列，据此，生命世界将描绘出其所有物种演化与亲缘关系的"生命之树"。

对于任一个物种来说，这是其生物学研究的重新开始，也是利用和开发 (如育种等) 这一物种的重新开始。

从整个生命世界的演化来说，只有构建以基因组序列为基础的数字化的"生命之树"，才能进一步阐述所有物种的演化和亲缘关系，为生命世界的演化和生物分类提供更加科学的依据。

从认识生命的本质和活动机制来说，是要解析生命活动的"三大网络"，即与物质和能量交换有关的代谢途径组成的代谢网络，连接生命活动的所有信号通路组成的信号网络，所有与基因表达有关的调控网络。"三大网络"的阐明也将成为基因组学的最高阶段——合成基因组学 (synthetic genomics) 的基础。

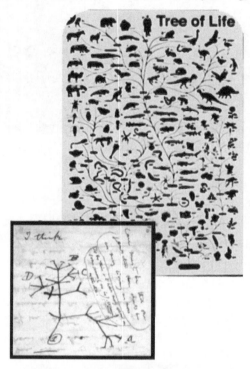

图 1.21 "生命之树"及达尔文手迹

二、群体基因组分析

有了一个物种的参考基因组序列之后，下一步便是研究这一物种中的亚种、亚群体与品系（株系）的代表性个体。

确切地说，任何一个个体都不能真正代表这一个物种，例如，水稻的 3000 多个品种的代表性品系、鸟类的 48 个目的代表性物种等基因组已被测序和分析。这是更好地了解生命世界的必经之路。而群体之间的基因组比较分析，更是演化研究的主要内容。

三、个体基因组分析

如果说一个物种的多个群体的全基因组分析还只是研究一般意义上的基因组变异，那么通过对具有某一特殊表现型的个体的基因组变异的比较，就有可能把这一表现型与某一特定的基因组变异（某一区段、某一基因或某一核苷酸变异）联系起来。

迄今所有物种、亚种或群体的基因组分析都是以一个或几个个体的"参考序列"为代表的。HGP 产生的一个欧裔的序列图，被称为"人类基因组序列"的构建。而 HGP 之姐妹计划——国际单体型图计划 (International HapMap Project，HapMap 计划)，以及后来启动的 G1K 计划，就是这一研究趋势的先声。泛基因组 (pan-genome) 的概念，即来自于一个物种的多个群体和多个个体的基因组变异。

遍基因组关联研究 (Genome Wide Association Studies，GWAS) 是基于分布于全基因组的 SNP(Single Nucleotide Polymorphism，单核苷酸多态性) 等标记的基因分型，也可归入这一趋势。

四、"跨组学"分析

"组学化"可以说是当前生命科学几乎所有学科的发展趋势，但更重要的趋势是多个不同"组学"的融合与贯穿。

DNA组（基因组）和RNA组（转录组，数字表达谱等）从诞生伊始便密不可分，外饰基因组学与META基因组学是基因组学的概念和DNA测序技术的发展和外延。外饰基因组测序使DNA测序技术用于分析DNA甲基化（甲基化组），ChIP-Seq (Chromatin ImmunoPrecipitation Sequencing，染色质免疫沉淀测序) 使测序技术开始用于基因组水平的基因调控（调控组）的研究，这两者结合转录组的分析，还有miRNA组与其他ncRNA组 (non-coding RNAome，非编码RNA组) 的分析，使"组学"技术更为全面，也为其他新技术的应用带来了新的契机。

正因为这样，从基因组学或遗传学的角度，所有的"组"或"组学"都可归为两个"组学"，即"基因组学"与"表型组学"。

表型组及其分型研究，包括蛋白质组、代谢组和其他新出现的"组学"（要注意，从遗传学角度，人类的所有疾病诊断和临床信息都属于表现型的范畴），与基因组学紧密结合，相得益彰，开始了以"组学"为重要标志、结合所有其他表型组分析技术的生命科学新时期。更重要的是，生命科学的精髓 —— 演化生物学 —— 因有了新的研究手段与数据而迈上了一个新的台阶。

五、基因组的生物学

基因组的生物学是指以生物的全基因组序列和基因组知识为基础的所有生物学研究，是21世纪生命科学和生物技术的重要特点。

基因组的生物学由相辅相成、互促互动的两个方面组成：一方面，任何一个物种的所有生物学研究只有在全基因组序列这一新的基础上才能迈上一个新的台阶，只有引进基因组学的概念、策略和技术，才能与时俱进；另一方面，基因组学也应该用自己的理念、策略和技术、大数据去研究生物学的所有问题，才能保持自己的生命力，否则只能困守于泛泛的"普通基因组学 (general genomics)"。

第六节　基因组学应用的六个方面

基因组学正从实验室的基础研究和技术开发，走向医学、临床、农业及生态环境等多方面的应用。

一、外显子和全外显子组测序 —— 单基因性状与遗传病

生物的单基因性状和人类的孟德尔遗传病（包括染色体病）是基因组学及其技术的应用范例。

单基因性状和单基因病大都是由一个蛋白质的氨基酸序列发生变化而引起的，是源于编码基因的核苷酸序列的变异。外显子测序 (exon-seq) 和全外显子组测序 (whole exome-seq) 与分析有的放矢，技术较为简单，分析较为直接，经济效益较好。要注意的是，同一性状（疾病）可能是与之相关的代谢网络中的不同基因的不同变异（包括结构改变和表达改变）引起的。这一技术应用于经典的染色体病或线粒体病。

更为重要的是，全外显子组测序有望仅仅分析一个或几个遗传方式明确的家系，便有可能鉴定出与性状（疾病）相关的基因变异，而不像经典的连锁分析那样需要很多同质性的家系的"累加"才能达到Lod值 (Logarithm of the odd Score) 的期望值。

二、全基因组测序 —— 复杂性状与常见疾病

基因组学的一个重要领域，便是动植物的复杂性状和人类的癌症等常见复杂疾病的研究。全基因组测序和分析将成常规技术。

人类与其他动植物的大多数性状都涉及基因组的多个区域与多个基因和其他功能因子的变异，特别是与"三大网络"有关的所有基因及功能因子。无疑，外显子组测序可能丢失的信息是多方面的，正因为如此，全基因组序列分析展示了它的独特优势，可以反映与表型有关的该基因组所有的相关变异，如基因的调控因子、非编码序列变异及所有相关网络。即使是单基因遗传病，也可能与增强子等其他的调控序列有关。全基因组序列分析，结合转录组和外饰基因组等其他分析，是"组学"研究的长期战略方向之一。随着测序和信息分析成本的不断下降，全基因组测序的应用将更为广泛。

三、单细胞测序 —— 基因组异质性

人类基因组学的一大重点是癌症和很多其他复杂疾病的异质性 (heterogeneity) 的研究，单细胞测序和分析将发挥很大作用。

此前的癌症研究都使用取自患者癌组织的样本。实质上，这些样本都混有相当比例的正常细胞，而癌细胞也处于不同时期具有不同的基因组变异。单细胞的全基因组序列分析在这里展示了它独特的优势。此外，对所有人体、其他动植物，特别是直接取自特定生态环境的混合微生物组群 (microbiota) 样本，单细胞组学分析也将发挥很大的作用。而"下一代"测序技术将可能直接对单细胞进行基因组、转录组、外饰基因组等组学的综合分析。

单细胞组学分析技术主要包括细胞分离、DNA 或 RNA 扩增、深度测序、信息分析等几个方面，不久的将来有望取得更大的进展与突破。它还将在"脑计划"等神经系统研究中发挥独特的作用。单细胞"组学"分析还可能发现和鉴定生物体新的细胞类型。单细胞分析的技术难点是如何高效率、高保真地扩增 DNA/RNA 分子。

四、META 基因组测序 —— 微生物及病原基因组

META 基因组学的诞生完全归功于测序和信息分析技术的发展，将对生态微生物组 (microbiome)、特别是病原基因组 (pathogenome) 的研究带来一场新的革命。

现在，只有约千分之一的细菌和百万分之一的病毒物种可以进行纯化培养、鉴定和分析。META 基因组分析技术可以使用多种类微生物的混合样本甚至包括宿主全基因组的样本，进行测序后再重新组装成完整的微生物全基因组或 ORF (Open Reading Frame，开放阅读框)。近年来，已有几百倍、甚至几万倍于现有数量的微生物的基因和 ORF 被测序和鉴定，这将对认识生命的多样性和解析生命世界的"三大网络"、生态环境的研究和生物产业的发展作出重大的贡献。

META 基因组学的第一个最大的应用成果便是人类常见复杂代谢病的发生与体内 (特别是胃肠道) 共生的微生物组群相关的研究。在科学上，颠覆了"复杂性状是基因与环境因子共同作用"的概念：对环境来说，人类胃肠道和其他体内微生物的基因也是基因，而对经典定义的基因，即人类核与线粒体基因来说，这些微生物却是与"基因"相互作用的"环境因素"的一部分。在应用上，改变或调节体内微生物的种类及其比例也许成为临床治疗和新药物研发的方向之一。

META 基因组学有望给微生物学带来革命性的变化。META 基因组测序是继显微镜之后，打开微生物世界大门的又一重要工具，特别是对难以分离、培养、纯化的寄生、共生、聚生的微生物类群，包括病原和潜在的病原微生物的研究。

META 基因组学的发展方向也是单细胞 (微生物个体) 的"组学"综合分析，特别是"三大网络"的阐明，将为合成基因组学提供更多的信息。

五、微（痕）量 DNA 测序 —— 无创检测、法医鉴定和古 DNA 研究

微量、降解的 DNA 测序技术为生命演化和人类疾病、无创早期精准检测和法医鉴定、古 DNA 研究等提供了新的工具。

很多生物样本的 DNA/RNA 含量很低，而且降解很严重，片段很短。MPH 的测序技术可以分析微量、严重降解的 DNA/RNA。

微量 DNA 测序的第一个最为重要的成功应用是 NIPT (Non-Invasive Prenatal Testing，无创产前检测)。孕妇外周循环血中含有胎儿细胞释放的 DNA 片段，测序技术现在已经可以用于早期的产前检测，最为成功的应用是非整倍体如 "21- 三体" 等染色体疾病的检测。单基因遗传病方面的应用也将呼之欲出。

微量 DNA 测序第二个重要的应用是体液（血液、尿液、唾液、泪液、精液以及阴道黏液等）中的 DNA 和 RNA(特别是 miRNA) 分析。对于癌症和其他疾病的早期检测和复发监控具有巨大的临床应用前景。

同时，痕量 DNA 测序将广泛用于法医 DNA 的研究。如在几个指纹上便可以提取到足量的 DNA 用于测序，这对于个体身份鉴定是非常重要的。

痕量 DNA 测序的另一重要的应用是古 DNA 研究。古代样本中的 DNA 含量微少而又严重降解。随着测序技术的发展，更多的 "死人死物" 将 "开口说话"。

六、"数据化" 育种与生物条码

基因组学的应用成果，已体现在动植物的 "数据化" 育种与物种鉴定。

随着对越来越多的动植物，特别是家畜和农作物基因组参考序列的分析，以及随之而来的一个物种的种内群体变异（亚种、品系代表性个体）的全基因组测序与比较分析，使新一代以序列为基础的 "遗传图" 的建立达到了前所未有的精度。通过与现有的品种多代亲本的追溯，很多复杂性状 [如植物的 QTL (Quantitative Trait Locus，数量性状位点)] 都能在基因组中明确定位（基因定位技术），为家畜和农作物的育种提供了诸多 "种质资源" 的 "三大网络"、基因及其他信息，特别是为 "标记辅助育种 (marker-assisted breeding)" 提供了大量的分子标记。酵母全基因组重新 "设计" 和合成，可以说是单细胞生物 "设计" 育种的先声。而 CRISPR (Clustered Regularly Interspaced Short Palindromic Repeat，成簇的、规律性间隔的短回文重复) 等基因组编辑 (genome editing) 技术的 "精准" 程度以免 "脱靶 (off targeting)"，则更突出了基因组精准序列的重要性。

以序列为基础的数据化 "生命之树"，有望鉴定并开发出界、门、纲、目、科、属、种以及亚种、品种、品系、株系的特异性或代表性序列，称为生物条码 (biobarcoding)。它在物种，特别是外来入侵物种的鉴定病原的鉴定与追溯以及某些生物样本的真伪和生物产品知识产权的保护等方面都将发挥重要作用。

第七节　正在改变世界的七项技术

如果从技术层面以及生命的层次来思考这一问题，参照 *Time* (《时代周刊》) 与 *Scientific American* (《科学美国人》) 的年度预测，至少下述七项与生命科学相关的技术将给世界带来巨大而深远的影响。

一、合成基因组学

合成基因组学是基因组学发展的最高阶段，并将创造生命科学史上最大的辉煌。

现阶段的合成生物学的重要方面是合成基因组学。在相当长的时间里，合成一个细胞实际还只能合成它的基因组，还需要"借鸡生蛋"——借用另一生物学上相似的（同种或同属）、去掉原基因组的细胞来"弥补"演化带来的几十亿年的"鸡—蛋—鸡"的时差。

合成基因组学已达到设计和合成原核与单细胞真核生物的全基因组的水平，并有望在近几年里迈向多细胞真核基因组的设计和合成，并在技术上实现大片段 DNA 合成和组装的全自动化，从而使成本大幅度下降，逐步取代或部分取代现有的很多技术，如工程细胞（细菌与真菌）的育种等。

在一定的意义上，同样是基于对生命的理解和"三大网络"的阐明，借用信息技术构建的虚拟细胞 (virtual cells) 也可看成是合成基因组学的一个方面。

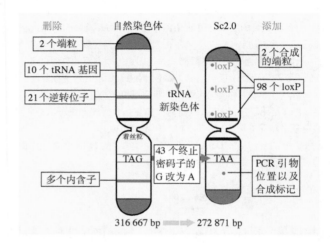

图 1.22　自然和"重新设计"的第二代酵母 (Sc2.0) 的 Ⅲ 号染色体

二、基因组编辑技术

基因组编辑等新的分子水平的技术给生命科学带来了基于基因组研究的一场革命。

图 1.23　2007 年因鼠胚干细胞的研究而获诺贝尔生理学或医学奖的三位科学家
Martin Evans（左）、Mario Capecchi（中）和 Oliver Smithies（右）

自 20 世纪 70 年代基因剪接 (gene splicing，也称为遗传工程) 技术问世以来，分子水平的生物技术已得到了长足的发展并对生命科学和现代社会产生重大的影响。除了 DNA 克隆，特别是 PCR (Polymerase Chain Reaction，聚合酶连锁反应) 技术以外，还包括基因操作技术 (gene manipulation)、基因敲除 (knock-out) 或敲入 (knock-in) 及 RNAi (RNA interference，RNA 干扰) 等 RNA 技术。这些技术不仅可以进行分子水平的离体 (in vitro) 操作，还在分子和细胞水平之间搭起了桥梁，对原核与真核的细胞培养物进行基因组水平不同层次的活体 (in vivo) 改造，特别是全能性更加显著的植物细胞，使生物学研究发生了革命性的变化。CRISPR 就是分子生物学技术最典型的代表，不管是在基础研究还是在应用方面都有广泛的前景。

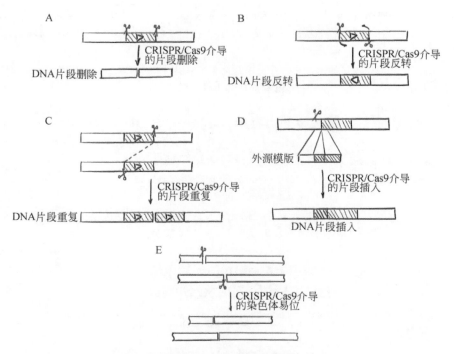

图 1.24 CRISPR/Cas9 系统在基因组编辑中的应用示意图

框 1.15　　　　　　　　　　　　　　**CRISPR 技术**

CRISPR/Cas 是一种在大多数细菌和古菌中存在的天然免疫系统，它利用插入到基因组中的病毒 DNA (CRISPR) 作为引导序列，通过 Cas (CRISPR associated，CRISPR 相关酶) 来切割并清除入侵的病毒基因组。

据美国 *Wired*（《连线》）杂志报道，丹麦 Danisco（丹尼斯克）食品公司的 Rodolphe Barrangou 于 2005 年在一种嗜热链球菌基因组中发现特定的短回文重复序列 (short palindromic repeats)，与侵入该菌的噬菌体的基因片段高度相似，并意识到这些序列"可能在细菌对噬菌体的防御中扮演了重要角色"，这些短重复回文序列后被称为 CRISPR。

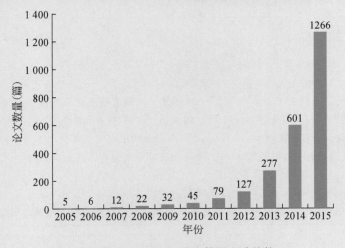

图 1.25 CRISPR 论文数量上升趋势

由图 1.25 可以发现，到 2011 年，才有几个研究团队把它用作"编辑"基因组的工具。2012 年，美国 UCB (University of California, Berkeley，伯克利的加州大学) 的 Jennifer

Doudna 博士和德国 Helmholtz Centre for Infection Research（亥姆霍兹传染研究中心）的 Emmanuelle Charpentier 在 *Science* 上发表了揭示这一天然免疫系统是如何变成"编辑"工具的关键文章。

CRISPR 技术的应用使大规模、高效率编辑 DNA 序列成为可能。CRISPR 正在生物医学研究领域引起一场巨变。不同于其他基因修饰手段，CRISPR 技术具有经济、快速且简单等优点，故其迅速席卷全球实验室。

当时在美国 Broad Institute of MIT and Harvard（美国哈佛 - 麻省理工的博德研究所，简称 Broad 研究所）的张锋（Feng Zhang）于 2013 年 1 月在 *Science* 上发表了使用 CRISPR/Cas 编辑小鼠基因组的工作，对 CRISPR/Cas 系统作了重要技术改进，并展示了其广阔的应用前景。2014 年张锋被 *Nature* 杂志评为"2013 年年度十大科学人物"之一、"2014 年最顶尖的 20 名转化医学研究者（Top 20 translational researchers）"。

作为 CRISPR 技术先驱之一，张锋获得了美国首个 CRISPR 专利。2014 年已获批的专利数量达 13 个。张锋是 CRISPR 技术应用和发展的重要贡献者。

图 1.26　主要贡献者张锋及其 CRISPR 论文

三、干细胞与 iPS 技术

干细胞 (stem cell, SC) 及 iPS (induced Pleuripotent Stem cells，诱导的泛能细胞) 技术是 21 世纪生命科学和医学的重要进展。

已有不同方法将人体以及其他动物的胚与成体的干细胞诱导成数种组织以至于相对简单的几种器官。而器官、组织的终末细胞可通过转录因子转化、重编程 (reprograming) 而获得类似干细胞的 iPS。这一技术，结合 3D 生物打印机技术 (3D bioprinting)，将给细胞生物学、发育生物学与整个生物学和医学带来革命性的变化。而干细胞和 iPS 的基因组稳定性则是其应用的前提。

框 1.16　　　　　　　　　　　　　　　干细胞

干细胞的"干"译自英文"stem"，意为"树干"和"起源"，干细胞可以说就是起源细胞。

干细胞的概念，首先是在 1908 年德国 Berlin（柏林）的一次血液病大会上由 Alexander Maximow 提出的，当时并没被重视。直到 1945 年，人们在对暴露在致命辐射剂量下的病人进行研究时，重新定义并找到了造血干细胞的证据。1998 年美国两个实验小组分别独立地从人胚组织中培养出人的多能干细胞。1999 年，人胚干细胞研究成果位列 *Science* 评选的 1999 年"世界十大科技进展"榜首；2000 年，*Time* 又将其评选为"20 世纪末世界十大科技成就"之首。

2005 年，美国 FDA 批准了将神经干细胞 (Neural Stem Cell, NSC) 植入人体大脑，即神经系统的"干细胞治疗"。目前研究更多地集中在肝脏干细胞和肿瘤干细胞这两个方面。

框 1.17　　　　　　　　　　　　　　　iPS

2007 年日本的 Shinya Yamanaka 和美国的 James Thomson 分别成功将体细胞重编程而得到类似于人胚干细胞的 iPS。2012 年，Shinya Yamanaka 因此获得诺贝尔生理学或医学奖。

318:1917, 2007 Science

Induced Pluripotent Stem Cell Lines Derived from Human Somatic Cells

Junying Yu,[1,2]* Maxim A. Vodyanik,[2] Kim Smuga-Otto,[1,2] Jessica Antosiewicz-Bourget,[1,2] Jennifer L. Frane,[1] Shulan Tian,[3] Jeff Nie,[3] Gudrun A. Jonsdottir,[3] Victor Ruotti,[3] Ron Stewart,[3] Igor I. Slukvin,[2,4] James A. Thomson[1,2,5]*

图 1.27　主要贡献者 James Thomson 及其 iPS 论文

126:663, 2006 Cell

Induction of Pluripotent Stem Cells from Mouse Embryonic and Adult Fibroblast Cultures by Defined Factors

Kazutoshi Takahashi[1] and Shinya Yamanaka[1,2,*]
[1] Department of Stem Cell Biology, Institute for Frontier Medical Sciences, Kyoto University, Kyoto 606-8507, Japan
[2] CREST, Japan Science and Technology Agency, Kawaguchi 332-0012, Japan
*Contact: yamanaka@frontier.kyoto-u.ac.jp
DOI 10.1016/j.cell.2006.07.024

图 1.28　主要贡献者 Shinya Yamanaka 及其 iPS 论文

第一个证明 iPS 细胞全能性的是中国科学院动物研究所的周琪团队。2009 年 7 月他们使用 iPS 得到存活并具有繁殖能力的小鼠；2010 年 4 月他又发现并明确证明了决定小鼠干细胞多能性的关键基因决定簇。

nature　　461:86, 2009 nature

LETTERS

iPS cells produce viable mice through tetraploid complementation

Xiao-yang Zhao[1,2*], Wei Li[1,2*], Zhuo Lv[1,2*], Lei Liu[1], Man Tong[1,2], Tang Hai[1,2], Jie Hao[1,2], Chang-long Guo[1,2], Qing-wen Ma[3], Liu Wang[1], Fanyi Zeng[3,4] & Qi Zhou[1]

图 1.29　主要贡献者周琪及其 iPS 论文

四、动物克隆

动物克隆 (animal cloning) 技术方兴未艾。

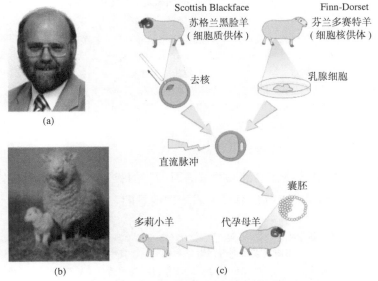

图 1.30　多莉小羊之父 Ian Wilmut (a)、多莉小羊 (b) 和克隆流程示意图 (c)

1996 年多莉小羊 (Dolly，the sheep) 的出生，是 20 世纪生物学影响最大的事件之一。如今，大多数哺乳动物都已能克隆，而那些动物未能克隆的原因是材料瓶颈（如卵），而不是技术瓶颈，尽管还有对很多动物的生殖机制的特异性了解不够等原因。克隆技术与干细胞、基因组编辑等技术的结合则是动物克隆技术的发展方向。

图 1.31　华大基因杜玉涛团队克隆的宠物猪

五、大数据与生物库

21 世纪是"大数据"的世纪，而生命科学则是"大数据"的重要组成。

生物库 (BioBank) 被称为"改变世界的十大'idea'之一"(*Time*，2009)，是生命科学步入大数据时代的重要标志。

图 1.32　2016 年 9 月落成的国家基因库（中国深圳）

生物库就是有系统、有层次、有对照地收集或贮藏生物样本和所有相关数据的"库"。一个完整的生物库由"湿库"和"干库"两部分组成。湿库贮藏人类（包括正常人和病人）、动植物（包括濒临生物和家畜、农作物品种品系）的个体、器官、组织、细胞、体液等所有各类样本，以及微生物（包括病原体和生态微生物组样本）；而干库即为以"组学"和表现型（如所有临床数据）数据和所有其他相关的数据，以及有关伦理程序方面的记录。有的生物库还有饲养种植动植物原种的"活库"。

六、表型组分析

基因组学的发展改变了"表现型 / 基因型"的权重，遗传学第一次出现了基因型（以基因组序列为标志）信息多于表现型信息的态势。

用物理（包括质谱与影像等）、化学（包括生物化学）等所有现有的方法将表现型（包括临床症状）物理化、化学化——其本质是将所有表型进行定量化和数字化。其中物理影像等临床诊断和相关技术是最重要的，特别是与神经系统相关的性状的研究。而现代科学技术已逐步实现了表型分析的高通量、规模化和工业化。

七、"组学"与相关技术

所有改变世界的生物技术，都有赖于对基因、基因组、"三大网络"以及"组学"的知识和基因组相关技术。因此在可预计的将来，整个生物学"只有以基因组知识重新开始，才有希望得到发展"(Watson，2003)。

第八节　基因组伦理学的八个方面 (HELPCESS)

作为生命科学中与生命本源最为接近、对人类社会影响最大的学科，基于人类社会一员的共同责任和专业科技工作者的社会责任，基因组学应该将人文 (Humanity) 精神放在生命伦理讨论的首位，并关注科技与民众的关系、文化宗教多样性、经济、生物安全和生物防护等新问题。

据此，在 HGP 把 Ethics (E，伦理) 扩展到 ELSI (Ethical，Legal and Social Issues/Implications，伦理、法律、社会问题 / 影响) 的基础上，建议进一步扩展为 HELPCESS。

一、人文 (H，Humanity)

H 在这里指人类进步、人道主义和人文精神。

对生命领域的科技工作者而言，应铭记包括生命科学服务人类、助力人类文明发展的使命，自身肩负的道义责任以及必须高度发扬的人文精神。

图 1.33　主要贡献者郭肇铮 (a)、苏夜阳 (b) 及其基因组伦理学论文

二、伦理 (E，Ethics)

生命伦理讨论的核心问题是保护参与者的权利问题。

近来，在"个体化基因组 (personalized genome)"的讨论中，如何对待可能出现的遗传歧视、如何实现保护隐私、"知情之权"与"不知之权"都已成为亟待回答的生命伦理新问题，而个人基因组数据在共享和保密方面的平衡则是"精准医学"急需解决的问题。

三、法律 (L，Law)

反对遗传歧视是继反对性别和种族歧视之后人类文明的"第三大进步"，在法律层面禁止遗传歧视，具有全人类的、历史性的重大意义。

四、公众关系和决策 (P，Public-relationship/Policy-making)

改善科学界与社会的关系，促进科技工作者与公众的交流与合作，并参与科技相关的政策制订，是科技工作者新的挑战。

在相当长的历史时期内，科学家在民众心中是伟大、无私和高尚的。网络时代知识传播方式的革新使民众很容易获得科学知识或讯息，但却在一定程度上客观地拉远了民众与科学家的距离。

如何走出"象牙塔"，以社会成员的身份，携手生命伦理学专家、社会学家、新闻媒体与患者援助组织等团体走向社会，搭建与民众长期良性互动的交流平台，并逐步让民众参与到科技政策制订、科研项目设计、执行监管、知识传播和应用的系列过程之中，是生命科学研究人员的职责。其中，与专业媒体的合作需特别重视。

如何参与有关科学研究的决策（政策制订）过程，作好有关决策部门的咨询和"参谋"，也是科技工作者的社会和专业的责任。

五、文化 (C，Culture)

文化等有关方面的问题是生命伦理讨论的一个重要议题。

生命科学以生命为研究对象，因而各种文化因素，特别是各种宗教，会在不同程度上影响公众对科学技术的理解和看法。毋庸置疑，生命伦理的讨论需要尊重文化尤其是宗教的多样性。

六、经济和教育 (E，Economy/Education)

考虑经济与商业化以及科学教育、科学传播的相关问题是广义的伦理学面临的新的挑战。

当代科学需要正视的问题是，一方面社会的发展需要"科研—产业"合作的机制；另一方面，科研工作者确有可能成为某一应用技术的"利益相关者"。

PPP(Public-Private-Partnership，公私合作关系)和经济的相关政策，已成为"非技术"考量以至于国际合作重大项目的重要方面。

E也表示教育。科学工作者的自学或再教育，对社会各界特别是青少年的科学普及教育已成为科技工作者的社会责任。

七、生物安全和防护 (S，Safety/Security)

生物安全和生物防护问题是生命科学技术应用中政府和公众最关心的问题之一。

生物安全讨论的是对科研和应用过程中可能出现的"意外"状况的防范和控制，及其对环境、生态可能造成的破坏等。生物防护应对的则是生物技术的非和平使用，反对和防范一切形式的生物恐怖行为。

八、社会 (S，Society)

在生命科学与医学研究中，研究内容和结果对个人、家庭、族群和整个社会可能造成的影响是所有讨论的重点。

应当让科学界和社会都理解：如果没有科学，人类将会面临更多的挑战，甚至灾难。生命伦理的讨论要为生命科学和生物技术"鸣锣开道"和"保驾护航"以呼吁科技创新和对科学研究的支持，保证科学研究和应用沿着正确安全的方向发展，更好地为社会和公众服务。生命科学应为人类的福祉和社会的和谐作出贡献。

第九节　中国对基因组学的九大贡献

中国各基因组学团队对国际基因组学作出了很大贡献。

基因组学作为生命科学的新兴重要学科，是近代自然科学中中国起步较早、几乎与世界同步发展，并为国际基因组学界几乎所有里程碑式的引领大项目（除了 ENCODE 计划之外）作出重要贡献的难得的学科之一。对中国与国际同行及其贡献一视同仁，是本书的重要特点与难点之一。

一、1% 国际人类基因组计划 (HGP)

参与 HGP 是我国生命科学发展中的一个里程碑和新的起点。

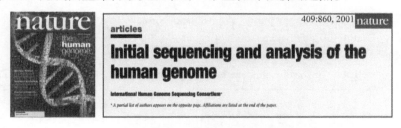

图 1.34　2001 年 *Nature* 发表的人类基因组序列草图和初步分析的论文

1999 年 7 月 7 日，中国申请加入国际 HGP。1999 年 9 月 1 日，IHGSC 宣布中国正式加盟，并作为"最后一个贡献者"承担 3 号染色体短臂端粒—侧约 30 cM (centimorgan，厘摩，遗传图距单位和重组频率的测量单位) 区域的测序和分析任务。2000 年 6 月，"北京区域"的草图 (draft map) 与人类全基因组序列草图同步完成。2002 年 5 月，"北京区域"的完成图构建完毕，至今仍是人类基因组"参照序列"中最为准确的基因组区域之一。参与"1% 计划"(或称 HGP "中国卷") 的有华大基因、国家人类基因组北方研究中心、国家人类基因组南方研究中心等 15 个单位。中国的参与，从此改变了自然科学的国际合作格局。

2006 年 4 月 27 日，由美国、德国和中国等国组成的合作小组在 *Nature* 杂志上发表了"人类 3 号染色体的 DNA 完成序列与详尽分析"。

图 1.35　中国主要贡献者张秀清 (a)、王俊 (b)、董伟 (c)、王晶 (d)
及国际合作的"人类 3 号染色体的 DNA 完成序列与详尽分析"论文

二、10% 国际单体型图计划（HapMap 计划）

中国是 HapMap 计划的发起国和主要参与国之一，承担并完成了 10% 的任务。

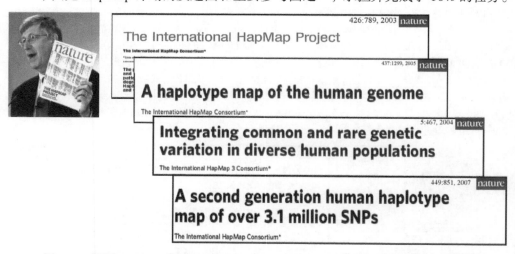

图 1.36　国际 HapMap 项目主要协调人 Francis Collins 及 HapMap 计划的论文示例

参与这一 10% 计划（或称 HapMap "中国卷"）的有华大基因、国家人类基因组南方研究中心、国家人类基因组北方研究中心及中国香港大学、香港科技大学和香港中文大学。

三、国际千人基因组计划（G1K 计划）

G1K 计划（International 1000 Genomes Project，国际千人基因组计划）是英国和中国首先提出，并立即得到多国支持而迅速发展的国际计划。

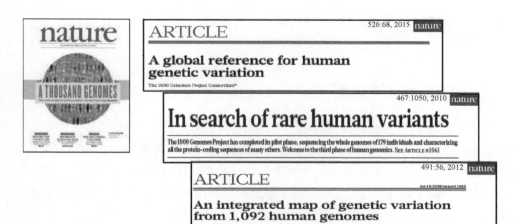

图 1.37　G1K 计划发表的论文示例

　　2008 年年初，华大基因以 MPH 测序技术完成了第一个亚洲人的全基因组（又称"炎黄计划"），走过了中国人类基因组学研究从 1% 到 100% 的发展历程。在此基础上，华大基因与英国同行一起倡议并启动了 G1K 计划，一起承担了 40% 以上任务。参与 G1K 计划的有中国、意大利、日本、肯尼亚、尼日利亚、秘鲁、英国和美国及 Illumina 等三个测序仪制造公司，并与所有其他里程碑计划一样，继承"HGP 精神"，全部数据免费分享。

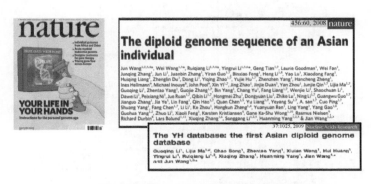

图 1.38　第一个亚洲人的全基因组相关论文

四、国际癌症基因组计划 (ICGP)

　　2006 年，美国、英国、加拿大与中国一起成立了 ICGC (International Cancer Genome Consortium，国际癌症基因组协作组)，启动了 ICGP (International Cancer Genome Project，国际癌症基因组计划)。

图 1.39　ICGP 主要协调人 Thomas Hudson 及其 ICGP 的论文示例

这一计划旨在分析 50 种主要癌症的约 2.5 万个个体的基因组。中国承担了五大癌（胃癌、大肠癌、肝癌、鼻咽癌、食管癌）的研究任务。参与中国癌症基因组协作组的有中国医学科学院、北京大学肿瘤医院等 59 个科研与医疗单位。

五、水稻和家蚕基因组计划

中国团队率先用 Sanger 法测序技术结合 WGSS (Whole Genome Shotgun Sequencing，全基因组霰弹法测序，也称全基因组鸟枪法测序) 策略构建了籼稻基因组草图，同时完成了国际水稻基因组计划中的第 4 号染色体精细图 (fine map)。随后几年又与国际同行合作发表了 3000 株水稻的全基因组序列。这些基因组数据都免费共享。

中国西南大学等团队于 2004 年发表了第一张家蚕的全基因组序列草图，这是以 Sanger 法测序的第一个鳞翅目重要昆虫的基因组序列。随后还发表了几十个各具重要生物学或经济价值的家系品种的基因组序列和分析。

图 1.40　中国团队发表水稻和家蚕基因组论文示例

六、META 基因组

中国团队与欧洲同行合作发表了第一张人体肠道微生物组群的目录，带动了常见复杂疾病的 META 基因组学研究。

图 1.41 人体肠道微生物组群的第一张目录

七、"生命之树"与动植物基因组

中国团队和多国同行一起倡议的万种（哺乳）动物基因组计划已于 2009 年启动。

首批 101 种动物的"先遣计划"已接近完成，其中的万种鸟类基因组 (The Bird 10K Genomes，B10K) 计划也已启动。首批对鸟纲所有目中代表性的 48 个个体的分析已经完成并发表。至 2015 年 5 月，就这一计划所测物种数来说，中国与其他国家的国合作者对动植物基因组学的贡献约占全球的一半。2015 年 10 月 23 日，华大基因又与美国 Smithsonian Institution（史密森尼学会）等多个机构一起启动了万种脊椎动物基因组 (Vertebrate 10K Genomes，V10K) 计划。

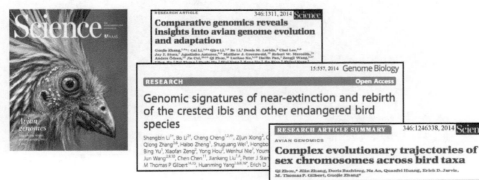

图 1.42 48 种鸟类基因组论文示例

八、第二代酵母全基因组设计和合成

第二代酵母 (Sc2.0) 全基因组设计和合成是全球合成基因组学领域历史性的"里程碑"计划。

Sc2.0 计划由美国、英国、中国、澳大利亚、新加坡等国科学家合作促成并分别承担任务，计划于 2016 年完成。中国参与这一重要合作的有天津大学、清华大学、华大基因等多个团队，贡献率约为 40%。

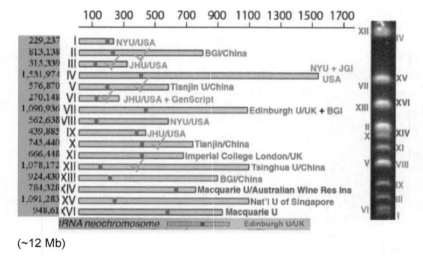

(~12 Mb)

图 1.43　Sc2.0 计划的国际合作与分工 (2016)

九、倡导"HGP 精神"和"合作"的文化

HGP 的人文贡献之一是创造了"合作"的文化。

中国基因组学界将"合作"的文化发扬光大，形成"共需、共有、共为、共享 (Needed by All，Owned by All，Done by All，Shared by All)"的"HGP 精神"。积极参加"人类基因组属于全人类"的有关讨论，并促成了 2000 年 5 月 7 日 UNESCO 关于支持人类基因组数据免费分享的声明。诺贝尔奖获得者、英国 HGP 负责人 Sulston 曾赞扬说："我要特别感谢中国的同事，因为他们不仅对国际合作的 HGP，而且对保证人类基因组属于全人类，都作出了重要贡献"。

图 1.44　中国与英国团队关于"保卫人类基因组"的双边会议 (1999 年 10 月)

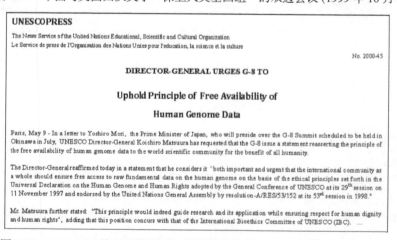

图 1.45　UNESCO 关于人类基因组数据免费分享的声明 (2000 年 5 月 7 日)

第二篇　基因组学的发展史

基因组学的发展史，就是从讨论 HGP 伊始直至今日所有后续计划的历史。

HGP 是基因组学第一次在全基因组规模上的成功实践，使基因组学成为真正的、全面的、成熟的、系统的科学学科，并得到科学界的认可并列入高等院校的授课学科。正是在这一意义上，可以说 HGP 及后续计划的全过程就是基因组学的发展史。

HGP 是 20 世纪影响最大的自然科学研究计划之一。

HGP 被誉为生命科学史上的"第二次革命"，是继"曼哈顿原子弹计划"和"阿波罗登月计划"之后，人类科学史上的又一个伟大工程。了解 HGP 学术思想的源流，以及它的提出和启动、目标和技术等其他内容的概况，对于更好地理解基因组学的发展史、理念和概念、技术和原理是非常重要的。

(a) 曼哈顿原子弹计划	(b) 阿波罗登月计划	(c) HGP
1945 年 7 月 16 日	1969 年 7 月 20 日	2003 年 4 月 14 日
世界上第一颗原子弹试爆成功	人类登月成功	HGP 成功完成

图 1.46　20 世纪的"三大计划"

第一节　HGP 的起始和学术源流

一、HGP 的讨论和启动

HGP 的讨论首先是在美国开始的。美国在 1990 年 10 月 1 日率先启动 HGP。

美国启动 HGP 总共历经了 6 年的酝酿讨论和反复论证。1984~1986 年，美国 DOE（Department of Energy，能源部）先后组织了多次会议，开始了人类基因组测序的重要性和可行性的讨论。1987 年年初，DOE 和美国 NIH（National Institutes of Health，国家卫生研究院）开始资助相关研究。1989 年美国 NIH 成立了 NHGRC（National Human Genome Research Center，国家人类基因组研究中心），这是全球第一个国家级的基因组研究中心，由 Watson 任主任。1990 年 10 月 1 日，美国国会批准 HGP 正式启动，总预算为 30 亿美元，计划 15 年（即 2005 年年底）完成。1993 年，时年 43 岁的 Francis Collins 接任主任。1997 年 NHGRC 更名为 NHGRI（National Human Genome Research Institute，国家人类基因组研究所），由 Collins

任所长。NHGRI 既是美国 HGP 的组织者、资助者和执行者，又是国际 HGP 的协调中心，在基因组学发展史上占有重要的地位。现任所长为 Eric Green。

(a) James Watson
HGP 的先驱与国际化的推动者，
NHGRC 的创始人和第一任主任

(b) Francis Collins
美国著名医学遗传学家，
国际 HGP 主要协调人

(c) Eric Green
NHGRI 现任所长

图 1.47　美国 NIH 的 NHGRC/NHGRI 的三任负责人

(a) MIT-Whitehead Institute 及其负责人 Eric Lander

(b) Genome Sequencing Center,
Washington University in St. Louis
及其负责人 Robert Waterston

(c) DOE-JGI 及其负责人 Edward Rubin（左）和
Aristides Patrinos（右）

(d) BCM-HGSC 及其负责人 Richard Gibbs

(e) Genome Sequencing Center，University of Washington
及其负责人 Maynard Olson

(f) Genome Technology Center，Stanford University
及其负责人 David Cox

图 1.48　为 HGP 作出重大贡献的美国六大中心

　　除 NHGRI 外，美国 HGP 的主要执行团队中的 MIT (Massachusetts Institute of Technology，麻省理工学院) 的 The Whitehead Institute(Cambridge，MA) 和 Washington University in St. Louis(圣路易斯华盛顿大学) 的 Genome Sequencing Center (St. Louis，MO) 共同贡献 34% 左右；DOE 的 JGI (Joint Genome Institute，Walnut Creek，CA) 贡献率为 10%；BCM (Baylor College of Medicine，贝勒医学院) 的 HGSC (Human Genome Sequencing Center) (Houston，TX) 贡献率为 7.9%；University of Washington (华盛顿大学，西雅图) 的 Genome Sequencing Center (Seattle，WA) 贡献率为 1.4%；以及 Stanford University (斯坦福大学) 的 Genome Technology Center (Stanford，CA) 贡献率为 0.4%。各中心的负责人分别为 Eric Lander，Robert Waterston，Edward Rubin 和 Aristides Patrinos，Richard Gibbs，Maynard Olson，David Cox 等。

　　美国共完成 HGP 近 53.7% 的工作量，为 HGP 的最大贡献国家。

二、HGP 的国际化

　　HGP 的国际化首先是由 Watson 提出的，并立即得到了英国的支持和积极加入。

框 1.19	**IHGSC**

　　IHGSC（国际人类基因组测序协作组）的组建是 HGP 国际化的实质性标志。参与国先后有美国、英国、法国、德国、日本和中国。国际协调机制为各主要中心负责人组成的"人类基因组测序国际战略会议 (International Strategic Meeting on Human Genome Sequencing，ISMHGS)"。几乎每一季度易地举行会议。HGP 成为人类自然科学史上第一个参与国最多、协调得最好的超大型国际合作研究计划。

　　1990 年 *Science* 杂志披露了 Watson 给日本政府的一封信，用词甚为激烈："作为一个国家，日本一定要认识到要分享数据一定要分享成本"。实际上，这是后来成为 "HGP 精神"之一的 "共为" 的源流。

　　1998 年 5 月在 ISMHGS 第四次会议上，美国 DOE 的 Patrinos 提出了 HGP 要 "真正成为国际合作的计划" 的建议，并号召其他国家加入。

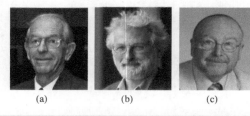

(a)　　　　　　　(b)　　　　　　　(c)

图 1.49　英国 HGP 三位主要负责人和

Sanger 中心 (Wellcome Trust Sanger Institute，Hinxton，Cambridge)

(a) Frederick Sanger，(b) John Sulston 于 2002 年因对秀丽线虫的多年研究和细胞程序化凋亡的发现而获诺贝尔生理学或医学奖，Sanger 中心创始人和第一任负责人，(c) Michael Morgan，Wellcome 基金会 Sanger 研究所负责人，国际和英国的 HGP 主要负责人之一

　　英国是 HGP 的第二大贡献国，约 33.8% 的贡献都是由 Wellcome 基金会 (The Wellcome Trust) 资助的 Sanger 中心完成的。

　　1989 年 2 月，英国开始对人类基因组研究的部署，由 ICRC-MRC (Imperial Cancer Research Council - Medical Research Council，帝国癌症研究基金会与国家医学研究委员会) 共同负责协调与经费支持。随之，Wellcome 基金会斥巨资专门成立了 Sanger 中心 (后改名为 The Wellcome Trust Sanger Institute，简称 Sanger 研究所)，并以线虫基因组为起点，研发与改进大规模基因组测序和分析技术。第一任主任为 John Sulston。

　　现在 Sanger 研究所已成为英国研究人类和其他生物基因组的中心，也是世界上最重要的基因组研究中心之一。

　　日本、法国、德国对 HGP 的贡献分别为 6.7%、2.7% 与 2.1%。

　　日本的三个 HGP 中心分别为 Institute of Medical Science of the University of Tokyo (东京大学医学科学研究所) 和 RIKEN (RIkagaku KENkyusho / Institute of Physical and Chemical Research，日本理化研究所) 以及 Keio University School of Medicine (庆应义塾大学医学院)，共完成了约 6.7% 的 HGP 任务。

(b) Institute of Medical Science,   (c) RIKEN   (d) Keio University School of
The University of Tokyo   Medicine

图 1.50 日本 HGP 负责人 Yoshiyuki Sakaki (a) 及三个 HGP 中心 (b，c，d)

1990 年 6 月，法国启动了 HGP 的相关项目，特点是注重整体基因组研究，构建遗传图和物理图。Jean Dausset 组建了 CEPH (Centre d'E'tude du Polymorphisme Humain，人类多态性研究中心)，为人类基因组研究的早期工作，如全基因组 YAC (Yeast Artificial Chromosome，酵母人工染色体) 克隆为骨架的人类基因组物理图和重叠群、以 STR (Short Tandem Repeats，短串联重复，又称 microsatellite，微卫星) 为标记的遗传图构建作出了重要贡献，甚至一度走在美国的前头。CEPH 还收集、转化和无偿提供 80 个 3 代多个体家系——CEPH 家系，已成为遗传学和基因组学研究的经典材料，为遗传图的构建、人类基因组多样性研究及后续的 G1K 计划也作出了贡献。更为重要的是，CEPH 为倡导人类基因组研究的技术、材料和数据的分享作出了重要贡献。20 世纪 90 年代初，所有的访问者都毫无例外地被 "动员" 签署坚决反对 "基因专利"，支持人类基因组数据免费共享的 "支持书"。

后成立的法国基因组研究中心 GenoScope，对 HGP 的贡献率为 2.7%。其负责人 Jean Weissenbach。

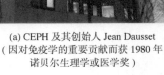

(a) CEPH 及其创始人 Jean Dausset   (b) GenoScope 及其负责人 Jean Weissenbach
（因对免疫学的重要贡献而获 1980 年
诺贝尔生理学或医学奖）

图 1.51 法国 HGP 负责人及两个中心

德国的三个中心分别为 IMB (Germany Institute of Molecular Biology, GmbH，德国分子生物学研究所)、MPIMG (Max Planck Institute for Molecular Genetics，马普分子遗传学研究所) 和 GBF (Gesellschaftfür Biotechnologische Forschung，德国生物技术研究中心，后演变为 Helmholtz Centre for Infection Research，德文名 Helmholtz-Zentrumfür Infektionsforschung，HZI)，作出了 2.1% 的贡献。其负责人 Hans Lehrach。

| (a) IMB | (b) GBF（现名 HZI） | (c) MPIMG |

图 1.52　德国 HGP 负责人 Hans Lehrach 及三个中心

框 1.21　　　　　　　**IHGSC 关于 ISMHGS-5 的新闻通报**
　　　　　　　　　　　　　　（1999 年 9 月 1 日）

　　"上个星期，国际 HGP 协作组的 16 个中心的代表出席了在剑桥附近 Wellcome 基金会基因组中心召开的"人类基因组测序第五次国际战略会议"。中国成为 HGP 的最后一个贡献者，跻身于法国、德国、日本、英国和美国之列。"

　　The researchers from 16 centers representing the international consortium working on the Human Genome Project (HGP) last week attended the Fifth International Strategy Meeting on Human Genome Sequencing held at the Wellcome Trust Genome Campus near Cambridge. China has become the latest contributor to the worldwide sequencing effort alongside France，Germany，Japan，the United Kingdom and the United States.

图 1.53　ISMHGS-5 代表合影

　　中国承担了 3 号染色体短臂端粒一侧约 30 cM 区域的测序和分析任务，约占人类整个基因组测序和注释工作的 1%。

　　1993 年，中国国家自然科学基金会 (Natural Science Foundation of China，NSFC) 启动了"中华民族基因组中若干位点基因组结构的研究"项目，后接受了秘书处的建议而对外称 CHGP (Chinese Human Genome Project，中国人类基因组计划)，并以此为基础形成了 CHGC (Chinese Human Genome Consortium，中国人类基因组协作组)。

　　1999 年 7 月 7 日，IHGSC 公布了中国加入 HGP 的申请。同年 9 月 1 日在 ISMHGS 第五次会议上，经过认真答辩和慎重讨论，中国被正式接纳为 IHGSC 的成员。中国的参与不仅提高了 HGP 的国际代表性，使 HGP 成为人类自然科学史上第一个由发达国家和发展中国家一起参与的国际合作科研计划，也是中国科学走向国际科学大舞台的重要起点。

(a) 国家人类基因组南方研究中心（上海）
及其负责人陈竺

(b) 国家人类基因组北方研究中心（北京）
及其负责人强伯勤

(c) 华大基因（北京）
及其创始人汪建（左一）、刘斯奇（左二）、于军（右二）、杨焕明（右一）

(d) 中国科学院遗传发育研究所基因组中心（北京）
（遗传发育研究所时任负责人陈受宜（左）和朱立煌（右），以及基因组中心负责人杨焕明（中））

图 1.54　CHGC 的三个中心

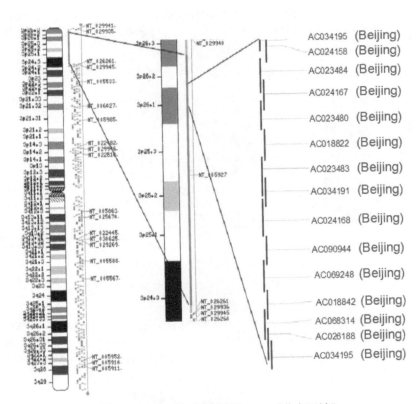

图 1.55　HGP 的"中国卷"——"北京区域"

HGP 的"中国卷"又称"北京区域"，因为所有用于测序的克隆都标以"Beijing"（北京）字样。具体分工任务是在 1999 年 10 月至 2000 年春季的六个月里，完成 50 万个成功的 Sanger 测序反应。最终，中国为人类基因组序列的草图共递交了 64 Mb 的原始序列数据 (raw data) 与 38 Mb 的"完成图 (finished map，或 complete map)"序列数据。

图 1.56　国际 HGP 协作组主要负责人合影 (2003 年)

三、HGP 的学术源流

提出 HGP 的主要科学依据是"遗传信息储藏在 DNA 序列之中"（即"生命是序列的"）这一共同理念，以及生命科学将开创新的生物产业这一共识。除此之外，当时至少有 5 个群体的 5 种观点联合促成了 HGP 的启动，而持这些观点者都成了 HGP 的倡导者和执行者。

HGP 的提出不是偶然的。在 HGP 完成多年后的今天，分析 HGP 的学术源流对于学习如何提出、设计一个具有高度前瞻性和前沿性的大科学研究计划，并如何争取学术界、政界和社会各界的支持是很有启发的。

（一）医学界：癌症防治需要人类基因组全序列

231:1055, 1986 Science

A Turning Point in Cancer Research: Sequencing the Human Genome

RENATO DULBECCO

(a)　　　　　　　　　　　　　　　　(b)

图 1.57　Renato Dulbecco (a) 和他的"HGP 标书"(b)

Dulbecco 因发现肿瘤细胞与病毒互作而获 1975 年诺贝尔生理学或医学奖

癌症是最重要的人类疾病之一。当时，"癌症是基因引起的疾病"的观点已渐渐被学术界接受。在英国 The Imperial Cancer Research Fund（帝国癌症研究基金会）的 Renato Dulbecco 于 1986 年 3 月 7 日在 *Science* 上发表了一篇题为《癌症研究的转折点——人类基因组测序》的短文。文中提出：既然我们都认同基因对于癌症研究的重要性，那么只有两种选择：一是"零敲碎打 (piece meal approach)"，大家分头各自研究；二是人类全基因组测序。这篇文章引起强烈的反响，代表了医学界对 HGP 的期待，被后人称为"HGP 标书"。

（二）"基因猎手"：克隆基因需要基因组全序列

20世纪80年代，基因与疾病的相关性已被广泛接受，"定位克隆"进展很快。从"一年一个基因"到"一月一个基因"以至于"一周一个基因"。看似进度加快，实则步履艰难。在疾病相关基因在基因组中初步定位后，在初步定位的靶区域里寻找基因，筛选和鉴定编码序列及其与疾病相关的序列变异已成为难以逾越的技术瓶颈。

"基因猎手(gene hunters)"迫切希望有覆盖全基因组的遗传图(genetic map)、物理图(physical map)、转录图(transcription map)和序列图，以及将所有基因定位(gene mapping)到染色体位置上的信息。这是遗传学界主流对HGP的助力。

（三）产业界：生物产业和测序仪制造业需要"大科学"计划的推动

20世纪70年代，新的生物技术"基因重组"、"遗传工程"的第一个热潮（"第一桶黄金"）过去之后，生物产业迫切希望能有更多的"工程基因"及有关基因调控网络的知识。除此之外，初露端倪的测序仪及相关仪器制造业希望能有HGP这样的大科学计划来推动对测序仪等的需求，进而都支持HGP。

（四）社会各界：生命伦理呼唤新的科学

"致病基因"的逐个问世，显示了基因对疾病的早期诊断和防治的新前景。很多政府部门和社会组织，特别是患者与支持组织对HGP更为热情。但是，HGP这样的大科学、大计划也引发了相关伦理问题的讨论。

（五）DOE：人类基因组的整体观

作为美国的政府机构，DOE对HGP的倡导和决策起了很大的作用。

HGP为什么首先是DOE提出，而不是美国NIH提出的？一直是人们要问的一个问题。DOE一直重视辐射对人类健康的影响。而这些影响引起的变异遍及人类全基因组，因此对人类基因组的整体性有着较全面的认识。据DOE说，像美国NIH当时的研究部门是按人类的器官设立的，"不可能"首先推出全基因组的研究。

框1.22   **有关HGP的争议几例**

1. 科学性

尽管"环境通过基因而起作用"的观点已被广泛接受，还是有不少人认为HGP"只是研究基因，而没有立即结合环境作用"。此后又发展成"研究人类基因组是不能解决问题的"，"测序不是一切"（当然，基因组测序与研究如同所有其他事情一样，都不是一切，"Nothing is everything"）。另外，是先从"人类"还是别的生物入手？当然，"先从小型模式生物的基因组开始"的主张已多次推出，但HGP团队始终认为人类基因组才是最重要的。

对于科学性的争论还涉及是全基因组测序还是EST组测序（即测定所有cDNA或EST，Expressed Sequence Tag，表达序列标签）。他们认为，即使"要基因"、"找基因"，那么，测定不同发育阶段、所有器官组织、所有不同条件（自然、人工）下的表达序列就够了。一个美国公司号称已找到20万个人类基因，一位有影响的科学家在国际知名杂志中发表了"人类基因组计划已经完成"的观点，因为他的公司已拥有远远超过所有人类基因估计数目的表达序列，这也是后来把"功能基因组"误解为"一个个基因的功能研究"，而忽视了HGP是要了解人类所有蛋白质编码基因与非编码序列的目的。

一些反对意见认为HGP只是"技术"项目（"谁买了机器都能测序"），同时提出"基因组学不是科学"，以及"人类基因组图谱就是个伪科学，……他们公布的图谱……是离体的基因物质在电泳技术下的排列方式，而不是真实的体内的排列方式"，"就像一棵苹果树，每个苹果在树上都有它们的位置，但人们把苹果取下来放在地上排顺序，却根本不知道它是哪个树枝上掉下来的"这样的奇谈怪论。

2. 可行性

尽管HGP已经落下帷幕，对于HGP的科学和社会意义的讨论仍在持续。但是在HGP启动之前，科学界最关切的是能否在预计的15年内用30亿美元的投资完成人类基因组的30

亿个碱基的测序任务。显而易见，当时的技术水平有限：①没有任何测序仪的通量和其他技术指标能达到这一要求（那时候还只有"手工测序仪"）；②还没有实用的序列组装策略和软件；③没有合适的配套技术和材料，如基因组 DNA 模板制备开始选择了 YAC 克隆，后改用 BAC（Bacterial Artificial Chromosome，细菌人工染色体）。

一位很有影响的生物学家曾这样宣称："我们永远不可能知道人类基因组的全（碱基）序列……即使考虑到现代科学的迅速发展，我也可以向你保证：我们至少要等 300 年。"这话在当时不是完全没有理由的。

3. 国际性

由于 HGP 是古往今来第一个国际性合作大项目，参加国之多，投入之大前所未有。一些发达国家不愿参与，也不愿投入（如日本在 HGP 初期）。HGP 先期也没有考虑过发展中国家的参与，由于紧张的技术压力而未及考虑人文（国际和谐）的原因；而发展中国家的一些科学家则另有想法，如一位发展中国家的科学家就这么写道："（人类基因组测序）有国际上人类基因组大实验室之间的瓜分和大公司的抢占，我们不必去参与竞争。"这代表着一种普通的心理，既没有引发讨论，也没有人表示异议。这种心理即使现在也还在一些发展中国家普遍存在。

4. 大科学

HGP 是"大科学"、"大数据"、"大平台"、"大合作"的大科学计划。因此，有人担心会影响对"小科学"和"小团队"的支持。他们认为自然科学的重要发现，特别是诺贝尔奖获奖项目，都是"不起眼"的"小团队"偶然发现的，因而把"小发现"与"大科学"对立起来，认为把巨额资金给了几个为数不多的大中心，肯定不如给几个或几十个小团队出的东西多。这种担心可以理解。

框 1.23　　　　　　　　　"一个美元，一个碱基"的预算是如何编制的？

在 20 世纪八九十年代的美国，也许不少美国人并不知道什么是基因或其确切定义，但纽约的几乎每个"的哥"，都会告诉你什么是 HGP，且总预算是 30 亿美元，还不忘发一句牢骚，"就是那'一个美元，一个碱基(one buck, one base)'"。

1990 年，美国国会批准的 HGP 的总预算是 30 亿美元，计划 15 年完成，即每年预算是 2 亿美元。在当时，可以使用的测序仪只有使用放射性标记的第一代"平板凝胶手工测序仪"，通量低，成本高（成本总和约为 10 美元/碱基）。所有这些测序仪的合计通量，以及所有中心的测序能力总和，在 15 年内完成的可能性几乎没有。30 亿美元的预算，又从何而来？

我们应该钦佩这些先驱的远见和胆略。他们在充分理解基因组测序"意义重大，势在必行"的同时，还预见到测序技术在这一重大需求的推动下，一定会有重大的改进与新的方法的出现。于是，这一挑战居然成为他们的一个理由：只有 HGP 这样的"重大计划"才能激发改进现有仪器、发明新的仪器的激情和社会的投入。

第二节　HGP 的目标和技术路线

一、HGP 的技术目标

HGP 的最终技术目标是构建人类基因组的 DNA 全序列图。

尽管 HGP 的具体任务和时间表几经修改，但整体的四项技术目标始终没有改变——构建人类基因组的四张图，即遗传图、物理图、转录图和序列图。

从技术层面来说，遗传图、物理图和转录图除了自身的研究价值以外，都可以理解成构建序列图的基础。

从科学层面来说，这四张图组成了一个完整的研究和技术体系：遗传图是人类遗传学研究多年积累的结晶，所开发的遗传标记 (genetic marker) 可以作为相对位置更为准确的基因组"路标"；物理图既是以物理标记为"路标"的基因组图谱，所提供的 DNA 克隆又是基因组测序的实验材料；转录图可以看成是序列（基因）图的雏形，提供的编码序列对序列组装和基因注释是非常重要的。某种意义上，人类基因组的序列图可以说是以遗传标记、物理标记和转录本为"路标"和"骨架"的、核苷酸水平的物理图。

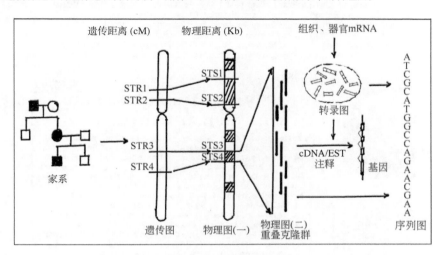

图 1.58 HGP 的四张图

（一）遗传图

遗传图，又称为连锁图 (linkage map)，是表示基因或 DNA 标记在染色体上的相对位置与遗传距离的图谱。

遗传距离 (genetic distance) 通常以基因或 DNA 标记在染色体交换过程中的重组频率（单位为 cM）来表示，cM 值越大，两者之间距离越远。一般可由多世代、多个体的家系的遗传重组检测结果来推算。而基因组标记之间的遗传距离以 cM 的积加值来表示。

HGP 使用的遗传标记是被称为"第二代 DNA 标记"的 STR。使用的家系是法国 CEPH 提供的"CEPH 家系"，分析技术主要为 PCR。

HGP 最初设定的目标是构建由 3000 个 STR 组成的、平均图距（两个标记之间的距离）为 1 STR/cM 的全基因组遗传图。遗传图于 1998 年圆满完成并发表，含 8325 个 STR 标记，平均密度为 0.36 cM/STR 或 2.8 STR/cM。

遗传图的绘制在经典遗传学研究中具有重要的地位，并曾作出重要的贡献。当时已有了较为成熟的分析家系和遗传标记"共分离 (cosegregation)"的软件，以及由英国遗传学家 Newton Morton 提出的 Lod 值这一标准参数。

（二）物理图

物理图是指以 STS (Sequence-Tagged Site，序列标签位点) 物理标记构建的基因组图谱。以 Mb 或 Kb 为图距来表示基因组的物理大小或标记图谱间的距离。

物理图有两方面的重要含义：一是构建覆盖全基因组的以 STS（在基因组中有确定位置，或大致定位的一小段已知序列的特异性单拷贝 DNA 片段，一般长度为 100~300 bp）为物理标记的基因组图谱，它反映的是基因组 DNA 序列两点之间（即两个 STS 的序列片段之间）的实际物理距离，一般以 Mb 或 Kb 为单位。二是在此基础上构建首尾重叠、覆盖整个基因组的"重叠群克隆"骨架，这些克隆也就是用于测序的材料。

270:1945, 1995 Science

An STS-Based Map of the Human Genome

Thomas J. Hudson,* Lincoln D. Stein, Sebastian S. Gerety, Junli Ma, Andrew B. Castle,
James Silva, Donna K. Slonim, Rafael Baptista, Leonid Kruglyak, Shu-Hua Xu, Xintong Hu,
Angela M. E. Colbert, Carl Rosenberg, Mary Pat Reeve-Daly, Steve Rozen, Lester Hui,
Xiaoyun Wu, Christina Vestergaard, Kimberly M. Wilson, Jane S. Bae, Shanak Maitra,
Soula Ganiatsas, Cheryl A. Evans, Margaret M. DeAngelis, Kimberly A. Ingalls, Robert W. Nahf,
Lloyd T. Horton Jr., Michele Oskin Anderson, Alville J. Collymore, Wenjuan Ye,
Vardouhie Kouyoumjian, Irena S. Zemsteva, James Tam, Richard Devine, Dorothy F. Courtney,
Michelle Turner Renaud, Huy Nguyen, Tara J. O'Connor, Cécile Fizames, Sabine Fauré,
Gabor Gyapay, Colette Dib, Jean Morissette, James B. Orlin, Bruce W. Birren, Nathan Goodman,
Jean Weissenbach, Trevor L. Hawkins, Simon Foote, David C. Page, Eric S. Lander*

(c)

282:744, 1998 Science

A Physical Map of 30,000 Human Genes

P. Deloukas,* G. D. Schuler, G. Gyapay, E. M. Beasley,
C. Soderlund, P. Rodriguez-Tomé, L. Hui, T. C. Matise,
K. B. McKusick, J. S. Beckmann, S. Bentolila, M.-T. Bihoreau,
B. B. Birren, J. Browne, A. Butler, A. B. Castle, N. Chiannilkulchai,
C. Clee, P. J. R. Day, A. Dehejia, T. Dibling, N. Drouot, S. Duprat,
C. Fizames, S. Fox, S. Gelling, L. Green, P. Harrison, R. Hocking,
E. Holloway, S. Hunt, S. Keil, P. Lijnzaad, C. Louis-Dit-Sully,
J. Ma, A. Mendis, J. Miller, J. Morissette, D. Muselet,
H. C. Nusbaum, A. Peck, S. Rozen, D. Simon, D. K. Slonim,
R. Staples, L. D. Stein, E. A. Stewart, M. A. Suchard,
T. Thangarajah, N. Vega-Czarny, C. Webber, X. Wu, J. C. Auffray,
N. Nomura, J. M. Sikela, M. H. Polymeropoulos, M. R. James,
E. S. Lander, T. J. Hudson, R. M. Myers, D. R. Cox,
J. Weissenbach, M. S. Boguski, D. R. Bentley

(a)

(b)

(d)

图 1.59 其中两位主要贡献者 David Page (a) 和 Lincoin Stein (b)

及其人类基因组物理图的论文示例 (c，d)

从序列的角度，STR 就是中间含重复序列的 STS。参照以 STR 构建的"遗传图"，两个 STR 可以提供位点之间相对方向和相对位置更为准确的信息。这些基因组中的 STS/STR 标记，就像一条长长的公路，每隔一定距离就有一个"里程碑"。1995 年，当时在美国 MIT-Whitehead 工作的 Thomas Hudson 等构建了平均图距为 199 Kb、含有 15 086 个 STS 的物理图，为物理图的最终完成作出了重大贡献。

HGP 当初设定的目标是构建由 3 万个 STS 组成的、平均密度为 10 STS/Mb 的全基因组物理图。1998 年 10 月圆满完成并发表了含 5.2 万个 STS 的物理图谱，平均图距约为 60 Kb。

HGP 起初使用的是 YAC 克隆，其优点是"大片段"，插入载体的人类基因组 DNA 片段 (插入片段，insert) 平均长度可达 1000 Kb 即 1 Mb；其缺点是"嵌合体 (chimera，即同一插入片段可能来自人类不同的染色体，或来自一条人类染色体的不同区段)"较多，且制备和纯化困难，得率很低，因此很快便改用了 BAC 克隆。尽管 BAC 克隆插入片段平均长度有 100 Kb 左右，但嵌合体频率很低、操作方便。IHGSC 统一制备了多达 30 万个克隆的 BAC 文库 (library)，克隆覆盖率 (clone coverage，以 X 来表示，指所有克隆插入片段的总长与基因组大小之比) 约为 10X，即相当于人类基因组大小的 10 倍。

在技术史上，第一代"重叠克隆群 (overlapped clone groups)"采用的策略是限制性制图 (restriction mapping，即用限制性内切酶 HindIII 消化 BAC 文库中的每一个 BAC 克隆)。如果几个克隆在琼脂糖 (agarose) 凝胶上可见同一电泳位置上的条带，可初步判断这几个克隆在基因组中是重叠的，而所有重叠的克隆都建立了限制性图谱的"指纹数据库 (fingerprinting database)"。然后，再用遗传图和物理图所提供的 STR 和 STS 的"路标"，用 PCR (以 STS 或 STR 的两侧单拷贝序列为引物) 或以 STS 为探针的 Southern Blotting (Southern 印迹，又称 Southern 转移、Southern 杂交法) 来筛选"阳性"的"种子克隆 (seed clones)"，作为"重叠克隆群"的骨架。如同一个 STS 在 BAC 文库中同时筛选出两个或两个以上的阳性克隆，则可判断它们是重叠的。其他克隆则参照"指纹数据库"所揭示的 BAC 克隆的可能重叠关系而定位。这样就有了以 STS/STR 为位置标记的、以"种子克隆"为中心的"初步定位的 BAC 重叠克隆群 (preliminarily localized and overlapped clone groups)"，基本覆盖了整个人类基因组的"测序模板"。

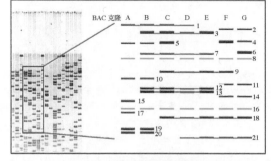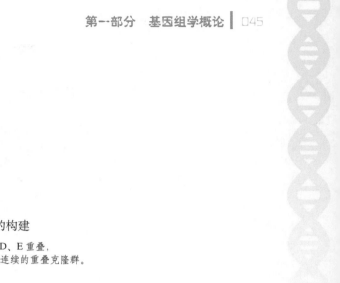

图 1.60 BAC 克隆的 *Hind* III 限制性图谱和重叠克隆群的构建

从 1 和 3 可见 A、B、C、D、E 可能重叠，从 3、7、12、13 可见 B、C、D、E 重叠，
从 9 和 18 可见 C、D、E、F、G 重叠。综合以上可见 A、B、C、D、E、F、G 为连续的重叠克隆群。

（三）转录图

转录图是所有编码基因的和其他转录序列转录本（一个基因完整的 cDNA 序列和不完整的 EST）的总和。

要注意的是，那时候，随机测序不同器官和组织由 mRNA 逆转录 (reverse transcription) 得到的 cDNA 多为 EST，即不是完整的转录本 (transcript)，也没有基因组位置的信息。但是，因为绝大多数 EST 是单拷贝序列，在基因组中一般只有一个位置（尽管没有定位），也可以作为 STS 使用。更重要的是，由 EST 组装成的完整或不完整的 cDNA 序列，带有比它本身长得多的这个基因的部分外显子的序列和排列的信息，对编码基因数目的准确估计、基因组序列的正确组装和基因的注释是很有价值的。

（四）序列图

序列图的目标是测定总长达 3000 Mb (3Gb) 的人类基因组 DNA 的碱基序列。这是 HGP 主要的任务，也是最严峻的挑战，是必须保证质量、限时完成的硬任务。

二、HGP 的技术路线

HGP 采取的技术路线是结合"重叠克隆 (clone-by-clone shotgun)"和"霰弹法 (shotgun sequencing)"的双重策略，即定位克隆霰弹法 (mapped clone shotgun)。

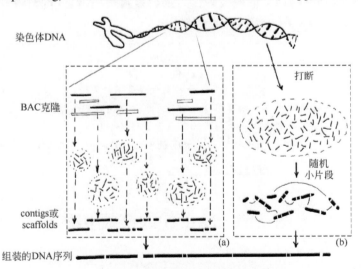

图 1.61 HGP "两个不同策略"的示意图与流程

克隆霰弹法 (a) 和全基因组霰弹法 (b)

（一）定位克隆霰弹法

定位克隆霰弹法是将初步定位的克隆逐个用"霰弹法"进行测序的技术路线。

由此得到的下机序列 (reads) 片段以"末端重叠"的序列为依据进行组装，以 PCR 技术补上 BAC"克隆内小洞 (intraclone gaps)"，进一步组装成这一 BAC 克隆的一致性序列 (consensus sequence)；然后，将所有相关克隆的一致性序列按末端重叠而组装成一条 contig（序列重叠群），并再定位到物理图和遗传图上；最后，用这些 contig 两侧序列设计的 PCR 引物再在 BAC 文库中筛选新的克隆来补上"克隆间大洞 (interclone gaps)"。

定位克隆霰弹法的优点是：充分利用了人类遗传学研究的多年积累，把遗传图、物理图和序列图紧密结合，保证了"前所未见、巨大无边"的人类全基因组序列图的准确性和说服力。首先集中完成单个克隆的准确组装，可以将重复序列可能造成的错拼问题"化整为零，分而治之"。同时，因克隆来自于单个染色体，缩小了人类双倍体基因组带来的多态性特别是高变异区对组装的影响，这在当时是技术瓶颈之一。更为重要的是，在当时的条件下，克隆霰弹法充分利用国际合作的优势，可将各个染色体或染色体区域的测序和组装的工作分配到各个实验室。

克隆霰弹法的缺点是明显的：费钱、费力、费时，且需要被测物种有很好的遗传学研究基础。国际 HGP 由 6 个国家、至少 16 个中心的 3000 多工作人员、耗时 13 年、耗资至少 30 亿美元，才完成了一个匿名欧裔的全基因组序列图（最终的精细图序列的一小部分 DNA 模板来自多个不同个体）。

（二）全基因组霰弹法

全基因组霰弹法 (Whole Genome Shotgun，也称全基因组鸟枪法)，是将靶基因组 DNA 随机打断成大小不同的片段，再在大克隆 (big clones) 或全基因组 (whole genome) 规模直接将这些片段的序列拼接、组装 (assembly) 起来的测序方案。

一般步骤是：首先利用物理方法（如超声波、热处理等）或酶化学方法（如限制性内切酶浅度消化）将基因组 DNA 切割成许多小片段，继而将这些小片段与适当的载体连接，将 DNA 的重组片段转入受体菌扩增，获得基因文库。再随机挑取含 DNA 重组片段的菌落，分别制备 DNA 模板及测序，下机序列按"末端重复"以信息学工具进行拼接和组装。2002 年中国团队发表的水稻是第一个以 WGSS 并完成组装的大型基因组。

从技术角度来说，全基因组霰弹法和克隆霰弹法实质上只是层次和规模上的差异。从客观的历史角度来看，当时 HGP 没有采取全基因组霰弹法是可以理解的。由于人类基因组中存在频率不一、长短不同、多数未知的重复序列，无法被下机序列完全覆盖（那时的 read 长度不到 700bp），即使今天也不可能得到如同 HGP 的精细图那样的组装质量。当时采用全基因组霰弹法对人类全基因组进行测序是非常大胆的，但其发表的组装好的序列仍参考了 HGP 提供的遗传图和物理图并直接使用了序列数据。直到新一代的测序仪问世和新的组装软件开发的今天，这一策略才成为可能。2010 年中国团队发表的大熊猫是第一个以 MPH 测序仪的下机序列直接从头组装的哺乳动物全基因组序列图。

框 1.24　　　　　　　　　　　　　　　**从头组装**

从头组装 (de novo assembly，也称 de novo 组装) 是一种图谱非依赖性 (map-independent) 的组装技术，指在没有遗传、物理图以及重复序列等任何基因组信息的情况下对某个物种进行测序，不依赖任何参考序列而单用生物信息学方法进行拼接组装，从而获得该物种的全基因组序列图的技术。MPH 测序技术第一个以短序列 (<100bp) 成功组装的范例便是大熊猫基因组。

第三节　HGP 中的模式生物

模式生物基因组的研究是 HGP 的重要任务和内容之一。

在完成人类基因组的第一张序列草图的同时，HGP 还完成了大肠杆菌 (*Escherichia coli*, *E. coli*)、酿酒酵母 (*Saccharomyces cerevisiae*)、秀丽线虫 (*Caenorhabditis elegans*, *C. elegans*，也称秀丽隐杆线虫)、拟南芥 (*Arabidopsis thaliana*)、黑腹果蝇 (*Drosophila melanogaster*)、河豚鱼 (*Fuku rubripes*，也译为红鳍东方鲀) 和小鼠 (*Mus musculus*) 等七种模式生物基因组序列的测序、组装和注释。

选择这七种模式生物，首先，是由于它们本身原有的重要科学和医学意义，以及在生命世界中的代表性。其次，是它们多年的遗传学、其他生物学和医学的研究基础，特别是已构建了相当精度的遗传图和物理图。其三，从基因组大小来说，除了小鼠以外，前六种模式生物的基因组比人类的要小得多，便于发展和改进技术和策略，由小到大，从易到难，特别是下机序列的拼接组装；同时，以比较基因组的手段，比较这些生物基因组在演化过程中形成的染色体或区段、编码基因和重复序列的同源性 (homology) 和共线性 (colinearity)，以及基因的密度、分布、排列顺序和序列组成，对于人类基因组的组装和注释是十分重要的。从运作的角度来说，从小从易起步，也便于更准确地评估进展和成本，更好地计划和报告阶段性成果，争取持续的资助和公众的兴趣和支持，这对一个历时十几年的科研项目来说是十分重要的。

一、大肠杆菌

大肠杆菌是原核生物的模式生物。

大肠杆菌是德国的 Theodor Escherich 于 1885 年发现和命名的，一直是分子遗传学和分子生物学的经典实验材料，后又成为遗传工程的主要工程细胞。大肠杆菌的基因和表达调控都很清楚，遗传图完整、精美。

1997 年 9 月，大肠杆菌的全基因组序列图绘制完成。基因组大小约为 5 Mb，共有 4288 个编码基因，基因密度约为 857 个基因 /Mb (基因的平均大小为 1.2 Kb/ 基因)。多数基因的结构和功能的相关性已被实验证明。与 HGP 相关的技术也初步证明"重叠克隆"测序策略和注释软件用于原核基因组的可行性。

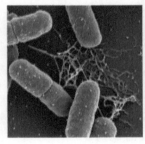

(a)   (b)

图 1.62 大肠杆菌的扫描电镜照片 (a) 及基因组论文 (b)

二、酿酒酵母

酿酒酵母是单细胞真核生物的模式生物。

酵母一直是遗传学和分子生物学的经典实验材料，遗传工程的主要工程细胞，特别是在生物产业中扮演重要角色。同为真核生物，酵母 30% 以上的编码基因与哺乳动物以至人类有较高的同源性，因而酵母基因组对 HGP 的意义比大肠杆菌更大，特别是对基因和其他功能因子的注释以及代谢途径和信号传导通路的阐明。

酵母的全基因组序列于 1996 年 10 月发表，单倍体基因组由 16 条染色体组成，大小约为 12 Mb，约 6000 个编码基因，基因密度约为 500 个基因 /Mb (基因的平均大小为 2 Kb/ 基因)。

(a)

274:546, 1996 Science

Life with 6000 Genes

A. Goffeau,*B. G. Barrell,H. Bussey,R. W. Davis,B. Dujon,
H. Feldmann,F. Galibert,J. D. Hohelsel,C. Jacq,M. Johnston,
E. J. Louis,H. W. Mewes,Y. Murakami,P. Philippsen,
H. Tettelin,S. G. Oliver

(b)

图 1.63　酵母的扫描电镜照片 (a) 及基因组论文 (b)

三、秀丽线虫

秀丽线虫是多细胞真核生物 (无脊椎动物) 的模式生物。

将秀丽线虫作为模式生物是 40 多年前由当时在英国医学研究委员会 (Medical Research Council Unit in Cambridge) 的 Sydney Brenner 提出的。Brenner 与英国 Sanger 中心的 Sulston 以及美国 MIT 的 Robert Horvitz 因对秀丽线虫的多年研究和多项发现而获 2002 年诺贝尔生理学或医学奖。

John Sulston 和美国 HGP 主要负责人之一 Waterston 对线虫的基因组测序作出了突出贡献，发展和完善了定位克隆霰弹法的战略和技术，为 HGP 的完成提供了信心和技术基础。秀丽线虫基因组序列图的圆满完成再次证明 HGP 的测序策略是可行的。

Sydney Brenner (左)、Robert Horvitz (中) 和 John Sulston (右)
因线虫研究分享 2002 年诺贝尔生理学或医学奖

图 1.64　秀丽线虫研究的贡献者

Science

C. elegans

(a)

282:2012, 1998 Science

Genome Sequence of the Nematode C. elegans: A platform for Investigating Biology

The C. elegans Sequencing Consortium

(b)

图 1.65　秀丽线虫 (a) 及基因组论文 (b)

线虫培养方便，可在琼脂培养基上生长，以大肠杆菌为食，低温液氮冷藏可保存数年。成体线虫长约 1.5 mm，雌雄同体。雌雄同体成虫个体由数目明确的 (959 个) 体细胞组成，每个细胞的形态、发育和遗传背景都很清楚。生长周期很短，受精的胚胎在 12 小时内即可孵化成自由生活的幼虫，幼虫再经过 40 小时即可发育成熟。成虫在约 4 天内就可以产生数百个后代。以各种方法获得突变体容易，表型特征明显。

线虫的基因组学研究于 1990 年开始，1998 年完成基因组测序和分析，并于当年 12 月 24 日发表。秀丽线虫单倍体基因组大小约 100 Mb，由 6 条染色体组成，含约 20 000 个编码基因，基因密度约为 200 个基因 /Mb，基因的平均大小为 5 Kb，60 % 基因与其他真核生物高度同源。

四、黑腹果蝇

果蝇是无脊椎动物（昆虫纲）的模式生物。

除了饲养容易、繁殖快等优点之外，果蝇在基因组研究中具有独特优势。它的二倍体体细胞只有四对容易识别的染色体，且有很好的研究基础，有很多明确鉴定的表型，性状变异差别明显，早在 20 世纪初即成为最为广泛使用的经典模式动物。以果蝇为实验材料的科学发现多次获得诺贝尔生理学或医学奖。

Tomas Morgan 用果蝇拓展并丰富了孟德尔遗传学说，通过性连锁遗传研究提出了连锁交换定律，因此获 1933 年诺贝尔生理学或医学奖。除他之外，包括他的学生 Hermann Muller 在内的 6 人都以果蝇为材料进行研究而获 1946 年诺贝尔生理学或医学奖。再者，果蝇的第一张物理图还要归功于 1933 年 Emil Heitz 和 Hans Bauer 在果蝇唾液腺中发现的多线染色体 (polytene chromosome)。

(a) Thomas Morgan
由于对遗传的染色体理论的
贡献而获得 1933 年诺贝尔
生理学或医学奖

(b) Hermann Muller
因证明 X 射线的诱变效应
而获 1946 年诺贝尔
生理学或医学奖

(c) 因发现发育调控机理而分享 1995 年诺贝尔生理学或医学奖的
Edward Lewis（左）、Christiane Nüsslein-Volhard（中）和 Eric Wieschaus（右）

(d) 因发现气味分子受体及嗅觉系统而分享
2004 年诺贝尔生理学或医学奖的 Richard Axel (左) 和 Linda Buck (右)

图 1.66   果蝇研究的重要贡献者

(a)

287:2185, 2000 Science

THE *DROSOPHILA* GENOME
REVIEW

The Genome Sequence of *Drosophila melanogaster*

Mark D. Adams,[1*] Susan E. Celniker,[2] Robert A. Holt,[1] Cheryl A. Evans,[1] Jeannine D. Gocayne,[1] Peter G. Amanatides,[1] Steven E. Scherer,[3] Peter W. Li,[1] Roger A. Hoskins,[2] Richard F. Galle,[2] Reed A. George,[2] Suzanna E. Lewis,[4] Stephen Richards,[3] Michael Ashburner,[5] Scott N. Henderson,[1] Granger G. Sutton,[1] Jennifer R. Wortman,[1] Mark D. Yandell,[1] Qing Zhang,[1] Lin X. Chen,[1] Rhonda C. Brandon,[1] Yu-Hui C. Rogers,[1] Robert G. Blazej,[2] Mark Champe,[2] Barret D. Pfeiffer,[2] Kenneth H. Wan,[2] Clare Doyle,[2] Evan G. Baxter,[1] Gregg Helt,[6] Catherine R. Nelson,[4] George L. Gabor Miklos,[7] Josep F. Abril,[8] Anna Agbayani,[2] Hui-Jin An,[1] Cynthia Andrews-Pfannkoch,[1] Danita Baldwin,[1] Richard M. Ballew,[1] Anand Basu,[1] James Baxendale,[1] Leyla Bayraktaroglu,[9] Ellen M. Beasley,[1] Karen Y. Beeson,[1] P. V. Benos,[10] Benjamin P. Berman,[2] Deepali Bhandari,[1] Slava Bolshakov,[11] Dana Borkova,[12] Michael R. Botchan,[13] John Bouck,[3] Peter Brokstein,[2] Phillipe Brottier,[14] Kenneth C. Burtis,[15] Dana A. Busam,[1] Heather Butler,[16] Edouard Cadieu,[17] Angela Center,[1] Ishwar Chandra,[1] J. Michael Cherry,[18] Simon Cawley,[19] Carl Dahlke,[1] Lionel B. Davenport,[1] Peter Davies,[1] Beatriz de Pablos,[20] Arthur Delcher,[1] Zuoming Deng,[1] Anne Deslattes Mays,[1] Ian Dew,[1] Suzanne M. Dietz,[1] Kristina Dodson,[1] Lisa E. Doup,[1] Michael Downes,[21] Shannon Dugan-Rocha,[3] Boris C. Dunkov,[22] Patrick Dunn,[1] Kenneth J. Durbin,[1] Carlos C. Evangelista,[23] Concepcion Ferraz,[23] Steven Ferriera,[1] Wolfgang Fleischmann,[5] Carl Fosler,[1] Andrei E. Gabrielian,[1] Neha S. Garg,[1] William M. Gelbart,[9] Ken Glasser,[1] Anna Glodek,[1] Fangcheng Gong,[1] J. Harley Gorrell,[3] Zhiping Gu,[1] Ping Guan,[1] Michael Harris,[1] Nomi L. Harris,[2] Damon Harvey,[1] Thomas J. Heiman,[1] Judith R. Hernandez,[3] Jarrett Houck,[1] Damon Hostin,[1] Kathryn A. Houston,[2] Timothy J. Howland,[1] Ming-Hui Wei,[1] Chinyere Ibegwam,[1] Mena Jalali,[1] Francis Kalush,[1] Gary H. Karpen,[21] Zhaoxi Ke,[1] James A. Kennison,[24] Karen A. Ketchum,[1] Bruce E. Kimmel,[2] Chinnappa D. Kodira,[1] Cheryl Kraft,[1] Saul Kravitz,[1] David Kulp,[19] Zhongwu Lai,[1] Paul Lasko,[25] Yiding Lei,[1] Alexander A. Levitsky,[1] Jiayin Li,[1] Zhenya Li,[1] Yong Liang,[1] Xiaoying Lin,[26] Xiangjun Liu,[1] Bettina Mattei,[1] Tina C. McIntosh,[1] Michael P. McLeod,[3] Duncan McPherson,[1] Gennady Merkulov,[1] Natalia V. Milshina,[1] Clark Mobarry,[1] Joe Morris,[1] Ali Moshrefi,[2] Stephen M. Mount,[27] Mee Moy,[1] Brian Murphy,[1] Lee Murphy,[28] Donna M. Muzny,[3] David L. Nelson,[3] David R. Nelson,[29] Keith A. Nelson,[1] Katherine Nixon,[1] Deborah R. Nusskern,[1] Joanne M. Pacleb,[2] Michael Palazzolo,[2] Gjange S. Pittman,[1] Sue Pan,[1] John Pollard,[1] Vinita Puri,[1] Martin G. Reese,[4] Knut Reinert,[1] Karin Remington,[1] Robert D. C. Saunders,[30] Frederick Scheeler,[1] Hua Shen,[3] Bixiang Christopher Shue,[1] Inga Sidén-Kiamos,[11] Michael Simpson,[1] Marian P. Skupski,[1] Tom Smith,[1] Eugene Spier,[1] Allan C. Spradling,[31] Mark Stapleton,[2] Renee Strong,[1] Eric Sun,[1] Robert Svirskas,[32] Cyndee Tector,[1] Russell Turner,[1] Eli Venter,[1] Aihui H. Wang,[1] Xin Wang,[1] Zhen-Yuan Wang,[1] David A. Wassarman,[33] George M. Weinstock,[3] Jean Weissenbach,[14] Sherita M. Williams,[1] Trevor Woodage,[1] Kim C. Worley,[3] David Wu,[1] Song Yang,[2] Q. Alison Yao,[1] Jane Ye,[1] Ru-Fang Yeh,[19] Jayshree S. Zaveri,[1] Ming Zhan,[1] Guangren Zhang,[1] Qi Zhao,[1] Liansheng Zheng,[1] Xiangqun H. Zheng,[1] Fei N. Zhong,[1] Wenyan Zhong,[1] Xiaojun Zhou,[1] Shiaoping Zhu,[1] Xiaohong Zhu,[1] Hamilton O. Smith,[1] Richard A. Gibbs,[3] Eugene W. Myers,[1] Gerald M. Rubin,[34] J. Craig Venter[1]

(b)

图 1.67   黑腹果蝇 (a) 及基因组论文 (b)

　　果蝇也是第二个完成基因组测序的多细胞生物。果蝇染色体组成，基因组全长约 140 Mb，含有 13 792 个编码基因。2000 年 3 月 Craig Venter 实验室发表了果蝇基因组常染色质区 116 Mb 的 DNA 序列。有趣的是，决定人类遗传病的 289 个基因中有 177 个在果蝇基因组中可以找到同源基因。比较果蝇与酵母和线虫基因组序列发现，果蝇和线虫的蛋白质数目相似，约为酵母的 2 倍。

五、拟南芥

　　拟南芥是双子叶植物的模式生物。

　　自 20 世纪 80 年代开始，拟南芥成为植物遗传、生理、生化、发育等方面研究的理想实验材料。HGP 选择拟南芥作为唯一的模式植物，首先是由于其基因组较小，其次是需要比较植物和动物基因组的异同及演化。

　　作为一种小型的双子叶植物，拟南芥是第一个基因组被测序和分析的。拟南芥基因组于 2000 年发表。拟南芥单倍体基因组有 5 条染色体，大小约为 115.4 Mb，有 25 498 个编码基因，基因密度约为 220 个基因 /Mb，基因的平均大小为 4.5 Kb。

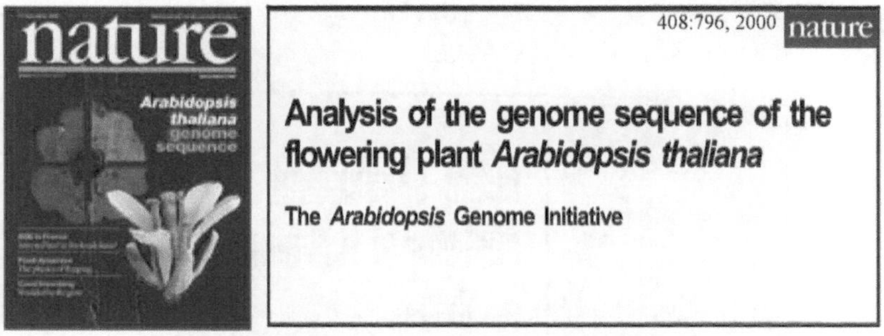

图 1.68 拟南芥 (a) 及基因组论文 (b)

六、河豚鱼

河豚鱼是脊椎动物 (鱼纲) 的模式生物。

河豚鱼成为模式动物也应归功于 Brenner，正是他才使得河豚鱼最后列入 HGP 的模式生物。HGP 选择河豚鱼的主要原因是它的基因组很小，当时估计只有人的七分之一，却可能含有脊椎动物的几乎所有编码基因。基因组组成与人类高度相似，但少了许多内含子和基因间重复序列，在识别编码基因和其他功能因子，以及理解脊椎动物基因组的结构和演化等方面有很大的参考价值，对人类基因组序列的注释起了很大作用。

图 1.69 河豚鱼 (a) 及基因组论文 (b)

河豚鱼基因组于 2002 年 8 月发表，大小仅 392 Mb，21 条染色体 (单倍体)，31 059 个编码基因，基因密度约为 80 个基因 /Mb，基因的平均大小为 12.6 Kb。

七、小鼠

小鼠是脊椎动物 (哺乳类) 的模式生物。

小鼠是最经典、最常用、最重要的医学实验动物，也是研究得最广泛、最详尽、最深入的模式动物。已选育了数以千计的近交系或纯系、突变系或 "隔离群 (isolates)"，有明确的表型描述和实验相关的质量控制标准。转基因和基因敲除以及敲入等结合克隆技术，使小鼠成为第一个可以人为构建人类疾病模型的实验生物。

HGP 选择小鼠作为模式生物，是因为小鼠在基因组大小、染色体或区段的结构和位置、编码基因和其他功能因子的密度和分布及其序列和排列、重复序列的构成等各方面都与人类高度相似，90% 以上的小鼠基因均能在人类基因组中找到相应的同源基因，对人类基因组的组装和注释意义非凡。小鼠基因组序列的完成，意味着人类基因组接近成功。

2002 年 12 月，C57BL/6J 品系小鼠基因组的序列草图完成，单倍体基因组由 19+X/Y 条染色体组成大小约为 2.5 Gb，有 30 000 多个编码基因，基因密度约为 8.8 个基因 / Mb，基因的平均大小为 113 Kb。

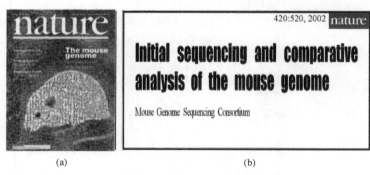

(a)   (b)

图 1.70   小鼠 (C57BL/6J) (a) 及基因组论文 (b)

除了上述的四张图和七种模式生物的技术目标以外，HGP 的内容还包括技术开发和转让、人才培训等。更重要的是，HGP 首开先河，把研究与人类基因组研究相关的伦理问题扩展为 "伦理—法律—社会问题 / 影响"，即 Ethical 扩展到 ELSI 并列入计划，并明确规定将 3%~5% 的总经费用于 ELSI 研究。

第四节   HGP 的完成与后续计划

一、HGP 的完成

IHGSC 于 1999 年 9 月 1 日宣布定于 2000 年的第二季度完成人类基因组的草图 (即工作框架图)。2000 年 6 月 26 日，隆重宣布这一历史性任务的完成。

据当时的技术标准，草图要覆盖全基因组的 90% 以上，碱基的平均准确率为 99%。以那时的技术，测序深度 (depth) 至少要 5X (即所有下机序列的总长度约为基因组估计大小的 5 倍)。

按照 IHGSC 的计划，6 月 26 日各 HGP 参与国的首都同时举行庆祝活动。后由于各种原因，只有美国和英国通过卫星同时举行了隆重的庆祝集会，其余国家只是先后举行了不同形式和规模的庆祝活动，中国在北京近郊于当地时间早上 8 时举行了一个小型的新闻发布会和庆祝会。

当地时间 2000 年 6 月 26 日早上 8 点，时任美国总统克林顿 (Bill Clinton) 与英国首相布莱尔 (Tony Blair) 代表美国和英国，分别在华盛顿和伦敦和其他参与国的大使及科学家代表一起，举行了以 "解读生命的天书，人类进步的里程碑 (Decoding the Book of Life，A Milestone for Humanity)" 为题的庆典，宣布人类基因组草图的完成。

图 1.71   国际 HGP 主要负责人 Francis Collins 宣布人类基因组草图完成

（a）　　　　　　　　　　　　（b）

图 1.72　时任美国总统克林顿 (a) 与英国首相布莱尔 (b) 在人类基因组草图庆典上

人类基因组精细图于 2003 年完成。同年 4 月 14 日，中国、法国、德国、日本、英国和美国的政府首脑联合签署"人类基因组计划宣言 (Proclamation of the Human Genome Project)"。

英国和美国等其他成员国都举行了隆重的庆祝活动，而中国的所有庆祝计划都因为当时的 SARS (Severe Acute Respiratory Syndrome，严重急性呼吸综征) 而被迫取消。至此，经过 13 年的艰苦努力，HGP 的所有目标全部提前 2 年圆满完成，正式落下帷幕。据当时的技术标准，精细图 (当时也称完成图) 要覆盖全基因组的 99 % 以上，碱基的平均准确率为 99.99 %，测序深度 (depth) 至少要 10X。

框 1.25　　　　庆祝人类基因组草图完成 (2000 年 6 月 26 日)

克林顿一开始就向英国、法国、德国、日本的大使和科学家表示感谢，接着说："我还要向中国的科学家表示感谢，感谢他们对广泛合作的人类基因组计划所作出的贡献。"

克林顿声称，"这是人类历史上值得载入史册的一天"。"今天，我们正在学习上帝创造生命时使用的语言，并且正在以前所未有的眼光审视着万物之灵的人类。我们将能够更加细致入微地领略人类自身的复杂和美丽。"克林顿总统还将基因组草图的完成与伽利略的天文发现相媲美。

布莱尔则表示，"让我们今天亲眼见证一下人类医学科学史上的伟大革命吧，它的意义远远大于抗生素的发明。这是 21 世纪第一项伟大的科技成就。"

框 1.26　　　　　　　人类基因组计划宣言

——六国政府首脑关于人类基因组序列图完成的联合宣言

(2003 年 4 月 14 日)

我们，美国、英国、日本、法国、德国与中国的政府首脑，骄傲地向全世界宣布：我们六国的科学家已完成了人类生命的分子指南——由 30 亿个碱基对组成的人类基因组 DNA 的关键序列图。

人类"生命天书"全部章节的解读，适逢 DNA 双螺旋结构发表 50 周年。50 年前的这个月，Watson 与 Crick 这一里程碑的发现，使基因研究与生物技术取得了举世瞩目的进展；50 年后的这一天，"国际人类基因组测序协作组"公布了人类基因组序列信息，全世界都可以通过国际互联网从公共数据库中自由分享，免费使用而不受任何限制。

人类基因组是全人类的共同财富和遗产。人类基因组序列图不仅奠定了人类认识自我的基石，推动了生命与医学科学的革命性进展，而且为全人类的健康带来了福音，使我们向着更加幸福的未来迈出了意义非凡的一步。

我们向参与人类基因组计划的所有工作人员致以热烈的祝贺！他们的创新与奉献，在科学技术发展史上书写了光辉的一页；他们的杰出成就，将永远成为人类历史上的一个里程碑！

我们积极倡议，全世界来共同庆祝人类基因组计划所取得的科学成就。

我们殷切期盼，生命科学和医学界尽快应用这些成就，为尽早解除人类病痛再创辉煌！

温家宝	总理	中国 (China)
雅克•希拉克	总统	法国 (France)
格哈德•施罗德	总理	德国 (Germany)
小泉纯一郎	首相	日本 (Japan)
托尼•布莱尔	首相	英国 (UK)
乔治•布什	总统	美国 (USA)

框 1.27　　　　　　　　　人类基因组染色体序列图的发表日期

人类基因组各染色体的序列精细图并不是同时发表的。IHGSC 与 *Nature* 杂志商定，人类 24 条染色体的精细图将逐个在 *Nature* 上发表。同日，由各染色体协作组发表新闻通报。第一个发表的是较小的 22 号染色体 (1999 年 12 月)，最后一个是最大的 1 号染色体 (2006 年 5 月)。实际上在 2003 年 4 月 14 日正式宣布"完成"时，只有 4 个染色体的精细图发表。后来，*Nature* 为这一组论文出版了一个专辑。

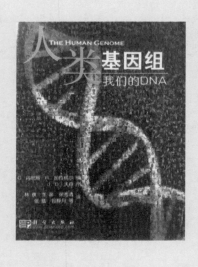

**表 1.2　人类基因组各染色体的
序列精细图发表时间**

发表时间		染色体
1999 年	12 月	22 号
2000 年	5 月	21 号
2001 年	12 月	20 号
2003 年	2 月	14 号
	6 月	Y
	5 月	7 号
	10 月	6 号
2004 年	4 月	13 号、19 号
	5 月	9 号、10 号
	9 月	5 号
	12 月	16 号
2005 年	3 月	X
	4 月	2 号和 4 号
	9 月	18 号
2006 年	1 月	8 号
	3 月	11 号、12 号和 15 号
	4 月	3 号、17 号
	5 月	1 号

二、HGP 的后续计划

延续至今的 HGP 诸多后续计划是基因组学发展史的重要部分。

HGP 的后续计划特指那些组织上以 IHGSC 的各主要研究中心为主体，思路和策略上延续 HGP（特别是全基因组规模），技术上以基因组测序和信息学分析为主要的技术平台，原则上坚持 HGP "共需、共有、共为、共享"精神的国际合作计划。主要有 HapMap 计划、ENCODE (The Encyclopedia of DNA Elements，DNA 元件的百科书)（中国唯一没有参与的大型国际基因组合作计划）、G1K 计划、ICGP (International Cancer Genome Project，国际癌症基因组计划)。

从基因组学发展的角度，主要有标志"从一个个体的基因组参考序列到人类基因组多样性"的国际HapMap 计划；"从参考序列到注释人类基因组功能元件"的国际 ENCODE 计划；"从一个个体的参考序列到研究人类代表性主要群体的多个体全基因组序列多样性"的 G1K 计划，标志人类基因组学研究进入临床应用的 ICGP，以及正在讨论并已分别实施的 G1M 计划（百万人基因组计划）与国际 G1B 计划（十亿人基因建议）。

（一）国际 HapMap 计划

国际 HapMap 计划是在 HGP 完成精细图的同时，于 2002 年 10 月宣布启动的，因而被称为 HGP 的"姐妹计划"。

HapMap 计划标志着人类基因组研究"从一个个体的基因组参考序列到人类基因组多样性"的重要里程碑。美国、英国、日本、中国的 HGP 主要中心，以及加拿大和尼日利亚的团队一起宣布启动了国际 HapMap 计划。作为 HGP 的姐妹计划，HapMap 计划的技术任务，是以 HGP 产生的和其他来源的候选SNP 为基础，以人类三大群体的样本进行分型。鉴定 MAF (Minor Allele Frequency，最小的等位基因频率)为 5% 或以上的 SNP。这三大群体的样本中，非洲人和欧洲人各为 30 个"trio (3 人小家系)"，亚洲人为 90 个遗传上不相关的随机个体样本。由于历史原因，亚洲人的样本最终为 45 个中国人和 44 个日本人。

图 1.73　国际 HapMap 协作组负责人合影

HapMap 计划提供的数百万 SNP，不仅对人类基因组的多样性、群体和演化基因组学起了很重要的作用，而且奠定了研究常见或复杂疾病 (common or complex diseases) 的 GWAS 的基础。而 HapMap 样本及其永生细胞系 (immortalised cell line)，也成为基因组学和医学生物学研究的经典材料。

框 1.28　　　　　　　　　单核苷酸多态性和单体型

SNP 也称第三代 DNA 遗传标记，主要是指在基因组水平上由单个核苷酸的变异所导致的 DNA 序列多态性。它是人类可遗传的变异中最常见的一种，占所有已知多态性的 90% 以上。SNP 在人类基因组中广泛存在，平均每 300~1000 个碱基对中就有 1 个，估计其总数可达 1000 多万个。SNP 的变异可以有双等位 (如 A/T，或 A/C，或 A/G)、三等位、四等位，而多数为双等位。

单体型 (haplotype)：在遗传上，位置相邻 SNP 的等位位点 (allele) 倾向于以一个整体遗传给下一代，这样的位于某染色体上某一区域的一组相邻的 SNP 等位位点被称为单体型。

HapMap 计划的第一期 (phase I) 工作于 2005 年完成，含 100 多万个常见 SNP 位点的分型，平均密度为 1 SNP/3 Kb。2007 年发表了第二期 (phase II) 的工作，含 300 多万个 SNP 位点的分型。2010 年发表了第三期 (phase III) 的工作，分型样本扩大到 11 个人群的 1184 个个体，同时对其中 692 个样本进行了 1 Mb 区域的测序，以发现 MAF 更低的 SNP。

图 1.74　国际 HapMap 计划和第一篇论文

（二）ENCODE 计划

ENCODE 旨在开发新的分析软件，详细注释人类基因组中的编码基因和所有其他非编码的 DNA 功能元件。

ENCODE 计划是由英国 Sanger 研究所、EBI (European Bioinformatics Institute，欧洲生物信息学研究所) 以及美国的 NHGRI 发起的，后来组成了由 11 个国家 80 家单位参与的 35 个工作小组，中国参加了早期讨论，由于多方原因最终没有参与。EBI 的 Ewan Birney 为总负责人。该计划几乎与 HapMap 同时开始讨论并在 2003 年正式启动，与 HapMap 相互呼应。

图 1.75　ENCODE 负责人 Ewan Birney 及其论文示例

ENCODE 首先选择了人类基因组中分别代表"基因密集 (gene-rich)"和"基因稀疏 (gene-poor)"的 44 个基因组区段（大小范围为 5 Kb~2 Mb，共约 30 Mb，约占人类基因组的 1%，因此前期也称为"1% 测序和比较分析计划"），称为"ENCODE 靶区域 (ENCODE targets)"，以当时的 Sanger 法测序技术进行多个体的深度测序。ENCODE 的深入、精细分析主要有三个方面：①结合所有相应 cDNA（包括 EST）的分析来检出可能遗漏的编码基因，以修改和改进注释 (annotation) 结果和注释软件；②编码基因表达谱和其他分析结合，来鉴定这些基因的调控序列；③通过对 23 种哺乳动物的同源区域 (homologous region，称为"ENCODE 区域"）的比较基因组分析，来检出人类基因组对应区域中的所有 DNA 功能元件，包括编码基因及其启动子 (promoter)、增强子 (enhancer)、抑制子 (repressor) / 沉默子 (silencer)、内含子 (intron)、复制起点 (origin of replication)、复制终止位点 (sites of replication termination)、转录因子结合位点 (transcription factor binding sites)、甲基化位点 (methylation sites)、DNaseI 高敏感位点 (DNaseI hypersensitive sites)、染色质修饰 (chromatin modification) 和功能尚为未知的、存在于多个物种中的保守序列等在内的所有功能元件，为人类基因组提供一张完整的元件目录，以回答为何人类蛋白质编码基因比原先人们估计要少得多、非编码区域是否都是垃圾 DNA (junk DNA) 等诸多难题。

2007 年 6 月，ENCODE 协作组相继在 *Nature* 和 *Genome Research* 上发表了 29 篇相关论文。2012 年 9 月，又以 ENCODE 计划协作组 (International ENCODE Project Consortium) 的名义，在 *Nature* 等杂志上共发表了 30 篇论文，代表了迄今对人类基因组的最详尽的分析和注释，揭示了在人类基因组中至少 80% 的 DNA 都是有"目的"或者说是有功能的。

（三）国际千人基因组计划 (G1K 计划)

G1K 计划是 HGP 团队基于 MPH 测序技术，旨在通过多群体、多个体的全基因组序列分析来研究人类基因组序列多样性的计划。

G1K 计划标志着人类基因组研究"从一个个体的参考序列到研究人类代表性主要群体的多个个体全基因组序列多样性"的新阶段。

G1K 计划是由英国、中国和美国（后来美国的三大测序仪制造商相继加入）于 2008 年 5 月宣布启动的又一重要的国际合作计划。其预计划 (pilot project) 主要是测序和分析 HapMap 计划所用的"三大群体（欧洲、非洲、亚洲人群）"样本，第一期计划 (phase I) 扩大到四大群体（增加了美洲人群）的 1094 个样本，鉴定和发表了 3890 万个 SNP，140 万个 InDel (Insertion-Deletion，小插入和缺失)，1.4 万个大缺失 (large deletions)。第二期计划 (phase II) 又扩大到五大群体（增加了中东人群）25 个族群的 2500 个样本。第一期计划已经完成，代表了人类基因组多样性研究的新近进展。

图 1.76 国际 G1K 计划协作组负责人合影

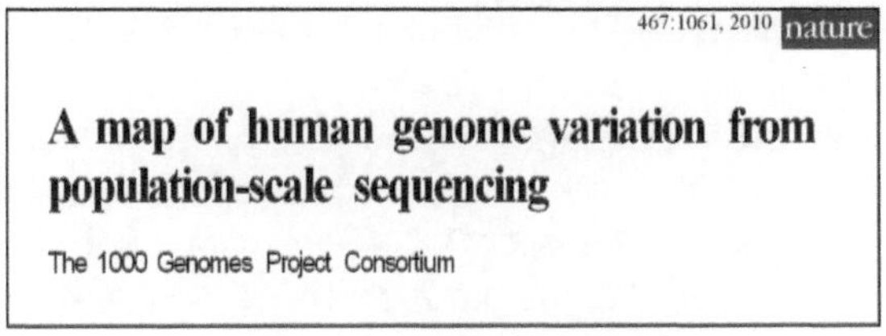

467:1061, 2010 | nature

A map of human genome variation from population-scale sequencing

The 1000 Genomes Project Consortium

图 1.77 G1K 计划论文示例

（四）国际癌症基因组计划 (ICGP)

ICGP 是基因组学走向临床医学研究的一个新起点。

ICGP 的初衷便是 Dulbecco 在 1986 年发表的 HGP 标书。ICGP 是由 HGP 重要负责人之一 Eric Lander 与美国的癌症学家一起发起的。他们向美国国会递交了"癌症基因组计划建议书"。美国 NIH 连续召开了多次国际研讨会，一开始便邀请中国代表出席。中国代表表示了积极、明确的支持态度并大力呼吁"将美国的计划像 HGP 那样变成国际性的合作计划"。2006 年，美国 NIH 由 NHGRI 和 NCI (National Cancer Institute，国家癌症研究所) 合作首先启动 TCGA (The Cancer Genome Atlas，癌症基因组概图) 计划。经过讨论，美国、英国、加拿大、中国等国科学家于 2008 年 4 月在加拿大的多伦多举行会议，组成 ICGC 启动了 ICGP。现在已有 15 个国家的 47 个中心加入了 ICGC。

ICGP 的主要技术目标，是测序和分析 50 个主要癌症的基因组，每个癌症（主要类型和主要亚类型，types 和 major subtype）要分析 500 个样本，加上来自同一患者的 500 个正常样本作为对照，一共要分析 50 000 个基因组。

ICGP 主要分析癌症样本的体细胞的基因组变异，鉴定与癌症发生有关的 SNP 和 InDel、CNV (Copy Number Variation，拷贝数目变异，包括较大区段的插入和缺失) 以及易位 (translocation) 和颠位 (inversion) 等其他 SV (Structure Variation，结构变异)。特别是鉴别与癌症发生有关的驱动变异 (driver variation) 和与癌症发生所带来的继发变异 (passenger variation)，绘制第一张人类癌症基因组变异的目录，并开始 PCAWG (Pan Cancer Analysis of Whole Genomes 治癌种的全基因组分析) 的比较分析，以发现不同器官组织中癌症发生的共性和特性。

图 1.78　ICGC 第一次工作会议与会代表合影

（五）百万人基因组计划与十亿人基因组建议 (G1M 与 G1B)

多国 G1M 计划与国际 G1B 建议的提出并开始逐步实施，标志着基因组学与精准医学新时代的来临。

提出 G1M 计划主要依据是：① MPH 测序仪的改进和信息学工具的创新和完善；②受 G1K 计划与 ICGP 初步成果的鼓舞；③大数据时代的呼唤；④基因组学医学临床方面应用的迅速发展；⑤更重要的是以全基因组序列研究为主要基础的"精准医学"被广泛接受。

华大基因 2012 年开始实施百万人类基因组计划 (G1M)。随后，英国在 2013 年将原先的万人基因组计划 (G10K) 升级为十万人类基因组计划 (G100K)，美国等国也提出了 G1M 计划。

为了继续倡导 HGP 精神，中国团队提出要把全球各国各处的 G1M 计划转变为国际大合作的 G1B 建议，并分阶段逐年实施。美国 NIH 的 Collins 于 2011 年首先提出这一设想，后美国的 *Washington Post* 杂志也报道了这一提议。

（六）其他国际合作计划

除了上述这五大重要计划以外，还有几个与人类基因组研究相关的影响较大的多国参与的国际合作计划，最主要的有人类 META 基因组计划 (Human Metagenome Project)，国际外饰基因组计划 (International Epigenome Project)、人类变异体计划 (Human Variome Project) 和国际人类蛋白质组计划 (Human Proteome Project) 等。

框 1.29	国际人类蛋白质组计划
 图 1.79　人类肝脏蛋白质组计划负责人贺福初	国际人类蛋白质组计划是继国际人类基因组计划之后的又一项大规模的国际性合作计划。首批行动计划包括由中国团队牵头的人类肝脏蛋白质组计划和美国团队牵头的人类血浆蛋白质组计划。 　　3 年来，中国军事医学科学院贺福初和其他中国团队围绕人类肝脏蛋白质组的表达谱、修饰谱及相互作用的连锁图等九大科研任务，已经成功分析了 6788 个高可信度的中国成人肝脏蛋白质，构建了国际上第一张人类器官蛋白质组草图；发现了包含 1000 余个"蛋白质 - 蛋白质"相互作用的网络图；建立了 2000 余株蛋白质抗体。

框 1.30 　　　　　　　　　　　**人类蛋白质组第一张草图**

2014 年 5 月，两个国际小组分别发表了人类蛋白质组的草图。美国 The Johns Hopkins University（约翰霍普金斯大学）的 Akhilesh Pandey 团队分析了 30 种不同的组织类型，所分析的蛋白数目 (17 294 个) 占人类预计蛋白总数的 84%，并通过表达分析证明了组织和细胞特异性蛋白的存在。德国 Technische Universitaet München（慕尼黑工业大学）的 Bernhard Küster 等则发布了公共数据库 Proteomics DB，含 18 097 个基因表达的蛋白。占目前预计人类蛋白总数 (19 629 个) 的 92% 左右。

509:575, 2014 nature

A draft map of the human proteome

Min-Sik Kim[1,2], Sneha M. Pinto[3], Derese Getnet[1,4], Raja Sekhar Nirujogi[3], Srikanth S. Manda[3], Raghothama Chaerkady[1,2], Anil K. Madugundu[3], Dhanashree S. Kelkar[3], Ruth Isserlin[5], Shobhit Jain[5], Joji K. Thomas[3], Babylakshmi Mathusamy[3], Pamela Leal-Rojas[1,6], Praveen Kumar[3], Nandini A. Sahasrabuddhe[3], Lavanya Balakrishnan[3], Jayshree Advani[3], Bijesh George[3], Santosh Renuse[3], Lakshmi Dhevi N. Selvan[3], Arun H. Patil[3], Vishalakshi Nanjappa[3], Aneesha Radhakrishnan[3], Samarjeet Prasad[1], Tejaswini Subbannayya[3], Rajesh Raju[3], Manish Kumar[3], Sreelakshmi K. Sreenivasamurthy[3], Arivusudar Marimuthu[3], Gajanan J. Sathe[3], Sandip Chavan[3], Keshava K. Datta[3], Yashwanth Subbannayya[3], Apeksha Sahu[3], Soujanya D. Yelamanchi[3], Savita Jayaram[3], Pavithra Rajagopalan[3], Jyoti Sharma[3], Krishna R. Murthy[3], Nazia Syed[3], Renu Goel[3], Aafaque A. Khan[3], Sartaj Ahmad[3], Gourav Dey[3], Keshav Mudgal[3], Aditi Chatterjee[3], Tai-Chung Huang[1], Jun Zhong[1], Xinyan Wu[1], Patrick G. Shaw[1], Donald Freed[2], Muhammad S. Zahari[1], Kanchan K. Mukherjee[3], Subramanian Shankar[3], Anita Mahadevan[7], Henry Lam[8], Christopher J. Mitchell[1], Susarla Krishna Shankar[10,11], Parthasarathy Satishchandra[12], John T. Schroeder[13], Ravi Sirdeshmukh[3], Anirban Maitra[13,16], Steven D. Leach[1,17], Charles G. Drake[16,18], Marc K. Halushka[14], T. S. Keshava Prasad[3], Ralph H. Hruban[14,16], Candace L. Kerr[19,x], Gary D. Bader[5], Christine I. Iacobuzio-Donahue[13,16,17], Harsha Gowda[3] & Akhilesh Pandey[1,2,3,15,16,20]

309:582, 2014 nature

Mass-spectrometry-based draft of the human proteome

Mathias Wilhelm[1,2x], Judith Schlegl[2x], Hannes Hahne[1x], Amin Moghaddas Gholami[1x], Marcus Lieberenz[3], Mikhail M. Savitski[5], Emanuel Ziegler[2], Lars Butzmann[3], Siegfried Gessulat[3], Harald Marx[1], Toby Mathieson[5], Simone Lemeer[1], Karsten Schnatbaum[4], Ulf Reimer[4], Holger Wenschuh[4], Martin Mollenhauer[2], Julia Slotta-Huspenina[6], Joos-Hendrik Boese[3], Marcus Bantscheff[5], Anja Gerstmair[2], Franz Faerber[2] & Bernhard Kuster[1,6]

图 1.80　人类蛋白质组论文

框 1.31 　　　　　　　　　　　**各国的"脑计划"**

不同于"组学"的相关计划，脑计划是各国分别启动、多学科合作的重要研究计划。

2013 年 4 月 2 日，美国总统奥巴马 (B. Obama) 宣布启动脑科学 (BRAIN Initiative) 计划，其全称为以创新性神经技术开展大脑研究 (Brain Research through Advancing Innovative Neurotechnologies) 计划。该项目旨在通过创新性技术的开发以及应用，从而能更好地理解大脑的功能。2014 年获得美国 NIH 的 4600 万美元的资助后，2015 年 10 月 1 日又启动了第二轮计划。

欧洲脑计划 (The Human Brain Project) 紧随美国之后启动，联合欧洲 26 个国家的数百个实验室，预计耗时 10 年，投入 12 亿欧元。2005 年，由瑞士的 Henry Markram 牵头的蓝脑计划 (Blue Brain Project) 已启动。

日本政府也紧随美国和欧盟之后宣布启动日本脑计划 (Brain/Minds Project)。该计划为期 10 年，由 RIKEN 主导完成。

中国脑计划将于 2016 年启动，其全称为脑科学与类脑智能技术 (Brain Science and Brain-Like Intelligence Technology)，主要有两个研究方向：攻克大脑疾病为导向的脑科学研究及以建立和发展人工智能技术为导向的类脑研究，将作为中国长期科学项目工程中的一个重要项目，资助时间为 15 年 (2016 ~ 2030 年)。

<table>
<tr><td colspan="2">**框 1.32**   **人类基因组计划大事记**</td></tr>
</table>

（一）讨论酝酿阶段 (1984～1989 年)

1984 年   Ray While 等在美国 Utah 举行了第一次有关人类基因组研究的讨论会。

1985 年   美国 DOE 的 Robert Sinsheimer 在 Santa Cruz 的 California 大学举行了人类基因组测序的正式讨论会。

在 Charles Delisi 和 David Smith 的主持下，美国 DOE 在 Santa Fe（圣塔菲市）召开了一次会议，对人类基因组测序的可行性进行了初次评估。

1986 年   5 月 6 日，Charles Delisi 等提出了有关 HGP 的建议和设想。

1987 年   4 月，美国国会特许 DOE 开始"绘制人类基因组图谱"的计划。美国 NIH 开始为基因组相关研究项目提供资助。

1988 年   美国 DOE 发表有关 HGP 的第一个正式报告。

1989 年   美国 DOE 和 NIH 合作成立伦理、法律和社会问题 (ELSI) 工作小组。

美国 DOE 与 HGP 相关人员召开首次合作研讨会。

（二）启动运作阶段 (1990～1998 年)

1990 年   美国 DOE 和 NIH 联合向美国国会提交了 HGP 的第一个"五年计划"，美国 HGP 正式启动。

1991 年   第一个人类基因组数据库——GDB (Genome DataBase) 成立并供全球免费使用。

1992 年   美国 DOE 和 NIH 发布数据和资源共享的规定。

1993 年   美国 DOE 和 NIH 发表经修订的 HGP "五年计划"。

1994 年   HGP 的第一个"五年计划"提前一年完成。

ELSI 工作小组发表第一个 Genetic Privacy Act。

美国 DOE 的 HGP 网站对公众和研究人员正式开放。

1995 年   第一张以 STS 为标记的物理图发表。

1996 年   Wellcome Trust 召集"第一次国际战略会议 (ISMHGS-1)"并发表"百慕大原则"。

模式生物酵母基因组序列发表。

1997 年   美国 NIH 的"国家人类基因组研究中心 (NHGRC)"更名为"国家人类基因组研究所 (NHGRI)"。

ISMHGS-2 在百慕大举行。

美国 DOE 成立 JGI。

模式生物大肠杆菌的基因组序列发表。

UNESCO 正式通过《人类基因组和人权的宣言》，后为联合国大会批准。

1998 年   美国 DOE 和 NIH 发表 HGP 的新"五年计划"，预计 2003 年完成。

美国 DOE 召开史上最大规模的 ELSI 会议。

模式生物秀丽线虫的基因组序列发表。

（三）规模运行阶段 (1999～2006 年)

1999 年   9 月 1 日，中国正式成为 HGP 成员国。IHGSC 宣布将人类全基因组序列草图提前到 2000 年第二季度完成。

12 月 1 日，第一个人类染色体——22 号染色体的全序列发表。

2000 年   6 月 26 日，HGP 宣布完成人类基因组草图。

模式生物果蝇、拟南芥的基因组序列发表。

2001 年   2 月 12 日，人类基因组草图发表。

2002 年   10 月，国际 HapMap 计划启动。

模式生物小鼠、河豚鱼基因组序列发表。

2003 年   4 月 14 日，HGP 宣布完成，6 个参与国政府首脑发表"HGP 宣言"。

DNA 元件百科全书 (ENCODE) 计划启动。

2004 年   10 月 21 日，人类基因组序列精细图发表。

2006 年   5 月 18 日，最后的一个人类染色体，也是人类基因组最大的染色体——1 号染色体序列精细图发表。

第五节 HGP 的意义和影响

HGP 已经落下帷幕，而对它的意义和影响的争论仍在继续。从科学技术和人文精神的双重意义来说，HGP 有这样三个主要方面的意义。

一、创造了一种新的文化：合作

从人文精神和社会意义来说，HGP 是人类自然科学史上第一次影响最大的多国参与的国际合作计划，开辟了作为"全球化"的一个重要组成——国际科研合作的新篇章。

从科学意义和社会影响、技术难度和投入规模来说，把 HGP 与美国的"曼哈顿原子弹计划"、"阿波罗登月计划"并称为 20 世纪最为重要的"三大计划"并不为过，而且 HGP 具有社会、健康以及生态建设方面的更大的需求，具有更为重要的人文意义。

从科学的运行来说，HGP 是人类历史上第一次规模最大、参与国家最多的国际合作项目，特别是有了当时的发展中国家（中国）的参与。HGP 在主张广泛合作和免费分享、倡导生命伦理等方面也已成为人类文明财富的一部分，并充分体现在"共需、共有、共为、共享"的"HGP 精神"之中。

基因组领域合作正好与当前世界的全球化合拍。HGP 首开先河，自此，大型的与基因组相关的研究项目，几乎无不是多中心和多国家的合作，并且带动了自然科学的很多其他学科的国际合作。

合作已经成为自然科学的一种文化传统。它的影响是如此之大，相映之下，如果考虑一个科研项目，如果"悄悄"地"自己做"，似乎自觉尴尬，自责"自私"。

二、催生了一门新的学科：组学

HGP 是基因组学的第一次实践，使基因组学成为科学并形成了自己的特点：从全基因组规模的广度和核苷酸水平的深度来研究生物学的所有问题。

HGP 对科学的最大影响是生命科学几乎所有学科的"组学化"。"一旦有了基因组学，就有了几千个组学 (Once there were genome, now there are thousands of omes.)。"

当然，从对认识人类本身的角度来说，HGP 是对人类的第一次基因组规模的全面研究，使我们对人类基因组有了初步的全面了解，以及与之相关的生物技术、生物产业和生物经济的探讨，使我们有了第一本有关自我的"天书"，是人类历史上对自我认识的一次飞跃，为精准医学和其他相关领域奠定了新的基础。

三、提供了一个新的技术：测序

HGP 的运行过程，就是测序技术发展的过程。测序技术此后的发展，也应归功于 HGP 和基因组学和其他"组学"的推动。

测序技术使生命变成了数据。生命和生命科学的数字化也汇入当今世界的数字化和大数据潮流。在测序技术已成为生命科学最为重要的技术之一的今天，抚今忆昔，更为 HGP 先驱的远见所折服。

HGP 是一本百科全书，值得好好回味，好好学习。其深远的影响正逐步展示出来，而可能的争论也将继续。特别是由此展开的全球性有关生命伦理和生物安全的讨论方兴未艾。

框 1.33 　　　　　　　　　　　**"否则，我将会抱憾终生"**

—— 一位中学教师谈中国参与 HGP（1999 年）

　　我绝对相信，HGP 将写入教科书。我不希望在那一天，当我把 HGP 作为人类登月一样的故事在课堂上说给学生听的时候，一个学生会问："老师，那时（指 HGP 启动或宣布完成之时）的中国为什么没有参与？"假设我的回答只能是这样的："孩子，你们不知道啊，那时我们的国家是如何贫穷，我们的人民是如何愚昧，我们的决策者是如何短视，我们的科学家又是如何令人失望，我们古老的民族就是这样又失去了一个历史机会……"我将会抱憾终生。

框 1.34 　　　　　　　　　　　**"基因也要从娃娃抓起！"**

　　中国参与 HGP 这一历史事件影响广泛，推动了基因和其他生物学知识的科学普及热潮。不仅在中华世纪坛上留下永久的痕迹，还写进了中学生的课本，以至成了那几年高考试卷上的考题。

(a)

(b)

图 1.81　中华世纪坛青铜甬道 (a) 和中学生课本示例 (b)

2001 高考生物试卷（上海卷）：

37.（9 分）1990 年 10 月，国际人类基因组计划正式启动，以揭示生命和各种遗传现象的奥秘。右图 A、B 表示人类体细胞染色体组成，请回答问题。

（1）从染色体形态和组成来看，表示女性的染色体是图_____，男性的染色体组成可以写成_____。

（2）染色体的化学成分主要是_____。

（3）血友病的致病基因位于_____染色体上，请将该染色体在 A、B 图上用笔圈出。

（4）建立人类基因组图谱需要分析_____条染色体的_____序列。

（5）有人提出："吃基因补基因"，你是否赞成这种观点，试从新陈代谢角度简要说明理由。

2002 年高考理科综合试卷（上海卷）：

八、2000 年 6 月，包括中国在内的六国政府和有关科学家宣布，人类已完成对自身细胞中 24 条染色体的脱氧核苷酸序列的测定，人类基因组草图绘制成功。

含有被测基因的细胞结构是（　）

A. 高尔基体　　B. 核糖体　　C. 细胞质　　D. 细胞核

2002 年高考生物试卷（广西卷）：

（4）基因组信息对于人类疾病的诊治有重要意义。人类基因组计划至少应测_____条染色体的碱基序列。

2001年高考政治试卷（江西卷）：

5. 国际人类基因组计划被誉为生命"登月计划"，参与这一计划的美、中、日、英、法、德6国科学家2000年6月26日宣布_____。这一破解人类生命奥秘的突破性进展，将大大推动生命科学、医学和制药产业的发展。

A. 用人胚胎干细胞可培养所需器官　　　B. 破译了人体第22对染色体的遗传密码

C. 人类基因组工作草图绘制成功　　　　D. 用神经干细胞培育出脑细胞

图1.82　中学生高考试卷中有关HGP试题的示例

图1.83　参与HGP的部分中国青少年代表和指导者（1999年）

第二部分 基因组学的方法学

(DNA 的) 碱基序列就是携带遗传信息的密码。

——詹姆斯·沃森 (1953)

The precise sequence of the bases is the code which carries the genetic information.

——*James Watson (1953)*

代代相传的生命指令是数据的，而不是模拟的 ……

——约翰·苏尔斯顿 (2002)

… the instructions for making a life from one generation to the next is digital, not analogue …

——*John Sulston (2002)*

第一篇　DNA 测序

DNA 测序技术是基因组学的核心技术，也是现代生命科学应用最广泛的重要技术之一。

基因组学发展的历史，从某种意义上来说，就是 DNA 测序技术发展的历史。

工欲善其事，必先利其器。HGP 的提前完成，基因组学近几年的迅速发展和广泛应用，都应归功于测序技术的重大突破，再一次证明了技术突破是科学发展和人类进步的最强大的推动力之一。

测序技术的发展，基于基因组学的两个重要理念："生命是序列的"和"生命是数据的"。序列就是生命最原始、最重要的数据，是基因组学最基本的数据，也是整个生命世界和生命科学"大数据"时代的驱动力和组成部分。

基因组的方法学包括所有涉及 DNA 序列分析的技术。即使是测序技术，也应把测序仪 (sequencer) 技术与其他技术分隔开来。

从严格的定义上来说，测序技术包括测序策略和方案的选择、测序材料的选择与核酸提取和加工 (建库)、然后才是上机测序，当然还包括最重要的数据收集、"过滤"、下机序列 (reads) 的组装，以及最后的数据分析。测序仪的使用仅是其中一部分。

当然，测序技术是指测定基因组 DNA 分子中碱基的排列顺序，也就是确定组成 DNA 分子的每一碱基位置上是 T 或 C 或 A 或 G 的技术，包括"上机"前的所有工作以及最重要的"下机"后数据分析。而测序仪技术是指测序仪这一仪器的设计和生产，配套设备和配套试剂的研发和使用等。

第一章　测序仪

1953 年，Watson 和 Crick 不仅提出了 DNA 的双螺旋结构，更重要的是，他俩指出了确定 DNA 分子的碱基排列顺序 —— 测序的重要性。

Watson 和 Crick 继发表 DNA 双螺旋模型论文之后，在 1953 年 5 月 *Nature* 上的一篇论文里，第一次提出了"生命是序列的"观点，奠定了基因组学的一个重要理念。

从分子结构的角度来认识"双螺旋"，它揭示了所有 DNA 分子共有的"二级"结构特点及遗传信息复制的基础，但是没有解决作为遗传信息的载体 —— DNA 是如何存储遗传信息的"一级"结构问题。所有物种的所有个体，都有其独特的基因组序列。因而分析每一生物体所含有的一个或数个其长无比的 DNA 线性分子的每个碱基排列顺序 —— 测序 —— 就成为解读遗传信息的先决条件和整个生命科学的重要研究方向。可以说，正是 DNA 双螺旋结构的发现，点燃了开发测序技术的浓厚兴趣，开始了测序技术发展这一人类历史上方向最为明确而又历时最为长久、道路最为曲折、投入最为巨大、进展最为惊人的探索。

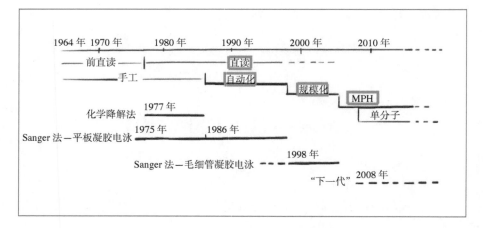

图 2.1　测序技术发展史上的四个突破

　　测序仪技术的发明和发展，迄今经历了从"前直读"到"直读"、从手工到自动化、从"平板 (slab)"到"毛细管 (capillary)"凝胶电泳（规模化的初步实现）、再到 MPH 测序这样四个阶段与四个突破。

　　了解这四个突破历史过程，不仅对于我们了解测序技术的源流和发展趋势，而且对读者更好地理解现有测序技术的原理，展望测序技术的发展前景，都是非常重要的。

第一节　测序技术的四个突破

一、第一个突破：直读

　　直读法 (direct reading) 就是直接读出 DNA 分子的碱基序列，是测序技术发展史上的一个重要里程碑。

　　（一）前直读法

　　前直读法 (pre-direct reading) 是指那些在"直读"出现前的原始测序方法。

　　最早的测序技术诞生于 20 世纪 60 年代中期。1964 年，美国 Cornell University（康奈尔大学）的 Robert Holley 等分析了酵母 Ala-tRNA (Alanine transfer Ribonucleic Acid，丙氨酸 tRNA) 的 77 个核苷酸全序列。这

图 2.2　主要贡献者 Robert Holley 及其有关测序的第一篇论文

— Ala-tRNA 是在 1958 年由美国 Harvard University（哈佛大学）医学院 Paul Zamecnik 在家兔肝细胞裂解物的超速离心的上清液中发现的。

Ala-tRNA 是生命科学史上第一条被"解读"的核苷酸序列，标志着人类生命科学的新时代的开始。要注意的是，这种原始的方法开始是用于测定 RNA 序列的而不是 DNA 序列。

"酶切"测序的主要原理是利用数种"识别序列 (recognition sequence)"不同的 RNA 酶对 RNA 模板进行"消化 (digestion)"，产生的片段经过分离、纯化后初步分析，通过不同的两种消化产物片段可能的序列重叠来间接地推导出完整的序列，因此后来被称为"前直读法"。

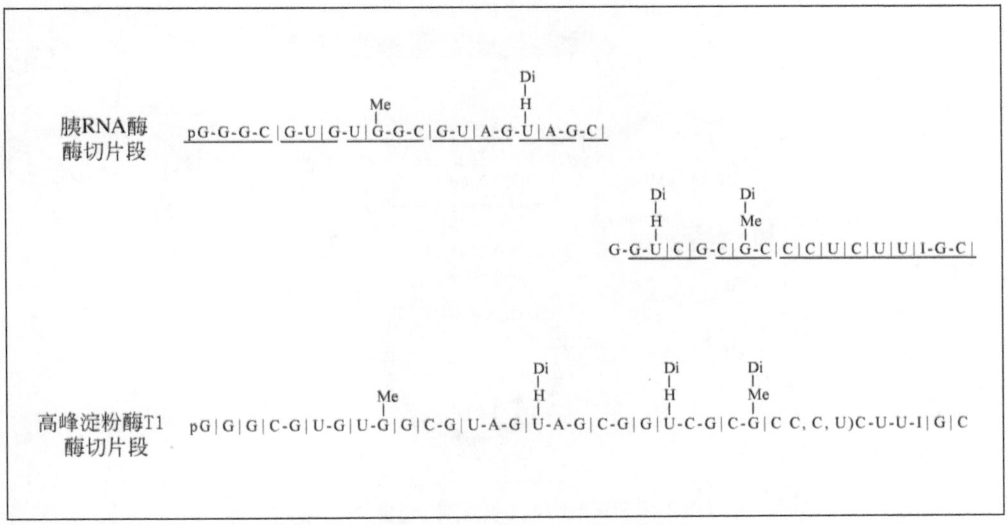

图 2.3 "酶切"测序的示意图

这种原始的 RNA 测序技术流程烦琐、推导复杂、重复不易、验证更为困难。早期的研究者曾试图用类似的方法，使用多种限制性内切酶的组合来测定 DNA 分子的序列，但由于受各种局限都未能成功。但是，这确实是 DNA 测序技术的"先声"和"雏形"。值得注意的是，迄今蛋白组研究的核心技术之一 —— 氨基酸序列的测定仍与前直读法相似。

（二）直读法

第一代有效的直接读出碱基序列的 DNA 测序技术体系主要有 SBC 法和 SBS 法。

这两项技术的相似之处是反应产物的末端分别特异性地终止于 T、C、A、G，不同之处在于其机制是化学降解反应 (SBC 法) 还是酶促合成反应 (SBS 法)。

直读法的问世，得益于 20 世纪 70 年代已趋成熟的三大技术：分子克隆 (molecular cloning)、PAGE (PolyAcrylamide Gel Electrophoresis，聚丙烯酰胺凝胶电泳) 和放射自显影 (autoradiography) 技术。

分子克隆技术为测序提供了制备长短适宜而"同质纯一 (homogeneous)"的 DNA 模板群体分子的方法；PAGE 技术为测序提供了分辨率精确到一个碱基的分析技术；而放射自显影技术能从感光胶片上用肉眼直接读出清晰可辨的 DNA 条带。

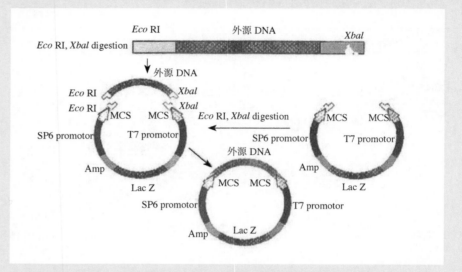
1. SBC 法

SBC 法的基本原理是以化学试剂来特异性地直接降解 DNA 分子。

SBC 法是由当时在美国 Harvard University 的 Allan Maxam 和 Walter Gilbert 于 1977 年首先发表的，因此又称 Maxam-Gilbert 法。

图 2.5 主要贡献者 Walter Gilbert 及其与 Allan Maxam 发表的 SBC 法论文

Gilbert 因发明 SBC 法而分享 1980 年的诺贝尔化学奖

该方法的基本步骤为：纯化 ssDNA 模板，在其 5' 端磷酸基团作放射性标记后，分四组用碱基特异性不同的化学试剂处理，产生一系列在 5' 端有放射性标记、而另一端因降解终止位置而异的为 G+A 或 G 或 C 或 C+T 的长度不一的分子片段群体 (如硫酸二甲酯对模板的降解会停止在所有 G 的位置上，产生末端为 G 的反应产物)，最后将四个反应体系的产物并排在同一电泳起点进行 PAGE，并经放射自显影后，直接在胶片上依次读出 DNA 分子中碱基的排列顺序。

表 2.1　SBC 法的试剂

降解位置	化学试剂	化学反应
G+A	Piperidine formate（哌啶甲酸），pH2.0	脱嘌呤
G	dimethyl sulphate（硫酸二甲酯）	甲基化
C	hydrazine + NaCl(1.5M)	打开胞嘧啶环
C+T	hydrazine（肼，联氨 NH_2-NH_2）	打开嘧啶环

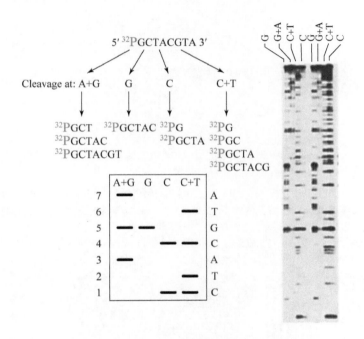

图 2.6　Maxam-Gilbert 的 SBC 法原理示意图及示例

经过不断地改进，SBC 法的序列读长能达 200~400 nt。但即使如此，也无法弥补其先天的不足：①所用的化学试剂毒性较强，不方便也不安全；②技术复杂，很难掌握，而且需要较多的 DNA 模板；③成功率不高，重复性不好（如几种化学试剂的浓度和 DNA 模板的比例很难准确控制。最终也没有推出商品化的、为大家乐于使用的标准试剂盒）。因此，SBC 法始终没能在大规模基因组 DNA 测序中广泛使用。另一重要原因是具有相对明显优势的 SBS 法已经问世。

2. SBS 法

SBS 法是一种基于 DNA 合成反应的测序技术（又称 Sanger 法、酶法或双脱氧核苷酸末端终止法）。

这一技术是当时在英国 University of Cambridge（剑桥大学）的 Frederick Sanger 于 1975 年首先报道的。1977 年，Sanger 等发表了长达 5386 bp 的噬菌体 ΦX174 全基因组的 DNA 序列（这也是第一张基于序列的全基因组酶切图谱），这是人类"解读"的第一个完整的生物体基因组全序列。

曾经在英国 Sanger 实验室工作的 Victor Ling 和洪国藩对 Sanger 法建立和改进作出了很大的贡献，而美国 Cornell University 的 Ray Wu（吴瑞）则对 SBS 法的雏形，即引物延伸 (Primer extension) 法作出了奠基性的贡献。

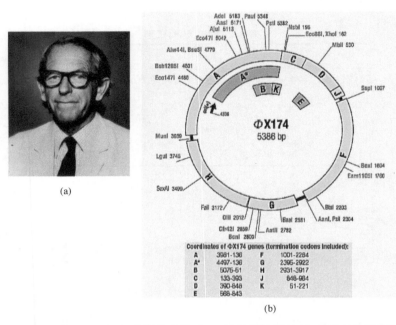

(b)

(a)   (b)   (c)

图 2.7　Frederick Sanger (a) 和其所发表的 *Φ*X174 噬菌体基于 DNA 序列的酶切图谱 (b)

图 2.8　Sanger 测序的重要贡献者 Ray Wu（吴瑞）(a)、Victor Ling (b) 和洪国藩 (c)

SBS 法的前身可以说是酶修复法，即 DNA 聚合酶催化引物延伸法（"定位引物延伸法"），是较早依据位点特异的引物延长来分析 DNA 序列的方法。吴瑞用此法在 1971 年首次成功地分析了 λ DNA 的黏性末端 12 nt 的序列。这是人类分析的第一段 DNA 序列。

1975 年，Sanger 建立了第一代真正直读的"加减测序法 (Plus/Minus DNA Sequencing)"。此法使用序列特异性引物，在 DNA 聚合酶作用下进行延伸反应和碱基特异性的链终止。

创造性地将双脱氧核苷酸 —— ddNTP(2'、3'-dideoxy-ribonucleoside triphosp-hate, 2'、3'- 双脱氧核糖核苷三磷酸) 作为链终止剂是 SBS 法最重要的特点。

ddNTP 由于其 3' 位脱氧，不能形成新的 3'-5' 磷酸二酯键 (3'-5' phosphodiester bond) 而使 DNA 新链的合成终止在这一碱基位置上。由于合成反应体系中 DNA 分子"同质纯一"模板的数目巨大，而加入的 ddNTP 相比较于 dNTP (2'-deoxy-ribonucleoside triphosphate，2'- 脱氧核糖核苷三磷酸) 只占很小比例 (通常 ddNTP∶dNTP = 1∶10)，模板 DNA 分子群体中只有一部分 DNA 分子的新链延伸由于该种 ddNTP 掺入而特异性地终止，因而合成反应仍能继续下去，而逐一终止在一部分模板的每个相应位置上，这样就会得到一系列长度不同的新链分子群体。

用 SBS 法测序时在测序引物的 5' 端作放射性标记，待其与单链模板 DNA 的互补位置结合后，DNA 聚合酶催化从引物起始由 5' 至 3' 的 DNA 新链合成。反应体系分为独立的 4 组 (模板、引物和 4 种 dNTP 是相同的)，分别加入一定比例的 ddNTP (ddATP 或 ddCTP 或 ddGTP 或 ddTTP)。最后，将这 4 组反应产物分

别进行 PAGE 分离与放射自显影，就可以直接读出从 5' 到 3' 的 DNA 序列。

SBS 法具有很多 SBC 法无法比拟的优点，特别是所用试剂没有毒性，操作容易掌握，结果较为稳定、准确性很高、重复性很好。当然，Sanger 法很快风靡全球相关实验室还有其他原因，如设备简单，可以自制（电泳仪的供电部分之外），与其他分子生物学的设备（如电泳仪等）可以通用等；同时，许多使用方便的标准化试剂盒 (kit) 为 Sanger 法的推广和应用作出了重要贡献。

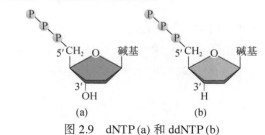

图 2.9 dNTP (a) 和 ddNTP (b)

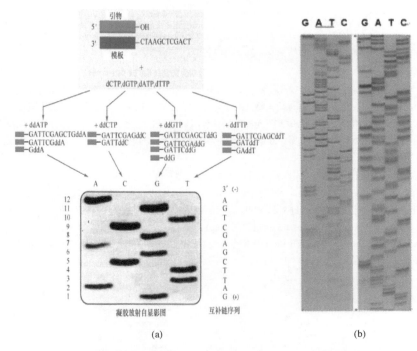

图 2.10 SBS 法原理示意图 (a) 及人类 *NUP155* 基因的"直读"序列 (b)

20 世纪末，SBS 法的直接改进包括很多有意义的尝试，尽管大多并不成功。譬如，对电泳技术改进的探索有：提高温度以提高分辨率，加长或减薄凝胶、改良凝胶成分或增加梯度，以期得到较长的读长，用其他类似物取代 ddNTP 等。其中较为典型的改进是"多重测序 (multiplex sequencing)"，即将非标记引物制备的不同测序反应产物以同一块凝胶进行分离，再以 Southern 法转移到同一张滤纸上，以对应的放射性标记的引物作为探针进行多次"杂交—放射自显影—探针洗脱—再杂交……"，这样一次电泳即可得到多次的测序结果。虽然过程烦琐，但确能提高效率，节省成本。然而，上述改进并没有得到广泛应用。

SBS 法主要的成功改进是采用 PCR 技术来扩增 DNA 并直接使用 dsDNA 分子为测序模板，而摒弃了原先以 M13 噬菌体制备 ssDNA 模板的烦琐方法。放射性标记也由 ^{32}P 相应改为 ^{35}S 或半衰期较长、较易在测序实验室储存、能量要弱得多而相对比较安全

图 2.11 自制 Sanger 测序仪示例

的 ^3H，由使用末端转移酶（模板非依赖性 DNA 聚合酶）标记引物改为 ^3H 标记的 dNTP 在反应同时随机掺入等，都在很大程度上简化了实验步骤，并提高了测序的重要技术参数。另外，DNA 聚合酶在保真度和读

长方面的提高，也是 SBS 法成功改进的重要方面。

SBS 法不仅成为当时 DNA 测序的首选技术，还为此后的进一步改进提供了很大的想象空间。譬如，依赖于 DNA 合成核苷酸掺入同时释放焦磷酸盐或氢离子 (H^+) 的焦磷酸测序 (pyrosequencing) 技术，使用不同的方法修饰 dNTP 的 3' 端而有了后来的"可逆末端终止"等创新技术，为现在的新一代测序技术的发展奠定了基础。

与"非直读"法相比，SBC 法和 SBS 法的最大特点和历史性突破是不需间接推导，可以直接在凝胶上按顺序直观读出测序模板 DNA 分子每个碱基位置上是 T 或 C 或 A 或 G。在这一意义上，此后的很多测序技术都可以称为直读法。

"直读"也为"数字化"和"大数据"奠定了基础，已成为生化分析技术 (如氨基酸与其他生物长链大分子分析) 的发展方向之一。

二、第二个突破：自动化

自动化是测序技术发展史上的又一里程碑。

分子生物学技术一直被谑称为"现代技术、手工操作"。测序是现代分子生物学技术中首先实现自动化和计算机化的典型范例。测序技术的自动化是在几十年的漫长发展历程中，不断吸收和引进其他新技术，如物理上纳米和激光技术的应用，化学上荧光标记的核苷酸的合成，生化上毛细管电泳分析，以及高密度芯片 (microarray) 等各种新技术和新发明，才成为现代科学研究技术中的姣姣者。

时任日本 RIKEN 主任的 Akiyoshi Wada 是测序自动化的先驱之一。

首先提出测序自动化设想的是 Akiyoshi Wada，而第一代"半自动化测序仪"则是 20 世纪 80 年代初由当时在 EMBL (The European Molecular Biology Laboratory, 欧洲分子生物学实验室) 的 Wilhelm Ansorge 发明、瑞典 Pharmacia 公司 (Pharmacia Biotech Ltd.) 首先推出的 (虽然制胶、手工加样、一个样品 4 条电泳道等步骤还是继续以前的操作模式)。

(a)Akiyoshi Wada
测序自动化的首位建议者

(b)Wilhelm Ansorge
第一代"半自动化测序仪"发明者

图 2.12　自动化测序的先驱

读胶环节使用扫描仪是测序自动化的重要突破。而 SBS 法走向自动化的关键突破则是 Leroy Hood 发明的四色荧光标记。

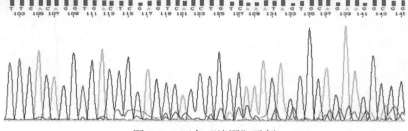

图 2.13　四色"峰图"示例

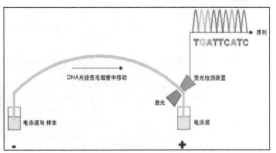

图 2.14 Leroy Hood 和他的美国国家发明家奖章及其 SBS 法自动测序仪原理示意图

1986 年，当时在美国 Caltech (California Institute of Technology，加州理工学院) 的 Leroy Hood 发明了 4 种荧光物质，以特定的、不同波长的激光可激发产生不同的颜色。以这些荧光物分别标记四种 ddNTP，一条电泳道可以分析一个样本的所有四个测序反应产物，而对应位置的激光器可以对胶板上缓慢通过的测序反应产物进行扫描。测序效率 (throughput，又称通量，即每台设备单次反应所获取的序列数据量) 提高了数倍，分辨率也大为提高，而且在测序技术的发展史上，彻底摒弃了放射性物质的使用。

(a)

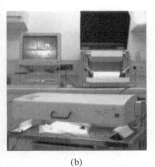

(b)

图 2.15 第一代自动测序仪 Pharmacia Biotech ALF I (a) 和 ALF II (b)

据此，美国 ABI 公司 (Applied Biotechgology Inc.) 同年推出了第一台商品化的平板电泳全自动测序仪——ABI 370A。这一阶段的自动化测序仪的主要步骤中制胶与加样还是手工的，此后又有了 ABI 373 和 ABI 373 XL 升级版，尽管没有实现完全自动化，但在通量、读长和准确性等方面都有显著提高。而后的 ABI 377 有了更大的改进，有 96 条泳道，即一次可以上样 96 个，一个 run ("跑" 机所需时间) 仅需几个小时，读长可达 500~600 nt。要注意的是：一个样品的 4 个测序反应还是要分别进行，反应完成后再 "合而为一"，加到一条泳道上进行电泳。后来，经典的 "引物标记" (在测序引物的 5' 端分别标记 4 种荧光) 或 "掺入标记" (在 dNTP 上分别标记四种荧光) 改为用于终止反应的 2'-3' 双脱氧核苷酸 (2'-3' ddNTP) 的 3' 末端标记，实现了 "单管" 反应这一重大技术突破。

SBS 法自动化平板荧光测序仪是 HGP 获得支持并得以启动的重要技术依据之一。

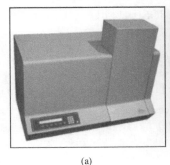

(a)

(b)

图 2.16 ABI 373(a) 和 ABI 377(b) 测序仪

人类的 HPRT (Hypoxanthineguanine PhosphoRibosyl Transferase，次黄嘌呤鸟嘌呤磷酸核糖转移酶) 基因序列，全长 57 Kb，是第一个利用自动化测序仪分析的完整的基因序列。

在测序技术的发展史上，用 4 种模拟的颜色代表 4 种碱基 "波形图 (又称四色 "峰图")"，第一次可以直观地显示每一位置上碱基的种类、准确率、杂合度以及 "杂峰"。

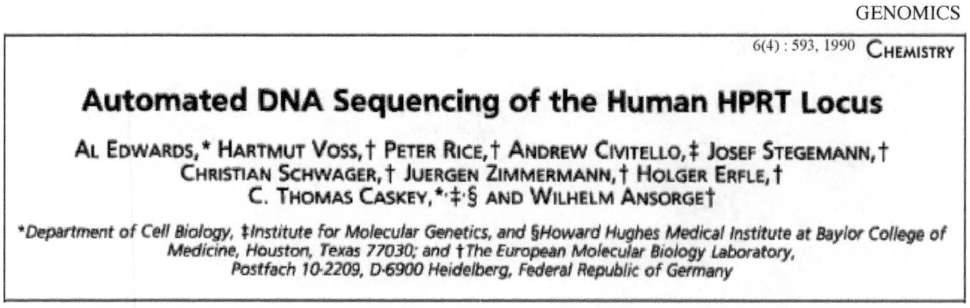

6(4) : 593, 1990 CHEMISTRY

Automated DNA Sequencing of the Human HPRT Locus

AL EDWARDS,* HARTMUT VOSS,† PETER RICE,† ANDREW CIVITELLO,‡ JOSEF STEGEMANN,†
CHRISTIAN SCHWAGER,† JUERGEN ZIMMERMANN,† HOLGER ERFLE,†
C. THOMAS CASKEY,*·‡·§ AND WILHELM ANSORGE†

*Department of Cell Biology, ‡Institute for Molecular Genetics, and §Howard Hughes Medical Institute at Baylor College of
Medicine, Houston, Texas 77030; and †The European Molecular Biology Laboratory,
Postfach 10-2209, D-6900 Heidelberg, Federal Republic of Germany

图 2.17　第一篇利用自动化测序仪分析的完整基因序列论文

美国 University of Washington 的 Maynar Olson 和 Phil Green 等开发了第一个评估序列质量（准确率）的 Phred-Phrap 软件，对这一代测序仪用于 HGP 及测序的规模化功不可没。

框 2.2　　　　　　　　　　　　**Phred-Phrap 软件及其主要贡献者**

　　Phred-Phrap 软件能定量地评估每一个碱基的测序准确率，其基本原理迄今仍广泛应用于基因组序列分析。Phred 是软件包的一部分，能处理测序仪直接生成的"峰图"，而 Phrap 部分主要是用来分析和组装基因组中的大片段序列。

(a)　　　　　　　(b)

图 2.18　主要贡献者 Maynar Olson (a) 和 Phil Green (b) 及其 Phred-Phrap 网页示例

拟南芥和黑腹果蝇这两个重要的模式生物基因组测序完成及 HGP 的前期工作，都应归功于这一代测序仪。这不仅为 IHGSC 成功建立了测序策略，也使科学家和社会各界对 HGP 更有了信心。

　　从技术的角度，也许到这里平板电泳测序技术已经走到了尽头。其中最典型的实例是美国 LI-COR (LI-COR Biosciences) 公司曾推出的一个产品，一个 run 可"跑"几百个样本（有几百条细泳道），凝胶薄得不能再薄，长得不能再长，并有立式和卧式两种；同时还试图实现制胶与加样等步骤的自动化。沿着这个发展方向，SBS 法自动化测序仪不仅已走到了尽头，甚至可以说是误入歧途，其原因是，毛细管电泳测序技术已横空出世，势不可挡。

图 2.19　LI-COR 的 Model 4000L

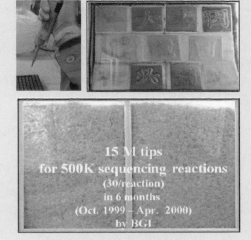

框2.3　　　　　　　　　　　测序消耗的"tip"

　　HGP测序阶段，平板电泳测序仪从挑取冻存的细菌克隆开始到最后的上样，需要消耗大大小小至少30个移液器的"tip（吸头）"。华大基因在6个月里，为完成50万个成功的测序反应，共消耗了1500多万个tip。图示仅为一小部分tip，体积约为2 m³。

图2.20　测序使用和消耗的"tip"

三、第三个突破：规模化

　　使测序技术进入规模化运行阶段的则是毛细管电泳测序技术的出现和改进。

　　毛细管电泳测序仪使SBS法实现了规模化、高通量化和自动化（不需要人工制胶）。更重要的是它的历史性贡献——正是这一技术的问世，才使HGP得以提前两年完成。

　　毛细管凝胶电泳技术是由ABI公司开发的，并在20世纪90年代年代初首先推出了ABI Prism 310（简称ABI 310）机型。ABI 310是第一代自动的单毛细管电泳测序仪，通量没有显著提高，读长反而不如平板测序仪（仅为150~200 nt），特别是精确度也不理想，只能用于那些对读长没有很高要求的STR分型等领域。

图2.21　ABI 310 (a) 和 ABI 3100 (b) 毛细管电泳自动化测序仪

　　ABI对310系列的测序仪是下了工夫的，并矢志不移，特别是第一次把工夫下在配套软件上，开发和提供了一系列灵活的、可执行的应用程序，在一定程度上弥补了毛细管电泳的多处不足，使它的应用范围扩大到小片段的比较测序和突变检测、SNP的发现和验证，以及使用STR的连锁分析等方面。这方面的最重要的突破是规模化的类似机型，即后来的ABI 3100。

　　手工制胶与加样是平板电泳仪克服不了的"瓶颈"。尽管不少人对毛细管测序寄予厚望，并认同其未来前景，但在相当长时间里似乎看不到大幅度改进的希望。可以说，正是ABI 310长时间没有显著改进，使很多人对毛细管技术并不看好，有"养在深闺人未识"之感。但是，历史已经证明，毛细管测序正像很多新生事物一样，尽管在初期有着各种各样的明显缺陷和严重问题，却代表了一个相当长的时期里测序仪开发的正确方向。

　　1998 年，ABI 推出 ABI Prism 3700 毛细管测序仪（简称 ABI 3700），使测序技术真正实现了规模化。

　　ABI 3700 在毛细管的内部光洁度和涂料的配方、电泳基质化学组分等方面都有重要的改进，读长显著提高，可达 600 nt 以上，不亚于平板测序仪。准确率也达到 98% 以上而可与平板测序仪媲美，最重要的是通量翻了几番，一次可测 96 个样品，一个 run 只需几个小时，即可达到近 60 Kb 的总通量。而且，测序模板既可以为 M13 噬菌体制备 ssDNA，也可为双链质粒 DNA 或 PCR 产物。上样、数据收集以及质检和初步分析基本实现了自动化。操作方便，一人可管理十几台仪器的运作，只需按时更换 DNA 模板和毛细管。

　　而后的 ABI 3730 在此基础上又有了新的改进，读长、准确率和通量都有了进一步的提高，一个 run 仅需两个多小时。ABI 3730 至今仍是 SBS 法测序仪的主力机型，被称为"黄金标准"，用来验证新一代测序仪发现的 SNP 等结果。

(a)　　　　　　　　　　　　　　　　　(b)

图 2.22　ABI 3700（a）和 ABI 3730 测序仪实验室（b）

图 2.23　SBS 法大规模模板制备的常见平台示例

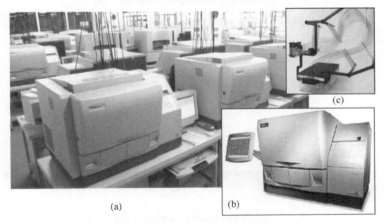

(a)　　　　(b)

图 2.24　MegaBACE 1000 实验室 (a) 、MegaBACE 4000 (b) 和毛细管 (c)

稍后出现的 MegaBACE 系列测序仪为 HGP 的提前完成作出了很大贡献。

1997 年年初，美国 Molecular Dynamics 公司推出了 MegaBACE 1000 测序仪，原理和设计都和 ABI 3700 相似，也是 96 道毛细管电泳和四色荧光标记，同样的运作系统，以及相似的自动化程度。尽管同样质量的平均读长要比 ABI 3700 短 100 nt 左右但仍不影响组装，凭其优良的"性价比"而成为多个国际基因组研究中心的主要装备，为 HGP 的完成作出了很大贡献。

由于商业运作的原因，1998 年 Molecular Dynamics 公司被英国 Amersham (Amersham Bioscience，安玛西亚) 公司收购，不到 5 年 Amersham 又被美国 GE (General Electric Company，通用电气) 公司收购。

MegaBACE 的升级版，即"谢幕版"的 MegaBACE 4000，最重要的改进是将毛细管的数目增加到了 384 道。

四、第四个突破：大规模并行高通量测序

大规模并行高通量测序(MPH 测序) 又称新一代(new generation) 或下一代(next generation) 测序。这一代测序仪的问世是测序技术发展史上影响最为深远的一场革命。

虽然毛细管电泳仪实现了 Sanger 法的高通量和自动化，标志着这一代测序技术的成熟和基因组学时代的到来，并对 HGP 的完成作出了历史性的贡献，但是毛细管电泳仪的读长差不多达到了当前技术的极限。除了电泳化学方面的改进之外，要提高通量只有把毛细管做的更细或增加泳道。MegaBACE 4000 在这方面的尝试并未如愿。当然，从技术的角度，毛细管测序仪的特点是各个样品的反应和电泳完全隔离，互不干扰。也正是这一特点束缚了进一步改进的思维。

毛细管技术的致命问题是单道——"一个样本，一个反应，一条泳道"。样品制备时每个模板都要单独构建文库，意味着要建立细菌文库并挑取单个菌落进行 DNA 提取，逐个制备模板。这一过程费时费力、成功率低、成本高、错误率高。解决的途径似乎只有自动化，当时也确有自动挑取菌落、自动制备 DNA 等机器人，但成功率达不到 100%，为节省昂贵的反应试剂，因而需要后续的逐个模板质控检查。其他的解决方案也只有缩小反应体系、降低试剂使用量（如使用微量、微流控技术）等。

2003 年，美国 NIH 启动了"十万美元一个基因组"和"一千美元一个基因组"两项分期实现的计划，鼓励新的测序技术的开发。

当时一个人类全基因组测序的直接花费仍为 3000 万美元，即一个美元测 100 个碱基，高昂的测序费用成了基因组学发展的"拦路虎"。

MPH 测序技术问世以来，测序成本神速下降。

2013 年，一个人类全基因组的测序的成本已经降到 6000 美元，即一个美元测 50 万个碱基，只有 HGP 的"一个碱基，一个美元"的五十万分之一。在 2015 年底已经实现"一千美元一个基因组（即化学试剂的直接成本）"的目标，相当于一个美元测 300 万个碱基。

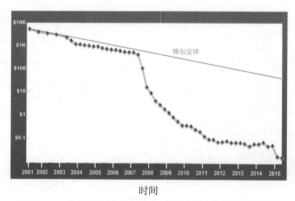

图 2.25　人类基因组的测序成本与摩尔定律的比较

时任 Fairchild 实验室主任的 Gordon Moore 于 1965 年即预测每 18 个月计算机的性能将提高 50%，即成本降低 50%。计算机的发展证明了这一预测（摩尔定律）是正确的。

框 2.5	测序技术的发展是开始还是结束?

HGP 的领导人高瞻远瞩，在 HGP 刚刚宣布正式完成之时，便旗帜鲜明地提出"HGP 的完成，意味着基因组时代的真正开始"，并特别强调"反对'后基因组'时代"的口号。美国 NIH 制定了在 5 年内和 10 年内将一个人的全基因组测序成本分别降低到十万美元和一千美元的"两步走"战略目标。

有趣的是，在另外一些国家，却流行"HGP 的完成宣布了以测序为主的'结构基因组'

时代的结束，而进入了以'功能基因组'为代表的'后基因组'时代"的观点。在日本，一位科学家在 2013 年这样描述当时的主流意见："对 HGP 的完成，日本和美国科学家的反响大相径庭，美国人认为这只是刚刚开了一个头，而日本人却认为测序技术已经走到了尽头"。因而放弃了本来已很有基础的进一步开发，尽管日本 Hitachi Limited（日立公司）已经开发了可与 ABI 3700 媲美的毛细管测序仪。

尽管 MPH 测序技术原理各异，但有两个共同的显著特点：

① "裸"、"密"并行。

MPH 摒弃了"一个模板，一条泳道"，以芯片技术实现了大规模、多模板并行测序。一张微芯片上可以有几十万个微孔或几百万甚至几亿个模板的高密度分子簇(cluster，同一反应体系里的新链合成与"可逆"终止)，每一个分子簇为一个裸露的测序反应，使测序通量提高了几个数量级。

从样品制备的角度，大规模并行测序更是一场革命。"一个样本，一个文库，万个克隆，万个制备，万个质控"的模式从此走进了历史。

② 牺牲"读长"。

测序通量的提高损失了下机读长 (read length)，MPH 初期的一个 read 读长只有几十 nt，现在已有显著的提高。弥补读长较短造成的损失主要通过生物信息软件来实现。

但值得注意的是，MPH 测序技术同传统测序一样，仍是分子群体或称分子簇的测序，都需要 PCR 等技术来离体扩增 (in vitro amplification)，因此不可避免地要增加引进序列误差的概率和 GC 偏差 (GC bias)，也不能直接分析不同修饰的核苷酸。单分子测序 (Single Molecule Sequencing，SMS) 是值得鼓励的改进方向。

（一）焦磷酸测序

1. 454

454 是实际商品化的第一个 MPH 测序技术平台。

焦磷酸测序也是基于 SBS 法的基本原理，主要的特点是运用 dNTP 在 DNA 聚合反应时释放出的 PPi (pyrophosphate，焦磷酸，分子组成为 β 和 γ 磷酸)，而不是去读取碱基本身。这是瑞典 Royal Institute of Technology（皇家理工学院，瑞典文为 Kungliga Tekniska Högskolan，KTH）的 Mathias Uhlen、Mostafa Ronaghi 和 Pål Nyrén 于 1996 年一起发明的。

(a)　　　　　　　(b)　　　　　　　(c)

图 2.26　焦磷酸测序技术的发明人 Mathias Uhlen (a)、Mostafa Ronaghi (b) 和 Pål Nyrén (c)

454 的反应体系包括四种酶，DNA 聚合酶 (DNA polymerase)、ATP 硫酸化酶 (ATP sulfurylase)、荧光素酶 (luciferase) 和三磷酸腺苷双磷酸酶 (apyrase)。反应底物为 APS (Adenosine-5'-PhosphoSulfate，腺苷酰硫酸) 和荧光素 (luciferin)。

在每一轮测序反应中，当分别加入四种 dNTP (dTTP、dCTP、dATP、dGTP) 中的任何一种时，若该 dNTP 与模板配对，聚合酶就可以催化该 dNTP 整合到延伸的 DNA 链中并释放 PPi；收集的 PPi 和底物 APS 在 ATP 硫酸化酶催化下转化成 ATP；ATP 促使荧光素酶介导荧光素向氧化荧光素 (oxy luciferin) 转化，氧化荧光素发出与 ATP 量成正相关的可见光信号。光信号由 CCD (Charge Coupled Device，电荷耦合器件) 检测得到峰值。每个峰的高度（光信号）与反应中掺入的核苷酸数目成正相关。ATP 和未掺入的 dNTP 由三磷酸腺苷双磷酸酶降解，淬灭光信号，重返反应体系。这样就可以通过循环依次逐个加入 dTTP、dCTP、dATP、dGTP，读取信号峰值而确定 DNA 序列。

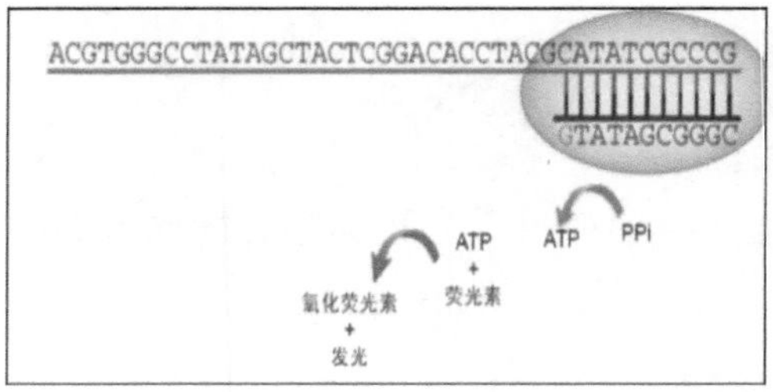

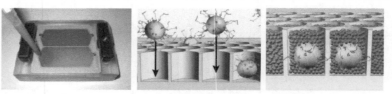

图 2.27　焦磷酸测序原理示意图

2005 年年底，第一台代表 MPH 测序技术的测序仪是美国 Life Sciences 开发的 454 GS20 (Genome Sequencer 20 System，简称 454)，成功用于 *Mycoplasma genitalium* (生殖道支原体) 的 580 Kb 基因组的测序，仅需一个 run，覆盖率达 96%，准确率可达 99%，下机读长为 100 nt。

2006 年 Life Sciences 宣布以 454 完成了 Watson 的全基因组 DNA 测序，据报道费用约为 200 万美元。随后又推出了性能更优的 GS FLX (Genome Sequencer FLX) 系统，一个 run 可产出 100~500 Mb 的数据，读长达 400~500 nt。2008 年 10 月，新的 GS FLX Titanium 使通量又提高了 5 倍，准确率和读长也进一步提升。2010 年推出了桌面型 GS Junior，体积小巧，价格低廉。2011 年 6 月，全新的升级版 GS FLX+，读长可达 1000 nt，超过了传统的毛细管电泳测序法，结束了新一代测序仪为了高通量而牺牲读长的历史。读长的提高也使通量提高到 1 Gb，从而又进一步降低了测序费用。

454 的核心技术还包括 e-PCR、微磁珠和微芯片。

e-PCR (emulsion PCR，乳液 PCR) 的反应是在反应液中悬浮着的磁珠上进行的。首先将待测的 DNA 模板打断成适当大小 (300~800 nt) 的小片段，每个小片段模板的两端连接上 "接头 (adapter)" 后进行变性 (denaturation)，产生一端带有接头的 ssDNA。通过接头将 ssDNA 模板固定到链霉亲和素 (streptavidin) 被覆的微磁珠表面 (即一个微磁珠上固定一个 ssDNA 分子)，再用 e-PCR 对成千上万颗微磁珠上的 ssDNA 分子进行扩增，使每一个微磁珠上都有同一个 DNA 模板的无数个均一分子拷贝，也称为单模板扩增的分子簇。

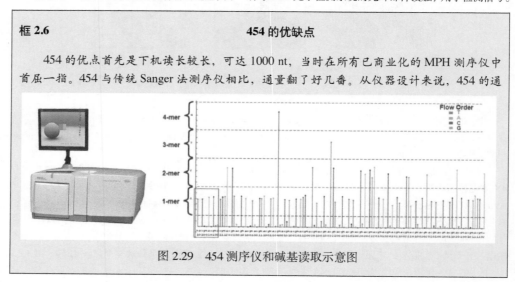

图 2.28　454 系列测序仪的微磁珠反应体系示意图

分子簇被富集到微磁珠表面后加载到刻有规则微孔的测序微芯片上。微乳滴就是独立进行连续 PCR 反应的微型化学反应器，没有其他的竞争性和污染性序列的影响。每个模板的测序反应都是在一个独立的微孔里进行的，一个微孔恰好有一颗微磁珠，而一个测序微芯片上大约有 40 万个直径约 44 μm 的微孔，因此可以同时并行测定约 40 万个 DNA 模板，大幅提高了通量。

微芯片一端有测序反应的化合物的通道，另一端与 CCD 光学检测系统的光纤部件接触，用于检测信号。

框 2.6　　　　　　　　　　　454 的优缺点

454 的优点首先是下机读长较长，可达 1000 nt，当时在所有已商业化的 MPH 测序仪中首屈一指。454 与传统 Sanger 法测序仪相比，通量翻了好几番。从仪器设计来说，454 的通

图 2.29　454 测序仪和碱基读取示意图

量受微磁珠粒径和微芯片上微孔孔径的限制，读长主要受 e-PCR 扩增片段长度和准确率的限制。另外，在所有的 MPH 测序仪中，454 是体积最小的。

454 最严重的缺陷是同质多聚体 (homopolymer，一连串相同的碱基) 的问题。由于碱基的读取依赖于释放的 PPi 产生的光信号及其强度。当遇上一连串相同的碱基，如一连串的AAAA……，由于一轮 DNA 合成反应在终止前一直进行，只能根据光信号强度来判断有多少个 A。在理论上是可以准确知道 A 的数目，但实际上频繁会出现少读或多读一个至几个碱基的情况。

美国 Life Sciences 公司于 2000 年由 Jonathan Rothberg 创建，2007 年 3 月被美国 Roche (罗氏) 公司以 1.55 亿美元收购。不幸的是 454 后来由于在通量、准确率与运行成本等几方面都缺乏竞争力，已于 2014 年年底停产。

2. Ion Torrent/Proton

与焦磷酸测序原理相类似的另一应用实例是 Ion Torrent，但检测信号来自反应产生的 H^+。

Life Technologies 公司先后于 2010 年和 2012 年年初推出 Ion Torrent 和 Ion Proton。Ion Torrent 的核心原理与 454 相似，不同之处是 Ion Torrent 没有采用焦磷酸信号检测，而采用半导体元件装置来检测测序反应过程中的 H^+ 浓度变化，因此又称为 "半导体测序技术"。DNA 合成反应中，dNTP 释放出的 PPi 带有一个正电荷的氢离子，影响了微孔里的 pH。因此，用一个类似于 pH 计的灵敏装置，就可以得到相似于检测 PPi 的结果。

虽然通量较低，读长仅有 100~200 nt，不过由于原理简单、设计巧妙、体积很小、操作方便、性价比好，已成为 "桌面型" 测序仪的代表。尽管准确率还有待提高，但已广泛用于无创产前检测和病原检测等。

Ion Torrent 测序平台的核心是一块创新的半导体芯片，采用非金属氧化物的半导体元件制成。芯片上布满了小孔，就是一个个测序反应池，孔底部带有感应器。ssDNA 模板固定在 ISP (Ion Sphere Particle，离子珠状颗粒) 珠子上并以 e-PCR 扩增，每个反应池中可容纳一个 ISP 珠子，对应一个 DNA 分子即一条特定的 DNA 序列。芯片置于一个离子敏感层和离子感受器之上，以检测 DNA 合成链延长时释放出的氢离子信号。整个仪器主要由电子读取器、微处理器和流体系统组成，没有光学组件，无需光学检验和扫描系统，不需要激发光源、CCD 成像仪或任何的荧光标记。

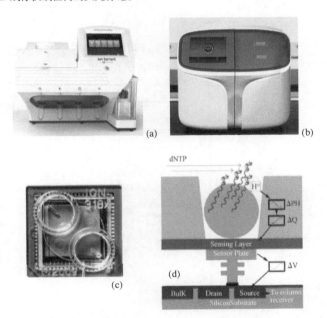

图 2.30　Ion Torrent (a)、Ion S5 (b)、Ion 318x 芯片 (c) 和
Ion Torrent 的单个微孔横截面 (d) 示意图

与其他测序仪相比，Ion Torrent 测序仪的重要创新之一是直接使用 dNTP，无需标记荧光染料和化学发光的试剂，因此测序成本相对较低。

目前 Life Technologies 拥有 Torrent 和 Proton 两种不同通量的平台。与 Torrent 平台配套的半导体芯片有：最初的 314 芯片具有 140 万个传感器，单次运行可产生超过 10 万条的序列，读长达到 100~200 nt，通量达到 50 Mb，精确度高于 99.5%；2012 年上半年推出的 316 芯片有 600 万个传感器，单次运行的测序通量可达到 200 Mb；2012 年年底又推出了 Ion 318x 芯片，读长可达到 200~400 nt，单次运行通量可达到 1 Gb。2012 年年初问世的 Ion Proton 弥补了 Ion Torrent 在 MPH 测序仪市场上的空白，首批推出的 Ion Proton I 芯片读长 200 nt，通量可达 10 Gb；还将推出 Ion Proton II 芯片，通量将达到 60 Gb。

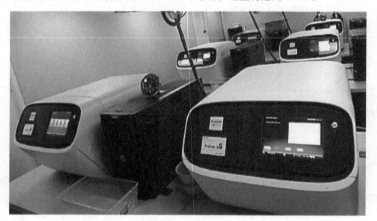

图 2.31　装备 Ion Proton 测序仪的实验室

由于半导体技术良好的可扩展性，低廉的成本和成熟的加工工艺，有理由相信，其作为配套的芯片通量还将会逐渐增加，成本还将进一步下降。但与此同时，芯片的不断升级减小了 ISP 珠子大小，也缩小了孔间距，这给 e-PCR 和信号降噪处理都带来了挑战。

Ion Torrent 平台今后的升级主要集中在软件和芯片上，这得益于快速发展的半导体制造技术，可以加快扩大测序通量，从而进一步降低测序的成本。

框 2.7　　　　　　　　　以"快"著称的"半导体"测序仪——Ion Torrent

2011 年 5 月 24 日，德国爆发急性肠出血性流行病。中国军事医学科学院和华大基因在收到样本的 3 天时间内，就以 Ion Torrent 平台完成了该致病性大肠杆菌的基因组测序，并随即确定了该菌株属于致病血清型 O104:H4。

365:718, 2011 The NEW ENGLAND JOURNAL of MEDICINE

BRIEF REPORT

Open-Source Genomic Analysis of Shiga-Toxin–Producing E. coli O104:H4

Holger Rohde, M.D., Junjie Qin, Ph.D., Yujun Cui, Ph.D., Dongfang Li, M.E., Nicholas J. Loman, M.B., B.S., Moritz Hentschke, M.D., Wentong Chen, B.S., Fei Pu, B.S., Yangqing Peng, B.S., Junhua Li, B.E., Feng Xi, B.E., Shenghui Li, B.S., Yin Li, B.S., Zhaoxi Zhang, B.S., Xianwei Yang, B.S., Meiru Zhao, M.S., Peng Wang, B.M., Yuanlin Guan, B.E., Zhong Cen, M.E., Xiangna Zhao, B.S., Martin Christner, M.D., Robin Kobbe, M.D., Sebastian Loos, M.D., Jun Oh, M.D., Liang Yang, Ph.D., Antoine Danchin, Ph.D., George F. Gao, Ph.D., Yajun Song, Ph.D., Yingrui Li, B.S., Huanming Yang, Ph.D., Jian Wang, Ph.D., Jianguo Xu, M.D., Ph.D., Mark J. Pallen, M.D., Ph.D., Jun Wang, Ph.D., Martin Aepfelbacher, M.D., Ruifu Yang, M.D., Ph.D., and the E. coli O104:H4 Genome Analysis Crowd-Sourcing Consortium*

Mike the Mad Biologist:

......If there are heroes in all of this, BGI and HPA are ......

图 2.32　　主要贡献者杨瑞馥及其致病性大肠杆菌基因组论文

（二）新一代 SBS

1. Illumina

Illumina 的循环 SBS (cycle SBS) 法即 SBRT (Sequencing By Reversible Termination，可逆终止) 法是对 SBS 技术的革命性改进，迄今仍占全球测序仪市场的 70% 以上。

SBRT 应首先归功于当时在 Sanger 研究所工作、对 HGP 和 HapMap 计划作出重要贡献的 David Bently。

图 2.33　David Bently

SBRT 的核心技术是 DNA 合成的可逆性末端循环，即 3'-OH 可逆性的修饰和去修饰。

SBRT 的基本化学原理是：①将 dNTP (dTTP、dCTP、dATP、dGTP) 的 3'-OH 以叠氮基团 RTG (Reversible Terminating Group，可逆末端基团) 进行修饰；②在碱基的 1' 位与 4 种不同荧光分子之间插入一个"可切割的连接头 (Cleavable Linker，CL)"。

在 DNA 合成时，RTG 能起类似于 ddNTP 的作用而使反应终止。每次合成反应终止并读取信号之后，将 3' 的 RTG 洗脱；同时将可切割的连接头切割而使所有荧光消失，再进行下一循环。

框 2.8　　　　　　　　　**SBRT 的 HiSeq2000 测序仪通量有多大？**

一个 ssDNA 分子的直径约为 20 nm，一个模板链 b-PCR (bridge PCR，桥式 PCR) 放大形成的分子簇占"地"面积 (应包括用于区分开相邻分子簇的空隙) 约为 5×10^5 nm²。即一个面积为 20 cm² 的 8 "道" Flow Cell 可形成 4×10^9 个 (即 40 亿) 个分子簇。

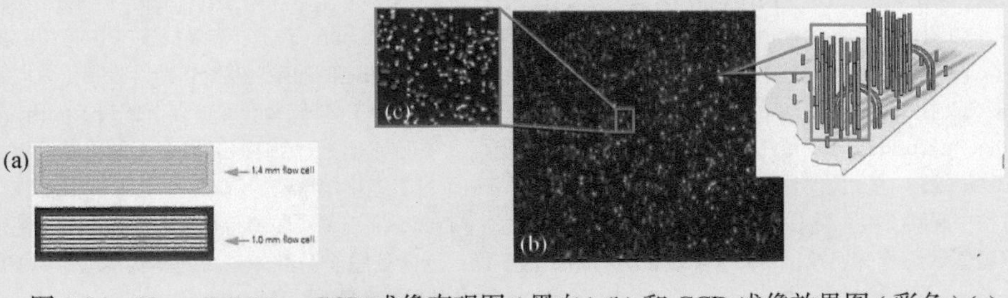

图 2.34　Flow Cell (a)、CCD 成像直观图 (黑白) (b) 和 CCD 成像效果图 (彩色) (c)

循环 SBS 法的创新主要有两个方面：①在化学上，是通过碱基 3'-OH 的修饰和去修饰来实现"末端循环 (合成) 测序"，以及"可切割"的荧光标记来实现"循环可逆"的信号读取；②在物理上，采用 DNA 模板的分子簇的"裸露" DNA 合成来实现 MPH 测序，几乎无限扩大了通量，以及 CCD 光学检测系统来一次读取视野内所有模板的测序信号。这样就可以使同一模板 DNA 分子继续下一轮的合成反应。

SBRT 的另一创新是采用了 b-PCR 而实现了"双向"测序，得到了 PE (Paired End，配对末端) 序列。

SBRT 法的初期产品也是"单向"的，可得到一端 SBS 的单向末端序列 (Single End，SE)，而 b-PCR 得到的 PE 相当于 DNA 大片段的"双向测序"而充分发挥了"中间"片段 (即没有序列但方向明确的 gap，"空洞") 的作用，方便序列的组装。

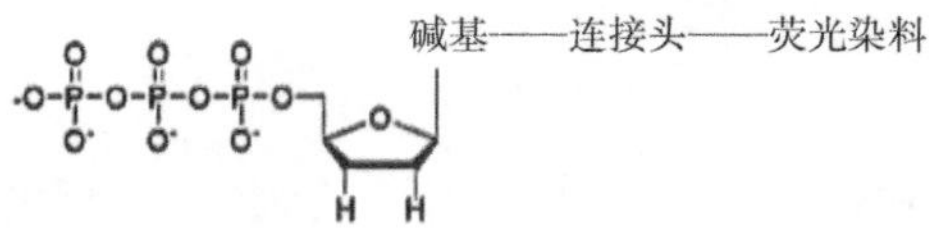

碱基——连接头——荧光染料

(a) 可切割的"连接头"与可逆荧光

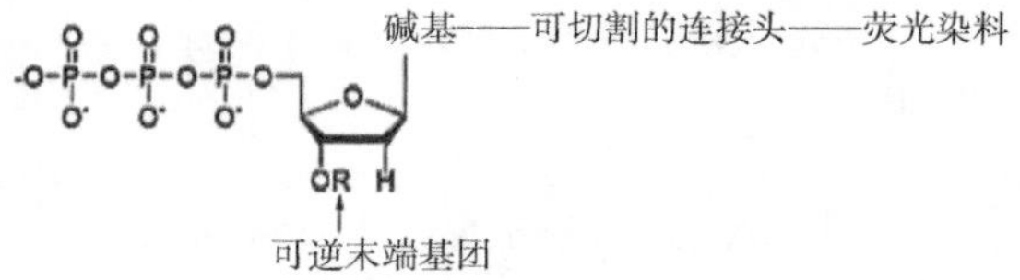

碱基——可切割的连接头——荧光染料

可逆末端基团

(b) 3'-OH 的可逆修饰

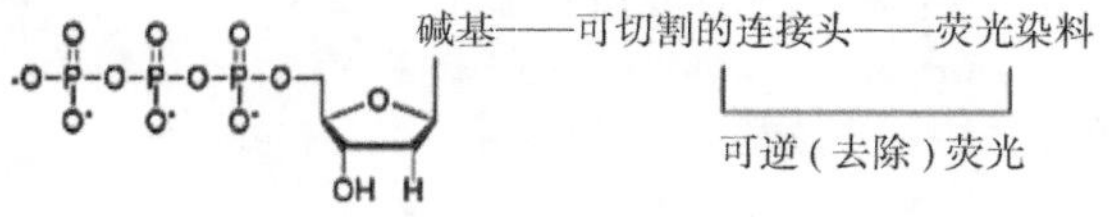

碱基——可切割的连接头——荧光染料

可逆（去除）荧光

(c) 3'-OH 的去修饰和可逆荧光

图 2.35　SBRT 原理的"三部曲"

b-PCR 是将 dsDNA 模板短片段的两端加上双链接头，用经典 PCR 进行第一次"扩增"后，将变性后的 ssDNA 模板通过接头固定到 Flow Cell 上，再用 b-PCR 在 Flow Cell 里对模板进行第二次扩增，形成无数均一的 DNA 模板，ssDNA 模板因为两端都有接头，会形成两端固定在 Flow Cell 上的"桥 (bridge)"，即模板 DNA 分子簇。去掉没有固定好的，留下 ssDNA 模板，以测序引物进行 DNA 合成，按其基本原理进行测序反应。

SBRT 法在 Flow Cell 表面固定 DNA 模板的共价键接头（与 ssDNA 末端序列互补）的设计上别出心裁。应用于单向测序的接头 (P5) 加入一个二醇基团，利用"高碘酸 Schiff 反应"将多糖残基含有的二醇基 (CHOH-CHOH) 高碘酸氧化为二醛 (CHO-CHO)，准确地将两个醇基之间的碳 - 碳键切断。应用于双向测序的 Flow Cell 接头，升级为 8-oxo-G-P7，P5 中间插入一个 U。8-oxo-G (8- 氧鸟嘌呤糖苷) 是 Fpg(Formamide pyrimidine glucosidase, 甲酰胺基嘧啶糖苷酶) 的识别位点，在正向测序开始前保留 read_1 的单链模板，用 Fpg 把带 8-oxo-G 基团给切掉，同时所在链被切断，留下一个带不完整核糖基的磷酸基。这个磷酸基在接下来的过程中起到了阻止链延伸的作用。正向测序完成，用 AP-endonuclease(脱嘌呤嘧啶内切核酸酶) 把带不完整核糖基的磷酸基切掉，暴露 3'-OH 基进行第二次扩增。反向测序前保留 read_2 的单链模板，用 USER 酶 (Uracil Specific Excision Reagent，尿嘧啶特异性切断酶) 识别 U 碱基并特异性切断。

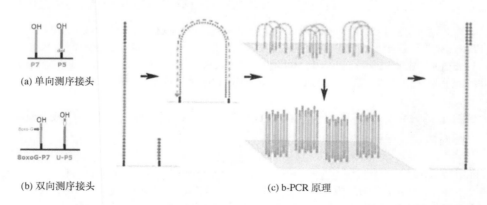

(a) 单向测序接头

(b) 双向测序接头

(c) b-PCR 原理

图 2.36　Flow Cell 上的单向测序接头 (a) 和双向测序接头 (b) 及 b-PCR 原理 (c) 示意图

每一次测序反应时，Flow Cell 里一种荧光标记 3' 修饰的 2'-dNTP（如 2'-dATP），只有那些在待合成位置与之互补（如 T）的模板才能发生合成反应，其他模板没有发生合成反应（如该位置为 A 或 C 或 G）的模板就不产生信号。以 CCD 光学检测系统采集整个 Flow Cell 上所有模板上的信号后，将 Flow Cell 上所有反应（包括切除的荧光分子）剩余物都洗去，仅保留模板上合成的新链。这一轮的反应结束后，将去除 3' 的修饰基团，使用同一模板继续进行下一轮反应，依次循环。

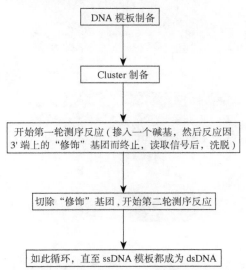

图 2.37 基于 SBRT 的 HiSeq 2000 测序流程示意图

SBRT 的 DNA 反应是在 Flow Cell 里进行的。Flow Cell 的底部是一个有无数固定 DNA 模板接头的芯片。这一设计彻底摒弃了 Sanger 法的"一个模板，一条泳道"对通量的严重制约因素，实现了几乎没有通量约束的"裸"合成。

迄今，Illumina 系列测序仪几乎独领风骚，但不足之处有：①由于受 CCD 检测系统的分辨率与灵敏度的限制，测序反应之后的信号读取需时较长；②样品制备的过程还有待进一步改进及实现全自动化；③由于生物合成反应的酶动力学问题影响了合成的同步性，读长与准确率仍有待进一步提高。

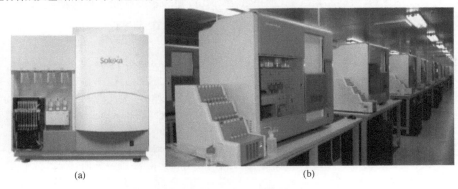

图 2.38 Solexa/Genome Analyzer (a) 和 Genome Analyzer II (b)

美国 Illumina 公司于 2006 年收购 1998 年成立的 Solexa，推出的第一代产品是 Solexa 基因组分析平台（Genome Analyzer 或称 Genetic Analyzer），读长只有 36 nt。而后升级的 Genome Analyzer II 和 IIx 的读长已达 100 nt，并实现了双向测序，即 PE 读长可达 200 nt（100 nt×2）。2010 年，继 HiSeq1000 之后，Illumina 推出主力机型 HiSeq 2000，一个 run 能够产生 200 Gb 的数据（需时 8 天，可换算成每天产生 25 Gb 数据）。2011 年，推出 HiSeq 2000 的第一个升级版，一个 run 产生的数据可达 600 Gb。PE 读长提高到 300 nt（150 nt×2）。

2011 年 11 月，Illumina 推出了小型的台式测序仪 MiSeq。该仪器的 SE 为 36 nt 时，平均运行时间为 4 小时，PE 为 150 nt，双向测序的运行时间约 27 小时。采用新的"Nextera"技术制备文库只需要 1.5 小时，仪器配备的软件也能在 2 小时内完成序列的初步分析。

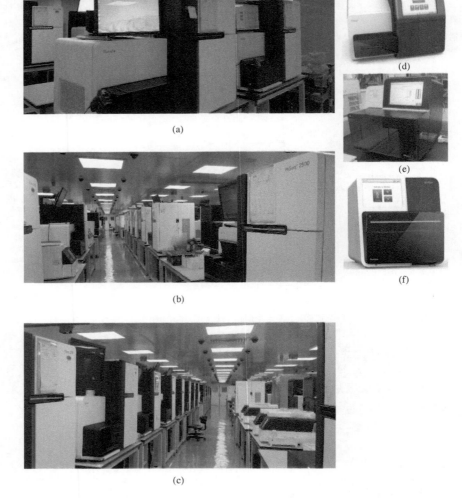

图 2.39　HiSeq 4000 (a)、HiSeq 2500 (b)、HiSeq 2000 (c) 实验室和
MiSeq (d)、NextSeq 500 (e)、MiniSeq (f) 测序仪

　　2012 年 1 月，Illumina 推出了 HiSeq 2000 的第二个升级版——HiSeq 2500，能够在 24 小时内完成一个人类全基因组 (30 X，即 90 G 的数据) 的测序。主要改进是通过仪器的液路和信号采集系统的改良，显著缩短了制备分子簇和其他步骤所需的时间，而试剂化学的改良则将一轮反应所需的时间 (cycle time) 缩短到 5 分钟以内。Hiseq 2500 的标准模式 (standard mode) 和快速模式 (fast mode) 能在 27 小时内分别产生 600 Gb 和 120 Gb 的数据。之后，Illumina 又连续推出了 HiSeq 3000 和 HiSeq 4000。

　　2014 年年初，Illumina 公司宣布推出两款新的测序平台：NextSeq 500 和 HiSeq X Ten。NextSeq 500 是新一款台式高通量测序仪，大小与 MiSeq 相似，性能却与 HiSeq 相当；而一套 HiSeq X Ten 则由 10 台 HiSeq X 测序仪组成，每套 HiSeq X 仪器 3 天可产生 1.8 Tb 的数据 (每天 600 Gb，相当于每天完成 6 个人类基因组)，适合超大规模的测序。NextSeq 500 的"高通量 (high output)"和"中等通量 (medium output)"模式的单次运行分别产出 120 Gb 和 40 Gb 的数据。2015 年推出的 HiSeq 4000 和 MiniSeq，有多方面的改进。

2. BGISEQ-500

　　BGISEQ-500 是由华大基因在美国原 CG (Complete Genomics) 公司拥有的 cssDNA (circle single-strand DNA，环化单链 DNA) 和 DNB (DNA Nano-Ball，纳米球) 等多个创新基础上研制的桌面型测序仪。

框 2.9

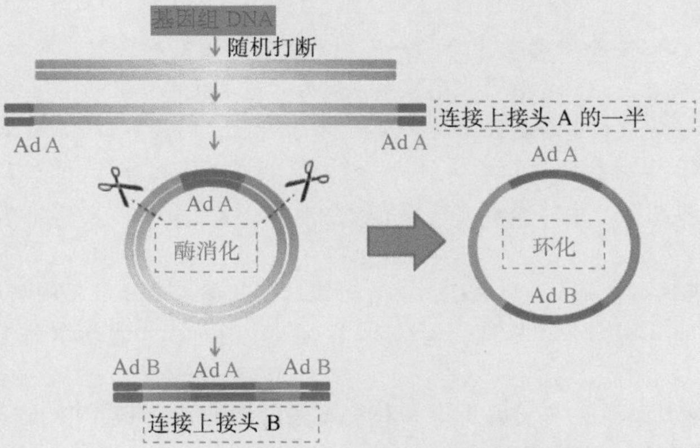

基因组 DNA
↓ 随机打断

连接上接头 A 的一半

Ad A
AdA

Ad A
酶消化

环化

Ad A

Ad B

Ad B   Ad A   Ad B

连接上接头 B

(a) cssDNA 文库的构建
测序模板 DNA 与接头连接，形成 cssDNA。

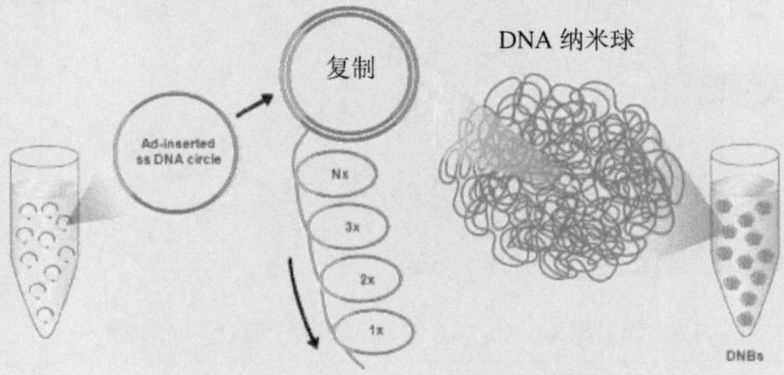

复制
DNA 纳米球

Ad-inserted
ss DNA circle

Nx
3x
2x
1x

DNBs

(b) DNB 的形成
cssDNA 分子通过滚环复制，形成一个含 200 多个拷贝的 DNB。

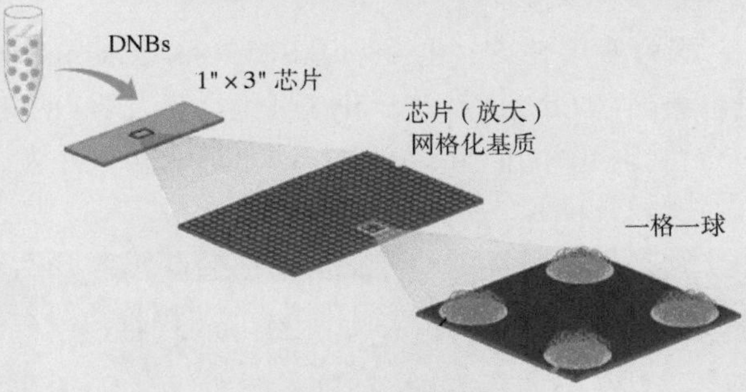

DNBs

1"×3" 芯片

芯片（放大）
网格化基质

一格一球

(c) 芯片制备
将 DNB 加到高密度 DNA 纳米芯片的网格纳米孔之上。

图 2.40　CG 原理

　　DNB 的模板为 cssDNA，通过"滚环复制"，一个模板 DNA 分子可在单个 DNB 上形成 200 多个拷贝，再将 DNB 加到创新的排列规则的高密度网格上，每个网格只能结合一个 DNB（一张芯片有 4×10^{12} 个网格）。测序反应都在互不干扰的网格上进行。减少了纳米球相互影响的程度而提高精确度。

　　除了 DNB 与网格这一创新之外，CG 的另一创新的概念是 LFR (Long Fragment Read，长片段读取序列)，不仅大幅度延长了下机序列的读长，而且可以区别父源或母源的单体型序列 (haplo-reads)。

　　将高度稀释的（最终含量为 100 pg，接近 15 个细胞的 DNA 总量）大片段 DNA 模板通过特制的小孔，这样，父源或母源 DNA 片段同在一个小孔里的几率很低，再将每个小孔里的下机序列分别组装，就能够得到读长达几十 Kb 的"单体型读长 (haplotype read length)"。

　　CG 公司在测序仪制造业中比较特殊，一是开张伊始，便宣布采用"不卖仪器，只做服务"的特殊商业运作模式。在机型设计上的直接表现为只追求技术参数而不讲究体积和外观；二是"专注人类"，即单做人类全基因组的测序，"由于专注，因此杰出"。测序的读长 100 nt（单端为 50 nt），SNP 检测率 (call rate) > 90%，检测各类变异（如 SNP/InDel/CNV 和转位因子）性能俱佳。CG 为业界公认的优点是准确率高居榜首，其一致性序列的准确率 (consensus accuracy) 达到 99.999%。

　　2013 年，华大基因引进了 CG 的核心技术，开发出了可投入临床应用的测序仪。2014 年 6 月 30 日，国家食品药品监督管理总局 (The China Food and Drug Administration，CFDA) 批准其为注册的测序诊断产品。

　　2015 年 10 月 24 日，华大基因推出了首款桌面型的测序系统 BGISEQ-500。2016 年 11 月 5 日发布了台式测序系统 BGISEQ-50。

图 2.41　BGISEQ-500 (a) 和 BGISEQ-50 (b) 测序仪

3. Max-Seq

　　Max-Seq 是第一台既可使用 SBS、也可采用 SBL (Sequencing by Ligation，连接测序) 的测序仪，是由美国 Columbia University（哥伦比亚大学）的鞠景月 (Jingyue Ju) 发明的。他还创办了美国 IBS (Intelligent Bio-Systems) 公司，并为 Nanopore 测序仪的创新性改进作出了独特的贡献。

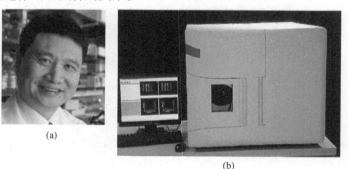

图 2.42　鞠景月 (a) 和 Max-Seq 测序仪 (b)

　　2011 年，美国 IBS 公司和 Danaher Motion 公司以及 Azco Biotech 公司合作，共同推出了首台 Max-Seq，IBS 提供原理和设计，Danaher Motion 负责制造和工艺，Azco Biotech 负责市场推广及服务支持。

　　Max-Seq 使用的核苷酸只有部分有荧光标记，可能产生的二聚体现象通过高灵敏度的传感器来补偿。Max-Seq 的一个 run 需要 1~2.5 天，其中每个 SBS 循环的化学反应时间为 25 分钟，每个 lane 的读取时间为 5 分钟左右。Max-Seq 通量较高，每个 run 产出约 300 Gb。由于其仪器成本、单次运行成本、单位数据成本等方面具有的竞争力，被认为是 Illumina 潜在的竞争对手。

　　除此之外，2012 年 3 月 IBS 公司还推出了一款小型测序仪 Mini-20，主要目标市场是临床诊断。单样本运行时间为 16 小时,可产生 80 Gb 数据。由于其特殊的圆盘状 Flow Cell 设计,10 个样本的运行时间仅需 1 天。文库制备也同样有基于微珠的 e-PCR,可产生约长 1 Kb 的模板。

2012 年 6 月,IBS 公司被德国 Qiagen 公司收购,计划于 2016 年推出商品化机型。

4. LaserGen

LaserGen 是美国 LaserGen 公司 (Lasergen, Inc.) 与美国 National Instruments (国家仪器) 有限公司合作开发的测序系统。

LaserGen 由 National Instruments 有限公司提供硬件,LaserGen 公司提供 LT(Lightning Terminators,光终止子) 的化学原理。LaserGen 与 Illumina 的相似之处都是基于 SBS,都采用光切割的可逆标记及其空间位阻效应的可逆终止基团,有望提高准确率和读长。样本制备也采用 e-PCR 技术。通量预期可达 1 Gb/run/25h (30min/cycle),读长为 25 nt,迄今尚没有推出成型的商品化产品。

框 2.11　　　　　　　　　**SBS 法的未来**

SBS 法仍是迄今测序技术的主流。原理可靠、优点突出、改进空间很大。

SBS 法也面临多方面的技术挑战,包括模板制备、表面化学、荧光标记和信号读取、工艺精度以至于仪器设计、酶反应体系等方面。SBS 是否会在近时被别的技术完全取代,取决于它的继续改进与综合经济指标。

在模板制备 (又称为 "建库" 或 "模板文库制备") 方面,已有很多改进技术可以选择。在实现单分子测序以前,几乎所有这些技术都和模板的扩增有关,包括已较为广泛采用的磁珠扩增、PCR 扩增 (e-PCR 等)、滚环扩增 (rolling circle amplification) 等,但都存在制备成本高、所需时间长、流程烦琐、样品间交叉污染的几率较高等问题。因此,简化流程、降低试剂使用量和提高自动化水平 (如使用微量、微流控技术) 将是主要的改进方向。

表面化学技术主要包括 Flow Cell、微珠、微孔的表面处理技术。其面临的技术挑战包括为合成酶反应提供可结合的表面,降低或避免荧光等其他物质 (统称 "染料分子") 的吸附,以及 DNA 模板的密度最大化的同时保证分辨率。因此,一种有序的、规整的、紧密的排列分布也许会比随机分布更有优势,尽管需要平衡与通量的关系。

荧光标记和信号读取方面,需要降低残余染料 (分子) 产生的背景,提高分辨率,缩短信号读取时间。可以通过选择或设计特定荧光染料,以及提高成像系统的分辨率等以达到改进的目的。采用 CCD 光学检测系统还是其他检测装置 (如扫描仪、显微镜等) 也是一种考虑。另一设想是采用类似于 454 的 "非标记" 技术,彻底摒弃荧光的使用。而在工艺精度、仪器设计,以及软件等多方面,其实都有进一步发展的空间。

酶反应体系的优化对读长和速度等技术参数的提高至关重要。SBS 测序技术中限制读长的主要原因,除了 DNA 多聚酶的合成精度和反应速度以外,一个重要问题是所有 DNA 分子的合成难以保持同步,因而随着循环数的增加,错误率也成倍增加。为得到较长的读长并采集足够强度的信号,必须保证样本中所有 DNA 分子的合成保持近 100% 的一致性。选择和改造聚合酶使之反应快、误差低,是改进 DNA 合成反应体系中长期而艰巨的任务。另外,现有体系都是固定模板,而酶、底物和产物是流动的,采用逆向体系似乎难以设想。核苷酸原料的修饰或可逆循环也有很多不同的设想,还要尽量保持原有构型以保证或提高合成速率。生化反应条件,如反应液配方和离子浓度等都应该考虑。在降低成本、提高通量、保证精度、增加读长这样一个改进方向下,需要对 SBS 测序流程中各个环节进行总体的优化,以达到一个最佳组合。

许多新的建库策略随之出现,包括 Indexing 技术、序列捕获技术、PCR-free 建库策略等。Indexing 技术使多样本平行测序成为可能,因此使每个样本的测序成本降低,同时提高了样本通量。而序列捕获技术可以仅仅对特定区域,比如对仅占整个基因组一小部分的外显子区域进行测序。

SBS 的缺点是多次洗脱,费时费试剂且难以彻底,同时试剂利用率很低,但是这方面的改进涉及原理本身,难度很大。

（三）连接测序

SBL 是第一代非 SBS 的 MPH 测序技术。

SBL 的独特之处是以 DNA 连接酶 (DNA ligase) 取代了 DNA 聚合酶，发挥了连接酶高保真度 (high fidelity) 的优点。同时第一次采用了对每个碱基同时读取两次 (two-base encoding) 的策略，在理论上可以显著提高准确率。

SBL 最早是由美国 Harvard University 的 George Church 实验室于 2005 年发明的，后由 ABI 开发为 SOLiD (Sequencing by Oligo Ligation and Detection)。2007 年 10 月，ABI 推出了第一款基于 SBL 的 SOLiD 1 和 SOLiD 2。2008 年，ABI 推出了 SOLiD 3，一个 run 可产生 50 Gb 的序列数据。2010 年，ABI 推出了 SOLiD 4，一个 run 能产生 100 Gb 的序列数据，每一个人全基因组的测序费用降至 6000 美元。2010 年年底，又推出了 SOLiD 5500xl，含有两张微流芯片 (microfluidic flowchip)，每张芯片含有 6 条相互独立的运行通道 (run lane)，每条通道都能运行相对独立的测序反应，最大测序读长为 75 nt，一个 run 能产生 300 Gb 的序列数据，测序的系统准确率达 99% 以上。

2012 年 6 月，ABI 推出了用于 SOLiD 5500xl 的 "Wildfire" 样品制备流程技术，不再使用与 454 一样的 e-PCR，而采用类似于 Illumina 的等温扩增 (isothermal amplification) 技术。这一改进不仅使样品制备成本大幅度降低，而且将样品制备的时间缩短到 2 个小时。与此同时，分子簇的密度由原来的 400 000 个 /mm² 增至双面 1 000 000 个 /mm²，通量随之显著提高。

SOLiD 的操作要点为：DNA 模板被打断成适当大小的碎片，两端加上两种不同的 "通用接头 (universal P1 adapter)"，通过一端的接头将单个 ssDNA 分子固定到微磁珠表面。将包含 PCR 所有反应组分的水溶液注入高速旋转的矿物油表面，水溶液瞬间形成无数个被矿物油包裹的小水滴，这些小水滴就构成了独立的 PCR 扩增反应空间，每个小水滴理论上只含一个 DNA 模板和一个磁珠。SOLiD 系统最大的优点是每张玻片能容纳更高密度的微珠，在同一系统中实现高通量。

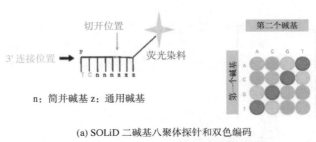

(a) SOLiD 二碱基八聚体探针和双色编码

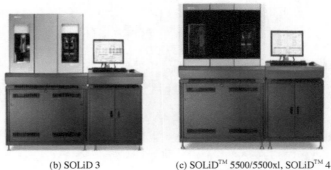

(b) SOLiD 3 　　(c) SOLiD™ 5500/5500xl, SOLiD™ 4 测序平台外观

图 2.43　SOLiD 的双色编码探针 (a) 及测序仪 (b, c)

SOLiD 实现了 SBL 的主要创新是二碱基八聚体探针 (di-base 8-mer probe) 的设计。

每个八聚体探针含 8 个核苷酸，靠近 5' 端的为 3 个 "通用碱基 (universal bases)"。紧接着为 2 个 "简并碱基 (degenerate base)"，靠近 3' 端连接位置的为 2 个 "特异性碱基"，与模板互补。

八聚体探针以 CY5、Texas Red、CY3、6-FAM 这 4 种颜色的荧光染料分子分别标记，每一种颜色的荧光有不同序列的 256 个探针，整个体系共有 1024 个八聚体探针 (4⁵)。

在连接酶的作用下，探针的 3' 端和模板 DNA 第 1、2 个碱基之间分别形成一个 3'-5' 磷酸二酯键。连接反应完成之后，SOLiD 记录下探针第 1、2 位编码区颜色信息，用一种酶断裂探针 3' 端第 5、6 位碱基间的化学键，并除去 6~8 位碱基及 5' 末端荧光基团，暴露探针第 5 位碱基 5' 磷酸，为下一次连接反应作准备。每一模板的数据都以 5 个碱基的间隔收集。

SOLiD 的一次单向测序包括五轮测序反应，每轮测序反应含有多次连接反应。经过几个连接循环 (ligation cycles) 之后，引物重置，开始第二轮的测序。由于第二轮连接引物 n-1 比第一轮错开一位，所以以第二轮得到以 0、1 位起始的若干碱基对的颜色信息。五轮测序反应后，按照第 0、1 位，第 1、2 位……的顺序把对应于模板序列的颜色信息连起来，就得到由 "0，1，2，3…" 组成的 SOLiD 原始颜色序列。

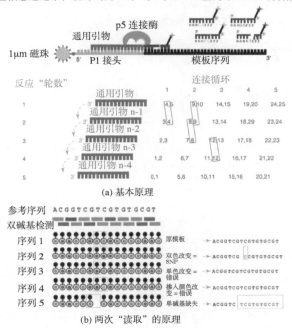

(a) 基本原理

(b) 两次 "读取" 的原理

图 2.44　SBL (SOLiD) 基本原理和两次 "读取" 示意图

SOLiD 的读长和通量与初级版 Solexa 相似 (35~70 nt)，曾与 454 和 Solexa 形成 "三足鼎立" 之势。但是由于化学反应机制复杂，过程多而运作不够稳定，读长等技术参数不能形成竞争力，现已停产。

框 2.12　　　　　　　　　　　磁场测序原理

SBL 的理论准确率是非常诱人的，也有些别的改进和发展思路。其较为吸引人的是磁场测序 (magnetic sequencing)。其要点是通过一个长约 83 bp 的 DNA 发卡 (hairpin) 结构将 DNA 模板的一端固定在玻片上，另一端通过链霉亲和素固定在磁珠上。磁场作用时，磁珠产生垂直的磁场力将发卡拉开，与模板互补的连接引物掺入而发生连接反应，检测装置读取信号后，磁场取消，发卡复位，连接反应终止。游离端掺入特定的核苷酸和探针即可控制发卡的周期性开合，从而可以间接读出 DNA 序列。该技术分辨率可达 1 nm，准确率较高。目前的原理验证实验可检测 16~20 nt 长的序列。目前尚在开发初期。

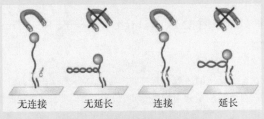

无连接　　无延长　　连接　　延长

图 2.45　磁场测序原理示意图

第二节　下一代测序仪及其基本原理

测序技术正面临新的突破。

一方面，测序技术已随基因组学的普及而被广泛应用，并将改变生命科学研究和生物产业发展的格局。基因组学与测序技术给我们带来的冲击，将不亚于电子计算机技术的冲击；另一方面，纳米技术、芯片技术、精密加工、光学电子学、计算机以及酶工程、生化技术的发展，给测序技术的进一步发展注入了新的动力。

一、单分子测序

单分子测序是未来测序技术的一种新的重要思路，共同的特点是测序的模板DNA分子无需扩增。

目前"真正"的单分子测序仪 (true Single Molecule Sequencer，tSMS) 的代表有 HeliScope (HeliScope Genetic Analysis System) 和 PacBio (Pacific Biosciences，RS System)。

（一）HeliScope

图 2.46　HeliScope

在测序技术的发展史上，美国 Helicos Biosciences 公司于 2008 年推出的 HeliScope 是第一台"真正"的单分子测序仪。

HeliScope 的基本原理仍是 SBS。其最重要的创新之处是采用了超敏感的荧光检测装置，从而不再依赖扩增得到的分子群体来增强信号强度。因而避免了制备"均一"群体分子在扩增中导入的人为误差，而且可以直接分析碱基的化学修饰。

HeliScope 的操作流程是：将 dsDNA 模板随机打断成小片段，然后变性成 ssDNA，通过末端脱氧核苷酸转移酶 (terminal deoxynucleotidyl transferase) 在 3' 末端加上一段 Poly(A) 和荧光标记，与 Flow Cell 表面固定的 Poly (T) 引物进行杂交并精确定位，然后逐一加入引物、聚合酶和荧光标记的可逆终止基团 (与 Illumina 的终止子不同，这个终止基团不是四色的，而只是单色的，也就是说所有终止基团都标有同一种染料；另外，HeliScops 还采用了 3'-OH 未封闭可逆终止基团，即通过荧光修饰基团的空间位阻效应来实现可逆终止) 进行同步合成反应。一个循环中只加入一种可逆终止基团，只有与该位核苷酸互补的模板才能掺入单个荧光标记的核苷酸。反应完毕，洗涤，单色成像确定方位和强度之后，切除荧光标记，再洗涤，进行下一轮反应。通过掺入、检测和切除的反复循环，即可实时读取序列。

HeliScope 的主要问题是读长较短 (25~70 nt，平均读长 35 nt)，每个循环的数据产出量为 21~28 Gb。由于不需扩增而避免了"不均一"的问题，用于数字表达谱的研究有其独特优势。不过，Helicos 公司已于 2012 年申请破产保护。

（二）PacBio

PacBio 是第一个实际应用 SMRT (Single-Molecule Real Time Sequencing，单分子实时测序) 的平台。

所谓"实时"，是指在合成反应的过程中直接观察和区别每个整合到新链上的荧光信号，而不是像群体分子系统那样在每一次合成反应的终点再进行荧光检测，实现了真正即时的"边合成、边测序"。PacBio 还发挥了 SBS 反应快的优点，5 分钟能读出长达 3000 nt 的序列。同时，测序反应在特殊设计的纳米小室中进行，一张芯片上可以阵列无数个纳米小室，得以实现高通量。

　　PacBio 的一个技术问题是荧光标记在脱氧核糖核苷酸的磷酸基团之上，标记上荧光后的核苷酸在掺入处会发出荧光信号。信号捕捉完毕后，荧光基团即随焦磷酸掉落，立即扩散到整个反应系统，如何从很强的荧光背景中检测到正确的荧光信号，提高信噪比 (signal-noise ratio) 成为 PacBio 测序技术中的关键之一。

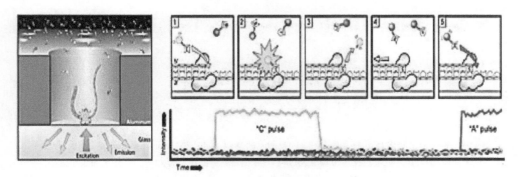

图 2.47　PacBio 原理示意图

　　PacBio 现在对这一问题的解决方案是在纳米小室的底部巧妙地引入了 "ZMW (Zero Mode Waveguide, 零模式波导)" 技术。位于纳米小室底部中央有一个小孔、孔径只有 70 nm、远远小于激光的波长。因此，当激光从底部照射芯片时，只能通过衍射勉强进入小孔附近很小的一个区域，只照亮聚合酶周围一小片区域，这样就提高了信噪比和准确率。在 PacBio RS II 上有 15 万个这样的 ZMW。

　　PacBio 第一次创造性地使用了固相酶。DNA 聚合酶被固定在纳米小室底部中央可被激光照射的一个小区域。单分子模板结合到聚合酶上，高浓度的荧光标记的 dNTP 被加到小室里。当单个脱氧核苷酸通过合成反应特异性掺入、DNA 聚合酶催化生成 3'-5' 磷酸二酯键的同时，这个脱氧核苷酸上的荧光基团被激活而发光，由一种超速显微照相机检测装置读取、记录。荧光基团会随焦磷酸被切掉，继续下一轮合成反应。当 DNA 链合成结束时，DNA 测序完成。

　　DNA 聚合酶的活性会在激光照射下逐渐减弱，不能无限长时间地进行合成反应，因此限制了读长的进一步提高。这种独特的酶固定策略及实时测序的思想也使 RNA 和蛋白质测序成为可能。试想，如果将 DNA 聚合酶换成逆转录酶或核糖体，相应的原料采用 dNTP 或 tRNA-AA，即可读取 RNA 序列或氨基酸序列了。

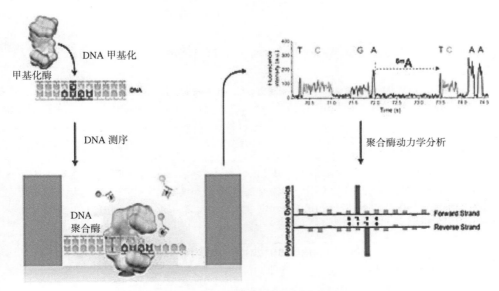

图 2.48　PacBio 的甲基化碱基检测原理示意图

PacBio 的突出优点是读长提高、GC 偏差降低和甲基化 DNA 的直接测序。

PacBio 的下机读长可达 8 Kb，现在已可达 30 Kb。这一较长的读长，结合较小的 GC 偏差，对于基因组组装和结构变异的检测非常有用，而且对于高 GC (GC-rich)，或高 AT (AT-rich) 的基因组区段，特别是重复序列的分析是非常有用的。

除了核苷酸序列数据外，PacBio 还可提供酶反应动力学信息，据此可检测出基因组中不同类型的甲基化位点。

PacBio 的操作流程并不复杂；样品制备只需在随机打断的 DNA 片段两端加上一个"发卡环"结构。PacBio 有两种模式：一种是 CLR (Continuous Long Read，连续长读模式)，适于读取长链的 DNA，一次只能读取一遍；另一种称为"CCR (Circular Consensus Read，环形滚环一致模式)"，即聚合酶绕着 DNA 环作滚环复制，每复制一轮，相当于对同一段序列正反向测了两次，而且每一轮都是以同一个模板链进行复制，保证了序列的可靠性和准确率。

PacBio 的 SMRT 技术是由美国 Cornell University 的 Watt Webb 和 Harold Craighead 发明的。PacBio 于 2010 年 2 月试用，2011 年年初投入市场。2011 年 1 月发表的霍乱病原菌 (2010 年曾在海地导致霍乱爆发) 全基因组测序使之名声大振。2012 年 2 月升级的"C2 chemistry"使每个"Smart Cell"可产生 400 Mb 未过滤数据，20 X 时的一致性准确率可达 99.999 ％。

PacBio 主要的误差来源是 InDel。插入错误可能源于聚合酶有时并未将选择的碱基真的掺入合成的新链之中。由于这些错误是随机的，因而可以随着测序深度的增加而有所抵消。因此，尽管 PacBio 的单分子单次读取的原始准确率并不十分理想，但随着测序深度的增加，可以获得比其他测序系统更高的一致性准确率。2013 年推出 PacBio RS II，平均读长达 5 Kb，最大读长超过 20 Kb。

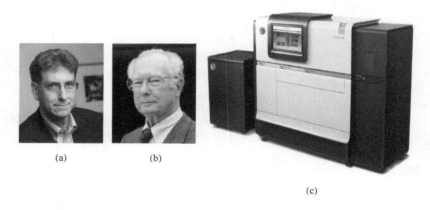

(a)   (b)

(c)

图 2.49　Watt Webb (a)、Harold Craighead (b) 和 PacBio RSII (c)

PacBio 的缺点是设计非常复杂，工艺过于精密，运行不够稳定，体积相当庞大 (约为 1.92 m³)；同时造价与运行成本都较高，现下多用于超大测序中心。2015 年，PacBio 推出了体积较小、性能更好的新机型。

框 2.13　　　　　　　　　　　　　**力谱测序**

单分子测序的另一方案是力谱测序 (mechanical sequencing)。这一设想是根据每个 DNA 分子独特的力学特性 (力谱)，以高精度 (1 nm) 和高速度 (0.002 秒) 的单分子磁镊装置，同时结合 SBH (Sequencing By Hybridization，杂交测序技术) 和 SBL 技术来分析单分子的核苷酸序列。

Single-molecule mechanical identification and sequencing
9:367, 2012 nature

Fangyuan Ding[1,2], Maria Manosas[1,3], Michelle M Spiering[4], Stephen J Benkovic[4], David Bensimon[1,2,5], Jean-François Allemand[1,2] & Vincent Croquette[1,2]

图 2.50　力谱测序的论文

此法不依靠荧光，而依靠对 DNA 发夹延伸的测定，即测定 DNA 发夹上与表面锚定的一端及与磁珠结合的另一端之间的距离。能够提供连续信号，而不是大部分荧光方法的二元 (on 或 off) 信号。信号通过非荧光成像和标准照相机获取，信息量比荧光信号更大，成本应比现有方法都低。

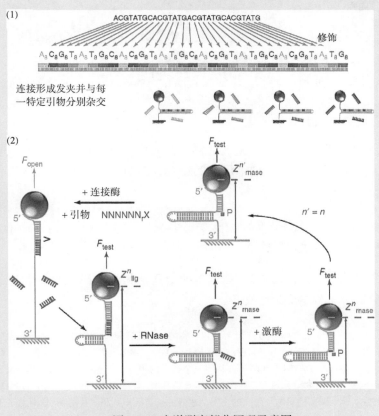

图 2.51　力谱测序部分原理示意图

二、纳米孔测序

纳米孔测序 (nanopore sequencing) 被认为是测序技术的发展方向，其主要特点是根据 ssDNA 或 RNA 模板分子通过纳米孔而带来的"信号"变化进行实时测序。纳米孔测序的理论优势显而易见：高速度、高通量和低成本。

从技术角度来说，纳米孔测序也是一种单分子测序，是技术上很有特点的单分子测序。纳米孔测序首先是由美国 Harvard University 的 Daniel Branton、美国 UCSC (University of California, Santa Cruz, 圣克鲁兹的加州大学) 的 David Deamer 和英国 University of Oxford (牛津大学) 的 Hagan Bayley 于 1995 年提出的。

纳米孔测序的基本原理是当纳米孔灌满导电液时，两端加上一定的电压，分子模板通过纳米孔生成可测量的电流。当纳米孔的直径恰好只能容纳一个核苷酸时 (约为 1.5 nm)，长达 1000 个碱基的单链模板 (ssDNA 或 RNA) 在电场作用下就会依次通过此纳米孔而引起电流强度的改变。由于四种碱基的差异所致的空间构象差别，纳米孔电流强度改变的程度不同，四种碱基分别产生特定的电流峰值。检测相应的电流峰值来判断对应的碱基，即可实现高速度的实时测序。

目前用于 DNA 测序的纳米孔可以大致分为物理纳米孔和生物纳米孔两大类。

(a) (b) (c)

图 2.52　纳米孔测序技术的三位先驱 Daniel Branton (a)、David Deamer (b) 和 Hagan Bayley (c)

（一）物理纳米孔

物理纳米孔主要用硅或其他无机材料制造而成，一般使用离子束或电子束在硅或其他材料薄膜表面制造出纳米尺度的小孔，再进一步对小孔的形状和大小进行修饰而成。

相对于生物纳米孔，物理纳米孔在提高稳定性、降低电流噪声、工艺集成方面有着显著的优势。但是，因为受限于半导体工艺制造水平，固态纳米孔的制造还较为复杂与昂贵，成功率也有待提高。

纳米孔技术还面临很多挑战，重点是纳米孔材料的选择和制造工艺、入孔的分子类别（单链单模板）及穿孔速度。

纳米孔制造的精度问题。根据理论上的计算，仅能容纳一个核苷酸通过的纳米孔最小孔径只是 1.5 nm（如果不考虑构型的可能影响，ssDNA 的直径应为 1~2 nm）。而纳米孔厚度又是一个问题。纳米孔的电场宽度是由孔径决定的，并会向纳米孔两端各延伸一个孔径的距离，这意味着纳米孔的厚度不能超过 3 nm，才能达到单碱基测序的期望灵敏度。而现有纳米孔芯片太厚，往往能同时容下 10~15 个核苷酸，因此不能达到一次检测单个碱基的目的。解决的方案似乎只能是"孔小"和"片薄"，这对加工工艺又提出了更高的要求。

从材料的选择来说，2001 年使用 FIB (Focused Ion Beam，聚焦离子束) 在 Si_3N_4 薄膜上制作出了直径为 61 nm 的孔，随后又采用 Ar 而将孔径缩小到 1.8 nm。2003 年，荷兰 Delft University of Technology（代尔夫特理工大学）的 A.J. Storm 等用高能电子束在 SiO_2 薄膜上制作出了直径为 2 nm 的小孔。后来又尝试了在很多不同材料上例如 SiNx、SiO_2、SiC、Al_2O_3 等制作出小于 10 nm 尺度的固态纳米孔。

石墨烯 (graphene) 因其本身超薄的结构和特殊的电子特性，也成为薄膜材料的一种新选择，它的超薄的单原子层结构十分适合隧道电流的测量。

石墨烯是由单层碳原子组成的一张薄片，一次只有一个碱基通过纳米孔。石墨烯的问题是 DNA 与石墨烯相互吸附作用会引入大量噪声，使信号很难准确读出。MoS_2（二硫化钼）也是一个单层片，足够薄，因此每次也只有一个核苷酸能通过纳米孔，并且不会吸附 DNA。同时，模拟实验产生了对应于一个 dsDNA 分子碱基的四种不同信号。

ssDNA 通过纳米孔的速度问题。ssDNA 通过纳米孔的速度（在目前常用的 120 mV 电压下）是每微秒每核苷酸的级别，这意味着理论上一个纳米孔就可以达到百万碱基 / 秒的测序速度。而目前所有传感器的灵敏度都不足以在这个速度下检测电流的细微变化。解决的方案似乎也只能是降低 ssDNA 通过纳米孔的速度或提高传感器的灵敏度。

现在已经有了很多不同的设想和方案来解决固态、物理的纳米孔测序的一系列技术难题，总体来看，至少有以下几种方案或设想：

1) DNA Transistor

计算机工业的巨头 IBM 在这方面的努力值得注意。早在 2007 年，IBM 就着手研制名为 DNA Transistor 的测序仪，2010 年与美国 Roche 联手开发。DNA Transistor 实际上是由金属介质材料交替层叠组成的物理固态纳米孔，这种结构可以控制 DNA 通过纳米孔的速度。IBM 的技术尽管还不成熟，却代表了物理纳米孔这一方向。

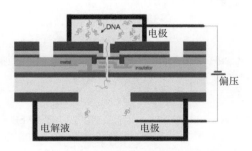

图 2.53　DNA Transistor 原理示意图

2) NobleGen

NobleGen 的主体是发光纳米孔 (optical nanopore)，其独特之处在于不直接测定模板 DNA 分子，而是通过环状 DNA 转换 (circular DNA conversion) 将 DNA 上的碱基转换成较长的"一段特异的代表性合成序列 (Expanded Synthetic Representation, ESR)"分子，模板 DNA 的每种碱基对应一个 ESR。每个 ESR 又分别对应与之互补的分子"信标 (beacon)"，"信标"的一端连有荧光基团，另一端带有淬灭基团。通过

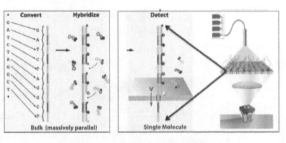

图 2.54　NobleGen 原理示意图

杂交，ESR 分子与分子信标结合，相邻的分子信标因首尾临近而没有荧光信号。当 ESR 分子通过纳米孔时，受孔径大小限制，信标脱落，同时产生荧光信号。仪器记录并重新转换成对应的碱基编码。

NobleGen 已有原型机，其核心芯片有 400×400 个纳米孔，通量为 500 Gb/ 小时，相当于 15 分钟就可以测定一个人的全基因组 (30X)。但主要问题之一是转换步骤过于复杂，且模板 DNA 的长度要求比较严格 (约 200 bp)。

3) Xpandomer

与 NobleGen 有所相似，美国 Stratos Genomics 公司也将 DNA 的单个碱基转换成对应的 Xpandomer (一种较大的替代分子)，这个过程与聚合酶指导的复制过程相似。对形成的较长新链，采用一种修饰过的聚合酶——可以一次加上 4 个碱基长的称之为 Xprobe 的探针 (这种 Xprobe 的第 2 和第 3 位碱基之间含有 4 个报告分子)，环绕在 Xprobe 外维持 4-mer oligo 正常的立体特征，其有色信号分别代表 4 种不同的碱基。当通过纳米孔时，即可读取报告分子对应的碱基，具有较高的信噪比。

4) INSP-SMTR

美国 Columbia University 和 Northeastern University 等合作研发了 INSP-SMTR (Integrated Nanopore Sensing Platform with Sub-Microsecond Temporal Resolution) 技术，试图解决 DNA 穿孔速度过快的问题，通过在超薄的氮化硅态纳米孔上整合互补金属氧化物半导体前置放大器，大大提高了信噪比，可以在短至 1ms (微秒) 的时间内检测单碱基信号。

5) 可逆场

更加直接的设想是在纳米孔两侧加上一个方向可逆的磁场或电场来延缓 ssDNA 的通过速度。其设计原理类似于分析大片段 DNA 的逆向脉冲场凝胶电泳 (inversed pulse field gel electrophoresis)，通过反向脉冲来延缓 ssDNA 通过纳米孔的速度问题。

6) Moebius Biosystem

2011 年 Moebius Biosystem 发布的样机 Molecular Resonance Sequencing Nexus I 的基本原理，是通过核磁共振 (Nuclear Magnetic Resonance, NMR) 等多手段来检测 DNA 合成时聚合酶的构象改变来识别碱基的。而美国 University of Tennessee (田纳西大学) 通过检测 DNA 穿过纳米孔时的横向电流来进行碱基判读，因而提高了信噪比。

7) 核苷酸入孔

通过纳米孔的是单个核苷酸分子，而不是长链的 ssDNA 分子。在纳米孔的入孔侧安装 DNA 外切酶，把 ssDNA 分子的 3' 端的核苷酸一个个地切下来再使其逐个通过纳米孔。从理论上来说可以较显著提高准确率。

所有上述物理纳米孔的方案都面临着新的有待克服的难题。

（二）生物纳米孔

生物纳米孔 (biological nanopore) 类似于真核细胞核膜上的核孔，实质上是遍布在纳米芯片上的特异蛋白质。

生物纳米孔多采用 α 溶血素（一般嵌入细胞双层脂膜当中），其最窄处直径尺寸约为 1.5 nm，恰好允许 ssDNA 或 RNA 分子通过，并且大小严格一致。生物纳米孔在膜稳定性和电流噪声的处理上还存在限制。

生物纳米孔主要有以下几种方案或设想：

(1) 英国 ONT 公司 (Oxford Nanopore Technologics Inc.，牛津纳米孔技术公司) 致力于研发蛋白纳米孔结合聚合酶的测序技术，2012 年 2 月发布 GridIon。技术上的要点一是通过纳米孔上方的分子马达 (molecular motor)、过程酶 (processive enzyme) 和棘轮效应 (ratchet effect) 来降低 DNA 移动速度，可实现 20 ms/base，足以检测信号；二是通过"限制位点 (constriction site)"来帮助分辨碱基，解决蛋白纳米孔同时容纳 10~15 个碱基而无法检测单碱基信号变化的问题。已能集成 2000 个纳米孔，很快将达到 8000 个纳米孔。目前的测序速度为每秒几个 Kb，读长为 5.4 Kb，有望达到 100 Kb。错误率为 4%，有望降至 0.1%~1%。按此通量计算，用 20 台 GridIon 可在 15 分钟内测完一个人的基因组。

图 2.55　MinION 迷你型测序仪

2012 年第四季度，ONT 公司发布的另一款迷你型测序仪——MinION，体积只有一般用于计算机的 U 盘大小。2014 年 MinION 测序仪已投入使用，或许未来测序仪会变得如同手机一样普通、便捷、廉价。

MinION 测序仪采用新型纳米孔测序，拥有长读长（平均为 80 Kb) 的优势，并且具备很高的测序速度。

MinION 测序仪由一个传感器芯片、专用集成电路和一个完整的单分子感应测试所需的流控系统构成。从 2014 年首批试用者下机数据显示，MinION 能够在 72 小时里产生 45 000 个 reads，相当于 277 MB 的数据。MinION 的流动槽上有 512 个孔，试用过程中仅激活其中的 200～250 个孔。

在这一方面投入的还有美国的 Genia 公司 (Genia Technologies Inc.)，它打算将 Ion Torrent 的互补金属氧化物半导体 (Complementary Metal Oxide Semiconductor, CMOS) 集成电路芯片技术和生物纳米孔技术结

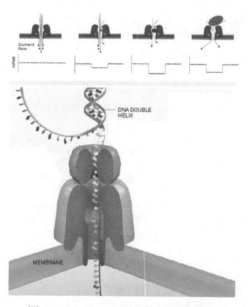

图 2.56　MinION 测序仪原理示意图

合起来，在芯片表面形成脂双层，在脂双层上引入纳米孔，一张芯片上有大约 200 个独立的传感器 (sensor) 和纳米孔。

框 2.14   **MinION 测序仪应用实例**

    2014 年，使用英国 ONT 公司的 MinION 测序仪对来自新西兰的甲型流感病毒菌株样本的 RNA 基因组 (总长 11 Kb) 进行测序。上机需 4 小时 (包括样品制备、分析等流程约需 8 小时)，产生读长大约为 118 Kb 的 reads，其中约有 90% 高质量的 reads，覆盖率达 100%。

    对相同的流感病毒样本，MiSeq 测序仪产生约 300 万个读长为 250 bp 的 reads，也完全覆盖流感病毒基因组。因为 reads 数量更多，MiSeq 要比 MinION 的测序深度高，但 MinION 的数据覆盖更为均匀。总的来说，MinION 用 4 小时得到的流感序列数据与从 MiSeq 和 SBS 测序仪得到的数据有 99% 以上的一致性。

---

(2) 美国 University of Washington 的一个团队研发了新的生物孔，其原理类似于 ONT。纳米孔的蛋白质为 *Mycobacterium smegmatis* porin A (MspA)，并在孔外固定了 φ29 DNA 聚合酶，通过聚合酶反应来控制 DNA 的移动速度。测试的结果可达到 28 毫秒 /nt (约 28 毫秒通过 1 个核苷酸)，电流变化达 40 pA，检测碱基数增加至 20~30 个，实测的 6 条长 42~53 nt 的 DNA 序列都能准确地比对到已知序列上。而美国 UCSC 的一个团队开发了一种改良方法，应用 DNA 聚合酶使 DNA 在通过纳米孔径时可以前后制动，实验中可将移动速度控制在 25~40 nt/ 秒 (每秒通过 25~40 个核苷酸)。

(3) 2013 年，来自中国台湾的一个团队研发出一种名为蛋白质晶体管 (protein-transistor) 的单分子测序技术。该方法巧妙地通过抗体偶联将 DNA 聚合酶和晶体管整合起来，形成一个蛋白质晶体管，当发生 DNA 聚合反应时，化学动力学变化通过晶体管转换成电导率信号，从而实现碱基判读。这种新的测序技术无需复杂的荧光标记，通过电导率信号判读碱基，速度达到 22 nt/ 秒，且可实现单分子测序。

除了上述的纳米孔技术设想外，还有一些相关技术，如微流控与微滴技术。

(1) 微流控芯片实验室。这是一个很好的设想，也是芯片实验室 (labs on a chip) 概念在测序领域的一个尝试，尽管还处在概念验证阶段。

通过微流控技术将核酸提取、测序前样本制备及测序整合在一张芯片上，可实现对微量样本乃至单细胞的实时测序。

日本 Nagoya University (名古屋大学) 的这一平台是将单聚物物理、纳米材料、声驻波及纳米流体力学、微流控，以及电泳等原理和技术都应用于样品制备及单分子测序，并将以上过程集成于一张芯片上完成。其基本原理源于 Zweifach-Fung 效应 (一种微流控原理)，设计合适的分支通道结构，产生足够的流速差，就可以在不同的分支通道得到较为纯净的不同组分。利用 DNA 进入微流管后会导致微流管的激光反射及衍射等性能发生改变，有可能确定 DNA 的碱基序列。

(2) 微滴单分子测序。2014 年年初，英国 University of Cambridge 的团队宣布成功利用微滴中包裹的核苷酸荧光级联反应技术，可清楚地分辨出每个碱基的类型。使用一个焦磷酸水解酶使 DNA 单链上的核苷酸水解下来并包裹在微滴中，微滴将通过一个微米级的管道，通过管道时级联反应促使每一个碱基产生自己特有的信号。微滴单分子测序通过固态的纳米系统直接读取碱基产生的信号，而不是读取碱基通过纳米孔时发射的电子信号。

三、杂交测序

测序技术的另一重要思路是用 SBH (Sequencing By Hybridization，杂交测序) 技术，基本原理是通过精确控制杂交过程中的变性温度，以是否能够杂交来区别模板 DNA 与已知探针之间的一个核苷酸的差异。

这一技术源于 20 世纪 80 年代苏联 EIMB (Engelhardt Institute of Molecular Biology，恩格尔哈特分子生物学研究所) 和美国 ANL (Argonne National Laboratory，阿贡国家实验室) 的科研人员提出的点杂交 (point oligo hybridization，又称点寡核苷酸杂交) 技术。

后来发展的荧光标记和高密度芯片技术使这一技术实现了高精度和高通量，不仅已成为 SNP 分型的重要技术之一，也使人们对 SBH 寄予很高的期望。最简单的设想就是将待测的模板分子作为杂交探针，与芯片上阵列的高密度寡核苷酸杂交，然后根据杂交信号来推导出模板的序列。但是，由于芯片上高密度寡核苷酸阵列设计的复杂和序列推导的困难，这一技术至今仍没有在基因组测序领域得到成功应用。

近几年来，杂交测序有了一定的发展，主要体现在以下三个方面。

1) Shotgun-SBH

Shotgun-SBH(霰弹杂交测序) 法采用的是最有趣的一种方法——逆向杂交。先将模板 DNA 分子打成 200 bp 左右的碎片，经扩增后固定在测序芯片上，用 45 个寡核苷酸的探针群去杂交并推导出单个模板的序列，最后将所有片段序列组装成完整的 DNA 序列。尽管该方法显示了 SBH 在价格、通量和速度上的优势，但也表明它离实际应用还有很大距离。

2) NabSys

NabSys 是一种将纳米孔和 SBH 结合的技术——杂交辅助的纳米孔测序 (Hybridization Assisted Nanopore Sequencing，HANS)。将模板 DNA 打断成约 100 Kb 长的片段，与特定的六聚体探针 (hexamer probe) 杂交，然后将杂交的 DNA 链通过纳米孔，通过检测电导率的变化来确定杂交发生的位置和六聚体探针的种类。综合分析所有可能的六聚体探针的结合位置及其序列，即可得出遍基因组探针图 (genome-wide probe map)。NabSys 已于 2015 年停业。

3) GnuBio

GnuBio 公司技术的基本原理与 NabSys 相似。其主要创新点是合成反应在纳米液滴 (nanodrop) 中进行，实现了微流控。将一个末端标记了荧光的 DNA 模板、一个荧光标记的六聚体探针与聚合酶、dNTP 一起加入液滴之中。当六聚体探针与 DNA 模板互补杂交时，即启动聚合酶延伸反应至 DNA 链末端，置换原有的淬灭探针来激活标记在 DNA 末端的荧光标记而发光，然后检测六聚体探针上的信号与 DNA 分子末端的信号，从而确定 DNA 模板上发生杂交部分的序列。最终序列由杂交成功的探针集组装而成。

GnuBio 使用了美国 Harvard University 物理实验室 David Weitz 的 "picoinjector" 技术，开发了一种基于液滴的测序平台。2014 年 4 月，GnuBio 被美国 Bio-Rad (伯乐) 公司收购。

理论上，对一个模板需要 4096 次独立的杂交才能组装成一条完整的序列，但实际需要更多的探针，因为有些探针需要加上额外的碱基来达到一致的解链温度 (melting temperature)。而对大于 9 个碱基的同聚物和重复序列区域，则需要更长的探针。预计需大约 5000 个探针。

与其他的系统不同，GnuBio 没有明确的 "run" 的概念。因为对任意样品都可以生成尽可能多的纳米液滴，在最近的升级中又增加了液滴数量，使理论读长达到 64 Kb。GnuBio 法的优势在于准确率和通量：预计从接收样本到提交报告仅需 2~3.5 小时 (500 个基因，1000 X 深度，1.2 Gb 数据)。流体系统和试剂以 run 为单位封装在 "墨盒 (cartridge)" 中，插入即可。GnuBio 不需要额外的计算设备来作分析，其市场定位主要为临床诊断。GnuBio 的 Beta-Version 版本测试机于 2012 年 2 月开始测试，2013 年 4 月发布。

四、显微测序

根据 DNA 碱基结构上的不同而用电子显微镜来观察、区别，是最直接的物理测序思路。

显微镜技术的发展仍停留在尝试阶段，新兴技术有如下几个方向。

1) Elextron Optica

Elextron Optica (又称为 Monochromatic Aberration-Corrected Dual-Beam Low Energy Electron Microscopy，单色像差校正双光束低能量电子显微镜测序) 技术可以直接读取碱基序列，无需标记或任何修饰，也省去了样本制备的环节。此外，较低的能量不会对核酸分子产生放射性损伤，错误率较低，尚为不错的设想。

2) Halcyon Molecular

Halcyon Molecular 电镜测序技术的核心思想是，用碱基特异性的重金属原子造影剂 (contrast agent) 标记核苷酸，直接通过透射电子显微镜读取长达 150 Kb 的 DNA 序列。

3) Lightspeed Genomics

Lightspeed Genomics (前身是 Solametrix) 利用亚像素光学 (sub-pixel optical) 技术，研制一种名为 "Synthetic Aperture Optics" 的具很高分辨率的光学设备，据说可提高通量，而试剂用量很少。目前尚无新进展的报道。

4) Reveo

Reveo 研制了一种基于原子力显微镜的测序仪,称为 OmniMoRA (Omni Molecular Recognizer Application)。基本原理是将 DNA 分子拉直固定在芯片表面,用一系列"arrays of nano-knife edge probes (纳米刀探针)"测定单个碱基的振动特性。

5) ZS Genetics

ZS Genetics (简称 ZSG) 系统采用透射电子显微镜。为使 DNA 分子可见,需要对其碱基进行 ZSG 标记 (即碘化、溴化等处理),经过 5 轮 PCR,然后直接观察单个碱基。预计读长可达 50 Kb。

总而言之,未来的新一代测序技术应该以准确率、读长、速度和通量,以及运行稳定、综合成本等技术和经济参数为衡量指标,而不是以某种技术作为"划代"的标准。

未来测序技术或许将有以下几个特点。

一"单":单细胞测序

从生物学角度来说,单细胞 (或少许细胞) 测序或许是最重要的。单细胞测序不仅可以用于研究肿瘤或脑细胞基因组的异质性、细胞分化的多阶段性以及体细胞突变的复杂问题;从技术角度来说,有可能将模板提取、文库制备与测序等环节合为一体,因而减少环节,缩短时间,提高效率。

二"分":集中化的超大规模、超高速度、超大通量的大型机和非集中化的微型机 (如桌面型、家庭型、便携型、手机型、手指型) 两类机型并行发展。

三"合":基因组、转录组 (RNAome,ncRNAome 等)、外饰基因组等组学测序合为一体。

在将来,还要结合质谱技术将蛋白质组或许还要将代谢组 (糖类、脂类以及其他化合物) 整合进来。

框 2.15　　　　　　　　　　单分子氨基酸测序技术

2014 年,美国 Arizona State University (亚利桑纳州立大学) Biodesign 研究所的 Stuart Lindsay 研究团队在纳米孔 DNA 测序技术的基础上,开发了能够精确鉴定氨基酸的蛋白质单分子测序技术。这一技术不仅可以在临床上用来进行氨基酸序列的定性、定量检测,测定蛋白质和其他新生物指标,还有望给医学临床领域带来根本性的改变,在单分子水平上精确监控患者对治疗的应答情况。

Lindsay 及其团队让单链肽段穿过纳米孔,纳米孔两边的电极可记录每个氨基酸通过时产生的电信号。他们使用一种机器学习算法,让电脑能够识别代表不同氨基酸的特征信号来鉴别氨基酸的种类,以及氨基酸的不同修饰。

氨基酸纳米孔测序技术的另一设想类似于前面所述的"核苷酸入孔"技术,将肽段的氨基酸以某种方式逐个切下,逐次进入纳米孔进行即时分析,以避免较长的氨基酸侧链的相互干扰。

框 2.16　　　　　　　　　对"下一代"测序仪的几点期待

1) 单分子测序

2) 单细胞与痕量测序

3) "多组学"(DNA、RNA、甲基化及其他修饰直接测序)

4) 微型化

5) "一次性使用 (disposable)"
6) 非生物学试剂
7) *in vivo* 测序
8) 综合成本为 "一美元一个（人类）基因组"

图 2.57 一个三人研发小组向来访者（右）展示 "一美元一个基因组" 的设想

第二章 关键技术与方法

测序是一个技术体系，包括测序仪和很多其他关键技术。

测序仪无疑是测序的核心，但测序绝不是有了同样的测序仪就可以做同样的工作。测序技术体系的发展史是测序仪和其他关键技术同步发展的历史。

框 2.17 **Southern Blotting 和测序技术的四个发展 "方向"**

Southern Blotting 技术是英国的 Edwin Southern 于 1975 年发明的第一项具有重大的划时代意义的 DNA 分析技术，是分子生物学相当一段时间内独领风骚、应用最广的最重要技术。

Southern Blotting 技术一般包括真正 blotting 之前的 DNA 提取纯化和限制性内切酶酶切、凝胶（琼脂糖或 PAGE）电泳分析等步骤。DNA 分子按分子大小分离，依 "虹吸原理" 而原位转移（*in situ* blotting）到另一 "滤膜" 上，再与放射性同位素标记的 DNA 探针杂交，最后以放射自显影在 X- 感光胶片上显示特异条带。

(a) Edwin Southern

后来研究 RNA 的 Northern Blotting (Northern 印迹，又称 Northern 转移、Northern 杂交法) 技术与研究蛋白质的 Western Blotting 技术虽然并不是 Southern 发明的，但一方面在技术上都是以 Southern Blotting 为基础，另一方面也是为了充分肯定 Southern 的突出贡献。Southern、Northern 和 Western 形成了一个完整的体系。基于同样的思考，沿用相似的术语，当今的测序技术也可以说有以下四个发展方向。

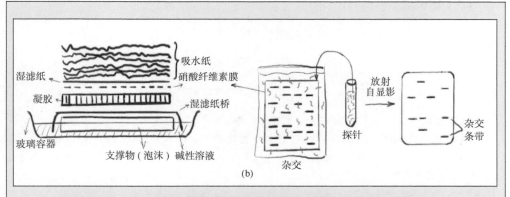

图 2.58　Edwin Southern (a) 及他发明的 Southern Blotting 技术示意图 (b)

Southern 测序 (DNA-Seq，DNA 组测序)：包括全基因组测序、外显子测序 (Exon-Seq) 或全外显子组测序 (whole exome sequencing)、靶区域 [如靶基因、HLA (Human Leukocyte Antigen，人类白细胞抗原) 分型、线粒体基因组 (mitochondrial genomes，mtDNA) 等] 及点测序、痕量或严重降解的 DNA 测序 (如无创产前检测与古 DNA 研究)、单细胞基因组测序和 META 基因组测序等。

Northern 测序 (RNA-Seq，RNA 组测序)：包括全转录组测序、DEP (Digital Expression Profiling，数字化表达谱)、ncRNA [特别是 lncRNA (long non-coding RNA，长非编码 RNA) 和 miRNA 测序、单细胞 RNA 测序及 RNA 编辑 (RNA editing)] 研究等。

Western 测序 (West-Seq)：通过抗体辅助的 DNA 结合蛋白 (DNA-binding Protein，dbProtein) 来分析结合区域的 DNA 序列，主要有 "调控组 (regulatome) 测序" (即 ChIP-Seq) 和 "翻译组分析 (translatome analysis，或称 RP，Ribosome Protection，核糖体保护)" 等。

Eastern 测序 (East-Seq)：外饰基因组学研究的主要技术——甲基化组测序，其研究方法都与测序有关，如化学法、酶切法等。测序技术也开始用于组蛋白组与染色质构型的研究 (ncRNA 的研究也可归为 East-Seq)。

可以说，Northern、Western 和 Eastern 测序都是 Southern 测序的延伸与发展，区别是样本及其提取制备与序列分析的具体方法不同。

第一节　Southern 测序

Southern 测序 (DNA-Seq) 是基因组学最重要的技术之一，其关键技术包括测序策略、基因组概貌评估、测序的技术路线、测序材料的选择和制备、以及测序文库构建。

一、测序策略

测序策略主要是指基因组测序范围的选择，这是测序实际工作的起点。

(一) 点测序

点测序是指针对一个核苷酸 (碱基) 或一个小区域 DNA 的测序。点测序的关键是 DNA 扩增，通常采用 PCR 扩增或质粒克隆技术。

1. PCR 扩增

PCR 扩增技术是分子生物学与遗传学的经典技术，是点测序模板制备现有的主要方法。

框 2.18　　　　　　　　　　　　　　　**PCR 扩增**

PCR 技术是继 Southern Blotting 技术之后应用最为广泛的分子生物学技术。

当时在美国 MIT 生化系工作的诺贝尔奖获得者 Har Gobind Khorana，于 1971 年根据 DNA 复制的基本原理，最早提出了核酸分子体外扩增的设想。美国 Staunch 公司研究员 Kary Mullis 经过两年的努力，于 1985 年在 *Science* 上发表了关于 PCR 技术的第一篇论文。此后，PCR 技术得到了进一步完善和广泛应用，Mullis 也因此获得 1993 年诺贝尔化学奖。

图 2.59　Har Gobind Khorana　　　　图 2.60　Kary Mullis
1968 年诺贝尔生理学或医学奖获得者　　　1993 年诺贝尔化学奖获得者

PCR 的技术要素是温度的循环控制（高温变性、低温退火、适温延伸等），还包括靶区域的选择、引物的设计、DNA 模板的制备，以及耐热 DNA 聚合酶的改良和选择、PCR 仪的应用与"产物（也称为 amplicon）"的纯化和质控。

现在引物的设计已有很多软件，只要输入"靶区域"以及上下游序列信息和其相关参数，即可自动设计出引物序列，给出产物长度序列及变性温度等。

框 2.19　　　　　　　　　　　　**PCR 引物设计原则和软件**

首先，引物与模板的序列要严格互补；其次，引物自身、引物与引物之间要避免形成稳定的二聚体或发夹结构，引物与模板分子的"互补性"要有高度特异性（特别是引物的 3' 端），以避免发生"非特异性"扩增。

设计引物之前，需要仔细分析模板 DNA 的序列，选择高度保守、碱基分布均匀的区域进行引物设计。一般来说，寡核苷酸引物长度为 15~30 nt。引物的 Tm 值（melting temperature，退火温度）一般控制在 55~60℃，尽可能保证上下游引物的 Tm 值一致。有效引物的 GC 含量一般为 40%~60%，若引物中的 GC 含量相对偏低，可以适当延长引物长度，以保证一定的退火温度。引物中四种碱基应随机分布。引物本身避免回文或发夹结构。

Primer3 是一款以命令形式运行的引物设计软件。它源于引物设计程序 Primer0.5，由加拿大 Ontario Institute for Cancer Research（安大略癌症研究所）的 Steve Lincoln 和美国 Broad 研究所的 Mark Daly 和 Eric Lander 开发。

Primer3 能够比较严格地控制引物中心的发夹结构和二聚体。命令行的操作方式也使 Primer3 很容易操作，适合做大规模的 PCR 引物设计。由于 Primer3 对发夹结构和二聚体限制比较严格，所以对于条件比较特殊的序列可能得不到任何结果。因此，在使用 Primer3 时要注意 GC 含量及可能存在的特殊结构。对于有明显异常的序列，要对引物的 GC 含量和退火温度等参数的要求适当放宽，以求更高的成功率。

　　而对于很少量并且对条件要求很高的引物设计，Primer3 表达的信息相对少一些，也不够直观，推荐使用其他手动引物设计软件。除了命令行的操作方式外，还可以在线进行引物设计。Windows 操作系统下可以使用 Primer6.23。

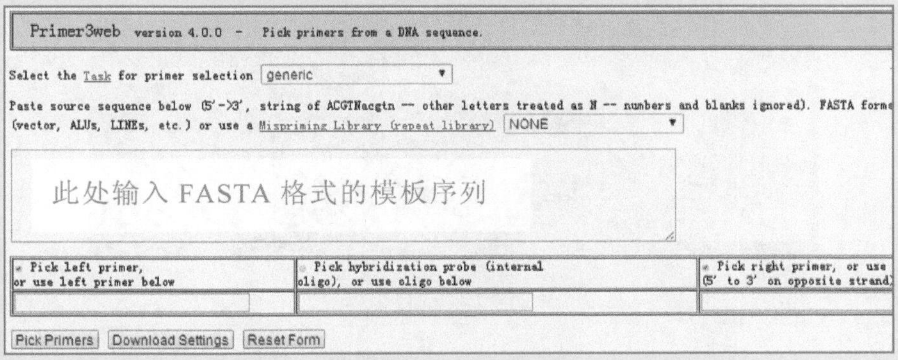

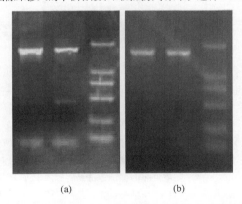

图 2.61　Primer3 在线引物设计页面示例

引物设计软件和网络地址：
Primer3　　　　http://primer3.sourceforge.net/
Primer6.23　　　http://www.premierbiosoft.com/primerdesign/index.html
Oligo7.58　　　 http://www.oligo.net/

　　如果反应的产物除单一的清晰条带即特异的扩增产物以外可见其他杂带，需在使用前以琼脂糖电泳、商品化的纯化柱或磁珠 PCR 去除未掺入的单核苷酸、试剂残余等杂带，进行 PCR 产物的纯化。

(a)　　　　　(b)

图 2.62　纯化前 (a) 和纯化后 (b) 的 PCR 产物示例 (琼脂糖凝胶电泳)

　　PCR 在过去几十年里一直是 SBS 法的常规配套技术，特别是用于对单基因遗传病相关的已知基因的已知位点的分析。PCR 结合 SBS 法测序至今仍是鉴定点突变的"黄金标准"。有时为了保证质量，还要进行"双向测序"。

　　PCR 方法一直在不断完善，主要的改进有两个方面：①耐热 DNA 聚合酶的发现使热循环可在同一个管子、同一仪器上一次完成，而 DNA 聚合酶的工程改造又提高了"保真度"和扩增片段的长度；②从定性到定量 (quantitative real-time PCR，q-PCR，实时荧光定量 PCR)，从短产物到长片段 PCR (Long range PCR，L-PCR，可达 20 Kb)。其应用范围从 DNA 到 RNA，再到免疫 PCR (与抗体配合)，从"一次反应单一产物"到"一次反应多个产物" (multiplex PCR，多重 PCR，特别是其在法医 DNA 鉴定上的应用)。MPH 测序仪也采用 PCR 或 PCR 的改进技术进行扩增，如 e-PCR 和 b-PCR。等温扩增也可以说是 PCR 的派生技术。

　　PCR 仪的改进主要有三个方面，首先是超速，现在可在几分钟内完成；其次是微流控技术的应用；第三是便携式、微型化，例如掌上 PCR 仪。

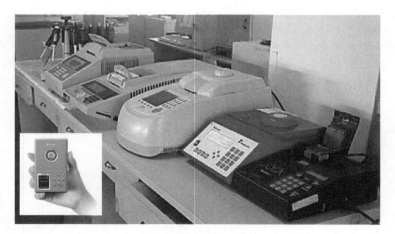

图 2.63　PCR 仪示例

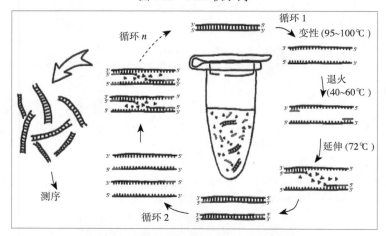

图 2.64　PCR 基本原理示意图

2. 质粒克隆

以质粒为载体的 DNA 克隆技术是点测序模板制备的辅助方法。

尽管 PCR 已成为模板 DNA 制备的常规技术，但经典的质粒克隆技术仍因如下优点而常被采用：①点突变的"精准"鉴定：如果同一个基因组中的靶区域有碱基变异，使用 PCR 产物作为模板就会在变异位置产生一个不同碱基重叠形成的"杂峰"，最可靠的验证方法是将这一 PCR 产物克隆，挑选若干个单菌落分别测序。②分相 (phasing)：又称单体型分析 (haplotying)。在 WGSS 中，一般很难鉴定几个相邻的 SNP 是否来自父源或母源的同一条染色体或同一染色体区域，而质粒克隆则可解决这一问题。

框 2.20　　　　　　　　　　　　　　　　　**点突变检测**

　　点测序用于点突变的检测 (point mutation detection) 应用非常广泛，很多技术的设计非常巧妙，且不一定需要测序。如下几个例子。

　　1) PCR 延伸

　　在引物设计时，将 3' 端的最后一个核苷酸分别定为 N (A/T/C/G)，并分别单独进行 PCR。结果只有引物的最后一位 (3' 端) 核苷酸严格"互补"才有产物，即可判定模板对应位置的核苷酸，必要时再进行测序验证。

　　2) 简并 PCR (degenerate PCR, d-PCR)

　　为保证得到模板对应的"点"区域的 DNA 测序模板，有时可将引物的 3' 端或可能含变异的位置设计 N (T/C/A/G)。这样，引物实际是该位置不同核苷酸序列的混合物。尽管只有一部分（四分之一）的引物起作用，但其他组分并不影响 PCR 反应。d-PCR 配合 MPH 的 Indexing 在基因组学研究和应用中有广阔的前景。

3）质谱

质谱等蛋白质组技术也可用于点突变检测，准确率很高，成本很低。

4）点杂交

将不同长度或序列的寡核苷酸固定在基质上，再用标记的靶 DNA 片段作为探针进行杂交，通过严格的不同洗脱条件，可检出靶 DNA 片段中的点突变。

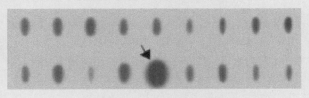

图 2.65　点杂交示例

（二）靶区域测序

靶区域测序是指对一个较大的区域或几个不同的基因组区域同时进行测序。DNA 捕获 (DNA capture) 是靶区域测序制备模板的主要方法。

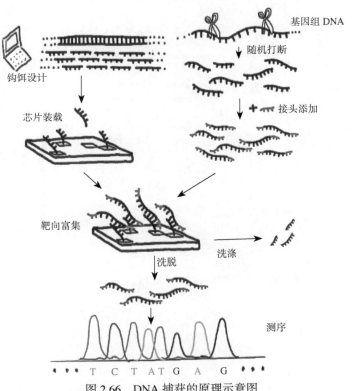

图 2.66　DNA 捕获的原理示意图

DNA 捕获的一般程序是：①选择与实验目的相关基因组区域（靶区域）的序列，设计各个靶区域的捕获探针群 [capture probes，又称"钩饵 (beit)"序列]。探针长度一般为 90~120 nt；②在芯片上合成探针"簇"；③将靶基因组 DNA 打碎并用琼脂制备凝胶筛选一定长度范围（一般为 200~250 bp) 的被捕获片段 (fragments to be captured，或称靶片段，target DNA fragments)；④将靶片段与捕获芯片杂交、洗涤、洗脱、纯化，加测序接头制备测序文库；⑤上机测序与序列分析。

DNA 捕获的技术要点是捕获探针的设计。现在已有很多免费的在线设计软件，只要输入各个靶区域的序列，即能得到较为合理的设计参数。例如，美国的 NimbleGen 公司的 NimbleDesign 软件 (https://design.nimblegen.com)；美国 Agilent（安捷伦）公司的 eArray 软件 (https://earray.chem.agilent.com/earray)。

DNA 捕获的另一技术要点是杂交系统的选择。除了"固相"杂交的芯片外，磁珠的"液相"杂交效率更高。

DNA 捕获广泛用于外显子和全外显子组测序、HLA 或任一特定基因组区域的测序、游离或整合进靶基因组的病原（一种或几种）和细胞器（线粒体和叶绿体）基因组的测序，以及古 DNA 的选择性纯化。一般还结合 Indexing 技术以提高效率。

框 2.21   **DNA 捕获的三个应用实例**

根据 HPV (Human Papilloma Virus，人乳头瘤病毒) 病原基因组全序列 (全长 7.8 Kb) 设计"钩饵"，以固相（芯片）或液相（磁珠）杂交，从宿主基因组随机靶片段（长度约 200 bp）中，捕获所有 HPV 相关序列进行测序。优点是可根据 HPV 两端序列判断其为"整合型"（插入宿主基因组之中，一侧或两侧带有人的基因组序列）或游离型（两侧都没有人的基因组序列）。其最显著的优点是可以同时得到在宿主基因组中的插入位点与插入的病毒序列 (HPV 的全基因组，或仅为它的部分基因组片段)。外显子测序的"钩饵"还可结合这一病原基因组的捕获一起进行设计。

线粒体基因组可以采用类似于病原基因组的方法设计线粒体全基因组的捕获探针芯片。

对于 HLA 系统，可设计覆盖整个区域（总长约 3.37 Mb) 的"钩饵"芯片，用以捕获靶 DNA 片段并进行测序。

框 2.22   **RAD 测序——基于酶切的基因组简化测序**

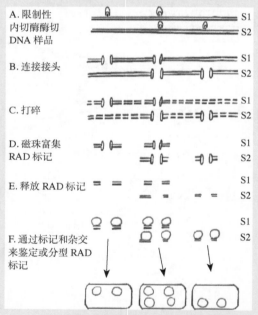

图 2.67   RAD 测序流程示意图

RAD (Restriction-site Associated DNA，基于酶切的基因组简化测序，简称 RAD) 是基于 MPH 测序的一种快速且高通量的基因分型技术。它能够降低基因组的复杂度 (complexity)，同时不受参考基因组的限制，操作简便，能够快速地鉴定出高密度的 SNP 位点，在遗传图构建和作物育种中有广泛的应用。

首先，对基因组 DNA 用特定限制性内切酶酶切 (A)，在酶切得到的片段两端连接上生物素 (biotin) 接头 (B)，再用其他的酶进一步打碎成更小的片段 (C)，两端含有接头的区段通过磁珠富集 (D)，最后分离收集磁珠后释放 RAD 标记的目的片段 (E)，通过标记和杂交的方法来鉴定原始的限制性酶切位点。RAD 标记的密度可以通过在分离的过程中应用不同的内切酶获得。通过对 RAD 标记的测序就可以获得 RAD 标记上的 SNP。

RAD 测序应用于遗传学研究的实例是对三刺鱼 (*Gasterosteus aculeatus*) 种群中的 96 个 F2 子代和来自 2 个不同种群的亲本的分析，得到了 1.3 万个 SNP，并且定位了 2 个重要的性状基因。

框 2.23   **全基因组光学制图**

WGOM (Whole Genome Optical Mapping，全基因组光学制图) 是基于限制性内切酶图谱的一项技术：通过微纳米加工技术将 dsDNA 单分子线性地固定在芯片上，使用限制性内切酶切割后再利用荧光标记所有的片段，最后根据荧光及其位置定义 DNA 片段的长度和位置。每个 DNA 分子都具有独特的酶切片段长度组合，利用这些 DNA 分子之间的重叠关系组装成基因组图谱，利用这种图谱定位 scaffold (顺序和方向都确定的一系列 contig) 的位置关系并进行比较基因组等分析。

3:34, 2014 (GIGA)SCIENCE

RESEARCH   Open Access

Rapid detection of structural variation in a human genome using nanochannel-based genome mapping technology

Hongzhi Cao[1,3,4†], Alex R Hastie[2†], Dandan Cao[1,3†], Ernest T Lam[2†], Yuhui Sun[1,5], Haodong Huang[1,5], Xiao Liu[1,4], Liya Lin[1,5], Warren Andrews[2], Saki Chan[2], Shujia Huang[1,5], Xin Tong[1], Michael Requa[2], Thomas Anantharaman[2], Anders Krogh[4], Huanming Yang[1,3], Han Cao[2*] and Xun Xu[1,3*]

图 2.68   主要贡献者曹涵及其论文

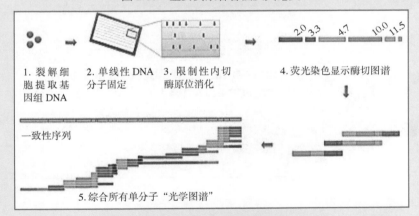

1. 裂解细胞提取基因组 DNA   2. 单线性 DNA 分子固定   3. 限制性内切酶原位消化   4. 荧光染色显示酶切图谱

一致性序列

5. 综合所有单分子"光学图谱"

图 2.69   WGOM 原理示意图

WGOM 技术主要应用在辅助序列组装和比较基因组研究，通常适用于初步组装基因组序列中大于 40 Kb 的 contig 比较多的组装。常用的四种内切酶为 *Afl* I、*BamH* I、*Nco* I 和 *Nhe* I。

(三) 外显子组测序

从技术的角度，外显子组测序 (Whole Exome Sequencing，WES) 也属于 "DNA 捕获"，其特点是要设计覆盖整个外显子组 (exome)，包括所有外显子 (exon) 的捕获系统。

全外显子组测序也就是对基因组中所有外显子序列的"DNA 捕获"测序。它对于单基因病致病基因的全基因组筛选特别有效，因为一般意义上的"单基因病"都是指相关蛋白质氨基酸序列的改变 (主要为 DNA 序列较小的变化，如 SNP 和 InDel)，其主要优点是测序和分析成本较全基因组测序要低很多。外显子捕获测序效率与芯片设计相关。

（四）全基因组测序

WGS (Whole Genome Sequencing，全基因组测序) 是当前基因组研究的主要技术，也是基因组学研究和测序技术发展的必然趋势。

只有分析全基因组序列才能得到一个物种的全部遗传信息，包括编码基因和基因组中所有非编码序列所含的信息。现在的常用策略为 WGSS，其要点是将基因组 DNA 分子 (模板) 随机打断成一定长度的片段，再将所有片段的序列整体组装成整个基因组的序列 (WGSS 与定位克隆霰弹法的比较参见 HGP 技术路线部分)。

除了国际合作的 HGP 以外，只有水稻 (粳稻，由日本牵头的"国际水稻基因组协作组"于 2002 年发表，主要测序仪为 ABI 3700) 及少数几个物种的基因组测序是继续以定位克隆霰弹法完成的。水稻 (籼稻，由华大基因与合作者于 2002 年发表，测序仪为 MegaBACE) 是第一个已完成并以长序列 (400~500bp) *de novo* 组装策略成功组装成序列"草图"的大型基因组。

（五）单细胞测序

单细胞测序是全"组学"测序（包括 Southern 测序、Northern 测序、Western 测序与 Eastern 测序）和痕量测序技术的综合，也是测序技术的重要发展方向之一。

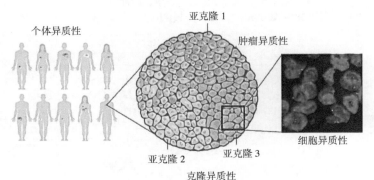

图 2.71　人体不同来源的单细胞示意图

Nature Methods 杂志将单细胞测序技术列为 2013 年的"年度技术"，*Science* 杂志则将其列为 2013 年度"最值得关注的六大领域"之首。

细胞是所有生物（除了前细胞生物之外）的结构与功能基础。对于肿瘤与神经组织中高度异质性的体细胞变异，单细胞测序和"组学"的全方位分析将开辟生命科学和生物技术的新格局。

单细胞结合 META 测序和分析技术，能解决目前 META 难以解决的逐个微生物的"全基因组"组装的问题，具有很大的应用潜力。

单细胞测序的关键是单个细胞基因组 DNA 的高覆盖率均一扩增，目前比较常用的技术有 MDA (Multiple Displacement Amplification，多重置换扩增)，DOP-PCR (Degenerate Oligonucleotide Primed-PCR，简并寡核苷酸引物聚合酶连锁反应) 以及 MALBAC (Multiple Annealing and Looping-Based Amplification Cycles，多重退火环状扩增循环技术)。

框 2.26　　　　　　　　　　单细胞测序与分析的实例

美国 CSHL 的 Nick Navin 用 DOP-PCR 扩增 的单细胞测序技术成功分析了乳腺癌单细胞拷贝数变异。后来又结合 MDA 扩增和单分子深度测序技术，使其不仅可以进行 SNP 的检测，还能够评估成千上万个细胞精确的突变频率。

2011 年，来自美国 JCVI (J. Craig Venter Institute，克莱格•文特研究所) 和美国 UCSD (University of California, San Diego, 圣地亚哥的加州大学) 等的团队，尝试对加利福尼亚海洋样本中的单个细菌 —— SAR324 细胞基因组进行测序，组装成 4.3 Mb 的 contig 序列，其中含有 3811 个 ORF，获得了传统全基因组研究中缺失的细胞特异的信息。

2013 年 12 月中国北京大学的谢晓亮和乔杰团队发表了人类单个卵细胞的全基因组序列，这一研究可以帮助接受辅助生殖的女性检测卵细胞，降低染色体数目异常的患儿出生和其他单基因遗传病的风险。

（a）　　　　　　　　（b）

图 2.72　主要贡献者谢晓亮 (a) 和乔杰 (b) 及其单个卵细胞全基因组测序论文

华大基因以 MDA 为基础的单细胞测序技术，对原发性血小板增多症 (Essential Thrombocythemia，ET) 病人的单个骨髓细胞进行了测序并分析。同一方法也用于分析单个肾癌细胞的 SNP 特征，为评价基因组变异的复杂性提供了更为优化的方法和更高的分辨力。

Single-Cell Exome Sequencing Reveals Single-Nucleotide Mutation Characteristics of a Kidney Tumor
148:886, 2012 Cell

Xun Xu,1,2,14 Yong Hou,1,3,4,14 Xuyang Yin,1,14 Li Bao,1,14 Aifa Tang,5,6,14 Luting Song,1 Fuqiang Li,1 Shirley Tsang,7 Kui Wu,1 Hanjie Wu,1,6 Weiming He,1 Liang Zeng,1 Manjie Xing,1 Renhua Wu,1 Hui Jiang,1 Xiao Liu,1 Dandan Cao,1 Guangwu Guo,1 Xueda Hu,1 Yaoting Gui,6 Zesong Li,6,8 Wenyue Xie,8 Xiaojuan Sun,6,8 Min Shi,8 Zhiming Cai,5,6,8 Bin Wang,1 Meiming Zhong,1 Jingxiang Li,1 Zuhong Lu,3,4 Ning Gu,3,4 Xiuqing Zhang,1 Laurie Goodman,1,10 Lars Bolund,1,10 Jian Wang,1 Huanming Yang,1 Karsten Kristiansen,1,11 Michael Dean,1,13,* Yingrui Li,1,* and Jun Wang1,11,12,*

Single-Cell Exome Sequencing and Monoclonal Evolution of a *JAK2*-Negative Myeloproliferative Neoplasm
148:873, 2012 Cell

Yong Hou,1,2,3,11 Luting Song,1,4,5,6,11 Ping Zhu,7,11 Bo Zhang,1,11 Ye Tao,1,11 Xun Xu,1 Fuqiang Li,1 Kui Wu,1 Jie Liang,1 Di Shao,1 Hanjie Wu,1 Xiaofei Ye,1 Chen Ye,1 Renhua Wu,1 Min Jian,1 Yan Chen,1 Wei Xie,1,3 Ruren Zhang,1 Lei Chen,1,4,5,6 Xin Liu,1 Xiaotian Yao,1 Hancheng Zheng,1 Chang Yu,1 Qibin Li,1 Zhuolin Gong,1 Mao Mao,9 Xu Yang,1 Lin Yang,1 Jingxiang Li,1 Wen Wang,1 Zuhong Lu,2,3 Ning Gu,2,3 Goodman Laurie,1 Lars Bolund,1 Karsten Kristiansen,1,8 Jian Wang,1 Huanming Yang,1 Yingrui Li,1,* Xiuqing Zhang,1,* and Jun Wang1,8,10,*

图 2.73　主要贡献者侯勇 (a)、李英睿 (b) 及其单细胞组学分析相关论文

（六）META 测序

META 测序是目前微生物基因组研究最常用的重要技术。

在技术上，META 测序可以说是多种微生物基因组的混合测序和分析；而就样品的特点来说，META 研究的是多种微生物（有时也包括宿主）基因组的综合分析；就样品量来说，META 测序也属于微量测序，模板 DNA 就单个基因组来说，含量很小又有不同程度的降解。

（七）Indexing

Indexing 技术是 MPH 测序技术的重要策略和组成部分。

由于 MPH 的通量很大，要发挥这一优势，必须采用 Indexing 的策略。假如一台测序仪一个 run 能产生 1000 Gb 的数据，即使一个人类个体全基因组（3 Gb×30 = 90 Gb）仍不到它的十分之一，如果 10 个全基因组的样本能在一个 run 中完成就比较经济。关键是每个个体的序列都要严格标记上"标签"以相互区别。Indexing 技术对 META 样本的测序尤为重要。

用于区分混合样本的"标签"必须是唯一的，而且是非自然的（未见于已知的所有基因组序列）。这一小段 6~12 nt 的"标签"序列需要在样本制备环节（文库构建）就连接上，这样就可以同时测序 96 个样本（实际上是从数千种碱基组合的 Indexing 标签中选出最优的 96 个）。Indexing 的关键是设计不同的、特异性的"标签"。通过延长碱基个数可以使特异性更强，至少保证如果有一个标签发生错误仍然能够区别于其他样本，同时兼顾测序成本，一定要注意"（样本）多则长，（样本）少则短"的原则。

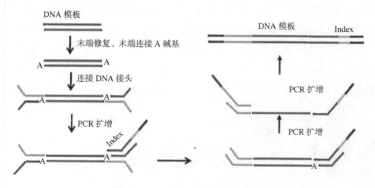

图 2.74　Indexing 技术示意图

利用 MPH 特点，可以在文库构建过程中通过 PCR 在 DNA 分子两侧加入特异的"标签"序列，以区分不同样品。在测序数据分析时，通过这些"标签"可将来自不同样品的序列数据分别分析

需要注意的是，混合样本的测序在序列组装之前，Indexing 和接头序列一定要彻底过滤干净，以避免对序列组装质量的严重影响。

二、基因组概貌评估

在测序前，要对进行测序的基因组进行基因组概貌评估，包括基因组的大小、复杂度、重复序列和 GC 含量及测序深度的预测等评估参数。目前评估这些参数的主要方法有基因组速览 (genome survey) 与 K-mer。

（一）评估参数

1. 基因组大小

以单一细胞的 DNA 含量为依据，折算成人类基因组（二倍体）的质量 (mass) 约为 6pg（即 6×10^{-15} kg)，碱基对 (A:G 或 C:T) 的平均分子量为 650 Da (Dalton，道尔顿)：

$$1 \, Da = 1 \times C_{12} \text{ 绝对质量} /12 \approx 1.66 \times 10^{-27} \, (kg)$$

由此，人类基因组（二倍体）的大小约为

$$\frac{6 \times 10^{-15} (kg)}{650 \, (Da/bp) \times 1.66 \times 10^{-27} (kg/Da)} = 5.56 \times 10^{9} (bp) \approx 6 \,（Gb）。$$

实验估算 DNA 含量方法有很多，例如 Feulgen 染色结合显微镜光密度测定、流式细胞术 (Flow Cytometry，FCM 或 Fluorencence-Activated Cell Sorting，FACS) 和 DAPI (4',6'-diamidino-2-phenylindole，4',6'-二脒基 -2- 苯基吲哚) 染色的荧光定量法等，其中流式细胞术运用较为广泛。

框 2.27　　　　　　　　流式细胞术用于预测基因组大小

　　流式细胞术是一种对液流中排成单列的细胞或其他生物微粒逐个进行快速分选和分析的技术。对于一个基因组大小未知的物种，通常使用外标法或内标法。外标法指用荧光染料对样本进行饱和染色后，直接通过 DNA 含量计算出基因组大小。内标法则将待测物种与一个已知基因组大小的物种 (对照基因组) 同步、同样制样、分别标记。待测物种基因组大小的估算值可通过和已知物种的荧光强度比来计算得出。

　　用于流式细胞术估计物种基因组大小的实验材料，应尽量选取能够获得完整细胞核的组织细胞。

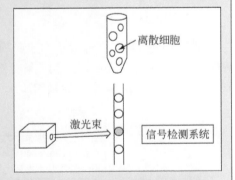

图 2.75　流式细胞分类仪示意图

内标物选择与待测样本的物种分类地位应尽量接近，但又能够相互区分。两者的基因组大小相差不超过两倍。

现在大多数物种的基因组大小都可以在相关数据库中查到，尽管因方法不同而可能与实际的基因组大小有一定差异。

框 2.28　　　　　　　　　　C 值和 C 值悖论

　　美国 University of Chicago（芝加哥大学）的 Hewson Swift 于 1950 年提出 C 值 (C-value) 的概念。C 值是指生物单倍体细胞中 DNA 的含量。起初 C 是指 "class（级别）"，但后来 Swift 觉得 C 应该表示一个常数 (constant)，即代表一个物种特征的 DNA 总量的常数更为合适。

实际上，现在 C 值的概念已推广到所有生物的基因组大小。

原先的研究认为，物种基因组的大小与生物的复杂性呈正相关。但是某些物种经常出现 C 值和生物复杂性不一致的情况，主要是由各种类型的重复序列引起的，称之为"C 值悖论（C-value paradox）"。

常用物种基因组 C 值数据库网址：

植物基因组：http://data.kew.org/cvalues

动物基因组：http://www.genomesize.com

2. 测序深度

测序深度是指下机序列的总长度相对于靶基因组大小的倍数，一般以 X 表示。

结合基因组大小与复杂度就可能对测序深度作出预测。通常人类个体的全基因组测序深度为 30 X（即 MPH 的 90 Gb 下机序列或原始数据），靶区域测序的测序深度一般为 100～200 X，全外显子组测序深度一般为 50～100 X。

表 2.2　测序深度建议

待测基因组	复杂度 (%)	重复序列含量 (%)	GC 含量 (%)	测序深度建议 (X)
普通动植物基因组	< 0.5	< 50	35～65	>60
复杂动植物基因组	> 0.5	< 50	—	>80
高复杂度动植物基因组	≥ 0.5	≥ 50	< 35 或 > 65	>200

（二）评估方法

1. 基因组速览

基因组速览是指对没有任何参考信息的物种基因组 DNA 进行的低深度 WGS 测序（一般 Sanger 法测序深度低于 2 X，MPH 测序深度至少约 30 X），并利用生物信息方法估计物种基因组大小、复杂度、重复序列、GC 含量等基因组信息。

6:70, 2005　BMC Genomics

Pigs in sequence space: A 0.66X coverage pig genome survey based on shotgun sequencing

Rasmus Wernersson[†1], Mikkel H Schierup[†2], Frank G Jørgensen[2], Jan Gorodkin[3], Frank Panitz[4], Hans-Henrik Stærfeldt[1], Ole F Christensen[2], Thomas Mailund[2], Henrik Hornshøj[4], Ami Klein[3], Jun Wang[5,6], Bin Liu[6], Songnian Hu[6], Wei Dong[6], Wei Li[6], Gane KS Wong[6], Jun Yu[6], Jian Wang[6], Christian Bendixen[4], Merete Fredholm[3], Søren Brunak[1], Huanming Yang*[6] and Lars Bolund*[5,6]

图 2.76　主要贡献者 Lars Bolund 及其家猪基因组速览论文

2. K-mer 分析

K-mer 分析是基于基因组测序数据的生物信息学工具分析，除了能预测基因组大小外，K-mer 还能获得重复序列、复杂度、测序质量等信息，该方法不需要额外的仪器和试剂，而且评估结果准确率较高，在基因组领域应用广泛。

K-mer 就是一个长度为 K 的 DNA 序列，K 为正整数。例如 K=17，就称为 17-mer。基于 K-mer 估计，一个基因组的大小可以抽象为如下问题。

假设存在一条完整的序列 G，相隔一个碱基连续选取一组相互重叠片段长度为 K 的序列。当达到一定覆盖度时，就可以根据 K-mer 数量和深度来估计序列 G 的长度。

假设：一个 read 读长为 L，则这条 read 上能取出 L-K+1 个相互重叠的 K-mer。每个 K-mer 在 reads 总数中的出现次数就是 K-mer 的深度，统计同样深度的 K-mer 占全部 K-mer 总数的比率，就可以画出 K-mer 深度频数分布曲线。K-mer 深度频数分布服从泊松 (Poisson) 分布 。

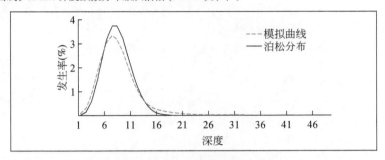

图 2.77 K-mer 曲线和泊松分布

对于泊松分布，随机变量 $X = k$ 的概率为

$$P(X = k) = \frac{e^{-\lambda}\lambda^{k}}{k!}$$

均值为 λ，众数等于均值取整，因此可将峰值对应深度作为 K-mer 期望深度。

假设选取的 K-mer 能够遍及整个基因组时，则根据 Lander-Waterman 模型，基因组大小 (G) 满足如下公式：

$$G = \frac{k_{num}}{k_{depth}} = \frac{b_{num}}{b_{depth}}$$

$$k_{num} = r_{num} \times (l - k + 1)$$

$$b_{num} = r_{num} \times l$$

其中，k_{num} 为 K-mer 个数；k_{depth} 为 K-mer 期望深度；b_{num} 为碱基个数；b_{depth} 为碱基期望深度；r_{depth} 为测序生成的 reads 个数；l 为测序 reads 平均长度。

因此可以获得如下公式：

$$\frac{k_{depth}}{l-k+1} = \frac{b_{depth}}{l} = \frac{r_{num}}{G}$$

$$b_{depth} = \frac{b_{num}}{G} = \frac{r_{num} \times l}{G} = \frac{k_{depth}}{l-k+1} \times l$$

从上述公式可知，若获得 K-mer 期望深度，即可计算碱基期望深度及预测基因组大小。由于 K-mer 深度服从泊松分布，因此可将 K-mer 深度曲线主峰处的深度作为 K-mer 期望深度，从而估计基因组大小。

框 2.29 **Lander-Waterman 模型**

Lander-Waterman 模型（又称 Lander-Waterman 曲线），是 1988 年美国 Harvard University 的 Eric Lander 和美国 University of Southern California（南加州大学）的 Michael Waterman 提出的一个数学模型，广泛用于基因组大小评估，还能够推算出覆盖度和 reads 之间的关系，在测序和序列组装中起到关键的指导作用。

假设基因组大小为 G，假定每次试验可从基因组任何位置上完全随机地产生一条长度为 L 的 read。

对于一长度为 L 的固定区间 (read)，另一个 read 的头部落入该区间的概率即为 L/G。①

将该试验重复 n 次，相当于产生了 n 条随机 reads（不考虑测序错误）那么这些 reads 是否重叠的概率符合泊松分布，则落入该区内 reads 的平均个数为 $nL/G = c$，而 c 即是碱基平均测序深度。

测序 reads 数为 N，在基因组上任意一个位置，出现一个 read 开头的概率是 $\alpha = N/G$。②

contig 在实际组装中，要求 reads 之间有最小长度 T 的重叠，那么可理解为：把重叠部分的数据去除后，剩下的数据才是真正有效的统计数据，设 $\sigma = 1 - T/L$。------------------ ③

结合①②③，可以得出对于任意一个位置，开始一个 read，但没有检测到重叠（即遇到一个 gap）的概率是 $\alpha e^{-c\sigma}$。e 为自然常数。-- ④

最终 contig 的个数和 gap 的个数是相等的，由④，所以 contig 总个数 (N_c) 的最终公式为

$$N_c = G\alpha e^{-c\sigma} = Ne^{-c\sigma}$$

那么包含 2 个 reads 以上的 contig 个数为 contig 总个数 $(Ne^{-c\sigma})$ 减去包含 1 个 $read$ 的 contig 个数 $(Ne^{-2c\sigma})$，即 $Ne^{-c\sigma} - Ne^{-2c\sigma}$。

对于已知待测基因组大小的 G 和测序长度 L 都是常数，因此 $Y = Ne^{-c\sigma} - Ne^{-2c\sigma}$ 绘制 Lander-Waterman 曲线，contig 数或基因组大小 (G) 和测序 reads 数 (N) 的关系如图：

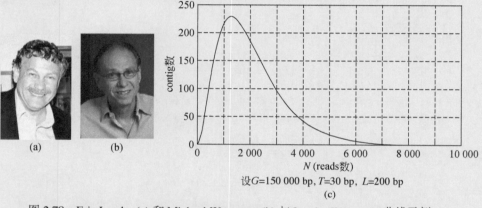

设 G=150 000 bp, T=30 bp, L=200 bp

(c)

图 2.78　Eric Lander (a) 和 Michael Waterman (b) 与 Lander-Waterman 曲线示例 (c)

框 2.30 　　　　　　　　　　　　K-mer 的取值

K-mer 大小选取取决于它的主要使用目的：拼接和比对。所以，一般来说 K-mer 的唯一性越高越好。

人的单倍体基因组大小约为 3 Gb $(3\times10^9\,\text{bp})$。因为 $4^{15} < 3\times10^9 < 4^{16}$，所以只有当 $k \geqslant 16$ 时，平均每个单倍体 K-mer 出现的次数 $(3\times10^9/4^{16})$ 小于 1，它才开始具有比较好的统计唯一性。

理想情况下，当然 K-mer 越大，唯一性越好，但是 K-mer 的大小不仅受限于 read 长度，也受限于测序错误率的大小和计算机处理能力的极限。如果两个二进制位代表一个碱基，处理 K=17 的 K-mer "穷举" 表需要用到 4^{17} 个存储单元。如果一个存储单元是 64 位 (8 字节)，那么需要 128 Gb $(4^{17}\times8\,\text{bp})$ 的内存，这是一般大型机的处理极限，所以分析人类或其他大小相似的基因组时 K-mer 默认 K=17。

根据使用目的不同，K-mer 长度也会相应变化。比如拼接时一般不需要用到 K-mer 的 "穷举" 表，而是多采用 de Bruijn 图的存储方式，那么它的长度完全可以根据 read 长度和测序错误率而定（如对 100 bp 长度的 reads 取 35~70 bp 的 K 值）。而当评估物种基因组大小和复杂度高低的时候，K-mer 的唯一性不是非常重要，所以可以取 15~17 bp。

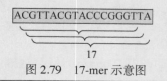

17

图 2.79　17-mer 示意图

框 2.31　　　　　　　　　　**K-mer 分析的其他应用**

在实际数据中，测序错误、测序深度和复杂度三者都会在不同程度上影响基因组大小估计的准确性。K-mer 分析中，因为测序错误和杂合等因素会导致主峰前移，用深度分布曲线估计出的基因组大小可能偏大，必须先估计错误率；然后反复调整参数，可更加精确地估计基因组大小，也可进一步估计出复杂度。

1) 序列纠错

测序错误导致新的 K-mer 出现，一般来说这些新的 K-mer 频数都是比较低的。因此当测序量足够大的情况下，可以认为这些 K-mer 是因为测序错误导致的。对这些低频 K-mer 进行纠错使之成为高频 K-mer 的过程称为"序列纠错"。

序列纠错的过程是先选取高质量数据建立 K-mer 频数表，设置阈值将 K-mer 分为高频的和低频。对有低频 K-mer 出现的 reads，通过改变某些碱基可以使得整个 reads 上的 K-mer 都为高频，从而纠正测序导致的错误。

2) 复杂度估计

复杂度反应了一个基因组的复杂程度，一般由重复序列的（组成与比例）以及多倍体 (polyploid) 等非单拷贝序列的权重组成，基因组研究时多使用 K-mer。

通常一个物种的基因组 K-mer 分布图（如图 2.80 中的基因组 -1）是基本近似正态的泊松分布，若基因组复杂度高或者含有大量的重复序列，那么 K-mer 的分布曲线会偏离泊松分布（如图 2.81 中的基因组 -2）。

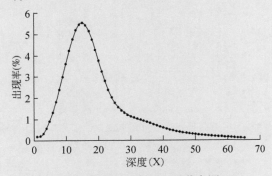

图 2.80　基因组 -1 的 17-mer 分布图

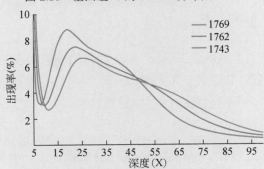

图 2.81　基因组 -2 的 17-mer 分布图

图中三条曲线的命名分别以 K-mer 的 17 和 read 长度 69、62、43 组合而成，例如图 2.81 中的"1769"。

K-mer	reads 长度	K-mer 数	基因组大小
17	69	34 076 341 520	1 310 628 520
17	62	29 575 692 640	1 285 989 680
17	43	24 586 643 556	1 294 033 871

3) 复杂度模拟

在进行基因组复杂度估计时，选用一个已知的模式物种基因组序列，随机生成 reads（基因组覆盖深度和目标物种的测序深度保持一致，例如 26 X），并假定错误率在正常范围内取值，按照梯度分别模拟复杂度 h_1%、h_2%、h_3% 值为 0.7%(h0.7)、1.0%(h1.0)、1.3%(h1.3) 时的 17-mer 分布曲线,作为参照。当目标物种的真实曲线与模拟曲线(h_2%)的主峰和杂合峰均接近时,可以大致地认为目标物种的复杂度处于 1.0% 水平。

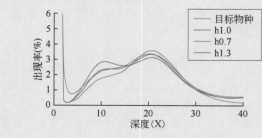

图 2.82　17-mer 复杂度估计图

错误率 1%,测序深度 26 X

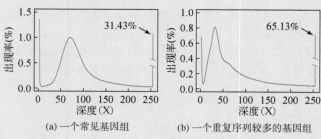

(a) 一个常见基因组　　(b) 一个重复序列较多的基因组　　(c) 一个重复序列极高的的基因组

图 2.83　三个物种的 K-mer 分析曲线分布示意图

三图中右侧数值为深度大于 250 的出现率加和,并以不连续曲线表示。

　　重复序列较多的基因组的 K-mer 曲线会在主峰的两倍处形成一个二倍峰(甚至三倍峰)或者形成较粗的“拖尾”,且高深度的 K-mer 比例会明显多于常见基因组。如果基因组重复序列很高,一般会在主峰的二分之一处形成一个“小峰”,在重复序列极多的基因组中有时还出现“小峰”与主峰持平甚至超过主峰的情况,这个时候要注意结合高深度的 K-mer 比例来判断主峰。

三、测序的技术路线

　　应该说,由于大型基因组 *de novo* 组装软件的改进和成熟,WGSS 已成为主流。但是在基因组很大且未知重复序列多而长等诸如此类较复杂的情况下,应该考虑结合使用大片段克隆霰弹法等其他技术路线。

　　HGP 执行期间的“两种测序策略”之争,从技术层面来说,两者的区别是在“霰弹法”层次上的不同,因为两者都是使用霰弹法,一是在 100 Kb 左右的 BAC 克隆层次上,另一是在 3 Gb 左右的全基因组层次上。这里的差异并不是根本性的。就最终的序列组装而言,根本性与实质性的差异是前者为“图谱依赖性 (map-dependent)”,而后者则是“图谱非依赖性 (map-independent)”。

(一)定位克隆霰弹法

　　全基因组的定位克隆霰弹法有赖于遗传图和物理图。

　　定位克隆霰弹法首先是将构建好的 BAC(或 fosmid 等其他克隆)文库的“种子 (seed)”克隆通过 FISH (Fluorescent *in situ* Hybridization,荧光原位)杂交技术定位到染色体具体位置,或是利用 STS 及遗传图将不同克隆之间的线性关系定位准确后,再分别将各个已定位的克隆进行测序和组装。定位克隆霰弹法的优点是准确、可靠,由于全基因组遗传图和物理图的构建不仅非常困难,耗时耗力,而且对于多数未知物种的基因组是不现实的。现在，大片段的克隆霰弹法常用于组装片段的验证或 WGSS 序列组装的补充。

（二）全基因组霰弹法

WGSS 是不依赖于任何图谱（如遗传图和物理图）而直接将基因组 DNA 进行测序，然后拼接、组装的技术路线。

WGSS 的基本原理是直接将全基因组 DNA 随机打成小片段进行测序，然后以 *de novo* 组装软件将这些小的片段重新组装成一条完整的基因组序列。WGSS 的优点是省去了制作遗传图和物理图的复杂过程，具有经济、快速、高效的优点；其缺点是对软件和计算设备要求较高，且组装的精度不够极致，特别是高重复、高杂合度的大型基因组。现在已有的 WGOM、RAD 测序等都是 WGSS 序列组装的辅助技术。

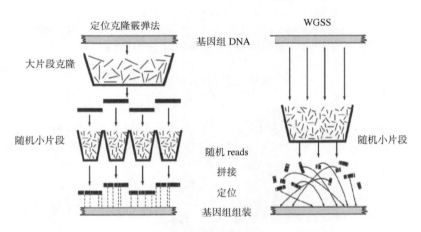

图 2.84　定位克隆霰弹法和 WGSS 异同示意图

框 2.32	杂合基因组研究的其他技术路线

　　高杂合的基因组可以考虑采取超高深度从头组装 (Ultra-Deep *de novo*)、大克隆霰弹法 (fosmid-to-fosmid 或 BAC-to-BAC) 的组装策略，来减轻高杂合度对基因组组装的影响。

　　对于杂合度超过 0.5 % 的基因组可以结合其他技术方案，例如：定位克隆霰弹法（牡蛎基因组是第一个实例）和 WGOM（山羊基因组是第一个实例）。

　　2013 年 12 月完成的梅花 (*Prunus mume*) 基因组，综合运用了 WGM (Whole-Genome Mapping，全基因组定位) 和全基因组光学制图，将 170 个 scaffold 组装成了 49 个超大 scaffold，使 N50 从 578 Kb 上升提高到 1.1 Mb。组装基因组大小为 280 Mb。同时通过 RAD 测序构建了遗传图，将其中 83.9 % 的数据定位在 8 条染色体上。

　　Ultra-Deep *de novo* 方案通过超高深度测序 (>200 X)，采用新版的 SOAPdenovo2 等软件进行组装，结合杂合序列识别算法，可以完整地保留并区分杂合区域的信息，从而大幅度提高基因组序列组装的质量。

The genome of *Prunus mume*　　　　3:13, 2012　nature COMMUNICATIONS

Qixiang Zhang[1,6], Wenbin Chen[2,6], Lidan Sun[1,6], Fangying Zhao[3,6], Bangqing Huang[2,6], Weiru Yang[1], Ye Tao[2], Jia Wang[4], Zhiqiong Yuan[3], Guangyi Fan[2], Zhen Xing[5], Changlei Han[2], Huitang Pan[1], Xiao Zhong[2], Wenfang Shi[1], Xinming Liang[2], Dongliang Du[1], Fengming Sun[2], Zongda Xu[1], Ruijie Hao[1], Tian Lv[2], Yingmin Lv[1], Zequn Zheng[2], Ming Sun[1], Le Luo[1], Ming Cai[1], Yike Gao[1], Junyi Wang[2], Ye Yin[2], Xun Xu[2], Tangren Cheng[4] & Jun Wang[2]

图 2.85　结合 WGM、WGOM 和 RAD 测序的梅花基因组论文

四、测序材料

Southern 测序的材料是指待测物种基因组 DNA 的组织、细胞样本。

（一）常用材料

1. 细胞培养物和外周血细胞

就人类或其他动物来说，Southern 测序的一般常用材料为血液中的有核细胞或组织培养物的细胞。

对于人类和其他哺乳动物，最好使用新鲜血液。在三天之内，最好保存在室温或阴凉处，而不要置于 4℃冰箱或深冻 (-80℃)，以减少反复冻融而造成细胞破裂。DNA 提取可以直接使用血液，或者以 Ficoll 密度梯度离心等常规方法分离（浓缩）的有核细胞。精子是较为理想的材料，浓度高，易纯化，也因为是单倍体而更利于组装和分相。含有核红细胞的大部分非哺乳动物一般来说 DNA 提取相对容易。

常用材料还有转化的永生细胞系 (immortalised cell line)、iPS 培养细胞、皮肤的成纤维或上皮细胞、羊水细胞或绒毛膜培养物及其他临床取材。因为这些材料的有核细胞含量较高，DNA 制备相对容易。另外，细胞分离仪得到的细胞、脑脊液和癌症组织穿刺液等临床样品也很常用。

框 2.33　　　　　　　　　　　**常规血液采集容器和采集卡**

1) 采集器具

为了分离得到血浆，常用 EDTA (Ethylene Diamine Tetra-acetic Acid，乙二胺四乙酸) 管、ACD (Acid Citrate Dextrose，柠檬酸葡萄糖) 管、肝素锂管等抗凝采血管。如果主要用于 DNA 的提取、建立永生细胞株和用于蛋白质组学等研究，建议使用 EDTA 管。

2) 采集卡

当采集环境比较简陋或样本用量较小，可以用指尖或耳垂的血滴采集替代全血。各种类型的采集卡以至于一般的消毒滤纸均可使用。

Guthrie 采集卡用于新生婴儿的足跟采血。需要考虑血液吸收率、血清吸收率和血斑的大小等几项重要参数。采集卡或滤纸上的血斑在室温下可以储存长达十几年之久。

Modified 采集卡含有特殊化学混合液，可促进细胞的裂解、蛋白的变性，抑制细菌和微生物的生长，保护核酸免受核酸酶、氧化和紫外照射的影响。将滤纸封装在含干燥剂的文件夹或信封中，在室温下即可运输，样本中的 DNA 在室温下可保存数年。

---

2. 其他组织细胞

组织细胞的取材应优先选择核酸含量相对较高的新鲜组织。为避免反复冻融，常切成小块分别包扎，并以液氮冷冻保存。

人类和其他哺乳动物的组织细胞包括：① 肝脏、肺、脾等组织；② 人类或其他动物的骨头（但须事先粉碎，必要时需在研磨粉碎时加干冰降温）；③ 肌肉与其他组织（如脑组织等），由于含有很多间质细胞（细胞核较少），得率较低，纯化较为困难。

植物细胞以新鲜幼嫩的培养组织（如根尖等）为宜，处于对数生长期生长旺盛细胞最为理想。种子、叶片也可以使用。尽量避免使用根茎等组织。要特别注意一般植物材料含纤维素、木质素成分较高，彻底"去糖"是纯化的重要步骤。

如有可能，微生物培养细胞一般采用菌体处于旺盛生长的对数生长期的纯质培养物为佳。

（二）特殊材料

特殊材料指用于特殊目的的测序材料。

1. 单细胞或痕量 DNA

如何获取单个完整的细胞，以及如何将核酸分子均匀地扩增到满足测序文库构建的要求，是单细胞测序首先要解决的两个问题。

1) 单细胞分离和获取

单细胞分离的方法主要有流式细胞术分选和显微操作。

用流式细胞术配合特异性单克隆标记来分离体液或培养液中的单细胞，也可以用普通"有限稀释法"配合显微镜逐个挑取。组织块在操作时要注意彻底离散，同时又不能破坏细胞。

用于"PGT (Preimplantation Genetic Testing, 植入前基因检测)"的人类或动物早期胚单细胞的显微操作需要经验，以避免对胚的伤害而影响胚的正常发育。现在多用早期胚桑椹期的滋养层来得到较多的细胞，而不会伤害胚的发育。

显微操作包括使用"口吸管"或者借助显微操作仪，虽简单、方便、经济，但是效率和通量都较低；而流式细胞术分选效率很高，可以在几分钟内完成几百个单细胞的分选，同时也可以根据标记分选出特异的细胞亚群。分选过程中应考虑到流体剪切力和激光对细胞产生的损伤。

可用激光捕获显微切割技术 (Laser Capture Microdissection, LCM) 从肿瘤等固体组织的切片上切下成簇的微量细胞并视同"单细胞"处理。激光捕获显微切割技术的优点是能够保留细胞以及周边的微环境和位置等信息，缺点是会对细胞产生较大的损伤，其效率也无法满足短时间内大量细胞的分离，且获取的不是真正的"单细胞"，现在已有一些专用的单细胞挑选、回收仪器，如微流控全自动细胞筛选系统等。专用单细胞分离仪器是未来的发展方向。

固体组织 (如癌与其他组织) 一般以酶消化来分散组织，一定稀释后与体液中的单细胞一样处理。

2) 单细胞 DNA 扩增

单细胞测序关键是 DNA 扩增，常用技术有 MDA、DOP-PCR 和 MALBAC，有两个重要技术参数 —— 获得量与均一性。

MDA 技术利用高效的 $\phi 29$ DNA 聚合酶对基因组 DNA 进行扩增，实验步骤简单且扩增效率极高，能够在几个小时内将 pg 级 (picogram, 皮克，如人的一个二倍体体细胞的 DNA 总量只有 6 pg) 的 DNA 扩增到几十 μg(microgram, 微克)，且扩增引起的错误率很低。但其缺点也十分明显：由于 $\phi 29$ DNA 聚合酶自身的特性，会将原本不在一起的两个 DNA 片段随机连接起来产生嵌合体，会对结构变异分析 (如基因融合) 等造成干扰，同时扩增效率也会受 DNA 片段的 GC 含量的影响从而造成不均一。现在的改进和优化已经将"扩增均一性"提高到 90% 以上。

DOP-PCR 技术的"扩增均一性"是目前所有全基因组扩增技术中最好的，但是其致命缺陷是基因组覆盖度非常低，通常只有 20% 左右，所以只被用于拷贝数变异的分析。

MALBAC 技术结合了 MDA 和 PCR 的优势，是目前的首选方法。先使用一种具有和 $\phi 29$DNA 聚合酶特性相似的 DNA 聚合酶进行预扩增，然后将 DNA 环化后进行 PCR 滚环扩增，既降低了扩增的偏向性，又能够达到较高的覆盖度。

美国 Harvard University 的谢晓亮团队开发了 eWGA (emulsion Whole Genome Amplification, 乳液全基因组扩增) 技术，同时提高了均一性和覆盖度，更有利于检测单细胞大片段变异 (如 CNV) 和单碱基的变异 (如 SNP)。并可与 MDA 等其他方法一起使用。

如果实验目的 (如肿瘤发展史) 不要求严格的"单细胞"，用几种方法分别扩增几个单细胞，在测序前混合扩增产物，也是可以考虑的提高"均一扩增率"的方法。

2. 石蜡包埋材料

石蜡包埋 (Formalin-Fixed Paraffin-Embedded, FFPE) 块或切片是常见的临床测序材料。

石蜡材料一般较为陈旧，且因固定液的化学特质不同 (如福尔马林或乙醇等)、石蜡浸入与操作等程序的不同，成功率、得率和 DNA 质量差异很大。如果结合激光捕获显微切割技术 (从石蜡切片上切割细胞) 就更需小心。经过多年的改进和优化，现在成功率已有很大程度的提高。

3. 古 DNA 样本

古 DNA 样本是指在已经死亡一定年份的古代生物的遗体和遗迹中得到的

DNA 样本，例如骨头、牙齿、头发等。

这些样本处理的最重要之处，是要最严格执行古 DNA 取样的特殊规定，尽量减少在取样过程中被现代或另一来源的古代样本污染。在实际处理时，要点也是去除表面的污染。

为了降低污染的影响，在取样时同时取旁边的"现代"或另一来源"样本"以作可能的对照是非常重要的，有时甚至要将实验室操作者和工作人员的相关样本作为"阴性对照"。

古 DNA 样本提取也可使用亲缘关系较近的现代 DNA/RNA 作"DNA/RNA capture"，精心设计的 RNA 或 DNA "钩饵"捕获也已广为应用，以去掉现代核酸分子的污染。对古 DNA 分子的"修复"也已有不少建议。

框 2.34	蛋白质技术应用于古 DNA

早在 1954 年，美国 Carnegie Institute of Washington（卡耐基华盛顿学院）的 Philip Abelson 就报道了在 3 亿年前的化石中检出了氨基酸。尽管当时没有能分析其氨基酸序列，也不能确定其来源。

2006 年，英国 University of York（约克大学）的 Matthew Collins 从美国 Wyoming 的一个山凹中发现了一个距今 4.2 万年的马化石，从中分离并分析了骨头和牙齿中的 osteocalcin（骨钙素）的完整氨基酸分子。

蛋白质分析也许能提供 DNA 分析难以提供的信息，如人类什么时候开始摄食乳制品。

4. META 样本

META 样本是指在待测的样本中含有多种未知微生物基因组 DNA 的混合样本。

对于 META 样本，要特别注意去除非 DNA 杂质。如取自人类肠道的 META 样本（粪便）、土壤和海洋样本，一般以干冰冷冻粉碎。混合感染组织的样本也可视为 META 样本。

META 样本往往因为杂质多，酶抑制因子多，微生物组群结构复杂而导致核酸抽提的得率和纯度相对较低，此外还需考虑抽提方法对微生物组群的覆盖程度。海洋微生物群体样本的"浓度"较低，需要抽滤或以其他方法浓缩。考虑到这些样本的特殊性，对 OD 值有更严格的要求，不允许轻微的蛋白和 RNA 污染。

表 2.3　DNA 样本的建议需求量

样本	DNA 小片段样本	DNA 大片段样本 (2~5 Kb)	DNA 大片段样本 (5~10 Kb)	DNA 大片段样本 (≥ 20 Kb)	MeDIP/Bisulfite	外显子	基因分型
新鲜动物组织干重 (g)	≥ 0.3	≥ 1	≥ 1.5	2~3	~1	≥ 0.5	≥ 0.5
新鲜植物组织干重 (g)	≥ 0.5	≥ 3g	≥ 4	≥ 8	~2g	≥ 1g	≥ 2
新鲜培养细胞数（个）	≥ 5 × 10^6	≥ 9 × 10^6	≥ 5 × 10^7	≥ 5 × 10^7	≥ 9 × 10^6	≥ 8 × 10^6	≥ 4 × 10^6
全血（哺乳动物）(ml)	≥ 1	≥ 5	≥ 10	20~50	≥ 5	≥ 2	≥ 1
全血（非哺乳动物）(ml)	≥ 0.5	≥ 1	≥ 4	≥ 10	≥ 1	≥ 0.5	≥ 0.5
META(g)	≥ 1	—	—	—	—	—	—
菌体（干重）(g)	≥ 0.8	≥ 2	≥ 3	3~5	—	—	—
菌液（对数生长期）(ml)	≥ 3	≥ 25	≥ 50	—	—	—	—
福尔马林固定石蜡包埋组织 (FFPE)	—	—	—	—	—	>10 张玻片或 50 mm², 5~10 μm 的切片	—

注：一般情况下，以上组织量提取得到的 DNA 可满足相应分析的建库需求；~表示"约"

（三）DNA 的制备、纯化和质检

经典的 DNA 提取方法有盐析法、CTAB (Cetyl Trimethyl Ammonium Bromide, 十六烷基三甲基溴化铵）法等，现在基本被各种商业化试剂盒所取代，配有很多自动化的制备仪器。

1. 盐析法：血液样本

盐析法提取 DNA 首先要去掉大量的红细胞，然后裂解细胞和细胞核以 SDS (Sodium Dodecyl Sulfonate，十二烷基磺酸钠) 与蛋白酶 K 对蛋白质进行消化，所得到的 DNA 以 "三合一" 溶液 (酚：氯仿：异戊醇 = 25：24：1) 抽提纯化，再经过异丙醇或乙醇沉淀等步骤，最终获得高纯度的 DNA 分子。

2. CTAB 法：植物组织、真菌类样本

CTAB 法将此类样本用液氮研磨粉碎，以 CTAB 溶液提取，再用 "三合一" 溶液和氯仿 / 异丙醇 (24：1) 抽提，最后以异丙醇或酒精沉淀、TE 缓冲液或 ddH$_2$O 溶解，最终获得纯化的 DNA。

DNA 的质检 (定性和定量)，通常还是采用经典的凝胶电泳法。

观察 "条带" 的分布以估计降解程度，以条带的强度与分子量标准品 (marker) 比较来定量。现在经典的荧光仪已不常用，使用微量的 DNA 定量计效果最好。

框 2.35   **DNA 样本的质检**

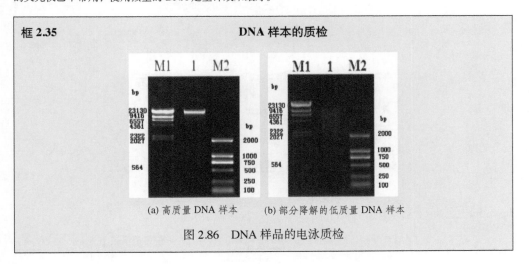

(a) 高质量 DNA 样本   (b) 部分降解的低质量 DNA 样本

图 2.86   DNA 样品的电泳质检

五、测序文库

测序文库指用于测序所制备的 DNA 模板分子的集合。

一般来说，动植物全基因组 MPH 测序需要建两个不同大小的梯度文库，即两个平均片段长度不同的文库。小片段库插入片段范围在 400~600 bp，大片段库插入片段范围在 2~40 Kb。

对于基因组较为复杂的物种，要根据基因组大小和重复序列的具体特点，分级构建从 170 bp、500 bp、800 bp 到 2 Kb、5 Kb、10 Kb、20 Kb、40 Kb 等插入片段不同的文库，并进行双末端测序。特别是以 fosmid 作为载体的 20 Kb、40 Kb 大片段文库的双末端序列，是解决基因组重复序列的有效方法之一。

叶绿体、线粒体基因组可以在进行核全基因组测序的同时测定并独立组装。由于叶绿体、线粒体基因组较小 (一般在 1Mb 以内)，若需要单独测序，可以用生化技术提取细胞器，然后只需构建一个 500 bp 文库。现在常用 DNA 捕获的方法，只要设计捕获芯片即可。其他细菌、真菌基因组的测序与上述方法大致相似。

框 2.36   **文库构建流程**

1) DNA 小片段建库

样本基因组 DNA 通过严格质检后才能用于建库；①以超声或其他方式随机打断 DNA 样本到所选大小；②以 DNA 聚合酶将 5' 末端补平；③以序列不依赖 DNA 聚合酶 (又称核苷酸转移酶) 在 3' 末端加上 A (为下一步的接头连接作准备)；④以 T4 DNA 连接酶使接头和

加 A 的产物连接；⑤以琼脂糖凝胶电泳选取大小合适的片段；⑥以 PCR 对切胶回收产物进行扩增，琼脂糖凝胶再纯化，文库构建完成。

2）DNA 大片段建库

①基因组 DNA 随机打断到特定大小（2~40 Kb）；②将 5' 末端补平；③以"置换合成法"进行生物素标记；④根据测序方案要求进行片段选择；⑤将选择的 DNA 片段环化反应；⑥将产物中残留线性 DNA 去除；⑦把环化后的 DNA 分子随机打断成 400~600 bp 的片段（二次打断），并以带有链霉亲和素的磁珠捕获生物素标记的片段；⑧捕获的片段再经末端修饰，加上特定接头后建成大片段文库。

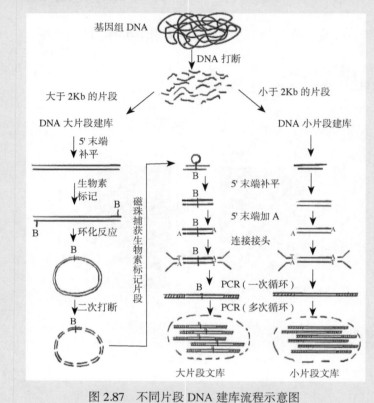

图 2.87　不同片段 DNA 建库流程示意图

第二节　Northern 测序

Northern 测序 (RNA-Seq) 是研究转录组、基因表达谱以及 ncRNA 等 RNA 分子的重要技术。其关键技术包括测序材料选择和制备、RNA 的测序和分析等。

随着 ncRNA（包括 lncRNA，miRNA 等）的发现和功能的初步阐明，Northern 测序的应用将更为广泛，特别是 RNA 编辑及其他的 RNA 研究。

对一个还没有较为完整的全基因组 DNA 序列的物种（如大多数高等植物），在基因组多样性（如 SNP）或基因组演化研究方面，Northern 测序的应用也正在扩大。

一、测序材料及 RNA 模板制备

就样本的制备来说，防止 RNA 降解与高效完成"逆转录"（将 RNA 转化为 DNA 模板）的第一个重要环节便是取样。

因 RNA 结构的特殊性，以及 RNA 酶几乎无处不在且非常稳定（常规的高压灭菌等物理方法都很难有效彻底灭活 RNA 酶），使得 RNA 分子非常容易降解。为保证 RNA 的质量及后续实验数据能够真实反应活体内该组织或器官的 RNA 表达水平，规范操作的同时务必作到快速准确，所有溶液皆用 DEPC (DiEthyl PyroCarbonate，焦碳酸二乙酯) 溶液浸泡，再用 RNase-free 水冲洗，所有器具皆需干热（＞200℃）处理。从活体获取组织后，建议在 3 分钟内完成液氮速冻（也有人先将组织切成薄片，放在干冰上数分钟后再置于液氮罐内液氮面上方，数小时后投入液氮之中）。速冻前操作时间越长，RNA 分子降解的可能性越大。用于提取 Total RNA 的血液，建议分离白细胞或使用血液保护剂。

表 2.4　RNA 样本的建议需要量

类型	miRNA	转录组测序	DEP 测序	转录组 low in-put	miRNA low in-put
新鲜动物组织干重 (mg)	≥ 300	≥ 300	≥ 200	≥ 30	≥ 30
新鲜植物组织干重 (mg)	≥ 500	≥ 1000	≥ 300	≥ 50	≥ 50
新鲜培养细胞数 (个)	≥ 3 × 10^6	≥ 3 × 10^6	≥ 2 × 10^6	≥ 2 × 10^5	≥ 2 × 10^5
收集淋巴细胞的全血 (ml)	≥ 5	≥ 5	≥ 3	≥ 0.5	≥ 0.5
菌体 (个或 mg)	≥ 2 × 10^6 或 ≥ 300	≥ 2 × 10^6 或 ≥ 300	≥ 10^6 或 ≥ 200	≥ 2 × 10^5 或 ≥ 30	≥ 2 × 10^5 或 ≥ 30
FFPE 样本 (100 mm² 大小，10 μm 厚度的切片)	—	≥ 3	—	—	—

框 2.37　**Trizol 法制备动植物组织 RNA 流程示例**

(1) 样本液氮研磨后，加入适量 Trizol 溶液裂解组织，释放细胞；

(2) 离心后留取上清，加入氯仿抽提 RNA，离心后取上清；

(3) 加入等体积氯仿 / 异戊醇 (24 : 1) 混合液再抽一次以上；

(4) 异丙醇沉淀 RNA；

(5) 分别用 75% 乙醇、无水乙醇洗涤 RNA 沉淀；

(6) RNase-free 水溶解 RNA 沉淀，可于 55~60℃ 孵育助溶；

(7) 对提取得到的 RNA 进行 Nanodrop、琼脂糖电泳或 Bioanalyzer 检测，其中 Bioanalyzer （一种分光光度计）检测较为常用。

框 2.38　**RNA 的分光光度计质检**

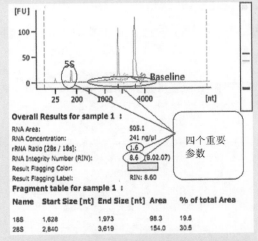

图 2.88　RNA 样本质量的重要参数示例

Agilent 2100 bioanalyzer，RIN ≥ 7，28S/18S ≥ 1.5（参考）

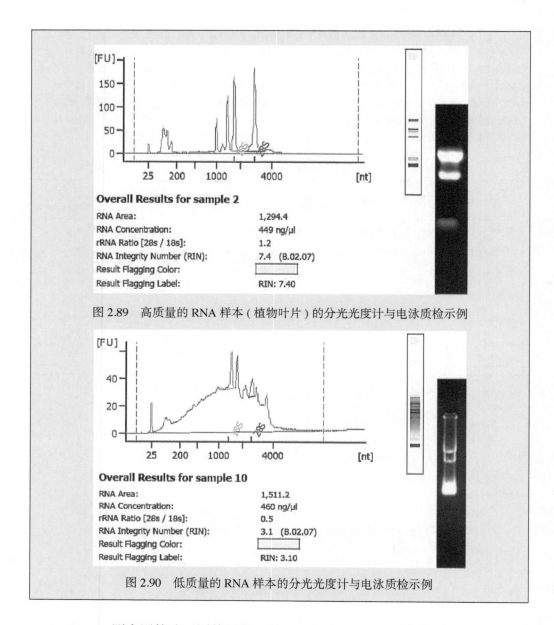

图 2.89　高质量的 RNA 样本 (植物叶片) 的分光光度计与电泳质检示例

图 2.90　低质量的 RNA 样本的分光光度计与电泳质检示例

　　Northern 测序因策略不同使用的逆转录引物 (Oligo-dT 或随机引物) 及其相对比例也应有所不同。

　　要注意的是，ncRNA 测序要特别注意选用合适的引物。miRNA 的序列如果是已知的，可以采用逆转录后的特殊 PCR 定量扩增。RNA 编辑的研究在实验技术方面也基本相同，但尽可能使用来自同一样本的 DNA 与 RNA。

框 2.39	tRNA 测序

　　传统的 RNA-Seq 方法就是在 RNA 的 3' 末端加上"接头"，再利用与 3' 端接头互补的引物进行逆转录，这种方法不适用于 tRNA 测序。首先，因为成熟的 tRNA 都有着紧凑的三级结构，限制了接头连接和 cDNA 合成的效率。其次，每个 tRNA 上平均有 8 个或更多的核苷酸经翻译后修饰以确保正确折叠，这也影响了测序效率。
　　美国 University of Chicago 的团队用两种方法进行 tRNA 测序。一种方法是模板转换，将 tRNA 转化成未经修饰的形式。首先用大肠杆菌的脱烷基化酶 AlkB 来去除 tRNA 中 m^1A (N^1-

methyladenosine) 和 m³C (N^3- methylcytosine) 上的甲基。然后用一种突变的酶处理 m¹G (N^1-methylguanosine)。最后用 TGIRT (Thermostable Group II Intron Reverse Transcriptase,热稳定的逆转录酶)来代替普通逆转录酶直接合成 cDNA。另一方法则是 ARM-Seq (AlkB-facilitated RNA Methylation sequencing)。与前一种方法相同之处是都用 AlkB 处理,不同之处是需要在成熟 RNA 的两端连上接头。此法虽不如模板转换高效,但能确保只有全长的转录本(成熟的 tRNA、tRNA 前体和 tRNA 衍生的小分子 RNA)才被 PCR 扩增和测序,并能够准确捕获已知的修饰位点,并鉴定出 tRNA 中新的修饰位点。

单细胞转录组扩增技术从原理上可以分为指数扩增(即基于 PCR 原理的扩增)和线性扩增(即基于体外转录的扩增)。

指数扩增比较有代表性的是 SMART (Switching Mechanism At 5'-end of the RNA Transcript) 技术,其优点是可以获得全长的转录本信息。利用 Oligo-dT 引物对转录本进行反转录后,扩增产物两端添加上接头,然后利用该段接头序列进行 PCR 扩增以得到足够的 cDNA 用于测序文库的构建。

线性扩增比较有代表性的是 CELA-Seq (Cell Expression by Linear Amplification and Sequencing) 技术,通过反转录在 cDNA 上引入 T7 启动子序列,然后以线性扩增获得足够量的 cDNA。CELA-Seq 具有一定的 3'端偏向性,但较指数扩增具有一定的优势。

简单 META 样本(空气微生物组群,混合菌种,活性污泥微生物组群,肠道微生物组群等)适用于 META 链特异性转录组测序研究;而复杂 META 样本(土壤微生物组群,海洋微生物组群等)的 META 链特异性转录组测序的效率仍有待提高。

二、RNA 的测序和分析

(一)数字化表达谱

DEP 主要是检测所有转录本(一般指蛋白质编码基因的转录本)的表达水平,即基因转录本拷贝数的定量分析(而不是转录本自身的序列完整性等信息)。

传统的 DEP 分析主要有 Northern Blotting、qPCR、EST 及芯片技术。

框 2.40　　　　　　　　　　　　**DEP 分析技术**

20 世纪 70 年代以来,研究 RNA 表达水平的主要技术是 Northern Blotting,其独特的优点是同时定性(条带大小)与定量(条带深浅),结果直观显示,但缺点是费时,耗财,并且不够准确。到了 90 年代初,基于 EST 形成的技术路线被广泛应用于基因识别、绘制基因表达谱、寻找新基因等研究领域。1996 年,生物芯片开始用于大规模基因表达谱研究。

高密度表达芯片是先于 DEP 的主要分析方法,其优点是:"一次性杂交"即可完成。缺点是:不能发现未注释的新的编码基因;信号是"模拟的"而不是"数据的"。它只是根据待测 RNA 与"对照"的荧光强度的比例来"估计"一个转录本的拷贝数,并存在背景信号、交叉干扰等问题。

利用 MPH 测序的 DEP 能够得到数百万个基因的特异标签,而数字化的序列信号可以准确、特异地反映对应基因的真实表达情况。这种技术甚至可以精确地检测数量低至 1~2 个拷贝的稀有转录本 (rare transcripts),并精确定量高达几万、几十万个拷贝的超高表达转录本的表达量变化。DEP 可以检测到许多未曾注释的基因及其基因组位置信息,为新基因的发现提供了宝贵的线索。

DEP 分析主要有两种方法:一是通过深度测序,与基因组参考序列比对得到尽可能多的转录本,组装成属于每个基因的完整或不完整序列,求出每一基因转录本的数量。这一方法的可能问题是高估 (overestimate)。二是仅仅使用 Oligo-dT 为引物的逆转录产物，只根据 3' 端的一段特异性序列来确定一个基因的拷贝数（即表达量）。

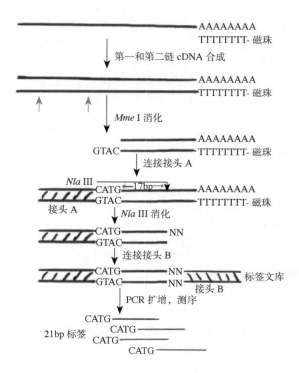

图 2.91　DEP-CATG 法流程原理示意图

以磁珠法逆转录 mRNA 为例：提取样本的总 RNA 后，以 polyA+ 微磁珠纯化其中的 mRNA，再进行逆转录合成第一和第二链 cDNA，然后将得到的 cDNA 用一种限制性内切酶（Mme I）消化，这种酶专门识别并切割 cDNA 上的 CATG（或 GATC）位点，这样就可以通过磁珠沉淀来得到带有 3' 片段的 cDNA，而将其另一 5' 末端连接上特制的接头 A，接头 A 与 CATG（或 GATC）位点的结合处是 Nla III（或 Dpn II）内切酶的识别位点，这种内切酶可以在 CATG 位点下游 17 个碱基的地方进行切割，这样就产生了带有接头 A 的、本身长度为 21 个碱基的标签 (tag) 序列。通过磁珠沉淀去除 3' 片段后，将得到的标签的 3' 端连接接头 B，从而获得两端连有不同的接头序列的、本身长度为 21 个碱基的标签文库。

　　NCBI 数据库数据显示，人类 97% 的基因具有 CATG 位点，小鼠 99.32 % 的基因具有 CATG 位点，水稻 99% 的基因具有 CATG 位点，因此用 NlaIII（或 DpnII）内切酶处理之后可以得到数以百万计的标签。对这些标签再进行一次过滤，通过去掉接头和低质量标签等手段筛选出"干净的标签 (clean tags)"。标准化处理之后，获得标准化的基因表达量，就可以得到各个基因的表达水平。

框 2.41　　　　　DEP 的应用示例——水淹黄瓜后对其根部基因表达的效应

　　一个个体的细胞和组织的多样性是由基因表达的差异引起的。因此，对于来自不同环境条件的同一生物体不同组织的样本，可以通过对基因表达的差异比较来筛选研究所需要的基因。实际上，这也是基因表达谱研究的重要现实意义之一。

　　植物在不同环境下，不同组织中的基因表达不同。把黄瓜进行 24 小时水淹处理后，分别取 0、2、4、8、24 小时的样本进行测序分析，差异基因表达统计看到多数差异基因在涝渍胁迫下出现表达下调。对差异基因进行 GO (Gene Ontology) 注释分析，差异基因主要富集在相关的代谢途径上，约 26% 和 13% 的差异表达基因分别被归类于对刺激和压力的反应，充分体现了 DEP 研究的生物学意义。

（二）全转录组

全转录组测序分析主要是鉴定转录本（包括蛋白质编码基因与非编码序列）的

数目和不同结构, 特别是可变剪切 (alternative splicing) 和基因融合 (gene fusion) 的产物。

转录组是某个物种或者特定细胞类型 (不同器官、组织) 产生的所有转录本的集合。与基因组不同的是, 转录组的定义中包含了空间 (器官、组织) 和时间 (生长时期与发育阶段) 的限定。同一细胞在不同的生长时期及生长环境下, 其基因表达情况有一定的差异, 而不同器官/组织在不同发育期的基因表达情况则有很大的差异。

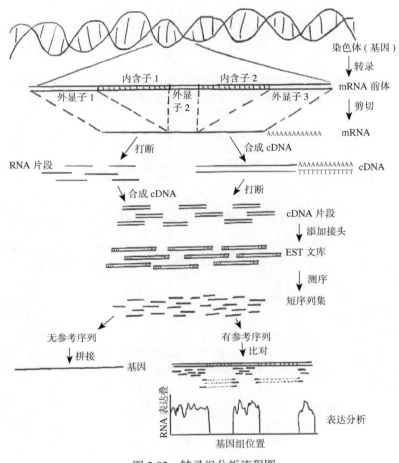

图 2.92　转录组分析流程图

左: 无基因组参考序列; 右: 已有基因组参考序列

1. 已有基因组参考序列的转录组分析

对于已有基因组参考序列数据的物种, 转录组信息分析的关键是基于转录组数据的比对算法和软件的开发应用。

在转录组分析中, 检测可变剪接和融合基因 (fusion gene) 都依赖于 junction reads (跨过剪切位点的, 外显子-内含子边界与剪接有关的 reads) 的检测, 目前常用的比对软件 (如 SOAPaligner、BWA、MAQ、Bowtie 等) 都不能直接比对出这类 reads。由于 junction reads 实际上是分成两段比对到参考基因组上的, 因而如何比对这种类型的 reads 是一个关键。

另外, 转录组测序研究还包括转录组 SNP 和 InDel 的检测、链特异性 (模板链或编码链) 转录组分析、转录组辅助的基因预测等。

2. 无基因组参考序列的转录组分析

与基因组数据相比，转录组数据有自身的特点：①基因表达量的差异很大，因而不同基因转录本的拷贝数目相差较大；②由于可变剪接，同一基因会产生不同的转录本，目前的组装软件还难以把短 reads 分别准确组装出同一基因的不同转录本；③一些内含子未被剪接的 mRNA 前体也会被带 Oligo-dT 的磁珠富集和测序，导致实际测得的 reads 有一部分可能是来自内含子区。转录组数据的这些特点会给转录组组装带来一些有别于基因组组装的特点，因而需要针对这些特点改进已有的组装算法或开发新的组装算法。

（三）单细胞的转录组或表达谱分析

单细胞转录组或 DEP 分析的要点是"均一扩增"的评估与考量，以及设置合适的对照。

单细胞全转录组测序是单细胞 MPH 测序的广泛应用，它所测定的是单个细胞内所有基因的表达量；同时还可以测定除了 mRNA 分子外，还包括其他 ncRNA 及 miRNA 的含量以及单个细胞完整的表达谱。

单细胞全转录组测序有很多新的进展，如将最关键的单细胞转录组文库构建步骤集成在一个微流控芯片上，可以实现多个样本的平行操作。通过精确的细胞操控和捕获过程，实现对极少量细胞的完全捕获和表型观察（如在癌症组织中的位置与周边变化），以更好地理解和验证单个细胞的异质性，全面提高单细胞全转录组分析的准确性和可靠性。

框 2.42　　　　　　　**单细胞 RNA 组分析示例**

美国 UCLA (University of California, Los Angeles，洛杉矶的加州大学) 的范国平团队与中国同济大学医学院合作，利用单细胞 RNA-Seq 技术，分析了人和小鼠不同发育时期的胚细胞，是单细胞 RNA 组分析的范例之一。

500:593, 2013　nature

Genetic programs in human and mouse early embryos revealed by single-cell RNA sequencing

Zhigang Xue[1]*, Kevin Huang[2]*, Chaochao Cai[2], Lingbo Cai[3], Chun-yan Jiang[3], Yun Feng[1], Zhenshan Liu[1], Qiao Zeng[1], Liming Cheng[1], Yi E. Sun[1], Jia-yin Liu[3], Steve Horvath[2] & Guoping Fan[2]

图 2.93　主要贡献者范国平及其单细胞转录组论文

第三节　Western 测序

Western 测序 (West-Seq) 是借助 DNA 结合蛋白 (DNA-Binding Protein, DBP，有时也称为 *trans* factor，反式因子）的特异性抗体，来分析 DBP 结合位置 DNA 区段序列的重要技术。其关键技术包括染色质免疫沉淀测序和核糖体保护。

West-Seq 与 Western Blotting 的相同之处，都是借助抗原（蛋白质）— 抗体的特异性结合能力来研究蛋白质。不同之处是，Western Blotting 的最终研究对象是蛋白质本身，而 West-Seq 的研究对象是 DEP 结合的 DNA 区域，而只是"借用"了 DBP 的特异性结合能力。如要研究某一"转录调控蛋白"对遍布整个基因组所有可能的被调控基因，可以用这一蛋白的抗体去"结合"所有位置的这一蛋白，而通过这一蛋白的结合位置来分析所有这一"转录调控蛋白"调控基因的启动子 (promotor) DNA 序列。如果结合 DEP 技术，就可研究这一蛋白对所有被调控基因的表达状况。

West-Seq 主要有染色质免疫沉淀 (Chromatin ImmunoPrecipitation，ChIP) 和 RP 两项技术。

一、染色质免疫沉淀测序

ChIP-Seq 是 ChIP 与 MPH 测序技术的结合，为各种 DBP 在基因组 DNA 中的结合区域 (有时称为 *cis* element，顺式元件) 研究提供了高分辨率的方法。

ChIP 是体外研究蛋白质和 DNA 相互作用最重要的技术，可以用来研究组蛋白修饰和核小体的分布及转录因子等所有结合蛋白。

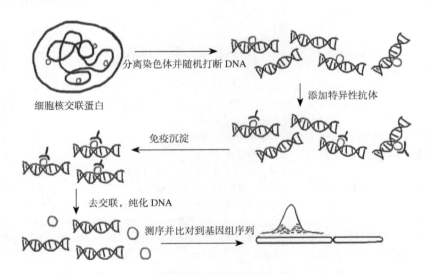

图 2.94 ChIP-Seq 流程示意图

将处于特定生长期的活细胞裂解，甲醛共价交联染色质的蛋白质和 DNA，将其随机打断为一定长度的小片段，以 DNA 酶彻底消化未与蛋白质结合的 DNA，加入 DBP 的特异性抗体，沉淀 DNA-蛋白质 - 抗体复合物 (免疫沉淀)，去交联，释放 DNA 片段，彻底消化蛋白质，纯化 DNA，质检后用于 ChIP-Seq。

先前曾经应用较多的 ChIP-chip 是以已知序列的芯片杂交来判定 DNA 序列。随着 MPH 技术的发展，ChIP-Seq 技术已经显示出其优越性。ChIP-Seq 的数据是 DNA 序列的，可以为研究者提供进一步发现新的 DBP 结合的基因，扩大分析挖掘的空间，在基序 (motif) 分析、基因与调控等方面已发挥很大的作用。

框 2.43　　　　　　　　　**全基因组 ChIP-Seq 信息分析工具和数据库**

将 ChIP-Seq 获得的结合 DBP 的 DNA 片段序列通过与基因组序列比对以得到 DBP 的结合位点的信息。用于信息分析的软件很多，常用的有 CisGenome、PeakSeq、FindPeaks 3.1、F-Seq、SISSR、QuEST、MACS、ChIPDiff、ChIP-Seq processing pipeline。

相关网址：

CisGenom	http://www.biostat.jhsph.edu/~hji/cisgenome/index_files/download.htm
PeakSeq	http://info.gersteinlab.org/PeakSeq
FindPeaks	http://www.bcgsc.ca/platform/bioinfo/software/findpeaks
F-Seq	http://fureylab.med.unc.edu/fseq
SISSR	http://dir.nhlbi.nih.gov/papers/lmi/epigenomes/sissrs
QuEST	http://mendel.stanford.edu/sidowlab/downloads/quest

MACS   http://liulab.dfci.harvard.edu/MACS

ChIPDiff   http://cmb.gis.a-star.edu.sg/ChIPSeq/tools/ChIPDiff.zip

ChIP-Seq processing pipeline   http://cmb.gis.a-star.edu.sg/ChIPSeq

ChIP-Seq 的数据是对应于 DBP-DNA 结合位点的富集序列，其中最重要的信息就是这些被富集的 DNA 区段是否为有功能的编码基因，因此要进行 GO 功能聚类以搜索基因所在代谢途径与可能功能。

对于转录因子，要寻找与对应的下游调控基因（靶基因），或者构建转录因子结合位点的保守序列。如果转录因子的 motif 是已知的，则可以计算序列中包含 motif 序列的频率，来间接估计实验结果的可靠性。

二、核糖体保护

RP 又称"翻译组"技术，是特异性鉴定与核糖体结合的 mRNA 序列的技术。

翻译是继转录之后，基因表达并实现其生物学功能的最重要过程，至今缺乏有效的研究手段（一般技术得到的基因表达谱，即 mRNA 的定性和定量，很难与一般蛋白质技术得到的"蛋白质组谱"完全吻合）。由于翻译启动（即 mRNA 与核糖体结合）之后，除了已知的"翻译后修饰 (post-translational modification)"之外尚无已知的显著重大改变，因此 RP 得到的表达谱与蛋白质组谱更为接近。而且可同时定性（蛋白质的一级结构即氨基酸组成）与定量（某一蛋白的合成量）分析。

真核生物的翻译过程中，一个核糖体在 mRNA 上能够结合约 30 个核苷酸。在 RP 实际操作中，不与核糖体结合的 mRNA 分子被 RNA 酶降解，而那些受核糖体保护的 mRNA 片段可以被纯化测序。将这些 mRNA 进行测序就能得到实际与核糖体结合并用于翻译的 mRNA 序列，并可推测该蛋白质的氨基酸组成和合成量。

"翻译组"技术的应用前景非常广阔，但目前仍由于核糖体直接分离得率较低等因素而影响分析的覆盖度，并受用于沉淀的抗体的实际效率等因素的制约。在数据处理方面，RP 的最大挑战是如何处理同一个 mRNA 分子上同时结合的多个核糖体所带来的分析困难。

框 2.44	翻译过程的研究难点

翻译过程的研究要比转录过程的研究困难得多。核糖体作为蛋白质翻译的场所，自然成为蛋白质翻译研究的对象。翻译起始，核糖体结合到 mRNA 的 5' 端 NTR，并不断向下游移动，当遇到起始密码子，核糖体开始招募氨基酸合成多肽链，直到遇到终止密码子，核糖体从 mRNA 上脱落，这一条肽链的合成结束。其中还有很多奥秘有待解开，如并不是所有的 mRNA 分子都能成功翻译成完整的、有功能的蛋白质，很多变短了的肽段有可能被迅速降解等。

第四节　Eastern 测序

Eastern 测序（即 East-Seq) 是指研究外饰基因组学的相关测序技术。其关键技术包括化学法、亲和法和酶切法。

外饰基因组学是指从组学层面研究 DNA 分子各种碱基不同化学修饰的一门新兴学科。

基因组外饰并不改变 DNA 序列 (T/C/A/G) 本身，而是通过对碱基的各种化学修饰、通过改变其空间构象等机制影响转录等相关因子与 DNA 的结合，因而改变基因的转录表达。

外饰基因组学主要包括 DNA 甲基化组 (DNA methylome)、组蛋白修饰 (histone modification) 组、

miRNA、染色质高级结构 (chromatin higher-order structure) 及 RNA 编辑等方面的研究。外饰基因组学针对不同修饰类型的研究方法也不同，组蛋白修饰的主要研究方法为 ChIP-Seq，而 miRNA 与 RNA 编辑的研究方法已在 RNA-Seq 中介绍。

DNA 甲基化通常发生在胞嘧啶的 C-5 位，形成 5- 甲基胞嘧啶 (N^5-methylcytosine，m^5C)，一般发生在接近基因启动子位置的 CpG 区域，对基因表达有较大影响。

DNA 甲基化在调节基因转录表达、调控细胞正常分化与发育，特别是干细胞的分化、哺乳动物的 X 染色体失活 (X-inactivation)、基因组印迹 (genomic imprinting 或称 parental imprinting，亲代印迹) 及癌症发生等生物学过程中都起着重要的作用。

一、化学法

化学法 BS-Seq (Bisulfite Sequencing，重亚硫酸盐测序) 是目前研究 DNA 甲基化的"金标准"。

BS-Seq 的流程是：用重亚硫酸盐 (bisulfite) 对基因组 DNA 分子进行处理，所有未发生甲基化的 C 都被转变成 U（甲基化的 C 在此反应中保持不变，再经 PCR 扩增后又将 U 全部转化成 T），然后对 PCR 产物进行 MPH 测序。得到的序列同未经重亚硫酸盐处理的原始基因组序列进行比较分析，可以直观而可靠地分析出哪些 C 发生了甲基化。

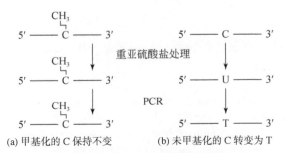

图 2.95　BS-Seq 原理示意图

BS-Seq 独特的优点是得到的结果具有单碱基高分辨率以及定量属性，准确率相对较高；而缺点是全基因组测序成本较高。

框 2.45 **甲基化分析**

甲基化分析包括各条染色体、不同基因区域和不同基因元件区域中 CpG、CHG 和 CHH（其中 H 代表 A 或 T 或 C 碱基）中 C 的甲基化水平、分布比例和差异甲基化区域 (Differentially Methylated Regions，DMR) 的分析。

用于 BS-Seq 分析的软件主要有 Bismark、BiQ Analyzer、BSMAP 等。

Bismark 是用 Perl 语言写的基于 Bowtie 比对的甲基化分析软件，运算速度快，可同时进行比对和甲基化分析，可得到甲基化 C 碱基的 CpG、CHG 和 CHH 信息。BiQ Analyzer 的优势是分析的可视化。BSMAP 的读长可达 144 bp，允许的错配可为 15 bp，gap 可以为 3 bp。差异甲基化区域分析可用 BSmooth、MeDUSA 等软件。

常用软件及网址：

Bismark	http://www.bioinformatics.babraham.ac.uk/projects/bismark
BiQ Analyzer	http://biq-analyzer.bioinf.mpi-inf.mpg.de/download.php
BSMAP	http://code.google.com/p/bsmap
BSmooth	http://rafalab.jhsph.edu/bsmooth
MeDUSA	http://www.ucl.ac.uk/cancer/medical-genomics/medusaproject

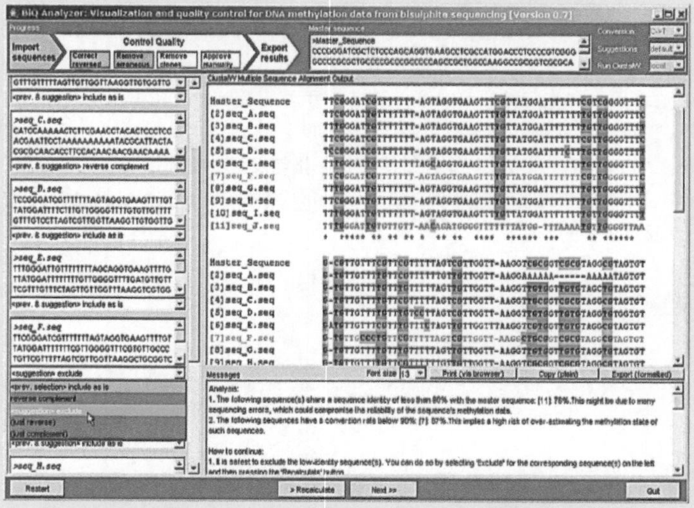

图 2.96　BiQ Analyzer 可视化分析示例

二、亲和法

亲和法通常采用甲基基团的特异性抗体来富集甲基化水平较高的 DNA 片段，再对这些片段进行 MPH 测序。

甲基化 DNA 免疫沉淀法测序 (Methylated DNA ImmunoPrecipitation Sequencing，MeDIP-Seq) 是 MeDIP (Methylated DNA ImmunoPrecipitation) 与 MPH 测序技术的结合。经免疫沉淀后，可将获得的数百万条序列标签精确定位到基因组参照序列上，得到全基因组范围的甲基化位点。其优点是实验操作较为简便，实验成本较低；缺点是现有商品化抗体的特异性和亲和性存在一定程度的局限性，假阳性率与假阴性率都较高。

框 2.46　　　　　　　　　　　　**MeDIP 和 MeDIP-Seq**

MeDIP 是一种高效富集甲基化 DNA 的方法。主要通过与 5- 甲基胞嘧啶的特异性抗体与甲基化的 DNA 片段结合而被免疫沉淀富集。

将基因组 DNA 随机打断成 400~500 bp 片段；变性得到 ssDNA；加入 5- 甲基 C 抗体沉淀；使用亲和层析分离甲基化 DNA 片段 (Methylated DNA) 与抗体沉淀的复合物，样本中其余的非甲基化 DNA 片段被洗脱，纯化得到甲基化 DNA 片段后再进行测序分析。

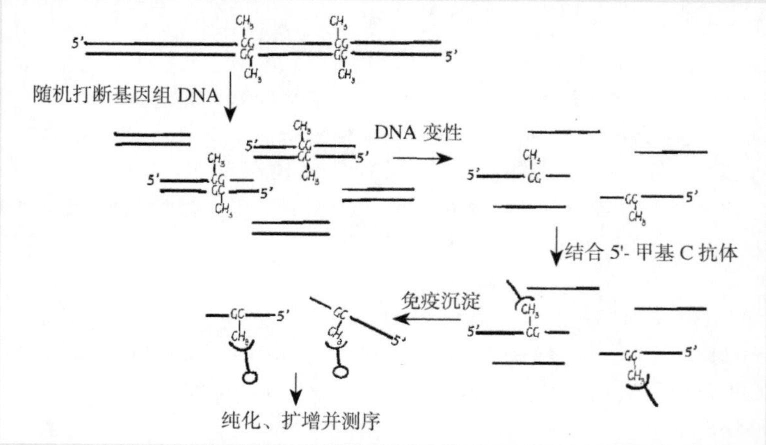

图 2.97　MeDIP-Seq 原理示意图

三、酶切法

酶切法的基本思路是采用甲基化敏感 (methylation-sensitive) 与不敏感 (methy-lation-insensitive) 的限制性内切酶来特异性鉴定甲基化位置。

用这类酶切割非 DNA 甲基化修饰的识别位点 (至少含有一个 CpG)，再选择位点两侧一定长度的 DNA 片段进行 MPH 测序，最后通过生物信息学方法对测序结果进行分析：那些识别位点附近覆盖片段较多的说明识别位点所含的 CpG 多为非甲基化，反之则多为甲基化。这类方法所需测序深度介于化学法与亲和法之间，优点为可以得到半定量的单碱基 C 的甲基化状况；缺点是所得结果难以覆盖全基因组，并且来自不同样本的结果可比性不够理想。

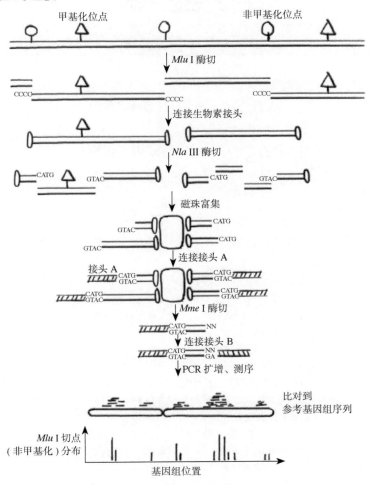

图 2.98 酶切法原理示意图

除了上述三种主要方法之外，现在又有了"直接法"即"机读法"。要实现"机读法"的测序技术，应该满足三个条件：① PCR-free，避免在扩增环节引入误差；②单分子测序，能够提供 DNA 单链的测序结果；③能够识别 A，T，G，甲基化 C 和非甲基化 C 等 5 种碱基信号。

关于 DNA 甲基化的分析，一定要领会两个层面的概念：① DNA 甲基化率一般是指细胞群体水平上的一个具体 C 碱基位点发生甲基化的细胞比例。例如，1 万个细胞中，某一个具体 C 碱基位点发生甲基化的细胞数目是 5000，那么这个具体 C 碱基位点在细胞群体中的甲基化率就是 50%。② DNA 甲基化率的另一个评价，就是某一个细胞的一段序列中的所有 C 碱基位点发生甲基化的比例。例如，在一段 2000 个碱基的序列中，一共有 100 个 C 碱基，其中发生甲基化的 C 碱基被测定是 80 个，则这一段序列的甲基化率是 80%。第二个层面上的 DNA 甲基化水平分析有赖于"机读法"和单细胞测序两项技术的发展和相互促进。

单细胞遍基因组 BS-Seq

英国 Babraham Institute (Babraham 研究所) 和 Wellcome 基金会的一个团队于 2014 年开发了单细胞外饰基因组分析技术，通过 scBS-Seq (single-cell genome-wide BiSulfite Sequencing，单细胞遍基因组重亚硫酸盐测序) 实现了对单个细胞的全甲基化分析。可以预见，单细胞的外饰基因组分析技术在未来有着广阔的应用前景。

11:817, 2014 nature

Single-Cell Genome-Wide Bisulfite Sequencing for Assessing Epigenetic Heterogeneity

Sébastien A Smallwood[#1], Heather J Lee[#1,5], Christof Angermueller[2], Felix Krueger[3], Heba Saadeh[1], Julian Peat[1], Simon R Andrews[3], Oliver Stegle[2], Wolf Reik[1,4,5,7], and Gavin Kelsey[1,4,7]

图 2.99　scBS-Seq 的第一篇论文

第五节　其他重要技术

除了与测序直接相关的技术外，GWAS、基因组编辑和各种芯片技术在基因组学研究中也非常重要。

一、GWAS

GWAS 是基于巨大样本和统计学工具的、研究多基因性状与生殖细胞变异的相关性的一项技术。

1) SNP 标记：大样本的相关研究是医学统计学研究复杂疾病相关因素的传统技术 (也包括研究动植物的多基因性状)，而 21 世纪初的 HapMap 计划提供了前所未有的遍及全基因组 (genome wide) 的遗传标记——近千万计的 SNP，使得人类的 GWAS 成为可能。

2) 研究材料：GWAS 使用外周血细胞的 DNA，取样方便，可以得到巨大数量的样本。

3) 分析方法：其基本原理是评估一个多态性遗传标记 (如 SNP) 在两个不同群体中的等位基因分布频率的差异，即通过比较遍及全基因组的 SNP 的等位基因频率在病例组与对照组之间的差异，来定位与特定疾病或性状相关的易感基因或易感位点，同时还要考虑不同标记的基因组位置间的关系与权重。统计学依据可靠、直观，容易被研究者接受。

4) 对照人群的通用性：用于遗传分析的正常人群对照，依重要性依次为同卵双生、一个家系中同一代或不同代的人员、同一特定条件或同一群体等。但后来经统计学验证，同一群体的正常人可作为通用对照，这是 GWAS 得以普遍推广的原因之一。

5) 适应全球合作：meta-GWAS (meta analysis of GWAS，meta 基因组关联分析) 是将数个不同地区、不同对照的大规模 GWAS 数据重新从头进行综合分析。统计学分析方法的改善，使 GWAS 可以用于几乎所有多因素、多基因、常见和复杂疾病的推动因素，这也是 GWAS 之所以广泛应用的原因之一。

6) 提示基因组中的 "暗物质 (dark matter)"。在 GWAS 研究中，发现很多关联的 SNP 普遍位于编码基因之外，并且经得起不同分析方法的重复检验。现在普遍接受的解释是，这些 SNP 提示的基因组位置很可能是与基因调控网络中相关的非编码序列。

由于一张 SNP 芯片上可检测的 SNP 数目有限 (如 100 万)，会有很多因没有检出差异而成为 "不能提供信息 (non-informative)" 的标记，而只有全基因组序列的比较，才能使所有的碱基差异都能 "提供信息 (informative)"。全基因组测序结合 GWAS 分析有可能会成为一个趋势。

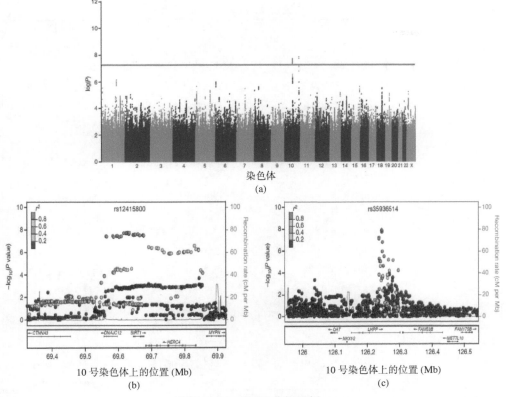

图 2.100　GWAS 分析示例

(a) 为 GWAS 显著位点在全基因组中的分布，(b) 和 (c) 是 (a) 中两个显著位点
在 10 号染色体上的位置 (区域) 区域的放大图。

框 2.48　　　　　　　　　　**GWAS 与中国的贡献**

　　2005 年，美国 Rockefeller University（洛克菲勒大学）的 Klein 首先发表了老年性黄斑变性（Age-related Macular Degeneration，AMD）的 GWAS。这一研究使用 96 个病例样本和 50 个对照样本，鉴定了定位于 1q31 的易感基因 *CFH*（Complement Factor H，补体因子 H），截至 2015 年 11 月 24 日，GWAS Catalog 数据库已收录了 2334 篇有关 GWAS 的论文，报道了 15 020 个与疾病（或性状）关联的 SNP，其中包括消化(405 个)、心血管(183 个)、神经(514 个)、免疫(296 个)、血液(304 个)等系统的疾病，以及肿瘤(392 个)与代谢疾病(179 个)。

　　2009 年，中国安徽医科大学的张学军团队发表了中国第一篇 GWAS 的论文，报道了与一种常见皮肤病（银屑病）的遗传易感性相关的 SNP 位点，验证了欧洲报道的 *MHC*（Major Histocompatibility Complex）和 *IL12B*（InterLeukin-12 p40) 基因，发现了一个新的易感基因 *LCE*（Late Cornified Envelope）。

41:205, 2009 *nature genetics*

Psoriasis genome-wide association study identifies susceptibility variants within *LCE* gene cluster at 1q21

Xue-Jun Zhang[1–3], Wei Huang[4,5], Sen Yang[1–3], Liang-Dan Sun[1–3], Feng-Yu Zhang[1–3], Qi-Xing Zhu[1–3], Fu-Ren Zhang[3,6], Chi Zhang[3], Wen-Hui Du[3], Xiong-Ming Pu[3,7], Hui Li[3], Feng-Li Xiao[1–3], Zai-Xing Wang[1–3], Yong Cui[1–3], Fei Hao[8], Jie Zheng[9], Xue-Qin Yang[3,10], Hui Cheng[11], Chun-Di He[11], Xiao-Ming Liu[12], Li-Min Xu[13], Hou-Feng Zheng[1–3], Shu-Mei Zhang[3], Jian-Zhong Zhang[14], Hong-Yan Wang[1–3], Yi-Lin Cheng[1–3], Bi-Hua Ji[15], Qiao-Yun Fang[3], Yu-Zhen Li[16], Fu-Sheng Zhou[2], Jian-Wen Han[1–3], Cheng Quan[3], Bin Chen[3], Jun-Lin Liu[1–3], Da Lin[3], Li Fan[3], An-Ping Zhang[3], Sheng-Xiu Liu[1–3], Chun-Jun Yang[1–3], Pei-Guang Wang[1–3], Wen-Ming Zhou[1–3], Guo-Shu Lin[3], Wei-Dong Wu[3,7], Xing Fan[3], Min Gao[3], Bao-Qi Yang[3], Wen-Sheng Lu[1–3], Zheng Zhang[3], Kun-Ju Zhu[1–3], Song-Ke Shen[3], Min Li[3], Xiao-Yan Zhang[3], Ting-Ting Cao[3], Wei Ren[3], Xin Zhang[3], Jun He[3], Xian-Fa Tang[3], Shun Li[3], Jian-Qiang Yang[3], Lin Zhang[3], Dan-Ni Wang[3], Feng Yuan[3], Xian-Yong Yin[3], Hong-Jie Huang[4,5], Hai-Feng Wang[4,5], Xin-Yi Lin[17] and Jian-Jun Liu[1,2,17]

图 2.101　主要贡献者张学军及其 GWAS 论文

　　中国的多个团队（包括顾东风、陈子江等），用 GWAS 分析了至少 44 种疾病和 34 种性状。所用病例总数达 312 586 例，对照样本总数达 431 371 例。

表 2.5 中国团队的 GWAS 论文示例

团队	单位	疾病性状	杂志与年份
张学军	安徽医科大学	银屑病	*Nat Genet*, 2009
张学军	安徽医科大学	系统性红斑狼疮	*Nat Genet*, 2009
张福仁 / 张学军	山东省医学科学院安徽医科大学	麻风	*N Engl J Med*, 2009
曾益新	华南国家肿瘤重点实验室	鼻咽癌	*Nat Genet*, 2010
张学军	安徽医科大学	白癜风	*Nat Genet*, 2010
周钢桥	北京放射医学研究所	肝癌	*Nat Genet*, 2010
陈子江	山东大学山东省立医院	多囊卵巢综合征	*Nat Genet*, 2011
林东晰	中国医学科学院	食管癌	*Nat Genet*, 2011
张学军	安徽医科大学	特应性皮炎	*Nat Genet*, 2011
沈洪兵	南京医科大学	肺癌	*Nat Genet*, 2011
宋怀东	上海瑞金医院	Graves 病	*Nat Genet*, 2011
张福仁	山东省医学科学院	麻风	*Nat Genet*, 2011
沈洪兵	南京医科大学	胃癌	*Nat Genet*, 2011
张岱	北京大学精神卫生研究所	精神分裂症	*Nat Genet*, 2011
贺林	上海交通大学	精神分裂症	*Nat Genet*, 2011
古洁若	广州中山大学	强直性脊柱炎	*Nat Genet*, 2011
林东昕	中国医学科学院	胰腺癌	*Nat Genet*, 2011
杨银青	宁夏医科大学总医院	非综合征性唇（颚）裂	*Nat Commun*, 2015
张福仁	山东省医学科学院	麻风	*Nat Genet*, 2015

二、基因组编辑

基因组编辑现主要有 CRISPR、TALEN (Transcription Activator-Like Effector Nucleases，转录激活因子样效应物核酸酶) 与 ZFN (Zinc Finger Nuclease，锌指核糖核酸酶)。其中 CRISPR/Cas 是当下最常用、最便捷、最经济、最高效的技术。CRISPR 是基因组中自然存在的、成簇的、规律间隔的短回文重复序列。

CRISPR 序列广泛分布于细菌和古菌基因组中。Cas (CRISPR associated endonuclease) 则是与 CRISPR 相关的一类核酸内切酶。CRISPR/Cas 是很多细菌和大部分古菌的天然免疫系统，对入侵的病毒及其他外源核酸能进行特异性的识别，利用 Cas 酶切割来清除病毒。

CRISPR/Cas 本是由细菌内源性的 crRNA (CRISPR-derived RNA，CRISPR 转录生成的 RNA) 和 tracrRNA (trans-activating RNA，反式激活的 crRNA) 及 Cas 蛋白组成。而目前所用的 CRISPR/Cas 则由一个 gRNA (guide RNA，向导 RNA) 和 tracrRNA 的人工嵌合体和一个核酸内切酶 (常用 Cas9) 组成。在特定的应用中，gRNA/Cas9 复合体 (gRNA/Cas9 complex) 会通过 gRNA 序列与靶 DNA 序列碱基配对的方式，结合到待"编辑"的靶序列上。

CRISPR/Cas 的基本原理是：核酸酶在基因组的特定序列处通过切割产生特定的 DSB (Double-Stranded Break，DNA 双链断裂)，进而利用细胞内的自身修复机制 —— 同源重组 (Homologous Recombination，HR) 和非同源末端连接 (Non Homologous End-Joining，NHEJ) 及其他可能的生物学机制，实现对靶 DNA 序列的插入、删除、替换等多种遗传修饰。

相比 TALEN 和 ZEN 的烦琐、费时、低效，CRISPR/Cas 在实验中则只需改变一段约 20 nt 的 gRNA 序列。若要成功地将 gRNA/Cas9 复合体结合到靶 DNA 序列，靶 DNA 序列下游的正确 PAM (Protospacer

Adjacent Motif，前间区序列邻近基序）序列也是不可或缺的。不同的 Cas 蛋白识别的 PAM 序列并不一样，常用来源于酿脓链球菌 (Streptococcus pyogenes) 的 Cas9 识别的 PAM 序列，是在位于靶 DNA 序列 3' 端的 NGG。gRNA/Cas9 复合体在准确结合之后，会在 PAM 序列的上游 3~4 nt 处进行切割，产生 DSB，从而激活细胞内 DNA 同源重组的修复机制，加上一个与 DSB 位置的上游、下游都有同源区域的 DNA 修复模板 (DNA repair template)，CRISPR/Cas 系统就可在完成 DSB 修复的过程中，实现精准的基因组编辑。需要特别注意的是，在此处使用的 DNA 修复模板中不能包括原 gRNA 识别的靶序列，否则修复后（即编辑后）的 DNA 序列会再次被切割。

CRISPR/Cas 的"基因破除 (gene disruption)"是在无 DNA 修复模板的情况下，CRISPR/Cas 切割基因编码区 DNA 产生的 DSB 只能通过细胞内的非同源末端连接进行修复，此过程中会在 DSB 位置随机发生一些核苷酸的插入或删除，往往这些插入或删除会引起靶基因 ORF 的改变，进而引起此基因编码序列的重大改变，导致目标基因被破除。需要特别注意的是，基因破除产生的突变是随机的，需要后续实验来验证。

在问世之后短短的两年多时间里，CRISPR/Cas 系统已被广泛应用于各种微生物（如细菌、酵母）、植物（如水稻、拟南芥）、动物（如线虫、果蝇、家蚕、斑马鱼）及人类的基因组编辑研究和应用。

框 2.49   **CRISPR/Cas 的医学应用示例**

2013 年年初，美国 Rockefeller University 的 Wenyan Jiang 等首次利用 CRISPR/Cas 对肺炎链球菌 (Streptococcus pneumoniae) 和大肠杆菌进行了精准的基因组编辑，分别达到了近 100% 和 65% 的编辑效率。

美国 MIT 的 Randall Platt 等应用 CRISPR/Cas 实现了小鼠细胞的抑癌基因 P53 和 LKB1 的失活、原癌基因 KRAS 的激活，在原位形成了肺腺癌。

美国 Memorial Sloan-Kettering Cancer Center（纪念斯隆 - 凯特琳癌症中心）的 Danilo Maddalo 等同时"编辑"了基因 EML4 和 ALK，诱导产生了融合基因 EML4–ALK，并建立了小鼠肺癌模型。

美国 MIT 的 Ophir Halem 等，使用一个 gRNA 文库进行全基因组的基因筛选，在黑素瘤中鉴定出对某种临床用药容易产生抗性的基因突变，如对药物维罗非尼 (Vemurafenib) 产生抗性的突变基因 NF1、MED12 等。

澳大利亚 University of Melbourne（墨尔本大学）的 Brandon Aubrey 等则运用此技术发现了肿瘤细胞生长增殖的必需基因 (essential gene)。

美国 University of Texas Southwestern Medical Center（德克萨斯大学西南医学中心）的 Chengzu Long（龙承祖）等利用 CRISPR/Cas9 修复了含有肌肉萎缩症基因突变的小鼠受精卵，有效地抑制了肌肉萎缩症的发生。

中国科学院上海生命科学研究院生物化学与细胞生物学研究所的李劲松团队用 CRISPR/Cas9 修复了引起小鼠白内障的一个点突变。这一患有白内障的小鼠治愈后，仍能通过生殖细胞将修复的基因传递给下一代。

荷兰 University Medical Center Utrecht（乌得勒支大学医学中心）的 Gerald Schwank 等用 CRISPR/Cas9 修复了囊泡纤维化病 (Cystic Fibrosis, CF) 患者的干细胞中 CFTR 基因突变，并将修复后的细胞培育成了功能正常的微型肠；美国宾夕法尼亚州费城 Fox Chase Cancer Center (Fox Chase 癌症中心) 的 Christoph Seeger 用 CRISPR/Cas9 敲除了 HBV（乙肝病毒）的多个基因组结合位点；而日本 Kyoto University（京都大学）的 Hirotaka Ebina 等通过 CRISPR/Cas9 来破坏艾滋病的 HIV-1 前病毒，进行 HIV 病毒感染的治疗研究。

框 2.50   **CRISPR 序列预测**

CRISPR 序列预测对细菌分型和演化分析有着重要的作用。根据结构特征进行预测的工具有 CRISPRFinder，可在线提交序列。直接输入 FASTA 格式的基因组序列即可。相关网址：http://crispr.u-psud.fr/Server。

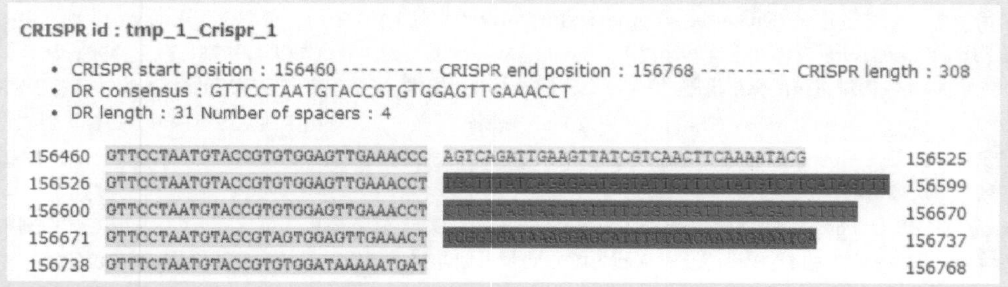

```
CRISPR id : tmp_1_Crispr_1

 • CRISPR start position : 156460 ---------- CRISPR end position : 156768 ---------- CRISPR length : 308
 • DR consensus : GTTCCTAATGTACCGTGTGGAGTTGAAACCT
 • DR length : 31 Number of spacers : 4

156460  GTTCCTAATGTACCGTGTGGAGTTGAAACCC     AGTCAGATTGAAGTTATCGTCAACTTCAAAATACG     156525
156526  GTTCCTAATGTACCGTGTGGAGTTGAAACCT     ▓▓▓▓▓▓▓▓▓▓▓▓▓▓▓▓▓▓▓▓▓▓▓▓▓▓▓▓▓▓▓▓▓     156599
156600  GTTCCTAATGTACCGTGTGGAGTTGAAACCT     ▓▓▓▓▓▓▓▓▓▓▓▓▓▓▓▓▓▓▓▓▓▓▓▓▓▓▓▓▓▓        156670
156671  GTTCCTAATGTACCGTAGTGGAGTTGAAACT     ▓▓▓▓▓▓▓▓▓▓▓▓▓▓▓▓▓▓▓▓▓▓▓▓▓▓▓▓▓         156737
156738  GTTTCTAATGTACCGTGTGGATAAAAATGAT                                           156768
```

图 2.102　CRISPR 预测示例

正如基因治疗曾导致"生殖细胞能否进行基因治疗"的争论一样，CRISPR/Cas 的生物安全与伦理问题，特别是能否用于灵长类或人类的生殖细胞，已经引起科学界与社会的关注。这样的讨论是必要的、有益的。

三、芯片技术

芯片技术是基因组学研究中应用最为广泛的技术之一，原理可靠，方法简便。

从技术的角度，基因组研究中使用的芯片可分为高密度杂交芯片与"微流体 (microfluidic)"芯片两大类。20 世纪 70 年代，在 Southern Blotting 基础上的"斑点杂交"是高密度杂交芯片的雏形。从应用的角度，主要有下述几种类型：

图 2.103　不同用途的芯片示例

（一）基因表达芯片

这是 20 世纪 90 年代初开始应用最为广泛的芯片，首开芯片应用的先河，显示了芯片的最大优点：一次杂交便能得到遍及全基因组所有靶基因表达的结果。其缺点是信号"模拟"而不是数据的，即得到的是不同颜色标记样本与对照的信号强度比，另外不足之处是不能发现未能注释的编码基因与其他信息。

（二）SNP 芯片

GWAS 的广泛应用为芯片带来了又一次新生。一张芯片可以有几百万个 SNP。SNP 芯片的杂交分辨率，可以对已知的 SNP 进行准确分型。

（三）CGH 芯片

SNP 芯片的另一重要应用是鉴定较大规模的基因组 SV (Structural Variation，结构变异)，如缺失与易位，其最大的优点是定位比一般软件分析还要准确，其缺点是不能检测平衡易位。而广泛使用的 CGH (Comparative Genomic Hybridization) 芯片是一种较为传统的检测 SV 的芯片。

（四）突变检测芯片

突变检测芯片的原理同 SNP 芯片。它的设计是将某一种或几种表型相关的已知 SNP 或 InDel 都固定在芯片上。其优点是一次杂交（以基因组 DNA 或区域特异性 PCR 产物作为"探针"）便可检测一种或几种表型的"全部"变异；其缺点是不能发现新的特别是群体特异性的罕见突变，如 HLA 分型中出现频率较低的新的亚型。

（五）捕获芯片

捕获芯片的应用最为广泛，它是点测序、靶区域、外显子组等测序策略最重要的配套技术。

（六）测序芯片

尽管 SBH 技术似未成熟，但 MPH 技术也可以说是芯片与 SBS 的结合，都是在高密度芯片上完成的。

第二篇 序列的组装和分析

第一章 序列的组装

序列的组装就是将长度较短的下机序列连接成较长的基因组片段直至全基因组序列的过程。

迄今的测序技术都不可能一次性获得大型动植物的全基因组序列。下机序列是一个个短小的片段，长度有一定的范围，也不可避免地有一定错误，需要经过组装。在组装之前，对测序数据的预处理即序列的读取和质控是必不可少的。

注意，有人把 assembly 分别译为"拼接（从 reads 到 contig）"和"组装（从 contig 到 scaffold）"，以示这两者在技术上的难易和区别。也有人把 scaffold 的"组装"称为"构建"。

第一节 测序数据的质控和预处理

一、碱基读取

"base calling（碱基读取）"是将测序仪器产生的原始信号转变成标准格式序列的过程。

与所有的仪器信号一样，即便是所谓的"直读"——从测序仪直接得到的也不是碱基序列，而是要将仪器信号（胶图、"峰图"、荧光颜色与强度信号、电信号或其他信号）转变为碱基序列，同时评估序列中的碱基可信度，这些读取的碱基序列称为"raw data（原始序列或下机序列）"，可以用 FASTA、FASTQ、SFF 等格式存储。

在荧光标记用于测序之前，一个模板 DNA 的一条序列需要在同一电泳槽的同一块胶上的四条泳道同时进行平行等速的电泳,以放射自显影得到同一颜色(黑色)的带状胶图,序列则依靠实验人员的目视读取(后辅以半自动的读取装置)。

　　荧光标记使测序由原来的"四个反应,四条泳道"变为"一个反应,一条泳道",依据"峰图"一次读取四种碱基。峰图文件的解读在初期是由测序仪自带软件执行的,缺乏开放性,也缺少碱基序列质量的评估。1994 年,英国 University of Cambridge 的 Rodger Staden 开发的 STADEN 是第一个实际应用的软件包。

　　1995 年,美国 University of Washington 的 Maynard Olson 实验室的 Phil Green 开发的 Phred-Phrap 软件包,是第一个用于读取和评估 reads 质量(可信度)的重要工具。

　　在 Phred/Phrap 系统中,碱基的可信度用 Phred Quality (Q) 来衡量。该值表示错误率 (Pe) 的高低,值越高表明准确率越高(误差率越低),如 Q 值为 4 时,表示该碱基误差率为 10^{-4} (0.0001),即准确率为 99.99 %。

$$Q = -10 \log_{10}(Pe)$$

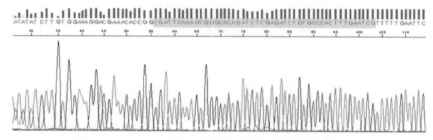

图 2.104　Sanger 法的"峰图"、碱基和对应的 Q 值示例

框 2.51　　　　　　　　　　　　　　　　　　　**Phred**

　　Phred 是一个采用快速傅里叶变换 (Fast Fourier Transform,FFT) 分析技术和动态规划算法 (dynamic programming algorithm),从测序仪得到的"峰图"中读取 DNA 碱基信息(即 base calling) 的工具。Phred 可以读取 DNA 测序仪生成的二进制格式的色谱图 (chromatogram) 文件,通过分析每个峰的质量信息而得出每个碱基及其质量的文本格式文件。

　　Phred 具有更高的 base calling 精度,并且创新性地给出了每个碱基的质量评估。base calling 的 Phred 软件和用于组装的 Phrap 软件相结合,一直被看成是用于 Sanger 法测序下机数据分析的最完美的工具。

　　基于所有其他的测序方法,包括焦磷酸测序、SBRT 和 SBL 也都需要将仪器的光学信号转化成碱基序列信息这一过程,也即 base calling。

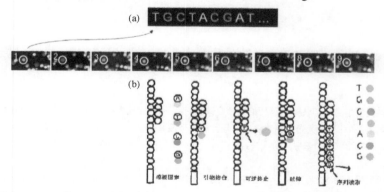

图 2.105　一种 MPH 测序 (Illumina) 的 base calling 示例 (a) 及原理示意图 (b)

在 MPH 测序过程中，每一个簇的新链合成时，每加入一个荧光标记的 dNTP 都能释放出相应的荧光。MPH 测序仪的 CCD 等检测系统捕获荧光信号，通过计算机软件将光信号转变为测序"峰"，从而获得待测模板的序列信息。CCD 的分辨率及光信号的强弱都会影响 base calling 的准确性。为了衡量测序的准确性，标准的测序结果也要给出类似 Phred 格式的质量文件，记录每个簇每个碱基的质量值，用 ASCII (American Standard Code for Information Interchange，美国标准信息交换代码，是基于拉丁字母的一套电脑编码系统) 字符表示并可和 Phred 格式的质量值相互转换。

框 2.52　　　　　　　　　　　　　　　**FASTA 格式**

　　FASTA 格式，又称 Pearson (FASTA 的主要作者) 格式，是最简单也是最常用的格式，其后缀通常为 fa、fasta 等。FASTA 序列格式包括以下三个部分：

　　(1) 在注释行的第一列用字符">"标识，表示序列的名字和样本的物种来源。

　　(2) 从第二行开始是标准的单字符 (T/C/A/G……) 标记的序列。

　　(3) 序列结束可以用"*"表示，一些序列分析软件读取序列时需要识别这个符号以保证正确读取完毕。通常核苷酸符号大小写均可，使用时应注意有些程序对大小写有明确要求。氨基酸常用大写的单个字母表示。FASTA 文件的每行一般不应超过 80 个字符。一个文件可以有很多条序列。下面是核酸和氨基酸序列的示例。

核酸序列：

>gi|187608668|ref|NM_001043364.2| Bombyx mori moricin

AAACCGCGCAGTTATTTAAAATATGAATATTTTAAAACTTTTCTTTGTTTT

TATTGTGGCAATGTCTCTGGTGTCATGTAGTACAGCCGCTCCAGCAAAAA

氨基酸序列：

>MCHU-Calmodulin-Human, rabbit, bovine, rat, and chicken

ADQLTEEQIAEFKEAFSLFDKDGDGTITTKELGTVMRSLGQNPTEAELQDMI

NEVDADGNGTIDFPEFLTMMARKMKDTDSEEEIREAFRVFDKDGNGYISAA

ELRHVMTNLGEKLTDEEVDEMIREA DIDGDGQVNYEEFVQMMTAKEEFV*

　　下机序列 FASTA 格式文件都对应一个质量文件，格式与序列文件大体一致，同样以注释行开头，对应每个碱基的质量值用 0~99 的一个数值表示，用空格分隔。

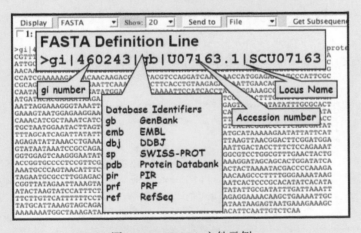

图 2.106　FASTA 文件示例

框 2.53　　　　　　　　　　　　　　　**FASTQ 格式**

　　大部分 MPH 测序仪给用户提供的最原始文件一般都以 FASTQ 文件格式存储，里面存储 reads 的序列以及 reads 的碱基质量值，其后缀通常为 fq、fastq 等。

　　序列以及质量值都是使用一个 ASCII 字符表示，目的是将序列与质量值放进一个文件，这一存储方式已经成为 MPH 测序的通用格式。

FASTQ 文件中每条序列通常由四行，简单示例如下：

```
@SEQ_ID
GATTTGGGGTTCAAAGCAGTATCGATCAAATAGTAAATCCATTTGTTCAACTCACA
+
!''*((((***+))%%%++)(%%%%).1***-+*''))**55CCF>>>>>CCCCC
```

（1）第一行是序列标识以及相关的描述信息，以"@"开头。

（2）第二行是序列。

（3）第三行一般由"+"开头，后面也可以跟着序列的描述信息。

（4）第四行是序列的测序质量值，每个字符与第二行每个碱基对应，第四行每个字符对应的 ASCII 码值减去 64，即为该碱基的测序质量值，例如字符"C"对应的 ASCII 码值是 99，那么它对应的碱基质量值是 35。

$$sQ = -10 \lg E$$

其中 E 表示测序错误率，sQ 表示碱基质量值。

表 2.6 测序错误率与质量值的对应关系

错误率 (%)	质量值	对应字符
5	13	M
1	20	T
0.1	30	^

二、载体和接头序列的去除

不相关的序列，特别是接头与载体序列对正确组装影响极大，一定要彻底去除。

传统 Sanger 法测序时，目的片段两端带有克隆载体 (vector，如 plasmid 质粒) 或 PCR 引物序列。而在 MPH 测序中，目的片段带有扩增或文库制备需要的接头序列以及 Indexing 的"标签"，为了避免这些序列对后续组装造成的严重影响，一定要用有效的软件或手工操作彻底去除。

第二节 序列的组装

序列的组装一般包括 contig 拼接、scaffold 组装以及"补洞"等几个步骤，是将原始的下机序列还原成 DNA 序列片段、以至于整个物种全基因组序列图的过程。

在基因组学中，contig 是指一段连续而没有任何 gap 的一致性碱基序列，其中每个碱基都被准确定义。scaffold 是指顺序和方向都确定的一系列 contig，但在 contig 之间容许有已知长短的未知序列。consensus (一致性) 序列是指根据构成 contig 的原始碱基及碱基的质量，在所有 contig 中找到的一条可信度最高的序列路径所对应的单一序列 (一般不考虑 MAF)。

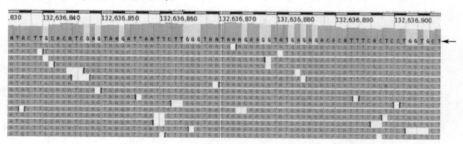

图 2.107 consensus 序列 (箭头所示) 示例

一、基于参考序列的组装

对于已有某一物种的基因组参考序列 (reference sequence)，而进行同一物种内不同个体的基因组测序 (或者已有近缘物种的基因组参考序列)，可以在此基础上进行序列比对 (alignment)。

在"比对"到参考序列中"相同"的序列时，比对还可以找到测序数据和已知参考序列之间的变异，(包括 SNP、InDel、SV 等)，然后根据参考序列生成所测的这一个体的基因组序列。

基于参考序列的基因组组装最有名的例子是 HGP 完成后，人类所有其他个人基因组的组装，也曾称为重测序 (resequencing)，因易被误解成同一模板 DNA 样本的重复测序而并不多用。比对组装策略虽然方法相对简单，但有着明显的限制，即需要同种或近缘基因组作为参考序列，这就不能满足基因组研究快速发展的需求。随着越来越多的基因组装数据的积累，作为预组装或质检的一部分，基于参考序列的组装将更为重要。

框 2.54 　　　　　　　　　　　**"炎黄一号"和 SOAP**

"炎黄一号"是继中国 HGP 的 1% 任务和 HapMap 的 10% 任务后，华大基因等团队联合采用 MPH 测序技术完成的 100% 完整的一个亚洲人个体基因组序列图。"炎黄一号"的主要策略是"基于参考序列的组装"，其核心技术就是比对。随后不久，华大基因正式发布了在"炎黄一号"项目中设计开发、主要应用于 MPH 测序的短序列分析软件包—— SOAP (Short Oligonucleotide Analysis Package)。SOAPaligner 是该软件包中最主要的比对工具。

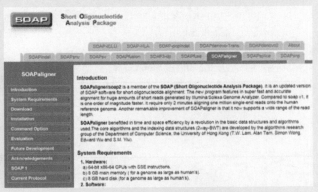

图 2.108　SOAPaligner 软件

表 2.7　SOAPaligner 与其他比对软件的性能比较

a.

软件	耗时 (s)	比对率 (%)
BLASTN (-F F -W 11)	165 780	85.47
BLASTN (-F F -W 15)	150 660	84.66
BLAT (-tileSize=8)	22 032	85.07
Eland	166	88.53
MAQ	458	88.39
SOAP	134	90.9
SOAP iterative	161	90.9
SOAP iterative+gapped	486	91.15

b.

软件	比对率 (%)	耗时 (秒，两端序列)	耗时 (秒，单端序列)	占用内存 (Gb)
SOAP2	93.6	828	478	5.4
SOAP	93.8	12 234	14 328	14.7
MAQ	93.2	22 506	19 847	1.2
Bowtie	91.7	—	405	2.3

炎黄数据库 (YH Database) 是首个亚洲人二倍体基因组数据库，收录数据包括 70X 以上的原始数据。数据库可以通过在线 Map View 来查看基因组信息 (http://yh.genomics.org.cn)，也可以通过 FTP 服务器 (ftp://public.genomics.org.cn/BGI/yanhuang) 下载。

表 2.8　炎黄数据库数据统计

		总计	117.7 Gb
核苷酸	比对到参考基因组		102.9 Gb
(Nucleotide)	基因组覆盖率		99.97%
多态性	单核苷酸多态性 (SNP)		3.07×10^6 个
(Polymorphism)	插入缺失 (InDel)		135 262 个
	结构变异 (SV)		2 682 个

框 2.56	短序列比对的常用软件及网址

SOAPaligner	http://soap.genomics.org.cn/soapaligner.html
BWA	http://bio-bwa.sourceforge.net/bwa.shtml
MAQ	http://maq.sourceforge.net/index.shtml
Bowtie	http://bowtie-bio.sourceforge.net/index.shtml
RMAP	http://rulai.cshl.edu/rmap
SHRiMP	http://compbio.cs.toronto.edu/shrimp
Tophat	http://tophat.cbcb.umd.edu/manual.html

1. 下机序列

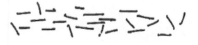

2. 找到短序列间的重叠部分

... AGTGCAATGGTGCAATCTGGGCTCAC

GCAATCTGGGCTCACTACAACCTCCGCC...

3. 把一些比对"良好"的短序列拼接成长的 contigs

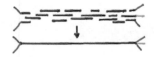

4. 把 conttgs 连接成 scaffolds

5. 得到一致性序列

...ACTCCAATCGTCGCAATCTCCCCTCACTACAACCTCCGGCTCC...

图 2.109　OLC 法组装的流程示意图

二、*de novo* 组装

de novo 组装是指不依赖于任何基因组参考序列信息而进行的序列组装。*de novo* 组装的主要算法有三种：OLC 法 (Overlap-Layout-Consensus 法，简称 Overlap 法)、*de Bruijn* 图法和"穷举"法。

（一）OLC 法

OLC 法是最直观、最经典的组装算法，主要基于 reads 之间序列的重叠 (overlap) 关系。该算法广泛应用于 MPH 之前的 Sanger 法获得序列的组装。

　　利用 OLC 法进行 reads 组装时，首先是利用所有待拼接的 reads 构造一个重叠图 (overlap graph)，图中每一个节点代表一条特定的 read。如果某两个节点能够相连，则说明这两个节点所代表的 read 之间的重叠部分大于预先设定的阈值 (threshold)。然后确定经过每个节点唯一一次的一条路径 (这条路径刚好访问每个节点仅一次)。以上可以理解为 Hamilton Graph (哈密顿图径) 问题。

　　OLC 法包括以下三个主要步骤：①所有序列之间相互比对，设定一定的阈值，当两条 reads 间大于该阈值，则认为两条 reads 之间存在 overlap。基于 overlap 关系，构建上述所说的重叠图。②在重叠图的基础上，挑选一些 reads 作为种子 (seed)，从这些种子向两头延展 (layout)，最终获得多个一定长度的 contig。③针对每一个 contig，通过多序列比对 (Multiple Sequence Alignment，MSA)，结合打分机制，获得可靠的延伸关系，并获得最终的一致性序列。

　　常见 OLC 法组装软件包括 Phrap、Celera Assembler、Arachne、Phusion、PCAP、Atlas、RePS 等。RePS 根据植物基因组中重复序列多而复杂的特点，首先将其转换为数学意义的重复序列 (mathematically defined repeats) 进行屏蔽，用以避免这些重复序列在序列组装中的干扰，待序列框架完成后再将重复序列原位恢复。

(a)

(b)

(c)

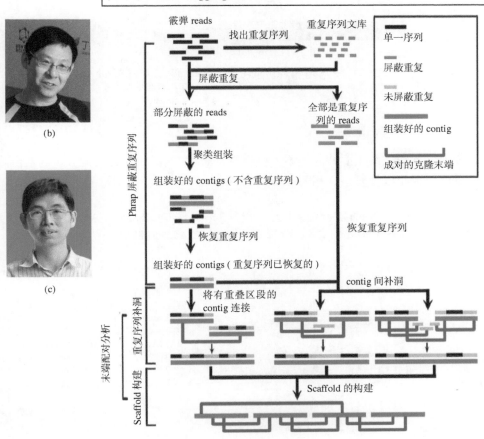

12:284, 2002

RePS：A Sequence Assembler That Masks Exact Repeats Identified from the Shotgun Data

Jun Wang,[1,2,3,5] Gane Ka-Shu Wong,[1,2,4,5] Peixiang Ni,[2] Yujun Han,[2] Xiangang Huang,[2] Jianguo Zhang,[2] Chen Ye,[2] Yong Zhang,[2,3] Jianfei Hu,[2,3] Kunlin Zhang,[2,3] Xin Xu,[1] Lijuan Cong,[1] Hong Lu,[1] Xide Ren,[1] Xiaoyu Ren,[1] Jun He,[1] Lin Tao,[1,2] Douglas A. Passey,[4] Jian Wang,[1,2] Huanming Yang,[1,2] Jun Yu,[1,2,4] and Songgang Li[2,3]

图 2.110　主要贡献者李松岗 (a)、Gane Wong (b)、倪培相 (c)
及其团队的 RePS 论文和原理示意图

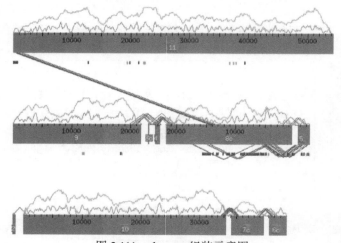

图 2.111 *de novo* 组装示意图

在 Consed 组装软件的可视化窗口显示的 contig 和 scaffold。其中浅绿色表示亚克隆（正反向 reads）的覆盖度曲线，深绿色表示组装的 reads 覆盖度曲线，紫色区域表示此区域为重复序列，红线表示 reads 有错拼（亚克隆 reads 方向相反或者相距太远），序列下面的紫线也表示错拼。

（二）*de Bruijn* 图法

de Bruijn 图法的主要特点是不需要进行 reads 之间的比对，图的大小与被测物种的基因组大小以及复杂度相关。

MPH 测序的下机序列长度较短而数量巨大，计算所有 reads 两两之间的重叠由于所需的计算量过于巨大，难以使用基于重叠的 OLC 法，通常采用基于 *de Bruijn* 图的数据结构的组装算法。

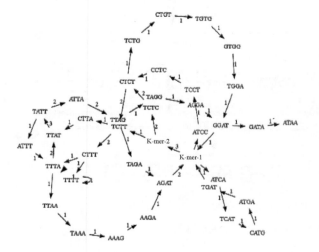

图 2.112 *de Bruijn* 图组装示意图

已知基因组的 *de Bruijn* 图可以通过滑动切割基因组上所有 K-mer，并添加滑动中相邻 K-mer 之间的连接来构建。例如基因组序列为 GATCTTTTTATTTAAAGATCTCTTTATTAGATCTCTTATTAGGATCATGATCCTCTGTGATAA，使用 K-mer 大小为 4 bp，首先滑动得到 K-mer-1 'GATC'，继续滑动到 K-mer-2 'ATCT'，直到滑动到最后一个 K-mer 'ATAA'，它不存在正向延伸的边。按同样的方法滑动基因组的互补序列。如果在一个滑动中得到的 K-mer 在之前的滑动中存在，那么它所延伸的边就合并在已存在的顶点上，最终得到 *de Bruijn* 图。对整个图进行逐步化简，根据连接顶点的路径得到实际的 contig。

de Bruijn 图法的核心思想是将序列拼接问题转换为人所熟知的 Euler Graph (Euler 图) 问题。

构建 de Bruijn 图的方法主要有两种：①邻接矩阵 (adjacency matrix) 表示法：使用一个布尔值 (Booleans) 的矩阵来表示图上顶点之间是否存在连接。设 $G = (V, E)$ (G 表示图，V 表示顶点，E 表示边) 有 n 个顶点，那么它的邻接矩阵就是个 n 阶方阵，顶点的信息使用顺序表来存储；②邻接链 (adjacency list) 表示法：所有邻接于 V_i 的节点都连接成一个带头节点的单链表 (V_i 的邻接表)，而所有节点的头节点都存放在一个顺序表中，以便于随机访问。

de Bruijn 图中，顶点是 K-mer，边是通过顶点的序列，需要记录的信息不仅包括其连接的两个顶点，还包括通过该边的所有 reads 的信息 (序列号和起始位置等)。但是如果完整地记录这些信息，所用的存储空间比记录图结构的存储空间要大得多，常用的策略是去除构建 de Bruijn 图时 reads 的路径信息，并使用独创的数据结构表示 de Bruijn 图的结构，从而极大地节省内存。通过边的 reads 的个数记录下来，用来估算边的覆盖度，也用来判断边的可靠性。

WGSS 获得的未知基因组短序列也可采用类似的方法来构建 de Bruijn 图。如果测序获得的 reads 中碱基没有错误，测序的深度足够，也不存在多态性的影响，滑动每一条 read，最终构建的 de Bruijn 图应该和使用该基因组序列构建的 de Bruijn 图一致。在实际测序的数据中，还有许多因素影响着 de Bruijn 图的效果，例如测序深度和碱基错误、杂合位点、重复序列等。

短序列的组装是 MPH 测序技术的瓶颈，在早期甚至一度因此而怀疑 MPH 测序的可行性。华大基因朱红梅等提出了多个开创性的高效算法，开发出了 SOAPdenovo 等软件。

SOAPdenovo 在当时具有高速、准确、低成本等优势，被国际评价小组评为 "Best of the best"，并以此完成了大熊猫基因组的 de novo 组装，为 MPH 测序技术的应用前景建立了信心，同时奠定了技术基础。

	Best of the best	
Team	Assembler	Affiliation
P	SOAPdenovo	BGI
Q	ALLPATHS	Broad Institute
D	SGA	Wellcome Trust Sanger Institute

(a) (b) (c)

20:265, 2010 GENOME RESEARCH

De novo assembly of human genomes with massively parallel short read sequencing

Ruiqiang Li,[1,2,3] Hongmei Zhu,[1,3] Jue Ruan,[1,3] Wubin Qian,[1] Xiaodong Fang,[1] Zhongbin Shi,[1] Yingrui Li,[1] Shengting Li,[1] Gao Shan,[1] Karsten Kristiansen,[1,2] Songgang Li,[1] Huanming Yang,[1] Jian Wang,[1] and Jun Wang[1,2,4]

图 2.113　SOAPdenovo 的主要贡献者朱红梅 (a)、李瑞强 (b) 及其论文和国际评价小组的评价 (c)

框 2.58　　　　　　　　　　SOAPdenovo 的运行

SOAPdenovo 可以一步运行，也可以分成四步运行。

1) 一步运行的脚本

./ SOAPdenovo all -s lib.cfg -K 29 -D 1 -o name >>ass.log

2) 四步单独运行的脚本

./ SOAPdenovo pregrap h -s lib.cfg -d 1 -K 29 -o name >pregraph.log

./ SOAPdenovo contig -g name -D 1 -M 3 >contig.log

./ SOAPdenovo map -s lib23.cfg -g name >map.log

./ SOAPdenovo scaff -g name -F >scaff.log

参数说明

-s	STR	配置文件 [上例中文件名为 lib.cfg]
-o	STR	输出文件的文件名前缀
-g	STR	输入文件的文件名前缀
-K	INT	输入的 K-mer 值大小，默认值 23，取值范围 13~63
-p	INT	程序运行时设定的线程数，默认值 8
-R		利用 read 鉴别短的重复序列，默认值不进行此操作
-d	INT	去除频数不大于该值的 K-mer，默认值为 0
-D	INT	去除频数不大于该值的由 K-mer 连接的边，默认值为 1，即该边上每个点的频数都小于等于 1 时才去除
-M	INT	连接 contig 时合并相似序列的等级，默认值为 1，最大值 3
-F		利用 read 对 scaffold 中的 gap 进行填补，默认不执行
-u		构建 scaffold 前不屏蔽高覆盖度的 contig（平均 contig 覆盖深度的 2 倍），默认屏蔽
-G	INT	估计 gap 的大小和实际补 gap 的大小的差异，默认值为 50 bp
-L		用于构建 scaffold 的 contig 的最短长度

基于 *de Bruijn* 图法的常用组装软件有 Velvet、ALLPATHS、EULER-SR、SOAPdenovo、ABySS 等。

框 2.59	*de Bruijn* 图法常用软件及网址
Velvet	http://www.ebi.ac.uk/~zerbino/velvet
ALLPATHS	http://wgs-assembler.sourceforge.net
EULER-SR	http://www.broadinstitute.org/scientific-community/software
SOAPdenovo	http://soap.genomics.org.cn/soapdenovo.html
ABySS	http://www.bcgsc.ca/platform/bioinfo/software/abyss

（三）"穷举"法

"穷举"法是前两种算法之外的又一种组装算法，目前应用不是很广泛。

"穷举"法的具体步骤是：首先选择满足一定要求的 reads 作为 contig 的种子，然后寻找和该 read 的两端含有重叠区域的 reads，并对选作种子的 reads 进行延伸，直到当前拼接的序列的两端无法继续扩展。最后选择下一条满足要求的 read 重复执行上述操作，直到组装结束。

利用"穷举"法进行序列拼接时，若存在两个及两个以上的 reads 与当前拼接的序列的某一段含有重叠区域时，算法无法确定应该选择哪一条 read 进行扩展而终止，所以利用"穷举"法所拼接的 contig 的长度往往较短。而且 MPH 数据相对于 Sanger 法数据存在较高的错误率，"穷举"法不能得到很好的延伸。

三、多策略结合组装

对于高杂合度、多重复序列、多倍体或异倍体等复杂基因组的物种，或者对基因组完整性要求较高而又需要基因组"精细图"的物种，可采取多策略结合组装。

（一）复杂基因组

复杂基因组应采用综合的测序策略与组装软件。

复杂基因组测序策略的要点是：大克隆（如：BAC，fosmid）文库与小克隆文库结合；短读长（如 MPH 法下机序列）与长读长（如经典 Sanger 法或 PacBio 的下机序列）结合。除了信息学的方法外，复杂基因组还需要生物学的方法配合，例如选用该属中基因组大小较小的亚种个体或者以近交纯化得到基因组相对纯合的个体。

高杂合度的复杂基因组中杂合位点的比例很高。若单独采用 OLC 法组装，杂合 reads 之间同源性变差，reads 之间重叠关系的冲突增多；若单独采用 de Bruijn 图法，杂合位点在图上会产生过多的分叉，造成 contig 长度太短，contig 之间关系混乱，无法进行合理组装，更需要多策略的结合。

框 2.60　　　　　　　　　**高杂合基因组序列组装的实例**

牡蛎基因组是目前已分析的物种中杂合度最高、组装难度最大的基因组之一。牡蛎基因组测序选取的研究对象是染色体数目较少 (2n = 20)、基因组较小（报道约 820 Mb）的长牡蛎 (*Crassostrea gigas*)。用四代近交纯化个体的 DNA 样本进行测序，理论上可以降低 60% 以上的杂合度。

17-mer 分析得到的分布曲线中主要分布频率的深度为 103，基因组大小估计为 560 Mb（比以前报道的基因组 820 Mb 小很多），共构建了 4850 个 MPH 小片段文库，得到 155 X 数据，同时构建 90 个 fosmid 文库。全基因组组装基于 de Bruijn 图法综合运用了 SOAPdenovo 和 ALLPATH 两个组装软件。

表 2.9　高杂合基因组序列组装示例（牡蛎）

参数	contig		scaffold	
	大小 (bp)	数量（个）	大小 (bp)	数量（个）
N90	5 523	25 658	67 587	1 669
N80	8 831	18 702	139 073	1 104
N70	12 136	13 949	216 310	784
N60	15 519	10 359	295 981	564
N50	19 387	7 516	401 319	401
最长	147 680		1 964 558	
总长	493 063 832		558 601 156	
总数 (>100 bp)		52 735		11 969
总数 (>2 kb)		36 295		5 079

（二）基因组精细图

对于很多重要的生物基因组，特别是人类与微生物的基因组，需要获得基因组的精细图 (fine map)。

未知的 gap 大多是由于缺少测序序列的覆盖或者存在重复序列造成的，一般需要以两侧已知序列设计引物按照基因组步移 (genome walking) 的方法进行"补洞 (gap filling 或 gap close)"。因此，现在大部分完整基因组都是用两种测序策略结合来完成，即 MPH 测序与 de Bruijn 图组装得到基因组大部分区域，再结合基因组步移与经典 Sanger 法测序进行"补洞"。

框 2.61　　　　　　　　　**基因组精细图的最后组装**

组装一个基因组序列越到后面越困难，并不是简单提高测序深度就能解决的。从 Lander-Waterman 模型曲线上可以看出，即使再提高测序深度来增加 reads 的数目，contig 的数目减少也仍非常缓慢。有效的方法是，利用大克隆片段文库双向测序的片断的每一对正反向的 reads 之间的连接关系。

也就是说，考察每一对这样的正反向 reads，看它们是否都参与了拼接，是否存在于现有的同一个 scaffold 内部。如果是，则可以通过分析它们两者之间的位置关系和距离远近，在一定程度上来验证拼接的正确性；如果不是，就可以初步确定出它们分别所在的这两个

scaffold 之间的位置关系。当然，如果一对短克隆片段的正反向 reads 恰好落在两个不同的 scaffold 内（一般应该在末端），也可以用来确定这两个 scaffold 之间的位置关系。

此外，还可用 SSPACE 软件去组装 scaffold。这一软件利用 reads 与 contig 的 overlap 关系实现 contig 延长，还可以利用 reads 间的成对关系去连接 contig，得到较大的 scaffold。

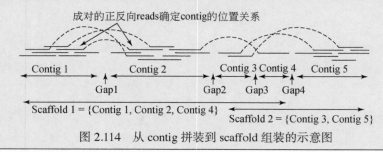

图 2.114　从 contig 拼装到 scaffold 组装的示意图

四、组装的质控

全基因组序列组装的质控尤为重要。除了使用 contig 和 scaffold 的 N50 值对组装序列的完整性进行初步评估外，还有常染色体区域覆盖度、基因区或基因覆盖度、遗传标记、基因组测序深度及 scaffold 定位方向等评估方法。

(1) 常染色体区域覆盖度评估：根据已公布的 BAC 或 fosmid 克隆序列为参考，将拼接完成的基因组序列比对回到已知的基因组参考序列上，统计比对后对已知序列的覆盖度（同一物种覆盖度要求 95% 以上），同时抽查可能的组装错误，提高局部组装准确性。

(2) 基因区或基因覆盖度评估：用已公布的 EST 或 cDNA 为参考，将组装完成的基因组序列定位回去，统计定位后 EST 或 cDNA 的覆盖度（同一物种覆盖度要求 95% 以上）。

(3) 遗传标记评估：用已有的遗传标记来查看大区域的可能组装错误，染色体定位及可能的方向错误。

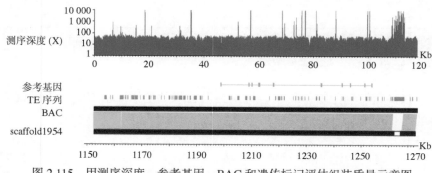

图 2.115　用测序深度、参考基因、BAC 和遗传标记评估组装质量示意图

(4) 基因组测序深度评估：对每个碱基被测到的次数作频率分布图，了解基因组平均覆盖度分布情况。

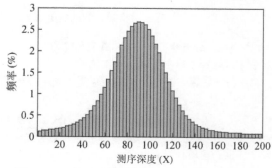

图 2.116　基因组平均覆盖度分布示意图

(5) scaffold 定位方向评估：通过比较物理距离和遗传距离的相关性，评估 scaffold 定位方向的精确性。

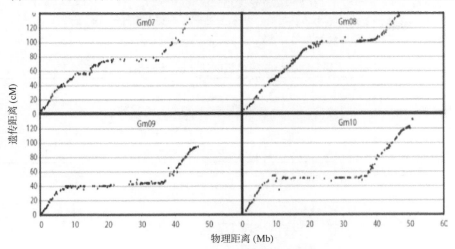

图 2.117 遗传距离和物理距离的相关性示例

Gm07、Gm08、Gm09、Gm10 分别表示某一物种 7 号、8 号、9 号和 10 号染色体。横轴代表物理距离 (Mb)，纵轴代表遗传距离 (cM)。由于染色体两端发生的交换较着丝点 (centromere) 及其附近区域更加频繁，染色体两端的遗传距离的变化速率更快，所以图形的中间位置趋近水平 (交换少，遗传距离小)，两端位置更为陡峭 (交换多，遗传距离大)。真实的染色体遗传距离与物理距离应该是正相关的关系，在组装的染色体序列中如果出现负相关的区域，那这个位置的 scaffold 极有可能装反了。

框 2.62　　　　　　　　　　　**实验方法检测组装质量**

　　早期 Sanger 序列的 *de novo* 组装主要是 OLC 法，除上述信息学的方法对组装结果进行质控外，可用限制性酶切片段与根据序列模拟的限制性片段长度来验证组装的正确性。

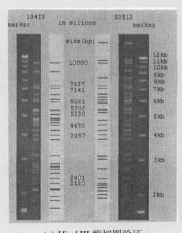 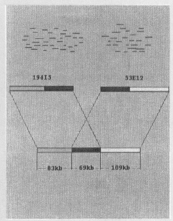

(a) *Hind* III 酶切图验证　　　　　　　(b) 序列比较

图 2.118 酶切电泳图 (a) 与电子模拟图 (b) 验证两个 BAC 克隆 (19415 和 53E12) 重叠的示例

框 2.63　　　　　　　　　　　**Sanger 法测序的序列图标准**

　　WGSS 的序列组装完成情况，分为以下三个层次的标准。

　　(1) 测序深度为 0.3~2X 则称基因组速览 (genome survey) 或 Phase I；

　　(2) 测序深度为 5~6X，覆盖率达到 90% 以上则称 Working Draft (WD 或工作框架图)，也称 "草图" 或 Phase II。

　　(3) 测序深度为 10X 以上，编码序列区覆盖达 99% 以上则称 Genome Completion 或 Phase III，也称 "基因组完成图" 或精细图 (现 "完成图" 一词已不多用，因为即使一个个体可能也有体细胞等序列变异，一个物种更有基因组多样性）。

对于基因组并不复杂的微生物基因组，基本上同时满足覆盖基因组 95% 和 gap 数量小于五个即可认为组装结果达到精细图的标准。

表 2.10 动植物基因组组装的一般 N50 指标

物种	组装指标
哺乳动物（翼手目除外）和鸟类	contig N50 ≥ 30 Kb scaffold N50 ≥ 2 Mb
植物	contig N50 ≥ 30 Kb scaffold N50 ≥ 800 Kb
其他	contig N50 ≥ 20 Kb scaffold N50 ≥ 600 Kb

第二章 基因组概貌分析

第一节 基因组大小

基因组大小 (genome size) 是一个生物体基因组最重要的生物学特点之一。

例如人类基因组大小是包括 22 条常染色体分子以及 X、Y 染色体 DNA 分子（严格地说，还有线粒体 DNA 和人体内的 microbiota 即微生物组群）。在技术上来说，基因组大小的估计是继续和验证测序以前对基因组大小的评估，而实际上基因组覆盖度指标正是以基因组大小为基础，来评估整个基因组序列测序和组装的重要指标。

在生物学上，不同的生物物种之间，基因组的大小差异很大。一个物种的不同亚种，以至于不同个体，由于缺失、插入和重复（包括新近定义的"泛基因组"）等基因组变异，相互之间基因组大小也不完全一样。基因组大小还是评估基因组其他重要特点相互关联的参照数据，如基因密度、重复序列的比例和基因组复杂度等。

如前所述，K-mer 估计是基于短片段分析整个基因组大小的常规方法，同时序列组装统计也能得到基因组大小准确的数值信息。那些已有的物种基因组大小也可以作为重要的参考和对照。

注意，一个物种基因组大小有时还以"基因组遗传大小 (genetic size)"表示，即以 cM 为单位、表示可能的遗传重组事件（重组率）的总和。

框 2.64　　　　　　　　　　　**基因组大小之"最"**

目前，已知最小的真核基因组大小是一种寄生性的微孢子虫 (*Encephalitozoon intestinalis*) 的 2.3 Mb，最大的是一种变形虫 (*Amoeba dubia*，700 Gb)，大小差异超过 30 万倍。

而根据 C 值估计的约 5000 种动物的基因组大小（其中，脊椎动物约 3200 种，无脊椎动物约 1700 种），最大的是非洲肺鱼 (*Protopterus aethiopicus*) 的 130 Gb，最小的是一种扁盘动物 (*Trichoplax adhaerens*) 约为 40 Mb，两者大小差异超过 3300 倍。

根据 C 值估算的约 7000 种植物的基因组平均大小约为 6.02 Gb。最大的被子植物重楼百合 (*Paris japonica*) 有 150 Gb，而最小的被子植物只有 63 Mb，被子植物基因组大小之间的差异超过 2300 倍。

通常原核细胞的基因组不足 10 Mb，一些较复杂的原生生物可能有大于 200 Mb 的基因组，一般来说，生物体的复杂度与基因组的大小之间大致呈正相关，但并不都是这样（即所谓 C 值悖论），许多复杂度相近的生物体的基因组大小却显著不同。单细胞真核生物的基因组都小于 50 Mb，而一些多细胞生物的基因组可能大于 200 Gb。

第二节　GC含量

GC含量及其分布是一个生物体基因组的另一重要特征。

GC含量是指在所研究的基因组DNA序列中G和C所占的比例。GC含量具有多方面的技术与生物学方面的意义。

(1) 在技术上，GC含量对DNA测序影响较大，很可能是基因组测序随机性和覆盖度不理想的主要原因之一。从GC含量和测序覆盖深度的关系图中可以看到，在高GC和低GC含量的DNA序列区域，测序深度都比较低，测序的难度会加大。

(2) 在功能上，GC含量还通过影响基因组DNA的热稳定性来影响基因组某些功能。DNA双链中，G与C通过3个氢键配对，而A和T的配对只有两个氢键，所以GC配对有着较高的热稳定性。大规模系统性地对基因组序列的热力学稳定性研究表明，GC含量对基因组特定区域的稳定及相关功能确实有重要的作用。

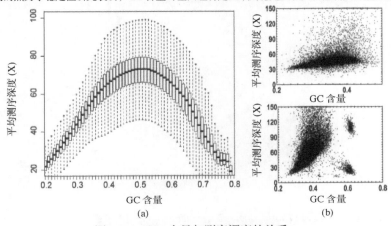

图2.119　GC含量与测序深度的关系

(a) 较直观地表示GC含量与测序深度的关系 (窗口为20 Kb)
(b) 无污染的DNA样本 (上) 和受外源DNA污染的样本 (下) GC含量分布。

(3) 在演化上，GC含量是物种演化的特征之一。不同物种基因组序列之间的GC含量相差很大，一般认为和基因组的突变率与选择压力有关。一般情况下，近缘物种的GC分布有相似的趋势，通过GC分布图，可以初步判断两个物种在演化上的距离。

> **框2.65**　　　　　　　　　　**GC含量的物种差异**
>
> 　　GC含量的物种差异很大。变异范围较大的是细菌，如百日咳杆菌 (*Bordetella pertussis*) 基因组的GC含量为67.7%，有的区域甚至高达90%。沙门氏菌属 (*Salmonlla*) 和葡萄球菌属 (*Staphylococcus*) 基因组的则分别为52%和33%。恶性疟原虫 (*Plasmodium falciparum*) 基因组的GC含量为19.3%，有的区域差不多为0，是迄今已知GC含量最低的物种。酿酒酵母 (*Saccharomyces cerevisiae*) 基因组的GC含量为38%。拟南芥 (*Arabidopsis thaliana*) GC含量为36%左右。人类基因组的平均GC含量为42%左右。

图2.120　大熊猫、犬、人和小鼠基因组的GC含量分布示意图

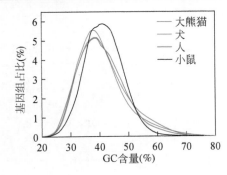

将组装的基因组序列以500 bp为窗口统计其GC含量。如图中所示的这4种哺乳动物 (大熊猫、犬、人、小鼠)，虽然曲线各有差异，但是分布趋势还是大体相同。

(4) 在基因组学中，同一个基因组不同区域里 GC 并不是均一分布的。在某些物种某些 DNA 区段 DNA 含量可高达 60% 以上，而在另一些区段则只有 30% 以下。一般来说，蛋白编码序列的 GC 含量较高，而非编码序列的 GC 含量较低，这也是基因注释软件算法的参考因素之一。正因为这样，在基因组分析和制作可视图时，要特别注意分析窗口大小的不同。借助 GC 含量的不均一分布，还可以分析基因组的一些特征性结构，如 DNA 复制起点，以及基因组演化与生物学功能的关系。

框 2.66　　　　　　　**基于 CG 分布来判断 DNA 复制的起点**

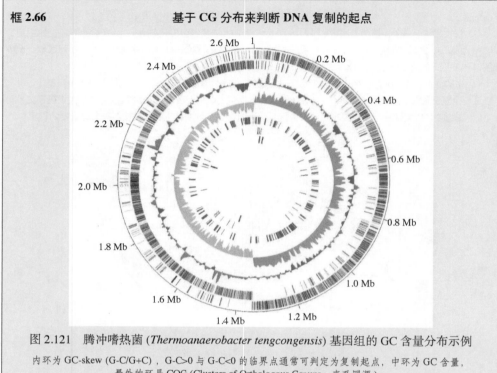

图 2.121　腾冲嗜热菌 (*Thermoanaerobacter tengcongensis*) 基因组的 GC 含量分布示例

内环为 GC-skew (G-C/G+C)，G-C>0 与 G-C<0 的临界点通常可判定为复制起点，中环为 GC 含量，最外的环是 COG (Clusters of Orthologous Groups，直系同源)。

相关网址：
COG 数据库　　　　　　http://www.ncbi.nlm.nih.gov/COG
COG 统计　　　　　　　http://wishart.biology.ualberta.ca/cgview

一、GC 含量和染色体带型

细胞遗传学即染色体遗传学的重要技术 —— 染色体带型是基因组的重要特点，与 GC 含量有很高的相关性。

人类基因组序列中 GC 含量的分析，初步揭示了 GC 含量和中期染色体显带以及基因密度之间的关系。一般来说，Q 带的强荧光亮带、G 带的深染带、R 带的浅染带等区域的 GC 含量和基因密度较低，反之则较高，尽管各种染色体技术的原理至今仍不完全清楚。

框 2.67　　　　　　　**GC 含量、基因密度与染色体显带**

染色体显带 (chromosome banding) 技术是 20 世纪 70 年代的一项重要突破，开创了细胞遗传学 (又称染色体遗传学) 时代的辉煌。带型不仅使染色体识别 (原先只是参照大小与着丝点位置) 十分准确，同时也成为当时染色体畸变的主要鉴定手段。迄今，带型标识仍是基因组和染色体区段的重要共同标识。尽管带型分析已趋于自动化，且 CGH 高密度芯片，SKY (Spectral KarYotying，色谱核型分析技术) 广泛用于染色体分析，带型的历史性贡献仍是十分重要的。

国际人类遗传学界对染色体及各种带型的描述标准化非常重视，曾召开多次命名规范会议（1960 年的 Denver 会议，1963 年的 London 会议，1966 年的 Chicago 会议，1975 年的 Paris 会议，1977 年的 Stockholm 会议，1994 年的 Memphis 会议），最终于 1995 年形成了《人类细胞遗传学国际命名系统》(*An International System for Human Cytogenetic Nomenclature*)，常简称 ISCN1995。

Q 带（Quinacrine banding，喹吖因带）：显示中期染色体经喹吖因染色以后，在紫外线照射下所呈现的亮带和暗带，一般富含 AT 碱基的 DNA 区段显示亮带，富含 GC 碱基的 DNA 区段显暗带。

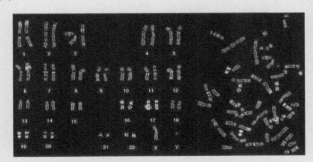

图 2.122　人类染色体 Q 带示例

G 带（Giemsa banding，又称 trypsin banding，胰蛋白酶带）：将中期染色体经胰酶（也曾使用过碱、尿素、去污剂）等处理后，再用 Giemsa 进行染色后所呈现的区带。一般与 Q 带对应，深染带对应于 Q 带的亮带。

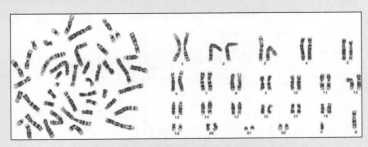

图 2.123　人类染色体 G 带示例

R 带（Reverse banding，又称反带）：中期染色体经磷酸盐缓冲液保湿处理，再以吖啶橙或 Giemsa 染色，显示的带型与 G 带的明暗相间带型正好相反。

C 带（Centromere heterochromatin staining，C banding）：显示着丝点结构异染色质的带型，一般以高温或强碱处理。

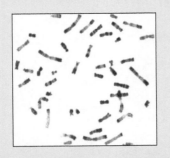

图 2.124　人类染色体 R 带示例　　　　图 2.125　人类染色体 C 带示例

T 带（Terminal banding，又称末端带）：是染色体端粒部分经温度和 pH 适度处理后，再经吖啶橙染色所呈现的区带。

N 带 (Nucleolar-Organizer-Region Staining，NOR Staining，又称银染带)：主要显示核仁组织区 (主要为 rDNA 高重复序列的聚集区) 的位置。

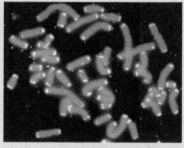

图 2.126　人类染色体 T 带示例　　　　图 2.127　人类染色体 N 带示例

二、GC 含量和基因密度

基因密度与 GC 含量相关。一般来说，编码基因外显子区的 GC 含量较高，内含子区的 GC 含量较低。

在基因组序列的分析操作中可以发现，随着序列中 GC 含量增加，所能注释的内含子变小。相比之下，外显子长度和数目的变化则较小，同时，富含 GC 区的基因间距也比富含 AT 区的基因间距小。富含 GC 的 SINE (Short INterspersed Element，短分散重复序列) 类重复顺序在 GC 含量较高的区域较多。相反，富含 AT 的 LINE (Long INterspersed Element，长分散重复序列) 类重复顺序在 GC 含量较低的区域较多。这些结果提示，基因分布与基因组这一关系的形成是基因与基因组长期共演化的结果。通过研究基因密度与 GC 含量的关系，对基因的转录、调控和生物演化等都有重要的意义。

表 2.11　不同生物体基因组大小和基因密度的比较示例

物种	基因组大小 (Mb)	估计基因数目 (个)	基因密度 (个基因 /Mb)
原核生物 (细菌)			
生殖器支原体	0.58	500	860
肺炎链球菌	2.2	2 300	1 060
大肠杆菌 (K-12)	5	4 288	857
根瘤农杆菌	5.7	5 400	960
中华根瘤菌 (苜蓿)	6.7	6 200	930
真核生物			
真菌			
酿酒酵母	12	6 000	500
粟酒裂殖酵母	12	4 900	410
原生生物			
四膜虫	125	27 000	220
无脊椎动物			
秀丽线虫	100	20 000	200
果蝇	140	13 792	99
紫海胆	160	16 000	100
脊椎动物			
河豚	392	31 059	80
人类	3 000	20 000	6.7
小鼠	2 500	30 000	12
植物			
拟南芥	115.4	25 498	220
水稻	400	50 000	140
玉米	2 000	39 893	19.9

注：据《基因的分子生物学》中文第 7 版部分修正。~ 表示"大约"。

三、GC 含量和 CpG 岛

CpG 岛 (CpG islands) 是蛋白编码基因的重要结构特征之一。

CpG 岛是指基因组的一些区域，一般位于"管家基因 (housekeeping gene)"的上游 5' 端，含有大量紧密相连（以磷酸二酯键 p 来连接）的 C 和 G。CpG 岛具有多方面的重要意义，与基因组序列甲基化及基因表达有关，是外饰基因组研究的重要内容。

CpG 岛的 GC 含量一般大于 50%（实际频率与期望值之比接近或高于 0.6），长度为 300 ~ 3000 bp。其中，95% 的 CpG 岛的 GC 含量为 60%~70%，长度不到 1.8 Kb。

第三节 重复序列

真核生物基因组中的重复序列是指在同一区域，或在不同区域重复出现的相同或相似的序列（又称为 core sequence，核心序列，或 repeat unit，重复单位）。

一、重复序列的分类

重复序列按其分布和组成，大体分为串联重复 (tandem repeats) 和散在重复 (interspersed repeats) 两类。

串联重复是指重复单元首尾相连，串接在一起的重复序列。

据重复单位的长度可将重复序列分为较长的卫星 DNA (satellite DNA)、较短的小卫星 DNA (minisatellite DNA) 和更短的微卫星 DNA (microsatellite DNA)。

卫星 DNA 这一名词与天体卫星没有任何联系，其起源是在氯化铯梯度超速离心时，在染色体 DNA 主带附近出现了一个附加的显带，因此借用天体学中"卫星"一词来表示。

小卫星 DNA 的重复单位长度为 7~64 bp。最典型的小卫星 DNA 是所有染色体的端粒 DNA，重复单位为六核苷酸 (TTAGGG)，串联形成长 3~20 Kb 的端粒区域。小卫星 DNA 作为"多位点"（重复单位串联成簇，而这些"簇"又分布在基因组的多个区域）、高变异（一个"簇"的重复单位的数目即重复次数不同）的"第二代遗传标记"，曾广泛用于法医学分析。

微卫星 DNA 的重复单位长度为 2~6 bp，重复次数一般为 10~60 次，总长度通常不到 150 bp，分布于整个基因组。可以用两侧的单拷贝一致性序列设计的特异性引物，再通过 PCR 检出，并显示基于重复单位数目不同的长度多态性。最典型的便是被称为"第三代遗传标记"的单一位点 (unilocus，即在基因组中仅存在一处或用特异性 PCR 引物只能在基因组中某个位置检出的唯一一个"簇"）、多等位基因 (multi-allelic，即在不同个体的同一位点的"簇"中含有不同数目的重复单位）的 STR。特别是其中的 CA 二核苷酸重复，广泛用于遗传图的绘制和法医学。而成串的单个核苷酸重复则称为"单一多聚体 (homopolymers)"。CA 二核苷酸重复和单核苷酸重复共占整个人类基因组的 0.8 % 左右。

散在重复序列就是重复单位分散分布于基因组的不同位置的重复序列。

散在重复序列与串联重复序列的组织形式不同。它们虽然一般在基因组里也重复出现，但不是串联出现，而是分散分布在基因组的不同区域。根据重复序列的长度可以将其分为 SINE 和 LINE。SINE 长度一般在 500 bp 以下，在人基因组中的重复倍数可达几十万。人类 L1 长 6500 bp，在基因组中约有 6 万份拷贝。

人类的 Alu 序列是人类基因组最典型的 SINE，这是由长约 300 bp 的序列构成的一个家族，大约存在 100 万个高度散在的拷贝，被认为是来源在基因组中能够移动的已加工的假基因。LTR (Long Terminal Repeat，长末端重复）序列的长度为 100~5000 bp，存在于 LTR 反转录转位因子的两侧。

    不同物种之间重复序列类型的对比分析可以用来研究不同物种基因组之间演化趋异 (divergency) 的速度。在图中各个重复序列的类型和组成的分布，可以直观地看出熊猫和狗的分布特征更为相似，而这两个物种的分布与人的差别就比较大。

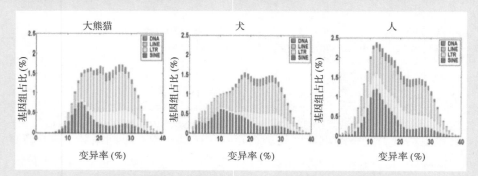

图 2.128   不同物种的重复序列类型和组成示例

以上 3 图都是基于 Repbase 的重复序列分析。

    Repbase 为美国 GIRI (Genetic Information Research Institute，遗传信息研究所) 创建并维护，收录转位因子及其他重复序列的序列和注释信息，网址为 http://www.girinst.org/repbase。

    散在重复序列是造成基因组序列的组装极为困难的主要原因。由于重复序列在基因组中的显著特点，不同类型的重复序列也成为一个物种演化研究的重要标记，可用来分析基因组演化的趋异速度等事件及其发生的时间估计。

二、重复序列的识别

    关于重复序列的识别算法大体可以分为两类：一类是根据已有的数据库中收集的重复序列模式进行同源搜索；另一类是根据基因组序列进行从头预测 (de novo prediction)。

    同源搜索最常用的数据库是由美国 Institute for Systems Biology（系统生物学研究所）的 Arian Smit 和 Robert Hubley 开发的 RepeatMasker (http://www.repeatmasker.org)。它带有一个屏蔽 DNA 序列中重复序列的程序，定义了重复序列在基因组中出现十分频繁的 "子序列"，将已知的重复序列集合作为数据库，在基因组中搜寻之后将重复序列都屏蔽为 N 或 X。它的不足之处是依赖于先前的研究基础，只能确定已知的特定类型的重复，不能用于所有的重复序列识别，特别是一个新测序的物种中未知的重复序列的识别。

    de novo 预测是直接从 DNA 序列中预测重复序列，无需任何研究基础与先验知识。

    这一方法的重要特点是能得到一些物种特异的重复序列。但是对于重复次数较少、变异较大的重复序列，仍不能很好地识别。

    de novo 预测软件主要有 RepeatScout、LTR-finder、TRF (Tendem Repeat Finder)、Repeatmoderler、Piler、LTR_STRUC 等。预测得到的重复序列还可与 Repbase 等数据库比对，以得到类别的信息。根据 LTR 和串联重复序列的结构和分布特征，利用 LTR-finder 和 TRF 分别预测基因组中的 LTR 和串联重复序列，并最终对所得到的重复序列进行分类和趋异度计算。

框 2.69　　　　　　　　　　　重复序列的输出结果示例

```
=================================================
file name: A-355G7.fasta
sequences:      1
total length: 139958 bp
GC level:       41.03 %
bases masked   91491 bp ( 65.37 %)
=================================================
                number of    length    percentage
                elements*    occupied   of sequence
-------------------------------------------------
SINEs:          46          12182 bp    8.70 %
    ALUs        41          11603 bp    8.29 %
    MIRs         5            579 bp    0.41 %

LINEs:          42          52641 bp   37.61 %
    LINE1       38          52296 bp   37.37 %
    LINE2        4            345 bp    0.25 %

LTR elements:   20          13441 bp    9.60 %
    MaLRs       10           5618 bp    4.01 %
    Retrov.      4           5131 bp    3.67 %
    MER4_group   3           1439 bp    1.03 %

DNA elements:    8           1741 bp    1.24 %
    MER1_type    7           1114 bp    0.80 %
    MER2_type    1            627 bp    0.45 %
    Mariners     0              0 bp    0.00 %

Unclassified:    5           9215 bp    6.58 %
Total interspersed repeats:  89220 bp  63.75 %
Small RNA:       0              0 bp    0.00 %
Satellites:      0              0 bp    0.00 %
Simple repeats: 20           1647 bp    1.18 %
Low complexity:  9            437 bp    0.31 %
=================================================
* most repeats fragmented by insertions or deletions
  have been counted as one element
The sequence(s) were assumed to be of primate origin.
```

框 2.70　　　　　　　　　　　　　**LTR_STRUC 和 Trf**

　　LTR_STRUC 由美国 University of Georgia（佐治亚大学）的 Eugen McCarthy 和 John Mc-Donald 于 2002 年开发。它根据转位因子的结构特征，如复制时必须的 PBS (Primer Binding Site，引物结合位点)，以及 LTR 末端的 TG 和 CA 位点，从 DNA 序列中预测转位因子的位置和结构。

　　TRF 由美国 Mount Sinai School of Medicine（西奈山医学院）的 Gary Benson 开发，是用来搜索 DNA 序列中的串联重复序列较为常用的工具。重复单元可以为 1~500 bp，DNA 查询序列大小可以超过 5 Mb。

相关软件及网址：

RepeatScout	http://bix.ucsd.edu/repeatscout
TRF	http://tandem.bu.edu/trf/trf.html
Repeatmoderler	http://www.repeatmasker.org/RepeatModeler.html
Piler	http://www.drive5.com/piler
LTR_STRUC	http://www.genetics.uga.edu/retrolab/data/LTR_Struc.html

　　重复序列的存在增加了基因组的丰富性，也加强了基因组的抗逆性，在演化上具有重要的意义。

　　已有实验证明，串联重复序列在基因表达、调控和遗传等方面起着十分重要的作用。同时在技术上，由于重复序列分布广泛且高度多态，已成为基因组遗传图和物理图的理想标记。

第四节 编码基因

准确注释基因组序列中的蛋白编码基因是整个基因组分析中最核心的问题之一。生物体的大部分生物学功能都是通过蛋白质来实现的。同时，cDNA 序列一直是编码基因的注释及其验证的重要信息。

一、编码基因的注释

现阶段，大部分的蛋白质编码基因注释都会结合使用 *de novo* 预测和同源比对预测 (homology alignment prediction) 两种策略。

（一）*de novo* 预测

de novo 预测是指通过分析基因组内编码区与非编码区的特征性结构及其差别（包括外显子长度分布、启动子、poly-A 信号、不同区域的 GC 组分在基因中的密度和出现频率等），从基因组内找出可能的编码区（包括 ORF 和 5'-NTRs 以及其他重要信号）。基于各种统计模型和算法进行全基因组编码基因的 *de novo* 预测将多种方法得到的预测结果进行整合，得到一致性的基因集，这样既提高了基因预测的敏感性，又确保了大部分基因预测的准确性。这种方法通常要给定已知的基因用来训练 (training) 一套"参数集"，让程序提取各种参数，以区别编码区和非编码区。

此外，特征性结构、剪接信号、密码子偏好 (preference) 也可以用来区别编码区和非编码区的特征剪接位点（剪接位点主要是指内含子 5' 端和 3' 端的 GT-AG 保守序列）。

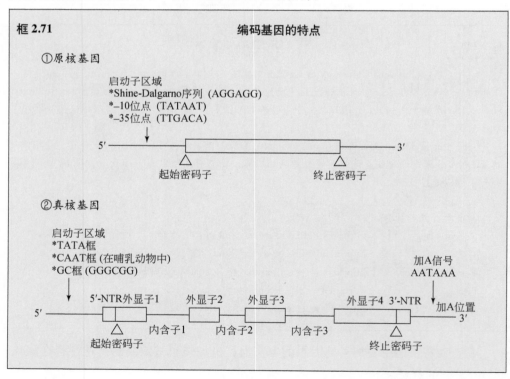

框 2.71　　　　　　　　　　　　　　编码基因的特点

①原核基因

启动子区域
*Shine-Dalgarno序列 (AGGAGG)
*–10位点 (TATAAT)
*–35位点 (TTGACA)

5'　　　　　　　　起始密码子　　　　　　　　终止密码子　　　　　3'

②真核基因

启动子区域
*TATA框
*CAAT框 (在哺乳动物中)
*GC框 (GGGCGG)

加A信号
AATAAA

5'-NTR外显子1　外显子2　外显子3　　　外显子4　3'-NTR　加A位置
5'　　　起始密码子　内含子1　内含子2　内含子3　　　终止密码子　　3'

密码子的使用在不同物种中都有其偏好。随着越来越多的基因组被注释，可以在不同物种、不同群体、甚至不同功能的基因之间来比较偏好性，从而指导对编码基因的预测。另外，基因区 GC 含量与非编码区的区别，外显子长度的分布等，也是 *de novo* 预测经常使用的参考量。通过 *de novo* 预测的方法，可以识别出基因组内大部分的编码序列，但是也同时带来许多不准确的预测，即"假阳性"或"假阴性"。

框 2.72　　　　　　　　　　*de novo* 预测编码基因

de novo 预测的核心算法多基于数学模型，如隐马尔可夫模型 (Hidden Markov Model，HMM，简称隐马模型) 和插值马尔可夫模型 (Interpolated Markov Model，IMM)。

常用于真核基因预测的软件有 Fgenesh、Genscan、BGF、Augustus、SNAP、GlimmerM，用于原核基因预测的软件主要有 Glimmer，Genemark。

Fgenesh 是由英国 Sanger 中心的 Asaf Salamov 和 Victor Solovyev 于 2000 年开发的、基于广义隐马模型的真核生物基因预测软件，目前已测序的物种基本上都能支持。它在预测准确性和运行速度上比以往的预测软件 (如 Genscan) 有了很大的提升，尤其是在植物基因预测方面。该软件系列的成员还有 Fgenesh+，Fgenes，Fgenes-M，Fgenesh-M 和 Fgenesh_GC。其中 Fgenesh+ 是 Fgenesh 集成了蛋白质氨基酸序列比对和 cDNA 定位功能；Fgenes 是 Fgenesh 的前身，主要采用线性判别式分析的方法来预测基因结构；Fgenes-M 和 Fgenesh-M 则分别在 Fgenes 和 Fgenesh 的基础上集成了预测可变剪接的功能；Fgenesh_GC 则能够兼容非经典的 GC 剪接供体位点。

Genscan 是由美国 MIT 的 Chris Burge 和 Samuel Karlin 于 1997 年开发的，同样基于广义隐马模型，主要用于人类及脊椎动物基因的预测。它不依赖于已有的蛋白质氨基酸序列数据库。现在有适用于果蝇、拟南芥和玉米的专用版本。对于其他物种可以先采用相近的物种版本来预测。总体来说，对外显子的准确性高于 poly-A 或启动子，对中间外显子预测的准确性高于起始外显子和末端外显子。

Glimmer (Gene locator and interpolated markov modeler) 对一些细菌、古菌、以及一些病毒的预测很准确。预测系统先用 build-icm 程序对该物种已知的基因序列生成一个马尔可夫 (Markov) 参数集合，再应用这个参数集对 DNA 序列进行基因预测。

GlimmerM 是从 Glimmer 发展而来的，适用于真核生物基因预测。它采用动态规划算法，综合考虑基因内的外显子各种组合，并选出其中最优化的组合。

BGF (Beijing Gene Finder) 是由中国著名理论物理学家和生物信息学家郝柏林先生倡议和率领下开发的基因预测软件，同样基于广义隐马模型和动态规划算法。BGF 采用了 Genscan 的基本构架，并在此基础上作了许多改进，在预测准确性、内存使用以及运行速度方面都有了显著提高，已被成功应用于水稻、家蚕、家鸡等物种的基因组注释。

在用任一预测软件分析一个新的基因组之前，一般都建议以一个已知基因组来进行训练。

20:446, 2005

Journal of COMPUTATIONAL CHEMISTRY

Test Data Sets and Evaluation of Gene Prediction Programs on the Rice Genome

Heng Li[1,2a] (李 恒), Jin-Song Liu[1a] (刘劲松), Zhao Xu[1a] (徐 昭), Jiao Jin[1,3] (金 蛟), Lin Fang[1] (方 林), Lei Gao[1,2] (高 雷), Yu-Dong Li[1] (李余动), Zi-Xing Xing[1,3] (邢自兴), Shao-Gen Gao[1,4] (高绍根), Tao Liu[1] (刘 涛), Hai-Hong Li[1] (李海红), Yan Li[5] (李 雁), Li-Jun Fang[5] (方丽君), Hui-Min Xie[6] (谢惠民), Wei-Mou Zheng[1,3] (郑伟谋), and Bai-Lin Hao[2,3,7*] (郝柏林)

　　(a)　　　　　　　(b)

图 2.129　主要贡献者郝柏林 (a) 和李恒 (b) 及其 BGF 预测水稻基因论文

表 2.12　BGF 与其他软件预测准确性的比较

软件	*RG*	*PG*	*MG*
BGF	237(37)	308	5
Fgenesh	231(28)	315	4
Genemark	116(16)	418	16
GlimmerR	85(21)	453	11
RiceHMM	44(3)	492	14

RG (Correctly Predicted Gene, 正确预测基因)；*PG* (Partially Predicted Gene, 部分预测基因)；*MG* (Missing Gene, 遗漏的基因)。

相关软件及网址：

Glimmer	http://ccb.jhu.edu/software/glimmer/index.shtml
GlimmerM	ftp://ftp.cbcb.umd.edu/pub/software/glimmerm
GlimmerHMM	http://www.cbcb.umd.edu/software/GlimmerHMM
Genscan	http://genes.mit.edu/genscan.html
mGene	http://www.mgene.org
Fgenesh	http://sun1.softberry.com/berry.phtml?topic=fgenesh&group =programs&subgroup=gfind
BGF	http://bgf.genomics.org.cn
Augustus	http://bioinf.uni-greifswald.de/webaugustus
Genemark	http://opal.biology.gatech.edu/GeneMark
GeneWise	http://cbs.ym.edu.tw/services/genewise
SNAP	http://korflab.ucdavis.edu/software.html
Twinscan	http://mblab.wustl.edu/software/download

（二）同源比对预测

同源比对预测的基点是演化论。相近物种都是由共同的祖先演化来的，它们之间有相当数量的相似序列。

同源预测可据已知的同源物种的蛋白氨基酸序列转换的 DNA 序列，与待测物种的基因组 DNA 序列进行比对、聚类分析，找到新物种中对应的编码基因区域。

同源预测也可根据已知的其他物种的编码序列，在研究物种中找到与之"相似"的序列。将 EST、全长 cDNA 序列数据定位到基因组并设置一定的过滤条件（如相似度 ≥ 90%，覆盖度 ≥ 90%），得到具有剪接位点的比对信息。其中 EST 的比对结果可以根据连接关系组装成 Unigene。同源比对采用类 BLAST (Basic Local Alignment Search Tool，基于局部比对算法的基本搜索工具）的 BLAT (BLAST-Like Alignment Tool) 比对方法，常用的数据包括物种自身或其近缘物种的蛋白质氨基酸序列、EST 序列、全长 cDNA 序列、Unigene 序列等。这种方法的准确率要比 de novo 预测的要高，特别是已有被注释相近物种的基因组序列。但是不足之处是只能找到比较保守的基因，而一个物种特有的基因则因为没有与之相似的序列而被遗漏，造成了假阴性。

结合 de novo 预测和同源比对预测这两种方法，可以较好地权衡假阳性与假阴性的出现概率，从而得到一个较为准确的基因集。同时采用多种方法进行基因预测可能产生众多结果，需要最后对结果进行整合与进一步权衡以得到一致性注释结果，常用软件有 GLEAN，EVM 等。

框 2.73	常用同源比对软件网址及编码基因预测示例

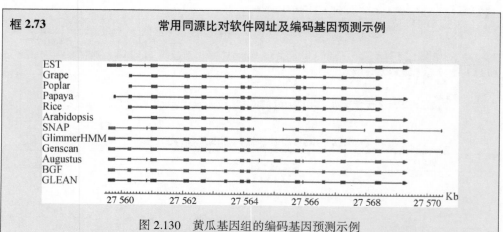

图 2.130　黄瓜基因组的编码基因预测示例

图中是用 GLEAN 整合的黄瓜 3 号染色体上基因 Csa002644 的各种预测结果。图左侧为各种预测工具名，第 1 行（红色）为序列表达的 EST 验证，第 2~6 行（绿色）为同源性验证，第 7~11 行（蓝色）为不同方法的 de novo 预测的基因组织，第 12 行（黑色）为 GLEAN 整合的一致性基因组织。

BLAST	http://blast.ncbi.nlm.nih.gov/Blast.cgi
BLAT	https://users.soe.ucsc.edu/~kent/src
GLEAN	http://sourceforge.net/projects/glean-gene
EVM	http://evidencemodeler.github.io

框 2.74　　　　　　　　　　　　原核生物的基因岛分析

基因岛是原核生物特别是细菌具有的横向起源迹象的一种演化方式，常常是基因水平转移，(Horizontal Gene Transfer HGT) 的产物。它可能与物种的多种生物功能、共生机理、致病机理或生物体的适应性相关，且其 GC 含量与基因组其他区域差异很大，常常具有一些基本的结构特征。基因岛按功能的不同又分为毒力岛、适应性岛、抗生素抗性岛、共生性岛、离子摄取性岛、异源物质降解性岛和分泌性岛等。

通过基因岛分析，可获得其所携带基因的信息，进而得知基因岛的出现对微生物生理活动可能的影响，这对从基因水平上了解细菌性疾病的发病机理具有重要意义。例如与致病性相关的毒力岛，即编码细菌毒力岛的基因簇的两侧一般具有重复序列和插入元件，其基因产物多为分子量较大的分泌蛋白或表面蛋白，有的毒力岛还有编码细菌的分泌系统、信息传导系统和调节系统的相关基因。许多病原细菌都存在毒力岛，而且一种病原性细菌往往具有 1 个或多个毒力岛。

基因岛预测软件主要有 IslandPath-DIOMB 、SIGI-HMM、IslandPicker 和 IslandViewer。其中，IslandPath-DIOMB 和 SIGI-HMM 是基于序列结构的预测方法；IslandPicker 是基于多基因组比较的预测方法；而 IslandViewer 是前 3 种软件的整合，可通过上传所测基因组的 gbk 格式文件进行预测，目前只针对完整的微生物基因组在线预测并查看预测结果。

相关网址：http://www.pathogenomics.sfu.ca/islandviewer/resources.php。

IslandPicker 分析结果示例：

Start ⬍	End ⬍	Size ⬍	GI Prediction Program ▼	External Genome Viewers	Annotations	Download
792,839	815,400	22,561	IslandPick	NCBI	Genes	Sequence, Genes, Proteins
1,472,194	1,494,533	22,339	IslandPick	NCBI	Genes	Sequence, Genes, Proteins

框 2.75　　　　　　　　　　　　原噬菌体预测

原噬菌体 (prophage) 即整合在细菌基因组中的噬菌体基因组，是基因水平转移的重要载体，其携带的一些片段与宿主菌的环境适应性、毒力因子等的多样性有关。通过前噬菌体预测可以研究病原菌的新特性以及宿主菌在演化过程中所表现出来的基因组多样性。

基于 ACLAME 数据库 (http://aclame.ulb.ac.be/Tools/Prophinder) 和 Prohinder 软件进行前噬菌体的预测，结果示例如下：

原噬菌体		分值	CDS 区域	窗口大小
prophinder:45835	[+][hits]	1.9211	30265153-30265160	20
prophinder:45839	[+][hits]	26.6172	30260592-30260640	50
prophinder:45844	[+][hits]	28.5558	30263928-30263961	100
prophinder:45847	[+][hits]	29.0493	30263636-30263705	100

二、基因的功能注释

基因的功能注释是指根据数据库中已知编码基因的注释信息（包括 motif、domain 等），对新基因编码的蛋白质功能、所参与的信号传导通路和代谢途径的预测。

对于已有实验证据的编码基因，只需将基因与相应功能关联即可。但对于新测序的物种，由于大部分注释的新基因都没有相关的实验证据，这就需要使用生物信息学的工具来预测基因的功能。

(1) 序列相似性搜索：将由基因组序列初步注释的蛋白编码序列与现有蛋白质数据库 SWISS-PROT、TrEMBL 以及代谢途径 KEGG (Kyoto Encyclopedia of Genes and Genomes，京都基因与基因组百科全书) 数据库进行 BLASTP（经转换的氨基酸序列与蛋白数据库作比对），获得功能相关信息、可能参与的代谢途径信息及 KO (KEGG Orthology) 系统注释。

(2) 结构域相似性搜索：利用 InterProScan 对二级数据库 InterPro 中的子数据库 ProDom、PRINTS、Pfam、SMART、PANTHER 和 PROSITE 进行比对，获得蛋白质的氨基酸保守序列、motif 和 domain 等信息。InterPro 注释结果记录了每个蛋白质家族与 GO 系统注释中的功能节点的对应关系，以及 COG (Clusters of Orthologous Groups) 系统注释的对应关系，通过此系统预测基因编码的蛋白质可能执行的生物学功能。

（一）InterProScan

InterProScan 是应用最为广泛，集合了多个数据库的基因功能注释工具。

InterProScan 是 EBI 开发并提供网络运行服务的一个集成了蛋白质结构域和功能位点的综合性数据库，也是一个较为全面的分析工具。InterProScan 可以作在线注释，要求输入 FASTA 格式文件，可以登录网站并输入要作分析的序列，但每次只能提交一条序列，不适合大规模的序列分析。较大规模的数据分析需要本地化运行。

| 框 2.76 | InterProScan 在线注释示例 |

这个注释结果中首先给出了 IPR001092 的编号和这一编号对应的描述"Basic helix-loop-helix dimerization region bHLH"。然后是在子数据库中的注释结果，例如 PF00010 是 HMMPfam 数据库的注释索引，PS50888 是 ProfileScan 数据库的注释索引，SM00353 是 HMMSmart 数据库的注释索引，SSF47459 是 superfamily 数据库的注释索引。

（二）GO

GO 注释分析是一套国际标准化的基因功能定义和描述整合性的分类体系，提供了一套动态更新的"标准"词汇表 (controlled vocabulary) 和严格定义的概念描述，全面地概括了任一生物体中任一基因和基因产物的属性。

GO 首先将基因功能分为 3 个大的层次，基因执行的分子功能 (molecular function) 、所处的细胞组分 (cellular component) 、参与的生物学过程 (biological process) ，向下又可以独立出不同的亚层次，层层向下构成一个树型分支结构。PANTHER 数据库是 GO 分类系统的简洁版。

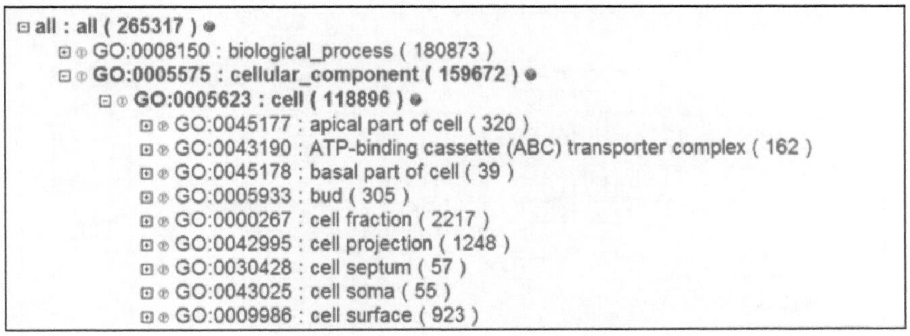

```
□ all : all ( 265317 ) ●
   ⊞ ① GO:0008150 : biological_process ( 180873 )
   ⊞ ① GO:0005575 : cellular_component ( 159672 ) ●
      ⊟ ① GO:0005623 : cell ( 118896 ) ●
         ⊞ ⊕ GO:0045177 : apical part of cell ( 320 )
         ⊞ ⊕ GO:0043190 : ATP-binding cassette (ABC) transporter complex ( 162 )
         ⊞ ⊕ GO:0045178 : basal part of cell ( 39 )
         ⊞ ⊕ GO:0005933 : bud ( 305 )
         ⊞ ⊕ GO:0000267 : cell fraction ( 2217 )
         ⊞ ⊕ GO:0042995 : cell projection ( 1248 )
         ⊞ ⊕ GO:0030428 : cell septum ( 57 )
         ⊞ ⊕ GO:0043025 : cell soma ( 55 )
         ⊞ ⊕ GO:0009986 : cell surface ( 923 )
```

图 2.131　GO 的分层注释示例

（三）COG

COG 可以通过构建直系同源家族，用同一个家族内已知功能的蛋白质来预测未知序列的功能。

PROSITE 数据库只针对蛋白质中比较保守的 motif 来预测蛋白质的功能，这样即使蛋白质整体上变异较大，只要主要的功能区仍然保守，也能大概了解其功能。

框 2.77	基因功能注释软件及网址
InterProScan	http://www.ebi.ac.uk/InterProScan
SWISS-PROT	http://www.ebi.ac.uk/swissprot
GO	http://www.geneontology.org
PANTHER	http://www.pantherdb.org
KEGG	http://www.genome.jp/kegg
COG	http://www.ncbi.nlm.nih.gov/COG
PROSITE	http://www.expasy.ch/prosite
AmiGO	http://amigo.geneontology.org/cgi-bin/amigo/go.cgi
OBO-Edit	http://www.oboedit.org
blast2go	http://www.blast2go.com/b2glaunch
WEGO	http://wego.genomics.org.cn/cgi-bin/wego/index.pl

（四）KEGG

KEGG 建立了直系同源系统，这个系统通过把分子网络的相关信息连接到基因组中，来进行跨物种基因功能的注释。

将基因序列与 KEGG 数据库进行比对之后可以获得一个 KO 编号 (K 表示一个基因，是 KO 通路中的基本单位，某一 K 代表的不是某一具体物种的基因，而是所有物种的某一同源基因的统称)。

为适应合成基因组学发展的需要，借助于越来越多的动植物、微生物基因组序列的资源，阐明各种代谢物质从头到尾的代谢途径，以及由各种代谢途径组成的代谢网络，变得愈发重要。

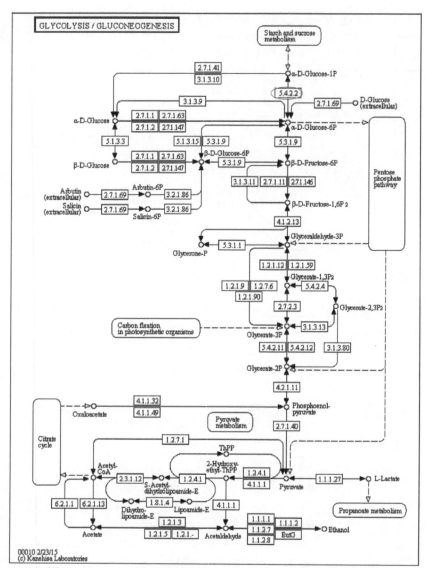

图 2.132　KEGG 中的糖酵解 / 糖合成途径 (KO 00010) 分析示例

图中方框内的 4 个数字，分别代表一个酶的分类名称，亚类，亚亚类，亚亚类中的排号。例如，[EC5.4.2.2] 是磷酸葡萄糖变位酶 (phosphoglucomutase)。酶用 EC (Enzyme Commission) 加 1~6 编号表示，再按酶所催化的化学键和参加反应的基团，将酶大类再进一步分成亚类和亚 - 类，最后为该酶在这亚 - 亚类中的排序。如 α 淀粉酶的国际系统分类号为 EC 3.2.1.1。

第五节　假基因

假基因 (pseudogene) 是与已知功能的基因有较高的序列相似性，但由于某些变异而未能检出任何功能的基因序列。假基因存在是真核基因组的重要特点之一。

假基因的概念最初由英国 MRC (Medical Research Council，国家医学研究委员会) 的 Claude Jacq 等在克隆一个 5S rRNA 基因时提出的。由于基因序列的 5′ 端缺失或者错配而使这个基因丧失功能。假基因根据其来源可分为 "未经加工的假基因 (non-processed pseudogene)" 和 "经加工的假基因 (processed pseudogene)"。

假基因的一般表示方法是在基因名称前加 ψ，偶见在后，例如 RH 阴性者的 RHD 假基因 (RHDψ)。

应该强调，现在说的假基因，确实是把 "没有" 功能 (即用所有现有的技术手段不能检出其功能) 作为标准的，而用生物信息学手段，大都能检出使原有功能丧失的序列变异。这些变异可能是由于 "非同义突变 (non-synonymous mutation)" 而丧失了功能，或使翻译提前终止，或破坏了转录调控，或阻止了内含子外显子连接处的正常剪接，或其他已知和未知的某种机制。

假基因在演化或其他方面的可能意义是不能排除的。假基因可能是基因演化的副产物，从某种意义上说，假基因是基因组中的"化石"。基因重复 (gene duplication) 是基因组演化的前提，那些含有内含子的假基因可能是原先有功能的，在重复过程中出现了差错而丧失了原有的功能。另一种可能性的推测是假基因是在演化过程中的、尚未来得及完全演化成新基因的"前基因"。要注意的是，在假基因的中间也许会含有"真"基因或 miRNA 等功能因子。如果没有转录调控有关的变异，多数假基因是可以转录的。另一些没有内含子的假基因，有可能是原先基因的 mRNA 逆转录形成 cDNA，然后又插入到基因组中去，属"已加工的假基因"。

假基因的研究多从对应的正常基因功能入手，探究其功能丧失有关的序列变异，主要是利用模式生物和已知基因组的基因序列作为参考，利用 GeneWise 等预测工具注释基因结构，统计出拷贝数。根据拷贝的突变类型可以找出提前终止突变和移码突变 (frameshift mutation) 的基因，将这两种突变的基因拷贝视为假基因。

第六节　非编码基因

非编码基因是指没有可检出的蛋白质产物，但可以转录成 RNA 并具有特定生物学功能的 DNA 序列，有时也称为非编码 RNA (ncRNA, noncoding RNA) 基因。

非编码序列包括有相当一部分的重复序列，它们的 RNA 产物可能通过各种各样的重复方式，形成各种高级结构，并以此来调控基因的表达。相当一部分非编码 RNA 可能通过与相应的 mRNA 等转录本"互补"而形成 dsRNA 的方式来抑制这一 mRNA 的原有功能，如 RNAi 等。此外还包括各种各样的非编码 RNA 基因，主要有 tRNA (transfer RNA, 转运 RNA)、rRNA (ribosome RNA, 核糖体 RNA)、lncRNA (long non-coding RNA, 长非编码 RNA)、miRNA (microRNA, 小 RNA 或微 RNA)、siRNA (small interfering RNA, 小干扰 RNA)、circRNA (circular RNA, 环状 RNA) 和 piRNA (piwi-interacting, 与 PIWI 蛋白相互作用的 RNA) 等多种已知功能的 RNA，还包括其他未知功能的 *RNA* 基因。这些由非编码 DNA 序列转录过来的 RNA 序列虽然不编码蛋白质，但也同样行使着重要的生物学功能。最为熟知的非编码基因是 rRNA 和 tRNA 的基因。

表 2.13　非编码 RNA 的分类

长度 (nt)	RNA 种类
≤ 50	miRNA、siRNA、piRNA
50~500	rRNA、tRNA 等
≥ 500	lncRNA 等非编码 RNA、长的不带 polyA 尾巴的非编码 RNA 等

一、rRNA

rRNA 是细胞中含量最多的 RNA 分子，通常占 RNA 总量的 80% 以上。

rRNA 单独存在时不执行其功能，它与多种蛋白质结合成核糖体，作为蛋白质生物合成的"装配机"。原核生物的 rRNA 分 3 类：5S rRNA、16S rRNA 和 23S rRNA。真核生物的 rRNA 分 4 类：5S rRNA、5.8S rRNA、18S rRNA 和 28S rRNA。原核生物和真核生物的核糖体均由大、小亚基组成。

框 2.78　　　　　　　　　　　　　沉降系数

沉降系数 (Sedimentation coefficient, 又称 Svedberg coefficient, 简写为 S) 即大分子沉降速度的度量单位。S 等于每单位离心场的速度，计算公式为 $s=(v/\omega^2 \cdot r)$。其中，s 是沉降系数，ω 是离心转子的角速度，r 是离旋转中心的距离，v 是沉降速度。沉降系数以每单位重力的沉降时间表示，通常为 $1 \times 10^{-13} \sim 200 \times 10^{-13}$ 秒范围内。

Rfam 是一个综合的非编码 RNA 家族的数据库 (http://www.sanger.ac.uk/resources/databases/rfam.html 或 http://rfam.xfam.org)。它旨在帮助已知序列家族的鉴定和分类,一些大家族在 3 类生物域中都是基本存在的,并且有大量的小家族为某一类别中所特有。此外,通常 rRNA 的预测原理是根据其序列的相似性,常用工具仍是 BLAST。

二、tRNA

tRNA 是在蛋白质生物合成过程中把 mRNA 的信息准确地翻译成蛋白质中氨基酸顺序的适配器分子,具有转运氨基酸的功能。

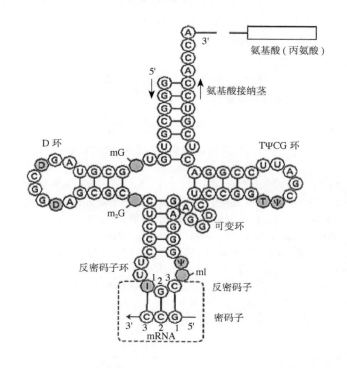

图 2.133   tRNA 的 "三叶草" 二级结构示意图

tRNA 以转运的氨基酸来命名,例如 Ala-tRNA 为转运丙氨酸的 tRNA 分子。每一种氨基酸都有其相应的一种或几种 tRNA,并有一定的偏好 (preference)。tRNA 的种类和组分在蛋白质合成和 DNA 反转录合成及其他代谢调节中起重要作用。

tRNA 由 70~90 个核苷酸组成,不同部位有多种不同修饰方式。tRNA 的二级结构都呈 "三叶草" 形状,在结构上具有某些共同之处,一般可将其分为:4 环,即 D 环 [D loop,因二氢尿苷酸 (D) 含量高而命名]、反密码子环 (anticodon loop,该环中部为反密码子)、可变环 (variable loop) 和 TΨCG 环 [TΨCG loop,因绝大多数 tRNA 在该处含胸苷酸 (T)、假尿苷酸 (Ψ)、胞苷酸 (C) 顺序而命名];4 茎,即 D 茎、反密码子茎、TΨCG 茎和氨基酸接纳茎 (也叫 CCA 茎,因所有 tRNA 的分子末端均含 CCA 顺序而得名)。

美国 University of Washington 的 Todd Lowe 和 Sean Eddy 开发的 tRNAscan-SE 工具中综合了多个识别和分析程序,通过分析启动子元件的保守序列模式、RNA 的二级结构、转录的控制元件,以及除去绝大多数假阳性的筛选过程,能识别 99% 的真 tRNA 基因,其搜索的速度可以达到 30 Kb/ 秒。

一个物种基因组的某一氨基酸相应的 tRNA 的数目,可能与该氨基酸的生物合成速率有关。但也没有证明存在严格的数量对应关系。在技术上,这为合成基因组学的修饰 (改变) tRNA 以引进特殊的非天然氨基酸提供了可能性。

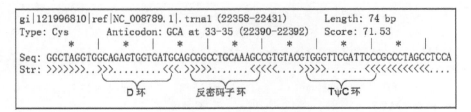

图 2.134　tRNA 结构的预测示例

三、miRNA

miRNA 是一类长约 22 个核苷酸的非编码 ssRNA 分子，对基因表达起重要的微调控作用。

miRNA 广泛存在于真核基因组中，是一类不编码蛋白质的短序列 RNA，其本身不具有典型的 ORF。与一般的 mRNA 一样，成熟 miRNA 的 5′ 端有一个磷酸基团，3′ 端为羟基。编码 miRNA 的基因最初产生一个长的 pri-RNA (larger primary RNA) 分子，这种前体还必须被剪切成 70~90 nt、具发夹结构的单链 miRNA 前体 (pre-miRNA，precursor RNA)，经过 Dicer 酶加工后生成成熟的 miRNA，5′ 端的磷酸基团和 3′ 端羟基则是它与相同长度的别的功能 RNA 降解片段的区分标志。

miRNA 具有高度保守性 (尤其是植物的 miRNA)，种子序列和部分物种的 miRNA 前体序列也是保守的。miRNA 能够与那些序列互补的 mRNA 分子结合，有时甚至可以与特定 DNA 片断结合，然后通过 3 种可能的途径抑制靶基因的表达 (触发靶基因编码的 mRNA 的降解、抑制 mRNA 的翻译和对靶基因所在染色质区段进行修饰而沉默其转录)，其结果都导致了靶基因的沉默。因此，检测并分析低表达的 miRNA 具有重要的科学指导意义。

框 2.79　　　　　　　　　　　　　　**miRNA 的发现**

1989 年，在美国 Oakland (奥克兰) 的 Advanced Genetic Sciences (先进基因科学) 公司的 Richard Jorgensen 试图通过转基因培育颜色更加艳丽的牵牛花。他把大量制造色素的相关基因转到牵牛花细胞内，而实验结果却让他大失所望，花儿不仅没有变得更艳丽，反而比以前颜色更淡了。后来发现，原来细胞内的色素基因表达太多了，被细胞误认为异常，于是被 miRNA "沉默" 而不表达了！

1993 年美国 Harvard University 的 Rosalind Lee 等在秀丽线虫中发现了第一个可时序调控胚胎后期发育的基因 lin-4。lin-4 通过与靶 mRNA 不一定完全的碱基配对，来调控这些目标的翻译。2002 年，美国 Harvard University 的 Brenda Reinhart 等又在线虫中发现第二个特异性开关基因 lin-7，自此人们开始真正知道 miRNA。随后的几年时间里，相继在人类、小鼠、大鼠、果蝇、斑马鱼、拟南芥等物种中发现了这类 RNA，同时开始认识到这些普遍存在的小 RNA 分子在真核基因的表达调控中起着广泛的作用。并把这些非编码小分子 RNA 命名为 microRNA (即 miRNA)。到目前为止，miRNA 和 siRNA 是研究比较深入的两类小 RNA，其他已发现的小 RNA 也有几千种，包括 piRNA、snoRNA (small nucleolar RNA，核二小 RNA) 等。它们存在于动物、植物、真菌等多细胞真核生物中，呈独特的保守性或趋异性模式。

框 2.80　　　　　　　　　　　　　　**miRNA 的命名规则**

(1) miRNA 简写为 miR，再根据其被克隆的先后顺序加上阿拉伯数字，如 miR-21；

(2) 已确认的 miRNA 在数字后直接加上英文小写字母 (a、b、c)，如 miR-199a 和 miR-199b；

(3) 由不同染色体上的 DNA 序列转录加工而成的具有相同成熟序列的 miRNA，则在后面加上破折号和阿拉伯数字以便区分，如 miR-199a-1 和 miR-199a-2。

(4) 如果一个前体的 2 个臂分别加工产生 miRNA，则根据克隆实验，在表达水平较低的 miRNA 后面加 "*"，如 miR-199a 和 miR-199a*，或进行如下命名，miR-142-5p（也可命名为 miR-142-s，表示从 5' 端的臂加工而来）和 miR-142-3p（也可命名为 miR-142-as，表示从 3' 端的臂加工而来）；

(5) 将物种学名的缩写置于 miRNA 之前，如 zma-miR156a 则表示来自玉米；

(6) 命名规则颁布之前发现的 miRNA，如 let-7，保留原名。

ath-miR156a TGACAGAAGAGAGTGAGCAC
CAAGAGAAACGCAAAGAAAC TGACAGAAGAGAGTGAGCAC ACAAAGGCAATTTGCATATCATTGCACTTGCTTCTCTTGCGTGCTCACT
GCTCTTTCTGTCAGATTCCGGTGCTGATCTCTTT

osa-miR156a TGACAGAAGAGAGTGAGCAC
GGAGGG TGACAGAAGAGAGTGAGCAC ACGTGGTTGTTTCCTTGCATAAATGATGCCTATGCTTGGAGCTACGCGTGCTCACTTCTCTCT
CTGTCACCTCC

zma-miR156a TGACAGAAGAGAGTGAGCAC   zma-miR156a* GCTCACTTCTCTCTCTGTCAGT
TTCGTTCCGTGGCTAAC TGACAGAAGAGAGTGAGCAC ACAGCGGGCAGAC TGCATCGATCGATCTGCATCCGAGACGGCGCACGTAC
GAATGATGATGCAGCTGCTGCTGCGT GCTCACTTCTCTCTCTGTCAGT CCTCTAGCTGCTACGGC

图 2.135   3 种植物的同源 miRNA 示例

ath-miR156a 是拟南芥的 miRNA、osa-miR156a 是水稻的、zma-miR156a 是玉米的。

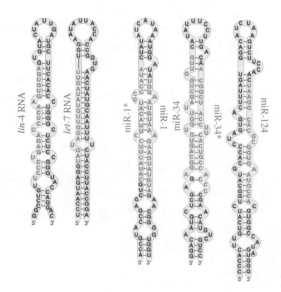

图 2.136   线虫 pre-miRNA 的结构示意图

pre-miRNA 序列标为红色。在一些实例中，柄环的两个"臂"都能产生有功能的 miRNA。例如，miR-1（红色）和 miR-1*（蓝色）、miR-34（红色）和 miR-34*（蓝色）。lin-4 和 lin-7 是用遗传学方法鉴定的，而其他 miR 是以生物信息学工具发现的。pre-miRNA 可能存在于转录本的编码区、前导区或者内含子区成簇出现。

  在 RNA 的研究中，通常希望发现新的 RNA，可以通过寻找不同样本中差异的 RNA 和那些与疾病发生或抑制之间有关的 RNA 来预测靶基因。MPH 测序所得序列通过去接头、去低质量、去污染等过程，对其进行序列长度分布的统计及样本间公共序列统计和序列分类注释，获得样本中包含的各组分及表达量有关信息，再与已知数据库进行比对，寻找样本与数据库之间在基因组位置上的重叠区域等，将所有 RNA 片段注释，同时选取那些没有被注释的作进一步预测以发现新的 miRNA。

（一）miRNA 比对预测

  miRBase 数据库是存储 miRNA 信息最主要的公共数据库。

  这一数据库提供包括 miRNA 序列、注释和预测基因靶标在内的全方位信息。miRBase 提供便捷的网上查询服务，可使用关键词或序列在线搜索已知的 miRNA 和靶信息。

  miRBase 于 2014 年 6 月升级至 21 版，包括 223 个物种的发夹前体序列 28 645 条，表达成熟的 miRNA

产物 35 828 个。数据可通过网站免费使用，亦可通过 FTP 网址获取。

miRBase 数据库主要用于与 MPH 测序得到的小 RNA 序列进行 BLAST 比对，搜索已知的同源 miRNA，同时与物种参考基因组序列进行比对以得到在染色体各个区段的分布统计。再将所有测序数据在 Rfam 数据库中搜索，用已知的其他 ncRNA (rRNA、tRNA 等) 进行注释。这样将所有的测序得到的 RNA 进行初步的注释分析，这里所有测序得到的 RNA 是指包括但不限于 miRNA、siRNA 等各种小 RNA 的总和。

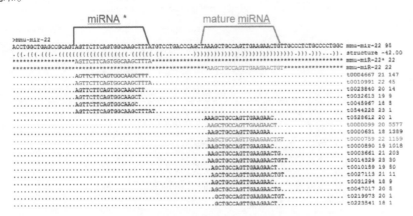

图 2.137 miRBase 数据库比对分析示例

DIANA-microT 是一个预测动物 miRNA 的工具数据库，可以使用带有注释的基因或者自定义的 miRNA 序列来检索，特异性高。同时，该数据库也可以连接到 KEGG。DIANA-TarBase 等数据库收录的经验证的 miRNA 靶基因，覆盖人、小鼠、果蝇、线虫和斑马鱼等 24 个物种的至少 50 多万条 miRNA。用于 miRNA 分析的系列工具还有 DIANA-microT-CDS、DIANA microT、DIANA mirPath、DIANA mirExTra、DIANA-TarBase。

RNAi WEB 作为 miRNA 的综合网络资源，包括常用的 4 个 miRNA 数据库、2 个 miRNA 预测搜索工具和 10 个 miRNA 靶基因预测工具。

(二) miRNA 结构预测

依据 miRNA 的产生机制，通过独特的发夹前体结构和酶切位点等保守性结构，结合考虑前体的折叠自由能等信息，可对 miRNA 进行结构预测。

最常用的 miRNA 预测软件可据结构预测已经发现的和新的 miRNA 序列。预测时需要考虑植物 miRNA 的不同而设置不同的参数。

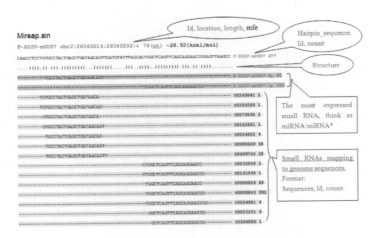

图 2.138 Mireap 软件用于 miRNA 预测的示例

框 2.81	常用 miRNA 数据库或预测工具（一）		

数据库	适用范围	网址
miRBase	动植物	http://www.mirbase.org/ &ftp://mirbase.org/pub/mirbase
PMRD/PNRD	植物	http://bioinformatics.cau.edu.cn/PMRD
miRWalk	动植物	http://www.ma.uni-heidelberg.de/apps/zmf/mirwalk
doRiNA 2.0	线虫	http://www.labome.cn/bin/ea.pl?link=http://dorina.mdc-berlin.de
DIANA-TarBase	动物	http://diana.imis.athena-innovation.gr/DianaTools
Microprocessor SVM	动物	https://demo1.interagon.com/miRNA
RNAi WEB	—	http://www.rnaiweb.com/RNAi/microRNA

软件	适用范围	网址	使用方式
miRscan	线虫	http://genes.mit.edu/mirscan	Web
miRseeker	果蝇	http://www.fruitfly.org/seq_tools/miRseeker.html	本地
ERPIN	动植物	http://tagc.univ-mrs.fr/erpin	Web/ 本地
Srnaloop	线虫	http://arep.med.harvard.edu/miRNA/pgmlicense.html	本地
MIRFINDER	植物	http://www.bioinformatics.org/mirfinder	本地
MiRAlign	动植物	http://bioinfo.au.tsinghua.edu.cn/miralign	Web
microHARVESTER	植物	http://www-ab.informatik.uni-tuebingen.de/software	Web
findMiRNA	拟南芥	http://sundarlab.ucdavis.edu/mirna	本地
miR-abela	动物	http://www.mirz.unibas.ch/cgi/pred_miRNA_genes.cgi	Web
BayesMiRNAfind	动物	https://bioinfo.wistar.upenn.edu/miRNA/miRNA	Web
ProMiR Ⅱ	动物	http://cbit.snu.ac.kr/~ProMiR2	Web/ 本地
RNAz+RNAmicro	动物	http://www.tbi.univie.ac.at/~jana	本地
Microprocessor SVM	动物	https://demo1.interagon.com/miRNA	Web/ 本地
Mireap	—	http://sourceforge.net/projects/mireap	本地

（三）miRNA 靶基因注释

通过 miRNA 靶基因注释可以找到受 miRNA 调控的基因，从而研究其调控机制和功能也是发现 miRNA 的重要方法之一。

植物靶基因作用机制相对比较简单，有关研究及分析较为清晰。但动物靶基因的预测仍没有一个完全自主而且高效的分析方法。现有的其他分析工具精度都不理想，但可以结合靶基因的预测结果进行 GO 或 KEGG 注释，了解 miRNA 参与抑制调控的通路，进而结合基因表达等分析，拓宽分析领域。

psRNATarget 是在线寻找植物 miRNA 靶基因的程序，主要用于植物 miRNA 靶基因预测，最适用于 MPH 测序得到的序列。其主要功能为：①通过反向互补比对植物 miRNA 和目标转录本，以得到候选靶基因；②通过计算 mRNA 上开启 miRNA 二级结构的非配对能量（unpaired energy），以确定 miRNA 的靶位点。

miRanda 是常用于人和果蝇的 miRNA 靶基因预测工具，也适用于其他哺乳动物的 miRNA 靶基因预测。通常需要在本地服务器上运行的程序，都需要一个同源物种转录本数据库作为参考序列，可以使用 TIGR Gene Indices 数据库（http://compbio.dfci.harvard.edu/tgi）FASTA 格式的转录本数据。

框 2.82 常用 miRNA 数据库或预测工具（二）

软件	适用范围	网址
miRanda	脊椎动物	http://www.microrna.org
miRSystem	线虫	http://mirsystem.cgm.ntu.edu.tw
DIANA-microT	哺乳动物	http://www.diana.pcbi.upenn.edu
RNAhybrid	哺乳动物	http://bibiserv.techfak.uni-bielefeld.de/rnahybrid
TargetScan	脊椎动物	http://www.targetscan.org
MicroInspector	哺乳动物	http://mirna.imbb.forth.gr/microinspector
PicTar	哺乳动物	http://pictar.bio.nyu.edu
TargetBoost	线虫和果蝇	https://demo1.interagon.com/targetboost
miTarget	哺乳动物	http://cbit.snu.ac.kr/~miTarget
RNA22	哺乳动物	http://cbcsrv.watson.ibm.com/rna22.html
psRNATarget	植物	http://bioinfo3.noble.org/psRNATarget
microTar	线虫、果蝇和小鼠	http://tiger.dbs.nus.edu.sg/microtar

框 2.83 靶基因预测输入和结果示例

1) miRNA 的 FASTA 序列

```
>embl|AJ550546|DME550546 Drosophila melanogaster microRNA miR-bantam
gtgagatcattttgaaagctg
```

2) 转录本的 FASTA 序列

```
>embl|U31226|DM31226    Drosophila melanogaster   hid mRNA,
complete cds.
xxxxxxxxxxgaaagcgcaggagacgtgtaatcgaatgatctatagtgaaatcagctagccacaaacagccaacatacacgaagagtgtgcctaagattaagaaggttga
ccttaagatatatgccgatctaaacatagttgtagttaaaccgtacataagtgcaacgaagaacaatatattctatctgtctatggtaactgcatttgtatttctaaaac
......
atacatttatacatatatcgtaacttcaatgataagtttgattctgaaattttgtcaactttgtacattttatattatgctgtaatattttaatatacataaatatcatta
caatttaagaaacatttctgttgtagtttagtgattgctagcagaaagcacttttgtttaatgaatatgttcataagacaacaaaaatttatatatatgaatacatctatgtg
```

3) 预测结果示例

```
Plant:
>zma-MIR156a  |TA9379_4577999|location[534,553]|SBP-domain protein 5 [Zea mays (Maize)]
                             5'UGACAGAAGAGAGUGAGCAC3'
                             |||||||||||||x|||||||||
3'CACCGACACCCGUCGUAGGGUACCGACUCAACUGUCUUCUCUCUCUCGGUGCGACCUCAGCGCCCCUGAGGACGUUCCG5'
( -34.00[89.47%] )
>zma-MIR169i    |TA11700_4577999  |location[1298,1318] | Putative CCAAT-binding
transcription factor [Oryza sativa (japonica cultivar-group)]
                             5'UAGCCAAGGAUGACUUGCCUG3'
                             x|||||||||o|||x|||||||
3'UGUGUGGUCAAUGUGUUCCCACCUUGCACUUUCGGUUCUUACUUAACGGACGUGCAUGGAUGGGGUACCGUAACCC5'
( -30.30[74.26%] )

Animal:
>m0001_5p    22    NM_152352        4252    1836    -21.5    1.000000        0.59796446
miRNA  3' AGGACAGAGAG-AG-AGACACAGU 5'
          :||||| : ||  : |:||||||
target 5' CUCUGUUGUGAAUCAUUUGUGUCC 3'
>m0001_5p    22    NM_203403        2718    222     -20.3    1.000000        1.4756737
miRNA  3' -AGGACAGAG--AG-AG--AGACACAGU- 5'
          :|:||| ||   ||  || :|:||||||
target 5' UUUCUGGCUGCAUCAUUAUUUGUGUCGC 3'
```

第七节 基因组变异

一、单核苷酸多态性

SNP 就是基因组中单个核苷酸位置上可能存在的碱基改变而形成的多态性。

　　SNP 包括经典遗传学上的转换 (transition)、颠换 (transvertion)、插入 (insertion) 和缺失 (deletion)。前两者合称为替换 (substitution)，后两者合称为 InDel (一般不长于 6 nt)。

　　转换通常指嘧啶到另外一种嘧啶 (C ↔ T) 或嘌呤到另外一种嘌呤 (G ↔ A) 的变异；而颠换通常指嘧啶到嘌呤 (C → A/G，T → A/G)、或者嘌呤到嘧啶 (A → C/T，G → C/T) 的变异；转换与颠换发生的频率的比例约为 2:1。SNP 在 CG 的富含集最为频繁，而且多是 C → T。

　　需要注意的是，总体来说，SNP 既可能是二等位多态性 (biallelic，指群体中在某个基因位点只发现两种核苷酸的变异，如 [A/T]、[C/T] 等)，也可能是三等位多态性 (triallelic) 或四等位 (tetraallelic) 多态性，分别指某个 SNP 位点发现 3 种核苷酸的变异 (如 [A/T/C] 等) 和 4 种核苷酸的变异 (如 [A/T/C/G])。但实际上，后两者并不多，还不到已发现的 SNP 总数的 1%。因此，通常所说的 SNP 大多是二等位多态性的。

　　MAF (Minor Allele Frequency，最小等位基因频率) 是 SNP 与群体性有关的一个重要概念。

　　MAF 反映的是 SNP 的两个等位基因中那个较为少见的变异在群体中出现的频率。一般来说，MAF 大于 5% 的 SNP 称为常见 SNP (common SNP)；MAF 在 0.5% ~ 5% 的 SNP 称为低频 SNP (low-frequency SNP)；MAF 在 0.05% ~ 0.5% 的 SNP 称为罕见 SNP (rare SNP)。

　　SNP 在同一个基因组中的分布频率也是不均一的。SNP 在基因间 (intergenic) 序列中的总体频率要比基因序列高一些。而在基因之中，SNP 在基因的内含子、5' 和 3' 端非翻译区等非编码序列中的分布频率，显著高于编码序列。在编码序列中，同义 (synonymous) SNP 的频率高于其他方式的 SNP 频率，如非同义 (non-synonymous) SNP 的频率。

　　根据 SNP 的位置，通常把基因间序列、内含子序列、调控序列和编码序列中的 SNP 分别称为基因间 SNP (intergenic SNP)、内含子 SNP (intronic SNP)、调控 SNP (regulaty SNP) 和编码 SNP (coding SNP)。

　　一般来说，同义突变由于不改变蛋白的氨基酸序列而对机体功能产生很小的影响或者无影响，而非同义 SNP 会导致蛋白质翻译时产生化学性质不同的氨基酸。同义 SNP 有时也可能通过其他途径对基因及其蛋白质产物产生显著影响，因此，在基因组变异的功能分析中，同义 SNP 同样不应忽视。

　　SNP 的检测技术无疑也是测序与序列分析。经 MPH 检出的 SNP，再以 SNP 两侧一致性序列设计特异引物进行 PCR 扩增，最终以 Sanger 法测序作为"金标准"进行验证。对于群体以 MPH 发现的 SNP，有时还要以多个个体经 Sanger 法进行频率 (即检测个体中出现某个特定 SNP 的频率，以 % 表示) 的检测，特别是那些与癌症等重要性状有关的 SNP，也常用定点 PCR 等技术进行检测与分型。此外，质谱技术由于高效率和低成本的优势在鉴定单个 SNP 时应用广泛。

③模板序列的特殊结构，如重复、发卡结构等；

④模板不纯，如果是质粒或是菌液，其原因一般是非单克隆；如果使用 PCR，则可能导致非特异性扩增。

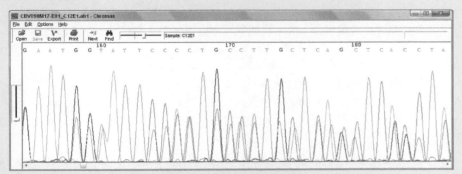

图 2.139　套峰（双峰）示例

而"杂峰"是由于序列中有 SNP 位点，因此从源于二倍体基因组（二倍体细胞含两个 dsDNA 分子）"峰图"上看到两个峰重叠在一起。例如：A/C 杂合的，A 碱基峰高与 C 碱基峰高基本相当，是其他峰高的二分之一。

下图是使用 PolyPhred 软件对 SNP 进行人工校对示例。由于 SNP 的软件判别往往存在一定的错误率，辅以人工校对是必不可少的。对于重要意义的 SNP，最好辅以"克隆测序"检验。

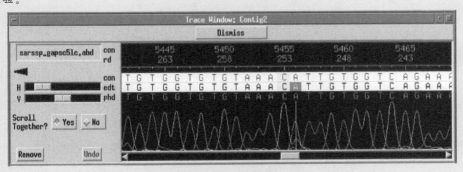

图 2.140　SNP 杂峰示例

框 2.86　　　　　　　　　　　　　**SNP 研究与 GWAS**

作为继 RFLP (Restriction Fragment Length Polymorphism，限制性片段长度多态性) 及 STR 之后的"第三代遗传标记"，SNP 具有很多独特的优点。

①SNP 遍及整个基因组，分布广泛、密度很高、数量巨大，是最理想的遗传标记。HapMap 和 G1K 计划已经提供了 8000 万个 MAF 为 1% 以上的 SNP。巨大数量的 SNP 也弥补了 SNP 多态程度不及 STR 等遗传标记的缺点。

②SNP 遗传稳定，其传递符合孟德尔遗传规律，可用来分析特定基因在群体中的基因频率及不同个体之间表型差异的遗传基础，用于遗传分析或基因诊断的重复性、准确性很高。

③SNP 在世代之间的自然突变频率极低（人类约为每代 10^{-8}），特别适用于演化研究。SNP 已成为研究基因组突变频率所提示的某一演化事件的发生时间最理想的标记。

④SNP 易于基因分型，并实现自动化和规模化。除了直接测序以外，不同密度的芯片杂交、质谱分析等能区别 4 种核苷酸的技术，都可用来分析 SNP 非此即彼的二态性，弥补了 SNP 必须分析大量位点的不足。

SNP 最成功的应用范例之一是 GWAS。GWAS 是通过大样本的统计学分析，比较遍及全基因组的 SNP 在患者群体和正常对照群体中的不同分布频率，从而确定与复杂疾病（表现型）

遗传易感性相关的 SNP 所标记的基因或基因组区段（基因型）。近年来，利用这一策略已经初步鉴定了几百个复杂疾病易感性相关的位点。然而，GWAS 最重要的意外是发现在人类基因组中存在"暗物质"，即今天的遗传学理论和技术难以解释的功能及其他遗传相关性状或现象。

SNP 最成功的应用范例之二是单体型图计划。单体型是指位于一条染色体上或染色体的某一区域中"连锁"遗传的基因或标记，是遗传学上"重组 / 交换 (recombination/exchange)"和"LD (Linkage Disequilibrium，连锁不平衡)"的基本单位。其主要任务是鉴定 SNP 的 HapMap 计划，之所以被称为单体型图计划，就是因为 SNP 第一次使绘制的人类全基因组的单体型图的分相成为可能。注意千万不能把单体型 (haplotype) 与单倍型 (monoploidy) 混淆。

除了 SNP 的分析和验证的常用方法之外，基于 MPH 测序技术的大数据分析主要是将测序数据与参考序列比对。

基于 MPH 的常见分析软件很多，如 SOAP 软件包中的 SOAPaligner、SOAPsnp 和 SOAPInDel。其中，SOAPsnp 是利用贝叶斯统计模型 (Bayers Model) 来推断染色体每个位置上观测到的等位基因基因型的类型和质量分值，进而验证测序数据与参考序列发生千分之一左右的差别时，可判定是测序的技术错误还是一个真正的 SNP 位点。SNP 的分析除了测序与信息学工具以外，芯片是分析 SNP 的最经济、最实用的技术，特别是已知的 SNP。

框 2.87   **dbSNP 数据库**

dbSNP (Single Nucleotide Polymorphism Database) 是由美国 NCBI 开发和维护的一个数据库 (www.ncbi.nlm.nih.gov/projects/SNP)，可以在线访问，也可以下载到本地使用。

dbSNP 目的是及时收集和更新所有已经发现的遗传变异，为在生物中广泛存在的以序列为基础的遗传多样性研究提供便利。dbSNP 所收集的遗传变异实际上不止是 SNP，还包括 InDel 和 STR、多核苷酸多态性 (MultiNucleotide Polymorphism，MNP)、杂合子序列 (heterozygous sequences)，以及其他不同类型的已命名的变异 (named variants)。

据"共需、共为、共有、共享"的原则，所有实验室应将新发现的 SNP 信息上传到 dbSNP，每个 SNP 会获得一个唯一的上传号 (ss#，submitted SNP number ID)。dbSNP 将上传的 SNP 信息通过验证和整合之后，给予每个 SNP 一个唯一的特异的 rs 编号 (rs#，reference SNP cluster)。使用者可以使用这个唯一的 rs 编号（如 rs123456）在数据库中查询相应 SNP 的相关信息，并将其用于 GWAS 或其他研究。值得注意的是，每个版本的 dbSNP 可能对应不同的基因组参考序列（如 hg18、hg19），必要的时候需进行相应的转换。

dbSNP 统计信息查询网址：www.ncbi.nlm.nih.gov/SNP/snp_summary.cgi。

二、拷贝数变异

CNV（拷贝数变异）一般是指基因组（或某一基因组区段）的 DNA 大片段的数目改变。

以大于 1 Kb 的 DNA 片段为单位与相应参考基因组比对，如果这个片段的拷贝数目发生变化，那么这种遗传变异就称为 CNV。CNV 实际上是指基因组区段的缺失、插入以及重复（可理解为相同片段的插入）等，但一般不包括易位 (translocation) 和倒位 (inversion)。例如染色体上有 4 个依次相连、长度不等的 DNA 片段 A-B-C-D，这段 DNA 序列有可能变异为 A-B-C-C-D（C 重复）或者 A-C-D（B 缺失）。

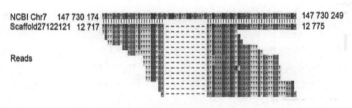

图 2.141　MPH 测序检测缺失区段的示例

　　CNV 也同 SNP 一样，是基因组变异的重要部分。CNV 与 SNP 相比虽然数量上远远不及，但其在基因组上的覆盖率（为 5%~10%）显著高于 SNP（不到 1%），这也表明 CNV 对基因组的影响更为显著。即 CNV 可能引起基因剂量效应（gene dosage effect），以及断裂点（breakpoint）带来的邻近基因的可能断裂或融合与表达水平的改变，对表现型的影响更为显著。一个"正常的健康者"的基因组中也可能有上千个 CNV，但并不一定能检出明显的表型异常。由于 CNV 的结构和在基因组中分布的复杂性，现有的检测和鉴定 CNV 的软件的效率和准确率远不及 SNP。

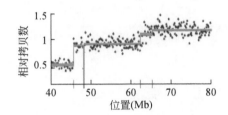

图 2.142　人类 15 号染色体的 CNV 示例

正常的序列拷贝数为 1，大于 1 表示拷贝数的增加，而小于 1 则代表拷贝数的减少。

三、其他结构变异

　　SV（结构变异）一般也指基因组中大于 1 Kb 的序列变异。

　　广义的 SV 包括 CNV 和其他非 CNV 的变异，在定义上与 CNV 有一定程度的重合。因此，SV 根据其性质的不同可以分为改变基因组（或区段）大小的 CNV（包括缺失、插入与重复）以及不改变大小的倒位和易位等，也包括 SNP。SV 据大小可分为显微结构变异（microscopic structuralvariants，大于 3 Mb 的结构变异）和亚显微结构变异（submicroscopic structuralvariants，1 Kb~3 Mb 的结构变异）。

（一）倒位

　　倒位是指染色体上两个断裂点间的 DNA 片段在倒转 180° 后又重新插入原处并无缝连接，即 DNA 片段的方向或顺序的颠倒。

　　根据着丝点相对于倒位片段的位置，倒位又分别称为臂内倒位（paracentric inversions）和臂间倒位（pericentric inversions）。臂内倒位的倒位片段内不涉及着丝点，倒位片段都在染色体的同一臂上。臂间倒位时着丝点在倒位片段内，因此倒位片段涉及染色体上的两个臂。倒位并不会改变机体遗传物质的总量，也不影响基因组的大小，分为平衡的（balanced）基因组重组和不平衡的（non-balanced）基因组重组。基因组中发生了倒位的个体通常是正常的，只要倒位没有造成某个基因的断裂，就不会产生一个新的基因。如果断裂产生了一个新的产物，则有可能使机体产生异常的表型。如果这个基因和机体生存必需的功能相关，那么倒位就有可能成为一个致死的变异，一般不可能传递给下一代。

（二）易位

　　易位指染色体上的 DNA 片段在基因组中位置的变化，而 DNA 的总量和该片段的方向并不一定发生变化，也不影响基因组的大小。

易位既可以发生在染色体内部也可以发生在染色体之间。染色体间的易位可以分为单向易位 (simple translocation) 和相互易位 (reciprocal translocation)。前者指一条染色体的某一片段转移到了另一条非同源染色体上，而后者则指两条非同源染色体间相互交换了片段，曾称平衡易位 (balanced translocation)。罗伯逊易位 (Robertsonian translocation，也称着丝点融合) 是一种比较特殊的易位，两个非同源的端着丝点染色体的长臂相互重接成一条长的中央着丝点染色体 (metacentric chromosome)，两个短臂也重接而成另一较小的中着丝点染色体，后者由于缺乏着丝点或几乎全由异染色质组成，故常在减数分裂过程中丢失。

框 2.88   SV 的检测

用于 SV (CNV、倒位与易位) 的细胞遗传学检测方法，如染色体的带型分析，全基因组芯片或 CGH 芯片等都可用于 CNV 的检测，但不能用于倒位与易位，因为这两者都没有影响遗传物质的总量。MPH 是迄今最理想的检测方法，不仅可以检出涉及的大片段，还可分析涉及精确到碱基的断裂点 (breakpoint)，但需要 PCR 验证。

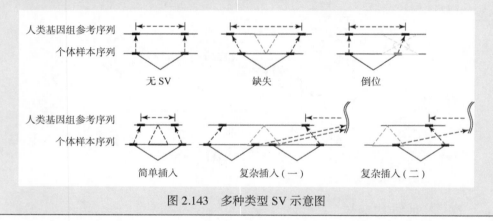

图 2.143　多种类型 SV 示意图

四、个体杂合度

对于二倍体的物种而言，凡是通过交配产生后代的个体，在交配随机的情况下，假设每一代新产生的突变数是一个常数，且在不同物种之间差异不大 (一般为 $1 \times 10^{-7} \sim 1 \times 10^{-9}$)，后代的个体杂合度 (heterozygosity) 就可以反应群体的多态性。

对于一般动物来说，后代个体基因组的杂合多态性高低，能够在一定程度上反映出该物种群体数量大小以及该种群的生存延续性。杂合多态性越高，很大程度上可以推断该物种在自然条件下的群体个体数量越大，该种群更能够一直生存延续，反之亦然。

计算个体杂合度的一般方法是将 MPH 测序质量比较好的 reads 比对 (常用工具为 SOAPaligner 和 BWA) 到参考基因组序列上，选取唯一比对的参考基因组区段，计算每个碱基的测序覆盖深度，检测参考基因组的 SNP，然后计算基因组中的 SNP 位点数，通过以下公式得到杂合度：

$$基因组杂合度 = SNP / 基因组碱基序列总长$$

框 2.89   杂合度和复杂度

在经典遗传学中，杂合度又称杂合率，是指一个个体的两个亲本染色体 (父本、母本染色体) 的差异程度，一般以 % 表示，对应于纯合度 (homozygosity)。对于二倍体的物种而言，与个体杂合度在定义上相似。有时也用 allelic heterozygosity (等位基因杂合度)，如含 SNP 的"杂合"位点占全基因组 (或某一基因组区段) 的碱基序列总长度的比例。在基因组学中，杂合度一般泛指由所有标记 (如 SNP、STR、CNV) 检出的两个基因组之间差异的程度。

在概念上，杂合度要与复杂度加以区别，尽管有时仍见混用。复杂度一般是指重复序列在全基因组或特定基因组区段中的比例，有时也包括多倍体等造成的复杂性，而带来测序和 *de novo* 组装等技术上的困难。

框 2.90　　　　　　　　　　　　**基因组杂合度分析示例**

分别统计不同区域的基因组杂合度，再与同源物种的相应区域进行平行比较。例如，熊猫全基因组（常染色体）的杂合度为 0.135%，常染色体的基因区域的杂合度为 0.066%；而人类的全基因组和一些基因组区段的杂合度分别为 0.069% 和 0.034%。统计结果可以得知熊猫基因组的杂合度接近人基因组的两倍，从而推断大熊猫仍具有较高的遗传多态性；同时得出虽然熊猫在自然条件下的种群数量不多，但不会在近期濒于自然灭绝的结论。

表 2.14　熊猫基因组杂合度

项目	分析区域 (bp)	杂合子数目（个）	杂合子比例（$\times 10^{-3}$）%
基因组	2 036 140 541	2 682 349	0.132
常染色体	1 945 074 681	2 621 978	0.135
X 染色体	91 065 850	60 371	0.066
CDS	29 559 494	19 115	0.065
常染色体	28 447 156	18 726	0.066
X 染色体	1 112 338	389	0.035

第三章　基因组比较分析

基因组的比较分析是对一个物种的多个个体基因组（群体内）或多个相似或相差很大的物种基因组（跨群体）的综合分析。

严格地说，任何类型的基因组分析都是以"比较"为基础的。即使是一个单个二倍体基因组的概貌分析，也需要将两条染色体的 DNA 序列进行比较（如 SNP、SV、杂合度等检测），也必须与所有 DNA 序列数据进行比对分析，也就是比较分析。

第一节　演化基因组

演化是生命最重要的特点，演化学说是现代生命科学的灵魂。任何一个或多个基因组的分析，都涉及演化，也必须回答与演化有关的问题。

基因组序列是继化石之后演化研究的重要基础和依据。如果说，"离开了演化，生物学的一切都毫无意义"；那么，今天也许可以说，"离开了序列，演化学说的一切都毫无意义"。

一、基因家族

基因家族 (gene family) 指来自诸多物种的 MRCA（最近共同祖先，Most

Recent Common Ancester) 的同一个始祖基因演化而来的一组基因。

　　基因家族的鉴定是演化分析很重要的一个方面。通过同源基因的鉴定及基因家族的聚类分析，可以得到单拷贝基因家族或多拷贝基因家族的信息。单拷贝直系同源基因家族有助于构建物种演化树，进而了解物种间的演化地位。这些基因家族也有利于分析物种的表型差异，鉴定与表型相关的基因型。

　　目前，基因家族的鉴定方法都基于 TreeFam 方法学。演化树的构建需要鉴定基因家族中的单拷贝直系同源基因。

　　基因家族的鉴定结果通常以统计图来展示。选取特定的几个物种，展示其共有的、特有的或部分特有的基因家族，进而挑选出物种特有的基因家族再作后续分析，比如获取特有基因家族中的基因，考察其富集的功能，解释生物学特性等。

　　演化研究本身是一个独立的重要学科涉及生物学的方方面面，本章节只是介绍常用的 8 个方面的分析。

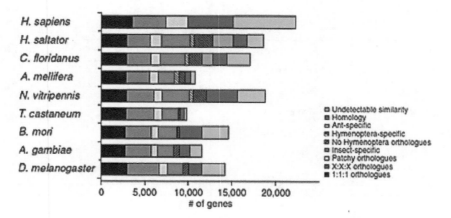

图 2.144　　不同物种的基因家族的基因数目比较示例

框 2.91　　　　　　　　　　　　　　　　　**TreeFam**

　　TreeFam 是 EBI (The European Bioinformatics Institute，欧洲生物信息研究所) 下属的分类数据库，是直系同源 (ortholog) 基因的数据库，以基因家族的演化树来推断直系同源基因。大部分同源基因数据库都是基于传统方法从成对物种基因序列的比对来推断直系同源基因，包括 NCBI 的 HomoloGen、Ensembl-compara、OrthoMCL 和 Inparanoid。

34:572, 2006 Nucleic Acids Research

TreeFam: a curated database of phylogenetic trees of animal gene families

Heng Li[1,2,3], Avril Coghlan[4], Jue Ruan[1], Lachlan James Coin[4], Jean-Karim Hériché[4], Lara Osmotherly[4], Ruiqiang Li[1,5], Tao Liu[1], Zhang Zhang[1,6], Lars Bolund[1,3], Gane Ka-Shu Wong[1,7], Weimou Zheng[1,2], Paramvir Dehal[8], Jun Wang[1,3,5] and Richard Durbin[4,*]

图 2.145　　Richard Durbin 及其 TreeFam 论文

　　如果一个基因发生缺失，就会由于没有看到它在其他物种中的存在漏掉一些倍增事件而预测出直系同源基因的"假阳性"。更为严重的是，"成对比对"的方法在不同物种对上的推断可能是相互矛盾的。如假设基因 g1 和 g2 及 g2 和 g3 分别是两对"1：1直系同源 (1：1 ortholog)"，则 g1 和 g3 理论上也应是"1：1直系同源"。但用成对推断的方法，g1 和 g3 可能被推断成不是"1：1直系同源"，这是因为三对基因 (g1, g2)、(g2, g3) 和 (g3, g1) 是分别处理的。相比之下，因为基于演化树的方法将许多物种看成一个整体，就可以解决这些问题。除了 TreeFam，目前只有 HOGENOM 能从演化树上直接预测直系同源基因。

TreeFam 把基因按基因家族分类，并为每一个家族及其重要子家族命名。以往的分类数据库，如 KOG、PAN-THE 和 SYSTERS，都是通过序列之间的相似度来划分基因的，但 TreeFam 则把一个基因家族定义为从多细胞动物共同祖先的一个基因（或者从第一次出现在多细胞动物中的一个始祖基因）演化出来的一群基因。

事实上，以相似性分数表示的演化速率在不同的基因之间差异很大，基于相似性定义的基因家族不可避免地会对聚类阶段所使用的阈值非常敏感，这种定义也缺乏明确的生物学意义。相比之下，TreeFam 从演化角度定义而对阈值不敏感，因而更加稳定也更具生物学意义。

TreeFam 特殊之处在于它是一个经过人工校正的数据库。尽管 TreeFam 开发了新的算法以提高建树的准确性，自动建树还是不能与人工校正相比——只有人工矫正才能够成功地结合多方面的信息，也只有人工矫正才能够赋予演化树以生物学的意义。

TreeFam 的基本结构很像另一个人工校正的蛋白质结构域 (protein domain) 数据库 Pfam。TreeFam 也包含两个部分：经过人工校正的 TreeFam-A 和自动生成的 TreeFam-B；每一部分都包括两种类型的序列：经过人工校正或使用种子序列，以及在种子序列中加入新序列而形成的全序列 (full sequence)。

TreeFam 软件包核心软件包括 BLASTP、Solar、Hcluster_sg、MUSCLE 等，其通常的做法如下：

① 数据准备。从 NCBI 或者 Ensembl 数据库下载研究物种的编码基因序列。选取某个基因最长的阅读框代表这个基因的特征。

② all-vs-all BLASTP 策略。两个序列间成对比对，利用 Solar 整合比对结果，派遣比对分数。

③ 聚类。利用 Hcluster_sg 处理比对结果。使用平均距离的分级聚类算法。如果 Hscore > 5，最小的 edge density (total number of edges / theoretical number of edges) 大于三分之一，被视为一个基因家族。

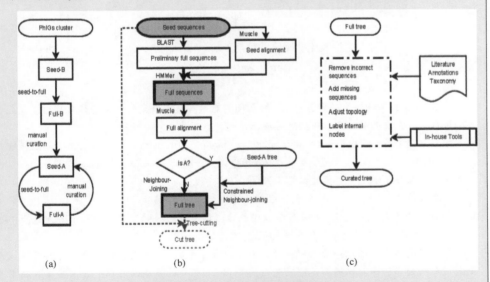

图 2.146　TreeFam 流程示意图

(a) 为整体结构。TreeFam-B 中的种子序列来自于 PhIGs 数据库。人工校正将 TreeFam-B 的基因家族进而校正为 TreeFam-A，而 TreeFam-A 也可以在日后再度重新校正。(b) 种子序列扩展到全序列的过程。虚线和灰色背景的文字表示这些过程只存在于早期的 TreeFam-1.x 中，而灰色背景的方框表示相关部分在 TreeFam-2 中有所改变。要注意的是，全序列的种子扩展到完整的过程只用于序列升级的情况。当 TreeFam-B 校正为 TreeFam-A 时，新的 TreeFam-A 的种子由人工生成，完整序列直接取自 TreeFam-B。(c) 人工校正概览。这个过程涉及新的文献的支持和一些 TreeFam 特有工具的使用。

二、系统发生

　　系统发生 (phylogenesis) 研究是通过核酸的核苷酸序列或蛋白质的氨基酸序列同源性的比较来了解基因组或基因的演化及生物系统发生的内在规律，是对一组实际对象的世代关系的描述。

　　系统发生分析有一个基本的假设，即核苷酸和氨基酸序列中含有生物演化史的全部信息。它的理论基础之一是"中性演化"学说的"分子钟"假说，即在各种不同的发育谱系及足够大的演化时间尺度中，序列的演化速率几乎是恒定不变的。

框 2.92　　　　　　　　　"分子钟"假说和"中性演化"学说

　　分子钟假说的要点是 DNA 或蛋白质序列的演化速率随时间或演化谱系而保持恒定。

　　在 20 世纪 60 年代初期，蛋白质的氨基酸序列刚刚出现，人们就观察到不同物种中蛋白质序列的差异，如血红蛋白、细胞色素 C 及血纤肽中大致与物种趋异时间相关。美国 California Institute of Technology (加州理工学院) 的 Linus Pauling 和 Émile Zuckerkandl 据这些观察数据于 1965 年提出了分子演化钟 (Molecular Evolutionary Clock) 的概念。

(a)　　　　　　　　　　(b)　　　　　　　　　　(c)

图 2.147　　分子钟和中性演化学说的贡献者 Linus Pauling (a)、Émile Zuckerkandl (b) 和
Motoo Kimura (c)

　　Zuckerkandl 等根据某一蛋白在不同物种间的取代数与所研究物种间的趋异时间接近正相关的线性关系，进而将分子水平的这种近乎恒速的变异称为"分子钟"。

　　中性突变 - 随机漂变假说 (neutral mutation - random drift hypothesis，简称中性演化) 首先由日本的 Motoo Kimura(木村资生) 于 1968 年提出。随后 Jack Lester King 和 Thomas Jukes 从生化角度在分子水平上支持并扩充了"中性演化"学说。

　　"中性演化"学说的基本观点包括以下几点：

　　①演化的绝大部分变异(核苷酸替换)并非达尔文式选择的结果，而是中性或近于中性(微效有利或有害)的突变随机固定的结果。

　　②种内遗传变异的大部分是中性的，因此种内多态性(等位基因)是通过突变与随机漂变固定之间的平衡而维持的。这就将蛋白质和 DNA 水平的多态性看作是分子演化过程中基因替换的过渡相。如果突变和遗传漂变的作用达到平衡，则每一位点预期的杂合度为 4NeV/(1+4NeV)(Ne 为群体有效大小，V 为这一位点上的突变率)。

　　③演化速率由中性突变速率所决定。中性突变速率也就是核苷酸替换率或氨基酸替代率，与生物的世代时间长短无关，只取决于演化的绝对时间。

　　中性理论的要点是强调分子演化过程中突变和随机遗传漂变是主要的决定性因素。中性理论并不反对自然选择学说，那些破坏分子结构和功能的突变或影响表型的突变仍然受自然选择的强烈影响。

　　在群体水平上，中性突变被定义为在群体中受随机漂变支配的任何突变。

　　任何一种突变对其携带者的生存来说基本上可分成有利的、中性的和有害的 3 类，突变

的这种效应划分是随环境而变的。在 DNA 水平上，中性突变包括基因组中非编码区中的同义（即替换只引起同类性质的氨基酸之间的替代）和错义替换，因而在 DNA 水平上，突变的大部分属于中性的或近于中性的，只有小部分是有利或有害的。在中性理论中，明显有利和明显有害的突变受选择作用而分别被固定和淘汰，而中性突变（包括微效的有利和有害的突变）的命运则主要取决于随机漂变过程。

分子演化的中性学说既可以解释种内存在的高水平多态现象，也可以解释核苷酸替换或氨基酸替代随时间积累的事实，为分子群体遗传学和分子系统学提供了重要的理论框架。

如果等位基因是严格中性的，则群体内的遗传变异数量就是突变率 (V) 和群体有效大小 (Ne) 的函数，地理变异方式可由这些参数及迁移率来确定。如果群体大小和结构在长时期内不稳定，则观测到的变异方式和水平将不仅取决于 Ne 和迁移率的当前值，同时也依赖于历史上 Ne 和迁移率的波动情况。因此遗传变异的观测值和期望值之间的差异可以提供群体的演化史（包括近期物种形成事件的性质和类型）的重要线索。

演化关系可以用系统发生树 (phylogenetic tree) 来展示。系统发生树可分为有根树 (rooted tree) 和无根树 (unrooted tree) 两类。

有根树是有方向的"树"，包含唯一的一个节点，将其作为树中所有物种的 MRCA。最常用来确定树根的方法是使用一个或多个基本没有争议的远源物种作为外群 (outgroup)，这个外群要足够近，以提供足够的信息，但又不能太近导致和树中的种类相混。有根树有归类图 (cladogram) 和发生图 (phylogram) 两种表示方式。

把有根树去掉根即成为无根树。一棵无根树在没有其他信息（外群）或假设（如假设最大枝长为根）时不能确定其树根。无根树是没有方向的，其中线段的两个演化方向都有可能。

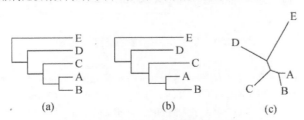

图 2.148　归类图 (a)、发生图 (b) 和无根树 (c)

(a) 归类图仅有拓扑结构；(b) 发生图各分枝长度表示碱基替换数；(c) 无根树没有方向（无"根"）。

框 2.93　　　　　　　　　　基因树和物种树

系统发生树描述的是一群生命体发生或演化顺序的拓扑结构，可分为基因树 (gene tree) 和物种树 (species tree)。基因树是通过单个基因序列分析来构建的，表示的只是某个（或多个）基因的演化过程，而物种树指代表物种演化过程的系统树。

用于构建基因树的基因可能存在种内多态性，即在物种趋异之前，该基因已经开始趋异，所以该基因的趋异时间可能早于物种的趋异时间。由这一基因计算而来的趋异长度或分歧时间可能产生偏离。

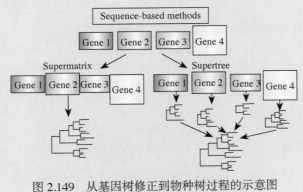

图 2.149　从基因树修正到物种树过程的示意图

基因树的拓扑结构分支情况可能与物种树不同，尤其在分支点非常接近的物种间，例如人、猩猩和黑猩猩。物种的演化历史不可重现，因此也不可能获取绝对的物种树。但是通过多个基因与大量序列的正确分析，可以最大限度地缩小基因树与物种树间的差别，经过修正之后则可被视为物种树。

构建系统发生树需要准确可靠的多序列比对结果和合理的建树方法。

具体到分子演化研究中，系统发生树构建一般分为几个步骤：①多序列比对，形成同源区域（同源位点对位排列）；②建立取代模型（根据建树方法）；③建立演化树；④评估演化树。

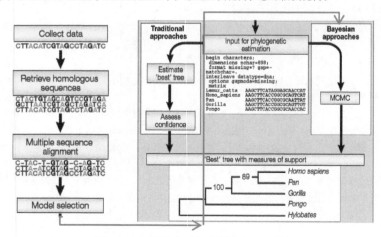

图 2.150　系统发生树构建流程示意图

构建系统发生的物种树的常见方法有距离转换法 (transformed distance method)、最大简约法 (maximum parsimony method)、最大似然法 (maximum likelihood method) 和贝叶斯法 (Bayesian method)。若序列相似度较高，物种较近缘，可采用距离转换法或最大简约法；若相似度较低，可采用最大似然法和贝叶斯法。常用软件有 PHYLIP、MEGA、PALM 等。

表 2.15　几种建树方法的对比

方法	简介	特点
距离转换法	首先计算两两序列之间的距离矩阵，不断重复合并距离最短的两个序列，最终构建最优树	属于距离矩阵法，简单易懂，计算速度快
最大简约法	首先是按信息位点，有最多信息位点支持的那个树就是最大简约树	不需计算序列之间的距离，其算法及程序比较成熟，要求对比序列相似性很大，否则推断出的系统发生树可信度太低
最大似然法	完全基于统计算法，在每组序列比对中考虑了替换的概率，概率总和最大的树可能是最真实的	计算比较复杂，可能由于对演化背景的信息不全和完全基于统计算法得到的系统发生树不能反映真实情况
贝叶斯法	在给定序列组成的条件下，计算演化树和演化模型的概率	基于后验概率进行的分析

框 2.94　　　　　　　　　　　　　　　　　　**PHYLIP**

　　PHYLIP (PHYLogeny Inference Package) 是美国 University of Washington 的 Joe Felsenstein 等开发的一套免费使用的系统发生的预测软件包。
　　PHYLIP 分析工具要求输入标准的 PHYLIP 格式，PHYLIP 格式的第一行是两个数字，分别表示序列的总数和序列的长度；接下来的行的第一部分（以空格分隔）是序列名（例如

HUMAN26353)，序列名后为序列。下面为一个示例。

PHYLIP 格式输入文件：

```
   10  100
HUMAN26353 VQWCAVSQPE ATKCFQWQRN MRKVRRMSGP PVSCIKRDSP IQCIQAIAEN
RADAVTLDGG FIYEAGLAPY KLRPVAAEVY GTERQPRTIIY YAVAVVKKGG
MOUSE24351 VQWCAVSNSE EEKCLRWQNE MRKVG---GP PLSCVKKSST RQCIQAIVTN
RADAMTLDGG TLFDAGKPPY KLRPVAAEVY GTKEQPRTHY YAVAVVKNSS
HORSE23349 VRWCTVSNHE VSKCASFRDS MKSIVPA-PP LVACVKRTSY LECIKAIADN
EADAVTLDAG LVFEAGLSPY NLKPVVAEFY GSKTEPQTIIY YAVAVVKKNS
HUMAN25347 VRWCAVSEIIE ATKCQSFRDII MKSVIPSDGP SVACVKKASY LDCIRAIAAN
EADAVTLDAG LVYDAYLAPN NLKPVVAEFY GSKEDPQTFY YAVAVVKKDS
FEPIG6332 VRWCTISNQE ANKCSSFREN MSKAVKN-GP LVSCVKKSSY LDCIKAIRDK
EADAVTLDAG LVFEAGLAPY NLKPVVAEFY GQKDNPQTHY YAVAVVKKGS
BOVIN25352 VRWCTISQPE WFKCRRWQWR MKKLG---AP SITCVRRAFA LECIRAIAEK
KADAVTLDGG MVFEAGRDPY KLRPVAAEIY GTKESPQTIIY YAVAVVKKGS
CHICK26352 IRWCTISSPE EKKCNNLRDL TQQER----I SLTCVQKATY LDCIKAIANN EAD-
AISLDGG QAFEAGLAPY KLKPIIAAEVY EIITEGSTISY YAVAVVKKGT
SALSA25329 VKWCVKSEQE LRKCHDLAAK VA-------EFSCVRKDGS FECIQAIKGG
EADAITLDGG DIYTAGLTNY GLQPIIAEDY G--EDSDTCY YAVAVAKKGT
XENLA26341 VRWCVKSNSE LKKCKDLVDT CKNKE----I KLSCVEKSNT DECSTAIQED
IIADAICVDGG DVYKGSLQPY NLKPIIMAENY GSIITETDTCY YAVAVVKKSS
IIUMAN23357 VRWCATSDPE QIIKCGNMSEA FREAG--IQP SLLCVRGTSA DHCVQLIAAQ
EADAITLDGG AIYEAG-KEII GLKPVVGEVY D--QEVGTSY YAVAVVRRSS
```

PHYLIP 分析工具的输出文件有两个，一个输出文件是 Newick 格式文件，可应用于 treeview 软件。Newick 格式文件示例如下：

(MOUSE24351：0.24084，(BOVIN25352：0.24624，(((HUMAN23357：0.53282，(XENLA26341：0.41999，SALSA25329：0.35952)：0.22389)：0.17453，CHICK26352：0.30644)：0.15404，(FEPIG6332：0.13028，(HUMAN25347：0.17692，HORSE23349：0.13011)：0.07571)：0.10549)：0.16215)：0.14101，HUMAN26353：0.17629)。

另一个为树的详细信息，以箭头指向的一行为例说明每个字段的含义，第一列的"1"表示第一个序列是祖先节点 1，它的位置可在树的图中查看到，"HUMAN26353"是第二个序列的名字，也就是说，这一行表示的是祖先节点 1 和 HUMAN26353 之间的演化距离，就是一般看到的系统发生树的树枝上标度的数值，大小为第三列的"0.17629"（如箭头所示），这个数字表示的是每个位点的平均的替换数的大小，接下来两个数字是这个距离的置信区间，可作参考。

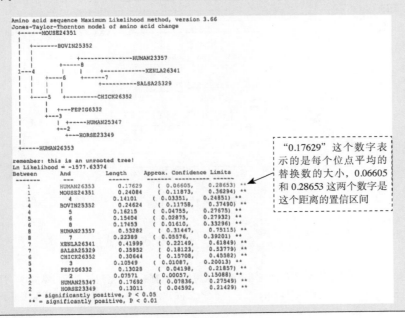

"0.17629"这个数字表示的是每个位点平均的替换数的大小，0.06605 和 0.28653 这两个数字是这个距离的置信区间

几个构建系统演化树的软件网址:

Treebest http://treesoft.svn.sourceforge.net/viewvc/treesoft/trunk/treebest
MEGA   http://www.megasoftware.net
Figtree http://tree.bio.ed.ac.uk/software/figtree
PAML   http://abacus.gene.ucl.ac.uk/software/paml3.15.tar.gz

三、同源与直系同源基因

同源 (homology) 是比较基因组学与演化基因组学中一个非常重要的概念,是推断演化过程或者事件的基础。

同源基因通常指来自同一个祖先基因的并有显著相似性的一组基因。显著相似性的经验定义是蛋白质的氨基酸序列相似性要大于 30%。请注意,同源和分子量的大小、分子序列的生物学本质没有关系。

在 20 世纪 70 年代,美国 UCI (University of California, Irvine,欧文的加州大学) 的 Walter Fitch 据演化过程把同源分为直系同源 (orthology) 和旁系同源 (paralogy)。直系同源基因是随着物种趋异的历史事件产生的,而旁系同源基因是基因复制的历史事件产生的。所以,直系同源基因是一个来自 MRCA 的基因通过物种趋异事件而形成的同源基因 (一般指不同物种之间的基因);旁系同源基因是一组来自基因复制事件的同源基因 (一般存在于一个物种基因组之中)。

直系同源基因仅仅是一个演化的定义,而不是一个功能的概念。这个概念常常被错误地理解为不同物种间功能相同或者相似的基因。直系同源基因最初用来推断物种演化树的遗传标记,因为这些基因来自物种趋异事件。

直系同源基因检测的方法学依据检测的理论和操作方法的不同而分为 3 类:基于树的检测方法 (tree-based),基于图的检测方法 (graph-based) 及杂合方法 (hybrid-method)。其中较为常用的是基于图的检测方法。

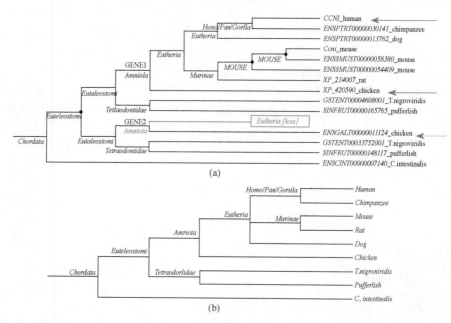

图 2.151　通过基因树 (a) 和物种树 (b) 的比较鉴定直系同源基因示例

图中箭头所指的人类的 *CCNI* 基因与鸡的 *XP_420590* 基因序列,在基因树上的拓扑结构和时间均与物种上人类和鸡的关系相吻合,因此可以鉴定为直系同源基因。而 *CCNI* 与另一个鸡的 *ENSGALT00000011124* 基因 (虚线箭头所指) 的关系与物种树不相符,因此不能被鉴定为直系同源基因。

基于树的直系同源基因检测方法是利用系统发生树来推断直系同源基因和旁系同源基因。首先,收集同源序列、进行多序列比对、构建基因树;然后,比较已知的物种树和基因树来推断直系和旁系同源基因。基因树不一定要和物种树一致,因为该基因家族可能经历了诸如基因丢失和水平基因转移的演化事件;树

融合 (tree reconciliation) 技术广泛用于解释这些不同，进而用于推断物种趋异和基因复制事件，前者导致了直系同源基因的产生而后者导致了旁系同源基因的产生，所以该方法也就完成了直系和旁系同源基因的推断。然而，该方法只能适合物种树非常可靠的情况。

基于图的直系同源基因预测方法适用于对两个或者多个物种间的全基因组范围的全部基因集合。

与基于树的直系同源预测方法不同，基于图的方法不需要进行多序列比对和系统发生树构建，而依赖于所有序列中的成对序列的相似性，以及操作中的直系同源基因的定义，如"相互对称最佳 (reciprocal best hit)"方法。成对序列的序列相似性搜索算法和打分系统的选择，对直系同源基因预测的准确性和相关性有很大的影响。一些方法利用聚类算法，把关系最近的两个物种的直系同源基因扩展到 3 个或者更多的物种，来构建多物种的直系同源基因。这种方法主要是利用直系同源基因通常聚在一起的特点。

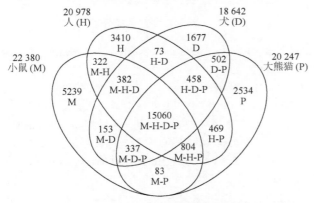

图 2.152　大熊猫、犬、人和小鼠基因组之间的直系同源基因比较示例

基于树和图的杂合直系同源基因预测方法，是在直系同源基因推断的不同阶段，同时使用树和图两种方法。该方法把树和图整合在一起，很好地利用了前者的树的系统推断方法和后者的可灵活扩展的优点，比较适合基因组项目对全基因组范围的基因集合的分析。

四、基因的选择和演化

自然对物种突变的选择可以分为正选择 (positive selection) 和负选择 (negative selection)。

正选择就是在大自然的作用下选择出有利于生存的性状。负选择是指群体中出现有害基因并加以剔除的选择过程。

当一个群体中出现能够提高个体生存及生育能力的突变时，具有该基因的个体将比其他个体留下更多的子代，使突变基因最终在整个群体中扩散，因而被称为"正选择"。正选择分析有助于推断在特定生存环境下物种的适应机制，更好地研究特定物种的环境适应策略。

正选择是适应演化的重要基础。因为这种选择方式是达尔文演化论的根本，有时也称为达尔文选择。携带有害基因的个体会因为生存力及生育性降低而从群体中剔除，因此也称净化选择 (purifying selection)。

框 2.95　　　　　　　　　　**dN、dS 与基因的快速演化**

　　Motoo Kimura 于 1977 年最先提出这个概念，在蛋白质编码基因中，每个非同义位点的非同义 (non-synonymous) 替换数 (dN) 小于同义位点的同义 (synonymous) 替换数 (dS)。因为中性理论预言，在蛋白质编码区，大多数非同义突变造成的氨基酸变异会破坏蛋白质原有功能，因此发生在蛋白质编码区的大多数非同义突变都被视为有害突变而在固定过程中被净化选择所剔除；而同义突变由于不造成氨基酸改变，因此被认为是中性或近中性的而被随机遗传漂变所固定。所以，在固定后体现出来的替换数的差异上，将会有 dN < dS。

同理，如果没有任何选择作用，即所有突变都是中性或者近中性的，则会有 dN = dS。所以，中性理论并没有排斥负选择（净化选择），当 dN ≤ dS 时，可以认为大多数"被固定下来的突变"是中性或近中性的。相反，如果观察到 dN > dS，则认为非同义突变是有利突变而被正选择所固定。因此，考察比值 dN : dS 是否显著（$P < 0.05$）大于 1 或者小于 1，成为检测受自然选择对编码序列作用的得力工具。筛选 dN : dS >> 1 的基因，可找出基因家族中物种发生快速演化的基因。

如果换用 Ks 来表示同义替换率，Ka 表示非同义替换率，若 Ka/Ks 显著大于 1，说明基因发生了趋异的适应性演化，即具有正选择效应；若 Ka/Ks 显著小于 1，说明基因非常保守，即具有净化选择（负选择）效应；若 Ka/Ks 近似于 1，那么基因出于中性演化状态，即存在中性选择效应。

框 2.96   **PAML 和正选择分析**

研究正选择的软件很多，PAML（Phylogenetic Analysis by Maximum Likelihood）和 KaKs_Calculator 是较为常用的两种。

PAML 是目前国际上认可度较高的分析软件，由英国 University College London（伦敦大学学院）的杨子恒（Ziheng Yang）开发。PAML 是研究系统发生相关的套件，其中的 codeml 程序是用来作正选择分析的。目前有 3 种可选模型，分别是 Branch-site 模型、Branch 模型及 Site 模型。model 规定的是枝的情况，NSsite 规定的是点的假设。如果是 Site 模型的话，model 是 0，NSsite 可以选多个参数；如果是 Branch 模型的话，NSsite 是 0，branch 可以选多个参数；如果是 Branch-site 模型的话，model 和 NSsite 都可以选择 2。此外，还有 ctl 假设和 null 假设的区别。Site 模型的 ctl 假设和 null 假设的区别在于设置 NSsite 分别是 2 和 1；Branch 模型的 ctl 假设和 null 假设的区别在于设置 model 一个是 2，一个是 0；Branch-site 模型的 ctl 假设和 null 假设的区别在于设置 omega，前者是可变的，后者是固定的。对于 Branch 模型，常把 ω1（前景枝）> ω0（背景枝）、P 值 < 0.05 作为正选择基因的筛选条件。对于 Branch-site 模型，LRT 检验后，FDR < 0.05 作为正选择基因的筛选条件。

PAML 是一套基于最大似然估计来对蛋白质和核酸序列进行系统发生分析的软件，供研究者免费使用。包括 PAML 在 UNIX/Linux/MAC OS X 平台下的 ANSI C 的源程序和 MS Windows 下的可执行文件。PAML 可实现系统发生树的构建、始祖序列估计、演化模拟和 KaKs 计算等功能。其中分支及位点 KaKs 的计算是它的特色功能。

13:555, 1997 | Comput. Appl. Biosci

PAML: a program package for phylogenetic analysis by maximum likelihood.
Yang Z[1].

24:1586, 2007 | Journal of Molecular Biology

PAML 4: Phylogenetic Analysis by Maximum Likelihood
Ziheng Yang*
*Department of Biology, Galton Laboratory, University College London, London, United Kingdom

图 2.153   杨子恒及其 PAML 论文示例

表 2.16   蝙蝠基因组正选择基因示例

符号	基因名	均值（ω0）	非休眠哺乳动物（ω1）	休眠哺乳动物（ω2）	P 值
PPP1R9A	protein phosphatase 1, regulatory subunit 9A	0.10144	0.05363	0.19588	0
SLC1A2	solute carrier family 1 (glial high affinity glutamate transporter), member 2	0.07222	0.04307	0.14158	1.59×10^{-11}
PRRX1	paired related homeobox 1	0.05767	0.01648	0.1478	1.86×10^{-10}
MAP1B	microtubule-associated protein 1B	0.10914	0.09928	0.13957	1.81×10^{-5}
MAP2	microtubule-associated protein 2	0.23774	0.22221	0.27438	3.71×10^{-3}
MYLK	myosin light chain kinase	0.17486	0.16498	0.19812	1.91×10^{-2}

表 2.17　牦牛基因组正选择基因示例

GO 编号	功能类别	分类	基因数目（个）		P 值
			总数	正选择	
GO:0004222	metallocendopeptidase activity	MF	39	4	4.89×10^{-4}
GO:0032496	response to lipopolysaccharide	BP	51	3	1.25×10^{-2}
GO:0000082	G1/S transition of mitotic cell cycle	BP	21	2	1.68×10^{-2}
GO:0004674	protein serine/threonine kinase activity	MF	224	6	1.98×10^{-2}
GO:0002699	positive regulation of immune effector process	BP	23	2	1.99×10^{-2}
GO:0001101	response to acid	BP	23	2	1.99×10^{-2}
GO:0000964	glutamine family amino acid metabolic process	BP	27	2	2.70×10^{-2}
GO:0042113	B cell activation	BP	27	2	2.70×10^{-2}
GO:0014075	response to amine stimulus	BP	29	2	3.08×10^{-2}
GO:0017124	SH3 domain binding	MF	30	2	3.28×10^{-2}
GO:0030198	extracellular matrix organization	BP	33	2	3.91×10^{-2}
GO:0001666	response to hypoxia	BP	81	3	4.19×10^{-2}
GO:0030098	lymphocyte differentiation	BP	35	2	4.36×10^{-2}
GO:0000502	proteasome complex	CC	36	2	4.58×10^{-2}

MF: molecular function 分子功能；BP: biological process 生物学过程；CC: cellular component 细胞组分

五、多基因家族

物种的演化不仅仅是由于直系同源基因的变异，也表现于多基因家族即旁系同源基因的演化。

多基因家族的演化模式主要有趋异演化 (divergent evolution) 模型、协同演化 (concerted evolution) 模型和生死演化 (birth-and-death evolution) 模型。这 3 个模型都是为了阐明一个基因家族是如何由一个共同的始祖基因演化而来的，从整体角度来研究基因家族的演化历史和构建模型。

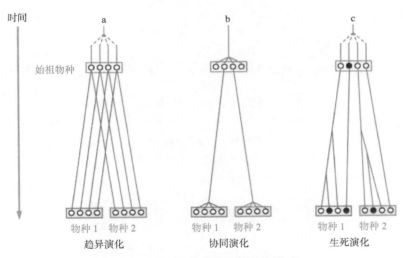

图 2.154　基因家族演化的动力模型

框 2.97　　　　　　　　　　多基因家族分析的 3 种模型

趋异演化模型是基于球蛋白基因家族分析建立的，各个物种的不同基因分别来自同一祖先基因家族的成员，每个成员独立演化，在后代的物种中仍是同一基因家族的成员。

协同演化模型中整个家族是同时演化来的。例如基于对爪蟾 *rRNA* 基因家族分析，发现该基因在物种内部的变异远小于物种之间的变异，进而提出物种内部的基因以协同的方式演化。

生死演化模型是出于人体免疫球蛋白和主要组织相容性复合体 (immunoglobulins and major histocompatibility complex) 基因家族和嗅觉受体 (Olfactory Receptors，OR) 基因家族的研究而提出的。这个模型中，一个成员演化的过程中可能产生或者丢失新的基因，其中一些会长时间地固定在基因组中，而另一些由于有害突变等原因而丧失功能。

利用生死演化模型对黄瓜的一个基因家族进行细致分析。黄瓜基因组中 *LOX* 基因的数量明显高于其他物种，而 *NBS-R* 基因（一种抗性基因）的数量却明显少于其他几个物种。进一步分析显示 *LOX* 基因大量富集在基因组的某些特定区域，呈特异性扩张的趋势；同时发现 *LOX* 基因可以间接编码 NDE（一种挥发性化合物，对细菌和真菌有抗性作用），最后推断 *LOX* 基因家族的扩充可能就是对生物体抗逆机制的一种补充。

对 6 个双子叶植物 *LOX* 基因家族进行聚类分析。黄瓜（绿色）的这类基因数量远大于其他 5 个物种，而进一步定位这些黄瓜 *LOX* 基因则发现，多数基因成员串联聚集在 2 号和 4 号染色体的两个区段，提示存在某种物种特异的生物功能。

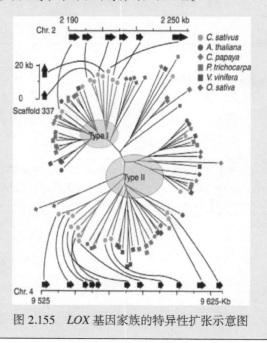

图 2.155 *LOX* 基因家族的特异性扩张示意图

利用生死演化模型和全基因组数据分析物种在演化过程中快速扩张 (expansion) 或者收缩 (contraction) 的基因家族较为常用的工具有 CAFE 软件包。CAFE 用于动植物基因家族随着物种的演化而变化的历史分析 (http://sites.bio.indiana.edu/-hahnlab/software.html)。

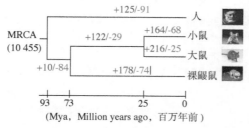

图 2.156 快速扩张 (+) 或收缩 (–) 的基因家族示例

图中标记了扩张的基因家族数（绿色），收缩的基因家族数（红色）。
MCRA 有 10 455 个基因家族。

表 2.18　生死演化模型建立的多基因家族示例

Multigene family	Organism	Multigene family	Organism
(A) Immune system		(C) Development	
MHC	Vertebrates	Homeobox genes	Animals
Immunoglobulins	Vertebrates	MADS-box	Plants
T-cell receptors	Vertebrates	WAK-like kinase	*Arabidopsis*
Natural killer cell receptors	Mammals	(D) Highly conserved	
Eosinophilic RNases	Rodents	Histones	Eukaryotes
Disease resistance (R) loci	Plants	Amylases	*Drosopbila*
Cecropins	*Drosopbila*	Peroxidases	All kingdoms
α-Defensins	Mammals	Ubiquitins	Eukaryotes
β-Defensins	Mammals	Nuclear ribosomal RNA	Protists, Fungi
(B) Sensory system		(E) Miscellaneous	
Chemoreceptors	Nematodes	DUP240 genes	Yeast
Taste receptors	Mammals	Polygalacturonases	Fungi
Sex pheromone desaturases	Insects	3-Finger venom toxins	Snakes
Olfactory receptors	Mammals	Replication proteins	Nanoviruses
		ABC transporters	Eukaryotes

六、转位因子

转位因子 (transposable element，又译为转座因子或转位元件) 是广泛存在于真核生物基因组中的重复序列。

转位因子或成簇或分散在基因之间，主要为 LINE 和 SINE，还有 LTR 等。

哺乳动物 L1 因子 (LINE-1，长分散重复序列 -1) 在许多不寻常的方面影响基因组的演化与基因的功能，具有破坏性和建设性双重作用。破坏性过程包括由同源重组导致的基因插入和重排。人的二倍体基因组中有 80~100 个活跃的 L1 因子，L1 因子产生的突变大约占人类突变的 1/1200，大约有 10% 的 L1 插入与基因组 DNA 缺失有关，其中的一些插入与疾病有关。L1 因子的 DNA 整合也可以产生大量的 DNA 重排。人和黑猩猩趋异之后，人的基因组中积累了约 5 Mb 的 L1 和 2.1 Mb 的 Alu (属 SINE)，是人类基因组的最具特征性的重复序列。这些 Alu 重复序列可能是人类特有的长度为 300 多个碱基的插入缺失的主要成分。

L1 在很多方面是有建设性作用的。通过整合到基因组来修复 DNA 双链断裂，这种整合是通过不依赖核酸内切酶的途径来实现。L1 通常可以从亲代的 L1 将其 3' 序列转移到一个新的基因组位置，有可能改变新基因外显子和新的基因位点。L1 经常表达，可以产生新的嵌合逆基因。逆转录转位因子通过提供编码蛋白质的外显子形成新的基因。L1 逆转录转位因子也可以影响基因表达。

LTR (长末端重复) 有着悠长的历史 (5 亿 ~6 亿年)。它们在地球生命的早期演化中的作用尚不清楚。但是近年来对哺乳动物的研究表明，它们是基因演化中的另外一种非常重要的推动力。

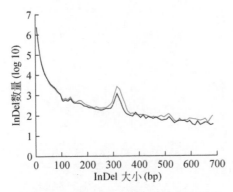

图 2.157　InDel 的大小与频率

蓝线是在黑猩猩基因组中有而人类基因组没有的，红线是在人类基因组有而黑猩猩基因组没有的。
在 300 bp 左右的位置出现较多的插入或缺失，可能与 Alu 家族有关。

表 2.19　人和黑猩猩转位因子的数量与大小比较

转位因子	黑猩猩（个）	黑猩猩 (Mb)	人（个）	人 (Mb)
Alu	2 340	0.7	7 082	2.1
LINE-1	1 979	>5	1 814	5.0
SVA	757	>1	970	1.3
ERV class 1	234	>1	5	8
ERV class 2	45	0.055	77	130
(Micro)satellite	7 054	4.1	11 101	5.1

七、保守性区域及共线性

物种间相对保守的序列和区域是相同表型的遗传基础，而物种特有的序列是物种特有表型的遗传基础。通过全基因共线性比对，不仅可以分析物种间的保守序列，同时也能找到物种特有的序列以及基因组之间的趋异程度。

两两物种基因组水平上的变异分析是将两个物种全基因组比对之后将染色体同源区域划分为 1 Mb 的片段，计算其序列趋异程度。

例如，利用 BLASTZ 将大熊猫和犬、大熊猫和人、犬和人进行两两物种的全基因组（非重复序列）比对，找出两两之间的差异，计算出 3 个物种共有的保守序列 (846 Mb)、两个物种之间的保守序列（熊猫和人共有序列 163 Mb、熊猫和犬共有序列 322 Mb、人和犬共有序列 58 Mb），以及每个物种特有的序列（熊猫 83 Mb、人类 399 Mb、犬 188 Mb）。

再如，人和黑猩猩的趋异中位数为 1.2%；而这种差异是不均一的，X 染色体相对于常染色体差异更小，意味着 X 染色变异速率较慢。

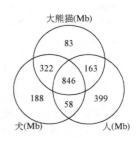

图 2.158　大熊猫、犬与人的共有和特有的非重复序列比较

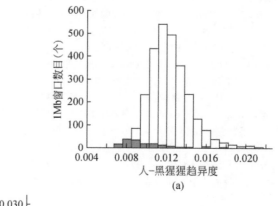

(a)

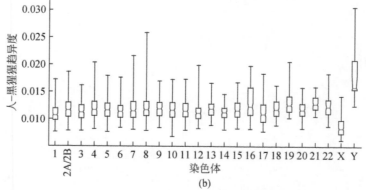

(b)

图 2.159　人和黑猩猩基因组的趋异和染色体分布

(a) 常染色体差异分布为蓝色，X 染色体的为红色，Y 染色体的为绿色，
(b) 人类和黑猩猩的染色体差异分布。

共线性分析 (colinearity analysis) 是基因组比较分析的重要工具。对几个物种的染色体区域进行共线性比对可以分析演化过程中可能的染色体区域断裂和融合，以及物种的染色体区域的共线性比对可以分析演化过程中可能的染色体重排。

共线性片段指同一个物种内部或者两个物种之间，由基因组复制、染色体复制、大片段复制以及物种趋异而产生的大片段的同源性现象。在这些同源片段内部，基因在排列顺序上都是保守的，意味着同源片段在基因功能上也可能是保守的。

共线性分析是将两组染色体序列进行比对，找出存在的共线性关系，并将这些海量比对信息用可视化图形展示出来。因此，全基因基因组序列比对是共线性分析的基础，专用于动物基因组典型的软件包有 BLASTZ 和 Lastz (http://www.bx.psu.edu/~rsharris/lastz)，两者都是专门为动物的全基因组比对设计的，而后者是前者的升级版；研究植物基因组典型的方法是对所选物种的蛋白序列进行 BLASTP 比对，选取同源基因可用 MCscan (http://chibba.agtec.uga.edu/duplication/mcscan) 寻找共线性片段。

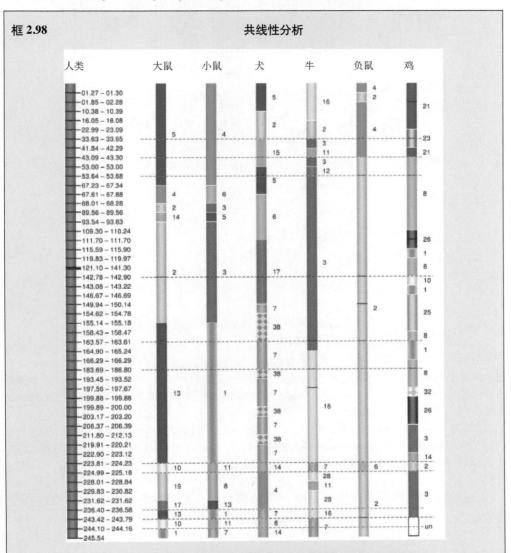

框 2.98　共线性分析

图 2.160　人类 1 号染色体与其他动物的共线性分析 (示例)

人类 1 号染色体右边的数字代表的是断裂点的位置，单位为 Mb，其他哺乳动物染色体右边的数字代表的是此段同源区域所在染色体的号数，人类 1 号染色体中的黑杠 (black bar) 代表的是中心点的位置，红虚线代表的是所有非人基因组的断裂点位置，可能意味着灵长类所特有的染色体重组位点。染色体内黑线代表的是可能由于倒位而产生的染色体内重组部分。绿虚线代表的是共有的断裂位点，即这个位点被来自于两个不同分支的至少 3 个物种的染色体所共有。

八、全基因组加倍

全基因组加倍 (Whole Genome Duplication，WGD，又称全基因组复制或全基因组多倍化) 是生物演化史上的重要事件，在物种起源、基因组扩张等多方面有重要意义。

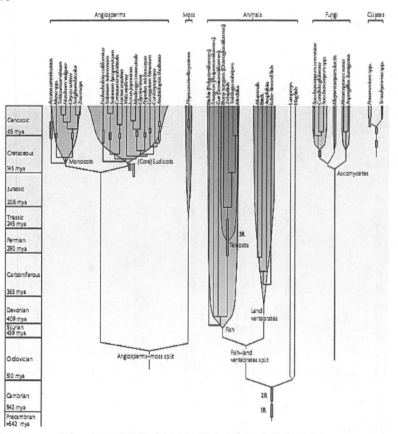

图 2.161　生物演化过程中的全基因组加倍事件示例

至少35万余种被子植物和2.5万余种鱼类曾发生过全基因组加倍事件。推断这些事件发生的时间，发现在侏罗纪 (Jurassic) 灭绝事件的时间段前后有着大量的全基因组加倍事件；而在寒武纪 (Cambrian) 物种爆发事件前后，大部分物种经历了两次以上全基因组加倍事件。这些现象提示了全基因组加倍事件在物种演化过程中是一个极为重要的推动力。

酿酒酵母 (Saccharomyces cerevisive) 是第一个报道的发生过全基因组加倍事件的真核基因组，发生在与另一近源的裂殖酵母属 (Schizosaccharomyces) 趋异之后。水稻是第一个报道的有充分序列依据证明经历过全基因组加倍的大型植物基因组。

通过基因组序列数据推断全基因组加倍事件，对了解物种的演化历史有着重要的意义。

在经历全基因组加倍事件后，基因的丢失，染色体断裂、融合等使得从现有的基因组数据中判断全基因组的加倍事件变得极为困难。典型的方法有：① Ks (同义突变率) 分析 (Ks 可反映演化时间，Ks 值越大演化时间越久远，Ks 是演化分析的主要参数)；② 4DTv (4 Degenerate Transversion，四重简并颠换) 分析；③直接比较不同物种基因组间的线性关系。前两种方法利用物种的蛋白质氨基酸序列进行 BLASTP 比对，得到种间的直系同源基因对和种内的旁系同源基因对，再用 Mcscan 寻找同源性区域，计算同源区域的 Ks 或 4DTv 值，分析其分布图从而鉴定全基因组加倍事件。Ks 的计算工具有 KaKs_Calculator、SeqinR (R 语言模块) 等。

框 2.99　　　　　　　　　　　**全基因组加倍示例**

　　通过基因组内共线性比对以及全基因组序列分析结果，推断雷蒙德氏棉 (*Gossypium raimondii*) 在距今 1660 万年前 (16.6 Mya) 和 13 080 万年前 (130.8 Mya) 分别发生了两个全基因组加倍事件。

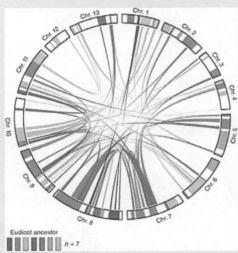

图 2.162　雷蒙德氏棉基因组内共线性比较

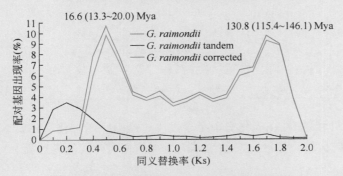

图 2.163　雷蒙德氏棉 Ks 分布与基因组加倍

横轴代表 Ks，纵轴代表基因组中旁系同源基因对的数量。由于 Ks 可以代表演化时间，那么就可以在不同的演化时间上去衡量旁系同源基因对的数量。如果在某一演化时间上，旁系同源基因对的数量急剧增加，那就可以推断在这个时间点上出现了全基因组加倍事件 (如图中两个峰的位置)。图中橙黄色线是所用的旁系同源基因，黑色线是串联重复基因对，绿色线是去除了串联重复的校正线。

框 2.100　　　　　　　　　　　**KaKs 计算软件包**

　　KaKs_Calculator 是一套用于计算非同义替换率 (nonsynonymous substitution rate，即 nonsynonymous substitutions per nonsynonymous site，通常用 Ka 表示) 和同义替换率 (synonymous substitution rate 即 synonymous substitutions per synonymous site，通常用 Ks 表示) 的软件包，它采用模型选择 (model selection) 和模型平均 (model averaging) 的策略，同时集成了现有其他几个用于计算 Ka 和 Ks 的算法。软件网址：http://evolution.genomics.org.cn/software.htm。

　　计算 Ka、Ks 通常需要 3 个步骤。假设一对 DNA 序列的长度为 n，它们之间不同的核苷酸位点数为 m。①需要计算出同义位点数 S 和非同义位点数 N，并且满足 $S + N = n$；②需要计算同义替换数 Sd 和非同义替换数 Nd，并且满足 $Sd + Nd = m$；③由于序列间观测到的替换数往往小于真实发生的数目，所以要对 Nd/N 和 Sd/S 分别进行校正，校正后的值分别是 Ka 和 Ks。

　　Ka 和 Ks 的算法往往采用不同的替换模型。尽管这些模型之间可能存在微小的差别，但对计算出的结果却能产生很大的影响。通常情况下，Ka、Ks 的算法分为两类：近似法（approximate methods）和最大似然法。最大似然法不同于近似法，它是将上述 3 个步骤运用的概率论方法一步完成。

调用 YN00 计算 Ka、Ks，命令行操作示例如下：

```
Bash-2.05b$ ../bin/KaKs_Calculator -i ./example.axt -o ./example.axt.KaKs -m YN
```

输入 axt 格式序列文件 example.axt：

```
NP_000006.1
ATGGACATTGAAGCATATTTTGAAAGAATTGGCTATAAGAACTCTAGGAACAAATTGGACTTGGAAACATTAACTGACATTT
TGAGCACCAGATCCGGGCTGTTCCCTTTGAGAACCTTAACATGCATTGTGGGCAAGCCATGGAGTTGGGCTTAGAGGCTATTT
TTGATCACATTGTAAGAAGAAACCGGGGTGGGTGGTGTCTCCAGGTCAATCAACTTCTGTACTGGGCTCTGACCACAATCGGT
TTTCAGACCACAATGTTAGGAGGGTATTTTTACATCCTCCAGTTAAGCAAATACAGCACTGGCATGGTTCACCTTCTCCTGCA
GGTGACCATTGACGGCAGGAATTACATTGTCGATGCTGGGTGTGGAAGCTCCTCCCAGATGTGGCAGCCTCTAGAATTAATTT
CTGGGAAGGATCCAGCCTCCAGGTGCCTTGCCATTTTCTGCTTGACAGAAGAGACAGGGAATCTGGTACCTGGACCCAAATCAGCAGA
GAGCAGTATATTACAAACAAAGAATTTCTTAATTCTCATCTCCTGCCAAAGAAGAAACACCAAAAAATATACTTATTTACGCT
TGAACCTCGAACAATTGAAGATTTTGAGTCTATGAATACATACCTGCAGACGTCTCCAACATCTTCATTTATAACCACATCAT
TTTGTTCCTTGCAGACCCCAGAAGGGGTTTACTGTTTGGTGGGTTCATCCTCACCTATAGAAAATTCAATTATAAAGACAAT
ACAGATCTGGTCGAGTTTAAAACTCTCACTGAGGAAGAGGTTGAAGAAGTGCTGAAAAATATATTTAAGATTTCCTTGGGGAG
AAATTCTCGTGCCCAAACCTGGTGATGGATCCCTTACTATT
ATGGACATCGAAGCATACTTTGAAAGGATTGGTTACAAGAACACAGTGAATAAATTGGACTTAGCCACATTAACTGAAGTTCT
TCAGCACCAGATGCGAGCAGTTCCTTTTGAGAACCTTAACATGCACTTGTGGAGAAGCCATGCATCTGGATTTACAGGACATTT
TTGACCACATAGTAAGGAAGAAGAGAGGTGGATGGTGTCTCCAGGTTAATCATCTGCTGTACTGGGCTCTGACCAAAATGGGC
TTTGAAACCACAATGTTGGGGAGGATATTGTTTACATAACTCCAGTCAAGCAAATATAGCACTGGAATGGTGAAATGGTCCACCTTCTAGTACA
GGTGACCATCAGTGACCAGGAAGTACATTGTGGATTCCGCCTATGGAAGCTGCTAGCAGATGTGGGAGCCTCTGGAATTAACAT
CTGGGAAGGATCAGCCTCAGGTGCCTGCCATCTTCCTTTTGACAGAGGAGATGGGAACCTGGTACTTGGACCCAAATCAGAAGA
GAGCAGTATGTTCCAAATGAAGAAATTGTTAACTCAGACCTCCTTGAAAAGAACAATAATCTACTCCCTTTACTTACTCT
TGAGCCCCGAGTTATCGAGGATTTTGAATATGTGAATAGCTATCTTCAGACATCGCCAGCATCTGTGTTTGTAAGCACATCGT
TCTGTTCCTTGCAGACCTCGGCAAGGGGTTCACTGTTTAGTGGGCTCCACCTTTACAAGTAGGAGATTCAGCTATAAGGACGAT
GTAGATCTGGTTGAGTTTAAATATGTGAATGAGGAAGAAATAGAAGATGTACTGAAAACCGCATTTGGCATTTCTTTGGAGAG
AAAGTTTGTGCCCAAACATGGTGAACTAGTTTTTACTATT
```

结果文件保存在 example.axt.KaKs：

```
Sequence      Method  Ka        Ks        Ka/Ks     P-Value(Fisher) Length  S-Sites  N-Sites
NP_000005.1   YN      0.18387   0.568871            0.323219        1.71672e-50        4371
NP_000006.1   YN      0.174271  0.581618  0.299632                  1.36161e-11
NP_000008.1   YN      0.048945  0.880781  0.05557   1.3862e-55                 1236

Fold-Sites(0:2:4)          Substitutions  S-Substitutions  N-Substitutions  Fold-S-Substitu
1279.56 3091.44 NA         982            480.632 NA       NA               0.296575           3.34022
870     232.49 637.51      NA             186     87.1565 98.8435 NA        NA        0.283127
254.838 981.162 NA         165            118.524 46.4761 NA                0.220453           1.74777

tions(0:2:4)               Fold-N-Substitutions(0:2:4)        Divergence-Time  Substitution-Rate-R
:3.34022:1:1:1:1           0.490709(0.545887:0.381373:0.544867)              NA    NA      NA
2.70891:2.70891:1:1:1:1    0.422989(0.468966:0.32931:0.47069)           NA    NA      NA
:1.74777:1:1:1:1           0.60801(0.595874:0.468447:0.759709)     NA    NA      NA

:rAG:rTA:rCG:rTG:rCA/rCA)  GC(1:2:3)         ML-Score    AICc    Akaike-Weight
```

4DTv 可以检测物种在演化史中是否发生过全基因组加倍事件，或通过与其他物种趋异时间的比较，来区分发生全基因组加倍相对时间的先后。

例如，在大豆与杨树、葡萄、拟南芥、水稻、苜蓿两两计算 4DTv 值的分布图上可以推断，大豆发生了全基因组加倍事件，而通过两两物种之间的 4DTv 峰的位置关系推断大豆的全基因组加倍发生的时间晚于杨树、早于苜蓿。

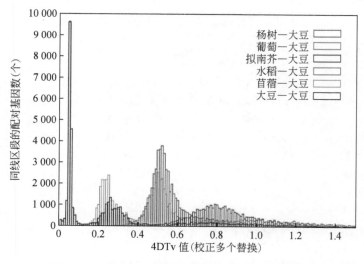

图 2.164　大豆与若干物种比较的 4DTv 值比较分布

直接比较两个物种基因组间的线性关系，将其染色体序列直接比对，将比对得到的相似区域按照染色体位置关系直接绘图，就可以推断出可能发生的加倍事件。

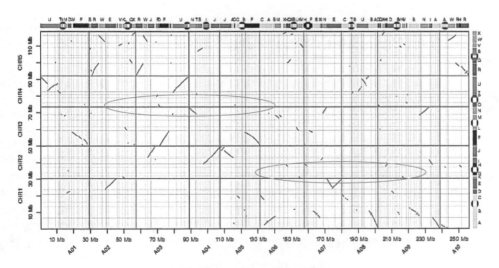

图 2.165　白菜和拟南芥染色体比对来推断 WGD 示例

在白菜和拟南芥的所有染色体比对之后可以在图形上作出推断。图中横坐标从左至右依次是白菜（单倍体）1 号 A01 到 10 号染色体 A10，纵坐标从下到上依次是拟南芥单倍体 1 号 CHR1 到 5 号染色体 CHR5。以图中圈定区域为例说明在白菜不同染色体区域与拟南芥同一染色体区域序列相似，由此推断白菜的基因组曾经发生过加倍事件。

染色体和染色体区段的复制是基因组局部复制的重要方式。

框 2.101　　　　　　　　　　　　**全基因组加倍与演化**

　　全基因组加倍（又称多倍化或复制）是大家熟知的"C值悖论"的基础之一。一方面，演化史上至少有一次全基因组加倍推动着脊椎动物的演化。正是这些全基因组加倍或大片段的复制，使得许多功能片段存在多个拷贝，这就为物种适应复杂恶劣的自然环境提供了数量上的保障和进一步演化出新的功能元件的条件。

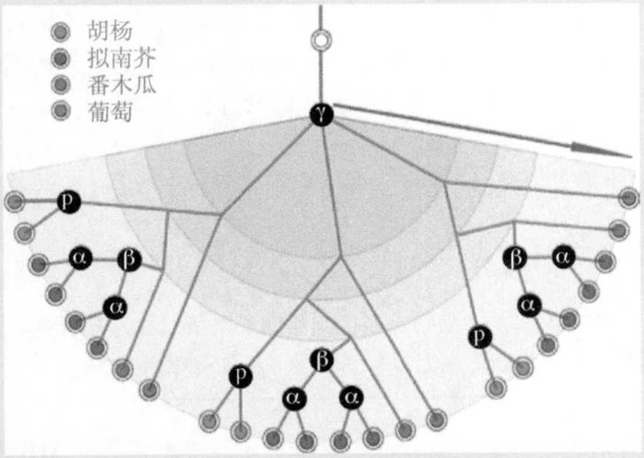

　　在植物界，尤其是被子植物，由于未知真实原因的多倍化事件随处可见，这就导致在同一个科

图 2.166　植物多倍化示意图

或同一个属内，不同种的植物的基因组大小差异非常显著。染色体数目要比基因组大小保守得多。虽然发生了全基因组加倍或片段复制，染色体间仍可能通过重新组合（臂间倒位、融合和丢失）而使染色体数目维持在一个"合理"的范围内。如图中所示的胡杨、拟南芥、番木瓜和葡萄在多倍化事件中的比较可以看出，它们的共同祖先发生了一次命名为 gamma 的三倍化事件，以后的葡萄和番木瓜再没有发生过全基因组加倍事件，其他的几个物种分别发生了不同次数的全基因组加倍事件，有的发生了两次（拟南芥的 α、β 和 γ 复制），有的只发生了一次（胡杨的 p 复制）。这些全基因组加倍对于物种的趋异和某些适应环境功能的演化起着重要的作用。

第二节　META 基因组

　　META 基因组学是应用基因组学的策略和技术，直接研究自然生态下群体或群落中微生物的组学。META 基因组学是基因组学和测序技术对微生物学的又一重要贡献。

　　META 基因组学的主要特点有生存方式的原生态、技术上的"混合测序"和基因组序列的重新组装。

　　这一定义的核心是由美国 UC Berkley (University of California, Berkeley，伯克利的加州大学) 的 Kevin Chen 与 Lior Pachter 提出的，突出了"基因组学"和"自然生态"这两个要素，反映了技术和样品的两方面特点。

　　(1) 生存上的"原生态"。与高等动植物不同，微生物的自然存在方式不是单一物种或个体的"独居"独存，而总是以多物种多个体"群居 / 杂居"共存，生活在不同自然生态环境 (如海洋、土壤) 之中，与宿主共生或寄生的，因而 META 基因组学的研究对象可以同时是样本中的真菌、细菌和病毒等多种微生物，以及它们的宿主基因组。正因为这样有人把微生物组群 (microbiota) 和寄主的基因组合称为 hologenomes。

　　(2) 技术上的"混合"。因微生物"群居 / 杂居"的特殊状态，一直以来仍遵循动植物研究"个体—物种"的原则首先进行分离、鉴定、纯化等，这就需要在实验室条件下人工纯一培养。但是，绝大多数微生物的生存环境与共生关系复杂而微妙，或不能单独培养，或因环境的选择压力而在培养过程中发生的基因组变异较多，得到的"纯种"实际上并不能忠实反映其基因组的原始特点和生物学特性。在技术上，META 样本和 META 测序的含义与"混合样本"、"混合测序"和"混合分析"接近。据粗略估计，已知或已研究过的只有自然界生物圈里细菌总数的千分之一还不到，而病毒则可能百万分之一还不到。

　　(3) 基因组序列的重新组装。MPH 测序技术可以直接测序自然生态中混合共生的微生物群落的 DNA 样本，而生物信息学分析工具可实现以 de novo 策略来组装微生物的全基因组完整序列，或完整的基因序列，或编码序列不完整的 ORF，可以对微生物进行鉴定和所有基因组学与一些生物学的研究。与此前的"特征性序列" (如 16S rDNA) 只能进行的单一类群分析相比，确实迈上了一个新的台阶。可以说，也只有在基因组学核心技术——MPH 测序和生物信息学共同发展的今天，低成本、高通量以及大数据处理能力使得"还原"META 基因组研究成为可能。

　　从技术的角度，META 基因组学是继显微镜之后人类研究微观世界的重大技术突破。

　　在生态学上，META 基因组给我们的提示是自然界的自然生态生物都是以"多细胞"状况存在的。而不能得到"物质化基因组"的不足，将来可以用 PCR 类似技术以及合成基因组技术辅助转化实现。

框 2.102　　　　　　　　　　　　　**META 之汉译**

　　metagenome 一词首先是 1998 年美国 University of Wisconsin (威斯康星大学) 的 Jo Handelsman 等在研究土壤微生物的时候提出的。作为前缀的"meta-"，具有更高层组织结构和动态变化的含义，中文可译为"宏"或"元"、源于信息学的译名。

　　另外要注意的是，在基因组学中，"meta-"还用于 GWAS 中将不同地点、不同情况下的不同数据进行综合再分析 (meta analysis of GWAS，meta-GWAS)；而细胞遗传学中 metaphase 则译为"中期 (细胞)"，metacentric chromosome 则译为 (中着丝点染色体)。因此"宏"或"元"的汉译仍需推敲。

　　出于对汉译的慎重，本书暂使用 META 基因组学、META 样本和 META 分析等用语。

　　2007 年，美国 NIH 启动了人类 META 基因组计划，又称人类第二基因组 (Human Other Genome) 计划。计划用 5 年时间、耗资 1.5 亿美元完成 900 个人体微生物样本的测序和分析。参与单位有 BCM、Broad、JCVI 和 WUSM (The Washington University School of Medicine，华盛顿大学医学院)。这一计划的主要任务是对不同志愿者提供的 META 样本先进行 16S rDNA 测序分析，然后完成 META 基因组测序分析，所有数据都将提交公共数据库。

一、16S rDNA

　　16S rDNA 是分析混合样本中的微生物种类的传统方法。

　　16S rDNA 广泛存在于原核生物，能提供足够的微生物种属分类信息，分析 16S rDNA 可以方便地了解环境中物种的基本组成，但不能用于全面演化及其他重要信息的分析。

框 2.104　　　　　　　　　　　　　　16S rRNA 和"三界说"

　　20 世纪 80 年代，美国 University of Illinois (伊利诺伊大学) 的 Carl Woese 在分析原核生物基因组中长度通常在 1.5 Kb 左右的 16S rRNA 基因和真核生物 18S rRNA 基因序列时，发现这些编码 rRNA 的序列可以作为判断这一基因家族和演化关系的分子标记物，即只要测定了特定物种的 rRNA 的基因序列，与其他物种比较就可以知道该物种的亲缘关系和演化地位。正是将 rRNA 作为主要依据，才有了可将自然界的生命分为细菌、古菌和真核生物的"三界说"。

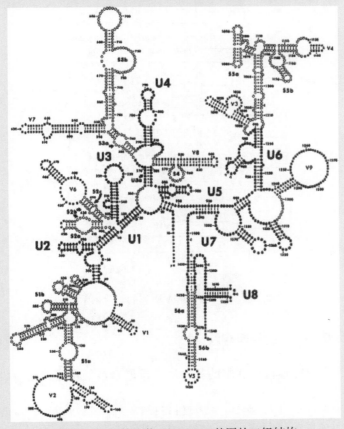

图 2.167　原核生物 16S rRNA 基因的二级结构

16S rDNA 的另一个实际意义是用于分析一个 META 样本的复杂度（一般指所有微生物物种的数目大小）。16S rDNA 的保守区在细菌（包括古菌，以下同）中非常保守，可以用保守区序列来设计 PCR 通用引物，对任一细菌进行研究；在 16S rDNA 基因区内部发现了一些高度变异的区域（变异区），可以作为对细菌进行系统发生和物种分类研究的分子标记物。通过大量的 16S rDNA 测序数据除了能够发现并验证已知的可培养细菌物种外，还包括许多不可分离和不能纯培养的物种。

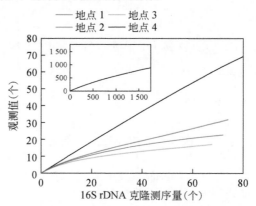

图 2.168　4 个不同地点的 META 样本复杂度分析示例

插图为测序 0~1700 个（地点 4）克隆时观测到物种数量（即 META 样本中复杂度）的变化趋势

1991 年，美国 Indiana State University（印地安那州立大学）的 Norman Pace 团队首次以 16S rDNA（分析长度为 200 bp）分析海洋浮游微生物组群的组成。这是人类第一次从分子水平上获取自然生态微生物群体的直接信息。它也存在某些不足之处，譬如 PCR 扩增错误可能导致对环境中的物种数的估计偏高，以及已知数据库里的信息不全可能导致未知 16S rDNA 序列的物种分类的错误等。

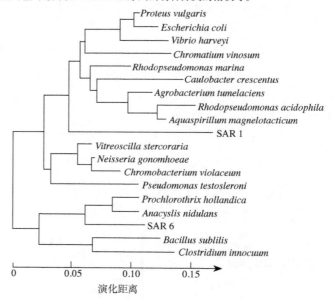

图 2.169　以 16S rDNA 构建的演化树示例

二、环境基因标签和 K-mer

在 MPH 测序前需要根据样本的复杂度来选取合适的测序策略。

复杂度较低的样本（如人及其他哺乳动物的肠道生态或者某些极端生态环境的微生物组群），建议采用插入长度为 300~500 bp 的双向末端测序；当 META 样本的复杂度较高时（如土壤和水样中的微生物群落）建议测定长度大于 100 bp 的连续序列，然后作环境基因标签分析。要识别一个基因的保守序列，通常需要分析 30 个左右的氨基酸，即 100 bp 左右的序列读长就足够了。

环境基因标签 (Environmental Gene Tag，EGT) 是指用一段物种特异性的 DNA 序列作为环境生态混合样本中微生物的物种标签。

环境基因标签这一重要概念是美国 DOE 的 Susannah Tringe 等提出的。将环境基因标签的短序列与已知数据库 (如 COG) 进行 BLASTX 比对，可以得到 META 基因组组成的重要信息。

K-mer 用于 META 分析可同时推知混合样本中样本复杂度和物种差异。

不同细菌基因组的 K-mer 组成有着显著差异，对于复杂度高且样本量较大的 META 样本，可以通过分组设计，将一个样本分成多个 "亚样本" 分别进行测序组装，再采用合并的方法来降低复杂度。

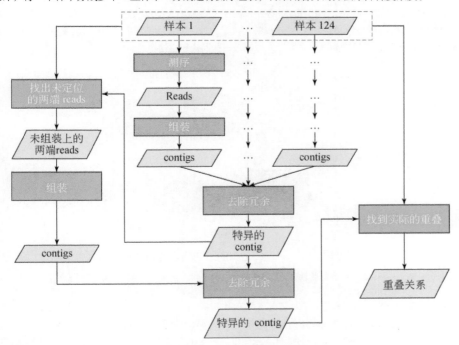

图 2.170 多样本 META 序列组装流程示意图

三、参考基因组集和共有核心细菌

在进行 META 分析前，需要参考所有相关的数据库以构建非冗余的参考基因组集 (reference genome set) 。迄今，已有近千种微生物被测序，尽管覆盖率与测序深度不同。

常用参考数据库有 NCBI 的 GeneBank (http://www.ncbi.nlm.nih.gov/genbank) 、MetaHIT (http://www.metahit.eu) 和 Human Microbiome Project (http://www.hmpdacc.org，人体微生物组群计划数据库)3 个。

从这些数据库中下载全部的已测序数据 (如目前已有 7565 个细菌基因组的数据)，并对上述基因组数据使用 BLAST 进行两两比对，找到相似度在 80 % 以上 (序列比对长度占全长的 80% 以上)，错配率小于 10 % 的细菌基因组。然后，根据两两关系对全部细菌序列进行聚类。在每一个分类内部，只保留基因组最长的那一个，其余的被作为 "冗余" 细菌而剔除。最后，得到 "非冗余" 细菌基因组序列数据，作为 META 微生物组群研究的参考基因组集。

在人类肠道微生物组 (human gut microbiota) 研究时发现，不同个体肠道环境中存在共有核心细菌 (shared core bacteria)。

以"非冗余"细菌基因组作为参考基因组集,将 MPH 测序得到的短序列比对到这个参考数据集上,要求全长序列的错配率小于 10%,短序列覆盖该细菌的基因组 1% 以上,从而得出这个细菌存在于这个宿主个体的肠道环境中的结论。

与传统的 16S rDNA 测序相比,参考基因组集比对的准确性应该更高,且加大加深测序后,发现的共有核心细菌数也更多。

在进行 META 分析时,由于人肠道微生物的个体间差异很大,首先是共有核心细菌在相对丰度上的差别,即多样性差异。

基因的水平转移和基因组的动态变化可能对 META 分析造成较大的干扰,因此需要首先找到一个较为准确的计算测序深度、特别是平均深度的办法,需要这一 META 样本的总体估计基因组大小作为基数,来消除或减少未知序列对已知的参考序列造成的干扰。另外,以某种细菌的基因组作为参考序列,当发现其中某个基因的测序深度特别高时,必须考虑可能是一些同样包含这个基因的未知物种所导致。

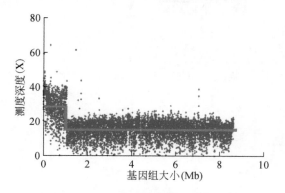

图 2.171   一个细菌基因组的测序覆盖情况

红线表示平均测序深度,该物种的基因组受到了某未知物种的干扰,而在基因组前 1 Mb 区域出现异常的高丰度。

为了解决这个问题,可以采用由测序覆盖度估算测序深度的办法,即先计算参考序列的实际覆盖度 c,然后根据测序覆盖度是否符合 Poisson(泊松)分布 $1 - c = e^{-d}$(d 为平均测序深度),得出 $d = -\ln(1 - c)$。

这一可能性可以通过一个人工混合的样本来验证。在这个样本中,有 4 种 GC 含量不同的细菌,按照不同的比例进行混合,根据混合比例和测序情况,每种细菌的期望测序深度和实际测序深度都是已知的。卡方检验 (chi-square test) 结果表明,对于这 4 种细菌,实际测序深度和期望测序深度之间的差别并不显著。当然这也得益于 MPH 技术在测序过程中没有明显的偏向性 (bias)。

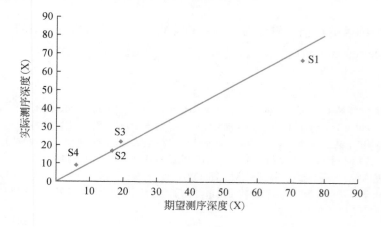

图 2.172   一个人工混合样本实际和理论测序深度的吻合度

四、核心基因家族

　　如果某一个基因家族是属于 META 基因组核心基因家族，那么它应该在大多数的同类 META 基因组的细菌基因组里都存在，并且在非冗余参考基因集中也占有较大的比例。

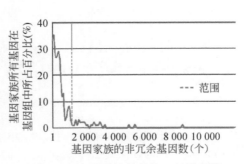

　　2009 年，美国的一个双胞胎肠道微生物组群的研究认为，在人肠道 META 基因组组群中存在着核心基因家族。将 *Bacillus subtilis* 基因组上的基因家族按照具有非冗余基因数和基因家族所有基因在基因组中所占百分比进行排序，找到占该物种全部基因数的 86% 的核心基因家族。这些核心基因家族应该在绝大多数的人肠道细菌中都存在，并且占有较高的比例。用 *E. coli* 基因组进行验证分析得到类似结论，核心基因家族占据了该物种 76% 的基因。

图 2.173　人肠道细菌的核心基因家族

　　这些核心基因家族主要具有两大类功能：一类是每个细菌生存所必备的看家基因；另一类是作为生态环境下的细菌所必须具备的功能，比如代谢相关。这些人肠道细菌的核心基因家族又称"最小人肠道 META 基因组"。

五、整合基因集构建

　　人肠道 META 基因组的整合基因集构建是目前 META 研究最全面、最深入的实例。

　　人肠道微生物组群的基因数大约是人体自身基因数的 500 倍，之前人类肠道微生物基因集的研究主要依靠 16S rDNA 来测序，且构建自单一人群，这造成了微生物多样性无法被完整覆盖的现象。

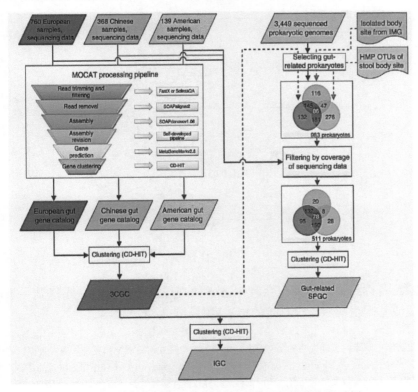

图 2.174　人肠道 META 基因组整合基因集构建流程示例

对单一人群的一定数量的 META 样本进行 MPH 测序组装和分析，发现了数以万计的基因，其中包括相当数量的基因家族。这些基因绝大部分都是来自于细菌基因组，但也有极少量基因和噬菌体相关。更进一步地对这些基因家族进行深入分析，可识别出人肠道 META 基因的核心基因家族。

综合了 3 个大陆（欧洲、亚洲和美洲）人群的 META 样本，最终得到总计近 1000 万个基因的整合基因集。该基因集覆盖了绝大多数的人肠道微生物的近乎完整的基因组数据，并且数据质量也高于原先的基因集。这个拓展了的基因集将为肠道微生物 META 基因组、META 转录组和 META 蛋白组数据的定量描述分析提供便利，从而有助于更好地理解不同人群在健康或疾病不同状态下的差异。

整合基因集是一个生态环境总体的信息，把该非冗余整合基因集作为参考序列，将每个样本的测序序列比对回去，有助于发现更多的低丰度基因。

如果将阈值设为"该基因序列至少有两条 75 bp 测序序列可与之唯一比对"，则在每个样本里，可以发现平均几十万个左右的非冗余基因。

此外，通过对基因集的稀释度分析，从基因稀释曲线增长的趋势可知，非冗余基因的数目还会随着样本的增加而上升，只是上升速度变缓，因此当样本数超过一定数量时，该基因集才可能接近完整的 META 基因集合。

六、META 微生物组群与疾病相关性

人类肠道微生物组群与疾病的关系是人类 META 研究的重要方面。

当不同群体的肠道微生物组群存在非常显著的差异时——比如 CD (Crohn Disease，克罗恩病) 患者和正常个体之间 —— 就可以从部分细菌相对丰度上看到差异。选择相对丰度较高的若干个细菌，然后采用主成分分析 (Principal Component Analysis，PCA) 方法，分别以第一主成分的值为横轴坐标，以第二主成分的值为纵轴坐标作图，CD 患者的肠道微生物组群与正常个体、UC (Ucculcerative Colitis，溃疡性肠炎病) 患者都可以明显区分开。

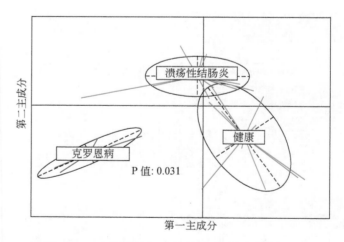

图 2.175 由细菌的相对丰度进行主成分分析示例

META 基因组研究需要以一种生态学的观点来指导分析。当得到一个群落的物种组成或基因组成后，很直接的想法就是计算生态多样性。

按照生态学的观点，多样性高的生态群落，抵抗力和稳定性都可能更强更高。通常可以计算两类多样性指数：α 多样性指数 (α-diversity) 和 β 多样性指数 (β-diversity)。α 多样性指数度量的是群落内部的物种多样性，β 多样性指数度量的是群落间的物种多样性或群落多样性沿环境梯度变化的速率。

框 2.105   多样性指数分析示例

    对正常个体、CD 和 UC 患者的样本计算了 α 多样性指数 (使用 Simpson 指数的计算公式)。

    其中，CD 群体和 UC 群体的 t 检验显著性为 $P = 0.087$，CD 群体和正常个体群体的 t 检验显著性为 $P = 0.092$。表明 CD 群体的 α 多样性指数普遍偏低，意味着 CD 患者的肠道微生物组群的种类丰富度可能很低。

图 2.176   α 多样性计算示例

七、MWAS

    MWAS (Metagenome-Wide Association Study，META 基因组关联分析) 是 GWAS 派生出来的很多新的分析方法中最有代表性的技术。

    MWAS 的要点是将一个微生物组群中不同种类的基因组序列的碱基差异，类比为一个人群中的不同个体之间的碱基差异而进行相似的遍及全基因组关联分析。寻找那些碱基差异与某一特定的生物学性状的相关性。这一方法可以推广到一个物种的多亚种、多株系、多个体的 GWAS 分析。

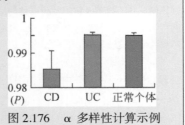

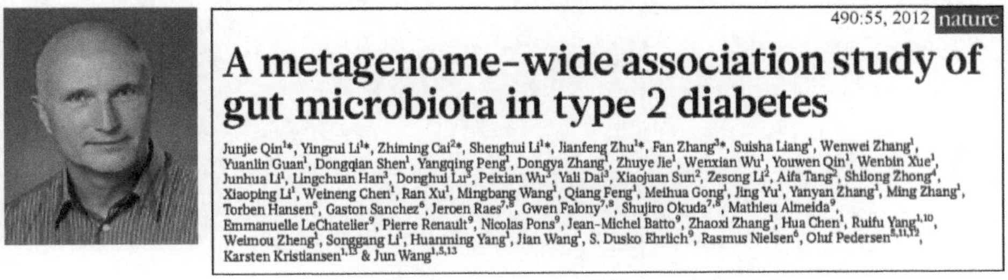

490:55, 2012 nature

A metagenome-wide association study of gut microbiota in type 2 diabetes

Junjie Qin[1*], Yingrui Li[1*], Zhiming Cai[2*], Shenghui Li[1*], Jianfeng Zhu[1*], Fan Zhang[3*], Suisha Liang[1], Wenwei Zhang[1], Yuanlin Guan[1], Dongqian Shen[1], Yangqing Peng[1], Dongya Zhang[1], Zhuye Jie[1], Wenxian Wu[1], Youwen Qin[1], Wenbin Xue[1], Junhua Li[1], Lingchuan Han[1], Donghui Lu[1], Peixian Wu[1], Yali Dai[1], Xiaojuan Sun[2], Zesong Li[2], Aifa Tang[2], Shilong Zhong[4], Xiaoping Li[1], Weineng Chen[1], Ran Xu[1], Mingbang Wang[1], Qiang Feng[1], Meihua Gong[1], Jing Yu[1], Yanyan Zhang[1], Ming Zhang[1], Torben Hansen[5], Gaston Sanchez[6], Jeroen Raes[7,8], Gwen Falony[7], Shujiro Okuda[7,8], Mathieu Almeida[9], Emmanuelle LeChatelier[9], Pierre Renault[9], Nicolas Pons[9], Jean-Michel Batto[9], Zhaoxi Zhang[1], Hua Chen[1], Ruifu Yang[1,10], Weimou Zheng[1], Songgang Li[1], Huanming Yang[1], Jian Wang[1], S. Dusko Ehrlich[9], Rasmus Nielsen[6], Oluf Pedersen[5,11,12], Karsten Kristiansen[1,13] & Jun Wang[1,5,13]

图 2.177   主要贡献者之一 Karsten Kristiansen 及其 MWAS 论文

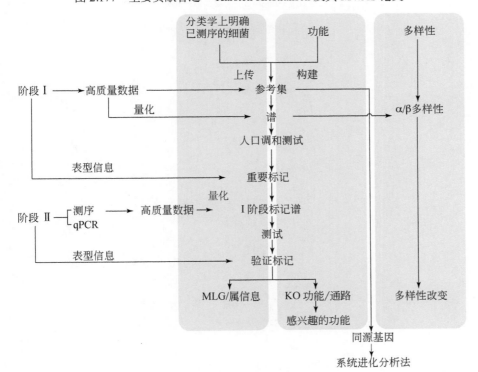

图 2.178   MWAS 的流程示意图

将初步分析样本（包括正常与对照样本）的结果比对回所有的基因集，得到每一个样本的基因种类和数量的描述，并根据 KEGG 数据库和 eggNOG (http://eggnog.embl.de/version_3.0) 数据库对其进行功能和基因家族的注释。将第一阶段分析得到的疾病与对照组样本基因和注释信息进行比较，就可以发现其中的一组基因的丰度与某种疾病显著相关。随后，再增加样本数来验证初步分析所发现的基因标记物，确认其中仍然显现出与这一疾病显著相关的基因。

在 META 基因组研究中，未知物种数量太多以及存在基因水平转移等现象，给分析带来了诸多困难，MLG (Metagenomic Linkage Group，META 基因组连锁群) 的概念就是为了解决这些难题而提出的。

MLG 的概念基于这样一个假设：对某一给定样本，在它所包含的全部基因里，那些来自于同一个基因组（即属于同一个细菌）的基因，因为存在物理上的连锁，所以其丰度也应该同升同降。基于此假设，得以根据基因丰度进行聚类，得到 META 基因组连锁群信息，并用它来取代物种信息，更有效的处理大量的未知细菌。

第三部分　基因组的生物学

未来所有生物学只有以基因组知识（重新）开始才有希望发展。
——詹姆斯·沃森 (2003)

All biology in the future will start with the knowledge of genomes and proceed hopefully.

——James Watson (2003)

基因组的生物学是在生物全基因组序列和基因组学知识基础上的所有生物学研究。

本书导读中列举的"基因组学的五个发展趋势"与"基因组学应用的六个方面"都可归于基因组的生物学研究范畴，而"正在改变世界的七项技术"正是基因组的生物学所代表的生命科学和生物技术的前沿。

框 3.1   **基因组的生物学的定义**

基因组的生物学是由美国 CSHL 的 James Watson 和 David Stewart 提出来的，用以概括和反映基因组学的历史性发展阶段，由于较为全面确切地反映了当前基因组学和生命科学的发展趋势而得到全球认可。

被誉为"现代生物学的圣地"的 CSHL 是基因组学的发源地之一 (CSH-Asia 于 2007 年在中国苏州成立)。该实验室自 1988 年起，每年 5 月举行全球基因组学的盛会，一直引领全球基因组学研究的潮流。自 2003 年以来一直命名为 *The Biology of Genomes* —— 基因组的生物学。

基因组的生物学的含义可以这样表达：以基因组的规模，以测序和信息分析为主要技术平台，从分子即核酸序列水平，与生命科学的所有经典和新生学科一起，来研究与生物学有关的所有问题。在这一意义上，基因组的生物学是基于基因组知识的所有生物学研究，因此也包括本书方法学里提到的基因组概貌。

(a)   (b)

图 3.1   基因组的生物学的提出者 James Watson (a) 和 David Stewart (b) 及美国 CSHL

图 3.2   创始人季茂业与苏州 CSH-Asia（亚洲冷泉港）

第一篇　人类基因组

HGP 的最终目的是了解人类的生物学。人类基因组序列为研究人类本身提供了新的研究基础，因此也带来了医学发展的新飞跃。

第一章　人类基因组概貌

人类基因组同所有其他生物的基因组一样，一般来说是指核基因组。完整意义的人类(人体) 基因组还应包括线粒体基因组以及人体的微生物组群。

人类基因组概貌是人类基因组的基本特征，也是人类基因组学研究的首要任务，是人类基因组生物学的一部分。

框 3.2　　　　　　　　　　　　**人类细胞遗传学的里程碑**

细胞遗传学 (从遗传学的角度，常称为染色体遗传学) 是基因组学的起源之一。很多历史性的发现迄今仍很重要，很多技术 (如显带) 仍在使用。

1882 年，德国细胞学家 Walther Flemming 发现细胞核中有易被碱性染料染上颜色的物质，把它称为染色质 (chromatin)。

1888 年，德国解剖学家 Wilhelm Waldeyer 在细胞分裂期观察到了棒状染色质，称之为染色体。

1952 年，美国 University of Texas 的徐道觉 (Tao-Chiuh Hsu) 发明了显示中期染色体的"低渗法"，开创了细胞遗传学的新纪元。

1956 年，瑞典 University of Lund (隆德大学) 华裔学者蒋有兴 (Joe-Hin Tjio) 在丹麦 Copenhagen (哥本哈根) 举行的"第一次国际人类遗传学大会"上，报道了人类染色体 (二倍体) 的准确数目是 46，奠定了人类细胞遗传学的基础。蒋有兴也因此获美国肯尼迪国际奖。

(a)　　　　　　　　　　　　　　(b)

图 3.3　徐道觉 (a) 和蒋有兴 (b)

1959 年，法国的 Jerome LeJeune 发现 DS (Down Syndrome，唐氏综合征) 患儿有 3 条 21 号染色体，从而确诊了第一例染色体病——21-三体 (T-21, Trisomic 21 Syndrome, 21 号染色体三体综合征，又称 DS)。

1960 年，美国 University of Pennsylvania（宾夕法尼亚大学）的 Peter Nowell 和 Fox Chase Cancer Center（Fox Chase 癌症中心）的 David Hungerford 发现了 CML (Chronic Myelogenous Leukemia，慢性粒细胞性白血病) 患者的标记染色体 (marker chromosome)，并以发现地命名为费城染色体 (Philadelphia chromosome)，即 Ph+ 小体。第一次证明了人类癌症与染色体变异的相关性。

图 3.4　Peter Nowell 和 David Hungerford

1968 年，瑞典细胞化学家 Torbjörn Caspersson 及其同事开始了 Q 显带技术的开拓性工作，后相继出现了其他染色体显带技术。

1976 年，高分辨显带技术问世，而后举行了多次"国际人类染色体带型标准"会议，颁布了通用的带型命名规则。

20 世纪 80 年代末，放射性 (^{3}H) 标记的第一代原位杂交 (in situ hybridization) 技术问世，开创了分子细胞遗传学这一新的研究领域。而后又有了染色体显微刮取 (chromosome microdissection)、染色体/区染色 (chromosome painting) 和 FISH (Fluorescence in situ Hybridization，荧光原位杂交技术) 等技术。

20 世纪 90 年代，色谱核型 (Spectral Karyotyping, SKY) 技术和 CGH (Comparative Genomic Hybridization，比较基因组杂交) 技术相继问世。

2010 年，核型 (karyotype) 分析芯片，CGH 芯片与 SNP 芯片相继问世。

框 3.3　　　　中国的两位遗传学先驱——谈家桢与李景均

谈家桢 (C. C. Tan, 1909~2008 年)，著名遗传学家。1909 年 9 月 15 日生于中国宁波。他在果蝇种群间的遗传结构的演变和异色瓢虫色斑遗传变异等研究领域有开拓性成就，为奠定现代演化理论提供了重要依据。20 世纪五六十年代，他作为在中国坚持孟德尔遗传学科学家之一顶风破浪；50 多年来，为中国的几代遗传学人才培养呕心沥血，作出了不可替代的贡献，被称为中国的现代遗传学奠基人之一。"基因"一词的创造性中译，已成为英汉名词翻译的范例。他对基因与环境的生动叙述："鸡蛋由鸡妈妈孵化出来是小鸡，由鸭妈妈、鹅妈妈孵化出来也还是小鸡"，迄今仍广泛流传。2008 年 11 月 1 日在上海华东医院逝世，享年 99 岁。

李景均 (C. C. Lee, 1912~2003 年)，著名遗传学家和生物统计学家，人类遗传学的开拓者。1912 年 10 月 27 日生于中国天津。1932 年考入金陵大学农学院，后获美国 Cornell University 遗传学和生物统计学博士学位。1941 年回国后任广西大学农学院教授、金陵大学农学院教授、北京大学农学系教授兼系主任，为中国的遗传学、生物统计学的发展作出了重要贡献，培养了许多在中国农业、生命科学领域中发挥了重要作用的杰出人才。

(a)　　　　　　　　　(b)

图 3.5　谈家桢 (a) 和李景均 (b)

一、人类基因组大小

人类基因组的大小约为 3 Gb。人类常染色体以大小编号 (21 与 22 号染色体因历史原因而为例外)。

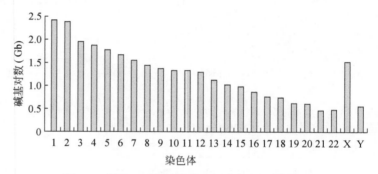

图 3.6　据 DNA 序列估计的人类各条染色体大小

根据 EMBL-EBI 和 Sanger 的 Ensembl 数据库于 2012 年 7 月发表的数据，人类单倍体核基因组的大小接近 3 Gb（女性为 3 036 303 846 bp，男性为 2 940 406 852 bp）。人类单倍体核基因组由 24 条 DNA 分子组成 (22 条常染色体加 1 条 X 染色体、男性再加 1 条 Y 染色体、1 条染色体为 1 个 DNA 分子)。最大的 1 号染色体 DNA 长约 250 Mb，约占全基因组的 8%，最小的 21 号 (而不是 22 号) 染色体 DNA 长约 48 Mb，只占全基因组的 1.5% 左右。

框 3.4　　　　　　　　　　　　　　**人类染色体的数目**

人类正常二倍体体细胞染色体数目是 46 条，即 $2n = 46$，其中包括 22 对常染色体、2 条性染色体 (女性为两条 X 染色体，男性为 1 条 X 染色体和 1 条 Y 染色体)。正常性细胞 (精

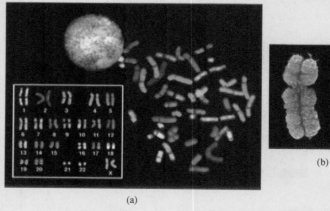

(a)

(b)

图 3.7　人类的 SKY(a) 和 X、Y 染色体的扫描电镜图 (b)

子或卵子）的染色体数为 23 条，即 $n = 23$（标为 22，XX 或 22，XY）。前显带的染色体分析仅据染色体的大小和显微形态（如着丝点和次缢痕的位置）来识别染色体。

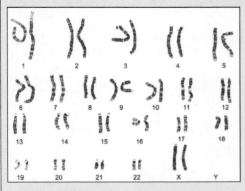

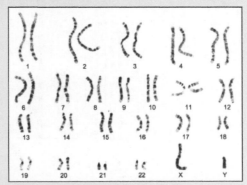

图 3.8　人类女性染色体核型 (G 带) 示例　　　图 3.9　人类男性染色体核型 (G 带) 示例

表 3.1　人类核型分组与各组染色体形态特征（前显带）

组号	染色体号	大小	着丝点位置	次缢痕	随体
A	1~3	最大	中（1、3 号）	1 号常见	
			亚中（2 号）		
B	4~5	次大	亚中		
C	6~12、X	中等	亚中	9 号常见	
D	13~15	中等	近端		有
E	16~18	小	中（16 号）	16 号常见	
			亚中（17、18 号）		
F	19~20	次小	中		
G	21~22、Y	最小	近端		

根据着丝点（曾被称为主缢痕）的位置，人类正常染色体分为中着丝点染色体、亚中着丝点染色体和近端着丝点染色体。

(1) 中着丝点染色体 (metacentric chromosome)，着丝点位于或靠近染色体中央。若将染色体全长分为 8 等段，则着丝点位于染色体纵轴的第 4~5 段，着丝点将染色体分为长短相近的两个臂，如 1 号、3 号、16 号、19 号、20 号染色体。

(2) 亚中着丝点染色体 (submetacentric chromosome)，着丝点位于染色体纵轴的第 5~7 段，分别称为短臂 (p) 和长臂 (q)。"p"代表短臂是因为法语单词"petit"的缩写，而长臂用"q"表示既能与短臂的命名相对应，又能与统计学的一种常用表示方式 ($p + q = 1$) 相一致，如 2 号、4 号、5 号、6 号、12 号、17 号、18 号与 X 染色体。

(3) 近端着丝点染色体 (acrocentric chromosome)，着丝点靠近一端，位于染色体纵轴的第 7 段至末端段，短臂很短或没有经典定义的短臂，如 D 和 G 组染色体。

异常结构（如癌细胞）染色体，包括易位、缺失、重复、环状染色体和双着丝点染色体等具有明显显微变异的染色体常称为"标记染色体"。

假设将人类单倍体核基因组的全部 DNA 分子连接起来（已知两个碱基之间的距离为 0.34 nm，即 0.34×10^{-9} m，以此数乘以 3×10^9 碱基），则全部 DNA 分子的总长度为 1 m 左右。假如将一个人类个体的所有二倍体体细胞的 46 条染色体的 DNA 分子都连接起来，总长度接近 2 m。一个成年人的体细胞数目约为 1×10^{14} 个，那么，一个成年人的体细胞 DNA 总长度将达 2×10^{14} m 的天文数字。

随着 MPH 测序技术的问世，特别是 de novo 组装技术的发展，越来越多的人类不同群体和个体被测序。除了 SNP 和经典的基因组变异方式以外，还有更多、更为显著的群体和个体特异性的基因组区段。人类不同个体基因组的大小和组成有较大的变异范围。人类泛基因组 (human pan-genome) 的概念是对人类基因组大小乃至定义的重要补充。

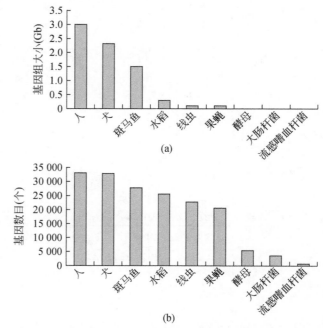

图 3.10 人类与一些其他物种基因组大小 (a) 与编码基因数目 (b) 的比较 (2000 年)

二、编码基因

编码基因（蛋白编码基因）即通常所说的基因，是人类基因组中最具生物学功能意义的部分，也最接近经典遗传学关于基因的定义。因此，编码基因的数目估计、识别和注释、定位和功能预测是人类基因组研究最重要的内容之一。

（一）编码基因的估计数目

2004 年，IHGSC（国际人类基因组测序协作组）根据 2003 年发表的人类全基因组精细图，估计人类基因组有 2~2.5 万个编码基因。其后，各数据库根据最近版本的人类基因组参考序列，不断适时更新人类编码基因的数目，但数据略有差异：Ensembl 数据库 (http://asia.enesmbl.org) 2013 年 1 月统计编码基因为 20 848 个；CCDS(Consensus-Coding Sequence，一致性编码序列) 数据库 (http://www.ncbi.nlm.nih.gov/projects/CCDS) 2013 年 3 月报道为 18 535 个；ENCODE 数据库 (http://genome.uscs.edu/ENCODE) 2012 年 9 月报道为 20 689 个。

编码基因的识别主要使用生物信息学软件，从组装好的全基因组序列或组装到一定长度的序列片段中注释，注释的基本原理是根据分子生物学实验得出的真核生物基因一般结构。正是因为对真核生物基因构造上共有或特有的特征了解仍不全面，软件的识别算法仍不完善，因此估计基因的数目也就有差异。而随着注释软件算法的不断改进，人类编码基因的数目曾相继"缩水"。

框 3.5	人类编码基因的数目估计

早在人类基因组参考序列完成之前，人类基因组中编码基因的数目是通过复性动力学 (reassociation kinetics) 研究简单估计的，以这一方法估计的基因数目为 10 万个左右。

20 世纪 80 年代中期,以克隆技术得到的各种生物的基因 (多为原核基因) 越来越多。如最小的原核生物生殖支原体 (*M. gentalium*) 估计有 470 个基因,而能独立生活的流感嗜血杆菌 (*H. influenzae*) 约有 1743 个基因,而人们熟知的大肠杆菌则有 4288 个基因。假如人类基因数目由于内含子存在而为原核基因的 10 倍 (接近当时一般真核编码基因大小的实验数据),人类基因组基因数也可能接近 10 万个。

随着 HGP 的阶段性进展,开始用较为可靠的抽样序列数据来预测人类编码基因的数目。大量的 cDNA 和 EST 为基因数目的估计提供了新的依据。根据这些转录本数据的分析,预测人类编码基因的数目范围仍很大,为 5 万 ~12 万个。美国的一个公司曾声明已经分离到 10 万多个基因的完整或不完整的编码基因序列。

随着更多的动物基因组的测定,基因的数目和密度又成了预测的比较依据。特别是根据与基因组较小的河豚鱼基因组保守性比较和外显子分析,预测有 3 万余个人类编码基因。而根据首先完成的人类 21 号与 22 号染色体序列初步注释得到的编码基因数目,2000 年预测人类编码基因总数为 3.05 万 ~3.55 万个。

（二）基因序列、外显子和编码序列

人类基因组可以分为基因序列 (与编码蛋白质有关的所有序列,包括外显子、内含子和其他相关功能因子) 和介于两个基因序列之间的 "基因间序列 (intergenic sequences) "。

一个人类编码基因的总长度平均约为 27 Kb,许多基因长度超过 100 Kb。所有基因序列的合计长度占人类基因组的 25 % 以上。

DMD (dystrophin,肌养蛋白基因) 是自然界已知最大的基因,长约 2.4 Mb,编码约 3700 个氨基酸;而 *TTN* (titin,肌联蛋白基因) 虽然只有约 0.3 Mb 大小,但是却编码 34 350 个氨基酸。

框 3.6	编码基因的组织

与绝大多数真核基因一样,人类的基因大都是隔裂基因 (split gene,即编码基因被内含子隔开)。一个编码基因中外显子 (exon)、内含子 (intron) 和排列与结构、以及与其他部分序列的关系合称为 "基因组织 (gene organization)",而 "结构 (structure) " 更多地用来描述外显子与内含子。

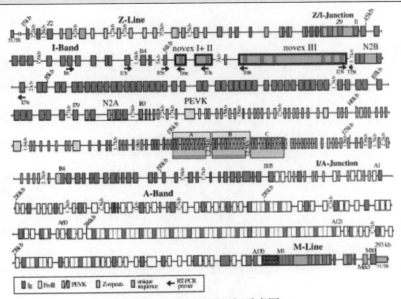

图 3.11 *TTN* 基因组织示意图

要注意的是，一般所说的一个完整的人类蛋白质编码基因，其总长度包括：上游与基因表达调控相关的序列 (TATA 框、CAAT 框、启动子及 CpG 岛等)；转录起始位点 (Transcription Starting Site，TSS)；5' 非翻译区 (5'-Non Translated Region，5'-NTR)；第一个外显子和位于其中的翻译起始密码识别序列和随后的起始密码子 ATG；第一个内含子；其他外显子和内含子；最后一个外显子和位于其中的翻译终止密码子 (UAA 或 UAG 或 UGA)；3'-NTR；转录终止位点 (Transcription Termination Site，TTS)，加 A 信号 (ployadenylation signal，一般为 AATAAA) 和随后的加 A 位点 (polyadenylation site)。也是在这一意义上，一个完整的人类基因的总长度与转录单位 (transcription unit) 的定义比较接近。

人类的编码基因平均约有 9 个外显子，外显子的平均长度约 135 bp (很少超过 800 bp，最短的只有 5 bp 或 6 bp)，这 9 个外显子的总长度平均约 1200 bp。这样加上前面所说的所有外显子相关序列，人类外显子组的总长度约为 48 Mb，只有人类基因组的 1.5 % 左右。

"断裂基因"的含义是编码序列是不连续的，是被内含子隔开的。例如，编码 von Willebrand 因子 (von Willebrand Factor，vWF) 的基因 *VWF* 长约 175 Kb，含有 52 个内含子；*DMD* 含有 79 个内含子。少数基因的个别外显子长度可超过 1000 bp，如编码凝血因子 VIII (coagulation factor VIII) 的基因 *F8* 有一个外显子长 3106 bp，编码载脂蛋白 B (apolipoprotein B) 的基因 *APOB*，有一个外显子长 7572 bp。

人类基因平均有 8 个内含子，内含子的平均长度为 3365 bp (长度从 30 bp 至几十 Kb 不等)。因此，一个基因的编码序列只有基因总长度的 5% 左右。

约 60% 的人类基因的转录本具有 1 种以上的剪接方式，平均每个人类基因约有 8 个不同方式剪接的转录本。

（三）编码基因的分布和密度

基因分布不均匀是人类基因组的主要特点之一。

与原核生物基因组不同，包括人类基因组在内的真核生物基因组，其编码基因的分布，与基因的功能、代谢途径和信号传导通路等，似乎没有直接的联系，也未发现真正的规律。

框 3.7   **人类编码基因的分布**

与原核基因组不同，人类与真核基因组编码某一代谢途径中一系列催化酶的基因一般都不在一起。如尿素循环相关的 5 个酶：精氨酸酶 1 (arginase 1) 的基因 *ARG1* 位于 6q23.3；精氨琥珀酸裂合酶 (argininosuccinate lyase) 的基因 *ASL* 位于 7q11.21；精氨琥珀酸合成酶 (argininosuccinate synthetase) 的基因 *ASS1* 位于 9q34.1；氨甲酰磷酸合成酶 1 (carbamoyl phosphate synthetase1) 的基因 *CPS1* 位于 2q35；鸟氨酸转氨甲酰酶 (ornithine transcarbamylase) 的基因 *OTC* 位于 Xp21.1。

也许有某种趋势：编码某一类产物的基因，例如编码组蛋白 (histone)、HLA、Ig (immunoglobulinn，免疫球蛋白) 等基因常常聚集成簇，而这些成簇的基因也常分布于几个不同的染色体，如编码组蛋白的基因簇分布于 1 号、6 号和 12 号染色体。

编码组织特异性的酶或称同工酶 (isozyme) 的基因常常在同一染色体上聚集成簇。如编码胰淀粉酶 A 和 B (pancreatic amylase A、B) 的基因 *AMY2A*、*AMY2B*，以及编码唾液淀粉酶 A 和 B (salivary amylase A、B) 的基因 *AMY1A*、*AMY1B*，均位于 1p21。但并不都是这样，例如，编码心肌 α 肌动蛋白 (α-cardiac muscle actin 1) 的基因 *ACTC1*、编码骨骼肌 α 肌动蛋白 1 (α-skeletal muscle actin 1) 的基因 *ACTA1*、编码主动脉平滑肌 α-2 肌动蛋白 (α-2, smooth muscle actin) 的基因 *ACTA2*、编码肠平滑肌 γ-2 肌动蛋白 (γ-2 smooth muscle actin) 的基因 *ACTG2*，分别位于 15 号、1 号、10 号和 2 号染色体。

有一点似乎比较肯定：编码不同细胞器的特异性同工酶基因一般也不在一处。如编码可溶性超氧化物歧化酶 (superoxide dismutas) 的基因、胞外超氧化物歧化酶的基因、线粒体超氧化物歧化酶的基因，分别位于 21 号、4 号和 6 号染色体。

约 20% 的人类基因组位于几乎没有基因的"沙漠"区 (gene-poor region，又称基因稀疏区，指长度超过 500 Kb 而不含任何已知基因的区域)。不过，人类基因组也有很多基因密集区 (gene-rich region)。

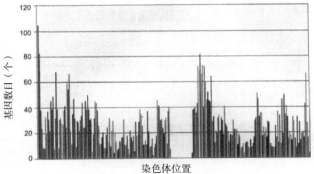

图 3.12　1 号染色体上基因的不均匀分布

人类基因组的平均基因密度为 5.96 个基因 /Mb。

基因密度 (gene density) 指的是在一个特定的区域内 (可以是一个全基因组，也可以是一个染色体或染色体的一个区域，在信息学分析时还要注意"窗口"的大小) 单位长度 DNA (一般以 Mb 为单位) 上编码基因的数目。

人类常染色体中 17 号染色体的基因密度最高，达 12.6 个基因 /Mb；13 号染色体密度最低，只有 2.7 个基因 /Mb。基因密度高于 8 个基因 /Mb 的还有 1 号、11 号、16 号、20 号和 22 号染色体，低于 4 个基因 /Mb 的还有 4 号和 18 号染色体。Y 染色体上的基因密度特别低，仅有 0.9 个基因 /Mb。即使在一条染色体上，基因分布也是不均一的。如在 21 号染色体中，有的区域 1Mb 有几十个基因，而在另外一些区域，7 Mb 只有 5 个已知的基因。

表3.2　人类染色体大小和基因密度

染色体	占基因组大小比例 (%)	基因数目 (个)	染色体大小 (Mb)	基因密度 (个基因 /Mb)
1	8.04	2 014	249.2	8.1
2	7.84	1 238	243.2	5.1
3	6.38	1 049	198.0	5.3
4	6.17	749	191.0	3.9
5	5.85	859	181.0	4.7
6	5.53	1 026	171.0	6.0
7	5.14	878	159.1	5.5
8	4.73	682	146.3	4.7
9	4.56	784	141.2	5.5
10	4.38	740	135.5	5.5
11	4.36	1 280	134.9	9.5
12	4.32	1 034	133.8	7.7
13	3.72	311	114.1	2.7
14	3.47	634	107.3	5.9
15	3.31	594	102.5	5.8
16	2.92	835	90.3	9.2
17	2.62	1 024	81.2	12.6
18	2.52	217	78.0	2.8

染色体	占基因组大小比例(%)	基因数目(个)	染色体大小(Mb)	基因密度(个基因/Mb)
19	1.91	413	59.1	7.0
20	2.03	538	63.0	8.5
21	1.55	227	48.1	4.7
22	1.66	445	51.2	8.7
X	5.02	826	155.2	5.3
Y	1.92	54	59.4	0.9
合计	100	18 447	3094.8	5.96

注：资料来源于 Vega (VEGA48)。其染色体大小不包括 MHC 及 LRC 区域,基因数目统计中也不包括 IG 和 TR 基因。

三、假基因

据 Ensembl 数据库 2013 年 1 月统计数据,人类基因组有 13 430 个假基因,数目几乎接近"真"基因的三分之二。

人类的假基因分布也不均匀。如人的 21 号染色体有 227 个基因和 144 个假基因,22 号染色体有 445 个基因和 298 个假基因。

四、GC 含量

人类基因组 GC 含量平均值为 41%,分布极不均匀,存在于 GC 富含区 (GC-rich) 和 GC 贫乏区 (GC-poor)。

人类基因组一些特定的较大 (>10 Mb) 区域 GC 含量远远偏离平均值。例如,染色体 17q 的 GC 含量平均值在着丝点远端的 10.3 Mb 的区域为 50%,但在临近着丝点的 3.9 Mb 的区域则只有 38%。

五、重复序列

大量重复序列的存在是人类基因组的最重要的特征之一,也是基因组分析的最重要的内容之一。

人类基因组 50% 以上的区域含重复序列,其中 60 %~80 % 是中度、高度重复序列。

人类和灵长类基因组最具特征性的重复序列是 Alu 家族。

框 3.8　　　　　　　　　　复性动力学的重复序列分类

如前所述,复性动力学是通过研究 DNA 的变性 (denaturation) 和复性 (renaturation) 反应的动力学过程来分析 DNA 序列的特性。由于复性的速率取决于 DNA 序列的互补,如果一个基因组中都是非重复的单拷贝序列,那么基因组愈大则 DNA 复性速率愈小;而重复序列的存在使复性速率大幅度提高 (即 C 值悖理)。

根据复性动力学将重复序列分为:单拷贝序列 (single copy sequence);低度重复序列 (lowly repetitive sequence) 在基因组中一般只有 2~10 个拷贝;中度重复序列 (moderately repetitive sequence) 在基因组里有几十至几万个拷贝;高度重复序列 (highly repetitive sequence) 在基因组中有几十万至几百万个拷贝。

Alu 家族的重复单位平均长度约为 300 bp，由两个各长约 130 bp 的重复序列组成（中间插入一个 31 bp 长的间隔序列），在单倍体基因组中重复近 100 万次。

表 3.3　人类基因组中的散在重复序列

类型	家族	重复单位长度 (Kb)	拷贝数（万）	总长度 (Mb)	占人类基因组大小比例 (%)
SINE	Alu	0.13	100	288	9.9
	MIR		40	66	2.3
LINE	LINE1	0.80	35	466	16.1
	LINE2	0.25	27		
LTR	HERV	1.30	5	155	5.3
	RTLV, LTR	0.50	20		
DNA Tn	MER, THE 等	0.25	20	50	1.7
总计				1 025	35.3

六、CpG 岛和甲基化

人类基因组重要特征之一是 CpG 岛的数量与分布。约 70% 的 DNA 甲基化修饰发生在 CpG 岛。

就 GC 含量而言，人类基因组中最特殊的就是 CpG 岛，GC 含量平均约为 60%，而相比之下，其他区域的平均 GC 含量仅为 40%。人类基因组总共拥有约 45 000 个 CpG 岛。

人类基因组 CpG 岛在染色体上的分布不均匀，多数染色体含有 5~15 个岛 /Mb。Y 染色体的岛密度最小，仅为 2.9 个岛 /Mb。人类多数 CpG 岛不长，95% 的 CpG 岛的长度不超过 1800 bp。

总体来说，人类基因组中处于甲基化状态的二核苷酸 CpG 很少，只有 3%~6%。这是由于多数 CpG 二核苷酸中的 C 被甲基化，进而通过自发去氨基成了 T，结果是甲基化 CpG 二核苷酸变为 TpG 二核苷酸，而不再是 CpG。约 65% 的管家基因的上游启动子区域含有 CpG 岛，并且处于去甲基化或低甲基化状态。然而，组织特异性基因则没有这么明显。多数情况下，启动子所处的 CpG 岛的甲基化可能抑制该基因的转录。

DNA 甲基化水平和模式的改变被认为是癌症发生的重要因素之一。一般来说，正常细胞的抑癌基因启动子区域的 CpG 岛处于低甲基化或去甲基化状态，因而表达水平较高。在癌细胞中则相反，该区域的 CpG 岛被高度甲基化，抑癌基因的表达被高度抑制或完全关闭。而致癌基因则相反：启动子区域的 CpG 岛在癌发生过程中处于去甲基化或低甲基化状态而使表达水平提高，从而与其他因素一起作用，导致癌症的发生。

七、非编码 RNA

人类基因组的大部分区域 (>75%) 是可转录 (transcripted) 却不能被翻译成蛋白质的序列，称为 ncRNA（非编码 RNA）。

ncRNA 中含有很多功能因子，在精确调控基因的表达、细胞的增殖和分化、个体的生长和发育，以至于疾病的发生，特别是在演化上，都具有重要的意义。

（一）rRNA

人类基因组中有 500~1300 个 rRNA 基因。另有约 100 个 snoRNA 可能与 rRNA 加工有关。

rRNA 是细胞转录本中最主要的成分，其表达量与蛋白质合成的量呈正相关，以适应蛋白质的合成场所——核糖体数目增加的需要。在间期细胞，rRNA 主要集中在核仁里。

人类的 rRNA 与其他真核生物一样，主要有组成核糖体的大亚基 (large subunit) 的 28S rRNA 和 5.8S rRNA，小亚基 (small subunit) 的 18S rRNA 的基因，以一个长约 44 Kb 的前后串联重复单元存在于近端着丝点染色体 (13 号、14 号、15 号、21 号和 22 号) 短臂上，每处 150 ~ 200 个拷贝。5S rRNA 基因也以前后串联排列出现，最大的靠近染色体端粒，含有 200~300 个 5S rRNA 基因。人类基因组总共大约有 2000 个 5S rRNA 相关的序列。

rRNA 的最主要特点是序列几乎相同而没有可检测的变异。另一特点是转录单位由"非转录间隔 (nontranscribed spacer)"隔开，"非转录间隔"序列的长度在种间、种内都有较大的差异。

rRNA 的一个特征是仅有一种修饰方式 —— 甲基化。在哺乳动物细胞中，18S rRNA 和 28S rRNA 分别有 43 个和 74 个甲基化的可能位置。

（二）tRNA

人类基因组预测有 497 个 tRNA 基因，另有 324 个 tRNA 假基因，总数达 821 个，远少于早期实验的计算值 (1310 个)。

tRNA 基因非随机地分散在整个人基因组中。有超过半数的 tRNA 基因 (497 个中的 280 个) 位于 6 号和 1 号染色体上，其中 6 号染色体的一个 4 Mb 的区段内有约 28% 的 tRNA 基因 (497 个中的 140 个)，其他染色体如 3 号、4 号、8 号、9 号、10 号、12 号、18 号、20 号、21 号和 X 染色体所含的 tRNA 基因不到 10 个。

相对于 rRNA 仅有单一的甲基化修饰，tRNA 中修饰的方式很多，可以从简单的甲基化到整个嘌呤环的重排，存在着 50 种以上的修饰碱基。tRNA 分子的任何部位都可以发生修饰。

tRNA 的使用在不同氨基酸之间 (在不同物种之间也如此) 有很大的"偏好 (preference)"，这是值得特别注意的。

（三）miRNA

据推测，人类基因组中大约有 3% 的基因能编码 miRNA 前体，多于 60% 的编码基因可被 miRNA 调控。作为一种负调控基因表达的调节因子，miRNA 参与许多细胞过程，如生长、发育、增殖和凋亡等。

框 3.9　　　　　　　　　　　　　**miRNA 与癌症**

　　miRNA 功能失调已证明与包括癌症在内的多种疾病密切相关。中国南京大学生命科学院的张辰宇团队发现在小鼠、大鼠、牛、马及人类血清中 miRNA 的种类和水平在同一物种中是稳定的，有可能作为各种癌症和其他疾病的潜在生物标志物。人血清中含有稳定表达的 miRNA，这些 miRNA 信号也许可作为疾病的指纹印记来预测疾病的严重程度。

　　中国是肝癌大国，许多患者发现症状时往往已到晚期，治疗效果较差。2015 年 8 月，中国中山大学发现一套最新肝癌预警指标 (血清中的 miR-29a、miR-29c、miR-133a、miR-143、miR-145、miR-192、miR-505) 可比现有诊断手段提前揪出"癌踪"。它比目前常规采用的肝癌预警指标甲胎蛋白 (Alpha FetoProtein，AFP) 和肝脏 B 超提前 1 年发现肝癌，尽管还需要更多的临床验证。

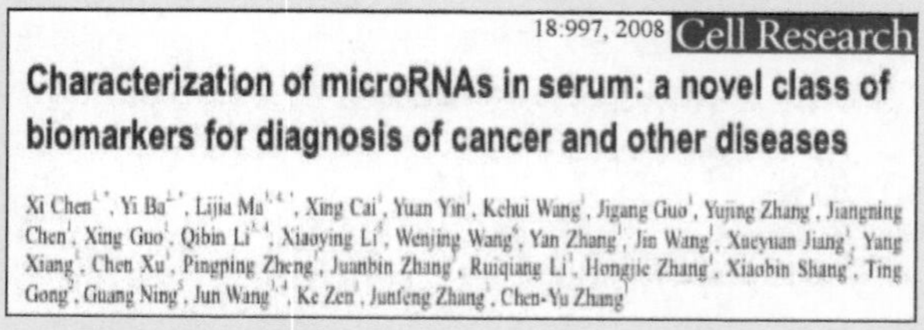

18:997, 2008 **Cell Research**

Characterization of microRNAs in serum: a novel class of biomarkers for diagnosis of cancer and other diseases

Xi Chen, Yi Ba, Lijia Ma, Xing Cai, Yuan Yin, Kehui Wang, Jigang Guo, Yujing Zhang, Jiangning Chen, Xing Guo, Qibin Li, Xiaoying Li, Wenjing Wang, Yan Zhang, Jin Wang, Xueyuan Jiang, Yang Xiang, Chen Xu, Pingping Zheng, Juanbin Zhang, Ruiqiang Li, Hongjie Zhang, Xiaobin Shang, Ting Gong, Guang Ning, Jun Wang, Ke Zen, Junfeng Zhang, Chen-Yu Zhang

图 3.13　主要贡献者张辰宇及其癌症与 miRNA 关系的论文

八、线粒体 DNA 基因组

人类线粒体 DNA 基因组 (mitochondrial DNA genome，mtDNA genome) 是独立于核基因组的另一基因组。人类线粒体基因组全长 16 568 bp，呈环状双链，外环为重链 H (heavy chain)，内环为轻链 L(light chain)。

　　人类体细胞中一般含有 10~100 个线粒体，每个线粒体含 2~10 个 mtDNA 的拷贝。mtDNA 仅含 37 个基因，其中 2 个 rRNA (12S 和 16S) 和 22 个 tRNA 基因，其余的 13 个基因编码氧化磷酸化 (Oxidative Phosphorylation) 系统复合酶的亚单位，包括编码 ATP 合成酶亚基的基因、细胞色素 c 氧化酶 (cytochrome coxidase) 的 I、II 和 III 的基因，以及细胞色素 b 的载脂蛋白 (cytochrome b apoprotein) 基因、编码核糖体大小亚基和编码 NADH 脱氢酶复合体的基因。

　　mtDNA 中唯一的非编码区是 D - 环 (Displacement-loop)，是一个约 1 Kb 的转录启动区，分别称为高变区 I (Hypervariable region I，HVI) 和高变区 II (HV II)，含轻、重链转录启动子。

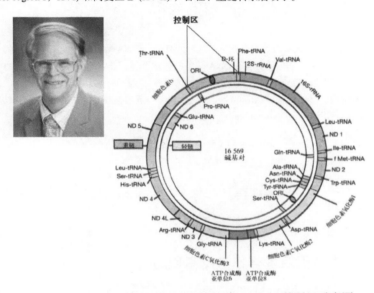

图 3.14 "线粒体之父" Douglas Wallace 和人类 mtDNA 基因组示意图

　　人类线粒体基因组有 3 个主要特点：基因结构简单紧凑；基因无内含子而有"重叠基因 (overlapping gene)"；含特异密码子。

　　人类线粒体的基因排列得非常紧凑，各基因间无间隔区。除与 mtDNA 复制及转录有关的一小区域外，无内含子序列。在所有 37 个基因之间，间隔区总长只有 87 bp，只占 mtDNA 总长度的 0.5%。有的基因还有重叠，即前一个基因的后一段序列与后一个基因的第一段序列重叠，称为重叠基因 (overlapping gene)。mtDNA 有 5 个阅读框架 (ORF) 没有完整的终止密码子，仅以 U 或 UA 结尾。

　　线粒体的遗传密码有若干处不同于通用密码。

　　在人类 mtDNA 中：① UGA 不是终止密码子，而是色氨酸的密码子；② AGA、AGG 不是精氨酸的密码子而是终止密码子。这样，加上通用密码中的 UAA 和 UAG，线粒体共有 4 个终止密码子；③内部甲硫氨酸密码子有 2 个，即 AUG 和 AUA，起始密码子有 4 个，即 AUN。

　　从遗传学角度，mtDNA 还有另外两个特点：母系传递和高突变率，并存在细胞质异质性 (cytoplasmic heterogeneity)。

　　mtDNA 呈典型的母系遗传，在受精过程中，精子头部的线粒体可能只有颈处的数个线粒体形成的"融合线粒体"，并不进入卵细胞内。受精卵几乎所有的线粒体都来源于母亲，因而线粒体及其所控制的性状或疾病总是随母亲遗传给后代，与父亲无关，形成独特的母系遗传方式。

　　mtDNA 的突变率高而缺乏修复能力。

mtDNA 的突变发生率比核 DNA 的突变发生率要高 10~20 倍。主要与下述几个方面相关：①缺少核基因组中可能起"缓冲"作用的重复序列，93% 的 mtDNA 为编码序列；② mtDNA 缺乏像细胞核 DNA 与组蛋白的结合而形成的保护，易受损害；③直接暴露于呼吸链产生的活性氧中间体引起的超高氧化物环境中，有可能发生大量的氧化损伤；④ mtDNA 的复制要比染色体 DNA 多很多轮，但 mtDNA 已知的损伤后修复机制却非常有限。

正常个体中约 99.9% 的 mtDNA 分子是相同的 (同质性，homoplasmy)，如果产生一个新突变并在线粒体 DNA 群中传播，就会出现两种 mtDNA 基因型，称为细胞质异质性。

由于每个细胞线粒体数目不等，在细胞分裂时它们被随机分配到子细胞中，突变的遗传方式不同于核基因的孟德尔遗传。

mtDNA 突变基因的表型表达具有阈值效应，即突变 mtDNA 数目需达到某种程度才足以引起细胞的功能异常，并且异常的轻重程度取决于 mtDNA 缺陷的严重性和各器官对 ATP 的需求，往往是耗能较多的器官首先出现功能障碍。线粒体中很多具有重要功能的蛋白是由核基因组编码的。

此外，要特别注意"线粒体组 (mitochondiome)"（一般包括核基因中为线粒体组成蛋白编码的基因）和"线粒体 DNA 基因组 (mtDNA genome)"之间的区别。

第二章　人类基因组的生物学

一、人类基因组多样性与泛基因组

人类泛基因组反映的是人类基因组大小和组成的多样性，指人类所有个体"共有"的基因组以及一些群体、个体特有的区段的总和。

框 3.10	泛基因组

泛基因组的概念源于微生物学，原意是指一个微生物物种之内不同的株系的基因组大小和组成的高度多样性，它不仅仅是 SNP，也不只是 CNV，或缺失、插入、重复及位置、方向的变异 (如易位和倒位) 等，而是基因组一个区段或数个区段的大区域，在这个物种的一些群体或个体存在或缺失。

在 HMP 测序技术问世以前，人类一个新的个体的基因组序列的组装和分析，一般都是与 HGP 提供的人类基因组参考序列进行对比，忽视了对那些比对不上的序列的进一步分析。而新的生物信息学工具不仅使 de novo 组装成为可能，而且发现人类基因组 0.6 %~1.6 % 的序列 (18~40 Mb) 是有群体或个体特异性的。进一步的分析还证明其中不乏新发现的编码基因。随着更多的人类个体基因组被测序和 de novo 组装技术的进一步完善，人类基因组的大小变异范围可能还会大一些。对这些群体、个体特异性的编码基因和其他功能因子的研究将丰富对人类基因组多样性的认识。

28:57, 2010 nature biotechnology

Building the sequence map of the human pan-genome

Ruiqiang Li, Yingrui Li, Hancheng Zheng, Ruibang Luo, Hongmei Zhu, Qibin Li, Wubin Qian, Yuanyuan Ren, Geng Tian, Jinxiang Li, Guangyu Zhou, Xuan Zhu, Honglong Wu, Junjie Qin, Xin Jin, Dongfang Li, Hongzhi Cao, Xueda Hu, Hélène Blanche, Howard Cann, Xiuqing Zhang, Songgang Li, Lars Bolund, Karsten Kristiansen, Huanming Yang

(a)　　(b)

图 3.15　其中两位主要贡献者罗瑞邦 (a) 和郑汉城 (b) 及其人类泛基因组论文

二、演化与群体基因组

随着越来越多的生物学证据的支持，现代人类 (*Homo sapiens*，智人) 起源于非洲的学说已渐渐被接受。

从人类原始祖先的起源，到现代人类是单地区起源还是多地区起源问题，再到走出非洲后人群迁徙路线的重构，都成为了人类学家、基因组学家、遗传学家和大众关注的焦点问题。

非洲起源学说自 1987 年首次提出后，得到许多方面的证据支持。

包括中国在内的东亚地区陆续出土的一些人类化石和其他物证似乎并不完全支持这个假说，"走出非洲"还有待验证、修订与补充。通过比较依遗传特征划分的人群的常染色体与性染色体、线粒体基因组，可以得出人类祖先曾至少 3 次走出非洲的结论。人类在 42 万 ~ 84 万年前曾走出非洲，之后又于 8 万 ~15 万年前再次大规模向外迁徙。在上述两次迁徙外，早在 190 万年前人类的祖先或血亲 (*Homo erectus*，直立人阶段) 就已经有了"走出非洲"的经历。

图 3.16　主要贡献者之一郭小森及其古人类起源论文

尼安德特人 (Neanderthals) 和丹尼索瓦人 (Denisovans) 是距今 40 万年到 3 万年，生活在包括整个欧洲大陆、东至西伯利亚、南至中东地区以及亚洲地区的古人类，曾被认为是现代人类的祖先。mtDNA 研究推翻了这一"假设"。

尼安德特人和现代人类可能只有很罕见的交配。一种可能是因为交配产生的后代生殖能力差。在现代法国人和中国人的 DNA 样本比较分析中发现，尼安德特人和现代人之间交配的成功率不到 2%。经过全基因组分析发现非洲人之外的现代人类基因组中 2% ~ 3% 可能来自尼安德特人，因为在非洲人基因组中没有检测到尼安德特人的这些序列。

丹尼索瓦人是生活在上一个冰河时代的人类种群。通过遗留的牙齿和指骨化石提取的 DNA 分析，证明了丹尼索瓦人的存在。在现代美拉尼西亚人 (Melanesians) 身上，发现了丹尼索瓦人 DNA 的痕迹。说明丹尼索瓦人可能曾与美拉尼西亚人的祖先通婚，曾广泛分布在亚洲地区。

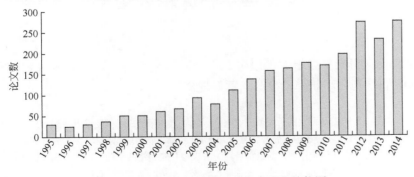

图 3.17　近 20 年来古 DNA 发表论文趋势图

　　群体基因组学(population genetics)是人类基因组学的主要组成部分,也是研究人类演化的主要手段之一,是连接人类演化史和药物遗传学等学科的桥梁。

　　通过在群体水平进行大规模基因组学研究,可以了解遗传变异在群体内以及群体间的分布模式,以及影响其分布模式的各种因素,阐明遗传变异与表型变异以及与内外环境相互作用的关系和机制。

第三章　　临床基因组学

　　在现阶段,临床基因组学可以定义为以基因组学的知识与技术来解释或解决医学临床中的检测、诊断和治疗等问题的现代科学。

　　从某种意义上,临床基因组学就是人类的应用基因组学。临床基因组学还涉及"组学"和其他医学临床的相关技术,就像临床医学是医学研究和所有相关技术(包括生物与理化技术)的研究和应用一样。

　　从遗传学的角度,所有临床相关的信息都可视为表现型与表型组的范畴,而获取临床信息的过程都可视为表型组分析。从大数据的角度来说,当今的临床诊断技术就是把临床的所有信息(包括疾病和正常信息,个体与相关群体的信息)数字化,并建立与基因组信息和序列数据的联系。

第一节　基于序列数据的检测技术

基于序列数据的检测技术是基因组学给医学临床带来的革命性变化和人类健康的福音。

现阶段影响最大的主要有无创产前检测 (Non-Invasive Prenatal Testing，NIPT)、植入前检测 (Preimplantation Genetic Testing，PGT) 和症状前检测 (Pre-Symptomatic Testing，PST)。可以说，这是 21 世纪的精准医学的先声。

一、无创产前检测

无创产前检测，顾名思义，是指对胎儿不会造成任何创伤，在分娩之前对胎儿进行检测的技术。现特指基于基因组数据的检测技术。

框 3.12　　　　　　　　　　　　　**"无创"与"有创"**

在严格的医学意义上，"无创 (non-invasive)"不是说绝对"不留任何创伤"或"没有任何风险"（客观上，取外周血也给孕妇留下了"创伤"和感染的风险，尽管痛感极为轻微而几乎没有感觉，创伤也会很快完全愈合，在医学上只要消毒严格也不认为是风险），而相对于检测对象（胎儿）风险较高的经典"有创 (invasive)"产前检测技术而言是非侵入式的。

"无创"取样在医学史上具有划时代的意义。经典的"有创"技术流产率高达 1% 左右，在很长时间里成为产前检测技术推广的瓶颈，而"无创"技术，对胎儿实实在在不会造成任何创伤或风险。在这一点上，母体血生化检测等技术也属于"无创"的范畴。

"无创"的应用，得益于 MPH 测序技术与相关分析软件。在这个意义上，现有的"无创"技术，可以归类于"META"、"微量 DNA"或 cfDNA (cell-free DNA，游离 DNA) 的测序技术。就 cfDNA 测序来说，发展的方向也许是首先根据其生化特性或碱基修饰等可能的差异来鉴定并分离胎儿的 DNA。

框 3.13　　　　　　　　　　　　**出生缺陷和 NIPT 的监管**

根据 2007 年 1 月 11 日公布的《国际人口发展战略报告》显示，中国每年出生的患有"出生缺陷 (birth defects)"的儿童总数近 100 万，占每年新生儿总数 2000 万的 5% 左右。由于没有及时的有力干预，全国总计有近 3000 万家庭有不同类型、不同程度的出生缺陷的患者，约占全国家庭总数的 10%。

出生缺陷带来的各种问题，已得到家庭和社会应有的重视。有关减少出生缺陷的负责任的生命伦理讨论和政府部分的有力监管，已为"无创"开辟了道路。基因组学技术，特别是 MPH 应用于微量 DNA 检测快速发展的背景下，"无创"产前检测应运而生，并得到准父母的欢迎和社会的支持。

卫生部全国产前诊断技术专家组于 2012 年就无创 DNA 产前检测技术进行了论证，指出该检测技术是一种"近似于诊断水平"、"目标疾病指向精确"的产前检测新技术，应该与现行的产前检测体系相结合，只要准确把握适用人群，能够有效降低现有介入性产前诊断数量，并解决部分产前诊断中心技术或者人力不足等问题。

2014 年 6 月 30 日，国家食品药品监督管理总局 (CFDA) 首次批准了适用 NIPT 的新一代高通量的 DNA 测序仪。2014 年 12 月 22 日国家卫生和计划生育委员会公布了第一批 NIPT 应用试点单位名单。

2016 年 10 月 27 日，国家卫生和计划生育委员会发布文件，正式取消无创产前筛查与诊断试点，所有具有资质的医院及医学检验所都可以开展无创 DNA 产前筛查与诊断。

迄今，在技术上比较成熟、在临床上广泛应用的是检测非整倍体 (aneuploidy) 综合征的染色体数目异常 (chromosomal numerical abnormality)，如 21- 三体、18 - 三体 (T-18, Trisomic 18 Syndrome，18 号染色体三体综合征，又称 Edward Syndrome，爱德华综合征)、13 - 三体 (T-13, Trisomic 13 Syndrome，13 号染色体三体综合征，又称 Patau Syndrome，帕陶综合征) 和 X 染色体数目异常 (如 XO、XXX、XXY)，合计的发病率为 1/600~1/500。

表 3.4   常见非整倍体综合征

染色体类别	名称	染色体异常	发病率
常染色体	Down 综合征	21 - 三体	1/800 ~1/600
	Edward 综合征	18 - 三体	1/8 000 ~1/3 500
	Patau 综合征	13 - 三体	1/20 000 ~1/7 000
性染色体	Turner 综合征	XO (女性少 X 综合征)	1/5 000 ~1/2 500 (♀)
	Klinefelter 氏综合征	XXY (男性多 X 综合征)	1/1 000 (♂)
	XXX 综合征	XXX (女性多 X 综合征)	1/1 000 (♀)
	XYY 综合征	XYY (男性多 Y 综合征)	1/1 000 (♂)

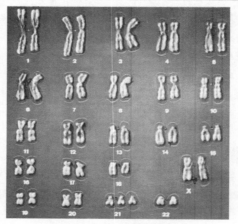

图 3.18   21- 三体综合征的核型示例

框 3.16　　　　　　　　　　　　　　　胎儿 cfDNA 的发现

尽管 20 世纪 40 年代就已有孕妇外周血中存在胎儿游离 DNA 的报道，但直至 1997 年，中国香港中文大学的卢煜明 (Dennis Lo) 团队才确凿证明孕妇外周血中存在源自胎儿的 cfDNA。

现已发现，在孕早期第 12 周开始的孕妇外周血中胎儿 DNA 的含量一般（或平均）为 3%~5%，主要来源为胎盘组织，少量来源于胎儿与母体的物质交换。母体自身的细胞和 cfDNA（主要来自凋亡细胞片段的 DNA) 仍占 95% 以上；分娩后母体中的胎儿 DNA 在短时间内消失，平均半衰期为 16.3 分钟 (4~30 分钟)，产后 2 小时就已检测不到胎儿游离 DNA。

在此之前，无创产前检测的研究重点一直是试图利用孕妇外周血中的胎儿细胞，以 PCR 或间期 FISH 技术加以分析。由于胎儿细胞数目较少，且不同个体与不同孕期变化很大，始终没有实现真正有价值的临床应用。

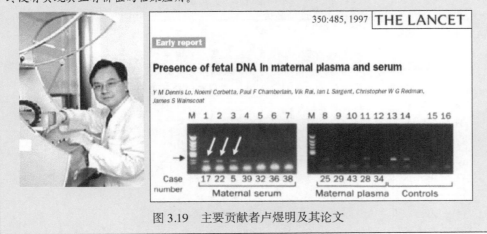

图 3.19　主要贡献者卢煜明及其论文

孕妇血浆中 cfDNA 的检测是微量 DNA 测序技术的临床应用。

通过全基因组测序，获得来自全基因组所有染色体的 DNA 片段，经过生物信息分析，判断胎儿是否为某一染色体的非整倍体。在实际检测时，由于孕妇血浆中游离胎儿 DNA 含量很低，需考虑母体血浆中微量胎儿异常 DNA 扰动等因素。

框 3.17　　　　　　　　　　孕妇血浆中有多少来自胎儿的 DNA ？

以 21 号染色体为例：假设每毫升母体外周血血浆中的染色体 DNA 有 100 份基因组当量（胎儿 DNA 含量约占 5 %)，母体染色体所占比例为 95 份，胎儿染色体所占比例为 5 份。对于怀有正常胎儿的孕妇，同比可得，母体 21 号染色体占比例为 95 份，胎儿 21 号染色体占比例为 5 份，两者相加，共有 21 号染色体 100 份。

对于怀有 21- 三体综合征胎儿的孕妇，由于胎儿有 3 条 21 号染色体，则占比例为 7.5 份 21 号染色体，母亲 21 号染色体占比例仍为 95 份，两者相加，共有 21 号染色体 102.5 份。根据数理统计的原理和基因测序的结果，可辅助判断孕妇是否怀有 21- 三体综合征患儿。怀有 21- 三体综合征胎儿的孕妇外周血与正常胎儿的孕妇外周血液中的胎儿 21 号染色体的差异为 2.5 份，占 21 号染色体总份数 (100 或 102.5) 的 ≤ 2.5%，而 21 号染色体又占整个基因组的 1.55%，因此在整个基因组中差异仅为万分之四。

框 3.18　　　　　　NIPT 的检测前咨询内容、临床适用范围和技术局限性

在施行 NIPT 检测前，必须由经过专业训练的临床医生或遗传咨询师对孕妇进行专业的咨询。然后才对那些确实需要的孕妇进行 NIPT。

检测前咨询内容：

(1) 简明解释无创产前检测的目的，与血清学筛查和其他有创技术的异同。

(2) NIPT 是检测而不是诊断方法。

(3) 无创产前检测有较高的检出率和准确率。

(4) 风险评估不依赖于怀孕时间。

(5) 检测结果有假阳/阴性的可能。

(6) 无创产前检测现有的局限性。

(7) 签署知情同意书，注明经过保密处理的基因组信息是否自愿用于严格匿名的群体性研究。

(8) 如果孕妇拒绝做产前诊断，可说服取脐带血做产后的遗传检测。

(9) 如无创产前检测结果为高风险，需考虑后续产前有创诊断检测，并告知"有创"检测的风险。

(10) 有关待检测疾病的全面而准确的信息。

临床适用范围：

(1) 有介入性产前诊断禁忌证者（先兆流产、发热、有出血倾向、感染未愈等）。

(2) 产前筛查中发现的高危或临界高危孕妇（风险率在千分之一到五）。

(3) 拒绝介入性产前诊断的孕妇或对介入性产前诊断极度焦虑的孕妇。

(4) 就诊时已过了产前筛查最适孕期的孕妇。

技术局限性：

(1) 胎儿为平衡易位、嵌合体或多倍体。

(2) 多胎妊娠（双胞胎或三胞胎）。

(3) 孕妇本人为"平衡易位"患者。

(4) 孕妇有外源 DNA（如怀孕前期接受过异体输血、移植手术、干细胞治疗等）。

(5) "胎盘嵌合"或胚胎停育。

产前"检测"不等同于"明确诊断"。"明确诊断"需要通过有创的介入性手术，如绒毛吸取、羊水抽取或脐静脉穿刺来获取胎儿细胞，并对其进行染色体核型分析或其他细胞遗传学技术分析，从而对胎儿是否存在染色体异常作出明确诊断。

因此对于"无创检测"的阳性结果，一般都需要再作有创的"明确诊断"，以排除"假阳性"的可能性。

框 3.19   **染色体非整倍体**

染色体非整倍体（aneuploidy）是指基因组中部分染色体整条的增多或减少的染色体数目异常。不同易导致流产的染色体整倍体改变及一些染色体的机构改变，一些染色体的非整倍体异常可以生出能存活的出生缺陷儿。因此，胎儿非整倍体异常是一般产前诊断的主要对象。

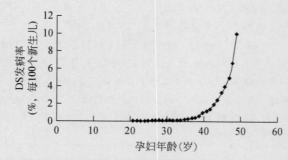

图 3.20   DS 发病率随母亲生育年龄变化曲线示意图

二、植入前检测

PGT 是指通过显微操作技术取出早期胚（体外受精后、植入前）的一个或少数几个细胞及囊胚期的胚胎滋养层，应用 DNA 分析技术进行特定基因和染色体畸变的检测。

PGT 的适应症一般为已知单基因病（常染色体单基因遗传病、性连锁遗传病、线粒体病等）、遗传性癌症（如乳腺癌）、HLA 配型等。

PGS (Preimplantation Genetic Screening，植入前筛查) 指对早期胚进行染色体分析，选择未见异常的用于植入，以提高试管婴儿成功率（怀孕率和出生率）。

植入前筛查的适应症一般为染色体结构异常或非整倍体（针对高龄女性、曾有染色体异常儿妊娠史、反复自然流产、严重男性因素不育等）。

框 3.20　　　　　　　　　　PGT 和 PGS 的不同

（1）目的不同。PGT 的主要目的是辨别胎儿是否患上某一特定的明确的遗传病，明确诊断不会患有这一特定的遗传病后才继续妊娠和分娩；PGS 则针对所有的可检出的已知异常，并不是针对某种明确的遗传缺陷，所得出的"是"或"不是"的结论主要用于减少可能误用"异常胎"的可能性。

（2）适应症不同。PGT 适用于单基因病，X 染色体连锁疾病和已知染色体异常等；而 PGS 主要适用于年龄较大的妇女，反复移植失败，反复流产及严重男性因素不孕的病人。

（3）生育力不同。PGT 的患者常为可育的；而 PGS 的患者通常是不育或者生育能力低的。

（4）应用对象不同。PGT 应用于具有明确遗传缺陷的病人，针对特定的基因，诊断方向明确；而 PGS 一般病人本身没有明确的遗传缺陷，多由于高龄等因素诱发的随机的染色体分离异常导致。

目前 PGT/PGS 的适用人群为父母是遗传病患者，或是遗传病基因携带者；曾有染色体异常儿妊娠史（先天性畸形儿）；有反复自然流产史、死胎史及新生儿死亡史的夫妇；35 岁以上的孕妇（胎儿染色体异常的风险增加）；IVF (*in vitro* Fertilization，体外受精) 反复失败者；有遗传病家族史的夫妇以及所有采用 ART (Assisted Reproductive Technology，人类辅助生殖技术) 的知情同意者。

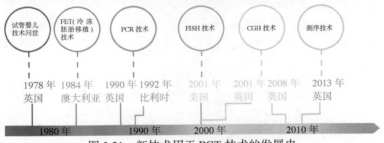

图 3.21　新技术用于 PGT 技术的发展史

框 3.21　　　　　　　　"试管婴儿"技术的相关术语

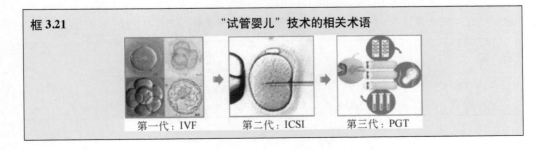

第一代：IVF　　　　　第二代：ICSI　　　　　第三代：PGT

(1) 辅助生殖技术 (Assisted Reproductive Technology，ART)：人工辅助生殖技术。

(2) 人工授精 (Artificial Insemination，AI)：是指采用非性交的人工方式将精子递送到女性生殖道中以达到受孕目的的一种辅助生殖技术，分"夫精"与"非夫精"。夫精人工授精适应症有轻度弱精症与排卵障碍等；非夫精人工授精适应症主要为无精症或弱精症（因而"精子库"问世）。

(3) 体外授精和胚移植 (in vitro Fertilization and Embryo Transfer，IVF-ET)：是指分别将卵子与精子从人体内取出并在体外受精，发育成早期胚后，再移植回母体子宫内，以达到受孕目的的一种技术（第一代"试管婴儿"技术）。适应症有输卵管堵塞、抗精子抗体阳性、子宫内膜异位症等。

(4) 胞浆注射 (cytoplasmic injection)：抽取正常的自体卵泡的细胞质，借助显微操作系统注入 IVF 的受精卵，适用于完全或其他原因引起的"胞质能力不足"。一般不使用异体细胞质，这是由于异体胞质中含大量的线粒体可能引进"第三者"的线粒体 DNA 遗传给后代而备受争议。

框 3.22　　　　　　　　　　　　　　"试管婴儿"技术的领跑者

1) Robert Edwards ——"试管婴儿"之父

被誉为"试管婴儿"之父的英国科学家 Robert Edwards，因在试管婴儿技术研究方面的奠基性贡献而获 2010 年诺贝尔生理学或医学奖。

1976 年，一对婚后 9 年没有生育的 Brown 夫妇希望能有一个孩子。1977 年 11 月，Edwards 团队从她体内取出卵子，与其丈夫的精子在试管中混合、受精，并发育成多细胞的早期胚。11 月 10 日，这个早期胚被成功植入 Brown 夫人的子宫。1978 年 7 月 25 日，第一个"试管婴儿"以剖宫产在英国 Royal Oldham Hospital(皇家奥尔德姆医院)诞生。她的名字叫 Louis Brown。

就在人们为"试管婴儿"争论不休的同时，"试管婴儿"技术在不断成熟、不断发展，被人们广泛接受。2006 年，当第一例"试管婴儿"Louis 怀孕的消息被证实后，"试管婴儿"再次受到全世界的关注。2006 年 12 月 20 日，Louis 在医院生育了自己的孩子。这是世界上第一个"试管婴儿"成长后自然怀孕生下孩子。

图 3.22　Brown 夫妇与他们的"试管婴儿"Louis　　　图 3.23　Robert Edwards

2) 第二代"试管婴儿"技术——单精与胞浆注射

1992 年，比利时的 Gianpiero Palermo 及刘家恩 (Jiaen Liu) 等首次在人体成功应用卵浆内单精子注射 (Intracytoplasmic Sperm Injection, ICSI)，使"试管婴儿"的成功率得到很大的提高。单精注射与自体胞浆注射一起并称为第二代"试管婴儿"技术。

3) 第三代"试管婴儿"技术—— PGT

1989 年，英国伦敦 Hammersmith Hospital（汉默史密斯医院）的 Alan Handyside 用 PCR 技术进行 Y 染色体特异 DNA 体外扩增，将诊断为女性的胚植入并成功妊娠。

框 3.23　　　　　　　　　　　　　　　中国的"试管婴儿"

1) 中国首例"试管婴儿"

1988 年 3 月 10 日在北京医科大学第三临床医院，张丽珠教授主持研究的中国首例"试管婴儿"成功分娩，婴儿取名郑MZ，体重3.9 kg，身长52 cm。

图 3.24　张丽珠　图 3.25　庄广伦

2) 中国首例 PGT"试管婴儿"

1996 年 10 月，中国第一例以第二代"试管婴儿"技术受孕的婴儿在庄广伦领导的中山医科大学生殖医学中心出生。

3) 全球首例应用 MPH 的 PGT 试管婴儿

2012 年 8 月 24 日，全球首例全基因组 MPH 测序技术施行 PGT (WGS-PGT) 的"试管婴儿"在长沙健康出生，体重2.4 kg。卢光琇团队及合作者对体外发育至第五天的7个囊胚取样。经 MPH 测序技术和生物信息分析，其中 3 个胚未见染色体异常，选择其中 2 个未见异常的胚植入，顺利单胎妊娠。目前已 3 岁有余，未见任何异常。

图 3.26　卢光琇（右）、杜玉涛（左）与全球第一个 WGS-PGT 的"试管婴儿"（中）

三、症状前检测

PST 是指在没有出现明显症状之前，便对检测对象作出概率性预测的技术。

经典意义的症状前检测是对迟发型显性遗传病在症状出现前进行预测性检测，目的是检出携带有致病基因但尚未出现临床症状的个体，以便及时进行预防性干预，防止或降低可能产生的严重临床后果，因而对象仅为一些特定疾病的高风险个体、家庭或潜在风险人群。

现在"症状前检测"已扩大到与遗传因素相关的所有疾病，目前症状前检测主要应用在迟发型单基因病与遗传性癌症。

框 3.24　　　　　　　　　　　　**PST 实例**

1) 迟发型单基因病

HD (Huntington Disease，又称 Huntington chorea，亨廷顿舞蹈症) 最早由美国 Matteawan General Hospital (马特宛总医院) 的 George Huntington 于 1872 年详细报道。

HD 是一种常染色体显性遗传病，常在 30~40 岁发病，发病后 15~20 年死亡，目前尚缺乏有效的治疗方法和预防措施。由于其发病年龄晚，杂合子个体常在发病前已经生育了儿女，因而也同其他常染色体显性遗传病一样，有二分之一的可能性将致病基因传给子代。

图 3.27　George Huntington　　　图 3.28　一位亨廷顿舞蹈症典型患者

　　HD 基因位于 4p16.3, 含 68 个外显子, mRNA 长 13 474 nt, 编码一个由 3142 个氨基酸组成的蛋白质——huntingtin。HD 是第一个被发现的三核苷酸重复突变 (tri-nucleotide repeat expression mutation), 即在其第一个外显子内存在一段三核苷酸 (CAG) 的重复, 患者有 36 甚至 180 个重复单位, 而常见的正常等位基因只有 15 ~ 35 个。不同族群的患病率不同, 重复单位的数目也不同, 如西欧人群携带比其他人群较多的重复单位。应用 MPH 测序技术结合家系分析可进行准确的预测。

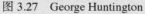

图 3.29　HD 的家系示例

Ⅰ-2 和 Ⅱ-1, Ⅱ-4 均在 40 岁之前发病, 且 Ⅱ-1 已经死亡。其他成员尚未见发病, 对 Ⅱ-3 和 Ⅱ-5 的检测未见携带致病等位基因, 而 Ⅲ-1 证实含有致病等位基因, 发病的风险很高。

　　2) 蚕豆病

　　葡萄糖 -6- 磷酸脱氢酶 (Glucose-6-Phosphate Dehydrogenase, G6PD) 缺乏症是 X 连锁的隐性遗传病, 俗称蚕豆病。患者为 G6PD 基因缺陷的纯合子, 可导致严重的急性溶血性贫血而引起红细胞过多破坏, 如不及时诊治, 可引起肝、肾、或心功能衰竭, 甚至死亡。G6PD 缺乏症在无诱因时不发病, 与正常人一样。常因食用蚕豆、服用或接触某些药物、感染等诱发血红蛋白尿、黄疸、贫血等急性溶血反应。因此进行 PST, 使 G6PD 患者尽早预防 (不要吃蚕豆) 一直是典型的遗传病 "基因预防" 的实例。婚前、孕前 DNA 检测女性杂合子是较为可靠的方法。

　　3) 遗传性乳腺癌或卵巢癌

　　BRCA1/2 基因是乳腺癌最重要的易感基因。BRCA1 基因定位于 17q21, 编码 1863 个氨基酸组成的蛋白质。BRCA2 基因定位于 13q12-q13, 编码 3418 个氨基酸组成的蛋白质。

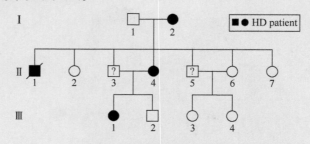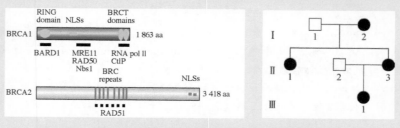

图 3.30　BRCA1/2 基因和乳腺癌家系示意图

BRCA1/2 蛋白广泛表达于各种组织的细胞核中，欧裔人群中 BRCA1/2 突变等位基因携带者一生中发生乳腺癌风险分别达 65% 和 45%。

以一个遗传性乳腺癌家系图为例，外婆、姨母、母亲都是遗传性乳腺癌患者，MPH 技术能高精度一次性分析 BRCA1/2 两个基因上的变异，能预测患乳腺癌或卵巢癌的风险，提前进行乳腺或卵巢（或两者）预防性切除术，可有效防止乳腺癌或卵巢的发病。

4）遗传性结直肠癌

APC 基因是 FAP (Familial Adenomatous Polyposis，家族性腺瘤性息肉病）的重要易感基因。FAP 属于癌前病变，该病患者将 100% 恶变为 CRC (ColoRectal Cancer，遗传性结直肠癌），因此症状前对 APC 基因的检测非常重要。

美国 NCCN (National Comprehensive Cancer Network，国家综合癌症网络）的《癌症临床实践指南》明确规定，应对经典型家族性腺瘤性息肉病家族史的家系成员进行 APC 基因的检测。

框 3.25　Angelina Julie（安吉丽娜·朱莉）案例及考虑 DNA 检测的遗传性乳腺癌高发人群

2013 年 5 月，Angelina Julie 在 *New York Times*（《纽约时报》）上发表 "My Medical Choice" 一文，宣称自己已接受了预防性乳腺切除手术。5 月 27 日，*Time* 杂志以封面故事报道了 Julie 事件。Julie 在 2 年后又接受了卵巢切除术。

朱莉的家族史显示：外祖母因癌症去世，姨妈因乳腺癌去世，母亲因卵巢癌去世。而朱莉自身携带 BRCA1 基因的致病等位基因，可能有 87% 的乳腺癌患病风险，50% 的卵巢癌患病风险。而切除手术可使其患乳腺癌与卵巢癌患病风险降低至 5% 以下。

图 3.31　Angelina Julie

考虑 DNA 检测的遗传性乳腺癌高发人群（凡符合下列任意一项者）本人尚未患乳腺癌，但其家族史中至少存在以下一种情况：

(1) 一名近亲成员已知存在 1 个以上乳腺癌易感基因的突变；

(2) 一名近亲成员患有双侧乳腺癌或有 2 个以上原发灶；

(3) 一名近亲成员患有卵巢癌；

(4) 一名近亲成员患有三阴性乳腺癌；

(5) 一名近亲成员在 ≤ 50 岁前后患上乳腺癌；

(6) 一名近亲成员为男性乳腺癌患者；

(7) 直系家族成员（父系或母系）中至少有 2 位患有乳腺癌；

(8) 直系家族成员（父系或母系）中有 1 位患有乳腺癌，且至少有 1 位家族成员患有以下疾病：胰腺癌、前列腺癌、肉瘤、肾上腺皮质癌、脑肿瘤、子宫内膜癌、白血病/淋巴瘤、甲状腺癌、消化道多发性息肉（错构瘤型）、弥漫性胃癌。

四、精准医学和 21 世纪的医学

精准医学，相对于其他的提法，较为全面、准确地反映了 21 世纪医学的特点与发展趋势。

框 3.26　　　　　　　　"4P 医学" 与 "4P+TEDIST 医学"

对 21 世纪的医学有很多不同的描述，最流行的是 "4P 医学"，即预防 (Prevention)、预测 (Prediction)、参与 (Participation) 和个性化 (Personalition)。

遗传学技术，随同其他的医学进展，使 "预防为主" 有了新的、更有效的手段，其经典例子便是 PKU (Phenylketonuria，苯丙酮尿症）的预防性治疗。只要在一定的发育期内，给予特殊的 "不含苯丙氨酸" 的食物，就能实现患者的 "表型治疗（不涉及基因型的治疗）"。"蚕虫病"也是一经典例子。

疾病预测的著名范例便是通过 *BRCA1/2* 突变的检测，对乳腺癌发病风险的较为准确的预测。"参与"或许属于医学社会学的范畴，是指经典意义的患者应该成为临床的参与者和合作者，而不只是"被治疗"的对象。患者通过对自己的基因组和药物的了解而更好发挥参与者的作用。

个性化是"4P 医学"的核心概念。如治疗高血压的现有药物多达几十种，而对某一具体病人来说，真正有效的药物只有一种或少数几种，这不能一般地视为"疾病的异质性"，只有通过基因组分析才能更好地对某一疾病进行"分子分型"，设计针对"靶基因"进行"靶向治疗"的"靶药物"。如 Herceptin 可以通过特异性地作用于靶基因 *erbB* 而对具相关变异的乳腺癌病人有较好的治疗作用。

此外，还有 6 个术语也较好地反映了现代医学的特点：

T (Targeted Medicine)，靶向医学；

E (Evidence-based Medicine)，循证医学；

D (Data-based Medicine)，大数据医学；

I (Integrated Medicine)，整合医学；

S (Systems Medicine)，系统医学；

T (Translational Medicine)，转化医学；

这几种提法都在一定意义上或从一个角度反映了医学现阶段和未来一个阶段的特点与发展趋势，且相互之间并不矛盾，也没有完全重叠，有理由把它们都归纳为现代医学的特点，即"4P + TEDIST"医学。

对"4P + TEDIST"的异议有如下几个方面：

(1)"预防"、"预测"和"参与"是医学多年来的追求，没有反应新的基点、特点和起点。

(2)"个性化医学"的优势是强调了"个体差异"，改变了"一药治万人"的传统，加强了对"疾病异质性"的认识，突出了分子分型的重要性。在医学实践中，并不是所有疾病都是"个性化"，也不是所有药物都可以"个性化"的。从另外一个角度，"因人而异"是正确的，而实际只能是"分组而异(grouped medicine)"，如输血治疗的血型分析（就病人来讲，是"分型"而不是"分人"）。而一些人又从伦理学的角度，认为"个性化药物"只能使药物更加昂贵而最终仍只有少数人受惠。

(3)"整合医学"与"系统医学"所强调的不同流派和学科的"整合"努力已久，也不能全面反映现代医学的新特点与发展趋势。

(4)"转化医学"本意是试图反映医学研究应重视临床应用，并鼓励临床医生参与研究。但从另一角度，"转化医学"如果只是理解为把基础研究转化为医学应用，则有"轻视创新与发现"之嫌。

(5)"数据医学"则得于新颖，而失为抽象，因为"21 世纪（所有产业与专业）的最重要的特点是以大数据为基础的"。

框 3.27   奥巴马版的"精准医学(Precision Medicine)"

"21 世纪美国的经济将有赖于科学技术和研究开发。我们曾消灭了小儿麻痹症，并初步解读了人类基因组。我希望，我们的国家能引领医学的新时代 —— 这一时代将在合适的时间给疾病以合适的治疗。对那些患有囊泡纤维化的病人，我们能将他们转危为安，这个病在过去是不可逆转的。今天晚上，我要启动一个新的精准医学计划(Precision Medicine Initiative)。这一计划将使我们向着治愈诸如癌症和糖尿病这些顽症的目标迈进一步，并使我们所有人，都能获得自己的个体化信息。我们需要这些信息，使我们自己，我们的家人更加健康。"

——奥巴马

(2015 年 1 月 20 日)

"21st century businesses will rely on American science, technology, research and development. I want the country that eliminated polio and mapped the human genome to lead a new era of medicine - one that delivers the right treatment at the right time. In some patients with cystic fibrosis, this approach has reversed a disease once thought unstoppable. Tonight, I'm launching a new Precision Medicine Initiative to bring us closer to curing diseases like cancer and diabetes - and to give all of us access to the personalized information we need to keep ourselves and our families healthier."

——B. Obama
(Jan. 20. 2015)

框 3.28　　　　　"精准医学"的"精准"解读

美国总统奥巴马在 2015 年 1 月 20 日发表的这一段话，作为 2015 年度国情咨文的重点内容之一，得到了美国两党、各国政要与国际媒体的普遍关注，同时也获得了科学界不同流派的一致支持。奥巴马版的"精准医学"可归纳如下。

一个醒目摆设

奥巴马此次报告时在讲台左侧摆放了一个精致的彩色 DNA 双螺旋模型，引人注目，发人深省。

图 3.32　美国总统奥巴马
发表"国情咨文"

两个重要贡献

作为科技超级大国的美国，一个多世纪来对生命科学与临床医学的贡献不胜枚举，可是奥巴马的智囊团让他例举的贡献只有两个：小儿麻痹症的消灭和 HGP 的初步完成。

三类代表性疾病

美国以至于全球要应对的疾病成千上万，但奥巴马仅举了 3 个例子，以欧裔中发病率最高的囊泡纤维化作为单基因病或其他罕见病的例子，把糖尿病作为常见复杂疾病的例子，而把癌症列为重中之重。

四个基本要素

奥巴马的咨文中，为他的计划罗列了 4 个要素 (精治、准时、共享、个体化)。

一、精治 (the right treatment)

"对合适的病人，给予合适的治疗。"

二、准时 (at the right time)

"准时就是一切 (Timing is Everything)。"所有的诊疗只有在合适的时间才是真正合适的，这也体现了预测医学和预防医学的含意。

三、共享 (all of us)

精准医学的要旨是医学的发展应该使"我们自己和我们的家人都更加健康 (keep ourselves and our families healthier)"。

四、个体化信息 (personalized information)

"我们需要个体化的信息。"

五项具体内容

一、启动百万人基因组测序和分析计划。

二、癌症的基因组学研究。

三、建立评估相关技术和产品的新通道，转变政府监管功能。

四、制定一系列的相关标准和政策，来保护隐私和数据安全。

五、PPP (Public-Private-Partnership)，鼓励企业参与。

第二节　单基因病及基因定位

一、单基因病

单基因遗传病 (monogenetic disease) 的发生主要受一个基因的控制，其传递方式遵循孟德尔遗传规律，因此也称为孟德尔遗传病 (Mendelian disease)，可简称为遗传病 (genetic disease) 或单基因病 (monogenic disease)。

根据"致病等位基因"所在染色体（常染色体或性染色体）以及遗传方式的不同（显性或隐性），人类单基因遗传病分为常染色体遗传 (Autosomal Inheritance，AI)，其中又包括常染色体显性遗传 (Autosomal Dominant，AD) 和常染色体隐性遗传 (Autosomal Recessive，AR)；X 连锁遗传 (X-linked inheritance)，其中又包括 X 连锁显性遗传和 X 连锁隐性遗传；Y 连锁遗传；线粒体基因组缺陷所引起的疾病。因单种遗传病的发病率较低，可归于罕见病 (rare disease)，已开发的专用于某种罕见或单基因遗传病的药物常被称为罕用药 (orphan drug)。

罕见病是指流行率很低、很少见的疾病。国际确认的罕见病有 7000 多种，其中约 80% 是由于基因缺陷所导致的，目前只有不到 5% 的罕见病有治疗方法。因罕见病患病人数少、缺医少药且往往病情严重，所以也曾被称为"孤儿病 (orphan diseases，意为少见病)"，而曾把治疗罕见病的药物称为"孤儿药 (orphan drug)"。据估计，中国各类罕病患者超过 1000 万人。

不同的国家、地区和组织对罕见病的定义不同：美国 2002 年通过的《罕见病法案》(*Rare Disease Act of 2002*)，将患病人数低于 20 万，或患病率低于万分之七的疾病或病变定义为罕见病；日本的法律将患病人数低于 5 万，或患病率低于万分之四的疾病定为罕见病；欧盟则将危及生命或慢性渐进性疾病等患病率低于万分之五，需要特殊手段干预的疾病视为罕见病；韩国将患病人口低于 2 万的疾病称为罕见病；中国台湾地区 2000 年通过的"罕见疾病防治及药物法"将罕见病定义为发生率在万分之一以下、具遗传性及诊治困难的疾病；而目前中国尚无对罕见病的官方定义。

表 3.5　常见单基因病相关基因的定位与发病率

遗传方式	疾病名称	基因 / 染色体位置	发病率（十万分之）
AD	亨廷顿舞蹈病	*HD*/4p16.3	3～7（欧洲） 0.1～0.4（日本） （中国已报道约 200 余例）
	家族性高胆固醇血症	*LDL-R*/19p13.2	200（杂合子），1（纯合子）
	成骨不全	*COL1A1*/17q21.3-q22	2.5～5
	马凡综合征	*FBN1*/15q21.1	4～6
	软骨发育不全	*FGFR3*/4p16.3	2～7（新生儿）
	成人型多囊肾	*PKD1*/16p13.3-p13.12 *PKDe*/4q21-q23	100～250
	寻常鱼鳞病	*FLG*/1q21	17～40
AR	α 地中海贫血	*HBA1, HBA2*/16p13.3	120～810
	苯丙酮尿症	*PAH*/12q22-q24.1	8
	婴儿多囊肾	*PKHD1*/6p21.1-1p12	2～17
	白化病	*TYR*/11q14-q21	5～10
XLD	抗维生素 D 性佝偻病	*PHEX*/Xp22.1	5
	遗传性肾炎 (Alport 综合征)	*COL4A5, COL4A6*/Xq22.3	10～20

框 3.29 罕见病与罕用药

图 3.33 陈垣崇

庞贝症 (Pompe disease) 是一种罕见病，又称为酸性麦芽糖酶缺乏症 (Acid Maltase Deficiency，AMD) 或肝醣储积症二型 (Glycogen Storage Disorder II)，也叫糖原累积症二型 (glycogenosis II，GSD)。全球新生儿患病率约在 1 : 40 000 或 0.0025%，但不同的地区则有所差异。中国台湾地区的陈垣崇 (Chen Yuan-Tsong) 成功地研发出庞贝氏症治疗药物 Myozyme（在 2006 年由美国和欧盟同步批准上市），并以此于 2010 年设立了 Chen Award 生物奖，以奖励在基因组科学领域的创新研究。

截至 2015 年 8 月，欧盟和美国已经批准了近 400 种罕用药，如健赞公司 (Genzyme Corporation，美国) 的 Cerezyme（注射用伊米苷酶，治疗 I 型戈谢病的的罕用药，1994 年即获美国 FDA 批准，2008 年年底在中国上市）；诺华 (Novartis，瑞士) 公司的 Gleevac（治疗白血病）；诺和诺德 (Novo Nordisk，丹麦) 公司的 Nordotropin 和 Nonoseven（治疗糖尿病）等。

根据医疗健康领域行业及市场调研公司 Evaluate Pharma 在 2014 年 10 月份公布的罕用药报告，罕用药平均每个病人每年的花费达 13.8 万美元。世界上最贵的罕用药是 Alexion 公司生产的 Soliris，用药费用高达每年 50 多万美元（由于是治疗一种特别的罕见病，患者需要终生用药）。在全球 2014 年最畅销（销售额最高）的 10 大罕用药中，排名第一的的就是罗氏 (Roche，瑞士) 旗下的基因泰克公司的 Tituxan/MabTera（一种治疗罕见肿瘤的罕用药），该药在 2014 年的销售额是 37 亿美元，该年度的病人总数只有 7 万人。

框 3.30 致病基因、致病变异与致病等位基因

单基因病的"致病基因 (disease-causing gene 或 disease gene)"的说法尽管很常见，但较为准确的是疾病的"相关基因"的致病变异，较为全面而又准确强调疾病相关突变应是"相关基因的致病等位基因"。因为等位基因是一个基因的存在实体，而两个等位基因相互作用才会致病。

框 3.31 显性与隐性遗传

通常，显性遗传是指其中有一个致病等位基因，即处于杂合子状态就可导致疾病的发生并显示出其特征性的表型；而隐性遗传则是两个等位基因都发生突变而形成的一对致病等位基因，即处于纯合子状态才能显示特征性的表型或症状。

二、基因定位

人类基因的定位 (gene mapping) 即在人类基因组中确定一个确切的表型相关的基因的位置。

（一）遗传分析定位

遗传分析定位是通过对多个多世代多个体的家系的经典遗传学分析，而将致病基因定位到某个基因组区域或位点。

框 3.32 遗传分析定位和 Lod 值

单基因病基因定位的经典技术是连锁分析 (linkage analysis) 或称家系分析 (pedigree analysis)。

20 世纪 30 年代"连锁定律"在果蝇遗传学研究中被证明，其主要的科学依据是共分离 (co-segregation)，最直接的例子便是与 X 染色体与红眼表型的共分离，该表型定位在 X 染色

体，尽管当时还不确定在 X 染色体的哪一具体位置。

连锁分析成功的要素是"理想"的家系和遍布各个染色体不同区域的遗传标记。"理想"的家系是同一"祖宗"的多世代、多个体、又有多个遗传方式明确一致、表型相同或相似的典型患者或具有某种表型的成员。

单基因遗传病通常呈现特征性的家系传递方式。先证者 (proband) 是某个家族中第一个被发现的罹患某种遗传病的患者或具有某种表型的成员。所谓家系分析是从先证者入手，追溯调查其所有家族成员（直系亲属和旁系亲属）的数目、亲属关系及某种遗传病（或表型）的分布等资料，并按一定格式绘制而成的图谱（家系图），使用的"符号"已形成国际统一的"标准"。家系中不仅要包括具有某种性状或患有某种疾病的个体以及仍保留健康状况记录的已去世的个体，也应包括家族的正常成员。根据调查资料绘制成的家系图，可以确定所发现的疾病某一特定表型在这个家族中是否与遗传因素的作用及其可能的遗传方式有关。

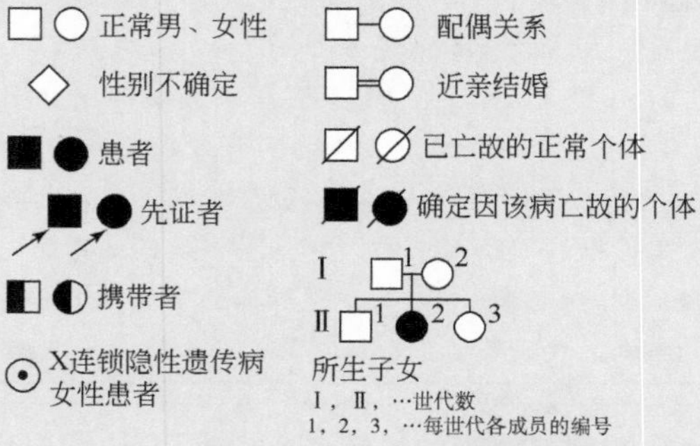

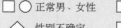

图 3.34　常用的家系符号示例 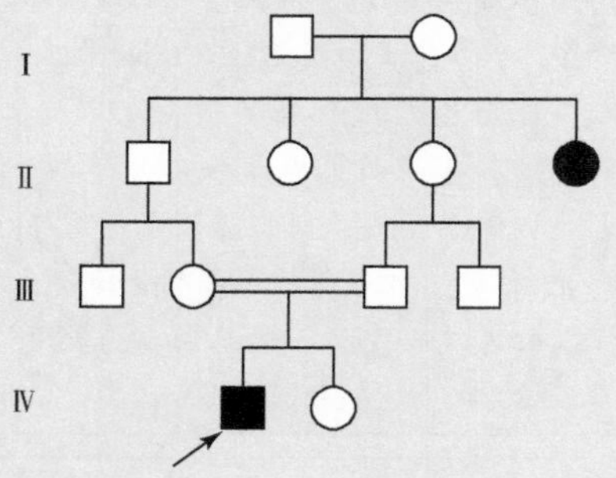　　　　图 3.35　常染色体隐性遗传病家系示例

值得注意的是，在对某一种单基因遗传病或表型作家系分析时，仅依据一个家族的家系资料往往不能准确反映出该病的遗传方式及其特点，因此，当有足够多的家系资源时，应将多个具有相同遗传或表型的家系结合起来分析得到足够高的 Lod 值，以期获得较为准确的判断。以常染色体隐性遗传典型家系图为例：

常染色体隐性遗传的典型家系有如下特点：①由于基因位于常染色体上，所以它的发生与性别无关，男女发病机会相等；②家系中患者的分布往往是散发的，通常看不到家族中的连续传递现象，有的家系中甚至只有先证者一个患者；③患者的双亲表型往往正常（但都是致病基因的携带者）；④近亲婚配时，子女中隐性遗传病的发病率要比非近亲婚配者高得多。这是由于他们来自共同的祖先，往往具有共同的隐性致病等位基因。

Lod 值是 1955 年英国的 Newton Morton 提出来表示连锁强度的度量单位，其主要含义是根据两个非此即彼的假设，计算数据的整体似然性，以确定两个基因位点或是按一定的重组率 (θ) 而相互连锁的可能性或是互不连锁的可能性。

Lod 值是重组率 θ 的函数，θ 值的最好（或最大可能性）估计是使 Lod 值达到最大的 θ 值（最大似然估计）。Lod 值越大（Lod > 3），则连锁（或共分离）的证据越强；负值（Lod < -2）则表示不存在连锁。如前所述，Lod 值的一大优点是多个家系可以积加。

Lod 值法是一种参数连锁分析方法，它与似然比检验本质上是一致的。连锁分析中，主要参数是位置已知的标记位点与疾病位点之间的重组率 θ。零假设为标记位点和疾病位点间不存在连锁（$\theta = 0.5$），假设为存在连锁（$\theta < 0.5$）。Lod 值的计算公式和最大似然估计如下。

$$Lod = \log_{10} \frac{(1-\theta)^{NR} \times \theta^{R}}{0.5^{(NR+R)}}$$

$$\hat{\theta} = \frac{R}{R+NR}$$

式中，R 为重组子个数；NR 为端重组子个数。

（二）细胞遗传学定位

细胞杂交与蛋白质（或酶）检测技术的发展带来了 20 世纪 80 年代细胞遗传学定位的热潮。

框 3.33   **细胞杂交技术的创立**

20 世纪 60 年代创立的"细胞杂交"技术是细胞生物学与遗传学的重要进展之一。基因"沉默"的鸟类红细胞和人类的有核细胞"杂交"能激活前者的基因表达，就是这一技术的应用范例之一。但是人们担心的"人 - 鸡怪鸟"或"人 - 鼠怪兽"并没有出现，而细胞杂交技术最大的辉煌是单克隆抗体技术与人类的基因定位。

4:71, 1969 | J Cell Sci

CHANGES IN THE CYTOCHEMICAL
PROPERTIES OF ERYTHROCYTE NUCLEI
REACTIVATED BY CELL FUSION

L. BOLUND AND N. R. RINGERTZ
Institute for Cell Research and Genetics, Karolinska Institutet, Stockholm, Sweden
AND H. HARRIS
Sir William Dunn School of Pathology, University of Oxford, England

图 3.36   细胞杂交先驱之一 Lars Bolund 及其鸡核基因激活的论文

在人类与小鼠体细胞杂交而得到的"人 - 鼠杂种细胞"中，人类的染色体随着细胞的"传代"逐渐随机丢失，随后会保持一定时间的相对稳定。这些保留部分染色体的细胞系组成了杂种细胞的"嵌板 (panel)"。检测特定蛋白质（酶）存在与否与相关染色体的"共分离"，就可以把某一蛋白质（酶）定位于相关的染色体。

如果将人类细胞以放射性打断染色体后再用于杂交，则在"人 - 鼠杂种细胞"中发现人类染色体的不同片段，然后检测这些人类染色体片段与特定蛋白质（酶）的"共分离"，而将这些蛋白质的基因较为准确地定位于染色体的区段上。

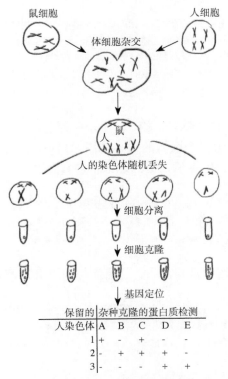

图 3.37   体细胞杂交定位流程的示意图

（三）原位杂交

将某一基因的 DNA 片段作特殊标记后，再杂交到中期染色体制片上，便可直接显示该基因在染色体上的位置。

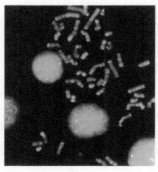

图 3.38　FISH 的一个示例

早期的原位杂交是以放射性较弱的 H³ 标记的。由于信号较弱（如使用放射性较强的 P³²，则因信号过强而影响在染色体上的分辨率）且观察困难而仅能用于重复序列。后来的 FISH（需要荧光显微镜观察）定位，极大地提高了敏感度与分辨率，可用于单拷贝 DNA 探针的定位。

（四）外显子组测序

已知的单基因遗传病大都是编码基因的单核苷酸变异引起的，因此，分析外显子组的序列并鉴定变异已成为现阶段研究并定位"致病基因"的主要方法。

外显子组测序的优点之一是不需要很多"同质"家系的积加，几个（甚至一个）典型家系的材料即可。对于这些家系的分析需要开发更好的生物信息软件，以从诸多的变异中找出与疾病相关的单核苷酸变异。

第三节　癌症基因组

一、癌症与基因组学

20 世纪中叶开始的癌症研究最主要的共识是：癌症是一种基因组疾病。

正如所有其他人类疾病一样，癌的发生是相关基因与环境共同作用的结果。但是，两者所有的作用并不均等。与生殖细胞的基因组变异相关的"遗传性"癌症，与单基因遗传病相似，基因组变异（一个或数个碱基变异）起了较为关键的作用（最典型的例子是乳腺癌与 BRCA1/2 基因）。而其他多数癌症可能涉及多个信号传导通路的多个基因或基因组多个区域的变异，因而环境因素通过基因组的易感因子而起作用的可能性更大一些。

HGP 的最初动议（学术来源）之一，便是癌症基因组研究的设想：癌症的发生可能涉及遍布全基因组多个区域的很多基因。可以说，癌症的研究，反映了基因组学与遗传学的异同，也有了 canceromics（癌基因组学）这一新的组合名词。

尽管现在癌症的临床分类还是以发病位置（器官或组织）命名与分类的，但基因组学的基本概念提示癌症的发生涉及全基因组的大规模变异，涉及很多基因及其信号传导通路与代谢途径，具有癌症本身可能的共性，这正是"跨癌种（或泛癌，pan-cancer）"研究观点的基因组学基础。

癌症的发生与染色体异常的关系，是癌症与基因组学相关的最早发现。

早在 100 多年前，癌症发生与染色体异常的关系便引起了注意。德国病理学家 David Hansemann 于 1890 年第一次描述了癌样本体细胞的异常分裂。

1960 年美国 University of Pennsylvania 的 Peter Nowell 和 Divid Hungerfor 首次报道了 CML 病人细胞中

的 Ph⁺。

20 世纪 70 年代初，美国 University of Chicago 的 Janet Rowley 以染色体显带技术证明 Ph⁺ 是 22 号与 9 号染色体的部分片段 "融合" 的产物，首次建立了特异性染色体畸变与癌症的关系，并很有说服力地证明这一染色体畸变是癌症发生的 "因"，而不是当时有人怀疑的是癌症发生之后导致染色体不稳定之 "果"。

2001 年，Gleevee (药品名，汉译为格列卫，一种酪氨酸激酶抑制剂) 获美国 FDA (Food and Drug Adminis-tration，食品和药品监管局) 批准上市，这是第一个针对靶基因的靶药物。Gleevee 的靶基因就是 Phi⁺ 的 22 号与 9 号染色体片段易位形成的融合基因产生的融合蛋白。这一机制已被广泛接受并已用于解释多种癌症。

DNA 双螺旋结构的发现以及与遗传信息的关系，建立了癌症基因组学研究的理论与实践的基础。

1981 年，在美国 Salk 研究所的 Robert Winbery 和 Genoffney Cooper 发现了 *Ras* 基因，并证明一个核苷酸的点突变导致的一个氨基酸的替换能致癌，这是第一个报道的人类致癌基因 (oncogene，又称原癌基因)。

迄今，已发现并确认了与多种癌症相关的 *p53* 和 *NM23*，与大肠癌相关的 *APC*，与乳腺癌相关的 *BRCA1/2*。

20 世纪 80 年代的 "positional cloning" 技术给发现、定位、克隆癌症相关基因提供了新的途径。

框 3.34　　　　　　　　　　　　***RB* 基因的克隆**

1984 年，美国 University of Cincinnati (辛辛那提大学) 的 Webster Caveneejiang 将 *RB* (reti-noblastoma，视网膜母细胞瘤) 基因定位于 13 号染色体。1986 年在美国 Whitehead 研究所的 Sephen Friend 克隆了这一基因的 cDNA。1987 年，在美国 UCSD 的 Wen-Hwa Lee 和 Yuan-Kai Fung 以染色体步移 (chromosome walking，positional cloning 的主要技术之一) 克隆了 *RB* 基因，这是被克隆的第一个抑癌基因 (cancer-supressing gene，也称 recessive oncogene，隐性癌基因)，其丢失或失活 (因自身或相关序列突变) 能致癌。1989 年，这一著名的抑癌基因在发现 15 年之后被完整克隆。同年，美国 Johns Hopkins University 的 Bert Vogebstein 团队发现结肠癌组织中 *p53* 的不同方式的变异。

框 3.35　　　　　　　　　　　**癌症的 "二次打击假说"**

美国 Fox Chase Cancer Center (福克斯蔡斯癌症中心) 的 Alfred Knudson 根据 *Rb* 基因提出了 "二次打击假说 (two-hit hypothesis)"。二次打击假说可以解释视网膜母细胞瘤的遗传性与散发性，也可解释遗传性视网膜母细胞瘤的遗传与隐性抑癌基因的关系。

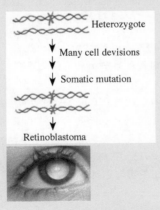

图 3.39　"二次打击假说" 示意图

"二次打击假说"认为家族遗传性视网膜母细胞瘤的家族成员已经携带了 *Rb1* 基因的一个生殖细胞 (germ line) 突变。若在体细胞内再发生一次突变，即可导致癌症发生，这种事件较易发生，所以发病年龄较早；而散发性的视网膜母细胞瘤必须经过一个体细胞内的 *Rb1* 等位基因两次体细胞突变，发生率较低，所以发病年龄一般较晚。

　　"二次打击假说"也可解释与生殖细胞可能无关的体细胞致癌，即由于自发或环境诱因而导致的体细胞突变，以及病毒诱癌，病毒可能是第一次也可能是第二次打击。

　　"二次打击假说"也基本符合癌症的"演化选择"假说。癌症的发生是一个演化的过程，而癌症发生则是由于正常细胞或带有生殖细胞变异的细胞，在组织或器官提供的微环境下细胞群体演化的结果。根据演化学说，癌症发展要通过多次的随机突变与自然选择。自然选择使一些存在致死性突变的细胞死亡，而另一些具有更大的增殖能力的细胞存活下来。其中一些存活能力更强的细胞便形成了肿瘤，可能导致良性肿瘤以至于癌症。

表 3.6　癌症研究相关的部分诺贝尔奖

获奖时间	获奖人	国籍	主要贡献
1966 年	Peyton Rous	美国	病毒致癌说
1975 年	David Baltimore Renato Dulbecco Howard Temin	美国	发现肿瘤病毒及其致癌作用
1989 年	Michael Bishop Harold Varmus	美国	发现原癌基因的
2001 年	Leland Hartwell Tim Hunt Paul Nurse	美国 英国	发现细胞周期的关键调节因子
2008 年	Harald Hausen	德国	发现宫颈癌与人乳头状瘤病毒 (HPV) 的相关性
2009 年	Elizabeth Blackburn Carol Greider Jack Szostak	美国	发现端粒和端粒酶

二、癌症的组学研究

（一）全基因组 MPH 测序与癌症基因组分析

依托全基因组和区域捕获的 MPH 测序等技术开创了癌症研究的新纪元。

全基因组 MPH 测序配以生物信息学分析软件，发现了与癌症相关的不同方式的基因组变异。

框 3.36　　　　　　　　　　　全基因组测序与白血病

　　2008 年，美国 University of Washington 的 Timothy Ley 发表了第一个癌症基因组的全基因组测序与分析。这一结果预示着第一个癌基因组序列的问世，也开启了癌基因组学研究的大门。

　　研究小组对一例 AML（急性粒细胞白血病）中年妇女完成了真正意义的全基因组测序。这项研究表明：患者有 2 个致癌基因是已知与白血病相关的基因，4 个基因及其基因家族成员被发现与癌症发生相关，并发现了癌细胞的 64 个体细胞突变。其中 12 个位于编码基因的内部，另外 52 个突变位于基因组的保守区或基因表达的调节区（均为非编码区），这些突变都处于杂合状态，推测这些基因中的一部分突变参与了癌症的发生。

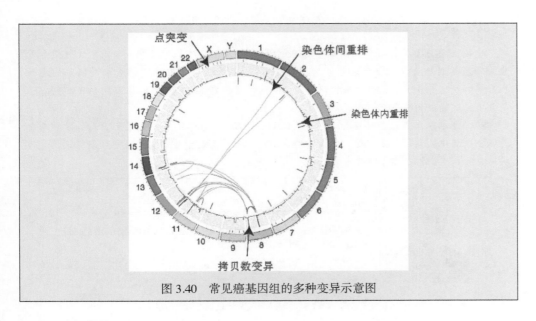

图 3.40　常见癌基因组的多种变异示意图

1. 点突变与 InDel

癌症基因组序列分析证明，众多点突变与癌症的发生、发展以至于转移有关。

点突变指由于单个碱基突变或小 InDel 而改变了编码蛋白的结构和功能，或改变了基因的调控机制使基因激活或失活，表达水平上调或下调。点突变与 InDel 的发现有助于鉴定并定位癌症相关基因及其相关信号通路和代谢途径。

2. 结构变异

较大规模的染色体重排引起的结构变异 (Structure Variation，SV) 是癌症发生的重要原因。广义的结构变异也包括点突变、InDel 和扩增。

由于染色体易位 (断裂与重排) 导致癌症相关基因在染色体上的位置或结构的改变，可能使原来无活性或低表达的癌基因易位至一个强大的启动子、增强子或转录调节元件附近，使其表达水平提高；或者由于易位而改变了基因的结构并与其他高表达的基因形成了融合基因 (fusion gene)，进而正常调控机制对癌基因的作用减弱，使其激活并具有恶性转化的功能；或者另一可能的机制是导致抑癌基因的失活或表达水平降低。就结构变异与其染色体位置的关系，可分为 "染色体间" 与 "染色体内" 的变异和重排。

3. 基因扩增

基因扩增 (gene amplification) 是一种特殊类型的结构变异，直接导致 CNV，已发现与癌症发生有关。

癌症相关的基因扩增一般以两种形式存在：其一是染色体的某一位置上的串联扩增；其二是以一个独立的小染色体存在，如在神经系统癌中较常见的 "标记染色体" 或一些异常细胞中出现的 DM (Double Minute，双微体)。

框 3.37	全基因组测序与食管鳞癌

　　食管癌是人类常见的恶性癌之一，在中国和全球所有恶性癌死亡率中分别位于第四位和第六位。中国食管癌发病率和死亡率均居世界首位。仅 2012 年一年间，食管癌新发病例达 45.6 万例，病理分型主要为鳞癌。食管癌病程进展快、预后差，5 年生存率仅为 10%

左右。

　　中国医学科学院的詹启敏团队等通过 MPH 分析及其他生物学研究，全面系统地揭示了食管鳞癌基因组变异，位于染色体 11q13.3~13.4 扩增区域的 *MIR548K* 参与食管鳞癌的恶性表型的形成，并发现了多个与食管鳞癌发生发展进程和临床预后相关的基因，其中 *FAM135B* 是首次发现的癌相关基因。

　　研究还发现组蛋白调节基因 *MLL2*、*ASH1L*、*MLL3*、*SETD1B* 和 *CREBBP/EP300* 等在食管鳞癌中呈现频繁非沉默突变，提供了潜在治疗靶点，有助于鉴定食管癌的诊断标志物、药物靶点和制定个体化临床治疗方案。

509:91, 2014 nature

LETTER

doi:10.1038/nature13176

Identification of genomic alterations in oesophageal squamous cell cancer

Yongmei Song[1a], Lin Li[2a], Yunwei Ou[1-3a], Zhibo Gao[2a], Enmin Li[4], Xiangchun Li[2a], Weimin Zhang[1], Jiaqian Wang[2], Liyan Xu[4], Yong Zhou[2], Xiaojuan Ma[1], Lingyan Liu[2], Zitong Zhao[1], Xuanlin Huang[2], Jing Fan[1], Lijia Dong[1], Gang Chen[2], Liying Ma[1], Jie Yang[2], Longyun Chen[2], Minghui He[2], Miao Li[2], Xuehan Zhuang[2], Kai Huang[2], Kunlong Qiu[2], Guangliang Yin[2], Guangwu Guo[2], Qiang Feng[2], Peishan Chen[2], Zhiyong Wu[4], Jianyi Wu[4], Ling Ma[1], Jinyang Zhao[1], Longhai Luo[2], Ming Fu[1], Bainan Xu[5], Bo Chen[5], Yingrui Li[2], Tong Tong[1], Mingrong Wang[1], Zhihua Liu[1], Dongxin Lin[1], Xiuqing Zhang[2], Huanming Yang[2], Jun Wang[2] & Qimin Zhan[1]

图 3.41　　主要贡献者詹启敏及其食管癌基因组变异的论文

框 3.38　　　　　　　　　　　　　癌症发生与信号传导通路

　　癌发生 (carcinogenesis) 是一个多因素、多步骤、长时间的过程。基因组变异导致的细胞信号转导通路的异常或紊乱至关重要。人体内细胞信号转导通路众多，涉及配体、受体、细胞内信号蛋白和核内信号蛋白等多个环节，构成了一个极为复杂的网络，并且具有非常精细的调控机制。相关的分析和计算方法可参阅 GenBank、NCBI、SPAD、SDB 等生物信息数据库相关的数学模型。

　　p53 抑癌基因相关通路是迄今发现的与人类癌症联系最为紧密的通路，几乎在所有的癌症中均存在 *p53* 信号通路的突变。野生型 *p53* 蛋白具有维持细胞正常生长、抑制恶性增生的功能。

　　p53 的研究还建立了癌症发生与 miRNA 的联系。miRNA 的一个家族 miR-34a-c 是 *p53* 的直接转录靶点，无论在活体还是体外实验，miR-34 受 DNA 损伤和致癌压力的诱导均依赖于 *p53*。*p53* 网络通过协调激活众多转录靶点来抑制癌形成，miR-34 因此可能通过与其他效应基因协调作用来抑制异常的细胞增殖。

框 3.39　　　　　　　　　　　　　驱动突变与后随突变

　　癌症组织的 WGS 分析也为癌症发生与基因组变异的"因"、"果"关系提供了新的思路。

　　癌组织中发生的体细胞突变，可分为 driver mutation（驱动突变，也被译为司机突变）和 passenger mutation（后随突变，也被译为继发突变或乘客突变）。从发生时间来说，驱动突变先于后随突变；从效应来说，驱动突变能够促进癌细胞的生长优势，驱动突变的存在和数量对癌症发生起主导作用。而后随突变只是伴随驱动突变发生的一些变化。根据癌症类型的不同，大部分的癌症都存在一个以上的驱动突变。

　　驱动突变中可能有一类与癌症治疗耐受相关的基因突变可以解释一些癌症的复发。癌症患者在首次的治疗中对治疗敏感，而后由于另外一些基因的突变而对治疗产生抗性。

　　现在已有分析并区别"驱动突变"和"后随突变"的软件工具。

（二）单细胞组学技术与癌症基因组异质性

　　单细胞基因组技术是癌症研究的重大进展。

　　基因组异质性 (heterogeneity) 是癌症公认的特点，但始终没有理想的研究技术。随着 MPH 测序技术的进展，结合不断提高的单细胞挑取技巧和不断改进的分离仪器，以及 DNA 扩增技术的改进，单细胞组学技术已渐趋成熟。在技术上，单细胞测序技术可以说是痕量 DNA 与全基因组测序技术的结合。

单细胞全基因组测序的先期应用都是有关癌症异质性的研究。

美国 CSHL 的 Michael Wigler 团队于 2011 年发表了第一篇将 MPH 技术与单细胞基因组 DNA 扩增技术结合来研究乳腺癌的文章。

华大基因与合作者于 2012 年年初在 *Cell* 期刊上共同发表了关于 ET (Essential Thrombocythemia, 原发性血小板增多症) 和 CCRCC (Clear-Cell Renal Cell Carcinoma, 肾透明细胞癌) 的单细胞基因组分析结果，首次提示了这两种癌症的高度异质性，并验证了癌症的单克隆起源假说。癌组织都含有相关数目的正常细胞，且癌变细胞都处于癌发生的不同时期，显示不同的基因组变异。

有关肾癌的单细胞基因组分析显示，肾癌并非由常见报道的两个突变基因 (*VHL* 和 *PBRM1*) 导致，尽管在病人群体中所鉴定的频发突变 (recurrent mutation, 属后随突变) 可能与癌发生无关，更加强调了在癌症分析和诊断过程中进行个性化治疗的重要性。研究共发现，260 个体细胞突变与癌组织测序结果对照，显示单细胞与癌组织样本测序检测出的突变结果的相关性 $R^2 = 0.8$，PCR 随机验证率达 96.47%，足以用于癌症的进一步分析。此例肾癌未发现明显的克隆 (细胞) 亚群，可视为单克隆演化。

框 3.40   **单细胞基因组分析与 ET**

对 ET 的分析提示，单细胞 DNA 扩增后全基因组覆盖度能达到 90% 以上，而 GC 含量高 (60% 和 49.4%) 的区域扩增效率较低，重复序列对单细胞扩增未见显著影响。更重要的是扩增区域没有出现特定基因的富集，不会对后续功能和通路分析造成大的影响。等位基因丢失造成杂合位点的等位基因缺失，所导致的假阴性率 (False Negative Rate, FNR) 平均 11% 属可接受的范围。假阳性率 (False Discovery Ratio, FDR, 纯合位点被判读成杂合位点) 仅为 10^{-5}，与使用癌组织样本测序的错误率相似，且在不同位点和碱基上随机分布，常发生在 C:G > T:A 对，对分析结果的影响有限。这一工作系统地证明了单细胞测序技术的高覆盖度、高特异性、高灵敏度、低错误率等特点，可以用于癌症异质性研究。

PCA (Principle Component Analysis, 主成分分析)、SMAFS (Somatic Mutant Allele Frequency Spectrum, 体细胞突变等位基因频率谱分析) 及克隆演化模型模拟分析均发现 ET 的发生符合"单克隆演化模型"。

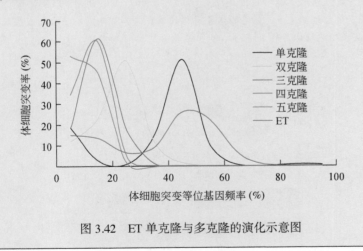

图 3.42   ET 单克隆与多克隆的演化示意图

（三）外饰基因组变异与癌症发生

甲基化组、染色质重塑、miRNA 等外饰基因组测序与分析技术都揭示了外饰基因组变异与癌症发生发展之间的关系。

美国的 TCGA (The Cancer Genome Atlas, 癌症基因组图谱) 协作组分析了多型恶性胶质瘤 (glioblastoma multiforme) 的全基因组和甲基化组, 表明癌症组织中一种 DNA 修复相关的酶——O6-甲基鸟嘌呤 DNA 甲基转移酶 (O6-Methylguanine-DNA Methyltransferase, MGMT) 在启动子处甲基化修饰增加, 可能导致该酶基因表达水平下降而引起癌症组织中的突变率升高。

框 3.42 染色质重塑与癌症发生研究示例

北京大学深圳医院和华大基因等合作, 发现膀胱移行细胞癌与染色质重塑 (chromatin remodeling) 有关。他们对 MI-TCC (Muscle-Invasive Transitional Cell Carcinoma, 肌层浸润性移行细胞癌) 组织及其对应的外周血进行了 MPH 深度测序, 检测到多个含有非沉默突变的基因, 这些基因都涉及染色体重塑, 约 64% (88 例中 57 例) 的患者在染色体重塑相关基因中有非沉默突变。由此推测染色质重塑异常可能是导致 MI-TCC 发生及发展的重要机制之一。

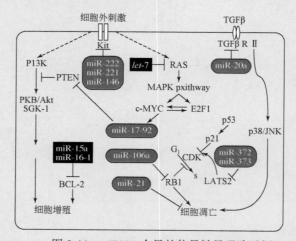

43:875, 2011 nature genetics

Frequent mutations of chromatin remodeling genes in transitional cell carcinoma of the bladder

Yaoting Gui[1,12], Guangwu Guo[2,12], Yi Huang[1], Xueda Hu[2], Aifa Tang[1,3,12], Shengjie Gao[2], Renhua Wu[2], Chao Chen[2], Xianxin Li[1], Liang Zhou[1], Minghui He[2], Zesong Li[1,3], Xiaojuan Sun[3], Wenlong Jia[2], Jinnong Chen[2], Shangming Yang[2], Fangjian Zhou[4], Xiaokun Zhao[5], Shengqing Wan[2], Rui Ye[2], Chaozhao Liang[6], Zhisheng Liu[2], Peide Huang[2], Chunxiao Liu[7], Hui Jiang[2], Yong Wang[5], Hancheng Zheng[2], Liang Sun[2], Xingwang Liu[2], Zhimao Jiang[1], Dafei Feng[2], Jing Chen[1], Song Wu[1], Jing Zou[2], Zhongfu Zhang[5], Ruilin Yang[1], Jun Zhao[2], Congjie Xu[1], Weihua Yin[1], Zhichen Guan[1], Jiongxian Ye[1], Hong Zhang[1], Jingxiang Li[2], Karsten Kristiansen[2,8], Michael L Nickerson[9], Dan Theodorescu[10,11], Yingrui Li[2], Xiuqing Zhang[2], Songgang Li[2], Jian Wang[2], Huanming Yang[2], Jun Wang[2,8] and Zhiming Cai[1,3]

图 3.43 主要贡献者蔡志明及其膀胱癌染色质重塑论文

框 3.43 miRNA 与信号通路研究

细胞活动中比较关键的信号转导通路有 Wnt、Notch、Hedgehog、PI3K/AKT、RAS 等。这些正常情况下调控细胞生长、分化的信号通路的紊乱与异常可能与癌症的发生及发展有关。miRNA 在癌相关的信号转导通路中起重要作用。

图 3.44 miRNA 介导的信号转导通路示例

miRNA 既可以充当抑癌基因 (黑色), 又可以充当致癌基因 (浅色)。

在慢性淋巴细胞性白血病中, miR-15 和 miR-16 缺失, 而在直肠癌中发现 miR-143 和 miR-145 的表达下调; 在非小细胞肺癌中则发现 let-7 的表达下调。由此说明 miRNA 可以通过其调控作用而参与相关的信号转导通路。

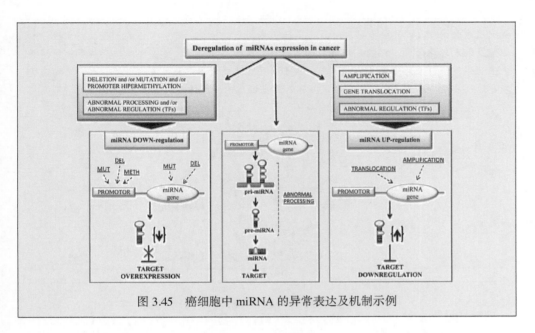

图 3.45　癌细胞中 miRNA 的异常表达及机制示例

（四）癌症病原组

病毒（或其他外源微生物）致癌虽广为认可，但实证并不多。

1. 癌症病原组

"癌病毒"的致癌能力已有很多体外实验证明。一般认为病毒的致癌能力与其快速扩增、干扰宿主的基因及其调控网络有关。

"癌病毒"致癌能力已被广泛认可的有 HPV (Human Papilloma-Virus，人乳头瘤病毒) 与宫颈癌 (70%~90%)、EBV (Epstein-Barr Virus，人类疱疹病毒四型) 与鼻咽癌 (10%~30%)、HBV (Hepatitis B Virus，乙型肝炎病毒) 与乙型肝癌 (20%~50%) 等。

1968 年，当时在美国 Salk Institute for Biological Studies（索克生物研究所）工作的 Renato Dulbecco 证明 SV40 病毒 (Simian vacuolating virus 40 或 Simian virus 40) 可以整合进宿主的基因组，特别是发现整合进去的一般不是病毒的全基因组，而只是它的一部分，这是癌症病原组发现的基础，后来又发现 RSV（劳斯肉瘤病毒，Rous sarcoma virus) 等 ssRNA 病毒是经过逆转录整合进宿主基因组 DNA 的。

框 3.44	Rous 病毒 —— 第一个证明"病毒致癌"的例证

1910 年报道的以发现者 Peyton Rous 命名的 Rous 病毒是第一个实验证明的致癌病毒，也是病毒学的先声。

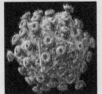

12:696, 1910　JEM

A TRANSMISSIBLE AVIAN NEOPLASM.
(SARCOMA OF THE COMMON FOWL.)

By PEYTON ROUS, M.D.

(From the Laboratories of the Rockefeller Institute for Medical Research,
New York.)

图 3.46　Rous 病毒电镜图和报道"病毒致癌"的第一篇论文

1910 年，美国 Rockefeller Institute for Medical Research（洛克菲勒医学研究所）的 Rous

最初以癌组织移植禽类，成功地进行了不同个体间癌的传递。随后，他取出一块肉瘤碎片的匀浆液注入幼鸡体内，它们也都长了癌，有的甚至在几周内就产生了癌组织。然后他将诱发产生的癌组织匀浆再感染其他幼鸡，同样可以再次诱发肉瘤。又发现肉瘤的匀浆滤过的上清液也能致癌且"连续传代"，证明其具有再宿主细胞内同样的自我复制（增殖）能力。

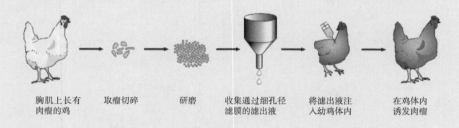

胸肌上长有   取瘤切碎   研磨   收集通过细孔径   将滤出液注   在鸡体内
肉瘤的鸡   滤膜的滤出液   入幼鸡体内   诱发肉瘤

图 3.47   Rous 病毒诱发肉瘤的实验流程示意图

框 3.45   关于"病毒致癌"的讨论

病毒致癌的研究刚刚开始，还有很多问题需要回答。

(1) 游离型病毒在宿主体内是否存在？如存在又是如何完成复制的？整合进宿主基因组是否为病毒复制的基础？游离出来致癌是为了下一轮的感染，还是为了保存自身复制模板？

(2) 在宿主基因组中，整合位置是随机的，还是特异的，还是有倾向性的？是否与致癌性及致癌程度有关？一般理解应该是类似于启动子或增强子，而插入部位为宿主基因组调控位置。

(3) 整合的病毒与数目有关吗？还是与病毒基因组所含的相关片段有关？

(4) 同一器官或组织来源的癌症，是否有"病毒型"与"非病毒型"两种起源？如有，是有两种（或几种）不同的信号传导通路或癌症发生过程，还是基本相同，还是触发因子不同？

当然还有更多的问题……

---

2. 细胞内致癌病毒的检测

1) 同源性依赖 (homology-dependent) 检测

(1) PCR。依据病毒基因组的一致性序列设计 PCR 引物，以宿主 DNA 为模板进行定性和定量 PCR (q-PCR) 扩增。

通常，PCR 的不足之处是不能辨别"游离型"与"整合型"病毒，改进的设计是"外延扩增 (outwards PCR)"，即以病毒基因组的一个区段为一侧"正向"引物，而以一种"多切点"限制性内切酶的识别位点为另一侧"反向"引物，可以扩增到包括病毒序列和宿主整合位置附件的序列，用以判断病毒的插入位置以及插入片段的序列。

(2) 全基因组测序。MPH 测序可以同时鉴定出病毒在基因组中的整合位置和组分，也可同时区分"整合型"与"游离型"。

(3) DNA 捕获。以病毒基因组序列设计"钩饵"，经低严格度 (low stringency) 条件杂交，捕获所有病毒及与基因组相连序列以鉴定、区别"整合型"与"游离型"，确定整合位置和组分。DNA"捕获"已成为目前最常用的技术。

2) 同源非依赖性 (homology-independent) 的病毒检测

越来越多的发现证明，人类基因组中可能存在很多未知的外源基因组序列，但可能与现有已知的病毒不同源，因此上述的分析技术都无法使用。

框 3.46 同源非依赖性的病毒检测

中国科学技术大学的吴清发 (Qingfa Wu) 团队开发的软件是最早的尝试之一，尽管现在仅能根据不同结构特点来搜索可能的 RNA 病毒。

109:3938, 2012 PNAS

Homology-independent discovery of replicating pathogenic circular RNAs by deep sequencing and a new computational algorithm

Qingfa Wu[a,b,1], Ying Wang[b,1], Mengji Cao[b], Vitantonio Pantaleo[c], Joszef Burgyan[c], Wan-Xiang Li[b], and Shou-Wei Ding[b,2]

[a]School of Life Sciences, University of Science and Technology of China, Hefei, 230027, China; [b]Department of Plant Pathology and Microbiology and Institute for Integrative Genome Biology, University of California, Riverside, CA 92521; and [c]Istituto di Virologia Vegetale, Consiglio Nazionale delle Ricerche Torino, Italy

Edited by George E. Bruening, University of California, Davis, CA, and approved January 24, 2012 (received for review October 28, 2011)

图 3.48 主要贡献者吴清发及其同源非依赖性 RNA 病毒检测软件论文

框 3.47 **HBV 与肝细胞癌**

ACRG (Asian Cancer Research Group，亚洲癌症研究组织，由 Lilley、Merck 和 Pfizer 创建，中国香港大学、新加坡国立大学、华大基因等参与）共同完成的 HBV 在乙型肝癌基因组中整合机制的研究，是迄今对 HBV 整合机制的最全面、详尽的大规模系统研究。

nature genetics 44:765, 2012

Genome-wide survey of recurrent HBV integration in hepatocellular carcinoma

Wing-Kin Sung[1–4,16], Hancheng Zheng[5,16], Shuyu Li[6,16], Ronghua Chen[7,16], Xiao Liu[5,16], Yingrui Li[5], Nikki P Lee[1], Wah H Lee[4], Pramila N Ariyaratne[2,3], Chandana Tennakoon[2,3], Fabians H Mulawadi[4], Kwong F Wong[1,8–10], Angela M Liu[1,8–10], Ronnie T Poon[1], Sheung Tat Fan[1], Kwong L Chan[1], Zhuolin Gong[5], Yujie Hu[5], Zhao Lin[5], Guan Wang[5], Qinghui Zhang[5], Thomas D Barber[6], Wen-Chi Chou[6], Amit Aggarwal[6], Ke Hao[7], Wei Zhou[7], Chunsheng Zhang[7], James Hardwick[7,11], Carolyn Buser[7], Jiangchun Xu[12], Zhengyan Kan[12], Hongyue Dai[7], Mao Mao[11,12], Christoph Reinhard[6], Jun Wang[5,13,14] & John M Luk[1,8–10,15]

图 3.49 主要贡献者茅矛及其 HBV-HCC 论文

该研究以 MPH 测序对 HBV 阳性的 HCC (Hepato Cellular Carcinomas，肝细胞癌) 患者和 HBV 阴性 HCC 患者的癌组织样本及癌旁组织样本进行分析，发现 HBV 在肝癌组织中的整合频率是 86.4%，显著高于癌旁组织中的整合频率 (30.7%)。

研究发现宿主基因组的 CNV 断裂点 (breakpoint，即 HBV 整合位点) 明显增加，反映了染色体的不稳定性，验证了已知的与癌症相关的基因 *TERT*，*MLL4* 和 *CCNE1* 中的 HBV 整合事件与高表达，且这可能与 *TERT* 基因的 HBV 整合位点（基因启动子和内含子区）、*MLL4* 基因含有的与 H3 甲基化相关的区域、*CCNE1* 基因中 HBV 与最后一个外显子形成了融合基因等因素有关。

框 3.48 **EBV 与鼻咽癌**

中国广东等省是鼻咽癌的高发区，因而鼻咽癌的别名为"广东癌"。

2011 年，中山大学等团队以 MPH 测序研究鼻咽癌和 EBV 感染的相关性，获得 164.7 Kb 的 EBV 基因组序列（命名 GD2），包含了目前广东鼻咽癌患者大部分 EBV 流行变体的序列。阐明了临床癌组织中 EBV 基因组组分的变异特征，为 EBV 的单克隆扩增假说提供了证据。

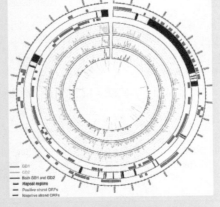

图 3.50 EBV 基因组 (GD2) 图谱

85:11291, 2011 Journal of Virology

Direct Sequencing and Characterization of a Clinical Isolate of
Epstein-Barr Virus from Nasopharyngeal Carcinoma Tissue
by Using Next-Generation Sequencing Technology▽‡

Pan Liu,[1†] Xiaodong Fang,[2†] Zizhen Feng,[1] Yun-Miao Guo,[1] Rou-Jun Peng,[1] Tengfei Liu,[2]
Zhiyong Huang,[2] Yue Feng,[2] Xiaoqing Sun,[2] Zhiqiang Xiong,[2] Xiaosen Guo,[2] Sha-Sha Pang,[2]
Bo Wang,[2] Xiaojuan Lv,[2] Fu-Tuo Feng,[1] Da-Jiang Li,[1] Li-Zhen Chen,[1]
Qi-Sheng Feng,[1] Wen-Lin Huang,[1] Mu-Sheng Zeng,[1]
Jin-Xin Bei,[1] Yong Zhang,[2] and Yi-Xin Zeng[1*]

State Key Laboratory of Oncology in Southern China, Department of Experimental Research,
Sun Yat-sen University Cancer Center, Guangzhou 510060, China,[1] and
Beijing Genomics Institute at Shenzhen, Shenzhen 518000, China[2]

Received 21 April 2011/Accepted 1 August 2011

图 3.51   主要贡献者曾益新及其鼻咽癌与 EBV 论文

三、癌症基因组学与精准医学

癌症已成为精准医学的应用范例。

精准医学需要"靶疾病"的精准诊断、"靶基因"的精确鉴定,以及"靶药物"的精准使用。而大数据指导下的精准医学将为疾病的诊断和治疗提供强有力的数据基础,在此过程中政府监管也将是极其重要的一环。

表 3.7   已进入临床的靶向治疗药物示例

药物名称	商品名	适应征	靶点
依维莫 (Everolimus)	飞尼妥 (Certican)	舒尼替尼或索拉菲尼治疗无效的进展期肾癌 HR+ HER2- 乳腺癌患者 一岁以上的结节性硬化综合征的患儿,不能实施手术的室管膜下巨大细胞型星形细胞瘤	*MTOR、ERBB2、BRAF、KRAS、PIK3CA*
替西罗莫司 (Temsirolimus)	驮瑞塞尔 (Torisel)	晚期肾细胞癌	*BRAF、KRAS、PIK3CA、PTEN*
西罗莫司 (Sirolimus)	雷帕鸣 (Rapamune)	肾移植免疫排斥反应	*BRAF、KRAS、PIK3CA、PTEN*
曲妥珠单抗 (Trastuzumab)	赫赛汀 (Herceptin/Herclon)	早期 HER-2 阳性的乳腺癌,以及 HER2 持续表达的转移性乳腺癌 HER2- 阳性转移胃癌或食管癌	*HER2*
帕唑帕尼 (Pazopanib)	Votrient	晚期肾细胞癌的一线治疗 既往接受化疗的晚期软组织肉瘤患者	*VEGFR-1、VEGFR-2、VEGFR-3、PDGFR、FGFR、c-KIT*
硼替佐米 (Bortezomib)	万珂 (Velcade)	多发性骨髓瘤患者的三线治疗 多发性骨髓瘤的一线治疗	*FGFR3、HSPB1、PSMB5*
尼洛替尼 (Nilotinib)	达希纳 (Tasigna)	耐药的或不耐受的慢性髓性白血病患者肥大细胞增多症和胃肠道间质瘤	*Bcr-Abl、PDGFR、c-KIT*
帕妥珠单抗 (Pertuzumab)	Perjeta	HER2 阳性的转移性乳腺癌	*HER2*
来那度胺 (Carfilzomib)	瑞复美	致死性血液疾病以及癌症 合用地塞米松 (Dexamethasone) 治疗已经接受过至少一种疗法的多发性骨髓瘤患者	*ABCB1、PSMB5*
达沙替尼 (Dasatinib)	施达赛 (Sprycel)	包括甲磺酸伊马替尼在内的治疗方案耐药或不能耐受的慢性髓细胞样白血病,以及对其他疗法耐药或不能耐受的费城染色体阳性的急性淋巴细胞性白血病	*Bcr-Abl kinase、Src-family kinases*

续表

药物名称	商品名	适应征	靶点
威罗菲尼 (Vemurafenib)	泽波拉夫 (Zelboraf)	晚期转移性或不能切除的 BRAFV600E 突变黑色素瘤	*BRAF V600E kinase*
达拉菲尼 (Dabrafenib)	Tafinlar	黑色素瘤已扩散或不能完全通过手术移切及黑色素瘤 BRAF V600 检测呈阳性的患者	*BRAF V600E/V600K/V600D kinases*、*wildtype BRAF/CRAF kinases*、*MEK*
曲美替尼 (Trametinib)	MEKINIST	不可手术切除的和转移的晚期黑色素瘤	*MEK-1*、*MEK -2*
卡博替尼 (Cabozantinib)	Cometriq	不可手术切除的恶性局部晚期或转移性甲状腺髓样癌的治疗	*c-MET*、*VEGFR-2*、*FLT-3*、*c-KIT*、*RET*
西妥昔单抗 (Cetuximab)	爱必妥 (Erbitux)	单用或与伊立替康 (irinotecan) 联用于表皮生长因子 (EGF) 受体过度表达的，对以伊立替康为基础的化疗方案耐药的转移性直肠癌	*EGFR*
		鼻咽癌，肺癌	
贝伐单抗 (Bevacizumab)	安维汀 (Avastin)	与氟尿嘧啶联合治疗转移性结直肠癌	*VEGF*
		与含铂化疗方案联用一线治疗不可切除的晚期、转移性或复发性非小细胞肺癌 (鳞型除外)	
		与干扰素 -2α 一线治疗晚期和 / 或转移性肾细胞癌	
		单药治疗曾经治疗过、继而出现疾病的多形性胶质母细胞瘤	
凡德他尼 (Vandetanib)	Caprelsa	髓质型甲状腺癌	*EGFR*、*VEGF*
		非小细胞型肺癌，晚期乳腺癌	
帕尼单抗 (Panitumumab)	维克替比 (Vectibix)	化疗失败后转移性结直肠癌	*EGFR*
普纳替尼 (Ponatinib)	Iclusig	对既往酪氨酸激酶抑制剂 (TKI) 治疗耐药或不耐受的慢性期、加速期或急变期慢性粒细胞性白血病，以及对既往 TKI 治疗耐药或不耐受的费城染色体阳性急性淋巴细胞性白血病	*Bcr-Abl kinase*
博舒替尼 (Bosutinib)	Bosulif	慢性、加速或急变期 Ph 阳性、耐药或不耐受其他治疗方法包括伊马替尼的慢性髓细胞白血病	*Bcr-Abl kinase*、*Src-family kinases*
克唑替尼 (Crizotinib)	赛可瑞 (XALKORI)	间变性淋巴瘤激酶 (ALK) 阳性的局部晚期和转移的非小细胞肺癌	*ALK*、*c-MET*
伊马替尼 (Imatinib)	格列卫 (Gleevec /Glivec)	费城染色体阳性的慢性粒细胞白血病急变期、加速期或 α - 干扰素治疗失败后的慢性期患者	*Bcr-Abl kinase*
		治疗不能切除和 / 或发生转移的恶性胃肠道间质肿瘤的成人患者	
瑞戈非尼 (Regorafenib)	Stivarga	既往接受过或以氟尿嘧啶、奥沙利铂和伊立替康为基础的化疗、抗 VEGF 治疗，以及抗 EGFR 治疗 (如果 KRAS 野生型) 的转移性结直肠癌患者	*VEGFR-2*、*TIE2*
		先前接受过伊马替尼和舒尼替尼治疗的局部晚期，不能手术切除或转移性胃肠道间质瘤患者	
厄洛替尼 (Erlotinib)	特罗凯 (Tarceva)	至少一个化疗方案失败的局部晚期或转移的非小细胞肺癌	*EGFR*、*PDGFR*、*c-KIT*
		与吉西他滨联用作为晚期胰腺癌的一线治疗	

药物名称	商品名	适应征	靶点
		治疗时初始利用特定化疗（维持治疗）后肿瘤尚未扩散或生长的晚期非小细胞肺癌	
吉非替尼 (Gefitinib)	易瑞沙 (Iressa)	既往接受过化学治疗的局部晚期或转移性非小细胞肺癌	*EGFR*
阿法替尼 (Afatinib)	Gilotrif	晚期非小细胞肺癌的一线治疗及 HER2 阳性的晚期乳腺癌患者	*EGFR、EGFR1/2、HER2、HER4*
拉帕替尼 (Lapatinib)	泰立沙 (Tykerb)	紫杉醇，曲妥珠单抗（赫赛汀）治疗的晚期或转移性乳腺癌（服用时需注意不良反应）	*EGFR、HER1、HER2*
舒尼替尼 (Sunitinib)	索坦 (Sutent)	胃肠间质瘤和晚期肾细胞癌胰腺神经内分泌瘤 (pNET) 成年患者	*VEGFR、PDGFR、KIT*
阿昔替尼 (Axitinib)	Inlyta	肾细胞癌	*VEGFR-1、VEGFR-2、VEGFR-3、PDGFR、c-KIT*
色瑞替尼 (Ceritinib)	Zykadia	转移性 ALK- 阳性非小细胞肺癌，且对克唑替尼耐药者	*ALK、IGF1R、insulin receptor*
拉铁尼伯 (Ibrutinib)	Imbruvica	套细胞淋巴瘤，至少接受过一次化疗的慢性淋巴细胞白血病，或者携带 17p 缺失的慢性淋巴细胞白血病，Waldenstroem's 巨球蛋白血症	*BTK*
艾代拉里斯 (Idelalisib)	Zydelig	复发性慢性淋巴细胞白血病，复发性滤泡状 B 细胞 - 非霍奇金淋巴瘤	*PI3K delta*
乐伐替尼 (Lenvatinib)	Lenvima	局部复发或转移的、放射性碘治疗抵抗的、分化型甲状腺癌	*VEGFR-1、VEGFR-2、VEGFR-3* 以及其他血管生成肿瘤生长相关的激酶
帕博西尼 (Palbociclib)	Ibrance	转移性 HER2 阴性 ER 阳性的绝经后乳腺癌患者，需与来曲唑联合用药	*CDK4/6*
鲁索利替尼 (Ruxolitinib)	Jakafi/Jakavi	骨髓纤维变性，对羟基脲耐药的真性红细胞增多症	*JAK1、JAK2*
索拉菲尼 (Sorafenib)	多吉美 (Nexavar)	晚期肾细胞癌、原发肝细胞癌甲状腺癌	*VEGFR、PDGFRRaf kinases*

第四节　人体内微生物组群与疾病

META 基因组已成为近年来生命科学领域的一大研究热点。尤其是人肠道微生物组群和复杂疾病的相关性研究，已成为医学的一个新的领域。

一、肥胖

肥胖 (obesity) 是迄今研究较多的与人肠道微生物组群密切相关的复杂疾病。

在肥胖个体与正常个体之间，肠道微生物的基因数目和肠道细菌的种类丰度存在明显差异，而这一差异又与脂肪比例、胰岛素抵抗、高血脂和炎症症状显著相关，也与个体在一定时间段的体重增加相关。

二、冠心病

冠心病 (coronary disease) 研究发现，肠道微生物组群参与了该病的发生过程。

肠道微生物组群参与了脂质磷脂酰胆碱 (lipid phosphatidylcholine) 和三甲胺氧化物 (TriMethylAmine Oxide，TMAO) 的代谢过程，而 TMAO 可诱发小鼠动脉粥样硬化和炎症。因此，磷脂酰胆碱的 3 个代谢产物——胆碱、TMAO 和甜菜碱有可能用来预测心血管疾病的风险。肠道 META 基因组分析发现冠心病患者病例组和正常人群对照组各自富含特定菌类，相应 TMAO 水平差异显著，因此推测动脉粥样硬化与人肠道微生物组群组成的改变相关。

肠道微生物组群也可能参与了压力导致心血管疾病的发生过程。

研究发现，至少 10 种细菌可能紧密聚集并感染动脉上的硬性斑块，包括能够形成生物膜的铜绿假单胞菌 (Pseudomonas aeruginosa)。以人造动脉培养铜绿假单胞菌，在生物膜形成后注入压力激素——去甲肾上腺素，生物膜破裂释放压力激素，血液中的压力激素促使细胞向血液释放铁，而铁反作用于铜绿假单胞菌产生一种特殊的酶，切断了生物膜中的聚合物，引起生物膜和血管壁上斑块的碎裂。这些斑块通常是稳定的，但是一旦因为某些原因碎裂而进入血液，就有可能引发血栓，导致心脏病或中风。这可能是压力影响心血管疾病的一个新机制。

框 3.49   **GWAS 与冠状动脉病**

美国 The Lipid Consortium（脂质研究协作组）和 CARDIoGRAM (Coronary ARtery DIsease Genome-wide Replication And Meta-analysis，冠状动脉疾病的遍基因组验证和 Meta 分析）协作组的一项样本超过 10 万个个体的 GWAS 发现 95 个关联位点突变。后续研究使用 188 577 个个体证实 62 个遗传变异与血浆脂质相关。结合两个研究发现 157 个遗传变异与血脂水平有关（55 个关联血浆 HDL-C，37 个关联 LDL-C，54 个关联胆固醇水平，24 个关联血浆甘油三酯）。这项 GWAS 结果显示甘油三酯也是心血管疾病一个发病风险因素。鉴定的 *PCSK9* 基因变异已用于发展 CAD (Coronary Artery Disease，冠状动脉病) 治疗的新疗法。

GWAS 分析还显示 9p21 上的 CNV 的遗传变异与 CAD 发病风险呈正相关，9p21 的致病风险独立于其他所有 CAD 风险因素；META 分析发现与 CAD 相关的 46 个遗传风险位点均位于 9p21，其中 CDKN2A/B 属于细胞依赖性激酶抑制因子基因家族，具有调节细胞增殖与凋亡的作用，在诸多癌症中均有改变。

三、肝硬化

代谢性肝硬化 (hepatocirrhosis) 与人肠道微生物组群也有关联。

使用 MPH 测序及 qPCR 研究肠道的细菌种类构成后，发现肝硬化患者中潜在的致病菌 Enterobacteriaceae（肠杆菌科）和 Streptococcaceae（链球菌科）增多而 Lachnospiraceae（毛螺菌科）减少。另一研究显示肝硬化患者中 Streptococcaceae 和 Veillonellaceae（韦荣球菌科）增多，尤其是 *Streptococcus salivarius*（唾液链球菌）只存在于肝硬化患者的肠道内，且在并发轻微肝性脑病 (Minimal Hepatic Encephalopathy，MHE) 的患者中丰度显著升高。因此 *Streptococcus salivarius* 有可能作为肝硬化及 MHE 的诊断标记物。

四、免疫系统病

肠道微生物组群具有调控人体免疫应答的作用，这种调控可能是正向激发也可能是反向阻断。

受到肠道微生物调控机制影响的免疫反应既包括先天性免疫应答 (innate immune responses) 和应激性免疫应答 (adaptive immune responses)，也包括这两者相联系共同作用的免疫应答 (innate-adaptive connection immune responses)。

有一种假设认为欧美社会中婴幼儿过敏类疾病愈来愈高发与出生后接触到微生物等过敏源的机会减少有关，已有研究间接地证明了这种相关性。在另一研究婴儿肠道微生物组群构成中发现 Clostridum coccoides XIVa（球形梭菌 XIVa）和 Bacteroides fragilis（脆弱类杆菌）都与哮喘预测指数 (Asthma Prediction Index, API) 的正值（即婴儿在 3 岁前出现气喘症状，同时伴有湿疹过敏或哮喘家族史，API 取正值）显著相关。

类风湿关节炎与人肠道微生物组群相关性研究显示 Prevotella copri（普氏菌）的高丰度与未接受治疗的新发类风湿关节炎显著相关，同时它会引发 Bacteroides（拟杆菌门）以及其他一些已知益生菌的丰度明显降低。

五、糖尿病

1 型和 2 型糖尿病都与肠道微生物组群有关。

1 型糖尿病研究发现健康对照儿童肠道中与丁酸产生相关的微生物 Clostridium clusters（梭状芽孢杆菌）IV 和 XIVa 含量显著高于同年龄的 1 型糖尿病患儿。同时，在不到 3 周岁的糖尿病患儿中，Bacilli（芽孢杆菌纲）和 Bacteroidetes（拟杆菌门）的细菌丰度明显升高。相比 1 型糖尿病的患儿，健康儿童可能拥有一个更为平衡和稳定的肠道微生物结构。

另一项研究发现 2 型糖尿病患者呈现中度肠道微生态失调 —— 丁酸盐合成类细菌明显缺失，部分条件致病菌富集，同时硫酸盐还原和抗氧化应激类的微生物也明显富集。这些微生物中约 50 个有可能作为 2 型糖尿病的辅助诊断标记物。

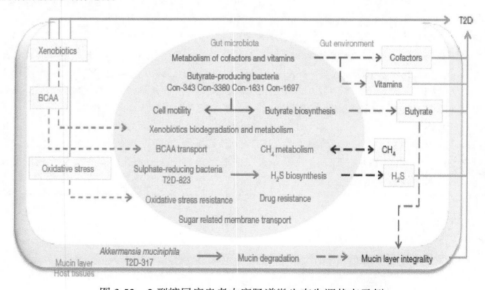

图 3.52　2 型糖尿病患者中度肠道微生态失调状态示例

红色标示的功能在 2 型糖尿病患者中富集，蓝色标示的功能在健康对照人群中富集，黑色标示的功能未确认但可能也与 2 型糖尿病相关。

六、神经类疾病

肠道微生物在神经和认知类疾病的"肠 - 脑轴线 (gut-brain axis)"中发挥了重要作用。

肠 - 脑轴线是一个复杂的、双向的交流系统，用来描述消化道功能与中央神经系统之间的关联，保证肠道内环境和消化功能稳定。它甚至影响到部分高级认知功能。

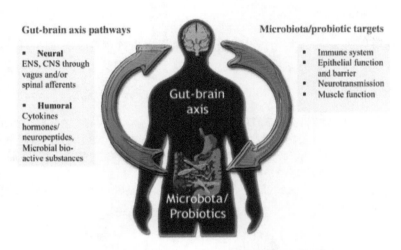

图 3.53　肠道微生物对肠 - 脑轴线的影响示意图

Autism（自闭症）患儿的肠道中含有更多的 *Clostridium histolyticum*（溶组织芽胞梭菌）类细菌（包括 *Clostridium clusters* I 和 *Clostridium clusters* II），而其正常兄弟姐妹的肠道中该类细菌含量则介于自闭症患儿和健康对照儿童之间。自闭症患儿的胃肠道中短链脂肪酸水平显著低于健康儿童（$p = 0.00002$），同时 *Bifidobacter*（双歧杆菌）丰度降低，*Lactobacillus*（乳酸菌）增多；自闭症患儿的肠道微生物多样性显著降低，且 *Prevotella*（普雷沃氏菌属）、*Coprococcus*（粪球菌属）和 unclassified Veillonellaceae（未分类韦荣氏球菌科）的丰度也显著降低。这些属的细菌大多与碳水化合物代谢以及发酵功能相关，自闭症患儿可能与健康儿童的饮食习惯有显著差异。

神经类疾病中 PD（Parkinson's Disease，帕金森症）等也与人肠道微生物之间存在关联。当检出的 *Prevotellaceae*（普雷沃氏菌）所占比例 ≤ 6.5% 时，预测灵敏度可达 83.9%，特异性为 38.9%。与正常人相比，PD 患者的粪便中 *Prevotellaceae* 平均减少了 77.6%，同时还发现，Enterobacteriaceae（肠杆菌科）数量与 PD 患者姿势步态障碍的严重程度呈正相关。

七、临床干预

（一）饮食的调整

即使短期的饮食干预，也可以明显观察到肠道微生物组群的改变。*Prevotella* 属的细菌被认为与食物纤维摄入相关。素食志愿者在经历 5 天肉食后，肠道内的 *Prevotella* 属丰度显著降低。富含"益生菌"的酸奶对肠道微生物组群也有一定的助益。

素食与肉食对碳水化合物和氨基酸代谢都有显著影响。氨基酸代谢旺盛的时候，*Bacteroides*（类杆菌属）及与之相关的物种丰度升高，而碳水化合物代谢旺盛时，则 *Roseburia intestinalis*（一种产丁酸细菌），*Eubacterium rectale*（一种真杆菌）和 *Faecalibacterium prausnitzii*（一种抗炎细菌）的丰度升高。

（二）调节物的使用

中草药及其他一些药物的机制很可能与肠道微生物的种类与丰度的调整有关，也是 META 临床研究的重要方面之一。

（三）肠内含物的移植

建立在人肠道 META 基因组研究基础上的粪菌移植（Fecal Microbiome Transplantation，FMT），可以将肠道里艰难梭菌感染（Clostridium Difficile Infections，CDI）的治愈率从原先抗生素疗法的低于 60% 提高到 90% 以上，同时这一干预手段在某些情况下对 IBD（Inflammatory Bowel Disease，炎症性肠病）和 II 型糖尿病也有较好的效果。但出现的问题是"有效期"较短，一般只有 1~2 年，还有待结合其他疗法。

八、其他人体共生微生物

除了肠道以外，人体共生微生物组群（包括病毒或噬菌体）研究主要还包括口腔、鼻腔、眼内、皮肤、呼吸道和生殖道等，对这些共生微生物组群的研究具有重大意义。

口腔微生物组群研究发现牙周病原菌 *Porphyromonas gingivalis*（牙龈卟啉单胞菌）和 *Porphyromonas nigrescans*（一种卟啉单胞菌）都会显著加剧类风湿关节炎症状，这与细菌介导的 IL-17 相关的关节侵蚀有关。研究发现当患者在接受了牙周疾病的治疗后，类风湿关节的症状也有好转，包括 TNF-α (Tumor Necrosis Factor-α，癌坏死因子-α) 水平等多个指标显著降低。

白色念珠菌 (*Candida albicans*) 是广泛存在于健康人群中的人体共生微生物，但是在某些情况下，它们也会导致口腔和生殖道的感染。

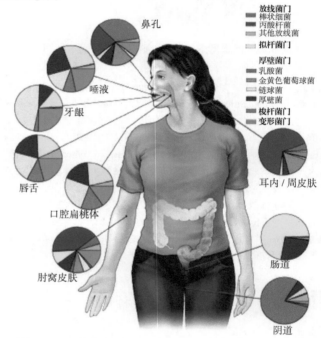

图 3.54 人体共生微生物组示意图（资料来自美国 NIH）

九、人体病原组

广义的"病原体 (pathogen)"是指所有可以引起人体疾病的生物和非生物体，狭义的病原体则指具有感染性的致病微生物，主要包括细菌、病毒和真菌等。病原基因组 (pathogenome) 是医学基因组的重要方面。

病毒（包括噬菌体）在人体肠道中广泛存在，有可能影响人体健康。在 IBD 病人体内，病毒组的丰度和多样性都显著高于健康人群，尤其是尾噬菌体目 (Caudovirales) 的病毒。已知病毒的增多并不是因为细菌多样性减少所引起的，而有可能正是因为病毒的原因才导致肠道微生物组群的失调以至于引发疾病。要更好地理解 IBD 的致病机制或开发相关药物，需要更深入地理解细菌、病毒和人体这三者的相互作用。

框 3.50	HIV 与肠道微生物

人体对 HIV 感染时产生的第一批抗体一般无效。这些抗体以病毒衣壳上的 gp41 蛋白为抗原，但病毒基因组这一区域变化极快，而使抗体很快失效，这一现象可能也有肠道微生物的介入。通常人体在对抗新的病原时会启动初始 B 细胞，这些细胞会留下对病原体的记忆，

并在之后对同样的病原体作出应答。但是当 HIV 入侵人体肠道时，人体并未启动初始 B 细胞，而代之以现存的记忆 B 细胞，而这些记忆 B 细胞则是此前已经被肠道微生物如大肠杆菌等激活的，正是这样的错位给了 HIV 更多时间。在未感染艾滋病的人群中分离到了能发生交叉反应的 gp41- 肠道菌抗体。这项研究对我们理解肠道微生物与人体免疫系统的关系具有相当重要的意义。

框 3.51 **精液 META 与 HIV**

精液中的微生物与 HIV 感染可能有关。感染 HIV 与未感染的精液微生物组群的分析发现，*Streptococcus*（链球菌）、*Corynebacterium*（棒状杆菌）和 *Staphylococcus*（葡萄球菌）是丰度最高的细菌，均与 HIV 感染状态无关。在这两组对照中，*Ureaplasma*（脲原体属）和 *Mycoplasma*（支原体）的丰度存在差异，前者在未感染者中丰度高，后者则在感染者中占主导地位。同时，精液中的微生物多样性会在 HIV 病毒感染后显著降低，但在治疗 6 个月后可恢复到正常水平。

第五节 长寿与老年病

一、长寿与衰老

生命最重要的特点之一是个体的有限寿命 (life span) 与物种的生生不息。

一个个体生命的寿命无疑是遗传与环境共同作用的结果。纵观整个生命世界，不同物种的个体寿命都在"物种寿限"的范围之内，可以得出一个物种的总体寿命主要是由基因组中有关遗传信息决定的结论。换言之，一个物种的基因组信息决定了这个物种个体寿命的限度和潜力；同时在基因决定的范围之内，个体的寿命又是可塑的，是个体基因组与外界环境相互作用的共同结果。根据丹麦的一项对同卵双胞胎的研究发现，人类寿命的遗传度（遗传因素的影响程度）估计为 20%～35%。

框 3.52 **人类的"期望寿命"**

40 万年前人类的平均寿命估计为 15 岁左右，1 万多年前的新石器时代为 30~40 岁。

据估计，中国人的平均寿命自秦至清的几千年间为 35~50 岁，1949 年为 45 岁，1957 年为 57 岁，2000 年为 71.4 岁，2012 年为 73.5 岁。《中国可持续发展纲要》中提到至 2050 年，中国人口的平均预期寿命可以达到 85 岁。

WHO 于 2012 年 5 月 18 日公布的各国平均预期寿命中，日本 83.4 岁，澳大利亚 81.9 岁，法国 81.5 岁，加拿大 81 岁，德国 80.4 岁，而印度只有 65.4 岁。2015 年人类的预期寿命为 72 岁，WHO 预测到 2030 年将升至 75 岁。

（一）长寿基因与代谢途径

目前，不同研究中被验证的与人类长寿 (longivity) 有关的基因可能只有 *APOE*（编码 Apolipoprotein E，载脂蛋白 E) 和 *FOXO3A*（编码 Forkhead bOX O3A，叉头蛋白 O3A)。

APOE 是大脑中一个主要参与脂质的转运和损伤修复的胆固醇载体。*APOE* 基因有 3 种常见的等位基因多态性，分别为 ε_2、ε_3 和 ε_4，可以形成 6 种可能的基因型组合。已证明 ε_4 和患 AD (Alzheimer Disease，阿尔兹海默病) 的风险关联，而 ε_2 则有可能降低患 AD 的风险，这两种等位基因均可能与患心血管疾病 (CardioVascular Diseas，CVD) 的风险相关。其原因可能是由于其表达的各种蛋白亚型参与机体炎症反应、脂质水平的上升和氧化应激的过程等。

FOXO3A 涉及 IGF-1 (Insulin-like Growth Factors-1，胰岛素样生长因子 1) 信号通路。此通路在演化过

程中非常保守，在动物的实验中表明可以延长寿命。*FOXO3A* 影响长寿的机制可能与氧化应激、胰岛素敏感性或者细胞周期相关，但没有充分的一致性证据。*FOXO3A* 与长寿的关联在 95 岁以上特别是百岁老人中更为明显。

除了 *APOE* 和 *FOXO3A* 以外，还有其他一些基因，例如 *CETP*、*GNB3*、*eNOS*、*NOS1*、*NOS2*、*RAGE*、*SIRT1*、*SIRT6*、*IL6*、*IL1* 和 *C4* 等在 GWAS 或连锁分析研究中被发现与长寿相关。这些长寿候选基因基本上都可以归于以下几类：炎症和免疫相关、压力反应元件、葡萄糖和脂质代谢介体、DNA 修复因子和细胞增殖等，尽管到目前为止还未得到广泛验证，未来仍需要更多的研究来证明和阐述它们与长寿的关系。

模式生物中发现的与长寿有关的代谢途径主要有 IGF-1、MAPK (Mitogen-Activated Protein Kinase，丝裂原活化蛋白激酶)、免疫 / 炎症反应 (immune/inflammatory response)、淀粉和蔗糖代谢 (starch and sucrose metabolism) 以及钙离子信号 (calcium ion signaling) 等。

MAPK 可以被 AMPK (AMP activated Kinase，AMP 活化的蛋白激酶) 激活，通过下游 mTOR 或者 ROS (Reactive Oxygen Species，活性氧簇) 相关途径产生作用，在线虫、酵母和小鼠的实验中被证明可以延长寿命，淀粉和蔗糖代谢可能是汉族人群特有的与长寿有关的途径，一种假设是其可能与汉族人的主食 (水稻和小麦) 为高糖 (主要是果糖和蔗糖) 有关。

雷帕霉素 (rapamycin) 也在果蝇、小鼠等的实验中证实可以在一定程度上延缓衰老，甚至逆转一些老年病的症状。通过抑制 IGF-1 和哺乳动物 mTOR (mammalian Target Of Rapamycin，雷帕霉素靶蛋白) 途径可能延长机体的寿命，已在从酵母到哺乳动物的相关实验中得到一致性的结果。

框 3.53   **氧化应激反应与 SOD**

机体内氧化应激 (oxidative stress) 的相关反应可能在衰老中发挥非常重要的作用。氧化应激产生于机体内氧化分子的生产和内源性抗氧化防御反应的不平衡。随着年龄增长，机体产生了越来越多的 ROS，抑制了抗氧化防御反应而导致老年个体处于脆弱的状态，于是增加了感染、老年病、伤残和死亡的风险。然而，保持中等水平的氧化应激有利于加强抗氧化防御反应，从而通过称为"线粒体毒物兴奋效应"的作用而促进长寿。

氧化应激反应是演化过程中十分保守的通路。SODs (Super Oxidase Dismutases，超氧化物歧化酶) 是一类抗氧化分子，能保护细胞抵御自由基的损害。一项丹麦的大规模长寿研究发现 *SOD2* 基因上的一个 SNP (rs4880) 和人类寿命相关，携带基因型 C 的个体比没有此基因型的个体的死亡率明显降低。尽管如此，最近一项德国关于特别长寿人群的研究中，却发现 3 个 *SOD* 基因 (*SOD1*，*SOD2*，*SOD3*) 上的 19 个 SNP (包括 rs4880) 与长寿并没有显著关联。

（二）长寿与端粒

真核染色体端粒 (telomere) 的长度与寿命可能有一定的相关性。

端粒、着丝点和复制原点是染色体保持完整和稳定的 3 大要素。端粒 DNA 是由简单的 DNA 高度重复序列组成，端粒逆转录酶 (Telomerase Reverse Transcriptase，TERT) 的功能是给端粒 DNA 加尾。DNA 分子每次分裂复制，端粒就缩短一点，一旦端粒消耗殆尽，细胞将会立即激活凋亡机制而走向凋亡。所以端粒长度反映了细胞复制史及复制潜能，被称作细胞寿命的"染色体钟"。

验证端粒对长寿的影响是实验设计的难题。通过增强端粒酶的活性可以延长端粒的长度，但是过度的延长端粒可能会引起细胞的癌变。尚没有动物实验最终证明端粒变短是衰老之"果"还是引起衰老之"因"。

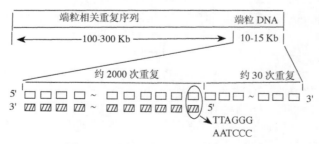

图 3.55   人染色体端粒的结构示意图

（三）长寿与外饰基因组

外饰基因组变异可能与衰老过程有关。DNA 甲基化程度随年龄而变化。

一般认为，同卵双胞胎在外貌及其他方面随年龄增长而发生越来越大的差异，主要原因是外饰基因组（包括 DNA 甲基化与组蛋白修饰等）发生了越来越大的差异，而不能简单地归咎于环境的变化和变异的积累。同卵双胞胎在幼年时，他们之间的外饰变异几乎无法区分。但是在老年双胞胎之间，DNA 甲基化和组蛋白修饰都有显著的不同。另一新生儿和百岁老人的对比研究发现，百岁老人的 DNA 甲基化程度普遍比新生儿低，越是与组织特异性相关的基因的启动子区域的甲基化程度越低。一种可能的解释是随着年龄增长，机体对外界环境需要产生应激反应，需要越来越多的基因发挥作用，因此要通过去甲基化而激活更多的基因表达。

通过检测 DNA 甲基化程度可以预测年龄，如果一个人的 DNA 甲基化"年龄"比他的实际年龄大 5 岁，那么他近期死亡的概率将提高 16 %。甲基化影响衰老的具体机制目前仍不清楚。

（四）长寿与线粒体基因组

线粒体作为真核生物最主要的能量来源，可能也与衰老有关。

线粒体在机体的能量产生过程中通过氧化磷酸化 (oxidative phosphorylation，OXPHOS) 而处于核心的位置，此外，它还跟细胞内代谢的调控和细胞凋亡 (apoptosis) 等衰老现象有关。

（五）其他动物的长寿"秘诀"

对长寿动物的研究可以为我们研究人类寿命提供一些启示。合适的实验动物与渐趋成熟的基因组工程技术是研究长寿与衰老的基因组学基础平台。

NMR (Naked Mole Rat, *Heterocephalus glaber*，裸鼹鼠) 和 BMR (Blind Mole Rat, *Spalax galili*，盲鼹鼠) 的研究表明，长寿可能与较低程度的基因组序列变异（多态性）和染色体重排、较高水平的 DNA/RNA 复制和修复能力、较少的与致癌或衰老相关基因（如 *p53*、*p16*）的变异、低水平的脑部等重要器官的重要基因表达的起伏波动程度（调控系统的稳定）、低水平的与大分子降解相关的基因表达、高表达的核编码的线粒体蛋白编码基因与维持线粒体的功能稳健，以及端粒酶 TERT 的表达稳定以维持端粒的长度等因素都有关。要注意的是，正如端粒长度一样，这些因素是衰老的"因"或"果"尚待实验证明。

框 3.54　　　　　**裸鼹鼠和盲鼹鼠 —— 动物中的超长寿星**

NMR 与 BMR 都生活在非洲东部，终生穴居地下，在实验室难以饲养。全身裸露无毛或少毛，体大如小鼠，无一般痛感，抗低氧与高浓度的二氧化碳。体温并不恒定，可能与 UCP1 (Uncoulpling Protein 1，解偶联蛋白 1) 这些体温调节 (thermoregulation) 蛋白的基因变异有关。

(a)　　　　　　　　(b)

图 3.56　NMR(a) 和 BMR(b)

这两种小动物一生没有显著的衰老特征。未见任何癌及其与老年有关的疾病。也未见与衰老有关的群体死亡率提高。多数基因的表达终身稳定。一般寿命为小鼠(4 年) 的 10 倍，已见可活 30 多年的个体。此类动物与大鼠、小鼠等啮齿类动物在约 7300 多万年前歧异，其与灵长类与啮齿类的基因组 93% 同源，是难得的研究长寿的实验动物。

　　衰老研究苦于没有合适的实验动物。现有的脊椎模式动物（例如小鼠）寿命相对较长，而短寿的无脊椎动物（例如酵母和线虫）又与人类相差甚远。非洲青鳉鱼 (African turquoise killifish) 也许将成为较为理想的衰老研究的实验动物。

　　非洲青鳉鱼分布于非洲南部津巴布韦和莫桑比克等国的随干旱季节消失的临时水塘中，长期的环境选择使他们演化为寿命只有 4~6 个月的"短寿动物"，适合于短期得到研究衰老的结果。现已建立了实验室人工饲养与繁殖的条件，并培育了寿命更短 (2~3 个月) 的稳定品系。

图 3.57　青鳉鱼

　　青鳉鱼与 CRISPR 结合也许是较为理想的技术平台。美国 Stanford University 的 Ann Brunet 团队已成功建立了研究衰老相关基因的青鳉鱼模型。他们首先分析了青鳉鱼基因组序列，并以 CRISPR 技术将 13 个已知与衰老相关的基因进行了"编辑"，成功产生了 F1 代稳定的突变体，重演了因端粒缺陷所导致的一种人类疾病——先天性角化不良 (dyskeraosis congenita)。这些青鳉鱼突变体像人类一样具有血液及肠道缺陷。这个从基因型到表型的平台非常适合高通量地研究从衰老和老年病的相关 GWAS 中获得的大量候选基因信息。

　　一个物种的寿命是由基因决定，并显然有一定的范围。比较动物的估计寿命，会给我们很多启示。

　　衰老的主要标志有以下几个：
　　(1) 基因组不稳定性 (genomic instability)；
　　(2) 端粒长度缩短 (telomere attrition)；
　　(3) 外饰遗传学改变 (epigenetic alterations)；
　　(4) 蛋白内稳态丧失 (loss of proteostasis)；
　　(5) 营养感受失调 (deregulated nutrient sensing)；
　　(6) 线粒体功能异常 (mitochondrial dysfunction)；
　　(7) 细胞衰老 (cellular senescence)；
　　(8) 干细胞耗竭 (stem cell exhaustion)；
　　(9) 细胞间信息交换改变 (altered intercellular communication)。
　　目前对衰老的生物学本质尚知之甚少，但有很多假说：
　　(1) 遗传变异积累假说：有害的变异积累到一定的程度；
　　(2) 外界损伤积累假说：有害的环境因素对器官和细胞功能的损伤，如氧化应激；
　　(3) 热力学第三定律决定假说：有机体自然过程中熵增大，难以长期维持高度有序的机体的低熵状态；
　　(4) 机体程序化衰老假说：认为有机体的衰老是内在的、自发的一种程序化过程，通过细胞自身的程序化衰老和凋亡实现。

框 3.57　　部分动物的估计寿命

哺乳类

名称	寿命/年	名称	寿命/年	名称	寿命/年
斑马	20~30	盘羊	10~15	旱獭	15~20
马	30~60	黄羊	7~8	北美水獭	10~15
驴	20~50	家羊	15	白鱀豚	30
野生水牛	12	大羚羊	15~20	中华白海豚	30~40
麝牛	18~24	骆驼	30~50	加州海狮	15~24
牦牛	>23	草原狼	12~16	竖琴海豹	20~35
苏门犀	30	非洲野犬	10	海象	30~40
印度犀	35~50	家犬	9~15	海狗	40
大食蚁兽	14~25	北极狐	8~10	海牛	>30
猞猁	12~24	狐狸	10~15	大象	60~80
家猫	10~17	鹿	20	狮	30
山狸	13	加拿大马鹿	10~20	虎	15~20
比利时野兔	10	梅花鹿	20	雪豹	10
高原鼠兔	<3	驯鹿	20	猎豹	15~18
家兔	8	长颈鹿	20~25	黑熊	25~35
水貂	12~15	矮河马	30~40	棕熊	20~50
紫貂	16~18	达马拉鼹鼠	20~30	白熊	25~30
大熊猫	18~37	裸鼹鼠	30	蝙蝠	12
小熊猫	<13	家鼠	2~3	鸭嘴兽	10~15
小须鲸	50~100	猕猴	25~30	豚鼠	4~5
虎鲸	29~90	狒狒	35~60	豪猪	<21
抹香鲸	<70	大猩猩	40~50	野猪	<50
蓝鲸	50~100	袋鼠	20~22	家猪	5~20

鸟类		爬行类		其他	
名称	寿命/年	名称	寿命/年	名称	寿命
葵花鹦鹉	40~50	鳄	70~80	家蝇	15~25天
虎皮鹦鹉	7	蝾螈	10~15	小头睡鲨	600年
金刚鹦鹉	80	青蛙	5	雄蜂	3~4月
猫头鹰	20~30	蟾蜍	10	蜂王	3~6年
鹰	60~70	大鲵	130	蜻蜓	1~2月
孔雀	20~40	小鳄龟	15~30	海胆	100年
火烈鸟	30~35	乌龟	20~50	飞蝗	3月
家鸡	20	海龟	150	穴居狼蛛	2年
乌鸦	20	眼镜蛇	20~30	非洲爪蟾	5~15年
丹顶鹤	50~60	蟒蛇	100	文昌鱼	3年
鸽子	30	闪鳞蛇	1~3	蚁后	15~30年
天鹅	20~25			果蝇	3天

二、老年病

老年病即与年龄和衰老相关的疾病。年龄是与老年病发病率相关的第一风险因素，但老年病的发病与长寿的遗传机制并无直接关联。

老年人各种细胞、组织、器官的结构与功能随着年龄的增长逐年老化以至于全面衰竭，因而适应力减退，抵抗力下降，发病率增加。老年病主要包括 4 大类疾病：代谢性疾病（如 2 型糖尿病），心血管疾病，神经退化性疾病（如 AD、PD）和癌症。

框 3.58　　　　　　　　　　　　　　　　　　**常见老年病**

据报道，世界上 80% 的死亡归因于 20 种常见疾病，其中超过一半是 CAD（Coronary Atherosclerotic heart Disease，冠心病）和癌症引起的。在西方尽管过去 50 年间 CAD 的死亡率锐减 50%，但发病率在发展中国家日渐升高。

中国老年人易患的疾病依次为癌症、高血压与冠心病、慢性支气管炎与肺炎、胆囊病、前列腺肥大、股骨骨折与糖尿病等。而病死率依次为肺炎、脑出血、肺癌、胃癌、心肌梗死等。

（一）阿尔兹海默病

β-amyloid 的积聚是 AD 发病的已知首要病因。

β-amyloid 是一种淀粉样前体蛋白水解片段，通过相继水解被裂解成 β- 和 γ- 底物。连锁研究显示 50% 的 AD 患者个体有 APOE 基因的 ε_4 碱基改变。APOE 基因家族成员显性突变在 β-APP 基因，早衰基因 1(Presenilin1，PSEN1) 和早衰基因 2 (Presenilin2，PSEN2) 显性突变可能与早发 AD 有关。

GWAS 还提示簇连蛋白 (Clusterin，CLU)，磷脂酰肌醇黏合网格蛋白组装蛋白 (phosphati-dylinositol binding clathrin assembly protein)，补体 -1 (Complement Receptor 1，CR1)，剪切蛋白 -1 (Myc box-dependent-interacting protein，BIN1) 和唾液酸复合物免疫球蛋白 (Immunoglobulins，Ig) - 类外源凝集素 (Siglec-3，CD33) 等基因位点与 AD 的发生有关。

框 3.59　　　　　　　　　　　　　　　　　　**GWAS 与 AD**

对 2261 例冰岛居民进行全外显子组和全基因组测序，发现编码 2 型髓样细胞 (TREM2) 触发受体的基因上的一个低频突变 (TREM2R47H，rs75932628) 与 AD 发病风险增加相关。但 TREM2 上的 R47H 突变比较少见，可能在其他人群中也会有较大差异。此外，一项基于家系分析的研究鉴定了磷脂酶 D3 (Phospholipase D3，PLD3) 上的几个罕见的错义和同义突变与 AD 发病风险相关联。同时，在两个独立 NIA-LOAD 家系中全基因组测序证实了 PLD3 上的这个变异 (PLD3V232M，rs145999145)。PLD3 是非典型磷脂酶，关于其在大脑中的功能和定位知之甚少。早先的研究报道较多的是 PLD1 和 PLD2 这两个经典的磷脂酶，它们与 β 淀粉样前蛋白（β-Amyloid Precursor Protein，APP) 的代谢有关。在 APP 加工过程的细胞模型中，PLD3 也影响 APP 新陈代谢，例如过量表达可导致低水平 αβ，与此同时 PLD3 的低水平导致 αβ 量的增加。

（二）帕金森病

PD (Parkinson's Disease，帕金森病) 是继 AD 之后，第二大最常见的与年龄相关的神经退行性疾病。

PD 影响 60 多岁人群的 1% 以上，这在英国相当于 12.7 万人，在美国相当于 50 万人，而 85 岁以上人群的患病率达到 5%。

PD 涉及一系列复杂的病理性状，以及与此病相关的运动障碍症状。PD 患者大脑的一个重要区域黑质 (Substantia Nigra，SN) 细胞会发生凋亡。近三分之一患者出现从轻度到重度 SN 细胞凋亡，同时也有 10 % 患者出现病理性路易斯小体 (Lewy body pathology)。现在广泛认为 PD 是中脑黑质多巴胺细胞大量凋亡导致多巴胺合成减少，进而导致乙酰胆碱功能亢进并出现震颤麻痹。

随着 MPH 测序技术的发展，两种主要的遗传学方法 —— GWAS 和连锁分析被应用于 PD 相关基因的研究，发现了 *SNCA*、*MAPT*、*LRRK2* 、*PARK16* 和 *BST1* 位点与 PD 的关联。此外，在欧洲人群中独立验证了另外 5 个基因，包括 *SLC45A3*、*NUCKS1*、*RAB7L1*、*SLC41A1* 和 *PM20D1*。

（三）老年性黄斑变性

老年性黄斑变性是发达国家 50 岁以上老人致盲的主要原因。

老年性黄斑变性影响了近 10% 的 65 岁以上和大于 25% 的 75 岁以上的老年人。仅在美国就有超过 800 万的中度 AMD 和近 200 万的重度 AMD 患者，到 2020 年还将增加 50%。

老年性黄斑变性是遗传度较高的几种复杂疾病之一，以往的一些 GWAS 已经成功鉴定了很多 AMD 的风险位点和相关基因，如 *CFH*、*C3*、*C2-CFB*、*CFI*、*HTRA1/LOC387715/ ARMS2*、*CETP*、*TIMP3*、*LIPC*、*VEGFA*、*COL10A1*、*TNFRS10A* 和 *APOE* 等。最近一项涉及 17 000 多例 AMD 病例和 60 000 例与之匹配的对照的国际合作研究 (主要是欧洲和亚洲的人群) 鉴定了 19 个 AMD 位点，其中包括 7 个新发现的位点，其邻近基因分别是 *COL8A1/FILIP1L*、*IER3/DDR1*、*SLC16A8*、*TGFBR1*、*RAD51B*、*ADAMTS9* 和 *B3GALTL*。

第六节　法医基因组学

法医基因组学 (forensic genomics) 是基因组学的应用学科之一，已成为法医物证学的新的重要方面。

可以说，遗传学和基因组学的发展一直是法医物证学的最重要的推动力。法医基因组学的宗旨是在人类与其他生物基因组学的研究基础上，应用基因组学的原理和技术来帮助解决司法实践中的特定技术问题。

从技术和应用角度来说，法医基因组学最重要的方面就是使用多态性的 DNA 标记来鉴定人类个体 (或其他生物的种类与个体) 之间的相关性 (如与嫌疑犯的对比) 和亲权关系，即个体鉴定。

正是因为技术上快速准确，实际应用法医基因组结果解释时，更要特别注意法律的严肃性和取样的可靠性，以及保护当事人的合法权益和生命伦理等非技术问题。

法医基因组学 30 多年的发展史就是遗传学和基因组学发展及 DNA 遗传标记开发和应用的历史。

框 3.60	遗传标记的定义和特点

遗传标记应具有遗传学上的可遗传性 (inheritability) 、个体性 (individuality) 和可识别性 (distinguishability) ，以及方便取样和快速分析等特点。

遗传标记的主要特点有：多态性 (polymorphic)，即该位点至少有两个或两个以上的等位基因；共显性 (co-dominant)，即各个不同的"等位基因"都可外"显"，可被可靠地检出与鉴别；高频性 (high frequency)，即 MAF 要求等于或大于 1%；规律性 (regularity)，即符合孟德尔遗传规律。

以遗传学的角度来说，遗传标记也可分为表现型标记 [即前 DNA 标记，如一些孟德尔性状，蛋白质的亚型或同功酶 (isoenzyme) 、红细胞和白细胞抗原、血清型等] 和基因型标记 (如染色体的特征性"缢痕"和标记染色体，以及重要的 DNA 标记)。

从基因组学的角度，可将使用最为广泛的基因组学标记 (即 DNA 标记)，分为非编码 DNA (noncoding

DNA) 标记与编码 DNA (coding DNA) 标记。目前的争议之一是由于编码 DNA 涉及疾病和体质，或不建议使用，或使用时更要注意保护隐私与数据安全。

从检测方法来说，又可分为不涉及序列碱基本身变化的长度多态性 (length polymorphism，如 Variable Number of Tandem Repeats，VNTR，数目可变串联重复) 和序列为基础的多态性 (sequence-based polymorphism，如 SNP)。当然，其分子机制都与序列变异有关。

正是由于遗传标记的本质是多态性，因此要特别注意不同群体的不同出现频率，注意地区性和族群性的等位基因频率及可能的变化规律。

一、前 DNA 标记

在法医史上，曾经实际应用的前 DNA 标记主要有红细胞抗原系统，如 ABO、Rh、MNS、P、Kell、Duffy、Kidd 等 30 多种血型，以及 HLA-A、HLA-B 等 150 多种白细胞分型。主要检测方法为免疫化学的分型。

框 3.61 **HLA 系统**

HLA 系统是具有代表性的序列多态性遗传标记。

HLA 基因是位于 6p21.31、全长 3.6Mb 的由一系列紧密连锁的位点所组成的具有高度多态性的复合体。

HLA 基因根据分布与功能不同分为 3 类：MHC-Ⅰ 类基因集中在短臂的远端，主要包括 A、B、C、E、F、G 基因；MHC-Ⅱ 类基因位于着丝点近端，结构最为复杂，由 DP、DR、DQ、DM、DN、DO 等基因组成；MHC-Ⅲ 类基因含有编码补体成分 C2、C4、Bf、TNF、HSP70 (Heat Shock Protein 70，热激蛋白) 等基因。

目前发现的 HLA 位点已有数百个，等位基因 7000 多个，是人类最复杂的多态性系统。由于 HLA 多态性是由单个或多个碱基差异造成的序列多态性，各个位点的组合又是随机的，故人群中基因型完全相同的可能性极小。

HLA 为复等位基因，在同一染色体上紧密连锁构成一单倍型，该单倍型作为一个完整的遗传单位由亲代传给子代，符合孟德尔遗传定律，且 HLA 的基因频率在随机婚配的群体中基本保持恒定，有利于法医的亲子鉴定和个体识别的概率计算。

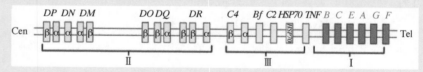

图 3.58 HLA 系统示意图

测序和其他鉴定 DNA 变异的技术是当前 HLA 分型的主要手段，而此前的主要技术是免疫化学即抗体分型。

二、DNA 标记

DNA 标记的应用是法医物证学的一场革命。

（一）第一代 DNA 标记：RFLP 和 AFLP

第一代 DNA 标记为 RFLP (Restriction Fragment Length Polymorphism，限制性片段长度多态性)，是一种 "单位点双等位 (unilocus & di-allele)" 的遗传标记，分析直接，结果可靠，在历史上曾经对人类遗传学产生重大的影响。

要注意的是，同一 allele 显示的 "条带" 数目，可因探针在基因组中与 "多态切点" 相对位置不同而不同。在图 3.59 的示例中，GAAT ↓ TC 是 EcoR I 的识别位点或非多态位点，而示例的 GAACTC 由于其中的 T → C 突变而不能被 *EcoR* I 识别，因而是 *EcoR* I 的一个 "多态位点"。电泳图 1 中放射性标记探针不在多态位点上，只能检测出 1 条 3 Kb 的条带。而电泳图 2 中放射性标记的探针横跨多态位点，检测出 2 条分别长 3 Kb 和 2 Kb 的条带。

在技术上，是以某种选定的限制性内切酶 "能切" 或 "不能切" 而产生两个不同长度的 "限制性片段 (restriction fragment)"，以琼脂糖电泳分离，Southern Blotting 转移到滤纸上与放射性标记的 DNA 探针杂交，以放射自显影显示不同长度的条带，因而一般将其 allele 译为 "等位片段" 或简称 "等位"。

框 3.62　　　　　　　　　　条带是表现型还是基因型？

经典的遗传学家提出了一个令人深思的问题：这些电泳 "条带" 是表现型还是基因型？他们要求严格用 "电泳位置为 3 Kb 的条带" 来描绘胶片上的条带显示的 "表现型"，而用 "长度为 3 Kb 的 DNA 酶切片段 (fragment)" 来表示遗传学上的 "基因型"。这是一个在分子遗传学上很有意思的一个命题，还引申出了 "DNA 序列" 是基因型还是表现型这一新的命题。

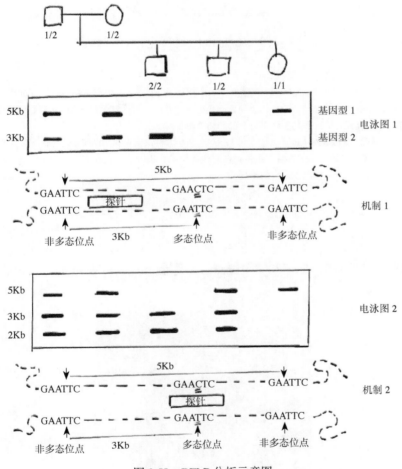

图 3.59　RFLP 分析示意图

RFLP 在法医上的应用受样本 DNA 用量大、分析时间长、成功率和灵敏度低等问题的制约。在法医采集物证时不易收集到足够的 DNA 是 RFLP 应用最大的瓶颈，其次 5~7 天的分析时间也不能满足法医急待物证的要求，最后烦琐操作且涉及放射性标记等问题都限制了 RFLP 的使用。

PCR 技术的发明与应用使 RFLP 变成了 AFLP (Amplified Fragment Length Ploymophisn，扩增的片段长度多态性)。

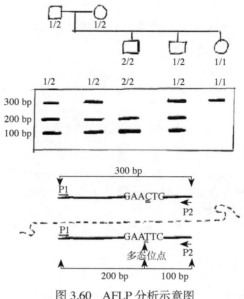

图 3.60　AFLP 分析示意图

　　AFLP 不仅摒弃了放射性的使用，取代了实验耗时长，成功率较低的 Southern Blotting，进而减少了 DNA 用量，而且开创了 Multiplex PCR（多重 PCR）的先例。几个不同的位点可用设计不同的引物同时得到不同长度的等位片段，显著提高了效率，也为自动化提供了基础。要注意的是，AFLP 得到的等位片段的长度，只是与引物的位置有关，而与基因组原有的酶切片段长度无关。

　　从序列的角度，RFLP/AFLP 可以说是能以限制性内切酶识别的 SNP。但是，除了点突变外，很多 RFLP/AFLP 的长度多态是小片段的插入缺失，有的是由 VNTR 引起的。而在实际应用中，这一类新的频率不高的突变可能对结果的解释产生很大的干扰。

（二）第二代 DNA 标记：VNTR 及 STR

　　VNTR 也属长度多态性，又分为"多位点、多等位 (multilocus & multi-allele)"的小卫星 DNA 标记和"单位点、多等位 (unilocus & multi-allele)"的微卫星 DNA 标记即 STR。

图 3.61　Alec Jeffreys 和他的第一例小卫星标记胶片图

　　小卫星标记是 1980 年由美国 University of Massachusetts（麻省大学）的 Arlene Wyman 等首先在 α - 珠蛋白的 3' 高变区 (Hyper-Variable Region，HVR) 中发现的。后来在胰岛素、肌动蛋白和 C-ras-1 等基因中再次被证实。1984 年英国 University of Leicester（莱斯特大学）的 Alec Jeffreys 在法医物证学研究中使用了小卫星标记。小卫星标记一次杂交就能得到多条带，且几乎每个个体的条带都独一无二，显示了多等位的独特优势，因而又被称为 DNA 指纹 (DNA fingerprinting)。

框 3.63 **法医应用 DNA 指纹第一案**

　　1985 年，Jeffreys 将 DNA 指纹图首次用于亲子鉴定。Andrew 是一名在英国出生的加纳儿童，在加纳长时间居住后随母亲返回英国。英国警方怀疑其伪造证件或冒名顶替，故拒绝 Andrew 入境。传统的法医血清学检查无法给出明确的结论。Jeffreys 将 Andrew、他母亲和其他 3 个兄妹进行了 DNA 分析，最终证明了 Andrew 与其母亲的亲子关系，一家人得以团聚。

　　1986 年，Jeffreys 又将 DNA 指纹首次用于刑事案件，在《血案》(Blood) 一书中有精彩的描述。

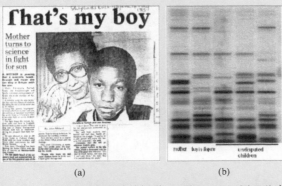

(a) (b)

图 3.62　第一例亲子鉴定有关的报道 (a) 及 Jeffreys 用于此案的胶片 (b)

　　除了与 RFLP 同样的技术问题外，小卫星标记因多位点而又没有染色体定位的信息，经常出现孟德尔遗传不能解释的深浅不一的"额外条带"，使遗传学解释成了一个难题。

> **STR（短串联重复）的发现和应用是法医物证学的一场真正的革命。**

　　由于 STR 的多态性高，PCR 扩增需要的 DNA 样本量少，较易实现全过程自动化，因而很快替代了 RFLP 和小卫星标记。

　　STR 在人类基因组中分布广泛，既是单位点，又是多等位，约有 300 万不同类型的 STR 位点。常见的核心序列是 2~4 个核苷酸串联重复，二核苷酸重复以 (CA) n 和 (CT) n 较为常见，三核苷酸重复以 (CXG) n 较为常见，四核苷酸重复以 (AATG) n 较为常见，在人群中的多态程度很高。

框 3.64 **STR 的命名和标准化**

　　国际法医血液遗传学会 (International Society of Forensic Haemogenetics，ISFH) 于 1993 年制定了 STR 的命名原则。

　　STR 的命名方式主要有两种：如果该 STR 位于已知的编码基因之内，则以基因的名称命名，如 TPOX、vWA 等；如果位于非编码序列之中，则参照人类基因组学对 DNA 探针的命名方法，即以字母 D (DNA) 开头，随后的数字代表其位于第几号染色体，后随的字母 S 代表单拷贝序列，最后的数字代表该染色体上发现的这一探针序号，如 D3S1358，代表 3 号染色体上发现的第 1358 个位点的单拷贝序列。

　　从 1996 年开始，美国联邦调查局 (Federal Bureau of Investigation，FBI) 实验室提出对人类基因组的 STR 位点进行技术性评估。全球数十个 DNA 实验室共同参与，评估选取 19 个最常用的常染色体 STR 位点，遍布各染色体。评估结果显示这些 STR 位点的个体识别能力 (Discrimination Power，DP) 高达 99.9999999999999%，即在人群中出现完全相同个体的几率小于 10^{-15}，相当于地球现有 72 亿人中没有两个完全相同的 DNA 指纹图谱，精确度已超过真实指纹的水平。

　　FBI 的 STR 标准化原则为：个体识别能力 > 0.9，等位片段总长 < 500 bp，位点之间不能有连锁关系，两侧序列未见突变，核心序列（重复单位）不能太复杂、数目在数代遗传中相对稳定，遍布各条染色体。

依照以上原则，最终选择出 CSF1PO、FGA、TH01、TPOX、vWA、D3S1358、D5S818、D7S820、D8S1179、D13S317、D16S539、D18S51、D21S11 总计 13 个 STR，称为 DNA 联合索引系统 (Combined DNA Index System，CODIS)。常用试剂盒通常还包括另外 6 个 STR 位点，即 PentaD、PentaE、D19S433、D2S1338、D12S391、D6S1043，共 19 个 STR。

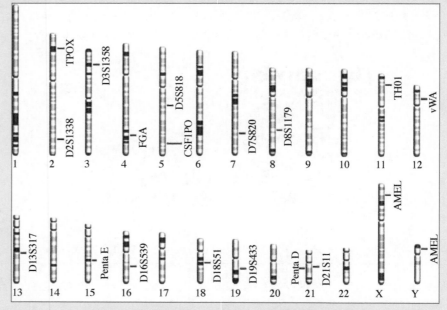

图 3.63　常用 19 个 STR 及其在人类基因组中的定位

框 3.65　　　　　　　　　　　　　　　　**遗传标记多态性评估**

遗传标记的使用价值决定于它的多态性，一般用下述指标来评估。

(1) 杂合度相应于纯一度 (homozygosity)，指杂合个体在群体中的百分比。

$$He = \frac{n}{n-1}\left(1 - \sum_{i=1}^{N_A} P_i^2\right)$$

式中，n 为样本个数；P_i 为等位基因 i 的频率；N_A 为该位点的等位基因数。

(2) 多态信息量 (Polymorphism Information Content，PIC) 是最重要的直接反映一个遗传标记所能提供的遗传信息容量，PIC > 0.5 时，标记具有高度的可提供信息量；0.5 > PIC > 0.25 时，尚能提供一定的信息量；PIC < 0.25 时，提供的信息量很少。其计算通过合计所有能够提供信息的子女概率相乘的交配概率来确定。

$$PIC = 1 - \sum_{i=1}^{N_A} P_i^2 - \left(\sum_{i=1}^{N_A} P_i^2\right)^2 + \sum_{i=1}^{N_A} P_i^4$$

式中，P_i 为等位基因 i 的频率；N_A 为该等位基因位点的等位基因数。

(3) 个体识别力 (Discrimination Power，DP) 等于 1 减去基因型频率的平方和。

$$DP = 1 - \sum_{i=1}^{N_G} G_i^2$$

式中，G_i 为基因型 i 的频率；N_G 为该位点的基因型数。

　　STR 分析方法简便、分型准确，已经广泛应用于法医物证学个体识别、亲子鉴定、亲缘关系鉴定和群体遗传学分析等领域。目前，很多国家已建立以 STR 分型为基础的大规模人群 DNA 数据库，并用于国际交流。中国的犯罪数据库与打拐数据库等专用数据库也已相继建成。

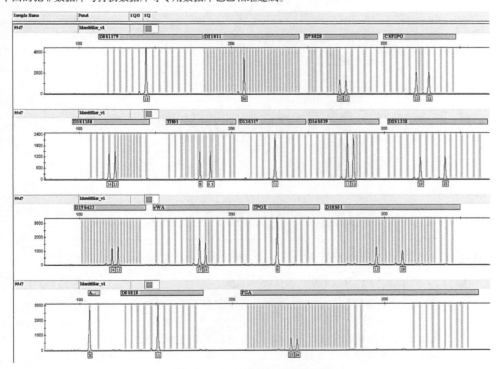

图 3.64　STR 分型扫描图示例

多重扩增的 13 个常染色体 STR 和 3 个性别相关的 STR，每个 STR 位点可见 1~2 个等位基因峰

　　多重扩增是 STR 得以广泛应用的重要原因。早期的 STR 条带显示方法是银染，现已被毛细管电泳结合自动化的多色荧光扫描所取代。

　　多重扩增不仅可以提高整个系统的识别能力，同时还能节省时间、提高效率。在进行多重扩增时，首先在引物设计上，要求不同 STR 的不同条带都有一定的长度；其次是所有不同引物与模板的退火温度要相同；最后所选 STR 扩增产量平衡性好，一般能区分显示所有的条带。但在实际使用时确已发现某些 STR 条带不能被扩增而漏检的案例。

> **框 3.66**　　　　　　　　　　　　　**Y-STR 和 X-STR**
>
> 　　性染色体上 STR 由于其遗传方式的特殊性，具有常染色体 STR 无法比拟的优点。迄今，至今已报道了 250 多个 Y-STR 和数百个 X-STR。
>
> 　　Y-STR 具有两个显著的遗传学特点：男性特有的稳定的父系遗传，除"拟常染色体区(pseudoautosomal region)"以外不与 X 染色体发生重组。
>
> 　　在没有发生基因突变的前提下，一个家族中所有的男性成员的 Y 染色体均相同，可以用来鉴定父系亲缘关系，如只能找到其父亲的亲权鉴定、同父异母的兄弟鉴定、涉及男性的多种场合。常用的 Y-STR 有 DYS19、DYS389Ⅰ、DYS389Ⅱ、DYS390、DYS391、DYS393、DYS437、DYS438、DYS439 等。
>
> 　　X 染色体在男性个体中仅有一条，只能将其遗传给女儿，而在女性个体中有两条，既可以遗传给女儿，也可以遗传给儿子。检测 X-STR，可以用于缺乏父母双亲的、同父异母姐妹认亲或祖母 - 孙女认亲案件中。具法医应用价值的 X-STR 有 DXS101、DXS6789、DXS6804、DX6807 等。Y-STR 与 X-STR 都常用来区别混合材料中的不同性别和估计数目。

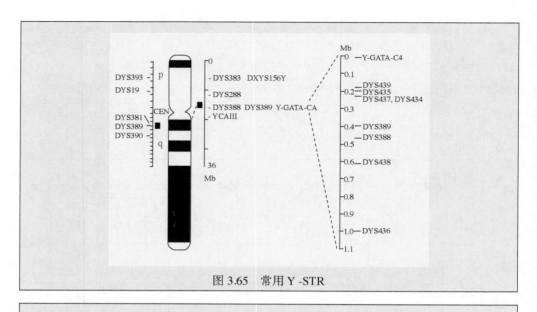

图 3.65　常用 Y-STR

框 3.67　　　　　　　　　　　　　　　**mtDNA**

　　20 世纪 80 年代，mtDNA 开始用于法医。

　　mtDNA 有许多细胞核 DNA 无法比拟的优点：拷贝数多，每个细胞有成万上千个拷贝，特别适用于现场的仅含痕量 DNA 样本。母系遗传可用来判定相距遥远的几代人之间的亲缘关系；化学上较为稳定，mtDNA 的环状结构使其不容易受到 DNA 核酸外切酶的影响，mtDNA 被包裹在双层膜结构的线粒体中，在已经腐败或各种原因严重破坏的生物检材中容易取得。即使是不含有核基因组 DNA 的检材（例如毛干）也可进行线粒体分析。

（三）第三代 DNA 标记：SNP

　　SNP 是基于序列变异的遗传标记，是典型的"多位点、少等位（只有 2~4 个等位基因，即 T/C/A/G）"标记，也是应用前景最好的遗传标记。

　　从理论上来说，SNP 位点是分布最广、数量最多的遗传标志，已发现的不同群体 SNP 总数上千万。高密度、多位点 SNP 分型芯片和全基因组测序弥补了"少位点"的不足。

　　SNP 在不同族群中频率不一，且部分 SNP 位于编码基因中，应用于健康等非法医时需考虑生命伦理问题。正如序列的变异会影响 RFLP 的分析结果一样，插入缺失等变异都会造成检测的失败或错判。最可靠的方法是结合多个 STR 位点结果的综合检测或家系单体型分析。

（四）第四代 DNA 标记：全基因组序列

　　人类及其他生物的全基因组序列具有用于法医物证学的所有条件。

　　全基因组序列的最突出优点是可以综合利用 RFLP、VNTR（特别是 STR）和 SNP 3 种标记信息。随着测序技术的普及和成本的降低，全基因组序列标记的法医信息数据库必将得到最广泛的应用。

　　另外，不同个体的肠道微生物组群的分析也已用于法医的个体鉴定。

框 3.68　　　　　　　　　　　　　　　**个体识别案例**

　　1）萨达姆·侯赛因（Saddam Hussein）身份认定
　　2003 年 12 月 14 日凌晨，伊拉克前总统侯赛因被俘，美军立即给他做了 DNA 检测。传说侯赛因有好几个容貌几乎相同的"替身"，因此早在 2003 年 4 月，美军已经获取了侯赛因的 DNA 样本，试图用它来证实侯赛因的身份。美军对这些 DNA 信息的来源没有正面回答（据称来自侯赛因的一个情妇提供的一把剃须刀上残留的须渣和一个茶杯上的残留物），还四处寻找侯赛因的近亲 DNA，以确保达到更高的准确度。最终，还是通过其两个儿子的 DNA 比较而得出最后的结论。

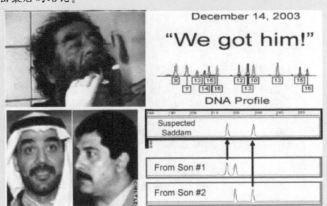

图 3.66　侯赛因与两个儿子的 STR 鉴定

2) 本·拉登 (Osama Bin Laden) 身份认定

2011 年 5 月 2 日，美国总统奥巴马宣称本·拉登已被击毙。媒体对美国官方如何确认击毙的尸体是本·拉登本人也作了多种猜测。一种可能是与之前收集到他自身的样本进行 DNA 同一性认定；一种可能是与其子女的 DNA 样本进行亲子鉴定；还有一种可能是通过 50 多个半同胞关系的兄弟姐妹的 DNA 样本分析推导而来。

图 3.67　本·拉登的相关报道

3) 穆阿迈尔·卡扎菲 (Omar Mouammer al Gaddafi) 身份认定

2011 年 10 月 20 日美国总统宣布卡扎菲被袭死亡。据媒体报道，调查人员对卡扎菲血液、唾液和头发分别取样进行 DNA 测序分析。很快发现卡扎菲的头发是植入的假发，在与其两个儿子的 DNA 进行识别后，双重确认被击毙的确实是卡扎菲本人。

框 3.69	俄沙皇一家命运之谜

1917 年，俄"十月革命"后，沙皇尼古拉二世一家被苏维埃执行枪决。但事后几天就有消息传出，沙皇家族只有一人被枪决，其他家人已悄然转移。自此，末代沙皇尼古拉二世一家的命运成为一个"历史之谜"。

1989 年 4 月 12 日，在传说的沙皇一家行刑地附近发现 5 女 4 男的尸骨。通过 STR 分型检测及比对，显示其中 5 名具有亲缘关系，推断其为沙皇尼古拉二世、皇后及他们的 3 个女儿，剩下的 4 名并无亲属关系，推断是沙皇的仆人和家庭医生。线粒体检测的结果显示，疑似为皇后尸骨的线粒体与皇后母系亲属的线粒体一致，可证明这具尸骨确为皇后。但是仍然有两个问题没有得到解释：疑似为沙皇尸骨的线粒体 DNA 序列与沙皇母系家族比较并不完全相同，尸骨在位于 mtDNA 16169 位置的序列是 T 和 C，而沙皇两位亲戚在这个位置都是 T；此外，小王子和另一位公主的尸骨并没有找到。因此，俄罗斯东正教会拒绝承认找到的是沙皇一家的尸骨。

图 3.68　沙皇一家

最后，发挥决定性作用的证据是沙皇本人的 DNA 样本。沙皇本人于 1891 年访问日本时，曾被刺杀过，头上被砍了两刀但幸免于难，当时他穿的衬衣被送到圣彼得堡保存了下来。DNA 分析发现，衬衣上的一块血斑上的常染色体和 Y-STR 分型与发现的尸骨完全一致，也与目前健在的沙皇父系亲属一致。同时，开棺检测了他的因病去世的哥哥也支持这一结果。2007 年，发现地附近沙皇坟墓的 70 米处找到了一些骨头，大致可组成两名年轻男女，后经 STR 检测被认定为是小王子和另外一位公主。至此可以认定，沙皇一家确实在 1918 年遭到灭门之灾，无一幸免。经东正教会确认后，末代沙皇一家被重新安置在圣彼得堡的历代沙皇安放棺木的教堂的一角。

DNA 扩增和分析技术正在不断改进。

现在用于法医鉴定的检材可以是新鲜血细胞、而大多是陈旧的血痕、精斑、牙髓、唾液斑、细碎的毛发、残留的新鲜口腔上皮细胞，骨头的软组织（完全白骨化的一般只能提取 mtDNA）。人体所有可能含有 DNA 的材料都可以使用，提取和纯化的方法依据不同检材各有不同。

DNA 扩增不仅类型多，包括定量扩增、痕量扩增、微型热循环和等温扩增，还在操作上向简便快捷的方向发展，特别是"微流控"技术的采用。与传统的 PCR 仪相比，采用"微流控"技术一次 PCR 反应完成 30 余个热循环只需要 15 分钟，甚至几分钟的时间，而传统的 PCR 仪检测则需要几个小时。

在这些技术推动下，也许某一天在刑事案件的现场或国界出入境，几分钟内就可以快速获取嫌疑人的 DNA 信息。

框 3.70　　　　　　　　　　　　　　**法医基因组学的应用实例**

1）性别鉴定

除了使用性别相关 STR 外，最简单、有效的性别鉴定标记是人类牙釉质（amelogenin）基因，这是一个 X 与 Y 染色体共有的基因。X-amelogenin 位于 Xp22，Y-amelogenin 则位于 Y11p22.2，Amel-X 与 Amel-Y 的内含子长度不同。用 PCR 扩增 X、Y 特异性片段，男性为 2 个条带，女性为 1 个条带。

2）年龄推究

基于 DNA 标记还可以推测当事人的年龄。而以前，法医只能通过分析牙齿、骨骼等来确定。

荷兰 Erasmus University Rotterdam（鹿特丹伊拉斯谟大学）的 Manfred Kayser 开发了一种方法，通过血液中的 DNA 来判断涉案人的年龄。这种方法相当简单，测试的误差在 9 年之内。

人体 DNA 中的某些基因随着年龄的增长而改变，人体的"T 细胞"里有一些 DNA，被称为"T 细胞受体删除 DNA 环（signal joint T-cell Receptor Excision DNA Circles, sjTRECS）"。通过对比血样中的 sjTRECS 和其他细胞中的 DNA，就可以推算出供血者的年龄。这种方法对新鲜的血样有效，对一年半之前的干燥血迹仍有效。此外，染色体端粒的长度也常用于推测当事人的年龄。

3) 眼睛颜色

还是荷兰 Erasmus University Rotterdam 的 Manfred Kayser 团队，他们开发了通过检测基因来鉴定人眼的颜色。

这个团队研究了 9000 多个来自于 Rotterdam 的荷兰人。这些人中，约 68% 的人眼睛为蓝色，约 23% 的人眼睛为棕色。以前的研究结果表明，有 8 个基因与虹膜、皮肤以及头发颜色色素的产生和分布密切相关，其中对眼睛颜色影响最大的 2 个基因是位于 15 号染色体的 OCA2 和 HERC2。这 8 个基因的 37 个变异中 6 个变异用于预测蓝色和棕色眼睛，准确率超过 90%，而测试其他颜色的眼睛精确度只有 70% 左右。

4) 肤色与身高

肤色的预测还很困难。小鼠的肤色是由至少 127 个位点决定的，而人类只有少数位点 [如 15 号染色体上的 SLC24A5 的第三外显子上的一个 SNP（rs1426654）] 可能与人体的黑色素沉着有关。身高可能更为复杂，可能与 HHIP、HGMA2、EBTB38 等基因有关。

5) 外貌重建

根据基因组序列来描绘相貌，这一应用首先是在古代人类 DNA 的研究中突破的。

至少有数百个基因与脸型这一非常复杂的表现型相关，其中已发现 5 个基因可帮助预测人脸的宽度，这一结果为 DNA 用于外貌重建迈出了关键的一步。在分解的可测量面部特征中挑选 9 个标志，例如两眼的间距或从鼻尖到鼻基部之间的距离。研究基因与面部宽度、眼间距以及鼻尖高度等特征的关系，一个称作 PAX3 的基因，也许与儿童的脸型相关。

框 3.71	"犯罪基因"

这是一个"危险"话题，并不真正属"法医基因组学"的范畴。

确有一些研究认为，某些基因中一些特定变异同不良行为有关，他们称这类基因为"犯罪基因"，携带有犯罪基因的人"天生"具有犯罪的倾向性，因而在一些情况下，行为不能自控。所谓"大 Y"染色体就是一例，尽管至今仍无确凿的实证支持。

在暴力犯罪人群中，HLA-A、HLA-B、DRB1 频率在实验组中比正常对照组明显增高，推测具有 HLA-A3 基因型的人可能较对照组的人具有相对较高的暴力倾向。HLA-B15 基因型频率低于正常对照组的频率，即携有该基因型人群不具有犯罪倾向的可能性较大。而要证明这一点恐怕要承担很大的风险。但是有关心脑血管病等疾病的预测对于犯罪嫌疑人的生存状况推测可能有用。

另外，在小鼠上可能具有"反社会倾向"的 MAO 基因的一些等位基因，也引起了类似的讨论。

框 3.72	灾难遇难者身份鉴定

地震、海啸、空难等大型灾难之后的 DVI（Disaster Victim Identification，遇难者身份识别）涉及法医人类学、法医病理学、法医解剖学、指纹和 DNA 鉴定等各种技术，其中 DNA 分析是 DVI 最重要也最可靠的技术。

震惊世界的"9·11"事件导致了几千人遇难,纽约警方对遇难者尸体的碎片进行STR检测,此次事件也引发了法医界的几个重要的技术变革,如骨头等材料的超大规模的快速准确筛选、快速和规模化的鉴定方法等,包括骨骼的收集、DNA提取的新方法,小片段扩增等。

2004年泰国和印度尼西亚发生海啸,死伤数万人,由于遇难者的遗体很快腐烂,更加依赖DNA鉴定进行身份识别。华大基因具体承担此次海啸的DVI,为分析个体最多、准确率也最高的贡献者。

在空难中识别遇难者的遗骸,特别是遗骸碎片使DNA鉴定技术变得更为重要。在1996年,挪威的一个团队只用了20多天就确定了一起空难中的150多名来自不同国家的遇难者身份,这在DNA识别技术问世以前是很难想象的。

框 3.73　　　　　　　　　　　**非人类 DNA 鉴定的应用前景**

除了人类DNA外,还有一些非人类生物的DNA也值得关注,它们在案件侦破中发挥的作用越来越受到法医界的重视。

在一些涉及家畜(如牛、马、猪与诸多动物)的所有权纠纷时、在凶杀案现场发现疑似嫌疑人所养的宠物(狗、猫等)毛发、嫌疑人偷窃过程中被狗咬伤了或身体上残留有狗的尿液,还有尸体上的嗜血性、嗜尸性、嗜菌性昆虫等。这些情况下法医都可以通过对动物的DNA鉴定给出相关的证据。

死亡时间推断是法医侦破刑事案件的重点和难点,以往大多是根据尸体现象来推断。近年来,用基因组学DNA分析技术特别是META基因组的技术,对嗜尸性微生物推断尸体死亡时间成为研究的热点。此外,可以对植物和土壤中的微生物的种属鉴定,确定与周围环境的相似性。META基因组序列也已被证明具有很高的个体特异性,在法医物证中有很好的应用前景。

嫌疑人或受害人在案件发生时,都有可能会无意中携带犯罪现场周围环境中的物体,如泥土、植物的叶片、花瓣、种子、果实等,还有诸如手表链缝里和现场植物纤维的DNA对比分析等,对判定第一犯罪现场,或嫌疑人是否去过案件现场都有重要的作用。

框 3.74　　　　　　　　　　　　　　**DNA 条形码**

DNA条形码(DNA Barcoding)因类似于超市用以识别商品的条形码而得名,是将DNA标准片段作为条形码,对生物物种进行快速识别的技术。在保护知识产权,打击"挂羊头卖狗肉"等有关食品安全的非法商业行为中发挥了很大作用。

对于动物的种属鉴定,常用的DNA标准片段是线粒体上编码细胞色素氧化酶I(Cytochrome Oxidase I, *COI*)的基因。

美国University of Hawaii(夏威夷大学)的一个团队收集了数百头鲸的组织标本,包括所有的大型鲸和其他较小的鲸目动物,并提取了线粒体和核基因组的DNA得到了像签名般的标志性DNA序列,毫无歧义地识别出不同种类的鲸。为证实在动物保护界盛传的日本以"科学捕鲸"为名捕获濒危鲸类物种的传言,以实验结果来看看从生鱼生肉或寿司样本中能否检测出鲸的DNA。他们从日本的东京筑地鱼市采集鱼类标本。由于在日本从法律上来说不能把样本带出国境。为了解决这一难题,他们在一个旅馆的一个房间里,用PCR进行了STR检测。就像一个濒危物种的照片一样,它不受国际司法禁运的限制。

经过严谨的实验分析,结果明确无误:在最初购买的16个样本中,他们找出有4个是濒危的长须鲸,1个是座头鲸,还有几个是小须鲸、海豚和鼠海豚。显然,受保护的物种如长须鲸和座头鲸也出现在日本鱼市,这也进一步证实了日本以科学捕鲸名义进行濒危鲸类贸易这一既定事实。

植物中的叶绿体基因组数量较多,容易被扩增,故叶绿体DNA片段已被用于植物DNA Barcoding的核心码,但同时需要部分核基因片段序列作为补充。但目前的研究仍尚未获得一致的植物DNA条形码标准片段。

当然，DNA Barcoding 的使用必须是建立在所检测种属的数据库的基础上，而数据库的建立是一个全球化的行动，需要来自各国的研究者提交研究数据及相关信息。目前已经建立数据库的动物包括灵长类、禽类、鱼类、昆虫、微生物类等，但有些常见的生物，如猪、兔、马等却尚无 DNA 条形码信息。目前，对于动物种属鉴定的争议和难点是如何对近缘的物种给予确切的结论；此外，对于已经发生严重降解的 DNA 样本如何进行鉴定也是尚待解决的问题。因此，对如何选择和评估适合的 DNA 条形码的工作才刚刚开始。

框 3.75　　　　　　　　　　　**DNA 数据库**

使用国际标准化的遗传标记，建立正常群体与犯罪嫌疑人 DNA 等专用数据库以及 DNA 样本库，是基于生命科学和信息科学两大全新领域的重要交叉，也是法医基因组学显示对社会安定、公平的贡献的重要方面。

在不依赖数据库的技术进入应用阶段以前，数据库仍是法医基因组学的重要支撑。

在打击犯罪领域，实现现场证物与数据库和其他物证的快速对比，即可极大地缩小排查范围，节省人力物力。其时效性，在控制并发案，特别是流窜作案方面是其他任何技术无法取代的，同时在失踪人口、拐卖儿童认领方面亦发挥着重要作用。

率先建立犯罪嫌疑人 DNA 数据库的是英国，现已储藏了至少 500 万人的 DNA（主要是 STR）数据。当然，这样类型数据库的建立，也带来了法律和伦理、还有保护隐私和数据安全等诸多问题。

全基因组序列数据库由于能综合检出和分析 RFLP、STR 和 SNP 等所有 DNA 标记，随着测序成本的下降和分析工具的改进，有着广阔的应用前景。

第二篇　动物基因组

动物（严格的说，这里指的是除人类之外的所有其他动物）是地球上最"活跃"的生物，与人类亲缘关系最为接近，与人类竞争关系最为微妙，且与人类的生存关系最为紧密，对人类的贡献也最为重要。

动物是生物多样性的重要组成和食物链的重要环节，不仅为人类提供了生存必需的生态环境和食物及其他资源，而且已成为人类的医学、基因组学和生态学等科学研究以及文化和情感不可或缺的一部分。

动物可分为脊椎动物和无脊椎动物两大类。脊椎动物的主要特征是身体背部都有一根由若干椎骨组成的脊柱，一般个体较大；无脊椎动物没有脊柱，多数个体小，但种类占已知动物物种总数的 90% 以上。

HGP 的模式生物秀丽线虫、黑腹果蝇、河豚鱼和小鼠是最早被测序的动物。

以 Sanger 法测序的动物还有大鼠、家蚕、家鸡、家猪等。MPH 测序技术的出现带来了动物基因组研究的热潮，其中第一个完全采用 MPH 测序并 de novo 组装基因组的动物是大熊猫，随后又有了蚂蚁、北极熊、牡蛎、牦牛、裸鼹鼠等许多物种的参考基因组，以及 10 种蜜蜂、16 种蚊子和覆盖鸟纲所有 48 个目的 200 多个基因组。

脊椎动物与人类的关系最为密切，也是动物基因组研究的重要内容。V10K计划是正在进行的全球合作的重要项目。

图 3.69　V10K计划发起者 Stephen O'Brien

表 3.8　V10K计划完成情况

类群	已知物种数目（个）	V10K计划（个）	比例（%）
哺乳纲	5 416	1 826	34
鸟纲	9 723	5 074	52
爬行纲	9 002	3 297	37
两栖纲	6 570	1 760	27
鱼纲	31 564	4 246	13
总计	62 275	16 203	26

动物的分类还有很多争议，而动物的物种数目仍是动态变化的。

框 3.76　　　　　　　　　动物分类法和命名规则

古希腊的伟大学者 Aristotle 在公元前 3 世纪就描述了 450 种动物；瑞典生物分类学家 Carolus Linnaeus 在 18 世纪上半叶描述了 4000 多种动物。19 世纪上半叶，动物的估计数目为 48 000 余种。19 世纪末，有记载的动物已达 50 万种。而目前，动物的估计数已超过 100 万种。如 1931 年人们知道共有 80 000 种蝶蛾类动物，而到 1942 年，人们又发现了 1 万多个新种。自然界中可能还有 200 万种昆虫仍不为人所知。

在我们认为已研究得很清楚的哺乳动物中（已知有 6 万多种）也不断有新种发现，如 1937 年小啮齿类动物塞氏鼠的发现就是一例。因此，自然界到底有多少种动物，还是一个不断变化的数字。

统一用拉丁文（斜体）给生物的种起名字的二名制命名法是 Linnaeus 提出的，即每一种生物的名字都是由两个拉丁词或拉丁化形式的字构成，第一个词是属名，相当于"姓"，第一个字母必须大写；第二个是种加词，相当于"名"，全部小写，有时还可以加亚种名。一个完整的学名还需要加上最早给这个物种命名的作者姓名或缩写，可省去。

本篇将按动物界的系统分类选择脊椎动物门和无脊椎动物门，并选择部分为人熟知的其他门类的典型动物作简要介绍。

第一章 脊椎动物门

第一节 哺 乳 纲

一、灵长目

（一）黑猩猩 *Pan troglodytes*

黑猩猩是现存与人类亲缘关系最近的灵长类动物。

黑猩猩最适合于"让我们认识自己"。黑猩猩与人类基因组可以进行基因组比较是一个"历史性"的里程碑，有助于解答"我们是什么"和"我们从哪儿来"等千古命题。与其他物种相比，非人类灵长类动物与人类有更密切的演化关系，并具有较高的生理相似性，非常适合作为临床前药物安全性的最终评估等研究。

黑猩猩的第一个基因组序列于 2005 年发表。黑猩猩跟人类一样有 23 条染色体（单倍体），基因组大小约为 2.73 Gb，略小于人类的基因组大小。黑猩猩和人类共享几乎 99 % 的编码基因。

图 3.70 黑猩猩及基因组论文

人类与黑猩猩在约 600 万年前歧异。两者之间的差异只相当于任意两个不同人类个体之间基因组差异的 10 倍。人类和黑猩猩的直系同源基因极为相似，其中约 29 % 完全相同。

人类和黑猩猩基因组之间的单核苷酸替换率均值为 1.23%。两者基因组在不同位置分别出现的 InDel 约 500 万之多。

人类与黑猩猩的共同之处还在于，两者都拥有一些演变速率很高的基因。

这些变异很快的基因主要涉及听觉、神经信号传导、精子的生成、细胞内的离子传输等。它们比其他哺乳动物同类基因的变异快得多。这些基因可能决定了灵长类动物的一些重要特性。与其他动物相比，人类与黑猩猩还共有一些疾病易感基因。这些基因也许在总体上削弱了灵长类动物的自然生存能力，却使它们更能适应环境的快速变化。

人类有而黑猩猩完全或部分没有，或人类没有而黑猩猩有的基因，大约只有 53 个。人类至少缺乏一个黑猩猩有的名为"*CASPASE-12*"的基因，这个基因也许能保护大脑而降低了 AD 的易感性。人类有而黑猩猩缺少的已知至少有 3 个与炎症反应相关的基因，以及一些可能与其他疾病易感性相关的基因。

（二）中国恒河猴 *Macaca mulatta lasiota*

中国恒河猴是生物医学研究和药物临床试验 (clinical trial) 中应用最广泛、最重要的非人类灵长类动物。

中国恒河猴 (*Macaca mulatta lasiota*)、印度猕猴 (*Macaca mulatta mulatta*) 和食蟹猴 (*Macaca fascicularis*) 的基因组比较分析，对更好地了解灵长类的演化过程和遗传多态性，以及与人类的关系具有重要意义。

中国恒河猴有 21 条染色体 (单倍体)，基因组大小约 2.84 Gb。同时发布的还有基于序列多态性的 CMSNP 数据库 (The Chinese Macaque Single Nucleotide Polymorphism Database)。

表 3.9 恒河猴基因组中的区段重复

染色体	基因组大小 (Mb)	非冗余的区段重复 (Kb)	重复率 (%)
1	228	4 350	1.91
2	190	1 180	0.62
3	196	4 748	2.42
4	168	2 702	1.61
5	182	1 344	0.74
6	178	2 032	1.14
7	170	4 778	2.81
8	148	6 101	4.13
9	133	6 747	5.06
10	95	2 854	3.01
11	135	2 035	1.51
12	107	1 147	1.08
13	138	5 214	3.78
14	133	2 705	2.03
15	110	2 691	2.44
16	79	2 281	2.90
17	94	2 403	2.54
18	74	638	0.87
19	64	2 847	4.42
20	88	983	1.11
X	154	4 766	3.10
chrUn	0.4	317	71.89

中国恒河猴、印度猕猴和食蟹猴的比较基因组分析发现了多达 2000 万个 SNP，74 万个 InDel 和较大规模的染色体重排，以及一些在演化过程中可能受到正向选择的基因。食蟹猴和中国恒河猴很可能在演化史上发生过杂交，食蟹猴基因组约 30 % 来源于中国恒河猴，并发现了 217 个信号强烈的选择性剔除 (selective sweep) 区域，其中最大的一个区域定位于 14 号染色体，该区域包含一个 *SBF2* 基因。该基因在猕猴早期演化过程中受到了正向选择。人类缺乏该基因的直系同源基因，导致常染色体隐性的遗传病 CMT (Chart Marie-Tooth disease，进行性神经性肌萎缩) 的发生。

图 3.71 主要贡献者颜光美及其恒河猴和食蟹猴基因组论文

(三) 食蟹猴 *Macaca fascicularis*

食蟹猴因发情期不受季节限制，而且繁殖能力强，是非人类灵长类中的最佳实验动物。

食蟹猴生物学特性与人类非常相似，是基础医学和应用生物医学研究中最重要和最广泛使用的非人类灵长类动物模型之一。

食蟹猴有 21 条染色体（单倍体），基因组大小约 2.9 Gb，GC 含量 41.33%，已注释了 35 895 个编码基因，以及约 200 万个 SNP。

灵长类已经测序的物种还有猕猴、夜狐猴、红毛猩猩等。

二、食肉目

（一）大熊猫 *Ailuropoda melanoleuca*

大熊猫被誉为"活化石"，是人见人爱的国宝。

大熊猫是世界上最古老的物种之一，已在地球上生存了至少 800 万年。野生大熊猫在世界范围内不超过 2000 只，仅分布在中国四川省和陕西省，属于国家一级保护动物。大熊猫还是世界自然基金会的"形象大使"，是"世界生物多样性条约"保护的珍稀物种。

为适应渐趋恶劣的环境，大熊猫也同其他动物一样，在演化过程中发生了很多适应性的变化，如黑白相间的毛色以隐蔽自保，并弥补了自卫能力弱小之不足。仅仅这些已有的适应性变化还不够，如竹子仍是大熊猫唯一的食物这一局限，使大熊猫仍有濒临灭绝的风险。

大熊猫有 21 条染色体（单倍体），基因组大小约 2.25 Gb，重复序列约占 36%，已注释的编码基因 19 322。

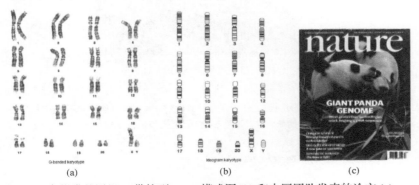

图 3.72　大熊猫基因组 G 带核型 (a)、模式图 (b) 和中国团队发表的论文 (c)

大熊猫基因组研究的重要成果包括高度的杂合率、素食与竹子消化的较合理解释以及分类地位的确定。

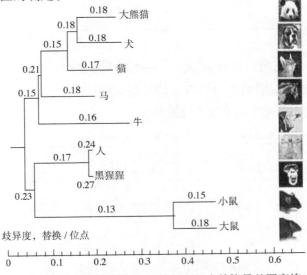

图 3.73　哺乳动物的系统发生（据 7034 个单拷贝基因家族）

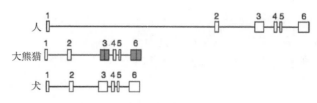

图 3.74　*T1R1* 基因组织的比较

　　大熊猫基因组分析的第一个收获，便是通过相关等位基因的比较而发现的高度杂合，比人类还要高，提示保护大熊猫为时未晚。大熊猫不喜肉食的主要原因是与嗅觉有关的基因 *T1R1* 由于第 3 和第 6 两个外显子的两个移码突变而失活，导致嗅觉几乎完全丧失，因而不能感觉到肉类的鲜美。而大熊猫基因组中本身没有能够消化竹子纤维（主要为木质素与纤维素）的相关基因，消化竹子纤维主要靠胃肠道微生物组群。

　　特别值得注意的是大熊猫的初生幼仔在哺乳动物中是最小的，体重仅 100 余克，不睁眼，体裸露无毛，死亡率高达 30%～50%。尽管已有序列数据提示这一现象同生长激素的水平和生长激素的受体相关，但是还没有足够充分的证据。

图 3.75　成年熊猫和她的幼崽

　　大熊猫基因组比较分析还揭示了熊猫的分类与演化地位，大熊猫属熊科而不属浣熊科。另外，基因组分析还发现，大熊猫基因组与狗的基因组亲缘关系最近，与人稍远，但与小鼠差异较大。

（二）北极熊 *Ursus maritimus*

　　北极熊以生活在地球的北极而得名，是目前世界上最耐寒的食肉动物。

　　北极熊大部分时间是在冰山和浮冰上度过的，因而与全球气候变化直接相关，因此北极熊被认为是评估温室效应等环境问题的"标志"之一。目前全球大约只有 2 万～2.5 万只北极熊，且数量还在不断减少，据预测在未来 35~50 年间群体大小将减少 30%，已被列为"易危"物种。

图 3.76　主要贡献者刘石平 (a)、李波 (b) 及其北极熊基因组论文

　　北极熊有 37 条染色体（单倍体），基因组大小约 2.3 Gb。已注释了约 21 138 个编码基因，重复序列含量约 37.4%，在犬科（包括北极熊、大熊猫、犬等）中居

首位。LINE 含量高达 18.9%。

对北极熊和棕熊的比较基因组分析发现，北极熊与近亲棕熊的歧异不到 50 万年。通过序列数据的分析，推算北极熊的群体大小为 2 万 ~2.5 万只，与实际测算的数字很接近。值得注意的是，北极熊的栖息地 —— 北极浮冰也在同期逐渐减少。

北极熊在演化的早期和棕熊不断进行的基因交流是不对称的，即从北极熊到棕熊流动的基因要比从棕熊到北极熊的多得多。一个值得注意的现象是，因北半球高纬度地区变暖而北极熊的近亲棕熊或灰熊就更要向北迁徙，偶然与北极熊发生异种交配，生成灰北极熊 (pizzlies)。

北极熊基因组分析的一个重要发现是高脂摄入而不表现心血管系统的异常。

北极熊在适应寒冷环境的过程中，与脂肪代谢和胆固醇代谢等心血管系统相关的基因受到了很强的适应性的正选择。北极熊体内脂肪的含量占体重的 50% 以上，且母乳中脂肪含量高达 30%，这对于刚出生的幼崽获取足够的养分十分必要。在 16 个受到最强的正选择基因中，有 9 个是和心血管系统功能相关的基因。为了适应北极的严寒，北极熊明显偏好高脂肪的猎物，特别是在准备冬眠之前 (尽管冬眠的基因组机制仍不清楚)，但它却没有像人类那样由于高脂肪摄入而罹患心血管相关疾病。这对人类高脂与心血管疾病的研究很有意义。

北极熊基因组的另一很有意义的发现是和毛发色素形成相关的基因。

北极熊白色的毛发和黑色的皮肤这种特殊构造，对于来自光照热量的充分吸收非常重要。*LYST* 基因在色素代谢的过程中起关键作用，如突变则可以导致色素代谢紊乱；另一基因 *AIM1* 的突变在人类黑色素瘤的形成过程中起了非常重要的作用。这两个基因都受到正选择。

（三）家犬 *Canis familiaris*

人工选育的家犬至少有 400 余种，由灰狼驯养而来。

关于家犬的起源有 3 种假说，首先是达尔文在 *The Variation of Animals and Plants Under Domestication*（《动物和植物在家养下的变异》）一书中认为，家犬要么从单一物种演化而来，要么来自一个不寻常的种间杂交。迄今所有的证据证实，家犬是从灰狼而来。有人认为家犬很可能是中国江南的一个区域在 16 300 年前驯养的，这一时期正处于从狩猎到种植水稻的转换期；另外一些人认为家犬是从 1.9 万 ~2.3 万年前在欧洲起源的，很可能是西伯利亚的一种野生的爱斯基摩犬 (Eskimo dog) 驯养而来。迄今已发表 1 种松狮狗和 14 个不同品种的家犬和野狼的全基因组序列。

图 3.77 家犬的形态多样性示例

家犬的基因组有 39 条染色体（单倍体），基因组大小约 2.4 Gb，250 多万个 SNP。在演化史上，家犬与人的相似性很高，人和家犬的功能相关的基因演化过程极为相似。

4:1860, 2013 nature COMMUNICATIONS

The genomics of selection in dogs and the parallel evolution between dogs and humans

Guo-dong Wang[1,*], Weiwei Zhai[2,*], He-chuan Yang[1,3], Ruo-xi Fan[1], Xue Cao[1], Li Zhong[1], Lu Wang[4], Fei Liu[1], Hong Wu[4], Lu-guang Cheng[5], Andrei D. Poyarkov[6], Nikolai A. Poyarkov JR[7], Shu-sheng Tang[5], Wen-ming Zhao[2], Yun Gao[1], Xue-mei Lv[2], David M. Irwin[1,8], Peter Savolainen[9], Chung-I Wu[2,10] & Ya-ping Zhang[1,3,4]

图 3.78　主要贡献者张亚平及其家犬基因组论文

家犬的转位因子插入率最低。家犬基因组中最保守的非编码序列都集中于 200 多个基因稀少区域。

家犬的选育和演化已有很多研究，特别是家犬的起源问题。在选育过程中可能有两个瓶颈：早期的驯化和近期的繁殖。

（四）猫 *Felis catus*

猫已经成为最受欢迎的宠物之一。

在人类驯化的哺乳动物中，只有家猫迄今仍然只是宠物。猫会患上 200 多种跟人类相似的疾病（如白血病、非典型肺炎、糖尿病、视网膜疾病和脊柱裂等），因此猫的基因组研究对人类及宠物本身健康都有重要的意义。而"猫为鼠之天敌"的生物学缘由仍未证实。

猫有 19 条染色体（单倍体），基因组大小约为 2.5 Gb，已注释了 20 285 个基因，发现了 327 000 个 SNP。猫基因组的重复序列约为 55.7 %。

猫与犬、黑猩猩、小鼠等哺乳动物的比较发现了 133 499 个 CSB (Conserved Sequence Blocks，保守序列区段)。在这些动物的 CSB 内还定义了很多 HSB (Homologous Synteny Blocks，同源共线区段)。

猫基因组分析的一个重要发现是检出了以前未被发现的逆转录病毒在猫基因组中的数量是原先知道的猫白血病毒 (feline leukemia virus) 的 10 多倍。

表 3.10　猫基因组中的逆转位因子

逆转位因子	碱基对的覆盖率				逆转录病毒
	reads		contigs		
	总长 (Kb)	占比 (%)	长度 (Kb)	占比 (%)	
FeLV	177	2.8	85	4.8	FeLV
RD114 (partial)*	60	2.0	11	0.65	RD114
FERV-1	2 461	39.0	612	34.7	Primate and porcine ERVs; Type C leukemia viruses
FERV-2	805	13.0	257	14.6	HERV HCML-ARV; HERV-R
FERV-3	275	4.3	69	3.9	Jaagsiekte sheep retrovirus; Ovine enzootic nasal tumor virus, HERV-K
FERV-4	1 006	16.1	270	15.3	HERV-W (syncitin)
FERV-5	1 478	23.6	454	25.8	Mouse mammary tumor virus; Python ERV

（五）东北虎 *Panthera tigris*

东北虎，又称西伯利亚虎，哺乳纲食肉目猫科豹属，是现存体型体重最大的猫科动物。

由于环境变化、食物锐减及非法狩猎，东北虎濒临灭绝。据估计，现在全球仅存约3500只，亟需保护。曾在中国江南区域广泛分布的华南虎是否已经绝迹仍有待证实。

东北虎有18条染色体（单倍体），基因组大小约2.4 Gb。已注释了20 226个编码基因和2935个ncRNA基因。

4:2433, 2013   nature COMMUNICATIONS

The tiger genome and comparative analysis with lion and snow leopard genomes

Yun Sung Cho[1], Li Hu[2], Haolong Hou[2], Hang Lee[3], Jiaohui Xu[2], Soowhan Kwon[4], Sukhun Oh[4], Hak-Min Kim[1], Sungwoong Jho[1], Sangsoo Kim[5], Young-Ah Shin[1], Byung Chul Kim[1,6], Hyunmin Kim[6], Chang-uk Kim[1], Shu-Jin Luo[7], Warren E. Johnson[8], Klaus-Peter Koepfli[9], Anne Schmidt-Küntzel[10], Jason A. Turner[11], Laurie Marker[12], Cindy Harper[13], Susan M. Miller[13,14], Wilhelm Jacobs[15], Laura D. Bertola[16], Tae Hyung Kim[6], Sunghoon Lee[1,6], Qian Zhou[2], Hyun-Ju Jung[6], Xiao Xu[7], Priyvrat Gadhvi[1], Pengwei Xu[2], Yingqi Xiong[2], Yadan Luo[2], Shengkai Pan[2], Caiyun Gou[2], Xiuhui Chu[2], Jilin Zhang[2], Sanyang Liu[2], Jing He[2], Ying Chen[2], Linfeng Yang[2], Yulan Yang[2], Jiaju He[2], Sha Liu[2], Junyi Wang[2], Chul Hong Kim[6], Hwanjong Kwak[6], Jong-Soo Kim[1], Seungwoo Hwang[17], Junsu Ko[2], Chang-Bae Kim[18], Sangtae Kim[19], Damdin Bayarlkhagva[20], Woon Kee Paek[21], Seong-Jin Kim[6,22], Stephen J. O'Brien[9,23], Jun Wang[2,24,25] & Jong Bhak[1,6,26,27]

图 3.79　东北虎及基因组论文

东北虎基因组中与嗅觉敏感性、氨基酸转运及新陈代谢等相关的基因富集，可能与虎极度肉食的习性相关，而嗅觉及一系列信号通路基因则可能与虎的捕食、领地占有和交配行为有关。

在猫科动物中，虎和猫的同源性最高，编码基因的相似性近98.8%。虎的杂合度要相对高于狮子。狮子、白狮和猫的遗传杂合度降低是由近亲繁殖导致的。

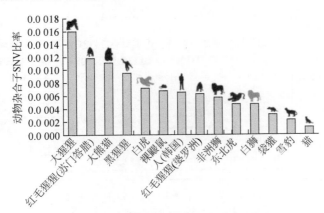

图 3.80　部分哺乳动物的杂合度比较

Y轴为杂合子在基因组上的占比。老虎，狮子，猫、大猩猩、大熊猫、黑猩猩、裸鼹鼠是家养的，雪豹、红毛猩猩和袋獾是野生的，用黑色表示。而野生的白虎、白狮用灰色表示。

三、偶蹄目和奇蹄目

（一）家猪 *Sus scrofa*

猪属偶蹄目 (Artiodactyla)。家猪是重要的经济动物和人类的动物蛋白的来源，也是用于人类疾病研究的理想实验动物。

中国是猪肉的最大出产国与消费国。人口仅有 500 余万的丹麦 2014 年生产了 2500 多万头猪。

猪于 7000 年以前就被人类驯养，是最早的家畜之一。中国至少是家猪的起源国之一。中国的浙江河姆渡曾出土 4000~5000 年前的彩陶家猪。通过比较家猪与野猪基因组的区别，可以找出驯养过程中猪基因组的演化。家猪的生理结构、行为和营养需求等方面都与人类相似，可以用来研究肥胖、糖尿病、心脏病和皮肤病等。家猪很容易感染流感，这对人类流感疫苗的研发大有裨益，而对人类的感染危险很大。家猪也是未来外源器官移植的潜在来源，但基因组中原逆病毒的存在与意义尚待更好地阐明。

图 3.81　河姆渡出土的彩陶猪

家猪的基因组速览（genome survey，0.66X）于 2005 年发表，而另两头猪（国际合作的 Duroc 和中国团队的"大花脸"）的基因组序列分析于 2012 年发表。

家猪有 18 条常染色体（单倍体）及 X、Y 性染色体，基因组大小约 2.8 Gb，含 1.7 万余个编码基因。已注释了 95 个重复序列家族，包括 5 个 LINE、6 个 SINE、8 个卫星序列和 76 个 LTR。猪基因组重复序列约占全基因组的 40%，略低于其他哺乳动物。

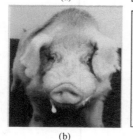

491:393, 2012 nature

Analyses of pig genomes provide insight into porcine demography and evolution

A list of authors and their affiliations appears at the end of the paper

For 10,000 years pigs and humans have shared a close and complex relationship. From domestication to modern breeding practices, humans have shaped the genomes of domestic pigs. Here we present the assembly and analysis of the genome sequence of a female domestic Duroc pig (*Sus scrofa*) and a comparison with the genomes of wild and domestic pigs from Europe and Asia. Wild pigs emerged in South East Asia and subsequently spread across Eurasia. Our results reveal a deep phylogenetic split between European and Asian wild boars ~4 million years ago, and a selective sweep analysis indicates selection on genes involved in RNA processing and regulation. Genes associated with immune response and olfaction exhibit fast evolution. Pigs have the largest repertoire of functional olfactory receptor genes, reflecting the importance of smell in this scavenging animal. The pig genome sequence provides an important resource for further improvements of this important livestock species, and our identification of many putative disease-causing variants extends the potential of the pig as a biomedical model.

(a)

1:16, 2012 GigaScience

The sequence and analysis of a Chinese pig genome

Xiaodong Fang[1†], Yulian Mu[2†], Zhiyong Huang[1†], Yong Li[1,3,4], Lijuan Han[1], Yanfeng Zhang[5], Yue Feng[1], Yuanxin Chen[1], Xuanting Jiang[1], Wei Zhao[1], Xiaoqing Sun[1], Zhiqiang Xiong[1], Lan Yang[1], Huan Liu[1,3,4], Dingding Fan[1], Likai Mao[1], Lijie Ren[6], Chuxin Liu[1,3,4], Juan Wang[1], Kui Li[2], Guangbiao Wang[1], Shulin Yang[1], Liangxue Lai[7], Guojie Zhang[1], Yingrui Li[1], Jun Wang[1,8,9], Lars Bolund[1,10], Huanming Yang[1], Jian Wang[1], Shutang Feng[2*], Songgang Li[1*] and Yutao Du[1,3,4*]

(b)

图 3.82　Duroc (a) 和 "大花脸"(b) 及基因组论文

人、小鼠、狗、马、牛和家猪 6 种哺乳动物的基因组比较，发现家猪的 dS (0.160) 与其他哺乳动物相似 (0.138~0.201，除小鼠外)。猪的 dN/dS (0.144) 介于人 (0.163) 和小鼠 (0.116) 之间，说明猪基因组的总体选择压力处于中等水平。

在家猪的基因组中，与免疫能力和嗅觉有关基因或嗅觉基因家族发生了显著扩张 (expansion)。

家猪至少有 39 个 I 型干扰素基因 (包含 16 个假基因)，比人和小鼠多得多。在猪的基因组中，已鉴定了 1301 个嗅觉受体基因和 343 个偏好性的嗅觉受体基因。初步解释了猪嗅觉敏感的遗传机制，也反映了猪对嗅觉的依赖。而味觉基因受到基因组重排影响，对咸味和苦味都不敏感。

家猪的重要生物学特点是繁殖力很强，而几乎所有现代家猪的"多胎"基因的种质 (germ plasm) 可能都源于中国的"大花脸"。亚洲野猪比欧洲野猪杂合度更高，而在亚洲现代品种中约 35% 的基因组区段来源于欧洲的品种。

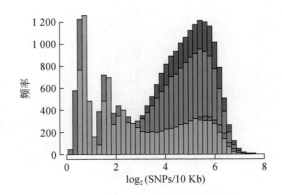

图 3.83　猪的基因组杂合度分布示意图

蓝色：中国南部；绿色：中国北部；橘红色：意大利；红色：荷兰。

在非灵长类哺乳动物中，家猪与人类基因组之间有着相似的染色体结构、高度同源的区域、广泛的共线性以及保守同源区域。

已知 100 多个猪的基因与人类疾病相关的基因高度同源，包括肥胖、糖尿病、阅读障碍 (dyslexia)、PD 和 AD 相关的基因。

DNA 差异性甲基化区域 (Differentially Methylated Region，DMR) 与肥胖及猪肉品质之间高度关联。

图 3.84　主要贡献者李明洲 (a) 和吴红龙 (b) 及其猪甲基化组论文

超过 20% 的 DMR 位于染色体亚端粒区域 (占全基因组的 11.76%)。与已知人类肥胖相关基因直系同源的 282 个基因，其中约 80% (223 个) 位于 DMR 内。而影响猪肉品质的 1669 个基因中，约 72% 也位于 DMR 内。

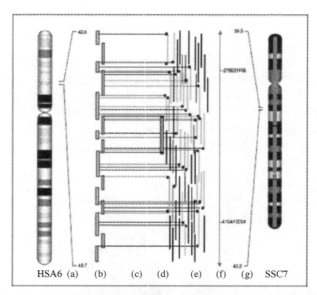

图 3.85　人类 6 号染色体 (HSA6) 与家猪 7 号染色体 (SSC7) 物理图的局部比较

(a) 人类的基因组；(b) 人类"tilepath（最优路径）"序列；(c) 两边最佳比对；(d) EMBL：CR956379 (CH242-196 P 11) 测序克隆；(e) 家猪的克隆与定位，其中绿色表示克隆与 BAC 末端序列比对到人类序列上；(f) UIUC RH map；(g) 家猪的基因组区域。

（二）双峰驼 *Camelus bactrianus*

骆驼被誉为"沙漠之舟"，是最重要的役用动物（马、牛、驴、牦牛、骆驼、狗等，也许还应包括信鸽）之一，以耐劳、耐渴、耐饥著称。

中国和蒙古国是世界上双峰骆驼的主要栖息地。野生双峰骆驼是世界上仅存的骆驼属野生种，目前仅存 880 峰左右，比大熊猫还要少得多。世界自然保护联盟 (International Union for Conservation of Nature, IUCN) 已将野生双峰驼作为濒危物种列入"红皮书"，国际贸易公约 (The Convention on International Trade in Endangered Species of Wild Fauna and Flora, CITES) 将其列为 I 级濒危物种。中国也把野生骆驼列为国家一级保护动物。

双峰驼属于偶蹄目、胼足亚目 (Tylopoda)、骆驼科 (Camelidae)、骆驼属 (*Camelus*)。由于骆驼长期生活在干旱、寒冷的荒漠地区，经过长期的自然选择而具有许多其他动物所不具备的极强的耐渴耐饥能力、对植被的超强适应力以及特殊的免疫系统。

双峰驼有 37 条染色体（单倍体），全基因组大小为 2.38 Gb，已注释了 20 821 个编码基因，其中 4756 个为双峰驼独有基因。

5:5188, 2014 nature COMMUNICATIONS

Camelid genomes reveal evolution and adaptation to desert environments

Huiguang Wu, Xuanmin Guang, Mohamed B. Al-Fageeh, Junwei Cao, Shengkai Pan, Huanmin Zhou, Li Zhang, Mohammed H. Abutarboush, Yanping Xing, Zhiyuan Xie, Ali S. Alshanqeeti, Yanru Zhang, Qiulin Yao, Badr M. Al-Shomrani, Dong Zhang, Jiang Li, Manee M. Manee, Zili Yang, Linfeng Yang, Yiyi Liu, Jilin Zhang, Musaad A. Altammami, Shenyuan Wang, Lili Yu, Wenbin Zhang, Sanyang Liu, La Ba, Chunxia Liu, Xukui Yang, Fanhua Meng, Shaowei Wang, Lu Li, Erli Li, Xueqiong Li, Kaifeng Wu, Shu Zhang, Junyi Wang, Ye Yin, Huanming Yang, Abdulaziz M. Al-Swailem & Jun Wang

图 3.86　骆驼及基因组论文

在已完成基因组测序的物种中，双峰驼同牛的亲缘关系最近，在 5500~6000 万年前与 MRCA 歧异。然后，能量存储和自我保护相关的代谢途径中的基因立即加速演化，其中胰岛素通路的相关基因可以解释骆驼的高胰岛素抗性。而一些与呼吸、热应激及钠、钾转运等相关的基因快速演化，则可以解释骆驼对沙漠缺水环境的适应性演化。骆驼肾脏细胞中存在的高浓度有机渗透物，可通过维持细胞的高渗透压来保持细胞中的水分。而高渗透压带来的不利影响，则通过大量抗氧化相关的基因产物来平衡。

（三）牦牛 *Bos grunniens*

牦牛属偶蹄目 (Perissodactyla)，是青藏高原等高海拔地区所特有的动物，被称作"高原之舟"。

几千年来，牦牛为西藏等高海拔地区的游牧民提供了食物（肉、奶）、御寒物（毛、皮）和畜力，青藏高原现约有 1400 余万头牦牛。经过长期的自然选择，牦牛已经有了能够适应高原环境的解剖学和生理学性状，如心肺发达（没有肺动脉高压）、能量代谢高和觅食能力强等，也具有相当程度的遗传多样性。对牦牛的研究对于人类的高原适应和与高原相关的疾病，以及心血管系统的疾病是非常重要的。

44:946, 2012 nature genetics

The yak genome and adaptation to life at high altitude

Qiang Qiu[1,16], Guojie Zhang[2,16], Tao Ma[1,16], Wubin Qian[2,16], Junyi Wang[2,16], Zhiqiang Ye[3,6,16], Changchang Cao[2], Quanjun Hu[1], Jaebum Kim[5,6], Denis M Larkin[7], Loretta Auvil[8], Boris Capitanu[8], Jian Ma[5,9], Harris A Lewin[10], Xiaoju Qian[2], Yongshan Lang[1], Ran Zhou[1], Lizhong Wang[1], Kun Wang[1], Jinquan Xia[2], Shengguang Liao[2], Shengkai Pan[2], Xu Lu[1], Haolong Hou[2], Yan Wang[2], Xuetao Zang[2], Ye Yin[2], Hui Ma[1], Jian Zhang[1], Zhaofeng Wang[1], Yingmei Zhang[1], Dawei Zhang[1], Takahiro Yonezawa[11], Masami Hasegawa[11], Yang Zhong[1], Wenbin Liu[1], Yan Zhang[1], Zhiyong Huang[2], Shengxiang Zhang[1], Ruijun Long[1], Huanming Yang[2], Jian Zhang[1], Johannes A Lenstra[12], David N Cooper[13], Yi Wu[1], Jun Wang[2,14], Peng Shi[3], Jian Wang[2] & Jianquan Liu[1,15]

图 3.87　主要贡献者刘建全及其牦牛基因组论文

牦牛基因组有 30 条染色体（单倍体），基因组大小约为 2.65 Gb，已经注释了 22 282 个编码基因，同时在牦牛基因组中检测出 220 余万个 SNP。

将牦牛基因组与牛、犬及人基因组进行比对，发现了 13 810 个 4 个物种共有的同源基因家族。其中 362 个牦牛与牛共有，而不存在于人和犬中，还有 100 个基因家族是牦牛独有的。

牦牛与其他几种哺乳动物比较，为牦牛适应高原的低氧环境提供了新的解释。

牦牛为适应低氧条件，有关的基因相应区域发生了扩张并在低氧时高表达，如 *HIG* (HIkaru Genki) 基因的某一功能域有 13 个拷贝，而牛只有 9 个，其他哺乳动物则更少。Ka/Ks 分析发现，牦牛低氧适应和能量代谢的基因快速地演化，数量相当丰富。正选择分析发现，牦牛有 3 个基因，*ADAM17*、*ARG2* 和 *MMP3* 是与高海拔、低氧环境相适应的，这些基因有助于牦牛应对氧气不足或缺氧情况。还有 5 个正选择基因 (*CAMK2B*、*GCNT3*、*HSD17B12*、*WHSC1* 和 *GLUL*) 能帮助牦牛利用高原有限的食物获取足够的能量，以适应高海拔环境。牦牛有 596 个基因家族扩张，其中感知与能量代谢相关基因家族都发生了扩张。

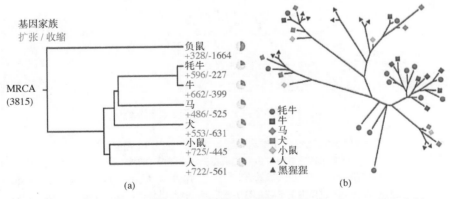

图 3.88　牦牛及几种哺乳动物直系同源基因家族 (a) 和基于 *HIG* 基因的演化树 (b)

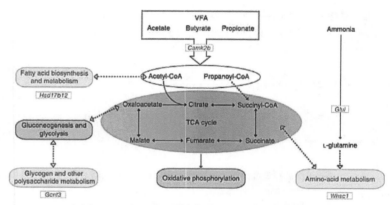

图 3.89　牦牛与营养代谢有关的正选择基因

　　牦牛与营养代谢有关的正选择基因的研究，不仅揭示了高海拔地区动物重要生理性状背后的遗传特征，也将有助于进一步揭示人类所出现的各种高原不适症，以及对缺氧相关疾病的认识、预防和治疗。此外，还将有助于提高高海拔地区重要经济动物的产奶、产肉性能。

（四）牛 *Bos taurus*

　　牛是一种大型反刍偶蹄动物，有巨大的经济价值。牛基因组大小约为 2.77 Gb，略小于人类基因组，共有 21 550 个编码基因，GC 含量 42%。

图 3.90　牛及基因组论文

（五）藏羚羊 *Pantholops hodgsonii*

　　藏羚羊也属偶蹄目，有 30 条染色体（单倍体），基因组大小约 2.69 Gb，已注释了约 25 467 个编码基因。

　　藏羚羊被称为"高原之马"，即使在海拔 4000~5000 米的高原仍能奔跑如飞，时速可达 60 公里以上。藏羚羊底绒制成的披肩称为"沙图什"，是公认的最精美最柔软的披肩。

图 3.91　主要贡献者格日力及其藏羚羊基因组论文

　　藏羚羊与其他多种平原动物的比较基因组分析发现，藏羚羊基因组中与能量代谢和氧气运输等相关的基因家族发生了快速演化，可能在其低氧适应中发挥重要作用。藏羚羊和美国高原鼠兔的基因组共享几十个与 DNA 修复以及 ATP 酶产生相关的正选择基因，可能也与低氧和高辐射环境的适应有关。此外，还发现了共有的催化糖酵解过程中限速反应的 *PKLR* 等 7 个基因，这些基因的趋同演化反应了糖酵解过程在高原环境下适应低氧的能量代谢中非常重要。

对藏羚羊、牛、人、大鼠、小鼠、马、犬等 9 种动物的编码基因进行的比较发现了 12 077 个同源聚类，其中 357 个是藏羚羊和牛共有的，可能代表特有的基因。

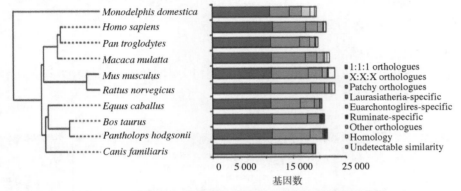

图 3.92 藏羚羊与其他哺乳动物的直系同源基因及演化树

啮齿类动物（大鼠和小鼠，红色），反刍类（藏羚羊和牛，蓝色），
灵长类（人，黑猩猩和猕猴，深蓝色）与马和犬（橙色）。

（六）家山羊 *Capra hircus*

家山羊是第一个被测序的小型反刍动物，属偶蹄目。

从人类文明起始，家山羊便为人类提供肉、奶、皮、毛等，是农业和经济发展的重要支柱之一。由于遗传学和基因组学研究滞后，影响了家山羊的育种改良。

家山羊有 30 条染色体（单倍体），基因组大小约 2.63 Gb，已注释 22 175 个编码基因。

图 3.93 家山羊及基因组论文

羊与牛、狗等 9 种动物的比较基因组分析发现，牛和家山羊的染色体间呈高度共线性。家山羊独有的基因家族有 40 个，包含了 106 个基因，已检出其中的 43 个基因在 10 个组织中表达，羊绒纤维结构相关的基因及其转录水平的差异与此有关。

与羊绒生成和结构相关的基因是家山羊基因组研究的热点，已发现 50 多个与山羊绒生成密切相关的

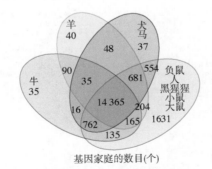

图 3.94 家山羊等 9 个物种的基因家族比较

基因中，有 2 个角蛋白基因和 10 个角蛋白辅助蛋白基因在初级毛囊中高度表达，毛囊中高度表达角蛋白及角蛋白辅助蛋白可能对羊绒纤维结构起重要作用，为提高羊绒品质提供了育种种质的资源信息。

（七）绵羊 *Ovis aries*

绵羊也是重要的经济动物。

绵羊与家山羊一样属偶蹄目，单倍体基因组大小约 2.6 Gb，有 27 条染色体，已注释了 24 691 个编码基因。

图 3.95　主要贡献者王文 (a)、姜雨 (b) 及其绵羊基因组论文

绵羊是反刍动物的一个典型代表。瘤胃是反刍动物独有的消化器官，可以有效地将植物纤维转化为挥发性脂肪酸。绵羊基因组分析发现了反刍动物特有的基因家族扩张以及基因结构变异和基因表达的组织特异性变化，其中最重要的是发现了反刍动物独特的消化系统和脂类代谢演化相关联的基因，如绵羊瘤胃中特异高表达的结构蛋白 —— 毛透明蛋白类似蛋白和小脯氨酸丰富蛋白 II 家族的基因。这几个基因通过转谷氨酰胺酶介导交联瘤胃表达的角蛋白，从而构成瘤胃壁坚韧的角质化表层。

除了肝脏，反刍动物的皮肤也是重要的脂类代谢器官。在绵羊皮肤中发现了控制脂类合成的关键基因 *MOGAT2* (Monoacylglycerol-*O*-acyltransferase 2，单酰甘油 -*O*- 酰基转移酶 2) 和 *MOGAT3* 的高表达，预示甘油三脂分解生成羊毛脂所产生的甘油一脂可在皮肤中直接被回收重新生成甘油三脂，并将甘油运输回肝脏进行磷酸化，再运输到皮肤以重复合成甘油三脂，从而增加了绵羊皮肤中回收甘油骨架的合成代谢效率。也可能与反刍动物演化中特有的基因重复有关。*MOGAT3* 至少有 8 个拷贝。

人体中 MOGAT3 酶是小肠黏膜细胞通过甘油一酯途径合成脂肪的关键限速酶，也是重要的转氨酶，从未被发现在皮肤中表达。

（八）马 *Equus caballus*

马是人类最重要的役用哺乳动物之一，兼有乳、肉之用。5500 年前马的驯化给人类文明和社会带来了重要的影响。

图 3.96　马及基因组论文

真马属 (*Equus*) 是奇蹄目马科现在唯一仅存的属，包括马、斑马和驴。真马属的丰富化石记录了它们的演化。所有的现代马、斑马和驴起源于距今 450 万～400 万年前。

马有 32 条染色体（单倍体），基因组大小约 2.47 Gb，已注释了 20 419 个编码基因。

马的基因组含 706 个快速演化的基因，富集在心脏循环、神经管结构、感光细胞功能和核糖体合成等途径。这些结果反应了马的活泼的性格和超强的奔走能力。

框 3.77　　　　　　　　　　　70 万年前远古马基因组

　　2013 年测序完成的约 70 万年前的远古马的全基因组是迄今为止破译的最古老的基因组，比 2012 年完成的丹尼索瓦人（Denisovans）基因组还要古老 60 多万年。

　　2003 年，在加拿大蓟溪（Thistle Creek）遗址古老的永久冻土层发现了冰封已久的马骨骼化石碎片。该马骨化石来自于一匹远古马的腿部，据今约有 56 万～78 万年的历史。理论和经验证据均表明该马古化石的 DNA 已经接近保存的临界值。到目前为止，还没有 10 万年以上的古 DNA 全基因组测序信息。通过初步的分析，该化石残存有一小部分胶原和血液，可用于重构该古马的遗传信息。

　　同时作为对照，还对一个 4.3 万年前的马"化石"样本、5 匹现代家养马品种、1 只普氏野马和 1 只驴进行了全基因组测序。进一步的演化分析发现，现代马、驴和斑马从 MRCA 存在的时间在 400 万～450 万年前，比过去认为的时间要向前推进了两倍，因此，它们有足够长的时间演化成现在的马属种群。

　　在过去的 200 万年间，特别是在气候剧变时期，马属种群发生了多次波动，马的数量经历了一系列起伏。普氏野马和现代驯化马的种群歧异是在 3.8 万～7.2 万年前。基因组数据表明，普氏野马并未与现代驯化马杂交过，这也支持了普氏野马确实是现存最后一种真正的野马这一观点。此外，在不同的现代家养马品种之间，鉴定出 29 个低水平的遗传变异区域，这些区域可能成为驯化的遗传标记。

（九）驴 *Equus asinus*

驴属奇蹄目，不仅为役用家畜，还为人类提供奶、肉，甚至是名贵的中药材来源。

驴奶是营养价值最接近人类母乳的乳品，乳清蛋白含量比牛奶高 50%，吸收效果最好；硒的含量是人乳的 4 倍、牛奶的 8 倍，有较好的抗氧化、防衰老、提高人体免疫力的作用。驴皮是制作中药材阿胶的原料，有上千年的历史。

5:14106, 2015 SCIENTIFIC REPORTS

Donkey genome and insight into the imprinting of fast karyotype evolution

Jinlong Huang[1,*], Yiping Zhao[2,*], Dongyi Bai[2,*], Wunierfu Shiraigol[1,*], Bei Li[1,*], Lihua Yang[1], Jing Wu[1], Wuyundalai Bao[1], Xiujuan Ren[1], Burenqiqige Jin[1], Qinan Zhao[1], Anaer Li[1], Sarula Bao[1], Wuyingga Bao[1], Zhencun Xing[1], Aoruga An[1], Yahan Gao[1], Ruiyuan Wei[1], Yirugeletu Bao[1], Taoketao Bao[1], Haige Han[1], Haitang Bai[1], Yanqing Bao[1], Yuhong Zhang[1], Dorjsuren Daidiikhuu[1], Wenjing Zhao[1], Shuyun Liu[1], Jinmei Ding[1], Weixing Ye[3], Fangmei Ding[3], Zikui Sun[3], Yixiang Shi[3], Yan Zhang[4], He Meng[4] & Manglai Dugarjaviin[1]

图 3.97　驴及基因组论文

驴基因组大小 2.36 Gb，已注释 23 214 个编码基因。

驴染色体的一个显著特点是着丝点跳跃现象发生频率较高，这为生殖隔离的产生和物种分化提供了巨大驱动力。

四、啮齿目

（一）小鼠 *Mus musculus*

小鼠是 HGP 模式生物中唯一的哺乳动物，也是继人类之后发表的第二个完成全基因组测序和初步分析的哺乳动物。

相比秀丽线虫和黑腹果蝇等其他常用模式生物，小鼠的生命周期较长且实验操作相对困难。但是，小鼠体型较小，易于饲养，具全年多次发情、繁殖率很高的特点。在演化树上，鼠类与人类的亲缘关系较近。特别是从遗传学的角度，小鼠的单倍体染色体组成与人类相似，有 19 条常染色体，都是端着丝点染色体，性别决定系统也是 X/Y。在小鼠和人类染色体之间存在高度的同源性和广泛的共线性。

几乎所有的生物技术（包括基因组学技术）在哺乳动物上的使用和应用都是从小鼠开始的：1982 年的第一批遗传修饰 (genetically modified) 小鼠；1987 年第一只"基因敲除 (gene knock-out)"的小鼠；1997 年的第一批克隆小鼠 (cloned mice)；2002 年 8 月的小鼠基因组的第一张物理图；2002 年 12 月的小鼠 (C57BL/6J，雌性) 全基因组的第一张序列图。这些结果都作为封面论文发表在 *Nature* 杂志上。

小鼠基因组大小为 2.5 Gb，比人类稍小，已注释的编码基因约 2.3 万个，比人类基因的估计数目要多一些。

(a) 遗传修饰小鼠　　(b) 克隆小鼠　　(c) 小鼠基因组物理图　　(d) 小鼠基因组序列图

图 3.98　小鼠研究的里程碑

小鼠与人类之间有 90% 以上的相似性，约有 40% 的小鼠和人类基因组序列高度同源，85% 的人类基因在小鼠基因组中能找到同源或相似的基因。在小鼠基因组中已发现至少 8 万个 SNP。

在小鼠胚胎研究中发现了非孟德尔遗传现象，即外饰遗传现象，被称为亲本印迹 (parental imprinting)。在小鼠和人类中大约有 30 个印迹基因，即某些基因的两个等位基因中只有一个是有活性的，这是因为另一个拷贝在发育中的精子细胞或发育中的卵子细胞里被选择性地失活了。

框 3.78　　　　　　　　　　　　**第一个实验小鼠纯系的诞生**

1909 年，美国 Harvard University（哈佛大学）的 William Castle 实验室的 Clarence Little 培育出了第一个近亲繁殖的小鼠株系——DBA，被认为是第一个现代实验动物的"纯系"。1929~1930 年在亚系间进行杂交，建立了一些新的亚系。直到今天，DBA 仍然是医学和遗传学实验室中最常用的重要实验动物，一直由美国 JAX 实验室 (The Jackson Laboratory) 按照"黄金标准 (gold standard)"维持，作为实验小鼠的核心种群。JAX 实验室现在是全世界最大的实验小鼠收集、维持和供应中心。

中国国家啮齿类实验动物种子中心上海分中心于 2001 年从 JAX 引进该品系。从 2008 到 2012 年，全球的 25 家研究机构平均每天喂养的实验小鼠就有 12.8 万只。

（二）大鼠 *Rattus norvegicus*

大鼠是继人类和小鼠之后，第三个全基因组被测序的哺乳动物。

　　大鼠是生理学和药物学研究中最常用的实验动物，繁殖速度很快，易于笼养和研究。目前，大鼠用于人类医学研究的例子包括外科手术、器官移植、伤口和骨愈合、神经再生、空间运动病，心血管疾病、癌症、糖尿病和精神疾病（包括行为干预和成瘾）。在药物开发中，大鼠常被用来证明治疗效果和人类临床试验前的毒性评估。

　　大鼠基因组的大小约为 2.75 Gb，稍大于小鼠的基因组。已在大鼠基因组中注释了大约 2.3 万个编码基因，其中 90% 左右与小鼠和人类的基因相似，基因组织也很保守。据估算，这三者在 7500 万年前歧异。
　　几乎所有已知的与疾病相关的人类基因都能在大鼠基因组中找到其同源基因。

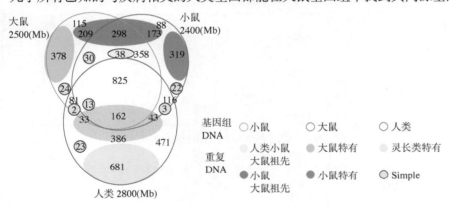

图 3.99　大鼠、小鼠和人类序列比对及同源分析

　　比较基因组分析表明，大鼠与小鼠之间的遗传差异比人与其他灵长类动物之间的差异大。而大鼠与小鼠都有约 10% 的人没有的特有基因，特别是与嗅觉相关的编码基因，这可能解释啮齿类动物嗅觉发达的原因。与人相比，大鼠体内解毒相关的基因功能更多更有效。另外，大鼠基因的多态性远远大于人基因。大鼠的演化速度可能是人类的 3 倍。

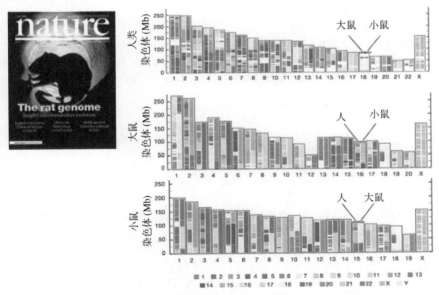

图 3.100　大鼠基因组论文和人、大鼠和小鼠的共线性比较

（三）中国仓鼠 *Cricetulus griseus*

源于中国仓鼠的 CHO (Chinese Hamster Ovary，中国仓鼠卵巢) 细胞系 (cell line) 是生命科学研究和生物制药工业应用最为广泛的高级真核细胞。

CHO 细胞系于 1957 年分离自雌性中国仓鼠的卵巢上皮贴壁型细胞。至少 70% 的药物蛋白的生产使用 CHO-K1 细胞系。而中国仓鼠医学研究价值的发现是因其对曾在中国北方广为流行的黑热病感染的敏感性。
2013 年 8 月，中国仓鼠和 CHO-K1 的基因组序列同时发表。

中国仓鼠单倍体基因组含 11 条染色体，基因组大小约 2.4 Gb，已注释了约 24 044 个编码基因，至少 370 万个 SNP，55 万个 InDel，7063 个 CNV。CHO-K1 基因组中，至少发现了 25 711 个 CNV，包括 13 735 个插入和 11 976 个缺失。

CHO-K1 和中国仓鼠的基因组之间有 99% 的基因功能相似，GO 注释分类也显示了高度的同源性。

31:759, 2013 nature biotechnology

Genomic landscapes of Chinese hamster ovary cell lines as revealed by the *Cricetulus griseus* draft genome

Nathan E Lewis[1,14], Xin Liu[2,3,14], Yuxiang Li[2,14], Harish Nagarajan[1,14], George Yerganian[4,5], Edward O'Brien[1], Aarash Bordbar[1], Anne M Roth[6,13], Jeffrey Rosenbloom[6,13], Chao Bian[2], Min Xie[2], Wenbin Chen[2], Ning Li[2,3,7], Deniz Baycin-Hizal[8], Haythem Latif[1], Jochen Forster[9], Michael J Betenbaugh[8,9], Iman Famili[6,13], Xun Xu[2,3], Jun Wang[2,10-12] & Bernhard O Palsson[1,9]

图 3.101　中国仓鼠和 CHO-K1 的基因组论文

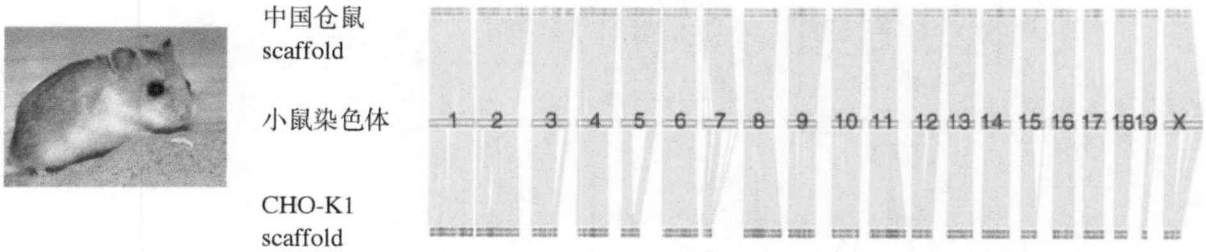

中国仓鼠 scaffold

小鼠染色体　1　2　3　4　5　6　7　8　9　10　11　12　13　14　15　16　17　18　19　X

CHO-K1 scaffold

图 3.102　中国仓鼠及其与小鼠和 CHO-K1 细胞系的基因组共线性

CHO-K1 细胞广泛用于工业规模培养及重组蛋白生产的最大优势是对病原感染（特别是病毒污染）的抗性。

通过与人类基因组中已知的 388 个病毒易感相关基因比较分析发现，虽然 CHO-K1 细胞系基因组只缺失了 4 个基因，但重要的是，其中有 158 个基因没有表达或表达水平很低，推断这些易感基因的表达缺失可能是某些病毒不能感染 CHO 细胞系的主要原因。

五、食虫目

（一）裸鼹鼠 *Heterocephalus glaber*

裸鼹鼠是研究哺乳动物长寿机制的理想实验动物。

裸鼹鼠是已知最长寿的食虫目动物，而这一目里最有影响也最为熟悉的物种是食蚁兽，遗憾的是食蚁兽的基因组还没有相关报道。

裸鼹鼠寿命达 30 年以上，远长于寿命只有 4~5 年的大鼠和小鼠。裸鼹鼠因全身无毛而得名，终生生活在地下黑暗、低氧和高二氧化碳的环境，几乎完全丧失了视觉，仅依靠身体两侧的触须来辨认方向。虽属哺乳动物、却不能产热，像冷血动物一样只能通过与环境的热交换来调节体温。不能感受疼痛刺激，对癌症具有超级免疫力。

裸鼹鼠基因组大小约 2.6 Gb，已注释了 22 561 个编码基因。与转位因子相关的重复序列占全基因组的 25% 左右，比其他哺乳动物都要低。

基因家族聚类分析揭示，裸鼹鼠有 96 个特异性基因家族与其他哺乳动物无明显差异。与其他哺乳动物基因组比较，丢失和获得的基因分别为 320 和 750 个，75.5% 的获得基因被 RNA 组数据支持，丢失基因多为核糖体和核苷合成相关基因。有些丢失的基因可能与其视力的退化相关。注释了 244 个假基因并进行了 GO 分类，其中和视觉相关的基因较多，可能也和裸鼹鼠的视觉退化有关。

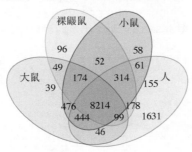

图 3.103 裸鼹鼠与小鼠、大鼠和人类的基因家族比较

479:223, 2011 nature

Genome sequencing reveals insights into physiology and longevity of the naked mole rat

Eun Bae Kim[1]*, Xiaodong Fang[2]*, Alexey A. Fushan[1]*, Zhiyong Huang[2]*, Alexei V. Lobanov[3], Lijuan Han[2], Stefano M. Marino[3], Xiaoqing Sun[2], Anton A. Turanov[3], Pengcheng Yang[2], Sun Hee Yim[3], Xiang Zhao[2], Marina V. Kasaikina[3], Nina Stoletzki[3], Chunfang Peng[2], Paz Polak[3], Zhiqiang Xiong[2], Adam Kiezun[3], Yabing Zhu[2], Yuanxin Chen[2], Gregory V. Kryukov[3,4], Qiang Zhang[2], Leonid Peshkin[5], Lan Yang[2], Roderick T. Bronson[6], Rochelle Buffenstein[7], Bo Wang[2], Changlei Han[2], Qiye Li[2], Li Chen[2], Wei Zhao[2], Shamil R. Sunyaev[3,4], Thomas J. Park[8], Guojie Zhang[2], Jun Wang[2,9,10] & Vadim N. Gladyshev[1,3,4]

图 3.104 裸鼹鼠及基因组论文

转录组研究发现不同年龄、暴露在不同氧浓度下的裸鼹鼠的转录表达差异，鉴定出一些可能与衰老和低氧适应有关的基因。*TERT* 等衰老相关基因的稳定表达，可能与裸鼹鼠的长寿相关。p16Ink4a 与 p19Arf 的独特调控机制可能是裸鼹鼠抗癌的重要因素；*HIF1A* 和 *VHL* 的特异突变可能是裸鼹鼠具有低氧耐受性的原因之一。

裸鼹鼠基因组和人类、大鼠和小鼠约有 93% 的共线性。裸鼹鼠和大鼠、小鼠的祖先约在 7300 万年前歧异，此后发生的染色体重排较少。

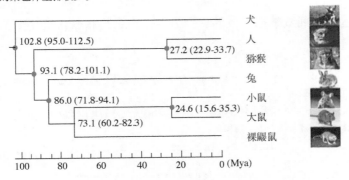

图 3.105 裸鼹鼠和其他哺乳动物的歧异和演化关系

（二）盲鼹鼠 *Spalax galili*

盲鼹鼠原来被认为是与裸鼹鼠不同的种属，基因组学研究发现两者亲缘关系很近。

两者的生物学特性方面都很相近：生长在地下，长寿，不患癌。就视力而言，裸鼹鼠本已低下，盲鼹鼠则更差。

原本认为盲鼹鼠阻止癌细胞生长的机制与裸鼹鼠相同，但是两者却演化出各自不同的机制。研究发现一个特殊的基因 *P16* 使得裸鼹鼠体内的癌细胞对过度拥挤异常敏感（称"密度抑制"或"接解抑制"），即当细胞过度增殖、生存环境变得拥挤时便停止生长。而盲鼹鼠体内异常生长的细胞则可通过分泌一种干扰素 β 蛋白将其迅速杀死。

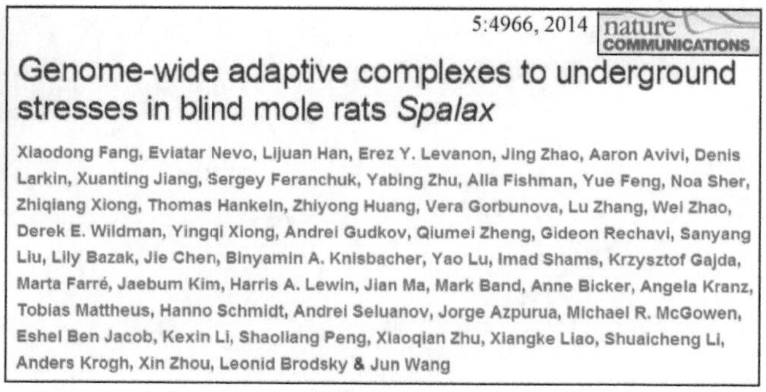

5:4966, 2014　nature COMMUNICATIONS

Genome-wide adaptive complexes to underground stresses in blind mole rats *Spalax*

Xiaodong Fang, Eviatar Nevo, Lijuan Han, Erez Y. Levanon, Jing Zhao, Aaron Avivi, Denis Larkin, Xuanting Jiang, Sergey Feranchuk, Yabing Zhu, Alla Fishman, Yue Feng, Noa Sher, Zhiqiang Xiong, Thomas Hankeln, Zhiyong Huang, Vera Gorbunova, Lu Zhang, Wei Zhao, Derek E. Wildman, Yingqi Xiong, Andrei Gudkov, Qiumei Zheng, Gideon Rechavi, Sanyang Liu, Lily Bazak, Jie Chen, Binyamin A. Knisbacher, Yao Lu, Imad Shams, Krzysztof Gajda, Marta Farré, Jaebum Kim, Harris A. Lewin, Jian Ma, Mark Band, Anne Bicker, Angela Kranz, Tobias Mattheus, Hanno Schmidt, Andrei Seluanov, Jorge Azpurua, Michael R. McGowen, Eshel Ben Jacob, Kexin Li, Shaoliang Peng, Xiaoqian Zhu, Xiangke Liao, Shuaicheng Li, Anders Krogh, Xin Zhou, Leonid Brodsky & Jun Wang

图 3.106　盲鼹鼠及基因组论文

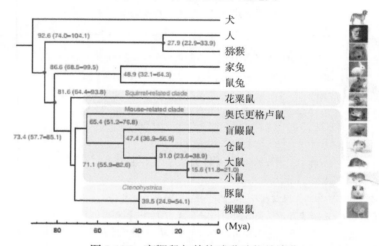

图 3.107　盲鼹鼠与其他哺乳动物的演化

（三）达马拉鼹鼠 *Fukomys damarensis*

非洲的达马拉鼹鼠是地下鼠的一个分支，寿命也很长。终生生活在地下，以植物块茎为食。

达马拉鼹鼠和裸鼹鼠一样终生生活在黑暗的地下，其嗅觉和触觉系统十分发达，而视觉系统却严重退化。

全球大约有 250 种地下鼠，广泛分布在除了南极洲和澳大利亚的其他大陆上。它们不仅所处的环境均为低氧、高氨和高二氧化碳，而且寿命都较长。

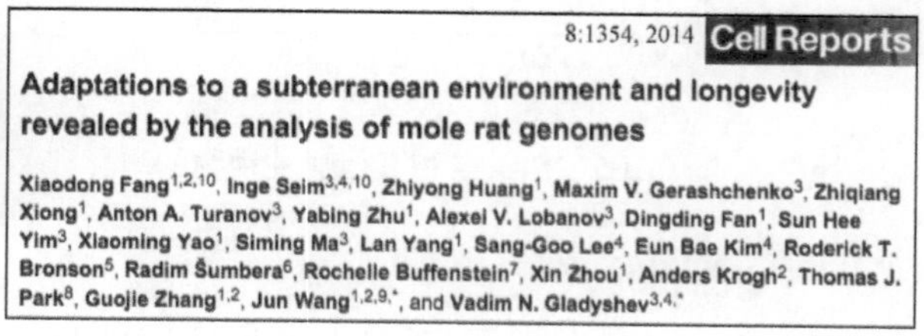

8:1354, 2014　Cell Reports

Adaptations to a subterranean environment and longevity revealed by the analysis of mole rat genomes

Xiaodong Fang[1,2,10], Inge Seim[3,4,10], Zhiyong Huang[1], Maxim V. Gerashchenko[3], Zhiqiang Xiong[1], Anton A. Turanov[3], Yabing Zhu[1], Alexei V. Lobanov[3], Dingding Fan[1], Sun Hee Yim[3], Xiaoming Yao[1], Siming Ma[3], Lan Yang[1], Sang-Goo Lee[3], Eun Bae Kim[4], Roderick T. Bronson[5], Radim Šumbera[6], Rochelle Buffenstein[7], Xin Zhou[1], Anders Krogh[2], Thomas J. Park[8], Guojie Zhang[1,2], Jun Wang[1,2,9,*], and Vadim N. Gladyshev[3,4,*]

图 3.108　达马拉鼹鼠及基因组论文

达马拉鼹鼠基因组大小约 2.51 Gb，编码基因为 22 179 个。

将达马拉鼹鼠、裸鼹鼠、大鼠、小鼠、中国仓鼠、豚鼠、兔、犬、恒河猴以及人进行比对，确定了 6133 个单拷贝同源基因家族，并发现达马拉鼹鼠和裸鼹鼠的歧异时间约在 2600 万年前，与大鼠、小鼠的歧异时间以及人和恒河猴的歧异时间较为接近。

达马拉鼹鼠有 212 个基因家族发生了扩张 (expansion)，59 个基因家族发生了收缩 (contraction)；而裸鼹鼠有 378 个基因家族发生了扩张，29 个基因家族发生了收缩。扩张的基因家族中多为嗅觉感受器基因家族，这揭示了两者在黑暗环境下嗅觉功能演化的分子机制；收缩和丢失的基因家族中有很多视觉相关的基因，同时两者基因组中都检测到 10 多个视觉相关的假基因，这些基因的功能丧失则揭示了地下鼠视觉退化的分子机制。

地下环境阴暗潮湿、低氧、高氨、高二氧化碳。要在这种环境下生存，需要有较高的抗逆性。精氨酸酶 1(ARG 1) 是催化尿素循环排出氨的最下游关键酶。研究表明，4 种地下鼠 (裸鼹鼠、达马拉鼹鼠、盼足鼠和八齿鼠) 均在 254 位氨基酸上发生突变 [组氨酸 (His) 替换了亮氨酸 (Leu) 或酪氨酸 (Tyr)]。该突变同时也改变了精氨酸酶 1 的三聚体结构，可以提高机体对氨的代谢速率。此外，精氨酸酶 2 (ARG2) 和线粒体鸟氨酸转移酶 (ORNT1) 等氨代谢相关的基因在裸鼹鼠和达马拉鼹鼠的肝脏组织均特异性高表达，种种迹象显示地下鼠具有较高的氨代谢速率，以适应恶劣的地下环境。高二氧化碳可能导致机体疼痛感。裸鼹鼠、达马拉鼹鼠、盼鼠等地下鼠的痛感基因 SCN9A 均发生了共有的突变，使这些动物更能适应高二氧化碳的环境。

通过比较达马拉鼹鼠、裸鼹鼠以及大小鼠的肝脏 RNA 组，发现这两种鼹鼠的肝脏具有不同的基因表达模式。6 个过氧化物氧化还原酶中的 PRDX2 和 PRDX5 表达水平均较低，GPx1 的活性降低，ROS 水平增高，提示这两种鼹鼠能在较高的氧化应激下保持长寿的可能机制；两种鼹鼠的胰岛素水平均较低，由此导致的较低的代谢速率也可能是地下鼠长寿的原因之一。

六、鲸目

鲸是已知仅有的水生哺乳动物，也是现存体形最大的哺乳动物。

（一）小须鲸 *Balaenoptera acutorostrata*

小须鲸基因组大小约为 2.4 Gb。已注释了 20 605 个基因和 2598 个 ncRNA，包括 494 个小须鲸特有的基因家族，以及应对环境压力所需的基因。

鲸类动物常常遇到的环境压力是在其深潜时的低氧条件，小须鲸基因组含有不少专门应对这一环境条件的基因。此外，小须鲸基因组中有与牙齿形成有关的多个假基因，这正好解释其有鲸须而无牙齿。与其他哺乳动物相比，小须鲸的嗅觉受体基因也少得多。

46:88, 2014 nature genetics

Minke whale genome and aquatic adaptation in cetaceans

Hyung-Soon Yim[1,24], Yun Sung Cho[2,24], Xuanmin Guang[3,24], Sung Gyun Kang[1,4], Jae-Yeon Jeong[1,4], Sun-Shin Cha[1,4,5], Hyun-Myung Oh[1], Jae-Hak Lee[1], Eun Chan Yang[1], Kae Kyoung Kwon[1,4], Yun Jae Kim[1], Tae Wan Kim[1], Wonduck Kim[1], Jeong Ho Jeon[1], Sang-Jin Kim[1,4], Dong Han Choi[1], Sungwoong Jho[2], Hak-Min Kim[2], Junsu Ko[6], Hyunmin Kim[6], Young-Ah Shin[2], Hyun-Ju Jung[2], Yuan Zheng[3], Zhuo Wang[3], Yan Chen[3], Ming Chen[3], Awei Jiang[3], Erli Li[3], Shu Zhang[3], Haolong Hou[3], Tae Hyung Kim[6], Lili Yu[3], Sha Liu[3], Kung Ahn[6], Jesse Cooper[6], Sin-Gi Park[6], Chang Pyo Hong[7], Wook Jin[8], Heui-Soo Kim[9], Chankyu Park[10], Kyooyeol Lee[10], Sung Chun[11], Phillip A Morin[12], Stephen J O'Brien[13], Hang Lee[14], Jumpei Kimura[15], Dae Yeon Moon[16], Andrea Manica[17], Jeremy Edwards[18], Byung Chul Kim[2], Sangsoo Kim[19], Jun Wang[3,20,21], Jong Bhak[2,6,22,23], Hyun Sook Lee[1,4] & Jung-Hyun Lee[1,4]

图 3.109 小须鲸及基因组论文

比较分析还发现，小须鲸与宽吻海豚等动物共有 9848 个直系同源基因。与非鲸哺乳动物相比，鲸类中有特异突变位点的基因总数为 4773 个，其中 695 个含非同义突变，而小须鲸仅有 574 个。

（二）白鱀豚 *Lipotes vexillifer*

白鱀豚被称为"长江女神"，仅生活在中国的长江干流和支流，是世界上最濒危的鲸类动物，属国家一级保护动物。

　　2006年，由中国、美国、英国等6国组成的考察队曾耗时39天寻遍长江流域，却最终未见到白鱀豚的踪影。虽然不能说明白鱀豚已灭绝，但该物种的生存状况无疑已十分危险。

　　白鱀豚基因组大小约2.4 Gb，已注释了约22 168个编码基因。

4:2708, 2013　nature COMMUNICATIONS

Baiji genomes reveal low genetic variability and new insights into secondary aquatic adaptations

Xuming Zhou[1,2,*], Fengming Sun[3,*], Shixia Xu[1,*], Guangyi Fan[3], Kangli Zhu[1], Xin Liu[3], Yuan Chen[1], Chengcheng Shi[3], Yunxia Yang[1], Zhiyong Huang[3], Jing Chen[3], Haolong Hou[3], Xuejiang Guo[4], Wenbin Chen[3], Yuefeng Chen[1], Xiaohong Wang[1], Tian Lv[3], Dan Yang[3], Jiajian Zhou[3], Bangqing Huang[3], Zhengfei Wang[1], Wei Zhao[3], Ran Tian[1], Zhiqiang Xiong[3], Junxiao Xu[3], Xinming Liang[3], Bingyao Chen[1], Weiqing Liu[3], Junyi Wang[3], Shengkai Pan[3], Xiaodong Fang[2], Ming Li[2], Fuwen Wei[2], Xun Xu[3], Kaiya Zhou[1], Jun Wang[3,5,6] & Guang Yang[1]

图 3.110　白鱀豚及基因组论文

　　白鱀豚的基因组分析不仅揭示了白鳍豚从陆生至水生的演化，而且通过重建白鳍豚的系统发生，还揭示了这个物种灭绝的主要原因与基因组杂合度降低有关；以及与所有其他多年的哺乳动物的基因组比较，白鱀豚的基因组杂合度显著低下。中国长江流域仅存的白鱀豚种群很小，很可能是造成白鱀豚基因组杂合度低的重要原因。

　　鲸类动物与偶蹄目有较近的亲缘关系。

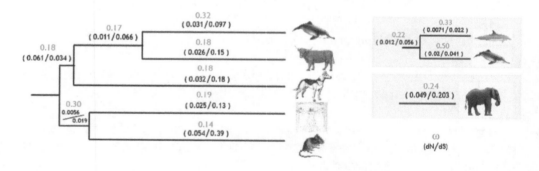

图 3.111　白鱀豚与其他哺乳动物的估计歧异时间和 dN/dS 均值

　　鲸类适于水中定位的机制和蝙蝠独立起源的回声定位可以作为趋同演化(convergency)的模型。

　　在适应水生的过程中，白鱀豚基因组中与氧化还原酶活性、三价铁结合、新陈代谢以及ATP酶活性相关的基因均发生了显著的扩张，回声定位系统相关的基因也发生了显著的快速演化，而基因组中与视觉、听觉、味觉、嗅觉等相关的基因急剧减少。

七、后兽亚纲双门齿目

（一）短尾负鼠 *Monodelphis domestica*

负鼠是基因组首先被测序和分析的有袋动物。

基因组大小约为 3.59 Gb，编码基因数目为 1.8 万 ~ 2 万个，与人类大体相当。

灰色短尾负鼠是南美 60 种树栖有袋动物之一，生活在玻利维亚、巴西和巴拉圭的热带雨林之中，比它的澳大利亚"表兄"——考拉 (koala) 和袋鼠更具有啮齿动物的代表特性。尽管短尾负鼠没有标志性的育儿袋，但同样有很短的怀孕期 (约 14 天)，它的幼崽附着在母亲身上完成发育。

新出生的负鼠不够成熟，经历了类似从脊索到脊椎动物的演化过程，是发育生物学和医学的重要模型，被广泛用于神经系统再生研究。

负鼠有一个编码特殊的 T 细胞受体的基因，在其他哺乳动物中并未发现。负鼠还是除人类外唯一会患恶性黑色素瘤的动物。

图 3.112 负鼠基因组论文

（二）袋鼠 *Macropus eugenii*

袋鼠是最有代表性的有袋动物。

有袋动物的两个显著特点是"有袋"和地域分布 (仅生活在澳洲)。这类动物的幼崽从出生开始，整个发育期都在其母亲的保护性育儿袋中完成。因此袋鼠也是研究早期发育理想的动物模型。

袋鼠的基因组大小约为 2.9 Gb，已注释了 18 258 个编码基因，包括 15 290 个编码基因，1496 个假基因，525 个 miRNA，42 个 lncRNA。

袋鼠与人类约在 1.5 亿年前歧异，但仍保持较高的基因相似性。与小鼠在 0.7 亿年前歧异，并逐渐成为两种截然不同的物种。

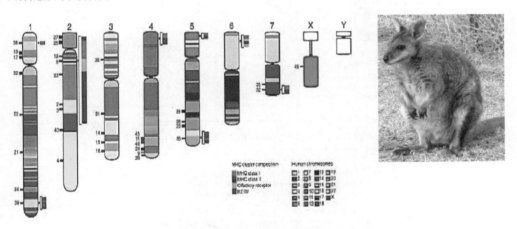

图 3.113 袋鼠与人类的基因组同源比较

八、原兽亚纲单孔目——鸭嘴兽

鸭嘴兽 (*Ornithorhynchus anatinus*) 是哺乳动物中最原始而奇特的动物，是澳大利亚独有的哺乳纲单孔目动物，也是世界上仅有的几种蛋生的哺乳动物之一。

框 3.79　　　　　　　　　鸭 嘴 兽

18 世纪末鸭嘴兽的标本第一次运抵欧洲，由于酷似爬行动物却长着鸭子的一副嘴脸，曾被人误以为是标本制作师的"愚人之作"。因这种动物长相实在古怪，既像爬行动物，又像鸟类，还带有哺乳动物的特征。

鸭嘴兽仅分布于澳大利亚东部约克角岛 (Cape York Island) 至南澳大利亚之间，以及塔斯马尼亚岛 (Tasmania Island)。鸭嘴兽没有奶头，但在肚子上有一分泌乳汁小袋，幼崽靠舔乳汁长大。成年鸭嘴兽体长 40～50 厘米，雌性体重在 700～1600 克，雄性稍大，也只有 1～2.4 千克，全身裹着柔软褐色的浓密短毛，大脑呈半球状，四肢很短，五趾具钩爪，趾间有蹼，酷似鸭足，吻部扁平，形似鸭嘴，嘴内有宽的角质牙龈，但没有牙齿，尾大而扁平，约占体长的四分之一，在水里游泳时起着舵的作用。

单孔目是哺乳纲动物中原兽亚纲仅有的一个目，因其直肠和泌尿生殖系统共同开口于一个肛门孔而得名。这类动物介于爬行类和哺乳类动物之间，与其他哺乳动物一样都是恒温性动物。肺呼吸，身上长毛。不同之处是保留了产卵、不直接哺乳和雄性产毒液等爬行动物的重要特征。

鸭嘴兽单倍体基因组有 26 条染色体，基因组大小约 1.99 Gb，已注释了 18 527 个编码基因。鸭嘴兽大约在 1.66 亿年前与人类歧异，两者之间最显著的区别是性别决定系统。人类只有 2 条性别染色体，而鸭嘴兽却有 10 条 (5X 和 5Y)，这些决定性别的基因序列与鸟的 Z 染色体较为相似。

基因组序列的比较分析也发现鸭嘴兽是一个基因"混合体"，即有部分鸟类基因，部分爬行动物类基因以及部分哺乳动物类基因。据毒液的蛋白质组比较则得出相似的系统发生图。

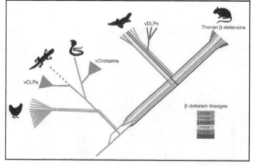

vDLPs（venom defensin-like peptides）
vCLPs（venom crotamine-like peptides）
vCrotasins（venom Crotamine 响尾蛇胺毒素）

图 3.114　鸭嘴兽及基因组论文

第二节 鸟 纲

鸟类是两足类动物中最重要的一类脊椎动物，目前已知有 1 万多个鸟类物种分布于地球上。对鸟类多样性及适应性机制的研究一直是生态学和演化生物学等领域的热门课题。鸟类的驯养是人类文明的重要部分。鸟类也是人类最重要的动物蛋白质来源之一。

框 3.80 万种鸟类基因组计划

由中国华大基因、丹麦 University of Copenhagen（哥本哈根大学）和美国 Duke University（杜克大学）主导，全球 100 多个研究机构参与的国际鸟类基因组联盟于 2014 年启动了鸟类基因组及演化生物学研究项目（Avian Phylogenomics Project），该项目首批完成了 48 种鸟（几乎涵盖所有目一级）的全基因组研究，成果以专刊的形式发表于 *Science*（8 篇）、*Genome Biology*、*GigaScience* 等杂志上。

继 2014 年突破性成果之后，国际鸟类基因组联盟于 2015 年 6 月正式宣布启动 B10K 计划。旨在五年内构建约 10 500 种现生鸟类的基因组图谱，实现对鸟类生命之树的数字化重建，这是第一次对同一类群物种进行如此全面和深入基因组的分析。

世界各地的许多博物馆和机构在过去 30 年中收集的冻存鸟类组织样本作出了重要贡献。由于鸟类在历史上经历了一次辐射性的物种爆发，现代鸟类的起源和歧异史是数百年来困扰鸟类学界的重大难题。基于全基因组数据，除了研究鸟类起源及歧异问题之外，还通过比较基因组学研究了鸟类的基因组特别是性染色体演化、飞行和语言学习能力的获得、牙齿的丢失、物种濒危鸟类等一系列重要的生物学问题。

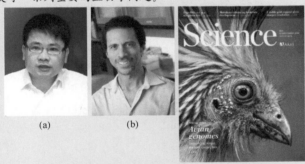

(a)　　　　(b)

图 3.115　国际鸟类基因组联盟核心成员张国捷 (a) 和 Erich Jarvis (b)

及 B10K 计划论文

表 3.11　B10K 计划的 48 种代表性鸟类的基因组概貌

拉丁名	俗名	测序深度 (X)	组装 (N50) (contig/scaffold, Kb/Kb)	组装总长 (total length, Gb)	估计基因数目
Acanthisitta chloris	刺鹩	29	18/64	1.05	14 596
Anas platyrhynchos	北京鸭	50	26/1 200	1.1	16 521
Antrostomus carolinensis	卡氏夜鹰	30	17/45	1.15	14 676
Apaloderma vittatum	斑尾非洲咬鹃	28	19/56	1.08	13 615
Aptenodytes forsteri	帝企鹅	60	30/5 100	1.26	16 070
Balearica regulorum	灰冠鹤	33	18/51	1.14	14 173
Buceros rhinoceros	马来犀鸟	35	14/51	1.08	13 873
Calypte anna	安氏蜂鸟	110	23/4 000	1.1	16 000
Cariama cristata	红腿叫鹤	24	17/54	1.15	14 216

拉丁名	俗名	测序深度 (X)	组装 (N50) (contig/scaffold, Kb/Kb)	组装总长 (total length, Gb)	估计基因数目
Cathartes aura	红头美洲鹫	25	12/35	1.17	13 534
Chaetura pelagica	烟囱褐雨燕	103	27/3 800	1.1	15 373
Charadrius vociferus	双领鸻	100	32/3 600	1.2	16 856
Chlamydotis macqueenii	亚洲波斑鸨	27	18/45	1.09	13 582
Colius striatus	斑胸鼠鸟	27	18/45	1.08	13 538
Columba livia	鸽子	63	22/3 200	1.11	16 652
Corvus brachyrhynchos	短嘴鸦	80	24/6 900	1.1	16 562
Cuculus canorus	大杜鹃	100	31/3 000	1.15	15 889
Egretta garzetta	小白鹭	74	24/3 100	1.2	16 585
Eurypyga helias	日鳽	33	16/46	1.1	13 974
Falco peregrinus	游隼	105	28/3 900	1.18	16 242
Fulmarus glacialis	暴雪鹱	33	17/46	1.14	14 306
Gallus gallus	鸡	7	36/7 070	1.05	16 516
Gavia stellata	红喉潜鸟	33	16/45	1.15	13 454
Geospiza fortis	中地雀	115	30/5 200	1.07	16 286
Haliaeetus albicilla	白尾海雕	26	20/56	1.14	13 831
Haliaeetus leucocephalus	白头海雕	88	10/670	1.26	16 526
Leptosomus discolor	鹃三宝鸟	32	19/61	1.15	14 831
Manacus vitellinus	金领娇鹟	110	34/2 500	1.12	15 285
Meleagris gallopavo	火鸡	17	12.6/1 500	1.04	16 051
Melopsittacus undulatus	虎皮鹦鹉	160	55/10 600	1.1	15 470
Merops nubicus	红蜂虎	37	20/47	1.06	13 467
Mesitornis unicolor	褐拟鹑	29	18/46	1.1	15 371
Nestor notabilis	啄羊鹦鹉	32	16/37	1.14	14 074
Nipponia nippon	朱鹮	105	22/5 400	1.17	16 756
Ophisthocomus hoazin	麝雉	100	24/2 900	1.14	15 702
Pelecanus crispus	卷羽鹈鹕	34	18/43	1.17	14 813
Phaethon lepturus	白尾鹲	39	18/47	1.16	14 970
Phalacrocorax carbo	普通鸬鹚	24	15/48	1.15	13 479
Phoenicopterus ruber	美洲火烈鸟	33	16/37	1.14	14 024
Picoides pubescens	绒啄木鸟	105	20/2 000	1.17	15 576
Podiceps cristatus	凤头䴙䴘	30	13/30	1.15	13 913
Pterocles gutturalis	黄喉沙鸡	25	17/49	1.07	13 867
Pygoscelis adeliae	阿德利企鹅	60	19/5 000	1.23	15 270
Struthio camelus	非洲鸵鸟	85	29/3 500	1.23	16 178
Taeniopygia guttata	斑马雀	6	39/10 000	1.2	17 471
Tauraco erythrolophus	红冠蕉鹃	30	18/55	1.17	15 435
Tinamus guttatus	白喉鹌	100	24/242	1.05	15 773
Tyto alba	仓鸮	27	13/51	1.14	13 613

一、鸡 *Gallus gallus*

鸡是人类重要的动物蛋白来源，是养殖数目最大的家禽。鸡 (red jungle fowl，原鸡) 是第一个测序的鸟类基因组。

图 3.116　主要贡献者之一张勇及其鸡基因组论文

鸡单倍体基因组有 38 条常染色体及 2 条性染色体 (Z 和 W)，基因组大小约 1.2 Gb，已注释了 16 700 个编码基因。家鸡基因组中最重要的重复序列 CR1 占据了所有甲基化重复序列的 60%。

鸡与人类相比，基因组大小相差 3 倍，而基因数目却基本持平，且约 60 % 的基因与人类同源。鸡和其他鸟类基因组的最重要的特征是含有两组大小差异显著的染色体 —— 9 对大染色体 (macrochromosomes，或称巨型染色体) 和 30 对小染色体 (microchromosomes，或称微型染色体)。前者与其他动物染色体的形态和大小相近，而后者大小只有前者的十分之一。值得注意的是，多数编码基因分布在多个小染色体上，大染色体却反而是 "基因稀疏区"。

与哺乳类不同，鸡基因组只有小量的转位因子和假基因。这一现象与其大量的 LINE 的 CR1 逆转录酶的高度特异性相关。没有具活性的 SINE，而 SINE 与包括人类在内的其他哺乳动物基因组的演化关系密切。

鸡的基因组分析的一个重要发现是家鸡的基因组多样性产生于家养之前，提示家鸡的多地起源。鸡与其他哺乳动物约在 3.1 亿年前歧异。

原鸡和多个品种的鸡基因组序列比较发现了 280 余万个 SNP 位点，其中 90% 已得到实验验证，70% 可作为家鸡育种的遗传标记。

全球家鸡的数量多达 200 亿只，超过猫、猪、狗、大鼠的个体总数，几乎人均 3 只。与 50 年前相比，肉鸡的饲养周期已从 70 天缩短到 47 天，而体重增加了至少 1 kg，蛋鸡的产蛋量也有了显著提高。

基因组序列分析还发现鸡具有大量的嗅觉基因，而味觉基因却很少，并缺乏人类与其他哺乳动物所具有的分泌乳汁和唾液以及与牙齿发育相关的基因。

二、北京鸭 *Anas platyrhynchos*

北京鸭因其为北京的特色佳肴而得名，是饲养量最大的家禽之一。

鸭是雁形目鸭科 (Anatidae) 鸭亚科 (Anatinae) 水禽的统称。鸭比鸡对流感病毒具有更强的耐受性，能够在自身不发病的情况下将流感病毒"悄悄传播"给人类及其他哺乳动物，造成严重危害。

基因组大小约为 1.1 Gb，已注释 15 065 个编码基因。

鸭基因组与鸡和斑马雀基因组相比，含有许多新基因以及独立复制的基因。基因的获得和丢失可能会对鸟类基因组的歧异及其免疫系统的演化产生影响。与哺乳动物基因组比较，鸭与鸡和斑马雀基因组中的免疫相关基因明显减少。

The duck genome and transcriptome provide insight into an avian influenza virus reservoir species

45:776, 2013 nature genetics

Yinhua Huang[1,2,20], Yingrui Li[3,20], David W Burt[2,20], Hualan Chen[4], Yong Zhang[3], Wubin Qian[3], Heebal Kim[5], Shangquan Gan[1], Yiqiang Zhao[1], Jianwen Li[3], Kang Yi[3], Huapeng Feng[4], Pengyang Zhu[4], Bo Li[3], Qiuyue Liu[1], Suan Fairley[6], Katharine E Magor[7], Zhenlin Du[1], Xiaoxiang Hu[1], Laurie Goodman[3], Hakim Tafer[8,9], Alain Vignal[10], Taeheon Lee[5], Kyu-Won Kim[11], Zheya Sheng[1], Yang An[1], Steve Searle[6], Javier Herrero[12], Martien A M Groenen[13], Richard P M A Crooijmans[13], Thomas Faraut[10], Qingle Cai[1], Robert G Webster[14], Jerry R Aldridge[14], Wesley C Warren[15], Sebastian Bartschat[8], Stephanie Kehr[8], Manja Marz[8], Peter F Stadler[8,9], Jacqueline Smith[2], Robert H S Kraus[16,17], Yaofeng Zhao[1], Liming Ren[1], Jing Fei[1], Mireille Morisson[10], Pete Kaiser[2], Darren K Griffin[18], Man Rao[1], Frederique Pitel[10], Jun Wang[3,19] & Ning Li[1]

图 3.117 北京鸭及基因组论文

中国农业大学李宁团队对北京鸭的全基因组测序和分析特别是免疫系统的演化和比较，以及 H5N1 病毒感染后的 RNA 组比较方面等作出了重大贡献。通过对高致病性及低致病性 H5N1 病毒感染后的鸭子和对照组间的对比分析，发现鸭子肺部组织的基因表达谱 (GEP) 因病毒感染而有所变化，并且比对鉴定出一批能对禽流感病毒作出应答的新基因。如 β - 防御素在流感病毒感染后被诱导表达。已证实 β - 防御素在哺乳动物的免疫反应中起重要作用。

三、朱鹮 *Nipponia nippon*

朱鹮，又名朱鹭，被誉为"东方宝石"，是中国的"四大国宝"(大熊猫、朱鹮、金丝猴、羚牛)之一，也是世界上最濒危的鸟类之一。

朱鹮是继鸡、珍珠鸟、火鸡之后完成的第四个鸟类基因组。朱鹮单倍体基因组有 40 条染色体，大小约为 1.17 Gb，已注释了约 3 万个编码基因。

朱鹮历史上曾广泛分布在东亚。20 世纪初，由于工业、战争、狩猎及疾病等因素，朱鹮数目迅速减少，濒于灭绝。1981 年，在中国秦岭深处发现了仅存的 7 只朱鹮，从此开始了人工保护和繁殖，今已增加到 2000 多只。朱鹮是一个罕见的使濒危动物"起死回生"的范例。

朱鹮的基因组杂合度很低，是濒危物种基因组的普遍特点。

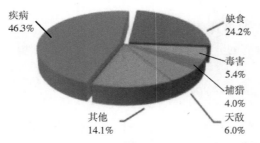

图 3.118 野生朱鹮的濒危原因 (1981~2003 年)

朱鹮基因组杂合度，尤其是与免疫相关的 *MHC* 基因的杂合度，远低于与它近亲但并不濒危的白鹭。其他濒危鸟类，比如白头海雕、啄羊鹦鹉等，也都呈现出基因组杂合度降低的趋势。

15:557, 2014 Genome Biology

Genomic signatures of near-extinction and rebirth of the crested ibis and other endangered bird species

Shengbin Li[1†], Bo Li[2†], Cheng Cheng[1,2,4†], Zijun Xiong[2], Qingbo Liu[1], Jianghua Lai[1], Hannah V Carey[5], Qiong Zhang[2,6], Haibo Zheng[1], Shuguang Wei[1], Hongbo Zhang[1], Liao Chang[1,2], Shiping Liu[2], Shanxin Zhang[1], Bing Yu[1], Xiaofan Zeng[2], Yong Hou[2], Wenhui Nie[2], Youmin Guo[1], Teng Chen[1], Jiuqiang Han[1], Jian Wang[2,8], Jun Wang[2,9,10], Chen Chen[11], Jiankang Liu[1,4], Peter J Stambrook[12], Ming Xu[13], Guojie Zhang[2,9], M Thomas P Gilbert[14,15], Huanming Yang[2,6,8,16], Erich D Jarvis[17], Jun Yu[1,3] and Jianqun Yan[1*]

图 3.119 主要贡献者李生斌及其朱鹮基因组论文

通过对比中国洋县、宁陕、楼观台、华阳等地的 4 个朱鹮种群的样本发现，它们的基因组杂合度都逐渐降低。虽然朱鹮个体数目上升了，但从遗传学角度来说，朱鹮仍然是不"健康"的，仍然有灭绝的危险。

濒危鸟类有更多的有害突变，影响大脑、代谢、解毒功能等多个方面。

20 世纪中期是 DDT 等农药使用的高峰期，也正是这些濒危鸟类数量骤减的时期。研究发现，因为朱鹮种群数目减少，基因组中与神经系统、解毒相关基因的区域积累了大量有害突变，因而影响其正常功能。与此类似，在其他几个濒危鸟类基因组中，一些参与代谢、解毒过程的重要基因成为假基因的频率也很高。

利用朱鹮基因组的信息，为朱鹮设计了基于 DNA 分子标记的个体识别系统，这就好像给每只朱鹮都做了个"基因身份证"。通过这个"基因身份证"，在以后的育种中可以更科学地帮助朱鹮配对繁殖，从而得到更好的保护。

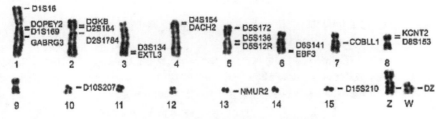

图 3.120 朱鹮基因组的 STR 标记

四、鸽子 *Columba livia*

鸽子是人类驯化与家养的重要鸟类，还赋予了友谊与和平的文化象征。

人类培育的家鸽已经有数百种品系，体型、颜色和其他生物学特征各不相同。鸽子有极其丰富的表现型多样性。有趣的是，现在野生的鸽子大多并不是真正的野生，而是脱离家养、恢复部分野生习性的家鸽。

鸽子有 40 条染色体（单倍体），基因组大小约 1.1 Gb，已注释了 1.58 万多个编码基因。

339:1063, 2013 Science

Genomic diversity and evolution of the head crest in the rock pigeon

Michael D. Shapiro[1,†], Zev Kronenberg[2], Cai Li[3,4], Eric T. Domyan[1], Hailin Pan[3], Michael Campbell[2], Hao Tan[3], Chad D. Huff[2,5], Haofu Hu[3], Anna I. Vickrey[1], Sandra C.A. Nielsen[4], Sydney A. Stringham[1], Hao Hu[5], Eske Willerslev[4], M. Thomas P. Gilbert[4,6], Mark Yandell[2], Guojie Zhang[3], and Jun Wang[3,7,8,†]

图 3.121 鸽子及基因组论文

EPhB2 基因在鸽子的羽冠发育中起着开关基因的作用。正常的等位基因并不能催生羽冠，而当其携带发生突变的等位基因的纯合子时，才形成羽冠。

伊朗等中东国家的鸽子与印度的鸽子存在很多遗传上的相似性，也与历史上这些地区之间的贸易往来相吻合。由此推测主要的家鸽品种均起源于中东地区。

五、游隼和猎隼 *Falco peregrinus* & *Falco cherrug*

游隼和猎隼都属于猛禽。它们独特的形态、生理及行为适应能力，使其成为相当成功的"猎手"。

游隼是中型猛禽，被誉为"世上最快的动物"。由于环境污染等因素导致其数量锐减，目前已被列入濒危物种名单。猎隼是大型猛禽。隼也是阿拉伯联合酋长国的国鸟，长期以来在阿拉伯地区，驯养隼类一直是时尚、财富和身份的象征。

45:563, 2013 nature genetics

Peregrine and saker falcon genome sequences provide insights into evolution of a predatory lifestyle

Xiangjiang Zhan[1,7], Shengkai Pan[2,7], Junyi Wang[2,7], Andrew Dixon[3], Jing He[2], Margit G Muller[4], Peixiang Ni[2], Li Hu[2], Yuan Liu[2], Haolong Hou[2], Yuanping Chen[2], Jinquan Xia[2], Qiong Luo[2], Pengwei Xu[2], Ying Chen[2], Shengguang Liao[2], Changchang Cao[2], Shukun Gao[2], Zhaobao Wang[2], Zhen Yue[2], Guoqing Li[2], Ye Yin[2], Nick C Fox[3], Jun Wang[5,6] & Michael W Bruford[1]

图 3.122　游隼 (a) 和猎隼 (b) 及基因组论文

游隼和猎隼的单倍体基因组大小均为 1.17Gb，都有约 1.5 万个基因。

与鸡、斑胸草雀等鸟类的基因组比较，游隼和猎隼基因组中大片段重复相对较少，还不到基因组的 1%；转位因子组成与斑胸草雀最为相似。嗅觉受体 γ-c 簇在鸡和斑胸草雀中所发生的基因扩张并未在猎隼和猎隼中检出，可能与游隼和猎隼主要依赖视觉对猎物进行快速及准确定位有关。

与现有鸟类的基因组比较，游隼和猎隼的神经系统、嗅觉及钠离子运输曾发生了快速演化。在与鸡形目其他鸟类比较时，还发现游隼和猎隼的线粒体呼吸链相关基因也发生了显著的快速演化。一些鸟类基因组中都存在基因的丢失，游隼和猎隼的这些基因的丢失要比基因获得严重得多。

六、流苏鹬 *Philomachus pugnax*

流苏鹬是古北区 (Palearctic，包括欧洲、亚洲和非洲北部) 的鸟类，以其特有的求偶方式而著称。

在交配繁殖期间，雄鸟会变换不同的方式求偶。3 种表型 (independent, satellite and faeder) 的求偶行为、羽毛颜色和体型都不同。其中，satellite 和 faeder 由显性等位基因控制。

Independent

Satellite Independents

Faeder

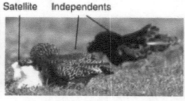

图 3.123　雄性流苏鹬表型的多样性

据芬兰 Helsinki（赫尔辛基）动物园内一只雄性流苏鹬 (independent) 的全基因组序列分析，单倍体基因组大小约为 1.23 Gb。

与孔雀、鸡等一样，流苏鹬雌雄个体的形态、羽色差异很大，比较 15 只雄性 (independent) 和 9 只雄性 (satellite)，发现了一个约 380 万年前发生的基因组区段倒位突变，大小为 4.5 Mb，破坏了 *CENPN* (CENtromere Protein N，着丝点蛋白 N) 基因。此前已经证明该基因为隐性致死基因。*HSD17B2* 基因和 *SDR42E1* 基因在性激素代谢方面有重要作用，在其周边发现了 3 个缺失，这些缺失构成了顺式元件突变，从而改变了这两个基因的表达水平，最终影响了雄性流苏鹬的表型。此外，编码黑色素皮质素受体 -1 基因 (*MC1R*) 的 4 个错义突变与性激素代谢相互作用，使 satellite 有了白色的羽毛。流苏鹬的交配系统是由影响了表型差异都的多个遗传变异演化的结果，这些变异都积累在所发现的倒位区域之中。

48:84, 2016 nature genetics

Structural genomic changes underlie alternative reproductive strategies in the ruff (*Philomachus pugnax*)

Sangeet Lamichhaney[1,11], Guangyi Fan[2,3,11], Fredrik Widemo[4,11], Ulrika Gunnarsson[1], Doreen Schwochow Thalmann[5,6], Marc P Hoeppner[1,7,10], Susanne Kerje[5], Ulla Gustafson[5], Chengcheng Shi[2], He Zhang[2], Wenbin Chen[2], Xinming Liang[2], Leihuan Huang[2], Jiahao Wang[2], Enjing Liang[2], Qiong Wu[2], Simon Ming-Yuen Lee[3], Xun Xu[2], Jacob Höglund[8], Xin Liu[2] & Leif Andersson[1,5,9]

图 3.124　主要贡献者之一刘心及其流苏鹬基因组论文

第三节　爬　行　纲

一、中华鳖和绿海龟 *Pelodiscus sinensis & Chelonia mydas*

中华鳖与绿海龟是爬行动物中最有代表性的有足种类。

龟鳖类有着漫长且成功的演化史，是形态学上最为特化的有足爬行动物。全球共有龟鳖类动物 13 科、89 属、270 余种，被分为两个特征各别的支系 —— 侧颈龟亚目和曲颈龟亚目。目前关于龟鳖类的分类仍以形态学特征为主要依据。龟鳖独特的解剖学特征，尤其是特化的背甲，使其躯体发育的演化成为难解的谜团。

龟鳖类的基因组大小约 2.2 Gb，GC 含量约 44 %，已注释的编码基因数目为 1.9 万~2.2 万个。

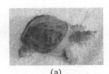
(a)

(b)

45:701, 2013 nature genetics

The draft genomes of soft-shell turtle and green sea turtle yield insights into the development and evolution of the turtle-specific body plan

Zhuo Wang[1,12], Juan Pascual-Anaya[2,12], Amonida Zadissa[3,12], Wenqi Li[4,12], Yoshihito Niimura[5], Zhiyong Huang[1], Chunyi Li[4], Simon White[3], Zhiqiang Xiong[1], Dongming Fang[1], Bo Wang[1], Yao Ming[1], Yan Chen[1], Yuan Zheng[1], Shigehiro Kuraku[2], Miguel Pignatelli[6], Javier Herrero[6], Kathryn Beal[6], Masafumi Nozawa[7], Qiye Li[1], Juan Wang[1], Hongyan Zhang[4], Lili Yu[1], Shuji Shigenobu[7], Junyi Wang[1], Jiannan Liu[4], Paul Flicek[6], Steve Searle[3], Jun Wang[1,8,9], Shigeru Kuratani[2], Ye Yin[4], Bronwen Aken[3], Guojie Zhang[1,10,11] & Naoki Irie[2]

图 3.125　中华鳖 (a)、绿海龟 (b) 及基因组论文

龟鳖类很可能是鳄类和鸟类共同祖先的姐妹种，大概是在 2.679 亿~2.483 亿年前从初龙类中歧异而来。这个时期正是从晚二叠纪向三叠纪的过渡阶段，也就是说龟鳖歧异时间可能紧随二叠纪末的大灭绝事件或与之重合。

在中华鳖和绿海龟基因组中均呈现出嗅觉受体 (Olfactory Receptor，OR) 基因家族的高度扩张。龟鳖许多与味觉感知相关的基因都丢失了，调控饥饿刺激和能量调节激素的胃促生长素也发生了丢失，这可能与龟鳖低代谢的生活方式相关。

"沙漏模型 (hourglass modol) "是描述一些动物胚胎发生中的阶段性差异的假说，即这些动物在胚胎早期阶段开始表现较大的差异，而到胚胎发生中期趋于相似，到后期再次呈现出差异。对中华鳖与鸡的整个胚胎发育的基因表达谱比较分析发现，鳖与鸡的胚胎发生都接近"沙漏模型"。

在龟鳖胚胎经历保守的脊椎动物种系特征发生后，开始形成龟鳖特异的形态学特征，包括其独有的结构特征背甲脊，背甲脊在龟鳖后期发育中形成肋骨，继而再通过复杂的分化、折叠等，形成其特殊的背甲结构。WNT5A 基因在中华鳖背甲生长带高度表达，在支持形成中华鳖特异性新特征的过程中，肢体相关的 WNT 信号可能发生了共选择。

二、眼镜王蛇和缅甸蟒 *Ophiophagus hannah & Python molurus*

眼镜王蛇与缅甸蟒是爬行动物最有代表性的无足种类。

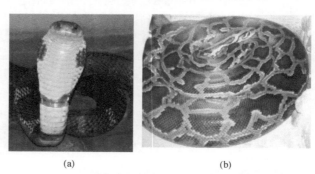

(a)   (b)

图 3.126   眼镜王蛇 (a) 和缅甸蟒 (b)

眼镜王蛇、大眼镜蛇和缅甸蟒的基因组大小相近，比哺乳动物要小，1.3~1.6 Gb。缅甸蟒蛇单倍体基因组有 36 条常染色体，其中 16 条大染色体，20 条小染色体，有两条性染色体 Z 和 W。

缅甸蟒基因组的 GC 含量约为 40%，与大眼镜蛇非常接近。已经注释的编码基因约 20 550 个，略高于大眼镜蛇。对蛇与蟒的基因组学和其他生物学研究还刚刚开始。

三、壁虎 *Gekko japonicus*

陆地壁虎科是陆栖脊椎动物中最具多样性的有鳞目爬行动物主要分支 —— 硬舌亚目 (Scleroglossa) 的代表之一。

爬行动物经历了 3 亿余年的适应性演化，是在形态上和生理上最具多样性的四足动物。硬舌亚目涵盖了近 1450 个物种和 25% 的蜥蜴。壁虎演化出陆生的特性，如体型小、灵活、昼伏夜出等。因为刚毛的存在，大多数壁虎的脚趾具有黏附能力，可以在物体表面上垂直或倒挂，使它们更容易捕捉食物和躲避捕食者。遇到敌害时，它们会自切尾巴，并再生新的尾巴。

壁虎基因组大小约为 2.5 Gb，注释了 22 487 个编码基因。

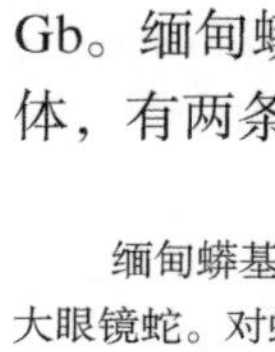

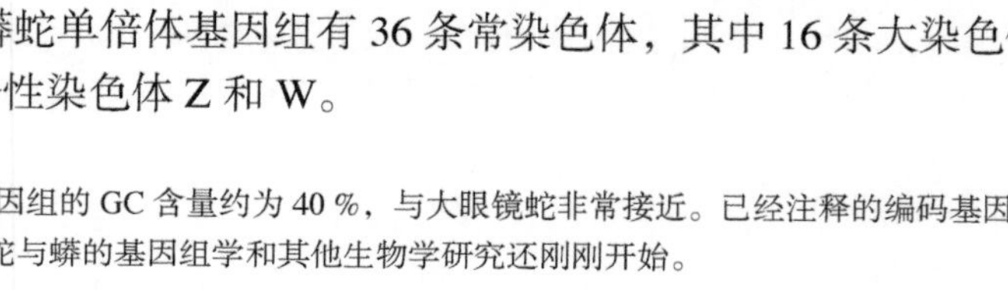

6:10033, 2015   nature COMMUNICATIONS

Gekko japonicus genome reveals evolution of adhesive toe pads and tail regeneration

Yan Liu[1,*], Qian Zhou[2,*], Yongjun Wang[1,*], Longhai Luo[2,*], Jian Yang[1,*], Linfeng Yang[2,*], Mei Liu[1], Yingrui Li[2], Tianmei Qian[1], Yuan Zheng[2], Meiyuan Li[1], Jiang Li[2], Yun Gu[1], Zujing Han[1], Man Xu[1], Yingjie Wang[1], Changlai Zhu[1], Bin Yu[1], Yumin Yang[1], Fei Ding[1], Jianping Jiang[3], Huanming Yang[2,4] & Xiaosong Gu[1]

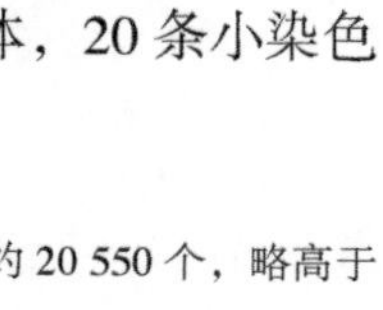

图 3.127   主要贡献者顾晓松及其壁虎基因组论文

角蛋白基因的大规模复制对爬行动物和鸟类的体型、爪子、喙和羽毛的演化具有关键作用。角蛋白基因的扩张可能与壁虎脚趾的黏附能力形成有关，而且角蛋白基因的复制和多样化也导致了壁虎刚毛的出现。而与壁虎断尾再生的相关基因，可能是参与前列腺素合成的 *PTGIS* 基因和 *PTGS1* 基因。一个嗅觉受体可以识别一种或几种气味，壁虎的嗅觉受体基因具有较高的多样性。嗅觉受体基因的多拷贝可能与壁虎较高嗅觉能力有关。

第四节　两栖纲 —— 爪蟾

热带爪蟾 (*Xenopus tropicalis*) 是第一个基因组被测序的两栖动物。

非洲爪蟾是发育学研究的经典实验材料。但非洲爪蟾为四倍体，序列组装困难，因此，对爪蟾基因组的研究是从二倍体的近缘种热带爪蟾开始的。

热带爪蟾单倍体基因组有 10 条染色体，基因组大小约为 1.7 Gb，已注释了 118 万多个编码基因。

热带爪蟾约 1700 个基因与人类基因组中相应的基因非常相似，而这些基因与癌症、哮喘、心脏病等疾病的发病有关。所有与人类遗传性疾病有关的基因中，近 80% 都可在热带爪蟾的基因组中找到对应的同源基因。

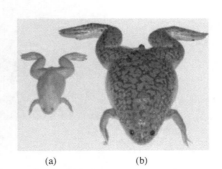

(a) 　　　　　 (b)

图 3.128　热带爪蟾 (a) 和非洲爪蟾 (b)

第五节　鱼　纲

一、斑马鱼 *Danio rerio*

斑马鱼 (zebra fish) 已成为医学、生物学研究的重要模式动物，特别是基因组工程的重要技术 —— 基因敲除和基因组编辑 (如 CRISPR) 的重要实验材料。

斑马鱼单倍体基因组有 25 条染色体，基因组大小为 1.4~1.7 Gb，已注释的编码基因为 42 422 个，GC 含量约 36.74 %。

图 3.129　斑马鱼

斑马鱼与人类 70% 的编码基因同源，而且人类疾病相关基因中有 84% 可以在斑马鱼中找到同源基因。与人类基因组相比，斑马鱼基因组中的假基因很少，迄今仅鉴定了 154 个。

每只雌性斑马鱼每周可产生约 250 个胚胎，3 个月即可在母体外成熟，繁殖能力很强。斑马鱼的胚胎和成体都是透明或半透明的，其便于观察的表型已经成功地帮助定位了与人类不同肤色有关的数个基因。

二、姥鲨 *Callorhinchus milii*

姥鲨是第一个基因组被测序和初步分析的软骨鱼。

在演化史上，软骨鱼（鲨鱼、鳐、银鲛等）对了解脊椎动物的演化至关重要。姥鲨、银鲛的基因组较小，因此是研究软骨鱼最好的模式生物。

姥鲨基因组大小为 937 Mb，只有人类的三分之一。已注释了 18 872 个编码基因和 693 个 miRNA 基因，重复序列约 28%。

图 3.130　姥鲨

姥鲨与人类基因组的相似度要比与硬骨鱼类基因组高。姥鲨有 4 个 Hox 簇。与硬骨鱼不同，姥鲨在演化中没有经历全基因组加倍事件。

三、河豚鱼 *Fugu rubripes*

河豚鱼（也称为东方红鳍鲀）是 HGP 的重要模式生物之一，为人类基因组序列的组装和注释作出了重大贡献。

河豚也是硬骨鱼中基因组较小的。河豚鱼基因组大小约 392 Mb，已注释编码基因 31 059 个。

图 3.131　河豚鱼

河豚鱼基因组 15%~20% 是编码序列。基因组中约 7.6 % 为重复序列，多为小卫星序列，且高度簇集，这一特征与人类基因组明显不同。与人类基因组甲基化程度相比，河豚鱼基因组序列的甲基化程度较高。

第二章 脊索动物门 —— 文昌鱼

文昌鱼 (*Branchiostoma floridae*) 是最古老的脊索动物和头索动物亚门头索纲代表动物，是研究动物演化的经典实验材料。

文昌鱼是一种小型动物，通常生活在海床的沙子里，主要分布在美国的 Florida（佛罗里达）和中国的东海与南海。

文昌鱼有 19 条染色体（单倍体），基因组 520Mb，已注释了约 21 900 个编码基因。

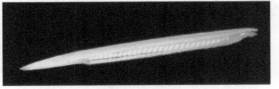

图 3.132　文昌鱼

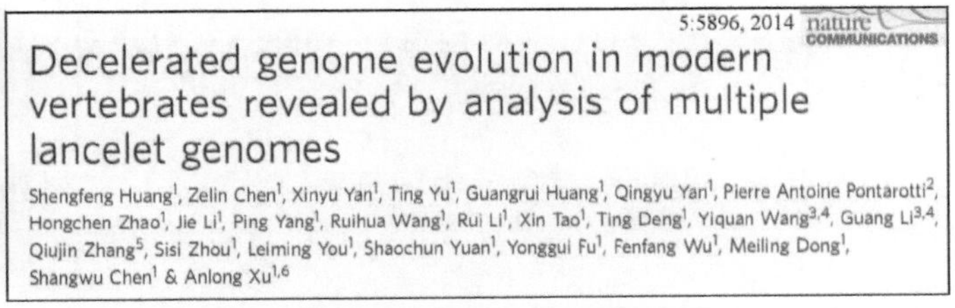

Decelerated genome evolution in modern vertebrates revealed by analysis of multiple lancelet genomes

Shengfeng Huang[1], Zelin Chen[1], Xinyu Yan[1], Ting Yu[1], Guangrui Huang[1], Qingyu Yan[1], Pierre Antoine Pontarotti[2], Hongchen Zhao[1], Jie Li[1], Ping Yang[1], Ruihua Wang[1], Rui Li[1], Xin Tao[1], Ting Deng[1], Yiquan Wang[3,4], Guang Li[3,4], Qiujin Zhang[5], Sisi Zhou[1], Leiming You[1], Shaochun Yuan[1], Yonggui Fu[1], Fenfang Wu[1], Meiling Dong[1], Shangwu Chen[1] & Anlong Xu[1,6]

5:5896, 2014 nature COMMUNICATIONS

图 3.133　主要贡献者徐安龙及其文昌鱼基因组论文

现代文昌鱼可能在约 10 亿年前与脊椎动物歧异，仍保留（共享）至少 17 个先祖脊索动物的共线区域。

这 17 个区域的虚拟重建的结果提示，文昌鱼在演化史上至少发生了 2 次全基因组加倍事件，这为研究 3 个脊索动物类群 —— 被囊动物 (tunicates)、文昌鱼 (lancelets) 和脊椎动物 (vertebrates) —— 之间的关系提供了线索。

第三章 无脊椎动物门

第一节 昆 虫 纲

一、家蚕 *Bombyx mori*

中国是家蚕与蚕丝业的起源地。家蚕是最重要、也是最成功的家养昆虫，具有重要的生物学和经济、文化意义。"丝绸之路"是中国上千年来特有的与世界各国经济文化交流的纽带。

家蚕是鳞翅类昆虫的代表，是完全变态昆虫，一生经过卵、幼虫、蛹、成虫4个形态和生理机能上完全不同的发育阶段。卵是胚胎发生、发育形成幼虫的阶段，幼虫是摄取食物的营养生长阶段，并为蛹和成虫期的生命活动积贮营养。蛹是从幼虫向成虫过渡的变态阶段，成虫是交配产卵繁殖后代的生殖阶段。

家蚕单倍体基因组有28条染色体，基因组大小约为432 Mb，已注释了14 623个基因，其中高达43.6%的序列是由转位因子组成的重复序列。

图 3.134　主要贡献者向仲怀 (a)、夏庆友 (b) 及其家蚕基因组论文

29个代表性的家蚕突变品系和11个不同地理来源的中国野桑蚕品系的全基因组测序共鉴定出约1600万个SNP位点、31万个InDel和315万个SV。

比较基因组分析发现，家蚕由中国野蚕驯化而来，只经历了一次单一且短暂的驯化过程。

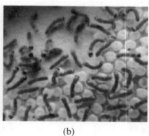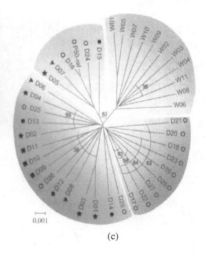

图 3.135　《蚕的基因组》(a)、家蚕 (b) 及系统演化示意图 (c)

(c) 图中家蚕的3个重要品系 (紫色、红色和黄色)，空心圆为中国品种，星号为日本品种，
三角形为热带系统品种，方块为欧洲系统品种，实心圆为突变种。

比较分析还识别出家蚕的家养与经济价值有关的基因，如能够增进丝蛋白分泌的基因，甚至还寻找到了家蚕在驯化过程中所获取的行为特征，例如群集和温顺，以及在驯养过程中所丧失的逃逸和躲避天敌的能力和抗病能力减弱等行为的相关基因。

二、飞蝗 *Locusta migratoria*

飞蝗乃"虫中之皇"。自古以来，蝗害与"水灾"、"旱灾"并称三大自然灾害。人类与蝗虫的关系，自文明伊始便是农业发展史的重要组成部分。此外，蝗虫也是重要的昆虫学研究模式生物。

中国科学院动物研究所的康乐团队于 2014 年完成了飞蝗的全基因组测序和详尽注释，并阐明了飞蝗远距离迁飞和食性特点等重要表型的基因组学基础。

5:2957, 2014

nature COMMUNICATIONS

The locust genome provides insight into swarm formation and long-distance flight

Xianhui Wang[1], Xiaodong Fang[2], Pengcheng Yang[2], Xuanting Jiang[2], Feng Jiang[1,3], Dejian Zhao[1], Bolei Li[1], Feng Cui[1], Jianing Wei[1], Chuan Ma[1,3], Yundan Wang[1,3], Jing He[1], Yuan Luo[1], Zhifeng Wang[1], Xiaojiao Guo[1], Wei Guo[1], Xuesong Wang[1,3], Yi Zhang[1], Meiling Yang[1], Shuguang Hao[1], Bing Chen[1], Zongyuan Ma[1,3], Dan Yu[1], Zhiqiang Xiong[1], Yabing Zhu[1], Dingding Fan[1], Lijuan Han[1], Bo Wang[1], Yuanxin Chen[2], Junwen Wang[2], Lan Yang[2], Wei Zhao[2], Yue Feng[2], Guanxing Chen[2], Jinmin Lian[2], Qiye Li[2], Zhiyong Huang[2], Xiaoming Yao[2], Na Lv[4], Guojie Zhang[2], Yingrui Li[2], Jian Wang[2], Jun Wang[2], Baoli Zhu[4] & Le Kang[1,3]

图 3.136　主要贡献者康乐及其飞蝗基因组论文

飞蝗基因组大小约为 6.3 Gb，已注释 17 300 个编码基因，是目前已经完成的基因组最大的动物，因而其测序组装和注释是昆虫基因组学研究和技术发展的重要里程碑之一。

飞蝗基因组之所以如此之大，主要是因为重复序列太多。基因组中参与脂肪酸合成、转运和代谢过程的许多基因曾发生了明显扩增。由于脂肪酸是大多数长距离迁飞昆虫的供能物质，这一发现很好地解释了飞蝗拥有卓越飞行能力的遗传基础。飞蝗中糖苷键转移酶 (UGT) 等代谢解毒酶类，其基因数目是所有已测序昆虫中最多的。这类酶能够降解禾本科植物中大量存在的次生代谢物，有可能对飞蝗以禾本科植物为食物至关重要。

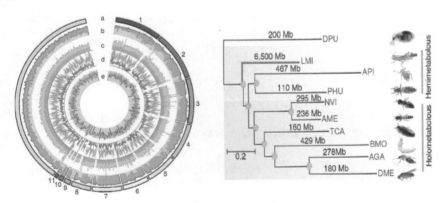

图 3.137　飞蝗基因组及其系统演化史

三、黑腹果蝇 *Drosophila melanogaster*

果蝇是 HGP 的无脊椎模式动物之一，也是遗传学和其他生物学研究的重要实验材料。特别是对遗传学中最重要的规律性发现 —— 连锁与重组的规律，以及很多科学发现与技术发展作出了重要贡献。

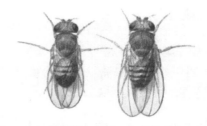

图 3.138　雄性果蝇（左）和雌性果蝇（右）

果蝇属的至少 12 个物种的基因组序列已经发表，包括黑腹果蝇（*Drosophila melanogaster*）、拟暗果蝇（*D.pseudoobscura*）、*D. sechellia*、*D. simulans*、*D. yakuba*、*D. erecta*、*D. ananassae*、*D. persimilis*、*D.willistoni*、*D. mojavensis*、*D. virilis* 和 *D. grimshawi*，这 12 种果蝇亲缘关系都很近。

黑腹果蝇单倍体基因组有 8 条染色体，基因组大小约 140 Mb，已注释了大约 1.38 万个编码基因，其中只有约 77% 的基因同时存在于其他 11 种果蝇的基因组中。果蝇基因组中的不同区域均以不同速度演化。

果蝇与味觉、嗅觉、体内解毒、新陈代谢、繁殖、免疫等有关的基因演化最快。比如生活在印度洋岛屿上的 *D. sechellia* 由于食物来源较为单一，与味觉相关的基因丧失速度是其他种类的 5 倍。

四、大头切叶蚁 *Atta cephalotes*

图 3.139　大头切叶蚁

大头切叶蚁是研究较多的与真菌共生的动物。

大头切叶蚁生活在在中美洲、南美洲以及美国南部，能收集叶片来"种植"真菌，再以长出的真菌为整个蚁群提供食物。这种共生方式为切叶蚁本身的生存和繁衍提供了别具一格的方式，却对农业构成了巨大的威胁。

大头切叶蚁的基因组约为 318 Mb，GC 含量约 32.6%，已注释了 17 278 个编码基因。

第二节　蜘　形　纲

一、丝绒蜘蛛 *Stegodyphus mimosarum*

蜘蛛是自然界最优秀的"编织者"和最出色的"猎手"之一。

如何生成纤细而坚固的蛛丝以及分泌极毒的分泌液来猎杀动物，是研究蜘蛛基因组潜在机制首先需要考虑的。这一机制对于生物材料、药物和农药的开发和生产有着重要的意义。

丝绒蜘蛛的基因组大小约 2.55 Gb，已注释了 27 235 个编码基因，GC 含量 33.6%，重复序列含量约 53.9%。

蜘蛛基因组与哺乳动物的基因组相似，内含子很大而外显子相对较小。基因组分析发现了一系列的毒液和蛛丝基因 / 蛋白。毒液基因是通过一系列重复事件而不断演化的，毒液的毒性很可能是通过毒液蛋白酶激活的。蛛丝基因也经历了高度的动态基因演化。这些发现将推动蛛丝毒液在药理学方面和蛛丝在生物材料方面的开发。

5:3765, 2014 nature COMMUNICATIONS

Spider genomes provide insight into composition and evolution of venom and silk

Kristian W. Sanggaard[1,2,*], Jesper S. Bechsgaard[3,*], Xiaodong Fang[4,5,*], Jinjie Duan[6], Thomas F. Dyrlund[1], Vikas Gupta[1,6], Xuanting Jiang[4], Ling Cheng[4], Dingding Fan[4], Yue Feng[4], Lijuan Han[4], Zhiyong Huang[4], Zongze Wu[4], Li Liao[4], Virginia Settepani[3], Ida B. Thøgersen[1,2], Bram Vanthournout[3], Tobias Wang[3], Yabing Zhu[4], Peter Funch[3], Jan J. Enghild[1,2], Leif Schauser[7], Stig U. Andersen[7], Palle Villesen[6,8], Mikkel H. Schierup[3,6], Trine Bilde[3] & Jun Wang[4,5,9]

图 3.140 蜘蛛及基因组论文

二、马氏正钳蝎 *Mesobuthus martensii*

马氏正钳蝎（俗称东亚钳蝎）是"五毒"之首，同时也是地球上个体数最大的蝎种。

蝎子是一类特殊的节肢动物，历经 4 亿多年的生存与演化，仍然保留了古生代远祖的主要形态结构特征，因而被视为"活化石"。蝎子在螯肢动物和节肢动物系统演化树中占据十分重要的位置。蝎子能够很好地适应各种极端环境，具有很强的生存能力。蝎子性情凶猛，毒性强烈，也常被用作中药材。

马氏正钳蝎的基因组大小为 925.55 Mb，已注释 32 016 个编码基因，GC 含量 29.3%。

4:2602, 2013 nature COMMUNICATIONS

The genome of *Mesobuthus martensii* reveals a unique adaptation model of arthropods

Zhijian Cao[1], Yao Yu[1], Yingliang Wu[1], Pei Hao[3], Zhiyong Di[1], Yawen He[1], Zongyun Chen[1], Weishan Yang[1], Zhiyong Shen[1], Xiaohua He[5], Jia Sheng[1], Xiaobo Xu[1], Bohu Pan[2], Jing Feng[1], Xiaojuan Yang[6], Wei Hong[1], Wenjuan Zhao[6], Zhongjie Li[1], Kai Huang[6], Tian Li[1], Yimeng Kong[1], Hui Liu[1], Dahe Jiang[1], Binyan Zhang[6], Jun Hu[1], Youtian Hu[1], Bin Wang[1], Jianliang Dai[6], Bifeng Yuan[7], Yuqi Feng[7], Wei Huang[7], Xiaojing Xing[7], Guoping Zhao[2], Xuan Li[2], Yixue Li[3,6,8] & Wenxin Li[1,4]

图 3.141 蝎子及基因组论文

基因组分析揭示了蝎子的捕食、夜间行为、感光与解毒等重要遗传特性的分子基础，从而也揭示了蝎子在漫长的演化过程中对环境的适应性机制，而蝎毒素相关基因的多态性将有助于毒液中的多种活性成分的开发。

第三节 无脊椎动物

一、线虫动物门 —— 秀丽隐杆线虫 *Caenorhabditis elegans*

线虫是 HGP 中另一无脊椎模式动物。线虫基因组全序列测定在 1998 年年底已告完成。这是第一个已知基因组全序列的多细胞动物，是生物学史上的一个里程碑。

秀丽隐杆线虫(*C. elegans*)以微生物如大肠杆菌等为食，是一种能够在温和环境中独立生存的土壤线虫。形似蠕虫、两侧对称，长约 1 毫米，体表有一层角质层覆盖物，半透明，无分节，有 4 条主要的表皮索状组织及一个充满体液的假体腔。

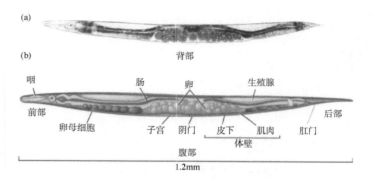

图 3.142　秀丽隐杆线虫的虫体平面图

　　C. elegans 基本解剖结构包括口、咽、肠、性腺及胶原蛋白角质层。有雄性及雌雄同体 (hermaphrodite) 两种性别。雄性有一个单叶性腺、输精管及一个特化为交配用的尾部。雌雄同体有两个卵巢、输卵管、藏精器及单个子宫。自然界中，线虫的绝大多数个体为雌雄同体，雄性仅占 0.05%。

　　线虫是非常罕见的细胞定数动物，雌雄同体的两性成虫只有 959 个体细胞，雄性成虫也只有 1031 个体细胞。神经系统解剖结构十分简单，仅有 302 个细胞，约占整个动物体细胞总数的三分之一。线虫神经系统虽小，但含有高等动物脑的大多数组分，是适合研究高等动物神经系统的简单模型。

　　线虫单倍体基因组有 6 条染色体，基因组大小约 97 Mb，已注释了 19 699 个编码基因，其中的 40% 与其他生物有一定程度的同源。

二、软体动物门

（一）牡蛎 *Crassostrea gigas*

　　牡蛎是第一个被测序的软体贝类动物。牡蛎广为人工养殖，呈世界性分布，是潮间带极端生态环境的代表种。

　　牡蛎俗称海蛎子、蚝等，是世界上海洋养殖年产量最大的贝类。世界牡蛎年产量 400 多万吨，产值约 35 亿美元。中国是牡蛎的故乡，有近 20 个亚种。牡蛎也是海洋生态系统的重要成员，对海洋内湾和近海水域藻化的调控有重要作用。

　　牡蛎还是影响整个生态循环的重要环节，全球人工养殖的牡蛎每年可固化 150 余万吨二氧化碳。

　　牡蛎基因组大小约 559 Mb，26 101 万个编码基因和大量重复序列，并具有高度多态性，GC 含量约 35%。

图 3.143　主要贡献者尹烨 (a) 和方晓东 (b) 及牡蛎基因组论文

基因组数据支持了海洋低等生物具有高度遗传多样性的理论。目前已验证的 109 种锌指蛋白结构域在牡蛎基因组中均有发现，并且在整个基因组中所占的比例远远超过人类，这为解释牡蛎含锌量高的特点提供了基因组水平的线索。

结合基因组和 RNAome 信息，发现与牡蛎强抗逆能力相关的基因发生了明显扩张，比如热激蛋白 70 基因 (Heat Shock Protein 70，*HSP70*) 的大量扩增使得牡蛎能够在潮间带高达 49 ℃甚至更高的温度下维持细胞内稳态平衡并正常生存；凋亡抑制蛋白基因 (Inhibitors of Apoptosis Proteins，*IAP*) 在基因组中的大量存在表明牡蛎可能具有复杂的抗凋亡系统，从而使其能够在水下或离水、露空等复杂多变的环境下长期生存。不同应激情况下的 RNAome 数据分析表明，经过复制后保留下来旁系同源基因倾向于在应激条件下被激活，进一步表明抗性相关基因复制是牡蛎适应和演化的一种重要分子机制。

（二）章鱼 *Octopus bimaculoides*

章鱼（加州双斑蛸）属于软体动物门非贝类头足纲，有可抓握的腕足和复杂的变色系统。

章鱼大脑中有 5 亿余个神经元，在无脊椎动物当中，它们的神经系统是最发达的。

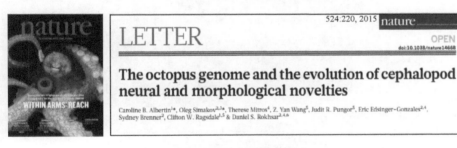

图 3.144 章鱼及基因组论文

章鱼的基因组大小约 2.7 Gb，已注释编码基因 3.3 万个。

基因组序列分析表明章鱼基因组的扩增主要集中在两类基因，其中一类与锌指转位因子的合成相关，可能在神经系统的发育中起到一定作用；另一类与合成原钙黏蛋白有关，推测这类基因也与章鱼的神经系统的发育有关。这一结论与早前推测章鱼特有的全基因组加倍事件导致扩增的基因功能不同。

三、扁形动物门 —— 血吸虫 *Schistosoma japonicum*

血吸虫是危害极大的人兽共患的致病性扁形动物。

曼氏血吸虫 (*Schistosoma mansoni*) 和日本血吸虫 (*Schistosoma japonicum*) 是引起血吸虫病（也称"裂体血吸虫病"）的 3 种主要病原体中的两种。世界上共有埃及血吸虫、曼氏血吸虫、日本血吸虫、间插血吸虫、湄公血吸虫 5 种寄生于人体的血吸虫。

图 3.145 主要贡献者赵国屏及其血吸虫基因组论文

血吸虫基因组大小约 400 Mb，已注释了编码基因 15 546 个，含有 35 % 的重复序列。

　　血吸虫与基因组大小相近的非寄生生物比较，虽然基因数目相似，组成却有较大差别。一方面，它丢失了很多与营养代谢相关的基因，如脂肪酸、氨基酸、胆固醇和性激素合成基因等，这些营养物质必须从哺乳动物宿主获得；另一方面，扩充了许多有利于蛋白消化的酶类基因家族的成员。这些变化充分体现了血吸虫适应寄生生活与宿主协同演化的重要特性。

　　基因组研究首次发现血吸虫能编码并分泌弹力蛋白酶来消化皮肤组织而进入人体。在致病过程中，除了编码蛋白酶消化宿主皮肤和血液外，还分泌一些炎症相关分子如前列腺素、聚糖、脂质、自身抗原样蛋白等，这些因子可诱导宿主免疫反应，形成肉芽肿等免疫损伤，导致严重的血吸虫病。

框 3.81

　　血吸虫病是一种热带疾病，遍及 76 个国家，感染近 2 亿人。血吸虫病有急性、慢性之分。急性血吸虫是在大量感染尾蚴的情况下发生的，发病迅猛，患者可在短期内发展成为晚期或直接进入衰竭状态，导致死亡。慢性血吸虫病一般发展较慢，早期对体力有不同程度的影响，进入晚期后则出现腹水、巨脾、侏儒等症，患者劳动力丧失，甚至造成死亡。

血吸虫病

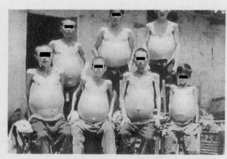

图 3.146　血吸虫病患者（示例）

四、腔肠动物门 —— 水螅 *Hydra vulgaris*

图 3.147　水螅

　　水螅是广泛分布的水生腔肠动物。

　　水螅大多雌雄同体，具典型的两性（无性、有性）生殖方式。通常行无性生殖，但在夏初或秋末也可进行有性生殖。

　　水螅基因组大小约为 1.05 Gb，已注释了约 2 万个编码基因。

　　水螅基因组中存在大量转位因子的扩张，基因的水平转移，基因结构或组织的变化，这似乎与水螅的生存环境和生活习性有关。

五、棘皮动物门 —— 海胆 *Stongylocentrotus purpuratus*

　　海胆是发育研究的经典实验动物，一些地区也作为食用海鲜。

图 3.148　海胆

　　海胆属于棘皮类动物，身体外部呈针垫状，圆形的内壳层外部覆盖着用来"扎"食物的刺状物和短小的管足，具有特殊的五体对称步管结构。海胆就依靠这些管足在海底爬行。海胆样子虽然看起来很原始，但实际上是包括人在内的脊索动物的近亲，基因组序列也与人类高度相似。

　　棘皮动物门大约出现于 5.4 亿年以前，代表成员包括海胆、海星、海参等。在 2.5 亿年前二叠纪末期的第三次物种大灭绝后，现代海胆逐步成为棘皮动物门的霸主。棘皮动物是最原始的后口动物，它们的原肠胚孔形成肛门，而口部是后来形成的。海胆以长寿而著称，一般可活 100 多年。

紫海胆的基因组大小为 936Mb，已注释了 2.32 万个编码基因，GC 含量约 38.3 %。

海胆基因组有很多与其独特、复杂的先天免疫系统相关的基因，部分解释了海胆长寿的生物学基础，其中很多疾病相关基因与人类高度相似。

六、缓步动物门 —— 水熊虫 *Hypsibius dujardini*

水熊虫泛指缓步动物门 (Tardigrata) 异缓步纲 (Heterotardigrada) 的一大类小型生物。

水熊虫有记录的不少于 700 余种，体态一般不超过 1 mm，其中许多种是世界性分布的。水熊虫是多细胞动物，主要生活在淡水的沉渣、潮湿土壤以及苔藓植物的水膜中，少数种类生活在海水的潮间带，靠尖锐的吸针吸食动植物细胞里的汁液为生。

缓步动物门具有全部 4 种隐生性 (cryptobiosis) [即低湿隐生 (anhydrobiosis)、低温隐生 (cryobiosis)、变渗隐生 (osmobiosis) 及缺氧隐生 (anoxybiosis)]，能够在恶劣环境下停止所有新陈代谢。缓步动物也因此被认为是生命力最强的动物。在隐生的情况下，一般可以在高温 (151℃)、接近绝对零度 (–273.15℃)、高辐射、真空或高压的环境下生存数分钟至数日不等。曾经有缓步动物隐生超过 120 年的记录。

水熊虫基因组大小约 212.3 Mb，注释编码基因约 3.8 万，约六分之一与其他物种的基因相似。

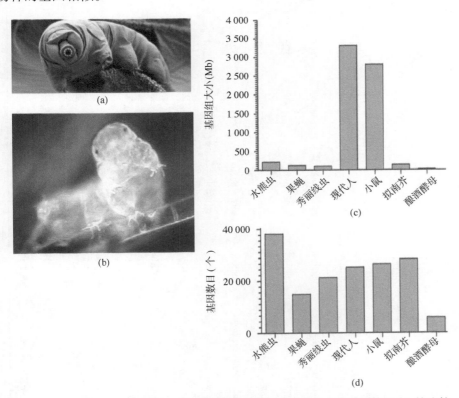

图 3.149 水熊虫 (a)、(b) 与其他物种的基因组大小 (c) 和基因数目 (d) 的比较

附录 1 部分动物的基因组概貌（以发表时间为序）

物种学名	发表时间	中文名	基因组大小 (Mb)	GC 含量 (%)	估计基因数目 (个)	期刊	第一作者单位
Caenorhabditis elegans	1998.12	秀丽隐杆线虫	97	35.43	19 699	*Science*	*C. elegans* Sequencing Consortium
Drosophila melanogaster	2000.03	黑腹果蝇	140	42.32	13 792	*Science*	Celera Genomics, USA
Anopheles gambiae	2002.01	冈比亚按蚊	265.03	44.53	13 240	*Science*	Celera Genomics, USA
Ciona intestinalis	2002.12	玻璃海鞘	115.23	36.02	14 151	*Science*	U.S. Department of Energy Joint Genome Institute, USA
Mus musculus	2002.12	小鼠	2 500	41.89	22 927	*Nature*	Washington University School of Medicine, USA
Fugu rubripes	2002.12	河豚鱼	392	45.84	3 1059	*Science*	University of Cambridge, UK
Caenorhabditis briggsae	2003.11	线虫	108.48	37.72	17 748	*PLoS Biology*	Cold Spring Harbor Laboratory, USA
Rattus norvegicus	2004.04	大鼠	2 750	42.86	22 841	*Nature*	Baylor College of Medicine, USA
Tetraodon nigroviridis	2004.10	黑青斑河豚	342.40	46.6	19 583	*Nature*	Genoscope, France
Bombyx mori	2004.12	家蚕	432	37.8	14 623	*Science*	Southwest Agricultural University, China
Gallus gallus	2004.12	鸡	1 200	41.89	16 700	*Nature*	Washington University School of Medicine, USA
Drosophila pseudoobscura	2005.01	拟暗果蝇	152.70	45.26	8 083	*Genome Research*	Human Genome Sequencing Center, Baylor College of Medicine, USA
Trypanosoma cruzi	2005.07	克氏锥虫	89.94	51.7	25 183	*Science*	Department of Parasite Genomics, USA
Pan troglodytes	2005.09	黑猩猩	2 730	41.91	19 748	*Nature*	Chimpanzee Sequencing and Analysis Consor-tium
Canis familiaris	2005.12	家犬	2 410.98	41.3	19 258	*Nature*	Broad Institute of Harvard and MIT, USA
Apis mellifera	2006.10	意蜂	250.29	34.13	13 194	*Nature*	Baylor College of Medicine, USA
Strongylocentrotus purpuratus	2006.11	海胆	936.58	38.3	23 226	*Science*	Baylor College of Medicine, USA
Callorhinchus milii	2007.04	姥鲨	937	42.6	18 872	*PLoS Biology*	Institute of Molecular and Cell Biology, Singapore
Macaca mulatta	2007.04	猕猴	2 969.97	41.89	21 857	*Science*	Baylor College of Medicine, USA
Monodelphis domestica	2007.05	短尾负鼠	3 598.44	38.14	19 439	*Nature*	Broad Institute of MIT and Harvard, USA

续表

物种学名	发表时间	中文名	基因组大小 (Mb)	GC含量 (%)	估计基因数目 (个)	期刊	第一作者单位
Aedes aegypti	2007.06	伊蚊	1 376.42	38.3	16 684	*Science*	The Institute for Genomic Research, USA
Oryzias latipes	2007.06	青鳉鱼	869.82	42.27	22 286	*Nature*	The University of Tokyo, Japan
Nematostella vectensis	2007.07	海葵	356.61	40.6	27 173	*Science*	Department of Energy Joint Genome Institute,USA
Brugia malayi	2007.09	马来丝虫	93.659	29.5	11 452	*Science*	University of Pittsburgh School of Medicine, USA
Drosophila ananassae	2007.11	嗜凤梨果蝇	230.99	42	15 978	*Nature*	Cornell University, USA
Drosophila erecta	2007.11	果蝇（属）	152.71	42.3	15 810	*Nature*	Cornell University, USA
Drosophila grimshawi	2007.11	果蝇（属）	200.47	38	15 585	*Nature*	Cornell University, USA
Drosophila mojavensis	2007.11	果蝇（属）	193.83	39.5	15 179	*Nature*	Cornell University, USA
Drosophila persimilis	2007.11	果蝇（属）	188.37	44.9	17 573	*Nature*	Cornell University, USA
Drosophila sechellia	2007.11	果蝇（属）	166.59	42.1	17 286	*Nature*	Cornell University, USA
Drosophila simulans	2007.11	果蝇（属）	137.84	42.91	20 285	*Nature*	Cornell University, USA
Drosophila virilis	2007.11	果蝇（属）	1.26	37.3	—	*Nature*	Cornell University, USA
Drosophila willistoni	2007.11	果蝇（属）	235.52	37.1	16 385	*Nature*	Cornell University, USA
Drosophila yakuba	2007.11	果蝇（属）	165.71	42.44	16 070	*Nature*	Department of Molecular Biology and Genetics, Cornell University, USA
Felis catus	2007.11	猫	2 455.54	42	20 285	*Genome Research*	SAIC-Frederick, Inc., USA
Tribolium castaneum	2008.04	赤拟谷盗甲虫	210.27	38.37	13 244	*Nature*	Tribolium Genome Sequencing Consortium
Ornithorhynchus anatinus	2008.05	鸭嘴兽	1 995.61	45.66	18 527	*Nature*	Washington University School of Medicine, USA
Branchiostoma floridae	2008.06	文昌鱼	521.90	41.2	21 900	*Nature*	Department of Energy Joint Genome Institute, USA
Meloidogyne incognita	2008.08	根结线虫	82.10	31.4	—	*Nature Biotechnology*	INRA, France
Trichoplax adhaerens	2008.08	丝盘虫	105.63	32.7	11 518	*Nature*	University of California, USA
Meloidogyne hapla	2008.09	北方根结线虫	53.01	27.4	—	*PNAS*	North Carolina State University, USA

物种学名	发表时间	中文名	基因组大小（Mb）	GC含量（%）	估计基因数目（个）	期刊	第一作者单位
Mammuthus primigenius	2008.11	古猛犸象	4 700	—	—	*Nature*	Pennsylvania State University, USA
Bos taurus	2009.04	黄牛	2 983.31	42.3	24 616	*Science*	Department of Biology, USA
Schistosoma japonicum	2009.07	日本血吸虫	402.74	35	15 546	*Nature*	The *Schistosoma japonicum* Genome Sequencing and Functional Analysis Consortium
Schistosoma mansoni	2009.07	曼氏血吸虫	364.54	35.8	3 099	*Nature*	Wellcome Trust Sanger Institute, UK
Equus caballus	2009.11	马	2 474.93	41.65	20 419	*Science*	Broad Institute, USA
Ailuropoda melanoleuca	2010.01	大熊猫	2 250	41.7	19 322	*Nature*	BGI-Shenzhen, China
Nasonia giraulti	2010.01	吉氏金小蜂	283.61	43	—	*Science*	University of Rochester, USA
Nasonia longicornis	2010.01	长角丽金小蜂	285.73	42.9	—	*Science*	University of Rochester, USA
Nasonia vitripennis	2010.01	丽蝇蛹集金小蜂	297.65	43.31	14 007	*Science*	University of Rochester, USA
Acyrthosiphon pisum	2010.02	豌豆蚜虫	541.69	31.2	18 890	*PLoS Biology*	International Aphid Genomics Consortium
Hydra vulgaris	2010.03	水螅	1 050	—	2 0000	*Nature*	Department of Energy Joint Genome Institute, USA
Taeniopygia guttata	2010.04	珍珠鸟	1 232.14	41.34	15 293	*Nature*	Washington University School of Medicine, USA
Xenopus tropicalis	2010.04	非洲爪蟾	1 700	40.5	18 429	*Science*	Department of Energy Joint Genome Institute, USA
Pediculus humanus humanus	2010.07	人类体虱	110.78	27.5	10 993	*PNAS*	JCVI, USA
Amphimedon queenslandica	2010.08	海绵	166.7	37.5	10 815	*Nature*	University of California, USA
Camponotus floridanus	2010.08	蚂蚁	232.69	34.7	16 440	*Science*	New York University School of Medicine, USA
Harpegnathos saltator	2010.08	蚂蚁	294.47	45.3	17 624	*Science*	New York University School of Medicine, USA
Meleagris gallopavo	2010.09	火鸡	1 061.82	41.59	14 098	*PLoS Biology*	Virginia Tech, USA
Culex quinquefasciatus	2010.10	库蚊	579.04	37.4	21 472	*Science*	University of California Riverside, USA
Oikopleura dioica	2010.11	异体住囊虫	70.47	40.2	17 212	*Science*	Institut de Génomique, France
Salmo salar	2010.11	大西洋鲑鱼	2 435.04	—	—	—	Simon Fraser University, Canada
Linepithema humile	2011.01	阿根廷蚁	219.50	37.7	—	*PNAS*	San Francisco State University, USA
Pogonomyrmex barbatus	2011.01	红色收获蚁	235.65	36.5	—	*PNAS*	Earlham College, USA
Pongo abelii	2011.01	苏门答腊红毛猩猩	3 441.24	41.56	19 917	*Nature*	Washington University School of Medicine, USA

续表

物种学名	发表时间	中文名	基因组大小(Mb)	GC含量(%)	估计基因数目(个)	期刊	第一作者单位
Pongo pygmaeus	2011.01	婆罗州红毛猩猩	3 090	—	—	*Nature*	Washington University School of Medicine, USA
Solenopsis invicta	2011.01	火蚁	396.01	37.5	14 180	*PNAS*	University of Lausanne, Switzerland
Atta cephalotes	2011.02	大头切叶蚁	317.69	32.6	17 278	*PLoS Genetics*	University of Wisconsin-Madison,USA
Daphnia pulex	2011.02	水蚤	197.21	42.4	30 613	*Science*	Indiana University, USA
Trichinella spiralis	2011.02	旋毛虫	63.53	33.9	16 549	*Nature Genetics*	Washington University School of Medicine, USA
Nipponia nippon	2011.04	朱鹮	1 170	—	3 0000	*Genome Biology*	Xi'an Jiaotong University, China
Acromyrmex echinatior	2011.06	顶切叶蚁	295.95	34	14 843	*Genome Research*	University of Copenhagen, Denmark
Sarcophilus harrisii	2011.06	袋獾	3 174.69	45.3	18 774	*PNAS*	Pennsylvania State University,USA
Acropora digitifera	2011.07	鹿角珊瑚	364.97	39	—	*Nature*	Okinawa Institute of Science and Technology Promotion Corporation, Japan
Python molurus bivittatus	2011.07	缅甸蟒	1 435.05	39.7	20 550	*Genome Biology*	University of Colorado School of Medicine, USA
Gadus morhua	2011.08	大西洋鳕鱼	824.31	45.6	20 084	*Nature*	University of Oslo, Norway
Macropus eugenii	2011.08	袋鼠	3 075.18	34.7	18 258	*Genome Biology*	The Australian Research Council Centre of Excellence in Kangaroo Genomics, Australia
Anolis carolinensis	2011.09	绿蜥蜴	1 799.14	40.82	17 767	*Nature*	Broad Institute of MIT and Harvard, USA
Ascaris suum	2011.10	猪蛔虫	262.59	37.9	15 399	*Nature*	FThe University of Melbourne, Australia
Clonorchis sinensis	2011.10	中华肝吸虫	547.29	44	13 634	*Genome Biology*	Sun Yat-sen University, China
Heterocephalus glaber	2011.10	裸鼹鼠	2 618.20	41.2	22 561	*Nature*	Ewha Womans University, Korea
Macaca fascicularis	2011.10	食蟹猴	2 946.84	41.33	35 895	*Nature Biotechnology*	The South China Center for Innovative Pharmaceuticals, China
Macaca mulatta lasiota	2011.10	中国恒河猴	2840	—	—	*Nature Biotechnology*	The South China Center for Innovative Pharmaceuticals, China
Danaus plexippus	2011.11	帝王蝶	272.85	31.7	16 260	*Cell*	University of Massachusetts Medical School, USA
Tetranychus urticae	2011.11	二斑叶螨（棉红蜘蛛）	90.82	32.3	—	*Nature*	The University of Western Ontario, Canada

物种学名	发表时间	中文名	基因组大小（Mb）	GC 含量（%）	估计基因数目（个）	期刊	第一作者单位
Daubentonia madagascariensis	2011.12	指猴（夜狐猴）	2 855.37	39.6	—	*Genome Biology and Evolution*	University of Chicago, USA
Ictalurus punctatus	2011.12	鲶鱼	1 000	—	—	*BMC Genomics*	Auburn University, USA
Alligator mississippiensis	2012.01	美国短吻鳄	2 174.26	44.4	20 293	*Genome Biology*	University of California, USA
Crocodylus porosus	2012.01	湾鳄、河口鳄、咸水鳄、马来鳄	—	—	—	*Genome Biology*	University of California, USA
Drosophila mauritiana	2012.01	毛里求斯果蝇	—	—	—	*Genome Research*	Vetmeduni Vienna, Austria
Gavialis gangeticus	2012.01	恒河鳄	—	—	—	*Genome Biology*	University of California, USA
Schistosoma haematobium	2012.01	埃及血吸虫	375.89	34.2	—	*Nature Genetics*	The University of Melbourne, Australia
Pinctada fucata	2012.02	马氏珠母贝	1 150	—	—	*DNA Research*	Okinawa Institute of Science and Technology Graduate University, Japan
Gorilla gorilla	2012.03	大猩猩	3 035.66	41.17	20 723	*Nature*	Wellcome Trust Sanger Institute, UK
Gasterosteus aculeatus	2012.04	三刺鱼	446.61	44.6	—	*Nature*	Stanford University School of Medicine, USA
Heliconius melpomene	2012.05	红带袖蝶（诗神袖蝶）	273.79	32.8	—	*Nature*	The Heliconius Genome Consortium
Pan paniscus	2012.06	倭黑猩猩	2 869.21	41.2	29 392	*Nature*	Max Planck Institute for Evolutionary Anthropology, Germany
Bos grunniens	2012.07	牦牛	2 645.16	42	22 282	*Nature Genetics*	Lanzhou University, China
Melopsittacus undulatus	2012.07	虎皮鹦鹉	1 117.37	41.4	14 518	*Nature Biotechnology*	National Biodefense Analysis and Countermeasures Center, USA
Geospiza fortis	2012.08	勇地雀	1 065.29	41.7	14 522	*GigaScience*	China National GeneBank, China
Plasmodium cynomolgi	2012.08	食蟹猴疟原虫	26.18	40.59	5 776	*Nature Genetics*	Osaka University, Japan
Plasmodium vivax	2012.08	间日疟原虫	27.01	42.28	5 506	*Nature Genetics*	Broad Institute, USA
Crassostrea gigas	2012.09	牡蛎	559	35	26 101	*Nature*	Institute of Oceanology, CAS, China
Camelus bactrianus	2012.11	双峰骆驼	2 380	39.5	20 821	*Nature Communications*	The Bactrian Camels Genome Sequencing and Analysis Consortium
Ficedula albicollis	2012.11	姬鹟	1 118.34	44.3	16 671	*Nature*	Uppsala University, Sweden

续表

物种学名	发表时间	中文名	基因组大小(Mb)	GC含量(%)	估计基因数目(个)	期刊	第一作者单位
Sus scrofa	2012.11	家猪（杜洛克猪）	2 808.53	42.45	17 433	Nature GigaScience	BGI-Shenzhen, China
Capitella teleta	2012.12	海洋蠕虫	333.28	41.8	31 977	Nature	European Molecular Biology Laboratory, Germany
Capra hircus	2012.12	家山羊	2 635.85	42.18	22 175	Nature Biotechnology	Kunming Institute of Zoology, CAS, China
Helobdella robusta	2012.12	淡水水蛭	235.38	34.2	23 426	Nature	European Molecular Biology Laboratory, Germany
Lottia gigantea	2012.12	青螺	359.51	36	23 827	Nature	European Molecular Biology Laboratory, Germany
Myotis davidii	2012.12	大卫鼠耳蝠	2 059.80	43.1	24 565	Science	BGI-Shenzhen, China
Pteropus alecto	2012.12	中央狐蝠	1 985.98	39.9	21 392	Science	BGI-Shenzhen, China
Columba livia	2013.01	鸽子	1 107.99	41.6	15 840	Science	University of Utah, USA
Plutella xylostella	2013.01	小菜蛾	393.46	38.3	—	Nature Genetics	Fujian Agriculture and Forestry University, China
Petromyzon marinus	2013.02	七鳃鳗	885.54	45.9	10 324	Nature Genetics	University of Kentucky, USA
Tupaia belangeri chinensis	2013.02	树鼩	2 137.23	41.4	—	Nature Communications	Kunming Institute of Zoology, China
Chrysemys picta	2013.03	西部锦龟	2 365.77	44.56	24 740	Genome Biology	University of California, USA
Dendroctonus ponderosae	2013.03	山松甲虫	2 52.85	38.4	13 088	Genome Biology	University of British Columbia, Canada
Echinococcus multilocularis	2013.03	多房棘球绦虫	7.37	42.2	853	Nature	Wellcome Trust Sanger Institute, UK
Falco cherrug	2013.03	猎隼	1 174.81	41.8	14 792	Nature Genetics	Cardiff University, UK
Falco peregrinus	2013.03	游隼	1 171.97	41.8	14 979	Nature Genetics	Cardiff University, UK
Hymenolepis microstoma	2013.03	微口膜壳绦虫	126.77	36.2	9 234	Nature	Parasite Genomics, Wellcome Trust Sanger Institute, UK
Pseudopodoces humilis	2013.03	地山雀	1 043	41.8	15 930	Genome Biology	BGI-Shenzhen, China
Taenia solium	2013.03	猪带绦虫	—	—	—	Nature	Wellcome Trust Sanger Institute, UK
Xiphophorus maculatus	2013.03	月光鱼/剑尾鱼	729.66	39.8	20 366	Nature Genetics	University of Würzburg, Germany

物种学名	发表时间	中文名	基因组大小(Mb)	GC含量(%)	估计基因数目(个)	期刊	第一作者单位
Chelonia mydas	2013.04	绿海龟	2 208.41	43.7	19 575	*Nature Genetics*	BGI-Shenzhen, China
Mesobuthus martensii	2013.04	马氏正钳蝎（东亚钳蝎）	925.55	29.3	32 016	*Nature Communications*	College of Life Sciences, Wuhan University, China
Danio rerio	2013.04	斑马鱼	1 412.46	36.74	42 422	*Nature*	Wellcome Trust Sanger Institute, UK
Latimeria chalumnae	2013.04	非洲腔棘鱼腔棘鱼	2 860.59	43	22 979	*Nature*	Benaroya Research Institute, USA
Pelodiscus sinensis	2013.04	中华鳖	2 202.48	44.5	21 252	*Nature Genetics*	BGI-Shenzhen, China
Ara macao	2013.05	绯红金刚鹦鹉	1 204.7	41.4	—	*PLoS ONE*	College of Veterinary Medicine, Texas A&M University, USA
Pantholops hodgsonii	2013.05	藏羚羊	2 696.89	42.4	25 467	*Nature Communications*	Qinghai University, China
Anas platyrhynchos	2013.06	北京鸭	1 105.05	41.2	15 065	*Nature Genetics*	Agricultural University, China
Anopheles darlingi	2013.06	按蚊	136.94	48.3	10 793	*Nucleic Acids Research*	University of California Irvine, USA
Thunnus orientalis	2013.06	太平洋洋蓝鳍金枪鱼	684.50	39.7	—	*PNAS*	Fisheries Research Agency, Japan
Adineta vaga	2013.07	蛭形轮虫	217.93	30.8	—	*Nature*	University of Namur, Belgium
Parus humilis	2013.07	地山雀	—	—	—	*Nature Communications*	Institute of Zoology, CAS, China
Alligator sinensis	2013.08	扬子鳄	2 270.57	44.6	21 752	*Cell Research*	College of Life Sciences, Zhejiang University, BGI-Shenzhen, China
Cricetulus griseus	2013.08	中国仓鼠	2 399.79	41.6	24 044	*Nature Biotechnology*	CHOmics, Inc., USA
Haemonchus contortus	2013.08	捻转血矛线虫	319.758	43.4	19 761	*Genome Biology*	California Institute of Technology, USA
Myotis brandtii	2013.08	布氏鼠耳蝠	2 107.24	42.9	25 918	*Nature Communications*	Harvard Medical School, USA
Echinococcus granulosus	2013.09	细粒棘球绦虫	112.35	41.9	10 444	*Nature Genetics*	Chinese National Human Genome Center at Shanghai, China
Panthera tigris	2013.09	东北虎	2 391.08	41.5	20 226	*Nature Communications*	Genome Research Foundation, Korea
Lipotes vexillifer	2013.10	白鱀豚	2 429.21	41.4	22 168	*Nature Communications*	Nanjing Normal University, China

续表

物种学名	发表时间	中文名	基因组大小 (Mb)	GC含量 (%)	估计基因数目 (个)	期刊	第一作者单位
Balaenoptera acutorostrata	2013.11	小须鲸	2 431.69	41.4	20 605	Nature Genetics	Korea Institute of Ocean Science and Technology, Korea
Ophiophagus hannah	2013.12	眼镜王蛇	1 594.07	40.6	18 579	PNAS	University of Colorado School of Medicine, USA
Locusta migratoria	2014.01	飞蝗	6 300	—	17 300	Nature Communications	Beijing Institutes of Life Science, CAS, China
Tetrao tetrix	2014.03	黑琴鸡	—	—	—	BMC Genomics	Uppsala University, Sweden
Oncorhynchus mykiss	2014.04	虹鳟鱼	1 900	—	—	Nature	Institut de Biologie de l' Ecole Normale Supérieur, France
Glossina morsitans	2014.05	采采蝇	366	34.2	—	Science	International Glossina Genome Initiative
Ursus maritimus	2014.05	北极熊	2 301.36	41.6	21 138	Cell	South China University of Technology, China
Ovis aries	2014.05	绵羊	2 619.05	42.02	24 691	Science	Kunming Institute of Zoology, CAS, China
Stegodyphus mimosarum	2014.05	丝绒蜘蛛	2 550	33.6	27 235	Nature Communications	Aarhus University, Denmark
Zootermopsis nevadensis	2014.05	白蚁	485.01	38.6	15 876	Nature Communications	Westfälische Wilhelms-Universität, Germany
Trichuris muris	2014.06	鞭虫	84.41	44.8	—	—	Wellcome Trust Sanger Institute, UK
Callithrix jacchus	2014.07	普通狨猴	2 260	41.7	44 212	Nature Genetics	Marmoset Genome Sequencing and Analysis Consortium
Spalax galili	2014.07	盲鼹鼠	3 061.41	41.6	27 835	Nature Communications	University of Copenhagen, Denmark
Nomascus leucogenys	2014.09	长臂猿	2 962.06	41.1	—	Nature	Oregon Health & Science University, USA
Fukomys damarensis	2014.09	达马拉鼹鼠	2 510	—	22 179	Cell Reports	University of Copenhagen, Denmark
Camelus bactrianus	2014.10	双峰驼	1 780.72	41.4	28 601	Nature Communications	Institut für Populationsgenetik, Austria
Octopus bimaculoides	2015.08	章鱼	2 700	37.8	33 000	Nature	University of Chicago, USA
Equus asinus	2015.09	驴	2 360	41.1	23 214	Scientific Reports	Inner Mongolia Agricultural University, China
Philomachus pugnax	2015.11	流苏鹬	1 230	42.7	30 889	Nature Genetics	Uppsala University, Sweden
Gekko japonicus	2015.11	壁虎	2 520	45.5	22 487	Nature Communications	Nantong University, China.
Hypsibius dujardini	2015.11	水熊虫	212.30	46.9	38 000	PNAS	University of North Carolina at Chapel Hill, USA.

第三篇　植物基因组

　　植物在生命世界里占有极其重要的地位。植物是唯一能将太阳能转变为生物能的生物，是所有兼养生物的初级食物。植物在人类生态环境中起了最重要的作用。

　　本篇将植物人为地分为模式植物、主粮类、蔬菜类、瓜果类、经济类、花卉类等，并选择典型的物种作简要的介绍。

　　植物基因组学研究是从拟南芥开始的。拟南芥全基因组序列于 2000 年发表，继之为水稻基因组于 2002 年发表，以及小麦、杨树、葡萄、高粱、玉米、黄瓜、大豆、马铃薯、西红柿等多种重要经济及环境植物的全基因组。截止到 2014 年年底，已经超过 100 种植物基因组被测序和初步分析，且所有数据免费分享。至少 40 多个国家参与了植物的基因组研究，充分反映了植物对于人类的共同重要性，体现了"共需、共有、共为、共享"的 HGP 精神。

　　植物基因组区别于其他真核生物的显著特征主要有基因组大小差异悬殊、重复序列复杂多样、编码基因多而功能单一、起源和演化过程奇特、大多有特异的次级代谢产物相关的代谢途径等。

1) 基因组大小差异悬殊

　　植物不同物种间基因组的大小差异很大，即使在近缘物种间也是如此。如被子植物 (Angiosperm) 的基因组平均大小约为 5.8 Gb，而已知基因组最小的狸藻 (Genlisea aurea) 仅为 52 Mb，最大的重楼百合 (Paris japonica) 则为 14.9 Gb。裸子植物 (Gymnosperm) 基因组平均大小约为 18.2 Gb，不同物种基因组之间的差异要比被子植物大得多，从 2.2 Mb 至 35.2 Gb 不等。

2) 重复序列复杂多样

　　与其他生物基因组一样，植物基因组大小首先与所含的重复序列直接相关。基因组较大的植物中 DNA 重复序列很多，单拷贝序列较短 (< 2 Kb)；基因组较小的植物则低拷贝重复序列较长，如在拟南芥中可长达 120 Kb。

　　重复序列多而复杂给测序前的基因组大小预估和序列组装带来了极大的困难，甚至导致一个项目的完全失败。也与很多其他生物基因组一样，迄今对植物基因组中的重复序列知之甚少。

3) 编码基因多而功能单一

　　从演化来说，很多植物在物种形成和演化过程中，经历了全基因组、染色体与染色体区段的重复，但很多编码基因并没有被"剔除"或灭活而完全丧失功能，相反演化成不同且功能较为单一的新基因，有别于很多动物的同一个基因通过替换剪接或其他机制而形成的"一因多能"。

　　从生物学功能来说，植物拥有大而复杂的基因组和更多的编码基因，以此来适应环境，有利于生存并繁衍。除了寄生植物，大部分植物为完全自生营养型 (autotrophs)，处于食物链的最始端，必须合成多种自身需要的所有营养组分。同时，绝大部分植物没有动物那样的抵御天敌 (predators，捕食者) 的能力，必须合成各种大量的物质 (次级代谢产物) 或形成巨大的个体或巨大数目的个体来被动地应答捕食者，以保证物种的生生不息。

4) 起源和演化过程奇特

　　异源多倍体是很多植物基因组的重要特点，有别于动物的演化，已成为人工育种的手段之一。

　　植物的很多种类存在较为广泛的体细胞内多倍化 (endopolyploidy) 现象，这在动物界非常罕见。常见的多倍体植物大多数属于异源多倍体，如人工选育的小麦、燕麦、棉、烟草、苹果、梨、樱桃、菊、水仙、郁金香等。

　　与异源多倍体对应的是同源多倍体。香蕉是天然的三倍体植物。采用人工的方法，在同种植物中将同源四倍体与正常二倍体杂交，可获得同源三倍体植物，如无籽西瓜、无籽葡萄等。马铃薯则是天然的四倍体植物。用秋水仙素处理正处发芽的水稻种子，也可以获得人工的同源四倍体。自然界里还有更大数目（如六倍体、八倍体）的异源或同源多倍体植物。

异源或同源多倍体对基因组序列的组装和分相带来了极大困难。此外，具无性繁殖能力或以之为主要生长阶段的植物，如甘蔗任一块组织样也都可能是差异很大的"杂合基因组"的混合物，也是基因组序列组装的最大挑战之一。

5) 特有的次级代谢产物相关的代谢途径

所有植物都是自养光能生物，有着动物所没有的叶绿体基因组，而每一种植物都有至少一种特异产物的代谢途径。

叶绿体是生命世界中唯一能进行光合作用的细胞器，还参与氨基酸、核苷酸、脂肪酸和淀粉等许多物质的生物合成过程。叶绿体基因组与核基因组之间既相对独立，又相互依存。大部分叶绿体 DNA 都是共价闭合的双链环状分子，只有少数为线状分子，一般长 120~160 Kb。

多数植物产生一些重要的特征性次级代谢产物，这些化合物有的并非植物有机体或细胞生长所必需，但对于植物自身在复杂环境中的生存和发展可能起着不可替代的作用。另外，在受到胁迫时，植物还会产生特异的代谢产物。

植物次生代谢产物具有重要的经济价值。临床应用的药物，有很多取自植物的次生代谢产物。西方的临床药物中，大约 25% 是直接或间接地从植物中提取的次生代谢产物。在中国，药用植物的应用历史更为悠久。此外，植物次生代谢产物还广泛用作食品调味剂、日用芳香剂、杀虫驱虫剂等。更为重要的是，一种特异的代谢产物意味着这一种植物具有一条特异的代谢途径和特有的相关基因。这是合成基因组学的重要种质资源，以大肠杆菌和酵母工业化生产青蒿素 (artemisinin) 和吗啡 (morphine) 为突出的成功实例。

框 3.82   **C4 与 C3 植物**

C4 和 C3 植物的研究对植物育种具有重要的意义。

C4 植物在光合的暗反应中利用磷酸烯醇式丙酮酸 (PhosphoEnolPyruvate，PEP) 经 PEP 羧化酶的作用与二氧化碳结合，形成苹果酸或天门冬氨酸。这些四碳双羧酸转移到鞘细胞里，通过脱羧酶的作用释放二氧化碳，后者在鞘细胞的叶绿体内经核酮糖二磷酸 (Ribulose-1, 5-bisphosphate，RuBP) 羧化酶作用，进入光合碳循环 (Calvin cycle，卡尔文循环)。这种由 PEP 形成四碳双羧酸、然后又脱羧释放二氧化碳的代谢途径称为四碳 (C4) 途径。因此 C4 植物固定二氧化碳的能力更强，且既有 C4 途径，又有 C3 途径，一般产量要高得多。

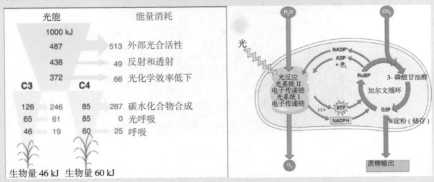

图 3.150   C4 和 C3 植物的比较

C3 植物只能利用卡尔文循环中 1, 5- 二磷酸核酮糖 (RuBP) 直接固定二氧化碳。一个二氧化碳被一个五碳化合物 (RuBP) 固定后形成两个三碳 (C3) 化合物 (3- 磷酸甘油酸)，也就是二氧化碳被固定后最先形成的化合物中含有 3 个碳原子，所以称为 C3 途径和 C3 植物。

C4 植物与 C3 植物相比，二氧化碳补偿点低得多，在较低的浓度具较高的光合同化能力，可更充分地利用光能，因而在光照较强的环境中产量要高得多。

C4 植物比 C3 植物更能适应高温、光照强烈和干旱的环境。在高温、光照强烈和干旱的条件下，绿色植物的气孔关闭。此时，C4 植物能够利用叶片内细胞间隙中含量很低的二氧化碳进行光合作用、光呼吸较弱；而 C3 植物不仅不能利用细胞间隙中的二氧化碳进行光合作用、光呼吸也较强。这种光合作用在高温时尤其能够高效吸收 C。

生理生化上，C4 与 C3 植物的二氧化碳固定方式与部位都不同。而按系统命名的同一科植物（如禾本科）也可能既有 C4 植物（如玉米和高粱），又有 C3 植物（如水稻和小麦）。

第一章 模式植物

一、拟南芥 *Arabidopsis thaliana*

植物的基因组学研究是从拟南芥（又称阿拉伯芥）开始的。拟南芥是 HGP 模式生物中唯一的植物，广泛用于植物遗传学、发育生物学和分子生物学的研究。

拟南芥为双子叶十字花科植物，植株形态个体小，羽状多叶，细长直立，茎高可达 40 cm；生长快，世代短，从播种到收获种子一般只需 6 周左右；种子多，繁殖快，每株每代可产生数千粒种子；栽培容易，可在实验室里大规模培养。基因组较小，易于遗传操作，是遗传学研究的经典理想材料，特别适于农杆菌的转化和基因遗传操作，被誉为"植物中的果蝇"。虽然拟南芥在许多方面比较"简单"，但它的大多数基因与其他"复杂"的植物基因具有很高的同源性。可以说，关于植物的很多遗传学、分子生物学的知识，都来自拟南芥为实验材料的研究。

图 3.151　拟南芥

拟南芥基因组单倍体大小约为 115.4 Mb，有 5 条染色体，已注释了 25 498 个编码基因。重复序列仅占基因组的 13% 左右，多为 LTR。

二、其他芥类植物

除拟南芥外，芥类植物中的琴叶芥、条叶蓝芥和盐芥的基因组序列和初步分析已经发表，也作为模式生物而广泛用于植物研究。

（一）琴叶芥 *Arabidopsis lyrata*

图 3.152　琴叶芥

琴叶芥与拟南芥同属，但有多方面的不同。琴叶芥基因组大小约为 207 Mb，注释约 3 万个编码基因。

琴叶芥与拟南芥歧异于 500 万 ~600 万年前。尽管歧异的时间不是很长，但两者在形态和生理生化等方面已经表现较为明显的差异，在遗传学和基因组学方面也很不相同。琴叶芥的单倍体染色体多达 16 条（拟南芥只有 5 条染色体），与拟南芥在基因组结构和基因数目、组织上也不一样。

（二）条叶蓝芥 *Thellungiella parvula*

条叶蓝芥与拟南芥不同属。最重要的特点是适应极端条件的能力很强。

条叶蓝芥与拟南芥大约在 430 万年前歧异。这两种植物耐受盐和其他胁迫的能力完全不同。通常情况下，条叶蓝芥具有耐盐、抗热，抗寒等耐受极端环境的特性。这些应激反应相关基因的拷贝数不同、表达水平和启动子调控机制不同，相关蛋白的功能模式也不同。基因组区段和基因的加倍有可能是条叶蓝芥的重要演化机制。

条叶蓝芥的基因组大小约为 137 Mb，已注释了约 25097 个编码基因。

（三）盐芥 *Thellungiella salsuginea*

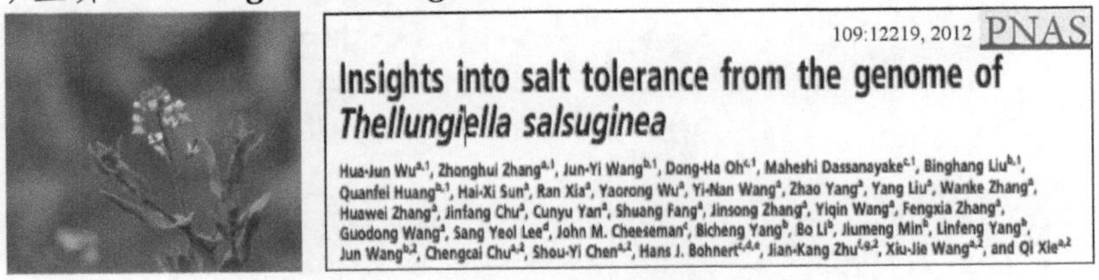

109:12219, 2012 PNAS

Insights into salt tolerance from the genome of *Thellungiella salsuginea*

Hua-Jun Wu[a,1], Zhonghui Zhang[a,1], Jun-Yi Wang[b,1], Dong-Ha Oh[c,1], Maheshi Dassanayake[c,1], Binghang Liu[b,1], Quanfei Huang[b,1], Hai-Xi Sun[a], Ran Xia[a], Yaorong Wu[a], Yi-Nan Wang[a], Zhao Yang[a], Yang Liu[a], Wanke Zhang[a], Huawei Zhang[a], Jinfang Chu[a], Cunyu Yan[a], Shuang Fang[a], Jinsong Zhang[a], Yiqin Wang[a], Fengxia Zhang[a], Guodong Wang[a], Sang Yeol Lee[d], John M. Cheeseman[c], Bicheng Yang[b], Bo Li[b], Jiumeng Min[b], Linfeng Yang[b], Jun Wang[b,2], Chengcai Chu[a,2], Shou-Yi Chen[a,2], Hans J. Bohnert[c,d,e], Jian-Kang Zhu[f,g,2], Xiu-Jie Wang[a,2], and Qi Xie[a,2]

图 3.153　盐芥及基因组论文

盐芥与条叶蓝芥同属，因耐盐而得名。

盐芥对高盐具有极高的耐受能力，也抗旱抗寒。盐芥植株矮小，生活周期短，自花授粉，易于遗传操作。

盐芥基因组大小约为 231 Mb，有 7 条染色体（单倍体）。已注释了 28 457 个编码基因。

盐芥和拟南芥在 700 万 ~1200 万年前 (7~12 Mya) 歧异。而大部分编码基因与拟南芥具有很高的同源性。值得注意的是，这些基因的外显子平均长度与拟南芥接近，但内含子比拟南芥长 30 % 左右。与拟南芥相比，盐芥存在更多的应激反应相关基因。这些基因数目的增加很可能与演化过程中的基因组区段加倍以及基因串联重复的机制有关。

　　重复序列约占盐芥基因组的 52 %，而在拟南芥中仅为 13.2 %。与大多数高等植物一样，盐芥基因组重复序列中绝大多数是以长末端重复序列 (LTR) 为代表的逆转录转位因子。

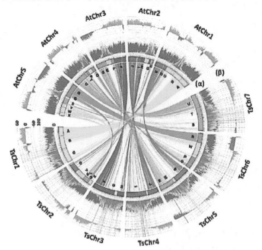

图 3.154　盐芥与拟南芥的基因组比较

AtChr：拟南芥染色体，TsChr：盐芥染色体。

第二章　主　粮　类

一、水稻 *Oryza sativa*

　　水稻是起源于热带与亚热带的代表性 C3 植物，是一年生禾本科单子叶植物，也是常用的重要模式生物。

296:79, 2002 Science

A Draft Sequence of the Rice Genome (*Oryza sativa* L. ssp. *indica*)

Jun Yu,[1,2,3,4*] Songnian Hu,[1*] Jun Wang,[1,2,5*]
Gane Ka-Shu Wong,[1,2,4*] Songgang Li,[1,5] Bin Liu,[1] Yajun Deng,[1,6]
Li Dai,[1] Yan Zhou,[2,7] Xiuqing Zhang,[1,3] Mengliang Cao,[8] Jing Liu,[2]
Jiandong Sun,[1,3] Jiabin Tang,[1,3] Yanjiong Chen,[1,6]
Xiaobing Huang,[1] Wei Lin,[2] Chen Ye,[1] Wei Tong,[1] Lijuan Cong,[1]
Jianing Geng,[1] Yujun Han,[1] Lin Li,[1] Wei Li,[1,9] Guangqiang Hu,[1]
Xiangang Huang,[1] Wenjie Li,[1] Jian Li,[1] Zhanwei Liu,[1] Long Li,[1]
Jianping Liu,[1] Qiuhui Qi,[1] Jinsong Liu,[1] Li Li,[1] Tao Li,[1]
Xuegang Wang,[1] Hong Lu,[1] Tingting Wu,[1] Miao Zhu,[1]
Peixiang Ni,[1] Hua Han,[1] Wei Dong,[1,3] Xiaoyu Ren,[1]
Xiaoli Feng,[1,3] Peng Cui,[1] Xianran Li,[1] Hao Wang,[1] Xin Xu,[1]
Wenxue Zhai,[3] Zhao Xu,[1] Jinsong Zhang,[3] Sijie He,[3]
Jianguo Zhang,[1] Jichen Xu,[3] Kunlin Zhang,[1,5] Xianwu Zheng,[3]
Jianhai Dong,[2] Wanyong Zeng,[3] Lin Tao,[3] Jia Ye,[2] Jun Tan,[2]
Xide Ren,[1] Xuewei Chen,[3] Jun He,[2] Daofeng Liu,[3] Wei Tian,[2,6]
Chaoguang Tian,[1] Hongai Xia,[1] Qiyu Bao,[1] Gang Li,[1] Hui Gao,[1]
Ting Cao,[1] Juan Wang,[1] Wenming Zhao,[1] Ping Li,[3] Wei Chen,[1]
Xudong Wang,[3] Yong Zhang,[1,5] Jianfei Hu,[1] Jing Wang,[1,5]
Song Liu,[1] Jian Yang,[1] Guangyu Zhang,[1] Yuqing Xiong,[1] Zhijie Li,[1]
Long Mao,[3] Chengshu Zhou,[8] Zhen Zhu,[3] Runsheng Chen,[1,9]
Bailin Hao,[2,10] Weimou Zheng,[1,10] Shouyi Chen,[3] Wei Guo,[11]
Guojie Li,[12] Siqi Liu,[1,2] Ming Tao,[1,2] Jian Wang,[1,2] Lihuang Zhu,[3†]
Longping Yuan,[8†] Huanming Yang[1,2,3†]

图 3.155　"杂交水稻之父"袁隆平及其籼稻基因组论文

水稻是第一个全基因组被测序的重要粮食作物，两个亚种——籼稻和粳稻的基因组都已被测序。叶绿体和线粒体基因组也已完成测序。

籼稻基因组（籼稻重要品种"籼稻9311"）的序列草图是由华大基因和被誉为"杂交水稻之父"的袁隆平团队以及多个单位合作完成的，是第一个完全以"全基因组霰弹法"测序并成功 *de novo* 组装的大型基因组。

粳稻基因组（粳稻代表性品种"日本晴"）是由日本为首的多国"国际水稻基因组协作组"以"克隆霰弹法"测序并以"图谱依赖性"的经典方法组装的。中国团队对4号染色体的测序和分析作出了重要贡献。

籼稻单倍体基因组大小约 400 Mb，有 12 条染色体，已注释了 38 942 个编码基因，基因密度为 140.88 个基因 /Mb。籼稻基因组中的重复序列占基因组 24.9%，80.6% 的籼稻基因与拟南芥同源。

图 3.156　主要贡献者 Gane Wong (a)、于军 (b)、胡松年 (c)、韩斌 (d) 及其水稻基因组代表性论文

与人类、拟南芥等当时已经测定和初步分析的基因组序列进行比较，籼稻基因组主要有 7 个发现：

（一）基因组比预估小

水稻基因组大小比原先预测的要小得多，也是基因组最小的粮食作物之一。

（二）基因数较预测多

水稻基因组的估计基因数目在 30 000~55 000，比原先预测的要大得多，几乎是人类基因组估计基因数目的两倍多。

（三）"基因家族"成员多

水稻基因主要通过基因扩增而使"基因家族"的成员数目增加，但每一"成员"的功能比较单一。而人类主要通过一个基因产生多个不同的替换剪接产物而行使不同的功能。

（四）基因头尾差别大

大部分水稻基因头部的 GC 含量要比尾部高出四分之一，编码某个氨基酸所使用的遗传密码子偏好也不相同。而在拟南芥基因组中，基因的头部和尾部的 GC 组成与密码子的使用偏向性基本相似。

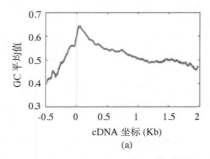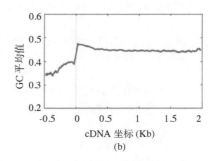

图 3.157　水稻 (a) 与拟南芥 (b) cDNA 的 GC 含量分布比较

水稻的 GC 含量梯度 (a) 在 5'-NTR 有一个峰，而未见于拟南芥 (b)。

（五）"垃圾"多在基因外

水稻、拟南芥与人类基因组都有很多不编码蛋白的"垃圾（junk）"序列。水稻的这些"垃圾"序列多位于基因之外（基因间序列），而人类却在基因之内（内含子）。正因为如此，水稻基因的平均长度只有 4.5 Kb，而人类基因的平均长度为 27 Kb。这些"垃圾"里面肯定有"宝贝"。

（六）籼稻粳稻不一样

至少六分之一的籼稻与粳稻的基因组不一样。而不一样的区域主要为多个拷贝的"转位因子"的不同。

（七）谷类共线区域多

水稻和其他禾本科植物虽然在大约 6000 万年前（60 Mya）就歧异，但在禾本科植物之间，基因数目和排列顺序却呈现高度的保守性和广泛的共线性。比较基因组分析发现，不同植物保守区域之间常发生 DNA 片段的重复、缺失、插入和交换等重组事件。

框 3.83　　　　　　　　　　　　　水稻基因组序列与免费分享

华大基因和合作单位于 2014 年 5 月 28 日"世界饥饿日"发表了 3000 株不同株系的水稻全基因组序列，数据量是迄今已公开发表的水稻序列数据总量的 4 倍，所有数据供全世界研究人员免费使用，为全球尤其是贫困地区的水稻育种提供了种质资源的基因组信息。

图 3.158　3000 株水稻基因组计划的论文

二、谷子 *Setaria italica*

小米（谷子去壳后俗称为小米），稷也，百谷之王，也称粟。小米是中国半干旱地区重要的粮食及饲料作物，也是发展潜力最大的农作物。

中国是谷子唯一的起源国，已有 8700 多年的历史，是中国最传统的主食作物。

谷子是二倍体自花授粉 C4 植物，具有生育期短、单株籽粒多、适应性广、抗旱、耐瘠特点，并具有丰富的遗传多样性（已知有约 6000 个品种）和种质资源。谷子与 C3 植物（如水稻和小麦）相比具有较高的水分利用率而且光合作用的效率要高得多。

图 3.159　主要贡献者之一赵治海及其谷子基因组论文

谷子单倍体基因组有 18 条染色体，基因组较小，约 515 Mb，已经注释了 38 801 个编码基因，以及 159 个 miRNA 序列。

谷子基因组研究的重要发现之一是鉴定了自然发生的抗人工合成的除草剂的基因，如对稀禾定 (sethoxydim) 抗性相关的基因。

谷子的起源和演化过程也很复杂，其主要特点是染色体融合。谷子和其他禾本科植物的基因组是由同一个 $n = 5$ 的二倍体始祖基因组演化而来。该始祖基因组在约 9000 万年前经历了一次全基因组加倍而增加了额外的 5 对染色体。谷子和水稻大约在 5000 万年前 (50 Mya) 开始歧异，谷子的 2 号染色体由水稻的 7 号和 9 号染色体融合形成，而谷子的 9 号染色体由水稻的 3 号和 10 号染色体融合而成。后来，在高粱的基因组中也发现了类似的融合事件，由此推测这两个染色体融合事件应该发生在谷子和高粱歧异之前。此外，还发现了谷子与水稻歧异之后的一个特异性染色体融合事件，即谷子的 3 号染色体是由水稻的 5 号和 12 号染色体或高粱的 8 号和 9 号染色体融合而成。

谷子基因组研究的另一重要发现是 586 个应激反应基因家族，它们在小米应激反应和适应半干旱的环境中起到重要作用。

谷子、短柄草、水稻、高粱和玉米基因组之间有着一定的同源性，谷子和玉米基因组具有较高的同源性 (86.7%)，而与短柄草的基因组的同源性相对较低 (61.5%)，与水稻和高粱的同源性居中 (71.8% 和 72.1%)。

三、玉米 Zea mays

玉米是人类重要的粮食和饲用作物，全球种植面积仅次于小麦和水稻而居第三位，已成为中国种植面积最大的农作物。

玉米是一年生 C4 禾本科玉米属草本植物，具有悠久的研究历史和较好的研究基础，特别是细胞遗传学研究方面。最著名的范例便是美国 CSHL 的 Barbara McLintock 以玉米为实验材料发现了转位因子，而于 1983 年获诺贝尔生理学或医学奖。

Barbara McLintock 的"跳跃基因 (jumping gene)"学说指出：基因可以从染色体的一个位置"跳跃"到另一个位置，甚至从一条染色体跳跃到另一条染色体。尽管她早在 1938 年便提出了"跳跃基因"的概念，但是这一调控系统却是她自 1944 年开始整整花了 6 年时间才完全阐明的。

玉米基因组大小约 2 Gb，已注释 39 893 个编码基因。

图 3.160　Barbara McLintock 和她在 CSHL 的实验室

玉米基因组有 3 个显著特点，即甲基化程度高、重复序列多、演化过程特殊。

现代的玉米为二倍体，但在演化史上曾经发生过基因组加倍事件而成为四倍体，使之成为 $n=20$；随后又发生了几次染色体融合和重组事件，使之变为 $n=10$。重复序列约占基因组的三分之一，相当于水稻的 1.5 倍，并含有大量转位因子。甲基化了的重复序列占玉米基因组重复序列的 90 % 以上；而在甲基化程度较低的区域 (称为基因岛 "gene islands") 富集了大多数编码基因。

(a)　　　　　(b)

42:1027, 2010 nature genetics

Genome-wide patterns of genetic variation among elite maize inbred lines

Jinsheng Lai, Ruiqiang Li, Xun Xu, Weiwei Jin, Mingliang Xu, Hainan Zhao, Zhongkai Xiang, Weibin Song, Kai Ying, Mei Zhang, Yinping Jiao, Peixiang Ni, Jianguo Zhang, Dong Li, Xiaosen Guo, Kaixiong Ye, Min Jian, Bo Wang, Huisong Zheng, Huiqing Liang, Xiuqing Zhang, Shoucai Wang, Shaojiang Chen, Jiansheng Li, Yan Fu + et al.

图 3.161　主要贡献者赖锦盛 (a) 和徐讯 (b) 及其玉米基因组论文

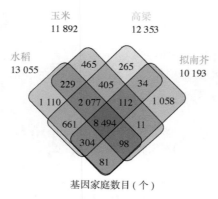

玉米
11 892

高粱
12 353

水稻
13 055

拟南芥
10 193

465　265

229　405　34

1 110　2 077　112　1 058

661　8 494　11

304　98

81

基因家庭数目 (个)

图 3.162　玉米、水稻、高粱和拟南芥的基因家族比较

玉米和水稻 (C3 植物) 在 6000 万年前 (60 Mya) 开始歧异，两者仍具有高度同源性。而单子叶的玉米、水稻、高粱和双子叶的拟南芥基因组比较分析表明，有 8494 个基因家族是这些植物所共有的。在 11 892 个玉米基因家族中，11 088 个基因家族是玉米和高粱共有的，多于玉米和水稻共有的 10 898 个基因家族和玉米和拟南芥共有的 8715 个基因家族。

四、高粱 *Sorghum bicolor*

高粱是仅次于玉米、小麦、水稻和大麦的世界第 5 大粮食作物，也是中国栽培最早、历史最长的禾谷类作物之一。

12:R114, 2011 Genome Biology

Genome-wide patterns of genetic variation in sweet and grain sorghum (*Sorghum bicolor*)

Lei-Ying Zheng[1†], Xiao-Sen Guo[2†], Bing He[2†], Lian-Jun Sun[1†], Yao Peng[2], Shan-Shan Dong[2], Teng-Fei Liu[2], Shuye Jiang[1,3], Srinivasan Ramachandran[1,3], Chun-Ming Liu[1] and Hai-Chun Jing[1*]

图 3.163　高粱及基因组论文

世界上有近 5 亿人依赖高粱为主食，主要是某些气候条件最恶劣的地区。高粱和玉米一样是 C4 植物，具有对环境的广泛适应性、抗逆性强、种质资源丰富，并且基因组相对较小，已成为禾谷类作物基因组研究的一个模式作物。

高粱基因组大小约为 730 Mb，已注释了 27 640 个编码基因，基因密度中等，高于玉米而低于水稻，重复序列（转位因子）占基因组的 55 % 左右，低于玉米而高于水稻。

高粱可以作为起源于热带的 C4 植物的代表，能保证在高温下提高碳同化作用。高粱 C4 光合作用的演化被认为是与 C3 始祖基因以及原古和新近发生的基因复制所产生的功能分化的歧异间接相关。

高粱的抗病相关基因比玉米和小麦都要多，因而抗病能力优于玉米和小麦。其 5 号染色体富集了很多抗病相关的基因。

高粱基因组的 16 378 个基因家族中，有 14 346 个与水稻共有，有 1 153 个为高粱独有。高粱、水稻、拟南芥和杨树共有 9503 个基因家族。高粱与水稻有共线基因 19 929 个。在全基因组加倍后，水稻基因组中仅有一个副本仍旧保留了 13 667 个共线基因 (68.6 %)，而在高粱基因组中保留了 13 526 个 (99 %) 共线基因，这表明大量的基因丢失发生在高粱和水稻的歧异之前。甘蔗与高粱的歧异约在 500 万年前，因而同源性仍很高。

通过对不同来源的高粱样本，包括地方品种、改良品种和野生材料的比较基因组分析，发现约 83 % 的 SNP 分布在基因间区，而编码区较少。野生材料的 SNP 数量显著高于地方品种和改良品种，说明遗传多样性在高粱人工选育的过程中具下降的趋势。此外，在高粱基因组中还发现了很多与农业性状相关的基因。

五、小麦 *Triticum aestivum*

小麦是小麦属的禾本科植物的统称，在世界各地种植最为广泛的粮食作物。

现在的普通种植小麦有两个最重要的基因组特点，一是复杂的基因组及其演化史，二是各异的"异源六倍体"的 3 套染色体。

WHEAT GENOME　345:1251788, 2014 Science

A chromosome-based draft sequence of the hexaploid bread wheat (*Triticum aestivum*) genome

The International Wheat Genome Sequencing Consortium (IWGSC)†

WHEAT GENOME　345:1250092, 2014 Science

Ancient hybridizations among the ancestral genomes of bread wheat

Thomas Marcussen,[1*] Simen R. Sandve,[2*]† Lise Heier,[1] Manuel Spannagl,[3] Matthias Pfeifer,[3] The International Wheat Genome Sequencing Consortium,‡ Kjetill S. Jakobsen,[1] Brande B. H. Wulff,[4] Burkhard Steuernagel,[5] Klaus F. X. Mayers,[6] Odd-Arne Olsen[6]

WHEAT GENOME　345:1250091, 2014 Science

Genome interplay in the grain transcriptome of hexaploid bread wheat

Matthias Pfeifer,[1*] Karl G. Kugler,[1*] Simen R. Sandve,[2] Bujie Zhan,[2] Heidi Rudi,[2] Torgeir R. Hvidsten,[2] International Wheat Genome Sequencing Consortium† Klaus F. X. Mayer,[1] Odd-Arne Olsen[2]

WHEAT GENOME　345:1249721, 2014 Science

Structural and functional partitioning of bread wheat chromosome 3B

Frédéric Choulet,[1,2*] Adriana Alberti,[3] Sébastien Theil,[1,2] Natasha Glover,[1,2] Valérie Barbe,[3] Josquin Daron,[1,2] Lise Pingault,[1,2] Pierre Sourdille,[1,2] Arnaud Couloux,[3] Etienne Paux,[1,2] Philippe Leroy,[1,2] Sophie Mangenot,[3] Nicolas Guilhot,[1,2] Jacques Le Gouis,[1,2] Francois Balfourier,[1,2] Michael Alaux,[4] Véronique Jamilloux,[4] Julie Poulain,[3] Céline Durand,[3] Arnaud Bellec,[5] Christine Gaspin,[6] Jan Safar,[7] Jaroslav Dolezel,[7] Jane Rogers,[8] Klaus Vandepoele,[9] Jean-Marc Aury,[3] Klaus Mayer,[10] Hélène Berges,[5] Hadi Quesneville,[4] Patrick Wincker,[3,11,12] Catherine Feuillet[1,2]

图 3.164　小麦基因组论文示例

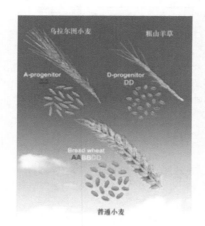

图 3.165　小麦基因组及其演化史

（一）复杂的基因组及其演化史

　　小麦是在约 1 万年前由它的野生祖先的"一棵"乌拉尔图小麦的麦草 (*Triticum urartu*，A 基因组) 与拟山羊草 (*Aegilops speltoides*，B 基因组) 自然杂交形成的四倍体小麦 (AABB 基因组)。在 8000 ~ 1 万年前，正值人类迎来农业曙光的新石器时代，这种四倍体小麦与粗山羊草 (*Aegilops tauschii*，又称节节麦，D 基因组) 通过再一次天然杂交，生成了六倍体小麦 (AABBDD 基因组)。再经自然和人类的选择，成为如今广泛栽培的普通小麦。

（二）各异的"异源六倍体"的 3 套染色体

　　普通小麦基因组大而复杂，约为 13 Gb，是水稻基因组 (400 Mb) 的 32 余倍。普通小麦基因组单倍体有 42 条染色体，约 95 000 个编码基因，因而基因密度比水稻要小得多。小麦基因组的 85 % 以上为重复序列，比水稻 (24.9 %) 要多得多。

1) A 基因组

　　乌拉尔图小麦是小麦 A 基因组的原始二倍体供体种，在小麦演化过程中起核心作用。由于在演化过程中大量逆转录转位因子序列插入基因之间，导致小麦 A 基因组的扩增。

　　对二倍体乌拉尔图小麦 G1812 系的基因组 (4.94 Gb，单倍体 14 条染色体) 测序和分析，已注释了 34 879 个编码基因。

图 3.166　主要贡献者李振声 (a)、凌宏清 (b) 和赵山岑 (c) 及其小麦 A 基因组论文

2) B 基因组

　　对小麦 B 基因组的起源至今仍有分歧，一般认为来自拟山羊草。B 基因组约有 38 000 个编码基因，且含有多个与抗病、抗虫、抗寒、优质等相关性状的基因，这些基因的多态性也最高。

3) D 基因组

　　小麦 D 基因组来源自粗山羊草，共有 7 条染色体，约 4.4 Gb，大约是水稻基因组的 10 倍。D 基因组约有 30 697 个编码基因。正是由于有了 D 基因组，才使小麦的抗病性、适应性与品质都得到了大幅度的改良。

496:91, 2013 nature

Aegilops tauschii draft genome sequence reveals a gene repertoire for wheat adaptation

Jizeng Jia[1*], Shancen Zhao[2,3*], Xiuying Kong[1*], Yingrui Li[2*], Guangyao Zhao[1*], Weiming He[2*], Rudi Appels[4*], Matthias Pfeifer[5], Yong Tao[2], Xueyong Zhang[1], Ruilian Jing[1], Chi Zhang[2], Youzhi Ma[1], Lifeng Gao[1], Chuan Gao[2], Manuel Spannagl[5], Klaus F. X. Mayer[5], Dong Li[2], Shengkai Pan[2], Fengya Zheng[2,3], Qun Hu[6], Xianchun Xia[1], Jianwen Li[2], Qinsi Liang[2], Jie Chen[2], Thomas Wicker[7], Caiyun Gou[2], Hanhui Kuang[6], Genyun He[2], Yadan Luo[2], Beat Keller[7], Qiuju Xia[2], Peng Lu[2], Junyi Wang[2], Hongfeng Zou[2], Rongzhi Zhang[1], Junyang Xu[2], Jinlong Gao[2], Christopher Middleton[4], Zhiwu Quan[2], Guangming Liu[8], Jian Wang[2], International Wheat Genome Sequencing Consortium†, Huanming Yang[2], Xu Liu[1], Zhonghu He[1,9], Long Mao[1] & Jun Wang[2,10,11]

图 3.167　主要贡献者贾继增 (a) 和毛龙 (b) 及其小麦 D 基因组论文

六、大麦 *Hordeum vulgare*

大麦是第一个被驯化的谷类作物，是世界上第四大最重要的粮食作物。大麦不仅是饲料，而且是酿造啤酒的主要原料。

A physical, genetic and functional sequence assembly of the barley genome

The International Barley Genome Sequencing Consortium*

图 3.168　大麦及基因组论文

大麦基因组大小为 4.98 Gb，单倍体有 7 条染色体，已注释了 26 159 个编码基因。

大麦的基因密度较小，与水稻接近。重复序列占基因组的 84%，与玉米 (85%) 相当，但显著高于水稻和小麦。此外，在大麦基因组中还发现了 1500 万个 SNP。

七、马铃薯 *Solanum tuberosum*

马铃薯是主粮作物中唯一的茄科植物，是全球性的既为主食又是蔬菜的重要农作物。

475:189, 2011 nature

ARTICLE

Genome sequence and analysis of the tuber crop potato

The Potato Genome Sequencing Consortium*

图 3.169　马铃薯及基因组论文

马铃薯单倍体基因组有 12 条染色体，大小约 844 Mb，是迄今已测序的茄科作物基因组中最大的，已注释了约 39 031 个编码基因，基因密度为 53.7 个基因 /Mb。马铃薯基因内含子平均大小显著大于拟南芥和水稻。

马铃薯与西红柿在约 730 万年前 (7.3 Mya) 歧异。马铃薯基因组中的重复序列较少，所以马铃薯基因组较小。与茄科的西红柿一样，马铃薯基因组也经历了两次基因组加倍，其中一次是与蔷薇类歧异几乎同时进行 (1.2 万 ~1.4 万年前)，而后来的一次被认为是发生于大约 6700 万年前 (67 Mya)。这两次基因组加倍使一些基因家族扩增和亚功能化或新功能化，并在茄科中独立演化。这些基因家族包括调控基因和新途径补充基因 (花期控制途径等)，与管控结薯有关。

第三章 蔬菜类

一、黄瓜 *Cucumis sativus*

黄瓜 (*Cucumis sativus*)，也称胡瓜、青瓜，属葫芦科的黄瓜属，既是蔬菜，也常作为水果食用。

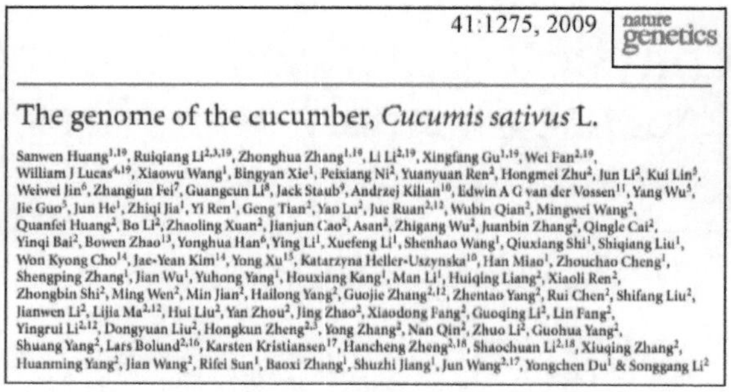

41:1275, 2009 nature genetics

The genome of the cucumber, *Cucumis sativus* L.

Sanwen Huang[1,19], Ruiqiang Li[2,3,19], Zhonghua Zhang[1,19], Li Li[2,19], Xingfang Gu[1,19], Wei Fan[2,19], William J Lucas[4,19], Xiaowu Wang[1], Bingyan Xie[1], Peixiang Ni[2], Yuanyuan Ren[2], Hongmei Zhu[2], Jun Li[2], Kui Lin[5], Weiwei Jin[6], Zhangjun Fei[7], Guangcun Li[8], Jack Staub[9], Andrzej Kilian[10], Edwin A G van der Vossen[11], Yang Wu[5], Jie Guo[1], Jun He[2], Zhiqi Jia[1], Yi Ren[1], Geng Tian[2], Yao Lu[2], Jue Ruan[2,12], Wubin Qian[2], Mingwei Wang[2], Quanfei Huang[2], Bo Li[2], Zhaoling Xuan[2], Jianjun Cao[2], Asan[2], Zhigang Wu[2], Juanbin Zhang[2], Qingle Cai[2], Yinqi Bai[2], Bowen Zhao[2], Yonghua Han[1], Ying Li[1], Xuefeng Li[1], Shenhao Wang[1], Qiuxiang Shi[1], Shiqiang Liu[1], Won Kyong Cho[14], Jae-Yean Kim[14], Yong Xu[15], Katarzyna Heller-Uszynska[10], Han Miao[1], Zhouchao Cheng[1], Shengping Zhang[1], Jian Wu[1], Yuhong Yang[1], Houxiang Kang[1], Man Li[1], Huiqing Liang[2], Xiaoli Ren[2], Zhongbin Shi[2], Ming Wen[2], Min Jian[2], Hailong Yang[2], Guojie Zhang[2,13], Zhentao Yang[2], Rui Chen[2], Shifang Liu[2], Jianwen Li[2], Lijia Ma[2,12], Hui Liu[2], Yan Zhou[2], Jing Zhao[2], Xiaodong Fang[2], Guoqing Li[2], Lin Fang[2], Yingrui Li[2,12], Dongyuan Liu[2], Hongkun Zheng[2,3], Yong Zhang[2], Nan Qin[2], Zhuo Li[2], Guohua Yang[2], Shuang Yang[2], Lars Bolund[2,16], Karsten Kristiansen[17], Hancheng Zheng[2,18], Shaochuan Li[2,18], Xiuqing Zhang[2], Huanming Yang[2], Jian Wang[2], Rifei Sun[1], Baoxi Zhang[1], Shuzhi Jiang[1], Jun Wang[2,17], Yongchen Du[1] & Songgang Li[2]

图 3.170　主要贡献者黄三文及其黄瓜基因组论文

黄瓜与其他近缘种基本没有基因交流，遗传背景狭窄，只有通过基因组学的工具，才能系统地研究种质资源的遗传变异并高效鉴定重要农艺性状基因。

框 3.84	黄瓜基因组的遗传图

黄瓜基因组的遗传图是蔬菜类植物的范例之一。

黄瓜基因组遗传图包含 995 个 SSR (Simple Sequence Repeats，简单重复序列)，形成 7 个连锁群 (linkage group)，全基因组遗传图总长 (genetic size) 为 573 cM，平均密度 (平均每 2 个 SSRs 间的遗传距离) 为 0.58 cM。

甜瓜、西瓜和南瓜中的保守区段分别为 49%、26% 和 22%。

FISH (荧光原位杂交技术) 分析表明，这些 SSR 组成的 7 个连锁群分别对应于黄瓜的 7 条染色体。955 个 SSR 中，在甜瓜、西瓜和黄瓜基因组中保守的分别为 49%、26% 和 22%。

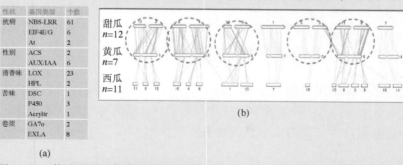

性状	基因类型	个数
抗病	NBS-LRR	61
	EIF4E/G	6
	At	2
性别	ACS	2
	AUX/IAA	6
清香味	LOX	23
	HPL	2
苦味	DSC	1
	P450	3
	Acryltr	1
卷须	GA7o	2
	EXLA	8

(a)

(b)

图 3.171　黄瓜重要园艺性状相关基因 (a) 和黄瓜、甜瓜、西瓜的染色体比较 (b)

　　黄瓜基因组大小约为 350 Mb，在迄今所有已被测序的蔬菜类作物基因组中是最小的。已注释了约 26 682 个编码基因，基因密度非常高。重复序列约占基因组的 45.2 %。

　　黄瓜基因组中的转位因子并不丰富，但是在所有已被测序的葫芦科植物中是最高的。

　　黄瓜基因组在演化史上并没有发现全基因组加倍的证据。黄瓜和甜瓜的基因组比较分析结果支持了有关黄瓜染色体组为具有 12 对染色体的始祖种通过染色体融合演化而来的理论。

二、白菜 *Brassica rapa*

　　白菜类，特别是其中的大白菜和小白菜，是中国栽培面积、产量和消费量都最大的蔬菜作物。

　　白菜类为十字花科芸苔属作物，包括大白菜、小白菜等形态各异但基因组高度相似的蔬菜类植物。

　　白菜是与模式生物拟南芥亲缘关系最近的物种，单倍体基因组大小约为 485 Mb，有 10 条染色体。已注释了约 4.2 万个编码基因，密度相对较高。

43:1035, 2011 **nature genetics**

The genome of the mesopolyploid crop species *Brassica rapa*

The *Brassica rapa* Genome Sequencing Project Consortium

图 3.172　白菜及基因组论文

　　在白菜的 16 917 个基因家族中，15 725 个 (93%) 与拟南芥共有。白菜的始祖种与拟南芥非常相似，它们在 1300 万 ~1700 万年前 (13~17 Mya) 歧异，仍保持着良好的共线性；白菜基因组存在 3 个相似但基因密度明显不同的亚基因组，其中一个亚基因组密度显著高于另外两个亚基因组。与拟南芥基因组 (115.4 Mb，25 498 个基因) 相比，白菜基因组应该有 9 万余个基因。但是白菜实际基因数目 (41 174) 并没有那么多，这表明在演化过程中可能丢失了相当一部分。

　　推测白菜基因组在演化过程中可能经历了两次全基因组加倍与两次基因丢失的事件。此外，还发现白菜在基因组发生加倍之后，与器官形态变异有关的生长素相关基因发生了显著的扩增，产生了许多多拷贝的与形态变异有关的基因，这可能是白菜类蔬菜具有丰富的根、茎、叶形态变异的根本原因。

三、甘蓝 *Brassica oleracea*

　　甘蓝为十字花科芸苔属草本植物，也是重要的蔬菜类植物。

　　甘蓝基因组 (单倍体) 有 13 条染色体，基因组大小约为 600 Mb，已注释了 40 976 个编码基因，小于白菜和黄瓜。

图 3.173　甘蓝

　　甘蓝和拟南芥基因组相似，*Copia* 和 *Gypsy* 是最主要的重复序列。

　　甘蓝与拟南芥于约 1590 万年前 (1.59 Mya) 歧异后，还经历了全基因组三倍化。此后，甘蓝的好多基因丢失，包括与氧化磷酸化、光合作用等相关的基因。

四、西红柿 *Solanum lycopersicum*

西红柿（又称番茄）是常见的茄科食物之一，包括辣椒在内的茄科家族是世界最重要的蔬菜作物家族（还包括作为主粮的马铃薯）。

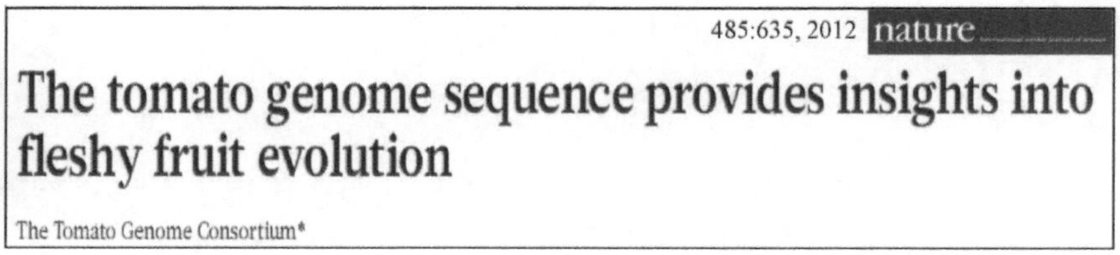

485:635, 2012 nature

The tomato genome sequence provides insights into fleshy fruit evolution

The Tomato Genome Consortium*

图 3.174　西红柿及基因组论文

西红柿单倍体基因组有 12 条染色体，基因组大小约 900 Mb，约含 3.36 万个基因。

人工选育的西红柿和近亲野生种的基因组之间只有 0.6% 的差别，而它们和马铃薯之间有 8% 的差别。西红柿演化中经历过两次基因组加倍事件，一次出现在 1.3 亿年前 (130 Mya)，一次发生在 6000 万年前 (60 Mya)，都给西红柿的演化带来了显著影响。

五、辣椒 *Capsicum annuum*

辣椒是全球种植最为广泛的辅料作物之一。

辣椒也属茄科，是马铃薯、西红柿、茄子、矮牵牛和烟草的近亲。辣椒不仅是烹饪的重要辅料，也是广受欢迎的观赏植物和工业原料。辣椒的辣味来自于辣椒素。目前已从辣椒中分离了 22 种辣椒素，其中许多有利于人体健康。

通过对不同辣度的辣椒相关 RNAome 数据的比较分析揭示了与辣椒素合成的相关基因，其中两个相邻的酰基转移酶基因 (*AT3-D1* 和 *AT3-D2*) 可能负责辣椒素的最终合成，初步解释了"辣椒为什么这么辣"这个备受关注的生物学问题。对辣椒和西红柿果实的发育分析还发现了辣椒果实成熟后仍然坚硬等生物学特性相关的候选基因。

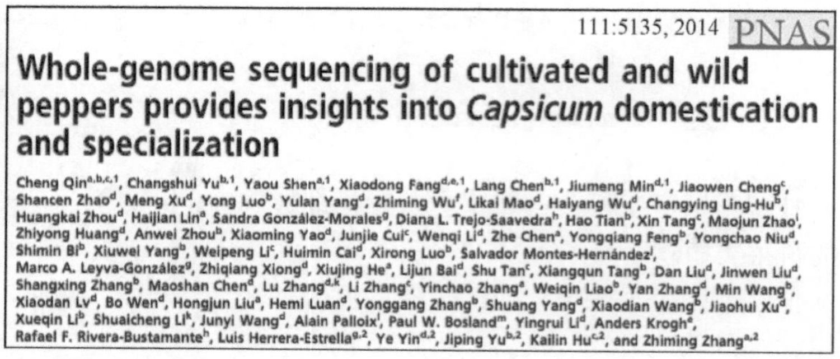

111:5135, 2014 PNAS

Whole-genome sequencing of cultivated and wild peppers provides insights into *Capsicum* domestication and specialization

Cheng Qin[a,b,c,1], Changshui Yu[b,1], Yaou Shen[a,1], Xiaodong Fang[d,e,1], Lang Chen[b,1], Jiumeng Min[d,1], Jiaowen Cheng[c], Shancen Zhao[d], Meng Xu[d], Yong Luo[b], Yulan Yang[b], Zhiming Wu[c], Likai Mao[d], Haiyang Wu[d], Changying Ling-Hu[b], Huangkai Zhou[d], Haijian Lin[a], Sandra González-Morales[f], Diana L. Trejo-Saavedra[h], Hao Tian[b], Xin Tang[c], Maojun Zhao[a], Zhiyong Huang[d], Anwei Zhou[b], Xiaoming Yao[c], Junjie Cui[c], Wenqi Li[c], Zhe Chen[a], Yongqiang Feng[b], Yongchao Niu[d], Shimin Bi[b], Xiuwei Yang[b], Weipeng Li[c], Huimin Cai[d], Xirong Luo[b], Salvador Montes-Hernández[i], Marco A. Leyva-González[g], Zhiqiang Xiong[d], Xiujing He[a], Lijun Bai[a], Shu Tan[c], Xiangqun Tang[b], Dan Liu[d], Jinwen Liu[d], Shangxing Zhang[a], Maoshan Chen[a], Lu Zhang[d,i], Li Zhang[d], Yinchao Zhang[d], Weiqin Liao[b], Yan Zhang[d], Min Wang[d], Xiaodan Lv[d], Bo Wen[d], Hongjun Liu[d], Hemi Luan[d], Yonggang Zhang[d], Shuang Yang[d], Xiaodian Wang[d], Jiaohui Xu[d], Xueqin Li[b], Shuaicheng Li[d], Junyi Wang[d], Alain Palloix[j], Paul W. Bosland[m], Yingrui Li[d], Anders Krogh[e], Rafael F. Rivera-Bustamante[h], Luis Herrera-Estrella[g,2], Ye Yin[d,2], Jiping Yu[b,2], Kailin Hu[c,2], and Zhiming Zhang[a,2]

图 3.175　辣椒及基因组论文

辣椒单倍体基因组有 12 对染色体，其基因组大小为 3.06 Gb，在所有已测序的茄科类植物基因组中是最大的，已注释了 34 903 个基因，基因密度为 11.40 个基因 /Mb，是茄科植物中最小的。

辣椒基因组包含大量的重复序列，约占基因组大小的81%，远高于其他茄科植物。并且以 *Gypsy* (54.5%) 和 *Copia* (8.6%) 两种类型为主。进一步的分析表明 *Gypsy* 在约30万年前 (0.3 Mya) 发生了大规模的扩张和复制，与辣椒基因组如此之大可能有关。

六、萝卜 *Raphanus sativus*

萝卜隶属十字花科，是全球性的重要蔬菜类植物。

萝卜单倍体基因组大小约为 500 Mb，有 9 条染色体，已注释了 61 572 个基因，基因密度为 123 个基因 /Mb。

21:481,2014 DNA Research

Draft Sequences of the Radish (*Raphanus sativus* L.) Genome

Hiroyasu Kitashiba[1,†], Feng Li[1,†], Hideki Hirakawa[2], Takahiro Kawanabe[1], Zhongwei Zou[1], Yoichi Hasegawa[1], Kaoru Tonosaki[1], Sachiko Shirasawa[1], Aki Fukushima[1], Shuji Yokoi[1], Yoshihito Takahata[3], Tomohiro Kakizaki[4], Masahiko Ishida[4], Shunsuke Okamoto[5], Koji Sakamoto[5], Kenta Shirasawa[2], Satoshi Tabata[2], and Takeshi Nishio[1,*]

图 3.176 萝卜及基因组论文

萝卜基因组中的重复序列占 26%，较白菜基因组 (39.5%) 和甘蓝基因组 (38.80%) 都要少。已鉴定了 1335 个 tRNA 基因。tRNA 基因的数量与白菜相当，是拟南芥的两倍。

对拟南芥、萝卜和白菜的比对分析表明萝卜经历了基因组的三倍化。对拟南芥、白菜、萝卜、野生萝卜和甘蓝基因家族的比对分析发现这 5 个物种共有 6100 个基因家族。萝卜基因组含 8759 个特有的基因家族，占其基因组大小的 36.2%，显著高于白菜 (15.6%) 和拟南芥 (16.2%)。

第四章 瓜 果 类

瓜果类作物在生物分类中既有单子叶植物，又有双子叶植物。为人类提供了维生素、糖分、无机盐和膳食纤维，"营养丰富，五味俱全"。

一、西瓜 *Citrullus lanatus*

西瓜是一种双子叶有花植物，属葫芦科西瓜属。

西瓜的全球年产量大约为 9000 万吨，为全球第五大水果消费品，也是中国重要的经济作物之一。

西瓜原产于非洲，可能在五代时期引入中国，被称为"瓜中之王"。味道甘味多汁，清爽解渴，含有丰富的无机盐、脂肪、胆固醇、以及大量葡萄糖、苹果酸、果糖、氨基酸、番茄素及丰富的维生素 C 等。经过长期选育，现代西瓜在形状、大小、颜色、口味和营养成分等方面都有很大差异。

西瓜基因组（单倍体）有 11 条染色体，基因组大小为 353.5 Mb，已经注释了 23 440 个编码基因。

在葫芦科的黄瓜、西瓜和甜瓜中，已发现 3543 个直系同源基因，占西瓜编码基因的 60%。西瓜基因组中还有很多 ncRNA，包括 789 个 tRNA、123 个 rRNA、335 个 snRNA 和 140 多个 miRNA 的基因。

45:51, 2013 nature genetics

The draft genome of watermelon (*Citrullus lanatus*) and resequencing of 20 diverse accessions

Shaogui Guo[1,2,17], Jianguo Zhang[3,4,17], Honghe Sun[1,2,5,17], Jerome Salse[6], William J Lucas[7,17], Haiying Zhang[1], Yi Zheng[2], Linyong Mao[2], Yi Ren[1], Zhiwen Wang[3], Jiumeng Min[3], Xiaosen Guo[3], Florent Murat[6], Byung-Kook Ham[7], Zhaoliang Zhang[3], Shan Gao[2], Mingyun Huang[3], Yimin Xu[1], Silin Zhong[2], Aureliano Bombarely[2], Lukas A Mueller[2], Hong Zhao[1], Hongju He[1], Yan Zhang[3], Zhonghua Zhang[8], Sanwen Huang[8], Tao Tan[9], Erli Pang[9], Kui Lin[9], Qun Hu[10], Hanhui Kuang[10], Peixiang Ni[3,4], Bo Wang[3], Jingan Liu[1], Qinghe Kou[1], Wenju Hou[1], Xiaohua Zou[1], Jiao Jiang[1], Guoyi Gong[1], Kathrin Klee[11], Heiko Schoof[11], Ying Huang[3], Xuesong Hu[3], Shanshan Dong[3], Dequan Liang[3], Juan Wang[3], Kui Wu[3], Yang Xia[1], Xiang Zhao[3], Zequn Zheng[3], Miao Xing[3], Xinming Liang[3], Bangqing Huang[3], Tian Lv[3], Junyi Wang[3], Ye Yin[3], Hongping Yi[12], Ruiqiang Li[13], Mingzhu Wu[12], Amnon Levi[14], Xingping Zhang[1], James J Giovannoni[2,15], Jun Wang[3,16], Yunfu Li[1], Zhangjun Fei[2,15] & Yong Xu[1]

图 3.177   主要贡献者之一张建国及其西瓜基因组论文

二、甜瓜 *Cucumis melo*

甜瓜是全球性的园艺作物。与西瓜、南瓜和黄瓜同属葫芦科，具有很高的营养和经济价值。

109:11872, 2012 PNAS

The genome of melon (*Cucumis melo* L.)

Jordi Garcia-Mas[a,1], Andrej Benjak[a], Walter Sanseverino[a], Michael Bourgeois[a], Gisela Mir[a], Víctor M. González[b], Elizabeth Hénaff[b], Francisco Cámara[c], Luca Cozzuto[c], Ernesto Lowy[c], Tyler Alioto[d], Salvador Capella-Gutiérrez[c], Jose Blanca[e], Joaquín Cañizares[e], Pello Ziarsolo[e], Daniel Gonzalez-Ibeas[a], Luis Rodríguez-Moreno[f], Marcus Droege[g], Lei Du[g], Miguel Alvarez-Tejado[h], Belen Lorente-Galdos[i], Marta Melé[i], Luming Yang[a,j], Yiqun Weng[k], Arcadi Navarro[i,m], Tomas Marques-Bonet[i,m], Miguel A. Aranda[f], Fernando Nuez[e], Belén Picó[e], Toni Gabaldón[c], Guglielmo Roma[c], Roderic Guigó[c], Josep M. Casacuberta[a], Pere Arús[a], and Pere Puigdomènech[b,1]

图 3.178   甜瓜及基因组论文

甜瓜基因组（单倍体）有 12 条染色体，基因组大小为 375 Mb，已注释了 27 427 个编码基因。

葫芦科植物在 1.5 万 ~2.3 万年前歧异，而黄瓜和甜瓜的歧异约在 1000 万年之前 (10 Mya)。在甜瓜和黄瓜基因组中并没有发现新近发生的基因组加倍。但是甜瓜基因组中发生过片段重复，导致一些抗逆相关的基因的扩增。

三、香蕉 *Musa acuminata*

香蕉属姜目芭蕉科，也是重要的热带水果。

488:213, 2012 nature

The banana (*Musa acuminata*) genome and the evolution of monocotyledonous plants

Angélique D'Hont[1*], France Denoeud[2,3,4*], Jean-Marc Aury[2], Franc-Christophe Baurens[1], Françoise Carreel[1], Olivier Garsmeur[1], Benjamin Noel[2], Stéphanie Bocs[1], Gaëtan Droc[1], Mathieu Rouard[5], Corinne Da Silva[2], Kamel Jabbari[2,3,4], Céline Cardi[1], Julie Poulain[2], Marlène Souquet[1], Karine Labadie[2], Cyril Jourda[1], Juliette Lengellé[2], Marguerite Rodier-Goud[1], Adriana Alberti[2], Maria Bernard[2], Margot Correa[2], Saravanaraj Ayyampalayam[6], Michael R. Mckain[7], Jim Leebens-Mack[6], Diane Burgess[8], Mike Freeling[9], Didier Mbéguié-A-Mbéguié[10], Matthieu Chabannes[1], Thomas Wicker[11], Olivier Panaud[12], Jose Barbosa[13], Eva Hribova[14], Pat Heslop-Harrison[15], Rémy Habas[1], Ronan Rivallan[1], Philippe Francois[1], Claire Poiron[1], Andrzej Kilian[16], Dheema Burthia[1], Christophe Jenny[1], Frédéric Bakry[1], Spencer Brown[17], Valentin Guignon[5], Gert Kema[18], Miguel Dita[19], Cees Waalwijk[18], Steeve Joseph[1], Anne Dievart[1], Olivier Jaillon[2,3,4], Julie Leclercq[1], Xavier Argout[1], Eric Lyons[20], Ana Almeida[8], Mouna Jeridi[1], Jaroslav Dolezel[14], Nicolas Roux[5], Ange-Marie Risterucci[1], Jean Weissenbach[2,3,4], Manuel Ruiz[1], Jean-Christophe Glaszmann[1], Francis Quétier[2,3,4], Nabila Yahiaoui[1] & Patrick Wincker[2,3,4]

图 3.179   香蕉及基因组论文

香蕉起源于亚洲南部，原产地为东南亚和印度等地，于 7000 年前即开始驯化种植。公元 3 世纪时，亚历山大 (Alexander) 远征印度时发现了香蕉，此后便传向世界各地。栽培香蕉是三倍体，不具备有性繁殖的能力，只能采用无性繁殖。这一遗传同质性使香蕉更易受到病原（如真菌和病毒）的威胁。

7000 年来，芭蕉科物种便与亚物种间发生了多次杂交。结合人工选择无需施肥、无籽果实的种质资源，促成了由 *M. acuminata* 和 *M. balbisiana* 基因组构成的二倍体和三倍体香蕉品种的形成。

香蕉基因组（单倍体）有 11 条染色体，基因组大小为 523 Mb，已经注释了 36 542 个编码基因和 235 个 miRNA 基因。全基因组加倍也导致了转位因子在香蕉基因组中的扩增。

四、葡萄 *Vitis vinifera*

葡萄属葡萄科，为落叶藤本植物，是世界上最古老的植物之一。葡萄是世界上第二大果树作物，葡萄酒是消费量最大的酒精饮料之一。

葡萄基因组单倍体有 19 条染色体，大小约为 486 Mb，已注释了 30 434 个编码基因，这在所有已测序过的瓜果中是最低的。GC 含量为 36.2%，比人类 (42%) 要低得多。

葡萄基因组中与葡萄香气特征相关的基因家族数量比预测的大得多，许多基因与赋予葡萄香味的萜类化合物和单宁酸的"香味基因"有关。

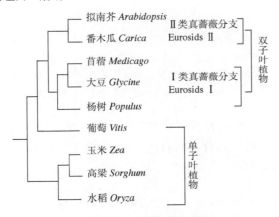

图 3.180　葡萄与部分植物基因组的演化

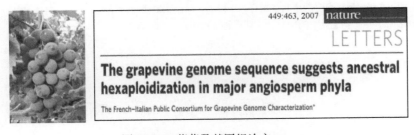

图 3.181　葡萄及基因组论文

葡萄基因组的一个重要发现是没有经历过全基因组加倍。

大约 2.5 亿年前，双子叶植物和单子叶植物歧异后，很多物种经历了基因组加倍，如拟南芥经历了两次基因组加倍，毛果杨经历了一次基因组加倍，而葡萄基因组不曾出现过基因组加倍。

五、梨 *Pyrus bretschneideri*

梨为单子叶植物，属蔷薇科，也是重要的瓜果类作物。

23:396, 2013 GENOME RESEARCH

Resource

The genome of the pear (*Pyrus bretschneideri* Rehd.)

Jun Wu,[1,11] Zhiwen Wang,[2,11] Zebin Shi,[3,11] Shu Zhang,[2,11] Ray Ming,[4,11] Shilin Zhu,[2,11] M. Awais Khan,[5] Shutian Tao,[1] Schuyler S. Korban,[5] Hao Wang,[6] Nancy J. Chen,[7] Takeshi Nishio,[8] Xun Xu,[2] Lin Cong,[2] Kaijie Qi,[1] Xiaosan Huang,[1] Yingtao Wang,[1] Xiang Zhao,[2] Juyou Wu,[1] Cao Deng,[2] Caiyun Gou,[2] Weili Zhou,[2] Hao Yin,[1] Gaihua Qin,[1] Yuhui Sha,[2] Ye Tao,[2] Hui Chen,[1] Yanan Yang,[1] Yue Song,[1] Dongliang Zhan,[2] Juan Wang,[2] Leiting Li,[1,4] Meisong Dai,[3] Chao Gu,[1] Yuezhi Wang,[3] Daihu Shi,[2] Xiaowei Wang,[2] Huping Zhang,[1] Liang Zeng,[2] Danman Zheng,[5] Chunlei Wang,[8] Maoshan Chen,[2] Guangbiao Wang,[2] Lin Xie,[2] Valpuri Sovero,[9] Shoufeng Sha,[1] Wenjiang Huang,[1] Shujun Zhang,[3] Mingyue Zhang,[1] Jiangmei Sun,[1] Linlin Xu,[1] Yuan Li,[1] Xing Liu,[1] Qingsong Li,[1] Jiahui Shen,[1] Junyi Wang,[2] Robert E. Paull,[7] Jeffrey L. Bennetzen,[6] Jun Wang,[2,10,12] and Shaoling Zhang[1,12]

图 3.182   主要贡献者张绍岭及其梨基因组论文

梨基因组单倍体大小约 550 Mb。已注释了 42 812 个编码基因，其中 28.5% 的基因有多种剪切方式。梨基因组包含大量的重复序列（共约 271.9 Mb)，约占全基因组的 53.1%。

蔷薇科植物都有 9 条始祖染色体。梨与苹果、草莓都经历了 1.4 亿年前 (140 Mya) 双子叶植物多见的古六倍化 (hexaploidization) 事件，并发生了一次全基因组加倍事件。之后在 3000 万 ~ 4500 万年前 30~45 Mya，梨和苹果又经历了一次全基因组加倍事件。梨与苹果的歧异发生在 540 万 ~2150 万年前 (5.4~21.5 Mya)，相互之间共线性很高，而基因组大小的显著差异主要是重复序列的多少。

梨不同于其他水果的重要特点是具有特有的木质化石细胞。梨基因组和相关的 RNAome 分析，为揭示其特有的石细胞的形成、糖分积累，以及香气形成和释放等重要生物学过程提供了重要的分子机理。

木质素是梨果实石细胞的基本组成部分，它的合成直接影响石细胞的形成和含量，最终影响梨果实的质量。木质素合成相关基因家族的大量扩张以及 HCT、C3'H 和 CCOMT 等基因家族的高表达使其累积了大量的 G- 木质素和 S- 木质素，木质素沉积形成了石细胞。

糖的组成和含量对果实质量和风味有重大影响。与山梨醇代谢途径相关的 S6PDH、SDH 以及 SOT 基因家族的扩张在蔷薇科植物更为明显，与糖分的累积有关。

第五章 经 济 类

一、大豆 *Glycine max*

大豆属被子植物门、双子叶植物纲、豆目、豆科、蝶形花亚科的大豆属，是豆科禾本类植物中最重要的油料、饮料作物。

中国是大豆的唯一起源国，也曾是大豆的最大出产国。现在大豆主要分布在中国、日本、朝鲜和美洲。

　　大豆单倍体基因组有 20 条染色体，大小约 1.1 Gb，约为人类基因组的三分之一。已注释了 53 434 个编码基因。

　　大豆基因组的重要特点之一是基因分布不均，约 78% 的基因位于染色体的近末端区域。

463:178, 2010　nature

ARTICLES

Genome sequence of the palaeopolyploid soybean

Jeremy Schmutz[1,2], Steven B. Cannon[3], Jessica Schlueter[4,5], Jianxin Ma[5], Therese Mitros[6], William Nelson[7], David L. Hyten[8], Qijian Song[8,9], Jay J. Thelen[10], Jianlin Cheng[11], Dong Xu[11], Uffe Hellsten[2], Gregory D. May[12], Yeisoo Yu[13], Tetsuya Sakurai[14], Taishi Umezawa[14], Madan K. Bhattacharyya[15], Devinder Sandhu[16], Babu Valliyodan[17], Erika Lindquist[2], Myron Peto[5], David Grant[3], Shengqiang Shu[2], David Goodstein[2], Kerrie Barry[2], Montona Futrell-Griggs[5], Brian Abernathy[5], Jianchang Du[5], Zhixi Tian[5], Liucun Zhu[5], Navdeep Gill[5], Trupti Joshi[11], Marc Libault[17], Anand Sethuraman[11], Xue-Cheng Zhang[17], Kazuo Shinozaki[14], Henry T. Nguyen[17], Rod A. Wing[13], Perry Cregan[8], James Specht[18], Jane Grimwood[1,2], Dan Rokhsar[2], Gary Stacey[10,17], Randy C. Shoemaker[3] & Scott A. Jackson[5]

图 3.183　大豆及基因组论文

　　大豆基因组中的抗病与抗旱相关基因的频率与木豆相当。与脂代谢有关的基因约 1110 个，这些基因及其相关途径对大豆的油含量有重要的影响，参与膜脂合成 (membrane lipid synthesis) 的基因显著扩增。

　　野生大豆有着更高的遗传多样性，这表明人类的选择对栽培大豆的遗传多样性产生了很大的负面影响，而对可持续种植也是负面的。对野生大豆的分析表明，随着野生大豆生存环境的减小，和野生有效群体的缩小，野生种质资源保存的重要性愈加紧迫。

　　在演化史上，大豆基因组至少发生了两次全基因组的加倍，一次大约是在 5900 万年前 (59 Mya)，另一次则可能发生在 1300 万年前 (13 Mya)，复制后的基因快速丢失，呈指数减少趋势。根据同源性分析，大豆基因组中 61.4% 的同源基因仅分布在 3 号和 4 号两个染色体上。大豆的 20 号染色体与 10 号染色体具有高度同源性。

　　"转基因"的大豆因其抗病、抗虫与高产等优势，已在南美洲广泛种植。

二、木豆 *Cajanus cajan*

　　木豆是木豆属 (*Cajanus*) 中唯一的一个栽培种，为世界第六大食用豆类，也是迄今为止唯一的一种木本食用豆类作物。

　　木豆的重要特点是有很强的抗旱能力。在半干旱地区是非常重要的食用豆类。

30:83, 2011　nature biotechnology

Draft genome sequence of pigeonpea (*Cajanus cajan*), an orphan legume crop of resource-poor farmers

Rajeev K Varshney[1,2], Wenbin Chen[3], Yupeng Li[4], Arvind K Bhartl[5], Rachit K Saxena[1], Jessica A Schlueter[6], Mark T A Donoghue[7], Sarwar Azam[1], Guangyi Fan[3], Adam M Whaley[5], Andrew D Farmer[5], Jaime Sheridan[6], Aiko Iwata[4], Reetu Tuteja[1,7], R Varma Penmetsa[8], Wei Wu[9], Hari D Upadhyaya[1], Shiaw-Pyng Yang[9], Trushar Shah[1], K B Saxena[1], Todd Michael[5], W Richard McCombie[10], Bicheng Yang[3], Gengyun Zhang[3], Huanming Yang[3], Jun Wang[3,11], Charles Spillane[7], Douglas R Cook[8], Gregory D May[5], Xun Xu[3,12] & Scott A Jackson[4]

图 3.184　木豆及基因组论文

木豆基因组有 11 条染色体（单倍体），基因组大小估计约为 833.07 Mb（已初步组装了 605.78 Mb 的序列），已注释了 48 680 个基因，包括 111 个与耐旱相关的基因，重复序列占整个基因组的 51.67%。

木豆在约 2000 万年前 (20 Mya) 与大豆歧异，在约 1300 万年前 (13 Mya) 发生了第二次全基因组加倍，使得油脂合成基因及结瘤相关基因扩增。

在木豆基因组中发现，除了全基因组加倍事件外，还存在较低层次的重组事件。木豆和大豆基因组的共线性分析发现，木豆的每条染色体都与大豆的两条或两条以上的染色体存在共线性。这说明大豆基因组的加倍事件是发生在木豆和大豆歧异之后。

三、雷蒙德氏棉 *Gossypium raimondii*

棉花是全球最重要的经济作物之一，也是纺织业的主要原料之一。

雷蒙德氏棉的祖先被认为是陆地棉 (*G. hirsutum*) 和海岛棉 (*G. barbadense*)。

雷蒙德氏棉单倍体基因组有 13 条染色体，基因组大小约为 775.2 Mb。已注释了 40 976 个编码基因，92.2% 得到了转录数据的进一步证实。

44:1098,2012 nature genetics

The draft genome of a diploid cotton *Gossypium raimondii*

Kunbo Wang[1,6], Zhiwen Wang[2,6], Fuguang Li[1,6], Wuwei Ye[1,6], Junyi Wang[2,6], Guoli Song[1,6], Zhen Yue[2], Lin Cong[2], Haihong Shang[1], Shilin Zhu[2], Changsong Zou[1], Qin Li[2], Youlu Yuan[1], Cairui Lu[1], Hengling Wei[1], Caiyun Gou[2], Zequn Zheng[2], Ye Yin[2], Xueyan Zhang[1], Kun Liu[1], Bo Wang[2], Chi Song[2], Nan Shi[2], Russell J Kohel[4], Richard G Percy[4], John Z Yu[4], Yu-Xian Zhu[3], Jun Wang[2,5] & Shuxun Yu[1]

图 3.185 主要贡献者之一喻树逊及其雷蒙德氏棉基因组论文

在棉花基因组中发现了蔗糖合成酶基因 (*SusB*，*Sus1* 和 *SusD*) 和 *KCS*（β-Ketoacyl-Coa Synthase，β-酮脂酰-CoA 合酶）基因，与棉花纤维的生长和延长有关。通过对雷蒙德氏棉和陆地棉的纤维发育基因相关的 RNAome 比较分析，发现 *Sus*、*KCS*、*ACO*（ACC 氧化酶）的基因可能与棉花的纤维发育密切相关。除了可可 (*Theobroma cacao*)，棉花是唯一的一种确认 *CDN1* 基因参与了棉子酚的生物合成的植物。棉属植物可以通过累积棉酚及相关的倍半萜类物质来抵抗病虫害，而杜松烯合成酶 (CDN) 在棉酚的合成中发挥重要的作用。雷蒙德氏棉和可可树可能是目前已测序物种中，真正拥有具有棉酚生物合成功能的 *CDN1* 基因家族的植物。

雷蒙德氏棉在 1330 千万~2000 万年前 (13.3 ~ 20 Mya) 经历了一次全基因组加倍事件，所以基因组较大且转位因子富集；同时还发现雷蒙德氏棉也发生过六倍体化事件。此外，在雷蒙德氏棉基因组自身的 13 条染色体中共检出 2355 个共线性区域。

"转基因 (Bt)" 棉花因抗棉铃虫、高产优质而在全球广受欢迎。

四、木本棉 *Gossypium arboreum*

木本棉（又称树棉）原产于印度和巴基斯坦。

正如豆类植物大豆、木豆有草本和禾本之分一样，棉花也有草本和禾本之分。棉花属至少含有 50 多个品种，大多是二倍体，只有少数是四倍体。这些四倍体的形成被认为是木本棉 (*G. arboretum*，提供 A 亚基因组) 和雷蒙德氏棉 (*G. raimondii*，提供 D 基因组) 在距今 100 万~200 万年前 (1~2 Mya) 发生杂交的结果。

木本棉的基因组大小约为 1.9 Gb，几乎是雷蒙德氏棉的 3 倍。

这样悬殊的基因组大小差异可能是因为木本棉染色体发生过多次大规模的 LTR（长末端重复序列）插入。木本棉的基因组已成为研究棉花演化的模式生物。

46:567, 2014 nature genetics

Genome sequence of the cultivated cotton *Gossypium arboreum*

Fuguang Li[1,11], Guangyi Fan[2,11], Kunbo Wang[1,11], Fengming Sun[2,11], Youlu Yuan[1,11], Guoli Song[1,11], Qin Li[3,11], Zhiying Ma[4,11], Cairui Lu[1], Changsong Zou[1], Wenbin Chen[2], Xinming Liang[2], Haihong Shang[1], Weiqing Liu[2], Chengcheng Shi[2], Guanghui Xiao[3], Caiyun Gou[2], Wuwei Ye[1], Xun Xu[2], Xueyan Zhang[1], Hengling Wei[1], Zhifang Li[1], Guiyin Zhang[4], Junyi Wang[2], Kun Liu[1], Russell J Kohel[5], Richard G Percy[5], John Z Yu[5], Yu-Xian Zhu[3], Jun Wang[2,6–10] & Shuxun Yu[1]

图 3.186 主要贡献者之一朱玉贤及木本棉基因组论文

五、杨树 *Populus trichocarpa*

杨树是第一个进行全基因组测序和分析的乔木树种。

林木一直以来是建材、纤维资源的最重要来源之一，同时起着调节气候、净化空气、防风抗沙的作用。

杨树属杨属，种类丰富，分布广泛，约 30 个种遍及全球。生长快，周期短，二倍体，易于杂交，再生能力强，易于无性繁殖，遗传操作较为容易。

杨树单倍体基因组有 19 条染色体，大小约 485 Mb，只有一般松属 (*Pinus*) 植物基因组大小（多为 20 Gb 左右）的四十分之一。已注释编码基因 58 036 个。

图 3.187 杨树

六、胡杨 *Populus euphratica*

胡杨耐旱耐盐，生命顽强，是沙漠中的唯一的乔木树种，被称为"沙漠之魂"，并有"活一千年、死一千年、烂一千年"之说。是研究耐盐、抗旱等机制的代表性模式树种。

4:2797, 2013 nature COMMUNICATIONS

Genomic insights into salt adaptation in a desert poplar

Tao Ma, Junyi Wang, Gongke Zhou, Zhen Yue, Quanjun Hu, Yan Chen, Bingbing Liu, Qiang Qiu, Zhuo Wang, Jian Zhang, Kun Wang, Dechun Jiang, Caiyun Gou, Lili Yu, Dongliang Zhan, Ran Zhou, Wenchun Luo, Hui Ma, Yongzhi Yang, Shengkai Pan, Dongming Fang, Yadan Luo, Xia Wang, Gaini Wang, Juan Wang, Qian Wang, Xu Lu, Zhe Chen, Jinchao Liu, Yao Lu, Ye Yin, Huanming Yang, Richard J. Abbott, Yuxia Wu, Dongshi Wan, Jia Li, Tongming Yin, Martin Lascoux, Stephen P. DiFazio, Gerald A. Tuskan, Jun Wang & Jianquan Liu

图 3.188 胡杨及基因组论文

胡杨基因组相对复杂，基因组杂合度约 0.5%。基因组大小为 495.88 Mb，已注释了 34 279 个编码基因，152 个保守的 miRNA 以及 114 个潜在的新 miRNA 基因。

基因组分析鉴定了胡杨与盐胁迫相关的 57 个正向选择的基因，其中包括调节离子稳定和清除活性氧化物的基因 *ENH1* 等。通过胡杨在盐胁迫条件下的 RNAome 分析，发现编码 K⁺ 吸收转运蛋白的基因 *KUP3* 和 Na⁺/Ca²⁺ 交换蛋白的基因 *NCL* 在胡杨组织中显著上调，说明胡杨与离子转运相关的基因上调及维持内稳态相关的基因扩增，与高盐胁迫的响应或适应有关。

七、毛竹 *Phyllostachys heterocycla*

毛竹是具有很高生态和经济价值的禾本科竹亚科植物，具有非常独特的生物学特点。

中国有毛竹林面积 386 万公顷，占全国森林面积的 2%，是重要的用材、环保和观赏植物。

毛竹基因组大小约 2 Gb，约为水稻的 4.5 倍，与玉米相似。重复序列多，已注释了约 3.2 万个编码基因。

毛竹于 5000 万年前 (50 Mya) 从禾本科植物的 MRCA 中歧异，继而于 1000 万余年前 (10 Mya) 形成了四倍体，最后演变成现代的二倍体。

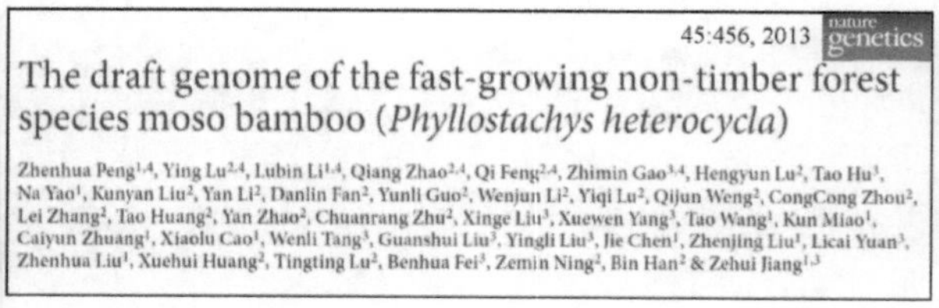

45:456, 2013

nature genetics

The draft genome of the fast-growing non-timber forest species moso bamboo (*Phyllostachys heterocycla*)

Zhenhua Peng[1,4], Ying Lu[2,4], Lubin Li[1,4], Qiang Zhao[2,4], Qi Feng[2,4], Zhimin Gao[3,4], Hengyun Lu[2], Tao Hu[1], Na Yao[1], Kunyan Liu[2], Yan Li[2], Danlin Fan[2], Yunli Guo[2], Wenjun Li[2], Yiqi Lu[2], Qijun Weng[2], CongCong Zhou[2], Lei Zhang[2], Tao Huang[2], Yan Zhao[2], Chuanrang Zhu[2], Xinge Liu[1], Xuewen Yang[3], Tao Wang[1], Kun Miao[1], Caiyun Zhuang[1], Xiaolu Cao[1], Wenli Tang[3], Guanshui Liu[3], Yingli Liu[3], Jie Chen[2], Zhenjing Liu[2], Licai Yuan[3], Zhenhua Liu[1], Xuehui Huang[2], Tingting Lu[2], Benhua Fei[1], Zemin Ning[3], Bin Han[2] & Zehui Jiang[1,3]

图 3.189   主要贡献者江泽慧及毛竹基因组论文

第六章 花 卉 类

一、梅花 *Prunus mume*

梅花属蔷薇科植物，在中国已有 3000 多年的栽培历史，具重要的文化与观赏价值。

作为一种重要的观赏植物，梅花花色繁多、花香浓郁、花型极美。梅还有花梅与果梅之分。梅果可加工成多种产品，具很高营养价值。

梅花（果梅）基因组大小约 234 Mb，编码基因为 15 293 个。

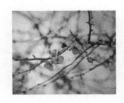

3:1318, 2012 | nature COMMUNICATIONS

The genome of *Prunus mume*

Qixiang Zhang[1,6], Wenbin Chen[2,6], Lidan Sun[1,6], Fangying Zhao[3,6], Bangqing Huang[2,6], Weiru Yang[1], Ye Tao[2], Jia Wang[4], Zhiqiong Yuan[2], Guangyi Fan[2], Zhen Xing[5], Changlei Han[1], Huitang Pan[1], Xiao Zhong[2], Wenfang Shi[1], Xinming Liang[2], Dongliang Du[1], Fengming Sun[2], Zongda Xu[1], Ruijie Hao[1], Tian Lv[2], Yingmin Lv[1], Zequn Zheng[2], Ming Sun[1], Le Luo[1], Ming Cai[1], Yike Gao[1], Junyi Wang[2], Ye Yin[2], Xun Xu[2], Tangren Cheng[4] & Jun Wang[2]

图 3.190 梅花及基因组论文

梅花最有意义的生物学特性是花期早，可在晚冬及早春时节开花。在梅花基因组中串联重复分布的与梅花花期相关的 6 个 *DAM* 基因（与休眠相关的 MADS-box 转位因子）的上游，找到了 6 个 *CBF* 基因的结合位点，可能是梅花提早解除休眠的关键因子，从而导致梅花在早春开花。

二、兰花 *Phalaenopsis equestris*

兰科（兰花）是植物界演化程度最高的观赏植物之一。具有很高的科研、生态、观赏、文化和药用价值，是研究生命与演化的理想模式植物。

中国兰科植物中很多珍稀种类已陷入极度濒危境地，因其资源珍贵而被喻为"植物界的大熊猫"。很多兰花具有独特的吸引昆虫传粉的机制，吸引了自达尔文以来无数的演化生物学家和植物学家的兴趣。

小兰屿蝴蝶兰单倍体基因组有 19 条染色体，大小约 1.2 Gb，GC 含量约 34.4%。已注释了 29 431 个编码基因。内含子平均长度达到 2922 bp，在已测序的所有植物基因组中是最大的。

47:65, 2015 | nature genetics

The genome sequence of the orchid *Phalaenopsis equestris*

Jing Cai[1-3,15], Xin Liu[4,15], Kevin Vanneste[5,6,15], Sebastian Proost[5,6,15], Wen-Chieh Tsai[7,15], Ke-Wei Liu[1-3,15], Li-Jun Chen[1], Ying He[5,6], Qing Xu[8], Chao Bian[4], Zhijun Zheng[4], Fengming Sun[4], Weiqing Liu[4], Yu-Yun Hsiao[9], Zhao-Jun Pan[9], Chia-Chi Hsu[9], Ya-Ping Yang[9], Yi-Chin Hsu[9], Yu-Chen Chuang[9], Anne Dievart[10], Jean-Francois Dufayard[10], Xun Xu[4], Jun-Yi Wang[1], Jun Wang[4], Xin-Ju Xiao[1], Xue-Min Zhao[11], Rong Du[11], Guo-Qiang Zhang[1], Meina Wang[1], Yong-Yu Su[12], Gao-Chang Xie[1], Guo-Hui Liu[1], Li-Qiang Li[1], Lai-Qiang Huang[1-3,12], Yi-Bo Luo[8], Hong-Hwa Chen[9,13], Yves Van de Peer[5,6,14] & Zhong-Jian Liu[1,2,12]

图 3.191 兰花及基因组论文

兰花基因组和其他 7 个单子叶和双子叶物种共有单拷贝直系同源基因家族 342 个。基于这些基因家族演化的推算时间，揭示蝴蝶兰和其他单子叶植物的歧异时间约在 1.351 亿年前 (135.1 Mya)。另外，发现蝴蝶兰在距今 7557 万余年前 (75.57 Mya) 也就是白垩纪古近纪交界前不久经历了一次全基因组加倍，这一古多倍化事件以及随后发生的兰科植物大规模辐射演化，奠定了兰科植物发育成为被子植物第二大科的基础。

第七章 单细胞植物类——甲藻

甲藻 (*Symbiodinium kawagutii*) 分离自夏威夷珊瑚礁，是目前已知的最小的甲藻类基因组。甲藻有着其他多细胞真核生物所没有的基因组学和演化特点。

甲藻作为海洋生态系统的重要组成部分，在维护海洋生态中扮演关键的角色，没有甲藻的共生，珊瑚就无法存活。甲藻有许多有趣的生物特性，比如其既非原核，也非完全真核，而是介于两者之间，其染色体高度浓缩，以容纳特大基因组。

甲藻的基因组大小为 1.18 Gb。

由于甲藻有独特的基因组特性，其基因组研究的主要挑战是由于共生细菌或其他污染，又没有近缘基因组可作参考而带来的序列组装难题。

350:691, 2015 Science

The *Symbiodinium kawagutii* genome illuminates dinoflagellate gene expression and coral symbiosis

Senjie Lin[1,2,*,†], Shifeng Cheng[3,4,5,†], Bo Song[3,†], Xiao Zhong[3,†], Xin Lin[1,†], Wujiao Li[3], Ling Li[1], Yaqun Zhang[1], Huan Zhang[2], Zhiliang Ji[6], Meichun Cai[6], Yunyun Zhuang[2,1], Xinguo Shi[1], Lingxiao Lin[1], Lu Wang[1], Zhaobao Wang[3], Xin Liu[3], Sheng Yu[3], Peng Zeng[3], Han Hao[7], Quan Zou[6], Chengxuan Chen[3], Yanjun Li[3], Ying Wang[3], Chunyan Xu[3], Shanshan Meng[1], Xun Xu[3], Jun Wang[3,8,9], Huanming Yang[3,9,10], David A. Campbell[11], Nancy R. Sturm[11], Steve Dagenais-Bellefeuille[12], David Morse[12]

图 3.192　甲藻的基因组论文

甲藻特有的基因家族可能控制了其配子体的形成和有性繁殖过程，与珊瑚共生过程中发挥重要作用的基因家族有扩张现象。新启动子等元件参与调节共生体和珊瑚基因表达的 miRNA 系统。

附录 2 部分已测序植物基因组基本统计（以发表时间为序）

物种学名	发表时间	中文名	基因组大小 (Mb)	GC含量 (%)	估计基因数目 (个)	期刊	第一作者单位
Arabidopsis thaliana	2000.12	拟南芥	115.4	36.05	25 498	*Nature*	UC Berkley, Albany, USA
Oryza sativa ssp. *indica*	2002.04	水稻（籼稻）	400	43.16	38 942	*Science*	Beijing Genomics Institute, CAS, China
Oryza sativa ssp. *japonica*	2002.04	水稻（粳稻）	382.778	43.71	30 534	*Science*	Torrey Mesa Research Institute, USA
Cyanidioschyzon merolae	2004.04	超小型原始红藻	16.5467	55.02	6 170	*Nature*	University of Tokyo, Japan
Populus trichocarpa	2006.09	杨树	485.668	34.05	58 036	*Science*	Oak Ridge National Laboratory, USA
Chlamydomonas reinhardtii	2007.01	衣藻	120.405	63.85	17 634	*Science*	UCLA, USA
Vitis vinifera	2007.09	葡萄	486.261	35.03	30 434	*Nature*	CNRS-Genoscope-Université d'Evry, France
Physcomitrella patens	2008.01	小立碗藓	477.948	33.6	32 292	*Science*	University of Freiburg, Germany
Carica papaya	2008.04	番木瓜	369.782	35.3	27 793	*Nature*	Hawaii Agriculture Research Center, USA
Lotus japonicus	2008.05	百脉根	147.812	38.5	—	*DNA Research*	Kazusa DNA Research Institute, Japan
Phaeodactylum tricornutum	2008.11	三角褐指藻	27.4507	48.84	10 280	*Nature*	CNRS UMR8186, Ecole Normale Supérieure, France
Zea mays	2009.11	玉米	2 000	46.83	39 893	*Science*	CINVESTAV Irapuato, Mexico
Cucumis sativus	2009.11	黄瓜	350	34.97	26 682	*Nature Genetics*	Ministry of Agriculture, China
Glycine max	2010.01	大豆	1 100	35.02	53 434	*Nature*	HudsonAlpha Genome Sequencing Center, Huntsville, USA
Brachypodium distachyon	2010.02	二穗短柄草	272.059	46.42	31 029	*Nature*	The International Brachypodium Initiative
Ectocarpus siliculosus	2010.06	褐藻	195.811	53.2	4078	*Nature*	The Marine Plants and Biomolecules Laboratory, France
Volvox carteri	2010.07	团藻	137.684	56	14 921	*Science*	DOE, Joint Genome Institute, USA
Ricinus communis	2010.08	蓖麻	350.622	34.7	14 108	*Nature Biotechnology*	JCVI, USA
Malus domestica	2010.09	苹果	1 874.77	41	—	*Nature Genetics*	Istituto Agrario San Michele all'Adige Research and Innovation Centre, Italy
Chlorella variabilis	2010.09	小球藻	46.1595	65.5	9 780	*Plant Cell*	Centre National de la Recherche Scientifique, France
Glycine soja	2010.12	野生大豆	—	—	—	*PNAS*	Seoul National University, Korea
Jatropha curcas	2010.12	麻风树	297.661	33.8	—	*DNA Research*	Kazusa DNA Research Institute, Japan
Theobroma cacao	2010.12	可可树	345.994	34.69	28 624	*Nature Genetics*	CIRAD-Biological Systems Department-UMR DAP, France
Fragaria vesca	2010.12	森林草莓	214.373	38.98	34 301	*Nature Genetics*	University of North Texas, Denton, Texas, USA
Aureococcus anophagefferens	2011.02	褐潮藻类	56.6 606	67.4	11 522	*PNAS*	Stony Brook University, USA
Selaginella moellendorffii	2011.05	卷柏	212.502	45.2	22 212	*Science*	Purdue University, USA

物种学名	发表时间	中文名	基因组大小(Mb)	GC含量(%)	估计基因数目(个)	期刊	第一作者单位
Phoenix dactylifera	2011.05	枣椰树	555.607	39.3	28 889	Nature Biotechnology	Weill Cornell Medical College in Qatar, Qatar
Arabidopsis lyrata	2011.05	琴叶芥	206.668	36.1	32 534	Nature Genetics	University of Southern California, USA
Solanum tuberosum	2011.07	马铃薯	844	35.6	39 031	Nature	BGI-Shenzhen, China
Brassica rapa	2011.08	白菜	485	35.57	41 174	Nature Genetics	The Brassica rapa Genome Sequencing Project Consortium., China
Thellungiella parvula	2011.08	条叶蓝芥	137.073	35.76	25 097	Nature Genetics	University of Illinois at Urbana-Champaign, USA
Cannabis sativa	2011.10	印度大麻	757.439	34.8	—	Genome biology	University of Toronto, Canada
Cajanus cajan	2011.11	木豆	833.07	33.7	48 680	Nature Biotechnology	International Crops Research Institute for the Semi-Arid Tropics (ICRISAT), India
Medicago truncatula	2011.11	蒺藜苜蓿	314.478	35.94	43 683	Nature	University of Minnesota, St Paul, USA
Cyanophora paradoxa	2012.02	蓝载藻	—	—	—	Science	Rutgers University, USA
Setaria italica	2012.05	谷子	515	46.2	38 801	Nature Biotechnology	University of Georgia, USA
Solanum lycopersicum	2012.05	西红柿	900	34.93	33 585	Nature	The Tomato Genome Consortium
Musa acuminata	2012.07	香蕉	523	40.36	36 542	Nature	Centre de coopération Internationale en Recherche Agronomique pour le Développement, France
Cucumis melo	2012.07	甜瓜	375	33.2	27 427	PNAS	Institut de Recerca i Tecnologia Agroalimentàries.Barcelona, Spain
Linum usitatissimum	2012.07	亚麻	282.202	39.5	—	Plant Journal	BGI-Shenzen, China
Thellungiella salsuginea	2012.07	盐芥	231.893	37.73	28 457	PNAS	Institute of Genetics and Developmental Biology, CAS, China
Gossypium raimondii	2012.08	雷蒙德氏棉	775.2	33.4	40 976	Nature Genetics	Cotton Research Institute, CAAS, China
Hordeum vulgare	2012.10	大麦	4 980	44.3	26 159	Nature	International Barley Genome Sequencing Consortium
Bigelowiella natans	2012.11	一种小型藻	91.4059	44.9	—	Nature	Dalhousie University, Canada
Triticum aestivum	2012.11	小麦	13 427	43.5	—	Nature	University of Liverpool, UK
Citrus sinensis	2012.11	甜橙	327.83	35.33	28 494	Nature Genetics	Huazhong Agricultural University, China
Citrullus lanatus	2012.11	西瓜	353.5	32.9	23 440	Nature Genetics	Beijing Academy of Agriculture and Forestry Sciences, China
Pyrus bretschneideri	2012.11	梨	550	37.3	42 812	Genome Research	Nanjing Agricultural University, China
Guillardia theta	2012.11	一种小型藻	87.1453	52.9	24 923	Nature	Dalhousie University, Canada

续表

物种学名	发表时间	中文名	基因组大小(Mb)	GC含量(%)	估计基因数目(个)	期刊	第一作者单位
Prunus mume	2012.12	果梅	234.03	38.33	15 293	*Nature Communications*	Beijing Forestry University, China
Cicer arietinum	2013.01	鹰嘴豆	530.894	32.67	28 336	*Nature Biotechnology*	International Crops Research Institute for the Semi-Arid Tropics (ICRISAT), India
Phyllostachys heterocycla	2013.02	毛竹	2 000	—	31 987	*Nature Genetics*	State Forestry Administration, China
Hevea brasiliensis	2013.02	橡胶树	1 301.4	34.2	—	*BMC Genomics*	Universiti Sains Malaysia, Malaysia
Aegilops tauschii	2013.03	小麦D	3 313.65	46	37 449	*Nature*	CAS, BGI-Shenzhen, China
Oryza brachyantha	2013.03	短花药野生稻	259.908	41.02	24 304	*Nature Communications*	CAS, BGI-Shenzhen, China
Triticum urartu	2013.03	小麦A	4 940	45.6	34 897	*Nature*	CAS, BGI-Shenzhen, China
Prunus persica	2013.03	桃树	227.252	37.5	28 087	*Nature Genetics*	Consiglio per la Ricerca e la Sperimentazione in Agricoltura (CRA)–Centro di Ricerca per la Frutticoltura, Italy
Aegilops tauschii	2013.04	小麦D	4400	—	30 697	*Nature*	Institute of Crop Science, CAAS, China
Picea abies	2013.05	挪威云杉	—	—	24 695	*Nature*	Stockholm University, Sweden
Utricularia gibba	2013.05	丝叶狸藻	—	—	—	*Nature*	Laboratorio Nacional de Genómica para la Biodiversidad (LANGEBIO), México
Emiliania huxleyi	2013.06	海洋球石藻	167.676	65.7	38 549	*Nature*	California State University San Marcos, USA
Symbiodinium minutum	2013.07	虫黄藻	609.476	43.5	—	*Current Biology*	Okinawa Institute of Science and Technology Graduate University, Japan
Elaeis guineensis	2013.07	油棕榈	1 535.02	40.2	—	*Nature*	Malaysian Palm Oil Board, Persiaran Institusi, Malaysia
Elaeis oleifera	2013.07	油棕榈	1 402.73	38	—	*Nature*	Malaysian Palm Oil Board, Persiaran Institusi, Malaysia
Tarenaya hassleriana	2013.08	醉蝶花	249.93	39.4	—	*Plant Cell*	BGI-Shenzhen, China
Nelumbo nucifera	2013.08	中国莲	805.101	38.3	—	*Plant Journal*	Wuhan Botanical Garden, CAS, China
Morus notabilis	2013.09	柔树	320.379	34.9	29 261	*Nature Communications*	Southwest University, China
Actinidia chinensis	2013.10	猕猴桃	604.217	35.2	39040	*Nature Communications*	Hefei University of Technology, China
Populus euphratica	2013.11	胡杨	495.88	32.1	34 279	*Nature Communications*	Lanzhou University, China

物种学名	中文名	发表时间	基因组大小(Mb)	GC含量(%)	估计基因数目(个)	期刊	第一作者单位
Fragaria × ananassa	八倍体草莓	2013.11	697.762	38.9	—	DNA Research	Kazusa DNA Research Institute, Japan
Sorghum bicolor	高粱	2013.12	730	44.25	27 640	Nature	Fisheries and Forestry Queensland (DAFFQ), Australia
Amborella trichopoda	无油樟（互叶梅）	2013.12	706.333	37.5	26 846	Science	Amborella Genome Project
Beta vulgaris	甜菜	2013.12	568.609	37.72	25 142	Nature	Max Planck Institute for Molecular Genetics, Germany
Dianthus caryophyllus	康乃馨	2013.12	567.662	36.4	—	DNA Research	NARO Institute of Floricultural Science (NIFS), Japan
Sesamum indicum	芝麻	2014.02	274.906	34.92	—	Genome Biology	Oil Crops Research Institute, CAAS, China
Capsicum annuum	辣椒	2014.03	3 063.64	35	34 903	PNAS	Sichuan Agricultural University, China
Pinus taeda	火炬松	2014.03	265.48	38.1	—	Genome Biology	University of Maryland, Maryland
Brassica oleracea	甘蓝	2014.05	600	37.21	40 976	Nature communications	Chinese Academy of Agricultural Sciences, China
Raphanus sativus	萝卜	2014.05	500	—	61 572	DNA Research	Tohoku University, Japan
Gossypium arboretum	木本棉	2014.05	1 936	35	—	Nature Genetics	Cotton Research Institute, CAAS, China
Phaseolus vulgaris	菜豆	2014.06	521.077	36.22	28 134	Nature Genetics	US Department of Energy Joint Genome Institute, USA HudsonAlpha Institute for Biotechnology, USA
Citrus maxima	柚	2014.06	—	—	—	Nat Biotechnol	US Department of Energy Joint Genome Institute, USA
Citrus reticulata	橘子	2014.06	—	—	—	Nat Biotechnol	US Department of Energy Joint Genome Institute, USA
Citrus grandis	柚子	2014.06	—	—	—	Nat Biotechnol	US Department of Energy Joint Genome Institute, USA
Citrus aurantium	酸橙	2014.06	—	—	—	Nat Biotechnol	US Department of Energy Joint Genome Institute, USA
Gossypium arboreum	木本棉	2014.06	2 400	35	—	Nature Genetics	Cotton Research Institute, CAAS, China
Eucalyptus grandis	巨桉树	2014.06	691.27	39.3	36 379	Nature	University of Pretoria, South Africa
Aegilops speltoides	小麦 B	2014.07	6 274	46.7	38 000	Science	International Wheat Genome Sequencing Consortium (IWGSC)
Phalaenopsis equestris	小兰屿蝴蝶兰	2014.11	1 200	34.4	29 431	Nature Genetics	National Orchid Conservation Center of China and Orchid Conservation and Research Center of Shenzhen, China
Symbiodinium kawagutii	甲藻	2015.11	1 180	—	—	Science	Xiamen University, China University of Connecticut, USA

第四篇 微生物基因组

微生物是生命世界的重要组成部分。微生物一般是指真菌、细菌与病毒，有时也包括古菌以及一些单细胞的原生动物。据估计，地球上至少有 3.7×10^{30} 个物种的微生物，而个体总数更是"天文数字"。

微生物基因组研究是开始最早、发现最多、进展最快的领域，而 META 基因组学的策略和技术则被认为是继显微镜之后微生物研究最重要的突破。

第一章 真 菌

真菌是最简单、最常见的单细胞真核生物。

真菌广泛分布于土壤、水域、大气和生物体内外环境。有些真菌是人类和其他动物的病原，另一些真菌能转化土壤中的有机物质，在环境有机质降解中起关键作用。还有一些真菌在发酵工业、食品加工业、抗生素生产中已为人类创造了巨大的利益。

对真菌基因组的研究是从 1996 年酿酒酵母（*Saccharomyces cerevisiae*）的基因组测序和分析开始的。由于真菌基因组相对简单，测序和注释相对容易，并易于培养和遗传操作，一直是真核生物研究的最佳模式生物之一。特别是对从单细胞到原始多细胞生物的细胞分化、无性生殖到有性生殖的演化和系统发生学研究有重要意义。

要注意：真菌不是"菌"（一般把细菌称为"菌"）。

真菌基因组大小一般为 2.5~80 Mb。一般来说，真菌的编码基因占 37%~61%，大小平均为 1.3~2.0 Kb，多数真菌基因没有或只有几个短小的内含子。

自然界存在的真菌超过 10 万个物种。迄今，近百种真菌基因组已被测序和初步分析，揭示了真核基因组的一些特点。如新型隐球酵母（*Cryptococcus neoformans*）的每个基因平均含 5~6 个内含子，子囊菌（Ascomycetes）平均每个基因只有 1~2 个内含子。真菌基因的内含子较小，许多子囊菌的内含子平均只有 80~150 bp，而担子菌（Basidiomycetes）类的新型隐球酵母的内含子平均大小为 68 bp，甚至有一些小于 35 bp 的内含子。

本章选择有代表性的酿酒酵母（模式生物）、2 种曲霉、2 种病原真菌、1 种高级真菌，还有 1 种实质上不属真菌的原生动物作简要介绍。

一、酿酒酵母 *Saccharomyces cerevisiae*

酿酒酵母是与人类关系最为密切的一种酵母，传统上它用于经典生物产业的酿酒、面包和馒头等食品制作，生物学研究中用作真核模式生物，而最重要的是用作遗传工程的工程细胞，并已成为合成基因组学的里程碑 —— 单细胞真核基因组的设计和合成。

酿酒酵母本身便入药。"食母生"即为酵母菌的干燥菌体粉碎而成，含有多种 B 族维生素，可用于食欲不佳、消化不良的辅助治疗。

酿酒酵母的基因组大小约为 12 Mb，由 16 条染色体组成。

The genome of wine yeast *Dekkera bruxellensis* provides a tool to explore its food-related properties

Jure Piškur [a,b,*], Zhihao Ling [b], Marina Marcet-Houben [c], Olena P. Ishchuk [b], Andrea Aerts [d], Kurt LaButti [d], Alex Copeland [d], Erika Lindquist [d], Kerrie Barry [d], Concetta Compagno [e], Linda Bisson [f], Igor V. Grigoriev [d], Toni Gabaldón [c], Trevor Phister [g]

图 3.193　另一用于酿酒的酵母及基因组论文示例

在酵母中进行功能互补实验是一种研究人类基因功能的常用方法。如果一个功能未知的人类基因可以补偿酵母中某个具有已知功能的突变基因，则表明两者具有相似的功能。而对于一些功能已知的人类基因，互补实验可以揭示酵母相关功能及机制。例如与半乳糖血症相关的 3 个人类基因 *GALK2*（半乳糖激酶）、*GALT*（UDP- 半乳糖转移酶）和 *GALE*（UDP- 半乳糖异构酶）能分别补偿酵母中相应的 *GAL1*、*GAL7*、*GAL10* 基因突变。

酿酒酵母的生物学研究有很好的生物学基础，是生物工程以至于合成生物学的重要真核工程细胞。酿酒酵母是第一个被证明在演化史上经历全基因组加倍的真核生物。而著名的用于研究基因相互作用的"酵母双杂交系统"是重要的分子生物学实验技术。HGP 曾将它列入模式生物，Sc2.0 计划则旨在重新设计和合成单细胞真核酵母的全基因组。

二、黄曲霉 *Aspergillus flavus*

黄曲霉是典型的利、害各半的真菌。

Bisulfite Sequencing Reveals That *Aspergillus flavus* Holds a Hollow in DNA Methylation

Si-Yang Liu [1,2§], Jian-Qing Lin [1§], Hong-Long Wu [2§], Cheng-Cheng Wang [1], Shu-Jia Huang [2], Yan-Feng Luo [1], Ji-Hua Sun [2], Jian-Xiang Zhou [1], Shu-Jing Yan [2], Jian-Guo He [1*], Jun Wang [2*], Zhu-Mei He [1*]

图 3.194　黄曲霉及外饰基因组论文示例

黄曲霉属半知菌类，常见的腐生真菌。多见于发霉的粮食、粮制品及其他霉腐的有机物上，对作物造成很大的危害。黄曲霉产生高致癌、致畸毒性的黄曲霉素 (aflatoxin)。严重威胁人类健康的霉菌感染大约 30% 是由黄曲霉引起的。一些黄曲霉是传统酿造工业的常用菌种，用于淀粉酶、蛋白酶和磷酸二酯酶等的发酵生产。

黄曲霉的基因组有 8 条染色体，大小约 36 Mb，已注释了约 13 485 个编码基因。

黄曲霉基因组研究最重要的发现是未检出 DNA 的甲基化修饰，这是真核细胞中最特殊的，但还有待进一步的证明。

三、米曲霉 *Aspergillus oryzae*

米曲霉也是传统酿造工业的常用菌种。

米曲霉和一些近缘的曲霉属真菌都能引起曲霉病。

米曲霉是一类生产复合酶的菌株，1000多年来一直广泛应用于饲料、食品和酿酒等发酵工业。除生产蛋白酶外，还可生产淀粉酶、糖化酶、纤维素酶、植酸酶等；淀粉酶可将直链、支链淀粉降解为糊精及各种小分子糖类，如麦芽糖、葡萄糖等；蛋白酶可将不易消化的大分子蛋白质降解为蛋白胨、多肽及各种氨基酸；纤维素酶可以使粗纤维、植酸等难以吸收的物质降解，提高营养价值和消化率。

米曲霉基因组有8条染色体，大小约37 Mb，已注释了约1.2万个编码基因。与近缘的曲霉菌相比，米曲霉基因组要大7~9 Mb。

四、白色念珠菌 *Canidia albicans*

白色念珠菌（曾称白假丝酵母），广泛存在于自然界与正常人体。

白色念珠菌存在于正常人体的口腔、上呼吸道、肠道及阴道中，但数量少，不致病，为条件致病性真菌。在免疫缺陷者体内可引起反复浅表性黏膜感染或严重的系统性感染。临床上最常见的感染是口腔念珠菌病和念珠菌性阴道炎。

白色念珠菌标准株 SC5314 的基因组全长约 14.85 Mb，比酿酒酵母的基因组略大，其线粒体的环状 DNA 大小约 80 Kb。

白色念珠菌的基因组研究有两个特有的发现：独特的遗传密码和较高的突变率。

白色念珠菌的 CUG 密码子为丝氨酸而不是亮氨酸，大约三分之二的 ORF 使用这个不常见的密码。白色念珠菌基因组中碱基的替换频率大约是 1/273，显著高于人类和其他真核生物基因组的突变频率，这有可能与白色念珠菌的遗传多样性和耐药性有关。

白色念珠菌与酿酒酵母的氨基酸同源性达 62.3%，与其他真核生物的同源性约 42.6%。

白色念珠菌是二倍体（有8对同源染色体），无性周期，只能以菌体(thalli)、菌丝(hyphae)和假菌丝(pseudo-hyphae)的形式存在。菌丝形式更易附着和侵入宿主组织，因而更具致病力。

五、稻瘟病菌 *Magnaporthe oryzae*

稻瘟病菌是极具破坏性的植物病原真菌，是水稻的最重要病害。

稻瘟病是一种世界性水稻病害，每年因这一病害损失的粮食至少可供养6000万人。除了水稻，某些稻瘟病菌还可感染大麦、小麦、珍珠粟。

稻瘟病菌是研究植物病原真菌和宿主相互作用的一种理想模式生物。

稻瘟病菌有很好的研究基础，如与被广泛研究的非致病菌粗糙脉孢菌 (*Neurospora crassa*) 亲缘较近，有利于进行比较基因组学等研究；可在实验室里培养，拥有一套很成熟的转化体系，方便进行生物化学和分子生物学分析；其主要寄主水稻的基因组已经完成。

稻瘟病菌基因组有7条染色体，大小为 37.89 Mb，已注释了 11 109 个编码基因。

六、灵芝 *Ganoderma lucidum*

灵芝是重要的药用高级大型真菌（具细胞高度分化的子实体），是具有数千年历史的中国传统药材。原产于亚洲东部，在中国南方分布很广，现多为人工栽培。

图 3.195　灵芝及基因组论文

灵芝基因组由 13 条染色体组成，大小约 43.3 Mb，已注释了 16 113 个编码基因。

灵芝基因组含多种细胞色素 P450、转运蛋白和调控因子等与次生代谢产物合成、运输和调控相关的基因。但与其次级代谢产物有关的途径和基因尚不很清楚，影响了对其有效成分的鉴定和相关研究。

对大型真菌，包括药用菌与食用菌的基因组研究还刚刚开始，特别是"冬虫夏草"等共生或寄生的大型菌的研究具有生物学研究和生物产业的多方面意义。

七、兔脑炎原虫 *Encephalitozoon cuniculi*

兔脑炎原虫是最早发现的感染哺乳动物的单细胞微孢子虫，属原生动物。兔脑炎原虫最重要的特点是没有线粒体。

兔脑炎原虫早在 1922 年便因发现于兔脑而得名。宿主广泛，包括无脊椎动物（昆虫）、啮齿类动物、兔形动物、草食动物、肉食动物、禽类和灵长类动物等。感染人体时，可影响神经系统、呼吸系统和消化系统。近十几年来有很多有关兔脑炎原虫引起艾滋病患者致死性感染的临床报道。

兔脑炎原虫有 11 条染色体，是已知最小的真核生物基因组之一，只有 2.5 Mb，注释了约 2000 个编码基因。

第二章　细　　菌

细菌是原核生物中最重要的一个类别，是自然界分布最广、个体数量最多的生命体，也是自然界物质循环的主要参与者，与人类健康关系极为密切。

本章根据其与人类的医学和经济意义，将细菌人为地分为医学细菌、工业细菌和农业细菌 3 部分，仅选择数个典型的代表性物种简单介绍基因组及其他特点。

大部分种类的细菌为单细胞结构，拥有相似的基本构造，含细胞质、细胞壁和细胞膜，很多细菌有鞭毛等。但也有一些例外，如支原体缺少细胞壁结构，蓝细菌中的螺旋藻为多细胞生物 [中间的细胞被称为异形胞 (heterocyst)，并具原始的细胞分化，与周围其他细胞具有不同的功能]。

根据基本形态，可将细菌分为球菌、杆菌、螺旋菌 3 个主要类别；根据其细胞壁结构和染色反应，又可将其分为革兰氏阳性细菌 (*Gram-positive bacteria*，如芽孢杆菌、链球菌、葡萄球菌等) 和革兰氏阴性细菌 (*Gram-negative bacteria*，如埃希氏菌、志贺菌、耶尔森菌等)。

框 3.85   **革兰氏染色法**

    革兰氏染色法是细菌学中广泛使用的一种鉴别染色法，由丹麦细菌学家 Christain Gram 于 1884 年创立。据此可将细菌分为革兰氏阳性 (G+) 细菌和革兰氏阴性 (G−) 细菌两大类。

    革兰氏染色法的基本步骤是：将干燥、固定好的细菌涂片先用结晶紫进行初染，再用碘液媒染，然后用脱色剂（如乙醇）脱色，最后用复染剂（如蕃红）复染。

    经过结晶紫初染和碘液媒染后，细菌的细胞壁内形成了不溶于水的结晶紫与碘复合物，G+ 细菌细胞壁较厚，肽聚糖含量高、层次较多且交联致密。在脱色处理时，肽聚糖层孔径缩小，通透性降低，因此细菌仍保留初染时的蓝紫色。而 G− 细菌因其细胞壁薄、外膜层类脂含量高、肽聚糖层薄且交联度差，用脱色剂处理时，以类脂为主的外膜溶解，细胞壁通透性增加，结晶紫与碘复合物溶出，从而使细菌脱色。之后，细胞又被染上复染液而呈现红色。

    革兰氏染色具有重要的临床意义，在选择抗生素方面意义重大。多数 G+ 细菌对青霉素敏感，而 G− 细菌对青霉素不敏感而对链霉素、氯霉素敏感。此外，G+ 细菌和 G− 细菌的致病机理不同，大多数 G+ 细菌的致病物质为外毒素，而 G− 细菌的致病物质主要为内毒素。

    对细菌的研究早在 19 世纪初就已开始。光学显微镜和免疫学技术，以及后来的电子显微镜和分子生物学技术开创了真正的细菌生物学时代。

    META 基因组研究再次把微生物特别是细菌基因组的研究推向生命科学的前沿。如人类肠道细菌已知共有近千万个基因或 ORF，这些基因分属于 2000 多个不同物种的细菌，每个人肠道中都有至少 200 余种细菌。

    细菌与人类有着十分密切的关系。细菌是许多疾病的病原体，如肺结核、梅毒、炭疽病、鼠疫等严重疾病都是由细菌感染引起的。但同时细菌又与人类健康密切相关。人体肠道的正常微生物组群，如双歧杆菌 (*Bacillus*)、乳酸杆菌 (*Lactobacillus*) 等，能够合成人体生长发育所必须的营养物质，促进钙、铁、维生素 D 的吸收，还能够促进肠道蠕动，帮助人体排除有毒、有害物质。另外，细菌对生物产业也是不可或缺的，如一些抗生素和食品添加剂的生产及废水的处理等，土壤的肥沃也在很大程度上取决于土壤中细菌组群的种类和活动。能使农作物抗鳞翅目害虫的 Bt 蛋白，也源于苏云金芽孢杆菌 (*Bacillus thuringiensis*)。而大肠杆菌一直是生物学研究的重要模式生物，生物工程的重要工程细胞。正是对细菌的研究产生了"最小基因组"等重要概念和新的研究技术。

细菌基因组的特征在原核生物中很有代表性。

    细菌基因组具有以下共同点。

    (1) 基因组紧凑，编码基因中无内含子，因此也没有可变剪切，这是与真核细胞的主要区别。

    (2) 一般只有一个环状或线性的 dsDNA 分子，称主基因组或细菌染色体。

    (3) 有不同拷贝数的质粒。绝大多数的质粒都是共价闭合的环状 DNA (covalently closed circular DNA, cccDNA) 分子，质量为细菌染色体的 0.5%~3%。质粒含复制启动子，可自主复制。质粒携带许多基因，影响细菌的生物学性状，但它并非细菌生命活动所必须；后被开发成分子生物学的重要实验材料（载体），在遗传学和基因组学研究中发挥了重要作用。

    (4) 编码基因多为单拷贝，而编码 RNA(tRNA、rRNA) 的基因通常为多拷贝。

    (5) 细菌基因组中，功能相关的几个结构基因往往串联按序排列在一起，共用上游的调控区等功能因子，即"操纵子 (operon)"。

    (6) 基因组中存在可移动的 DNA 序列片段，即转位因子。

框 3.86   **人体的"第二基因组"**

    人体内共生的微生物组群的总和称为人类 META 基因组。人体的生理代谢和生长发育等生物学现象除受自身的核基因控制外，还受大量共生微生物组群的影响，故称"第二基因组 (the human other genome)"。肠道微生物组群可调节人体脂肪和糖的储存活动，因而与肥胖症与糖尿病密切相关；能够产生神经毒素的梭状芽孢杆菌如果在肠道内过度生长，与儿童自闭症等神经性疾病发生可能有关。

　　由于自然界中 99.9 % 以上的细菌无法或者很难在实验室中分离提纯而得到单个克隆群落，也无法进行单个菌株的基因组测序。此外，一个自然环境中的众多微生物是一个有机的共生群落，如果将单个菌种从所处生境中分离出，孤立地研究其生理生化特性和基因组特征，将无法了解该生存环境中物种间的相互依赖或制约作用。正因为这样，META 基因组技术发挥了特有的优势，因此被誉为继显微镜之后的研究微生物世界的重大突破。

　　1986 年，美国 University of Illinois（伊利诺伊大学）的研究团队就提出直接从环境的混合样本中克隆核糖体小亚基 DNA（16S rDNA），并首次运用非纯培养方法展开微生物多样性的研究。MPH 的应用开始了真正意义的 META 基因组学研究。

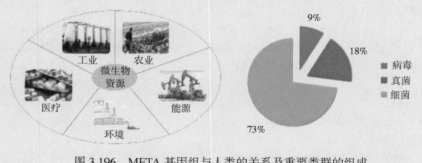

图 3.196　META 基因组与人类的关系及重要类群的组成

框 3.87　　　　　　　　　　　　　　　　　细菌的分类

　　细菌基因组学研究的一个重要贡献，就是促进了细菌分类学的发展。

　　传统的微生物系统分类是根据菌落的形态特征、显微结构特点、生理生化特性及免疫学特征对菌种进行分离鉴定。由于细菌种属间生理生化特征相似，传统的微生物分类方法不能保证足够的准确性。

　　20 世纪 60 年代以来，随着分子生物学的发展，16S rRNA 基因作为细胞中的"活化石"，逐渐用于细菌的分类鉴定中，成为细菌分类的"金标准"。通过分析 16S rRNA 基因（16S rDNA）序列及其二级、高级结构，可以判定不同种、菌种间的遗传关系。全基因组序列的比较分析给细菌分类提供了最全面、最合理的依据。

　　根据 16S rRNA 演化树，将整个生物界分为真核生物域、细菌域、古菌域。

一、医学细菌

　　截至 2015 年年初，NCBI 上记录的已完成基因组测序的细菌已超过 3000 个物种。

（一）大肠杆菌 *Escherichia coli*

　　大肠杆菌（*E. coli*）是 HGP 中唯一的原核模式生物。

　　E. coli 是肠杆菌科埃希氏菌属的一种革兰氏阴性短杆菌，周身鞭毛、无芽孢。*E. coli* 为人类和动物肠道中的常栖共生菌，大部分菌株无害。但某些血清型，如 EHEC（EnteroHemorrhage *E. coli*，肠出血性大肠杆菌）中的 O157∶H7 等，具有较强的致病性，称为致病性大肠杆菌。此外，大肠杆菌是最为常用的环境卫生监测指示菌。

　　E. coli 是研究微生物遗传的重要材料。*E. coli* 遗传背景清晰、操作简单、转化率高、生长快，产物的表达水平高。自 20 世纪 70 年代以来，*E. coli* 一直是遗传工程中应用最为广泛的克隆、表达系统和工程细胞。

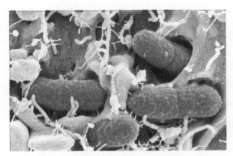

图 3.197 大肠杆菌的电镜扫描图

　　质粒的发现是 20 世纪生命科学领域的一个重大事件。大肠杆菌的 F 因子 (Fertility factor, 致育因子, 即 F 质粒) 是第一个被发现的细菌质粒, 主要存在于革兰氏阴性菌中。迄今为止, 已在大肠杆菌各种菌株中找到了不同类型的质粒, 研究较深入的有 F 质粒、R 质粒 (抗药性因子) 和 Col 质粒 (产大肠杆菌素因子) 等。由这些质粒改造成的具有不同功能的专用质粒, 已成为基因工程中不可或缺的克隆载体。

框 3.88　　　　　　　　　　　**质粒的发现和应用**

　　1946 年, 时年 22 岁的美国 Columbia University (哥伦比亚大学) 学生 Joshua Lederberg 到 Yale University (耶鲁大学) 的 Edward Tatum 实验室实习。出于对"细菌杂交"的兴趣, Lederberg 试图使用两种多营养缺陷型 (multiple auxotrophs) 大肠杆菌进行"杂交"来鉴别细菌"杂交"中产生的是突变还是重组, 由此发现了细菌的遗传重组。

图 3.198　Joshua Lederberg　　　图 3.199　Edward Tatum

　　1952 年, 英国 Royal Postgraduate Medical School (皇家医学研究生院) 的 William Hayes 发现细菌中存在 F 因子单向传递的现象。根据这一重要发现, Lederberg 引入了一个新的术语 plasmid, 即质粒。按照 Lederberg 的定义, 质粒是一种细胞内染色体外 (episomic) 的遗传机器。由于质粒主要用于对细菌的研究, 后来习惯上已经把质粒用来专指细菌、酵母菌和放线菌等微生物中染色体以外的 DNA 分子。

　　1953 年, Lederberg 发现温和噬菌体 λ 可以整合进大肠杆菌染色体。Lederberg 采用两株大肠杆菌的营养缺陷型进行实验, 奠定了研究细菌接合 (conjugation) 的方法学基础。1956 年, Lederberg 又在大肠杆菌 K12 菌株中发现 λ 噬菌体能够进行特异性转导 (transduction)。Lederberg 因其在细菌遗传学等方面的突出贡献, 与另外两位科学家分享了 1958 年的诺贝尔生理学或医学奖。

　　目前已完成基因组测序的 *E. coli* 至少有 100 多株, 以及来自不同菌株的近 400 个质粒的序列, 现举大肠杆菌属的两种典型菌为例。

1. 大肠杆菌 K-12

最早完成基因组序列测定的 *E. coli* 菌株为 *E. coli* K-12 (*Escherichia coli* K-12) MG1655，它是非致病性大肠杆菌的代表菌株。

E. coli K-12 基因组为环状 dsDNA，大小为 4.6 Mb，其中 87.8% 为编码基因的序列，0.7% 为重复序列，其余为调节序列或功能未明的序列。

E. coli K-12 基因组含 4288 个编码基因，其中 1853 个基因已经生物学鉴定，其余的是通过生物信息学的分析注释的。*E. coli* K-12 的复制起点位于区间 3.9~3.95 Mb。*E. coli* K-12 复制的先导链中呈 G 偏好，即先导链中 G 的含量 (26.22%) 高于 C(24.69%)。这种"偏好"现象存在于整个基因组。

基因组序列分析还确定了全部 14 个编码鞭毛的基因，其中 2 个为以前已经知道的 *flgM* 及 *flgL* 基因，其余则通过与沙门氏菌的编码鞭毛的基因比对而得。

2. EHEC

EHEC 首先分离自 1982 年流行的一次出血性结肠炎 (Hemorrhagic-Colitis, HC)，为小儿出血性肠炎的主要病原。后又发现了一系列近缘菌株。

O157: H7 和 O104: H4 是 EHEC 的代表菌株，两者都能产生在生物学性质上类似于痢疾志贺菌产生的 ST(Shiga Toxin，志贺毒素)，因此被称为 SLT (Shiga-Like Toxin，志贺样毒素)，具有高致病性。感染者可能出现腹泻、出血性结肠炎、溶血性尿毒综合征 (Hemolytic Uremic Syndrome，HUS) 和血栓性血小板减少性紫癜 (Thrombotic Thrombocytopenic Purpura，TTP) 等并发症，甚至死亡。O157: H7 是 1996 年日本 EHEC 疫情的主要病原，感染者大多不到 18 岁，多为婴幼儿。O104: H4 则是 2011 年德国 EHEC 疫情的主要致病菌，感染者主要是成人，约 25% 的患者表现出 HUS 症状。

几乎所有的 *E. coli* O157：H7 均含有一个约 93 Kb 的特异性大质粒 pO157，该质粒上的 *hly*、*katP*、*espP*、*toxB*、*stcE* 已被确认与细菌致病机制密切相关。ST 和 SLT 两者都是重要的致病毒力因子。LEE (Locus of Enterocyte Effacement，肠细胞脱落位点) 毒力岛主要部分是五个由多顺反子组成的操纵子。

E. coli O157：H 株由引起婴儿腹泻不产毒素的病原菌 O55：H7 演化而来。一致认同的与其致病性有关的主要致病基因有 SLT、大毒力质粒 pO157 和 LEE 毒力岛等。

O157: H7 EDL933 株分离自美国 EHEC。

在 EDL933 株中，有 1387 个大小不同的潜在致病基因，与选择性代谢能力和一些原噬菌体及其新功能有关；有 21 个特异性序列编码溶血素、菌毛、侵袭性相关蛋白及与铁、脂肪和糖代谢相关的因子等，与已报道的毒力因子或潜在毒力因子具有较高的同源性。与非致病菌株 *E. coli* K-12 MG1655 的比较，发现多个来源于细菌、病毒和其他微生物的基因水平转移。

O157: H7 Sakai 株基因组大小为 5.5 Mb，比 K-12 大得多，两者有约 4.1 Mb 的高度保守序列。其余 1.4 Mb 则为 O157 Sakai 所特有，并且大多数是来自未知的外源 DNA 片段的水平转移。

O157 Sakai 染色体的 5361 个 ORF 中，有 3729 个存在于 K-12 中。其余 1632 个 ORF 中，有 873 个功能已知，369 与与未知功能的编码基因相似，只有 ORF 为 O157 Sakai 特有。在它们所编码的所有蛋白中，至少有 131 种与毒力有关。O157 的毒力因子来源广泛，基因的插入或缺失会使菌株的毒力发生改变，并有可能产生更强的毒力株。这种基因的水平转移和 O157 菌株 DNA 修复基因缺陷导致更多突变株的产生。

对 O157 Sakai 基因组密码子的使用分析表明，O157 Sakai 特有的 20 种 tRNA 与其基因的有效表达有关。

（二）流感嗜血杆菌 *Haemophilus influenzae*

流感嗜血杆菌是最早完成全基因组测序和初步分析的原核生物，也是第一个使用"全基因组霰弹法"测序的细菌。目前有 17 株 *H. influenzae* 菌株已完成全基因组测序。

H. influenzae 是一种革兰氏阴性小杆菌，根据其荚膜多糖的成分可分为 a、b、c、d、e、f 共 6 个血清型和不能跟这 6 种抗血清中的任何一种发生反应的 NTHi (NonTypeable *Haemophilus influenzae*，非分型流感嗜血杆菌)，其中以 b 型流感嗜血杆菌的毒性最强，临床感染病例最多。

无毒力的 *H. influenzae* RdKW20 的基因组为环状 dsDNA，大小为 1.83 Mb，含 1765 个编码基因。平均 GC 含量为 38%，存在一些富含 AT 的区域。RdKW20 的复制起始序列是一段长 280 bp 的片段，由 3 个 13 bp 和 4 个 9 bp 的重复序列组成，类似于大肠杆菌的 oriC。这段序列位于核糖体启动子 rrnF、rrnE、rrnD、rrnA、rrnB、rrnC 之间，并可按相反的方向进行转录。

RdKW20 基因组共包括 6 个 rRNA 操纵子，它们都是由 3 个亚单位和 1 个可变的间隔区 (spacer) 组成，按顺序依次为：16S 亚单位 (长 1539 bp)，间隔区 (长 2653 bp)，23S 亚单位，5S 亚单位。3 个亚单位的 GC 含量为 50%，远高于基因组的平均含量 (38%)，而间隔区的 GC 含量仍为 38%，接近基因组的平均含量，提示编码 rRNA 区域与整个生物演化的模式是不同的。在 6 个操纵子中，基因结构有所不同。一类的间隔区较短，大约为 478 bp，如 rrnB、rrnE、rrnF；另一类的间隔区较长，大约为 723 bp，包含 *tRNA*^{Ile}、*tRNA*^{Ala} 两个基因。

RdKW20 有一个高效率的 DNA 转运系统 (DNA transfer system)，其保守序列为 5'-AAGTGCGGT，在基因组中有多个拷贝，可能与摄取 DNA 的序列有关。基因组分析发现 15 个与 DNA 转运有关的基因，其中 *comA*、*comB*、*comC*、*comD*、*comE*、*comF* 6 个基因组成一个操纵子，该操纵子由竞争性调控元件 CRE (Competence Regulatory Element) 对其进行正向调控。CRE 是一个长 22 bp 的回文序列 (palindromic sequence)，在基因组中还发现另外一些 CRE 和在 CRE 控制下的潜在的转运基因。

RdKW20 全序列分析表明，其基因组中不含常见的毒力基因，如编码脂多糖荚膜的基因、色氨酸代谢相关基因 *tnaABC*、使血红素凝集的菌毛基因 *hifABCDE* 等，这在其他毒株中 3 个基因的侧翼为一个顺向重复序列。以荚膜基因为例，流感嗜血杆菌 b 型 (有毒株) 的荚膜基因作为一个复合转位因子与一个 711 bp 的顺向重复序列 IS1016 相连，而在同一位置上，Rd 型却只有一个简单的 IS1016，没有荚膜基因。

（三）鼠疫耶尔森菌 *Yersinia pestis*

鼠疫耶尔森菌（鼠疫杆菌）属于肠杆菌科耶尔森菌属，革兰氏阴性，也是一种重要的病原细菌。

图 3.200　鼠疫杆菌 (a) 及 1910 年鼠疫大流行的场景

Y. pestis 是烈性传染病鼠疫的病原，引起淋巴腺鼠疫（俗称黑死病），死亡率高达 90%。历史上曾记载过 3 次世界范围的鼠疫大流行，死亡人数上亿。

　　Y. pestis 是短小的革兰氏阴性杆菌，为 *Yersinia* 属。*Yersinia* 属含 3 种致病菌，另 2 种是假结核耶尔森菌 (*Yersinia pseudotuberculosis*) 和小肠结肠炎耶尔森菌 (*Yersinia enterocolitica*)。研究表明，*Y. pestis* 由 *Y. pseudotuberculosis* 演化而来。

　　20 世纪 50 年代，比利时 Congo Belge 的 Laboratoire Medical de Costermansville（科斯特曼斯维尔医学实验室）的 Devignat 根据 *Y. pestis* 对硝酸盐还原和甘油酵解能力，将其分为古老变种、中世纪变种和东方变种 3 种生物型，它们分别与世界上 3 次鼠疫大流行有关。

　　经过多年努力，中国已有效地控制鼠疫，并且对 *Y. pestis* 的研究作出多方面的贡献。

　　中国军事医学科学院杨瑞馥团队根据 *Y. pestis* 对阿拉伯糖的酵解能力提出一种新的生物型——田鼠型，该型只能使田鼠等小型动物致死。

　　杨瑞馥团队还分析了 133 个（大部分分离自不同属的啮齿类和非灵长目哺乳动物以及患者与跳蚤）*Y. pestis* 基因组序列，基本上代表了在中国所有流行地采集的 5000 多个菌株，鉴定了 2326 个 SNP。初步阐明了 *Y. pestis* 在中国的起源地、演化史与迁移路线。

　　鼠疫菌中假基因已引起了广泛的关注。对来自中国不同疫源地的 *Y. pestis* 进行微演化的分析，认为假基因的积累是 *Y. pestis* 在由 *Y. pseudotuberculosis* 演化过程中为了适应相应的生态环境而发生的变化。

110:577, 2013 **PNAS**

Historical variations in mutation rate in an epidemic pathogen, *Yersinia pestis*

Yujun Cui[a,b,1], Chang Yu[b,1], Yanfeng Yan[a,b,1], Dongfang Li[b,1], Yanjun Li[a,1], Thibaut Jombart[c,1], Lucy A. Weinert[d,1], Zuyun Wang[e], Zhaobiao Guo[a], Lizhi Xu[b], Yujiang Zhang[f], Hancheng Zheng[b], Nan Qin[b], Xiao Xiao[a], Mingshou Wu[g], Xiaoyi Wang[a], Dongsheng Zhou[a], Zhizhen Qi[f], Zongmin Du[a], Honglong Wu[b], Xianwei Yang[b], Hongzhi Cao[b], Hu Wang[g], Jing Wang[h], Shusen Yao[i], Alexander Rakin[j], Yingrui Li[b], Daniel Falush[k], Francois Balloux[k], Mark Achtman[k,2], Yajun Song[a,k,2], Jun Wang[b,2], and Ruifu Yang[a,b,2]

图 3.201　主要贡献者之一杨瑞馥及其 *Y. pestis* 论文

　　Y. pestis 的染色体基因组为一个环状 dsDNA 分子，大小约 4.6 Mb，GC 含量 47.6%，基因编码区占 80% 以上，长 300 bp 左右的 ORF 约有 3600 个，预测基因平均长度为 1000 bp，含较多的插入序列 (insertion sequence，IS)。

　　Y. pestis 通常含有 3 种质粒，即 pCD1、pMT1 和 pPCP1，也有一些不常见的质粒如 PYC 等。在 *Y. pestis* 91001 株的序列中还发现了 pCRY 质粒 (cryptic plasmid)。pCRY 长度为 21 742 bp，编码 IV 型分泌系统。IV 型分泌系统是一种较为复杂的分泌机制，近年来在革兰氏阴性菌中发现与幽门螺杆菌致病机制相关，与 *Y. pestis* 的致病性的关系还有待探索。

　　pCD1 质粒为 *Yersinia* 属 3 种致病菌所共有，也是重要的毒力决定因子。其总长度为 70 599 bp，GC 含量 44.8%。pCD1 质粒编码菌外膜蛋白 (Yersinia outer membrane proteins)、V 抗原以及其他毒力相关的蛋白质。pCD1 质粒较为保守，但散在分布于 IS100、IS285 等插入序列。不同菌株中毒力基因的具体分布存在着较明显的差异。

　　pMT1 质粒是 *Y. pestis* 中最大的质粒，长度在 90~288 Kb 不等，已测序的鼠疫菌株的 pMT1 质粒长度均为 100 Kb 左右，GC 含量约 50.2%。pMT1 质粒编码荚膜抗原和鼠毒素相关蛋白，重要的毒力相关基因大都集中在该质粒的 67.6~85.6 Kb 之间，该区域 GC 含量较低，为 45.8%。CO92、KIM 和 91001 菌株的 pMT1 质粒序列比较分析发现，该质粒在 3 个菌株间存在着不同的片段缺失，且相互间缺失的片段多与伤寒沙门菌的 pHCM2 质粒高度同源，由此推测 *Y. pestis* pMT1 是以与 pHCM2 质粒类似的一个质粒作为骨架演化而来的。

　　pPCP1 质粒为 *Y. pestis* 所特有。以 *Y. pestis* CO92 株为例，其 pPCP1 质粒大小约 9612 bp，GC 含量约 45.27%，在已测序菌株中，pPCP1 质粒同源性极高，仅存在个别核苷酸水平的变异。此质粒除编码区的 ORF 之外，还包含两个 IS100、*Pst*（编码鼠疫菌素）基因和 *Pla*（编码血浆酶原激活蛋白）基因。

　　Y. pestis 十分保守，不同菌株的核苷酸序列同源性较高，同时也存在一定差异。CO92、KMI 和 91001

株的比较基因组学发现，3 个菌株中 90% 以上的 ORF 基本一致。基因的水平缺失造成了 *Y. pestis* 和 *Y. pseudotuberculosis* 显著的遗传差异，也促进了 *Y. pestis* 的种内适应性演化。

　　Y. pestis 具有很强的毒力。通过 *Y. pestis* 和 *Y. pseudotuberculosis* 的毒力基因对比发现，两者编码溶血素、肠毒素等酶的基因都有所变化。*Y. pestis* CO92 基因组中含 21 个基因岛，其中 pgm (pigmentation) 是 *Y. pestis* 最重要的毒力岛之一。*Y. pestis* 中的 pgm 基因的两端存在 IS100，它们之间的同源重组易造成 pgm 的丢失，从而影响菌株的 pgm 表型。

（四）幽门螺旋杆菌 *Helicobacter pylori*

　　幽门螺旋杆菌是第一个被发现并证明的可致癌原核生物。

框 3.90	幽门螺旋杆菌的发现

　　20 世纪 80 年代中期，澳大利亚的胃肠病学家 Barry Marshall 与合作者 Robin Warren 发现了幽门螺杆菌，并提出"细菌引起胃溃疡"的主张。

　　这一说法直接挑战了当时的主流观点——"消化性溃疡是由情绪性的压力及胃酸所引起，只能够以重复的治酸性药物疗程来治疗。"很快，在美国及其他国家所进行的许多旨在反驳他的实验，得到的结果却反而证明他的假设是正确的。此后是漫长的反质疑与验证。

　　截至 1992 年，全世界至少进行了 3 组大规模临床试验。在此基础上，美国 NIH 于 1994 年召开了一次大会，基本上认可幽门螺杆菌是胃溃疡的元凶。此后，这项具有划时代意义的假说又经过了 11 年的检验，才终于获得了诺贝尔生理学或医学奖。

(a)   (b)

图 3.202 幽门螺旋杆菌的发现者 Robin Warren (a) 和 Barry Marshall (b)

　　而这其中，Marshall "以身试菌"的故事一直被引为医学界楷模。由于难以找到合适的志愿者来作人体试验，1984 年的一天，Marshall 吞服了含有大量幽门螺杆菌的培养液，试图让自己患上胃溃疡。5 天后，冒冷汗、进食困难、呕吐、口臭等症状接踵而来。直到 10 天后，Marshall 在胃镜检查时发现，自己的胃黏膜上果然长满了这种"弯曲的细菌"。

　　"Marshall 疯了！"当人们惊呼这种"疯狂举动"的同时，也逐渐意识到，幽门螺杆菌才是胃炎和胃溃疡的罪魁祸首。

　　H. pylori 感染与慢性活动性胃炎、消化性溃疡、胃癌和淋巴瘤等密切相关，被确定为第 I 类致癌因子。*H. pylori* 的基因组研究从一开始就被作为其致病性研究的重要突破口。

　　迄今已有 *H. pylori* 的 73 个染色体和不同菌株中 41 个质粒的序列。约有 50% 的 *H. pylori* 含有质粒，大小为 1.5~4 Kb。*H. pylori* 26695 菌株的基因组大小约为 1.67 Mb，染色体呈环状，不含质粒。全基因组包含 1590 个 ORF，其中 1091 个与数据库中的蛋白质有相似性。

　　H. pylori 基因组中含有致病菌株所特有的基因片段，被称为 *H. pylori* 毒力岛或致病岛 (Pathogenicty Island，PAI)，含细胞毒素相关蛋白基因 *cagA*，称为 cagA-PAI。不同 *H. pylori* 菌株 *cag* 基因存在差异，

表 3.12　*H. pylori* 26695 的基因组概貌

基因组大小	1 667 867 bp
编码区	91%
稳定性 RNA	0.7%
非编码重复序列	2.3%
基因间间隔序列	6.0%
rRNA	（位置）
23S-5S	445 306~448 642 bp，1 473 557~1 473 919 bp
16S	1 209 082~1 207 584 bp，1 511 138~1 512 635 bp
5S	448 041~448 618 bp
tRNA	36 种
DNA 插入序列	IS605（13 个，其中 5 个全长，8 个部分）
	IS606（4 个，其中 2 个全长，2 个部分）
编码区	
ORF 总数	1590 个
有相似蛋白的 ORF 数	1091 个
全新 ORF 数	499 个

已知有 cagA、cagD、cagE 和 virB11 等几种基因型，多数菌株为 cagA 型。部分含 *cagA* 基因的 *H. pylori* 菌株，其基因被插入序列 IS605 分隔成右侧的 cag Ⅰ 段和左侧的 cag Ⅱ 段，而使该种 *H. pylori* 的致病性明显增强。

　　H. pylori 中超过 70% 的蛋白质的等电点大于 7.0，是大肠杆菌和流感嗜血杆菌的两倍，这种基因构成能够在一定程度上解释其对胃液强酸性环境的适应性。

二、工业细菌

（一）嗜热细菌

　　在一般生物无法生存的极端环境如高温、寒冷、强酸、强碱、高盐、高压、高辐射等特殊条件下能够正常生存的微生物群体统称为极端微生物（extremophiles）。

　　嗜热细菌是极端微生物的一种，又称为高温细菌，指最适生长温度为 45~60 ℃及耐受温度更高的细菌。嗜热细菌并非属于单一的菌属或菌群，而是广泛分布于古菌和细菌中各种不同的类群。到目前为止，已经发现 50 多种，隶属于 20 多个属的嗜热和超嗜热细菌。分离自然热环境，如温泉和火山口，以及一些人工的极端热环境。

　　研究嗜热细菌的一个重要目的是研究与开发各种耐热酶。

　　嗜热细菌产生的酶和菌体本身一样耐高温，具有热稳定性好、催化反应速率高、易于在室温下保存的优点。这些酶的最适温度一般都在 70 ℃以上，有些可达到 110 ℃甚至更高。1965 年美国 Indiana University（印第安那大学）的 Thomas Brock 从美国黄石国家公园水温高达 82 ℃的热泉中分离得到水生栖热菌（*Thermus aquaticus*），其 DNA 聚合酶——Taq 酶已被广泛用于 PCR 等实验室技术。

　　在发酵工业中，嗜热细菌可用于生产多种酶制剂，例如纤维素酶、蛋白酶、脂肪酶等。另外，大部分嗜热细菌对化学变性剂和极端 pH 环境的耐受性较高，底物范围较广，能够利用葡萄糖、戊糖、阿拉伯糖甚至纤维素来产生乙醇。

图 3.203　水生栖热菌　　　　图 3.204　腾冲嗜热菌栖生处

嗜热细菌基因组的测序和分析为嗜热细菌在生产及其他各领域的有效利用，尤其是嗜热蛋白的开发，提供了重要的耐热基因资源和序列信息。

1. 腾冲嗜热菌 *Thermoanaerobacter tengcongensis*

腾冲嗜热菌是中国科学院微生物研究所于 1998 年在中国云南腾冲地区温泉内分离得到的一种泉生热袍厌氧菌，这是中国首先发现和报道的第一个极端嗜热菌。

T. tengcongensis 是一种革兰氏阴性杆菌，最适生长温度为 75 ℃，耐受温度在 100 ℃ 以上。*T. tengcongensis* 也成为除病毒外国内第一个全基因组被测序和详尽分析的微生物。

T. tengcongensis MB4 的基因组大小约 2.69 Mb，仅次于嗜超高温古细菌 *Sulfolobus solfataricus*，含 2652 个编码基因及 88 个假基因。GC 含量为 37.6%。

图 3.205　主要贡献者陈润生 (a)、谭华荣 (b) 和包其郁 (c)

及其 *T. thermophilus* MB4 基因组论文

T. tengcongensis MB4 的所有 ORF 中，72.9% 以 ATG 起始，13.2% 以 TTG 起始，13.9% 以 GTG 起始。这种偏好性和已测序的耐盐芽孢杆菌 (*Bacillus halodurans*) 较为相似。此外，*T. tengcongensis* 中 54.4% 的基因与 *B. halodurans* 有着很高的相似性。目前已测序的原核基因组中，*T. tengcongensis* MB4 前导链上的基因分布具有最大的偏向性，86.7% 的基因沿着前导链转录。

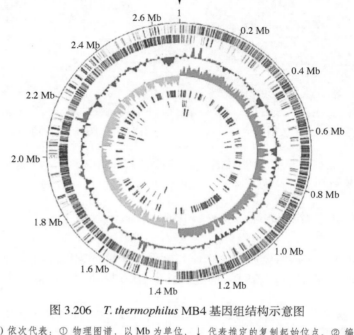

图 3.206　*T. thermophilus* MB4 基因组结构示意图

环形（从外向内）依次代表：① 物理图谱，以 Mb 为单位，↓ 代表推定的复制起始位点。② 编码序列沿着顺时针方向转录。③ 编码序列沿着逆时针方向转录。④ GC% 含量，红色和蓝色分别代表平均值大于和小于 37.6%。⑤ (G-C/G+C)，紫红色代表正值，绿色代表负值。⑥ 重复序列，红色代表重复片段小于 30 bp，蓝色代表其他类型。⑦ tRNA 基因。⑧ rRNA 基因。2 和 3 中显示的基因根据功能类型的不同以不同颜色表示：粉色代表翻译、核糖体结构、生物合成，橄榄褐色代表转录，森林绿色代表 DNA 复制、重组和修复，淡蓝色代表细胞分裂和染色体分区，紫色代表翻译后修饰、蛋白质周转、伴侣蛋白，红色代表细胞被膜生物合成和外膜，梅红色代表细胞运动和分泌，暗海绿色代表无机离子运输和代谢，暗紫色代表信号转导机制，深橄榄绿色代表能量的生成和转换，金色代表碳水化合物运输和代谢，黄色代表氨基酸运输和代谢，橙色代表核苷酸运输和代谢，棕褐色代表辅酶代谢，鲑肉色代表脂类代谢，浅绿色代表次级代谢物的生物合成、运输和分解代谢，深蓝色代表已进行基本功能预测，中蓝色代表已进行保守预测，黑色代表假定的，浅蓝色代表未分类的，灰色代表假基因。

　　T. tengcongensis 有 DNA 聚合酶Ⅲ和 DNA 聚合酶Ⅰ，其中 DNA 聚合酶Ⅲ含有两个 α 亚基，但缺少 DNA 聚合酶Ⅱ，后者在大肠杆菌中参与复制相关的 DNA 损伤修复。*T. tengcongensis* 体内没有发现甲基化相关的 dam/dcm 的同源物，显示基因组 DNA 可能缺少甲基化修饰机制。*T. tengcongensis* 基因组含有 7 个假定的内切酶基因和一个由 4 个基因组成的Ⅰ型限制 - 修饰系统。

　　T. tengcongensis 利用糖作为主要能源和碳源，呼吸类型为硫代硫酸还原途径，利用硫代硫酸盐和硫元素作为电子受体，但不能利用硫酸盐。*T. tengcongensis* 体内既不存在硫酸转运系统相关基因（如硫酸腺苷酸转运酶）及硫酸降解途径的关键基因（如腺苷酸硫酸激酶），也不存在硫代硫酸盐还原中起关键作用的硫代硫酸盐还原酶和亚硫酸盐还原酶的基因。相反，在 *T. tengcongensis* 中发现了一个硫氰酸酶相关的硫转移酶基因，该酶在氰化物存在时利用硫代硫酸盐作为电子受体。

　　T. tengcongensis 具备鞭毛形成的所有必需基因，且包含几乎所有化学趋化信号传导相关基因。但在培养条件下并不能组装鞭毛。*T. tengcongensis* 作为一种革兰氏阴性菌，却具有很多革兰氏阳性菌所特有的基因，而缺少一些革兰氏阴性菌独特的分子组分。例如，芽孢形成通常是革兰氏阳性菌的重要特征，*T. tengcongensis* 基因组中有 23 个与芽孢形成有关的基因，但人工培养时未见芽孢；另外，革兰氏阴性菌具备革兰氏阳性菌不可能有的脂多糖。

2. 嗜热栖热菌 *Thermus thermophilus*

嗜热栖热菌是工业和科研的重要嗜热菌。

　　嗜热栖热菌 HB27 为第一个完成全基因组测序的菌株。迄今完成全基因组测序的菌株有 4 个，另外 3 个分别是 HB8、JL-18、SG0.5JP17-16。

　　T. thermophilus HB27 菌株全基因组含一个约 1.89 Mb 的主染色体和一个 0.23 Mb 的大型质粒 pTT27，

GC 含量约为 69.4%，已初步注释了 2218 个编码基因。还发现了许多具有潜在生物技术应用价值的新基因，编码各种蛋白酶和其他基础生物学过程（如 DNA 复制、DNA 修复和 RNA 成熟等）中的关键酶。

T. thermophilus HB27 分离自日本的自然热环境，*T. thermophilus* 成员的多种嗜热蛋白常用于研究和工业。目前已知与其序列相关性最高的是抗辐射菌（*Deinococcus radiodurans*）。

3. 超嗜热棒菌 *Pyrobaculum aerophilum*

超嗜热棒菌是一种古菌，却具有超常的耐热特性。

超嗜热棒菌属古菌域热棒菌属，可在温度高达 100℃的海水中生活。

P. aerophilum IM2 菌株的基因组大小约 2.2 Mb，GC 含量为 51.4%，含 2587 个 ORF，覆盖基因组的 88%，平均大小为 2277 bp。992 个与已知蛋白同源，577 个功能未知，302 个为 *P. aerophilum* 所特有，其他 716 个未发现同源基因。

P. aerophilum 之所以具有惊人的耐高温能力，其可能的机制是因为其体内缺少错配修复系统。这种修复 DNA 突变的机制从简单的大肠杆菌到复杂的人类都存在，但已测序的 *P. aerophilum* 中却不存在。

嗜热细菌能在极端环境中生存，有独特的系统发生特征，表明嗜热细菌是原核生物在生物学和系统发生上为适应极端环境条件而产生的一个分支。

（二）枯草芽孢杆菌 *Bacillus subtilis*

枯草芽孢杆菌是第一个被全基因组测序的革兰氏阳性细菌。

1835 年，德国 Berlin University（柏林大学）的 Christian Ehrenberg 发现了枯草芽孢杆菌并将其命名为 *Vibrio subtilis*。1872 年，波兰 University of Breslau（布雷斯劳大学）的植物学家 Ferdinand Cohn 建立了第一个细菌分类系统，将枯草芽孢杆菌重新命名为 *Bacillus subtilis*。

B. subtilis 一直是一种重要的工业微生物，常用来生产 α- 淀粉酶、中性蛋白酶等工业酶制剂。*B. subtilis* 还是分子遗传学的重要实验材料。*B. subtilis* 168 菌株没有质粒，基因组大小约为 4.22 Mb，含 4100 个 ORF，其中 53% 编码已知蛋白。GC 含量为 43.5%，但是 GC 含量在整个基因组中分布很不均匀，前导链和滞后链上的碱基组成差异明显。

B. subtilis 基因组中存在着多个基因家族及至少 10 个前噬菌体或前噬菌体残余序列。此外，*B. subtilis* 基因组中存在许多参与抗生素等次级代谢产物合成的基因，与工业酶生产有关的至少有 5 个信号肽基因和几个分泌组分的基因。

目前已完成测序的 *B. subtilis* 菌株有 27 个、质粒 12 个。

三、农业细菌

（一）农杆菌 *Agrobacterium fabrum*

农杆菌属根瘤菌科土壤杆菌属，是一种天然的植物遗传转化体系，被誉为"自然界最小的遗传工程师"。

农杆菌生活在植物根部表面，依靠根组织渗透出来的营养物质生存，是一类普遍存在于土壤中的革兰氏阴性细菌。

A. fabrum 含有 Ti 质粒，能在自然条件下趋化性地感染多种双子叶被子植物或裸子植物的受伤部位。受伤的植物组织会产生一些糖类和酚类物质，吸引农杆菌吸附于植物组织表面。农杆菌可通过侵染植物伤口，将 Ti 质粒上的一段转移 DNA(transfer DNA，T-DNA) 插入到植物基因组中。

A. fabrum C58 菌株基因组大小为 5.67 Mb，GC 含量为 59.1%。基因组由 1 个环状染色体、1 个线性染色体，以及来自 pAtC58 和 pTiC58 的 2 个质粒组成，共包含 5419 个 ORF，其中 3475 个功能已知，1944 个与未知功能的蛋白质相似，其余的 708 个暂无同源序列。环状染色体大小为 2.84 Mb，GC 含量约 59.4%，含 2722 个 ORF。线性染色体大小约 2.08 Mb，GC 含量约 59.3%，含 1833 个 ORF。pAtC58 和 pTiC58 分别为 543 Kb

和 214 Kb，GC 含量较染色体稍低，约为 57%，分别含有 547 和 197 个 ORF。

A. fabrum C58 的基因可归为 501 个同源家族，每个家族成员 2~206 个不等。最大的两个家族由 ATP 酶和 ATP 结合框跨膜组分的编码基因组成。

A. fabrum 与植物共生根瘤菌 (Sinorhizobium meliloti) 基因组的直系同源基因和核苷酸共线性分析表明，两者在演化关系上较为接近。A. fabrum 和 S. meliloti 在代谢、转运以及促进植物根际竞争的调控机制上较为相似，而在基因组结构以及毒力基因互补方面则存在显著差异。

框 3.91   **农杆菌和世界粮食奖**

在目前植物基因转化技术中，除基因直接导入 (如基因枪，gene-gun) 等方法外，农杆菌的 Ti 质粒是最常用的高效载体，能将目的基因插入 Ti 质粒，而将目的基因导入植物基因组中。比利时著名科学家 Marc van Montagu 等 3 人也因于 1983 年发明了这一技术并应用于植物遗传操作，在 30 年后获世界粮食奖 (World Food Prize)。

图 3.207   世界粮食奖得主 Marc van Montagu (a)、Mary-Dell Chilton (b) 和 Robert Fraley (c) 及其有关农杆菌 Ti 质粒的论文

（二）苏云金芽孢杆菌 *Bacillus thuringiensis*

苏云金芽孢杆菌属革兰氏阳性细菌，是生物农药中使用最广泛的细菌。

苏云金芽孢杆菌广泛存在于土壤、昆虫尸体、植被、污水、尘埃等自然环境中。*B. thuringiensis* 是一种典型的昆虫病原菌，对多种昆虫、线虫以及螨类等具有特异的毒性。其主要的杀虫活性物质是杀虫活性蛋白，它们在菌体内表达并以伴胞晶体的形式在菌体内积累。其杀虫晶体 Bt 蛋白基因已广泛应用于植物的生物防治研究。

B. thuringiensis 染色体为一环状 dsDNA 分子，已测序的菌株中，基因组大小为 5.3~6.6 Mb，GC 含量一般在 35% 左右。

B. thuringiensis 97-27 菌株是第一个完成基因组测序的 *B. thuringiensis* 菌株，虽然该菌株在种系发生上与炭疽芽孢杆菌更为接近，但能够产生 *B. thuringiensis* 所特有的伴胞晶体，且各项生理生化指标与 *B. thuringiensis* 极为相似。

菌株 97-27 的基因组包含一个环状染色体和一个 pBT9727 质粒。基因组全长 5.31 Mb，GC 含量为 35.1%。编码序列为 4.38 Mb，约占整个染色体序列的 84%。ORF 总数为 5263 个，平均长度为 856 bp，其中 3828 个功能已知。

pBT9727 质粒大小为 77.11 Kb，GC 含量为 32.6%，含 80 个 ORF。97-27 中未发现任何与已知杀虫基因 (如

cry、*cyt* 或 *vip* 等）同源的序列，这与该菌株不具备任何杀虫活性是一致的。

　　B. thuringiensis YBT-1520 是一株高毒力菌株，对多种昆虫、螨类、植物寄生线虫均有一定毒性，尤其对小菜蛾和棉铃虫的毒力特别高。

　　菌株 YBT-1520 染色体全长 5.55Mb，含 5440 个 ORF，基因组还包含 10 个质粒，大小为 2 Kb~293 Kb，编码 523 个 ORF。YBT-1520 染色体编码蜡状芽孢杆菌群共有的一些致病因子，如肠毒素、磷脂酶、InA 蛋白、Enhancin 蛋白、几丁质酶以及 YBT-1520 特有的 ZwA 基因簇，这些致病因子对苏云金芽孢杆菌杀虫活性具有增效作用。pBMB293 是 YBT-1520 最重要的质粒，其编码的 4 个杀虫晶体蛋白基因 (*Cry1Aa*, *CryIIa*, *Cry2Aa* 和 *Cry2Ab*)、1 个营养期杀虫蛋白 (Vip3A) 和 1 个溶血性肠毒素编码基因都集中在该质粒的一个致病岛上。

　　目前已有 22 个 *B. thuringiensis* 菌株的基因组序列，以及来自 *Serovar chinensis* CT-43、*Serovar finitimus* YBT-020 等 *B. thuringiensis* 菌株的 126 个质粒序列。

第三章　病　毒

　　病毒 (viruses) 是一类原始的、有生命特征的、能自我复制和专性细胞内寄生的前细胞生物。

框 3.92　　　　　　　　　　　　　病毒的发现

　　1892 年，俄国的 Ivanovski 发现即使经过 Chamberland 氏滤器过滤，患花叶病的烟草叶汁仍具有传染性。他误认为该病是由细菌产生的毒素引起的。1898 年，荷兰的 Beijerinck 重复了 Ivanovski 的实验，他将患病烟草的叶中挤出汁，通过 Chamberland 氏滤器，证明滤液仍有侵染性。Beijerinck 相信他的滤器阻挡住了细菌，并认为这种侵染性物质要比通常的细菌小。Beijerinck 用"病毒 (virus)"和"过滤性病毒"来命名这一史无前例的小病原体。

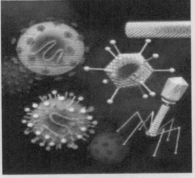

图 3.208　各种病毒的形态模式图

　　20 世纪早期，英国细菌学家 Frederick Twort 发现了可以感染细菌的病毒，并称之为噬菌体 (bacteriophage，简称 phage)。随后，加拿大微生物学家 Félix d'Herelle 生动地描述了噬菌体的特性：将其加入长满细菌的琼脂固体培养基上，一段时间后会出现由于细菌死亡而留下的空斑。高浓度的病毒悬液会使培养基上的细菌全部死亡，但通过精确的稀释，可以产生可辨认的空斑。通过计算空斑的数目，再乘以稀释倍数就可以得出溶液中病毒的个数……这一工作揭开了现代病毒学研究的序幕。而从 20 世纪 50 年代开始，噬菌体成为分子生物学的主要实验材料，λ 噬菌体则成为"遗传工程"中 DNA 克隆的载体而走进了几乎所有的分子生物学实验室。

　　1931 年，德国工程师 Ernst Ruska 和 Max Knoll 发明了电子显微镜，首次得到了病毒形态的照片。1977 年英国 Sanger 等首次完成了 ssDNA 噬菌体 Φ-X174 的全基因组测序。从此，对病毒的研究深入到了全基因组序列的水平。

框 3.93	病毒的分类

　　病毒采用一种非系统的、分等级分类法。病毒分类的依据有：基因组性质与结构 (如 DNA 或 RNA，单链或双链)；衣壳对称性；有无包膜；病毒粒子的大小、形状；对理化因素的敏感性；病毒脂类、糖类、结构蛋白和非结构蛋白的特征；抗原性；生物学特性 (增殖方式、宿主范围、传播途径和致病性)。

　　国际病毒分类委员会 (International Committee on Taxonomy of Viruses，ICTV) 于 2012 年发表了病毒分类的第 9 个报告。将目前 ICTV 所承认的 2284 种病毒和类病毒归入 349 个属、19 个亚科、87 个科和 6 个目，并公布了卫星病毒和朊病毒的种类。

　　病毒基因组的大小变化很大，一般由 3.5 Kb (小的噬菌体) 到 560 Kb (某些大的病毒，如疱疹病毒) 不等，可以编码 5~100 个基因。基因组紧凑，很多病毒有重叠基因 (overlapping gene，是指两个或两个以上的编码基因共有一段 DNA 序列)。

　　目前发现的最大病毒为拟菌病毒 Mimivirus，体积甚至比一些细菌还要大，基因组为 ddDNA，大小约为 1.2 Mb。

框 3.94	巨型病毒

　　2014 年 3 月法国一团队宣布发现了世界上第三种超大型病毒。这种史前病毒已经在西伯利亚地区的冻土层中封存了 3 万多年。

　　这种史前巨型病毒 —— *Mollivirus sibericum*，意思是 “来自西伯利亚的病毒”。它长 1.5 微米，堪比一般细菌，是迄今发现的最大的病毒，属阔口罐病毒 *Pithovirus*。另两种超大病毒分别是最早发现的一种拟菌病毒 *Mimivirus* 和潘多拉病毒 *Pandoravirus*。

一、DNA 病毒

DNA 病毒的基因组由 dsDNA 或 ssDNA 组成。

dsDNA 病毒 (如痘病毒科、疱疹病毒科以及腺病毒科) 的基因组一般较大，而 ssDNA 病毒 (如细小病毒) 的基因组一般较小。

框 3.95	天花病毒的消灭

　　天花病毒是痘病毒的一种，人被感染后无特效药物。天花病毒外观呈砖形，约为 200 nm 宽，300 nm 长，抵抗力较强，抗干旱和低温，在痂皮、尘土、被子和衣服上可生存数月甚至一年之久。

　　1977 年 10 月 26 日的非洲索马里出现最后一名天花病毒感染者，之后的两年再没出现一个新的天花病人，因此 WHO 于 1979 年 10 月 25 日宣布已在地球上消灭了天花病毒。

（一）HBV

HBV 是已知最小的感染人类的 dsDNA 病毒。

肝炎病毒家族是一大类引起病毒性肝炎的病原体。根据病毒特征并结合流行病学资料与临床表现，可将肝炎病毒分为 HAV (Hepatitis A Virus，甲型肝炎病毒)、HBV (Hepatitis B Virus，乙型肝炎病毒)、HCV (Hepatitis C Virus，丙型肝炎病毒)、HDV (Hepatitis D Virus，丁型肝炎病毒) 及 HEV (Hepatitis E Virus 戊型肝炎病毒)。

HBV 可分为 A-H 共 8 个 "基因型 (gene type)"，不同基因型之间核苷酸序列差异约为 8%。

基因型有明显的地域分布特征。HBV 在中国危害最大，携带者最多，并可能与肝癌有关，因而称为 HBV-associated heptocarcinoma (HBV 相关肝癌)。

HBV 的基因组具有典型的环状、不完整 dsDNA 病毒的普遍特点。大小为 3182~3221 bp。

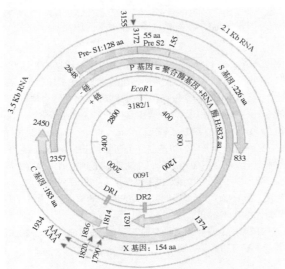

图 3.209　HBV 基因组结构模式图

HBV 基因组的正链不完整，3′ 端位置不确定。正、负链 5′ 端开始约 250 个核苷酸可相互配对，使 HBV 的 DNA 分子保持环形结构；HBV 的 DNA 负链完整。各个 ORF 均为病毒抗原编码，含多个顺式调控元件，包括 4 个启动子及 2 个增强子。HBV 基因组结构紧密，编码基因间有相互重叠，如 P 基因完全与 S 及 PreS 基因重叠，X 基因与 P 基因部分重叠。不同毒株间的 HBV 基因组存在多态性，变异率较高。HBV 基因组中还包括 2 段含有 10~11 bp 的保守重复序列，分别称为 DR1 和 DR2。

（二）HPV

HPV (Human Papilloma Virus，人乳头瘤病毒) 是已知的明确与癌症 (宫颈癌) 发生有关的病毒。

HPV 感染人的皮肤和黏膜上皮，不同型别的 HPV 对身体不同部位的皮肤和黏膜的嗜向性不同，因而能在不同体位引起轻重不一的不同肿瘤。HPV 与宫颈癌的关系已被证明，95% 以上的宫颈癌患者都可检出 HPV。全球每年大约有 53 万宫颈癌新发病例，而最终死于宫颈癌的妇女超过 20 万。宫颈癌是女性生殖道恶性肿瘤的第一位，占全身肿瘤的 12% 左右。

现已发现 HPV 的 206 余个亚型，其中与生殖系统致病性相关的约有 40 种。

根据 HPV 的致癌危险性，常见的 HPV 分为低危型 (例如 6、11、42、43、44) 和高危型 (16、18、31、33、35、39、45、51、52、56、58、59、66、68) 两大类。低危型可导致生殖道、肛周皮肤外生性湿疣病变，或低级别病变，而高危型可导致高级别病变和宫颈癌的发生。

　　HPV 病毒基因组为闭合环状 dsDNA 分子，各型 HPV 基因组大为 7.2~8 Kb，分为编码区和非编码区。

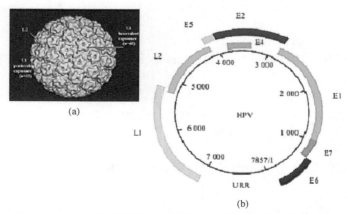

图 3.210　HPV 病毒的形态示意图 (a) 和基因组结构模式图 (b)

　　非编码区又称上游调控区 (Upstream Regulating Region，URR) 或位点控制区 (Locus Control Region，LCR)，位于 L1 和 E6 之间，长约 1 Kb，含有 DNA 复制的起始位点和重要的转录调控元件，如细胞分化特异性的增强子及各种结合位点、与核基质的结合位点及与 E1 和 E2 蛋白的结合位点。

　　所有蛋白质均由有义链 (sense strand) 编码，至少含有 8 个 ORF，部分或者完全重叠。

　　编码区又分为 E 区 (早区，early region) 和 L 区 (晚区，late region)。E 区编码的蛋白有 E6、E7、E1 (E8)、E2、E4 (E3) 和 E5。HPV 的 E 区一般不含 *E3* 和 *E8* 基因，个别型别还缺少 *E5* 基因。E 区蛋白的功能主要涉及 DNA 复制、转录调节及细胞转化。L 区只编码 L1 和 L2 两种外壳蛋白，L1 编码病毒外壳的主要成分。

　　HPV 基因组十分保守。病毒型别的区分和鉴定主要是依据 *L1* 基因序列的比较。如果与 *L1* 基因的同源性小于 90%，则称其为一个新 "型 (type)"，如果同源性在 90%~98%，则称为 "亚型 (subtype)"，同源性在 98% 以上，则称为型内 "变异株 (variant)"。

　　HPV 具明显的区域性，中国流动人口检出率最高的亚型主要是 16 (1.38%) 和 52 (1.12%)，其次是 58 (0.90%) 和 18 (0.65%)，与其他国家有明显的区别。

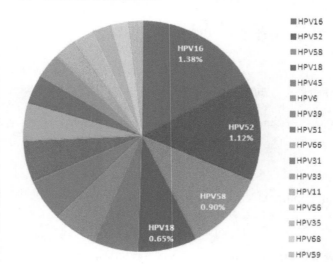

图 3.211　中国流动人口的大样本 HPV 病毒亚型分布

框 3.96	HPV 与宫颈癌

　　HPV 是一个大家族，包括 100 多种亚型。HPV 和宫颈癌的关系最先是在 20 世纪 70 年代的时候由德国的 Harald zur Hausen 提出的，并得到了验证。

HPV 家族成员众多，但并不是每一种亚型都会让人患上宫颈癌，高危型的 HPV 可能（注意，只是可能）会导致宫颈癌前病变和宫颈癌。

2008 年，Harald zur Hausen 因发现 HPV 和宫颈癌的关系而获诺贝尔生理学或医学奖。

1995 年，国际癌症研究机构 (International Agency for Research on Cancer, IARC) 专题讨论会一致认为高危型 HPV 感染是宫颈癌的主要原因，即高危型 HPV 感染是宫颈癌发生的必要条件。目前宫颈癌被认为是唯一病因明确并且可 100% 预防、可根除的癌症。

图 3.212　Harald zur Hausen

图 3.213　中国宫颈癌发病率

数据来源：《2009 中国卫生统计年鉴》。

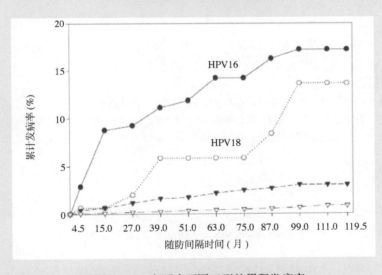

图 3.214　宫颈癌不同亚型的累积发病率

HPV 感染的临床分期主要分为获得性感染期（潜伏期）、亚临床感染期（无症状，肉眼无异常）、临床感染期（有症状，肉眼病变，镜下病变）这几个时期。但由于 HPV 感染早期并无症状，很多人没有及早进行 HPV 检测，因此错失治疗良机。

HPV 感染与宫颈癌的相关性主要有 3 点共识：首先，高危型 HPV 持续感染是宫颈癌的主要病因；其次，大多数的 HPV 感染属于一过性感染，与自身免疫防御相关；最后，HPV 是 CIN（宫颈上皮内瘤变）发生的独立影响因子。所以，早期发现 HPV 感染，则可早期发现 CIN。

框 3.97	HPV 检测技术及特点		
非分子水平检测		基因检测	
方法	特点	方法	特点
醋酸白试验	简单快速 准确率低	荧光 PCR 检测法	快速敏感 不可分型
宫颈刮片细胞学检查	简单快速 准确率低，渐淘汰	第二代杂交捕获法 (HC2)	FDA 认证 成本高，不可分型
阴道镜检查	可发现亚临床病变 敏感性、特异度低	分子杂交法	可分型 操作烦琐不可定量
宫颈和宫颈管活组织检查	可确诊 具有损伤性	飞行质谱法	成本低、灵敏度高 未认证

　　基因检测不但可以对 HPV 病毒进行分型检测，而且还可以起到预防和警示作用。基于 MPH 的 HPV 检测具有初筛手段漏诊率小于 5% 的高敏感度，HPV 阴性对象的预测值高达 99%；同时检测方法本身效率高、重复性好、适用于大样本筛查。欧洲 2007、2008 年子宫颈癌筛查指南中推荐的首选方案为 HPV-DNA 检测，同时结合特异性疫苗预防效果更好。

二、RNA 病毒

　　RNA 病毒分 dsRNA 病毒和 ssRNA 病毒。

　　dsRNA 病毒具有多区段的基因组，每个区段可以单独转录，如呼肠弧病毒科 (Reoviridae) 均为多区段基因组。

　　ssRNA 病毒可分为正链 (sense，又称正义或正义链)、反链 (antisense，又称反义或反义链和 "双向" RNA 翻译的 RNA 病毒)。

　　正链 RNA 病毒的基因组可以直接被宿主细胞翻译成蛋白质。反义由病毒 RNA 产生反义链作为翻译的模板，而双向翻译则表示两种方式同时存在。那些具有核衣壳蛋白的逆转录酶的双向 RNA 病毒，翻译方式以自身为模板逆转录出与原病毒序列互补的 RNA，之后再以此 RNA 分子 (反义链) 来翻译成蛋白质后才具感染能力。

（一）HIV

　　HIV (Human Immunodeficiency Virus，人类免疫缺陷性病毒) 是获得性免疫缺陷综合征 (Acquired Immunodeficiency Syndrome，AIDS) 的病原体。

　　HIV 病毒分为 HIV-1 及 HIV-2 两个亚型，主要通过引起机体免疫功能障碍而使感染者致病。

382:1195, 2013　THE LANCET

Antiretroviral therapy to prevent HIV transmission in serodiscordant couples in China (2003–11): a national observational cohort study

Zhongwei Jia*, Yurong Mao*, Fujie Zhang*, Yuhua Ruan*, Ye Ma, Jian Li, Wei Guo, Enwu Liu, Zhihui Dou, Yan Zhao, Lu Wang, Qianqian Li, Peiyan Xie, Houlin Tang, Jing Han, Xia Jin, Juan Xu, Ran Xiong, Decai Zhao, Ping Li, Xia Wang, Liyan Wang, Qianqian Qing, Zhengwei Ding, Ray Y Chen, Zhongfu Liu, Yiming Shao

图 3.215　主要贡献者邵一鸣及其 HIV 的论文

HIV 为直径 100~120 nm 大小的球形颗粒。病毒核衣壳外侧包有两层膜结构，内层是内膜蛋白 (P17)，亦称跨膜蛋白，最外层是脂质双层包膜，包膜表面有刺突并含有 gp120 和 gp41 包膜糖蛋白。

HIV 的基因组为两条相同的 ssRNA，长 9749nt，两端是序列相同但不转录的 LTR。从 5' 末端的 LTR 开始，依次为 gag、pol 和 env 3 个结构基因。这 3 个基因为所有逆转录病毒所共有。HIV 特有 tat 与 rev 这两个调节基因，以及 vif、nef、vpr、vpu 及 vpx 等附属基因。其中 vpu 为 HIV-1 所特有，而 vpx 为 HIV-2 所特有。

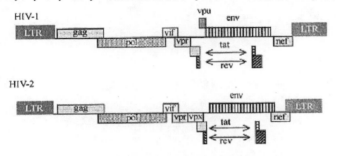

图 3.216 HIV-1 和 HIV-2 的基因组示意图

HIV 主要的转录物为同一长度的 mRNA。以该 mRNA 为模板，编码主要的结构蛋白如 gag 和 gag-pol 融合蛋白。gag (p55) 是非糖基化的多聚蛋白前体，被蛋白酶进一步裂解成为基质蛋白 p17、衣壳蛋白 p24 及核衣壳蛋白 NCp7，而 gag-pol 融合蛋白从 N 端至 C 端依次被裂解为蛋白酶 (Protease，PR)、逆转录酶 (Reverse Transcriptase，RT) 和整合酶 (Integrase，IN)。gag 和 gag-pol 产物的比例大约为 20：1，由 mRNA 模板在核糖体上做一个 -1 的阅读框漂移转换而来。其他蛋白质，包括包膜蛋白 (envelopcprotein) gp160、Tat、Rev、Vif、Nef、Vpr、Vpu 以及 Vpx，则是从被进一步剪接的各类 mRNA 编码而来。

> **框 3.98　　　　　　　　　　HIV 的传播途径**
>
> 所有 HIV 的流行病调查数据已证明，HIV 的流行明显减缓。HIV 的科普教育起了与医疗一样的重要作用。
>
> 已经证实的艾滋病传染途径主要有 3 条：性传播、血液传播和母婴传播，其核心是通过性传播和血液传播，一般的 (皮肤，如嘴唇等) 接触并不能传染艾滋病。
>
> (1) 性接触传播：同性及异性之间的性接触。
>
> (2) 血液传播：①输入污染了 HIV 的血液或血液制品 (使用未经艾滋病毒抗体检测的供血者的血液或血液制品)；②药瘾者共用受 HIV 污染的、未消毒的针头及注射器；③共用其他医疗器械或生活用具 (共用刮脸刀、剃须刀、或共用牙刷) 也可能经破损处传染，但罕见；④注射器和针头消毒不彻底或不消毒，特别是儿童预防注射未作到"一人一针一管"风险更大；口腔科器械、接生器械、外科手术器械、针刺治疗用针消毒不严密或不消毒；理发、美容 (如纹眉、穿耳)、纹身等的刀具、针具、浴室的修脚刀不消毒或消毒不严密，以及类似情况下的骨髓和器官移植；⑤救护流血的伤员时，救护者本身破损的皮肤接触伤员的血液。
>
> (3) 母婴传播：也称围产期传播，即感染了 HIV 的母亲在产前、分娩过程中及产后不久将 HIV 传染给了胎儿或婴儿。可通过胎盘或分娩时通过产道，也可通过哺乳传染。

（二）登革热病毒

登革热病毒 (Dengue virus) 是一种小型黄病毒，属于黄热病毒属，能引起登革热急性传染病。

登革热病毒能够引起一系列临床症状，甚至有生命危险的失血性休克综合征和较少见的伴有肝衰与脑病的急性肝炎。而早在 1779 年埃及等几个国家就发现了这种病毒。直到 1869 年，才确定经埃及伊蚊 (Aedes aegypti) 和白纹伊蚊 (Aedes albopictus) 传播的疾病为登革热，这种病毒被确认为登革热病毒。

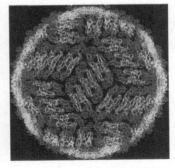

图 3.217 登革热病毒示意图

2014 年 8 月，多米尼加公共卫生部证实，登革热疫情仍在多米尼加各地蔓延，现已发现疑似病例近 50 万例，其中 54 人不治身亡。

登革热病毒基因组大小约 11 Kb，GC 含量约 46 ％。

（三）冠状病毒

1. SARS

SARS 冠状病毒是一种新发现的冠状 RNA 病毒。

SARS 病毒可引起严重急性呼吸综合征，在中国曾被称为传染性非典型肺炎 (infectious atypical pneumonia)。SARS 冠状病毒主要通过短距离飞沫、接触患者呼吸道分泌物及密切接触传播，其来源（中间宿主）可能是蝙蝠，但未能确凿证实。

形态学上，SARS 冠状病毒与已知的冠状病毒形态相似，即病毒颗粒多为圆形、椭圆形或多型性，直径为 60~220 nm，表面有多个稀疏的棒状刺突起，在电镜下如皇冠状而得名，长约 20 nm。病毒颗粒内有由病毒 RNA 和蛋白质组成的核心，外面有脂质双层膜。

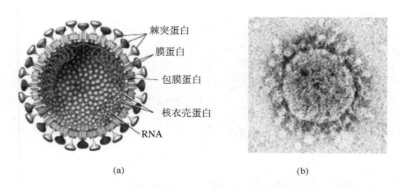

棘突蛋白
膜蛋白
包膜蛋白
核衣壳蛋白
RNA

(a)   (b)

图 3.218　SARS 病毒结构示意图 (a) 和电子显微镜照片 (b)

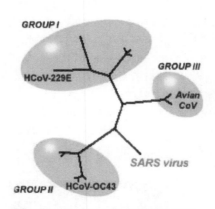

图 3.219　SARS 冠状病毒的无根树

2003 年 4 月 12 日，加拿大的 Michael Smith 基因组科学中心等团队首先发表了 SARS 冠状病毒 TOR-2 株的全基因组序列。4 月 14 日，美国 CDC 公布了 SARS 冠状病毒 Urbani 株的全基因组序列。4 月 16 日中国军事医学科学院微生物流行病研究所和华大基因等公布了从不同地区来源、不同标本中分离的 4 株 SARS 病毒的基因组序列。

SARS 病毒基因组大小为 27~30 Kb，为不分节段的单股正链 RNA 分子，具有 RNA 病毒的一般特点。

5' 端具有甲基化"帽"，3' 端有 PolyA 信号。其基因组 5' 端约三分之二的区域编码病毒 RNA 聚合酶蛋白，后三分之一的区域编码结构蛋白，依次为棘突蛋白 (spike，S)、包膜蛋白 (envelop，E)、膜蛋白 (membrane，M)、核衣壳蛋白 (nucleocap-sid，N)，未发现 RNA 病毒特征性的 HE 编码序列。

2004 年，SARS 并没有按原先预测像 2003 年那样的大规模再爆发（除了实验室事故以外）。这一"来无影，去无踪"的现象迄今没能很好解释。

2. MERS

MERS (Middle East Respiratory Syndrome，中东呼吸综合征) 是由 MERS-CoV (MERS-Coronavirus，中东呼吸综合征冠状病毒) 引起的一种新的冠状病毒，是 2012 年 9 月在沙特阿拉伯首次发现的一种高致病性的 ssRNA 病毒，据称来自骆驼。

MERS-CoV 是第 5 种能够感染人类的冠状病毒。

冠状病毒科主要有 α、β、γ、δ 4 种类型，其中 β 属冠状病毒又分为 A、B、C、D 这 4 个家系。能够感染人类的冠状病毒很少，在 2003 年 SARS 爆发之前，仅有 2 种 (HCoV-229E，HcoV-OC43)，在 SARS 事件后又发现了 2 个新的冠状病毒 (HCoV-NL63，HcoV-HKU1)。

2015 年 6 月中国疾控中心病毒所完成中国首例输入性 MERS 病例的病毒全基因组序列分析结果表明，该病毒与当时中东地区的 MERS-CoV 流行株高度同源，初步推测该毒株可能来源于中东地区的沙特阿拉伯。

MERS-CoV 基因组大小为 30.1 Kb，至少包含 10 个 ORF。

这些 ORF 分别编码 1 个大的复制酶多聚蛋白 (ORF1a/ORF1b)、表面刺突糖蛋白 (Spike，S)、小包膜蛋白 (Envelop，E)、外膜蛋白 (Membrane，M)、核衣壳蛋白 (Nucleocapsid，N)、及 5 个非结构蛋白 (ORF 3、4a、4b、5、8b) 等，与 SARS 病毒相似。

MERS-CoV 和其他冠状病毒类似，外形为圆形或卵圆形，病毒颗粒直径 60~220 nm，核心为正链 ssRNA，病毒的衣壳外面包含有糖蛋白组成的棘突样的结构。

2013 年 5 月，WHO 根据国际病毒分类委员会冠状病毒研究团队的建议，将这种新型冠状病毒命名为 "MERS-CoV"。2015 年年初，WHO 又建议此后不要以地名、人名、动物名来命名新的病原，以免影响这些地区的旅游业与有关人士的声誉以及动物的"权利"。如果这样，禽流感、猪流感要改名，而怀疑源于骆驼的 MERS-CoV 也不能命名为"骆驼冠状病毒"。随着基因组学的研究进展，会有更多、更科学、更合理的专业化的命名系统。

（四）流感病毒

流感病毒 (Influenza A virus) 是对人类危险最大的感染性病毒。1918 年，在欧洲大规模爆发的流感造成了近 5000 万人死亡。

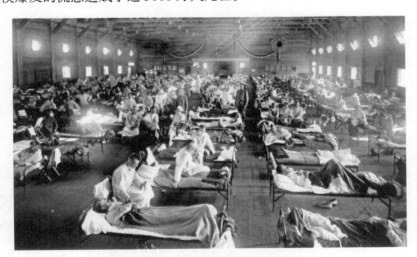

图 3.220　1918 年流感肆虐的场景

流感病毒颗粒外膜由两型表面糖蛋白覆盖，一为血细胞凝集素 (hemagglutinin，H)，另一为神经氨酸酶 (Neuraminidase，N)。据此理论上可将流感病毒特征可分为 HxNx 共 135 种亚型，可直接感染人的亚型有 H1N1、H5N1、H7N1、H7N2、H7N3、H7N7、H7N9、H9N2 和 H10N8，其中 H1、H5、H7 亚型为高致病性。

所有已测序的毒株中共发现了 27 个变异株，值得注意的是，这些变异毒株的基因组都已用合成生物学技术在实验室中合成。这是基因组学带来的重大影响之一。

1. H1N1

H1N1 病毒属于正黏病毒科 (Orthomyxoviridae)，甲型流感病毒属 (Influenza virus A) 的 RNA 病毒。

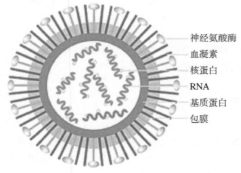

神经氨酸酶
血凝素
核蛋白
RNA
基质蛋白
包膜

图 3.221　甲型 H1N1 流感病毒结构示意图

H1N1 即具有"血球凝集素第 1 型、神经氨酸酶第 1 型"的病毒。典型的病毒颗粒呈球状，直径为 80~120 nm，有囊膜。囊膜上有许多放射状排列的糖蛋白突起，分别是血凝素 HA、神经氨酸酶 NA 和 M2 蛋白。病毒颗粒内为核衣壳，呈螺旋状对称，直径为 10 nm。

甲型 H1N1 病毒为负链 ssRNA 病毒，基因组约为 13.6 Kb，由大小不等的 8 个独立区段组成。

2. H7N9

H7N9 是正黏病毒科禽流感病毒的一种亚型，可由宠物或活禽传染给人类，目前未发现人与人之间传染。

382:1195, 2013　THE LANCET

Origin and diversity of novel avian influenza A H7N9 viruses causing human infection: phylogenetic, structural, and coalescent analyses

Di Liu, PhD[†], Weifeng Shi, PhD[†], Yi Shi, PhD, Dayan Wang, PhD, Haixia Xiao, Wei Li, MSc, Yuhai Bi, PhD, Ying Wu, PhD, Xianbin Li, BSc, Prof Jinghua Yan, PhD, Prof Wenjun Liu, PhD, Prof Guoping Zhao, PhD, Prof Weizhong Yang, MD, Prof Yu Wang, MD, Prof Juncai Ma, PhD, Prof Yuelong Shu, PhD[‡], Prof Fumin Lei, PhD[‡], Prof George F Gao, DPhil[‡]

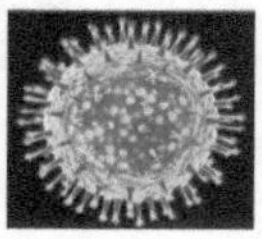

图 3.222　主要贡献者高福及其 H7N9 论文

H7N9 病毒是负链 ssRNA 病毒，基因组大小约为 13.2 Kb，也由大小不等的 8 个独立片段组成。该病毒也是新型病毒，其主要基因来自于 H9N2 禽流感病毒。目前已发现 PB2 的 701 个变异，实验室实验发现变异后对犬科动物有很高的传染性。

（五）布尼亚病毒

布尼亚病毒 (Bunia virus) 是一种新发现的感染性病毒。

布尼亚病毒是具球形、有包膜和分节段负链 RNA 的一类病毒，其自然感染见于许多脊椎动物和节肢动物（蚊、蜱、白蛉等），对人可引起类似流感或登革热的疾病、出血热 (hemorrhagic fever) 及脑炎 (encephalitis)。

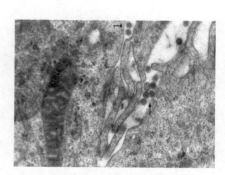

图 3.223　新型布尼亚病毒电镜图片

2007 年从中国河南信阳鉴定了一种新型布尼亚病毒，命名为发热伴血小板、白细胞减少综合征新型布尼亚病毒 (Novel Bunyavirus Associated with Fever 或 Thrombocytopenia and Leukopenia Syndrome Virus, TLSV)，其基因组含有 3 个负链 ssRNA 片段，长度分别为 6391 nt、3397 nt 和 1760 nt，分别命名为 L、M、S。其中，L 片段编码 2084 个 aa；M 片段编码 1073 个 aa；S 片段共编码 2 个蛋白质 NC 和 NP，氨基酸长度为 245 个 aa 和 293 个 aa。

（六）Ebola 病毒

埃博拉 (Ebola virus，又译作伊波拉病毒)，是另一新的危害极大的病毒，以发现地命名。

1976 年在苏丹南部和刚果 (旧称扎伊尔) 的埃博拉河地区首次发现并立即引起重视。能引起人类和灵长类动物产生埃博拉出血热，死亡率在 50%~90%，直接致死原因主要为中风、心肌梗塞、低血容量休克或多发性器官衰竭。

埃博拉病毒属丝状病毒科，为负链 ssRNA 病毒，基因组大小为 18 959 nt。

据 WHO 最新公布的数字表明，自 1976 年首次发现以来，全世界已有 1100 人感染这种病毒，793 人死亡。该病主要流行于扎伊尔和苏丹，宿主动物仍然未明，一般认为是蝙蝠。传播途径主要通过接触患者的体液和排泄物直接和间接传播；使用未经消毒的注射器也是一个重要的传播途径；另外，也可通过气溶胶和性接触传播。发病无明显的季节性，人群普遍易感，无性别差异。

（七）Zika 病毒

寨卡病毒 (Zika virus) 是一种新出现的蚊媒病毒，属于黄病毒科。

该病毒最早在 1947 年于乌干达的兹卡森林中的猕猴体内分离出来，依据基因型别分为亚洲型和非洲型两种型别。过去只有少数人类病例的报道，直到 2007 年在密克罗尼西亚联邦的雅蒲岛 (Yap Island) 爆发群聚疫情，才对此疾病有较多的认识。2015 年起寨卡病毒疫情于中南美洲快速扩散，其中巴西甚至出现超过 3500 例小头畸形怀疑与寨卡病毒相关。近几年在全球，特别是新加坡等亚洲国家，有迅速蔓延的趋势。

第四章 环境微生物组群

环境微生物组群 (enviromental microbiota) 是指人类生存环境的生态微生物类群。可以说，microbiota 无处不在，本章主要讨论不同生态环境中包括来自海洋、土壤、极端环境、大气和工业环境样本中的微生物。

环境微生物组群是 META 基因组研究的重要方面，这里不包括生物体 (人、其他动物) 身体内 (有时也包括体表) 的微生物组群。

在城市里，微生物随处可见：人行道上、交通工具里、公园、下水道。也许有趣的是，金属扶手的微生物组群可能少于塑料扶手与座位。

一、海洋环境

海洋环境微生物复杂多样，是生态环境微生物组群研究的重要方面。

海洋中存在众多的极端环境条件（深水、高盐、低温、厌氧、寡营养等），海洋中存在的细菌、古菌、真菌和病毒种类数以亿计，为寻找新物种、新基因、新药、新能源、新型工业酶提供了丰富的资源。

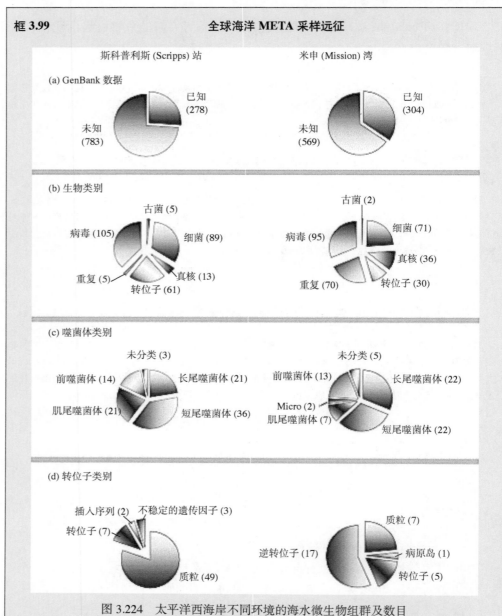

框 3.99　　　　　　　　　　　　　　全球海洋 META 采样远征

图 3.224　太平洋西海岸不同环境的海水微生物组群及数目

早在 2003 年，美国的 Venter 就开始启动了全球海洋采样远征 (Global Ocean Sampling Expedition，GOS) 计划。这是"霰弹法"测序在 META 基因组学研究中的一个经典案例。

这一计划首次从基因组的角度分别对海洋中不同区域不同水层的微生物样本进行取样和全面的测序分析，已发现了 1800 多个物种的基因组，120 多万个未知的 ORF。在新发现的物种中，大多数是细菌，扩展了人们对海洋微生物多样性的认识。还发现了大量在现有数据库中没有报道的基因，其物种类型分布也与现有数据库中的类型不一致。

　　另一海洋 META 计划是 2008 从法国出发到地中海、印度洋、南大西洋、穿过巴拿马运河回到北大西洋的 Tara 号，历经 3 年。从深海层与浅海层收集了大量样本，特别是浅海层的光合浮游微生物以及 DNA 为基础的大量病毒 ——"病毒泛 META 基因组 (viral pan-meta-genome)"，至少已鉴定了编码 150 万个蛋白的序列。

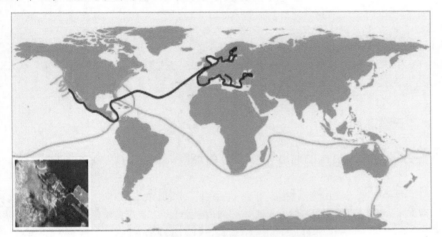

图 3.225　GOS 计划的两次采样路线

2003~2008 年，蓝色；2009~2010 年，黑色。

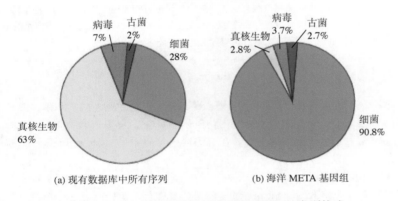

(a) 现有数据库中所有序列　　　　(b) 海洋 META 基因组

图 3.226　GOS 计划分析的微生物基因组的类别构成

META 技术也给海洋病毒的发现和研究提供了新的策略手段。

　　病毒的研究对于了解微生物宿主的类型与分布有很重要的意义，通过这些新发现的病毒序列可以预测其宿主的类别。在一个海洋生境样本中发现了千余种病毒序列，其中包括 208 种新的噬菌体序列。

二、土壤环境

　　土壤是除了岩石与水域外在地球表面与人类关系最为密切的生态系统，对于研究植被和作物的生长以及生态环境都非常重要。

　　生态微生物组群研究涉及的海洋和土壤等环境样本中的微生物物种远远少于人肠道等人体环境中的微生物。生态微生物研究所面对的挑战，主要是巨大的序列数据量和较小的物种覆盖度，以及样本的过滤、浓缩等辅助技术，也需要新的数据分析处理策略。大样本大数据分析先进行一个整合的预处理过程：数字归一化 (digital normalization) 和分割处理 (partitioning)。其中，数字归一化的方法参考了互联网的图像压缩技术，在实际的信息含量不减少的情况下舍弃了大量冗余数据，序列拼接的效率也有所提高；而分割处理则是将大样本"分割"成很多小样本分别处理和分析后再进行综合分析。

在中国杨凌和张家口进行的土壤微生物组群与谷子性状的关联研究中，2000个不同品系的谷子在两地同时进行种植，而后收集每个品系的谷子在两地的主茎茎秆长度、气生根层数、百粒重等多种表型信息，并在两地采集了 4000 多份土壤样本。而后，对土壤组群样本进行了基于 16S rDNA 的高通量测序分析，之后又与谷子性状进行了 PERMANOVA 关联分析。结果显示，谷子的根际和根表的土壤微生物组群的组成有明显差异，根表聚集了多种能促进植物生长的微生物，而土壤微生物组群与谷子的某些性状相关。

三、极端环境

极端环境微生物组群的研究，具有特别重要的科学和经济意义。

地球上的极端环境，例如极地、高原、沙漠、热泉等，也同海洋环境一样，由于在经纬度和海拔、温湿度、酸碱度和盐碱度等方面的特殊性，在其中生存的微生物也有了高度的异质性，给我们寻找新资源、理解生命起源和演化提供了新的契机。同时，因为极端环境微生物比普通环境下的微生物更难分离、培养、分类和其他研究，因此 META 基因组学技术在这一领域拥有更明显的优势。

在造纸行业中，使用酶处理木浆可以大量减少化学漂白剂的使用，减少环境污染。但是大多数在 70℃ 以上就会失活，因此传统的做法是将温度很高的木浆先冷却再进行酶处理，之后再加热进行下一个步骤，这又造成了时间和能源的巨大浪费。1995 年，在 *Thermotoga maritima* 菌中发现了高热稳定性的木聚糖酶，在 80~105℃ 仍具有活性。而后这些酶在大肠杆菌得到表达，并能工业化生产。

| 框 3.101 | Taq 酶与 PCR |

美国的 Kary Mullis 声称于 1983 年一个夜晚"突发奇想"地发明了 PCR。此项成果给生命科学研究和生物学带来了革命性的变化。当时他是 Cetus 生物科技公司的研究人员，这个发明让他获得了 1 万美元的公司奖励。在 1993 年，Mullis 与 Michael Smith 一起被授予诺贝尔化学奖。

Mullis 于 1985 年最先发表的 PCR 论文中所使用的 DNA 聚合酶是由大肠杆菌中克隆、改造的 DNA 聚合酶 Klenow fragment（以主要贡献者丹麦 University of Copenhagen 的 Klenow 教授命名），由于不耐热，每一个热循环完成后都得重加一次 DNA 聚合酶，方法烦琐不堪，DNA 产量递减。

中国台湾的钱嘉韵早在 1976 年留美时已报告了一项新发现：从美国黄石公园温泉中分离出的一种嗜热细菌（*Thermus aquaticus*, YT-1）的 DNA 聚合酶具有耐高温的特性。该篇论文还详述了纯化步骤。此篇论文后来引起了 Mullis 当时所在的 Cetus 公司的注意。以 *Thermus aquaticus* 的 DNA 聚合酶，即 Taq DNA 聚合酶，取代了先前所用的 Klenow fragment。这项改变使得 PCR 反应得以自动化，只需在第一个复制循环时加一次 Taq DNA 聚合酶，即可连续 30 个循环以上，所得 DNA 片段的特异性比用 *E. coli* 的要好得多。Cetus 公司于 1988 年才发表了改用 Taq DNA 聚合酶后的 PCR 方法及其应用前景。

(a)　　　　(b)

图 3.227　Kary Mullis (a) 和钱嘉韵 (b)

对永久冻土融化过程中微生组群落的研究，则让我们有机会了解到极端环境对生命体变化的影响。随着冻土的融化，微生物群落发生了显著的改变，包括物种层面和功能层面的改变，其中尤其是涉及碳氮循环的基因，在融化过程中的变化最为迅速。更值得注意的是，要严密关注冻土融化可能暴露久冻的病毒，或因毒致病的人、畜尸体。

四、大气环境

大气环境中的微生物颗粒已引起重视。雾霾已成为大气环境中微生物组群研究的新领域。

雾霾给人们的健康带来了隐忧，颗粒中的微生物被认为有可能是造成部分呼吸道疾病和过敏症状以至诱发癌症的原因之一。据报道，2014 年欧洲每年有 43 万人因空气污染早亡，每位欧盟公民平均"折寿"约 38 天。

对空气中微生物的研究以往是对 16S DNA 测序，只能定位到科和属的水平。2014 年 1 月，清华大学生命学院朱昕、田埂等报道了用一套新的从大气悬浮颗粒物样本中提取微生物 DNA 并进行 META 分析的技术，首次在物种的水平上鉴别了大气悬浮颗粒物中的微生物组群，发现其中大部分为非致病性微生物，并且有很多可能来自于土壤，但也确实含有极少量可能致病或致过敏的微生物种类，且这些对人体有害的微生物的含量与雾霾颗粒的浓度呈正相关性。而监测雾霾中的微生物组群类群，可以预测和监控可能的传染病原。

图 3.228 主要贡献者之一田埂及其大气悬浮颗粒物 META 分析论文

五、工业环境

工业发酵环境微生物组群研究也是 META 基因组学研究的新领域。

很多酿造工业发酵使用的微生物都不是单一的"纯种"，而是"混合"或共生的微生物，它们与发酵产品的效率及品质、风味关系很大。

在中国白酒的酿造过程中，酒窖窖泥中的微生物对酒的风味影响很大。通过分析一个白酒的 1 年、10 年、25 年和 50 年 4 种新旧不同的酒窖窖泥中的微生物组群的构成，发现在前 3 个时间点的窖泥中的微生物组群构成变化较大，而到 25 年之后则趋于稳定。此外，还发现窖泥的微生物组群的构成与白酒中的某些理化指标关系密切，包括 pH、$NH_4(+)$、乳酸、丁酸、己酸等。窖泥的成熟可分为 3 个过程，时间跨度在 25 年以上的最初过程中的窖泥富含乳酸杆菌 (Lactobacillus) 和乳酸，pH 较低；之后转化过程中乳酸杆菌含量急剧下降，拟杆菌门 (Bacteroidetes) 和产甲烷菌 (methanogens) 的含量开始上升；在最后的成熟期，微生物类群的组成呈现较高的多样性，并且开始富含己酸，而己酸对于白酒风味物质之一的己酸乙酯的形成相当关键。

第四部分　基因组的设计和合成

遗传密码已经存在了 36 亿年，现在到了重写的时候了。

——汤姆·奈特（2007）

The genetic code is 3.6 billion years old. It's time for a rewrite.

—— Tom Knight (2007)

第一节　合成基因组学和合成生物学

合成生物学 (synthetic biology) 就是研究如何设计和合成生物体的科学。

合成生物学的本质是在人类认识生命的基础上，重新或从头设计生命。

"合成"基于"设计"。"设计"生命的基础是对生命系统全面且深入的了解。"设计"一个完整的生物体，需要了解一个完整的基因组 DNA 中每一个基本"单位"（包括编码基因和非编码序列）的作用，更需要了解整个基因组中不同"单位"之间的合作与协调关系。即使是设计一条特异的"通路"和途径、一个特定的"系统"抑或一个"装置"或"元件"等基因组组分，也需要了解生命体的"三大网络（代谢途径、信号通路和基因调控）"以及"底盘细胞 (chassis cell)"的全基因组序列，和这一生物体的所有生物学背景。

合成生物学的每一步成功，都意味着我们迄今对生命所有知识的理解和验证。从这一意义上来说，把合成生物学简单地定位为一门纯粹的工程技术而对生命的理解重视不够，对合成生物学的发展并不一定有利。

合成生物学是从基础研究到直接应用的"转化科学"，这点与"遗传工程"具有相似之处。"合成"确实反映了合成生物学具有工程学特点：一个目标，一张蓝图，一套工艺，一个产品。总之，合成生物学的发展结合了工程学的系统设计和"模块化"的概念，化学、生物学、物理学及计算机科学等多个学科的知识和技术。可以说，合成生物学的另一源流是化学合成生命物质、遗传工程、代谢工程和细胞工程等生物技术的继续、提高和升华。

从基因组学的角度来说，合成生物学是基因组学发展的必然的最高阶段，即从"解码 (decoding)"到"重编 (recoding)"、从"解读 (reading)"到"书写 (writing)"的阶段。合成基因组学是合成生物学的基础、前沿和重要组成部分。

合成生物学的发展将有助于人们更好地理解基因组学对整个生命科学的引领作用，并将推动其他科学领域及工程学科的发展，对人类社会和人们生活将产生广泛而深远的影响。

合成生物学的命名是生命科学界在新学科命名方面日渐成熟的一个例证——词达其意，名正言顺。

框 4.1　　　　　　　　　　　**合成生物学的命名**

最早出现的"合成生物学"一词的含义可能与当下描述的有所不同。据美国 MIT 的 Evelyn Keller 称，该名词首次出现在 1911 年的 *Science* 杂志上，并随后于同年在英国著名的 *The Lancet* 医学杂志发表的一篇书评中再度出现。1980 年，德国的 *Medizinische Klinik* 期刊中一篇题为"基因手术：合成生物学的开始 (Gene surgery: on the threshold of synthetic biology)"的文章中正式提出该术语，而当时实际上表述的含义似乎更接近重组 DNA 技术 (recombinant DNA technique)。

"人造生命"一词曾一度被广泛使用。最注目的描述却是出现在 *Nature* 杂志 2009 年合成生物学专辑的封面上，即"生命就是我们制造之物 (Life is what we make it)"。这个句子是由 Michael Durrant 的"Life is 10 percent circumstance and 90 percent how we deal with it"演变而来的，其本意并不是对现代合成生物学的定义。

在科学上，"人造生命"的概念是"超前"的。因为在相当长的时间里，我们还不能完全"人工制造"一个生命体。在公共关系上，这一词也会带来伦理层面不利于合成生物学本身科学发展的讨论。

随着 20 世纪后期基因组及相关学科的迅速发展，合成生物学一词开始逐渐流行，并取代了其他名词而被广泛使用。

"合成生物学"一词自然、低调、不张扬。但不足之处是易被误解为"化学合成"，也可能忽视了很重要的一个方面，即对生命理解基础上的"设计"。另外，也可能招致"实际上还不能从头合成'生物体'"的非议，尽管"从头合成 (from scratch)"设想已经提出，现阶段的"合成生物学"的基础是基因组学，设计、合成的主题也主要围绕着不同的基因组而展开的（还需要"借鸡下蛋"，借用去除原基因组的"近缘"细胞来产生新的"人造细胞"）。

合成生物学是一个正在逐步发展、逐渐成形的新领域，不同学科背景的人会从不同的角度来描述合成生物学的内涵和外延。

框 4.2　　　　　　　　　　　　　**有关合成生物学定义的描述**

2000 年，美国 Stanford University（斯坦福大学）的 Eric Kool 将其定义为"基于系统生物学的遗传工程，类似于现代集成型的建筑工程"，从基因片段、DNA 分子、信号通路及调控网络到人工细胞的设计与合成，运用工程学的原理服务于生物功能、细胞工程等领域。

2006 年，美国 UC Berkeley 的 Jay Keasling 这样描述："合成生物学正在用生物学进行工程化，就像用物理学进行电子工程、用化学进行化学工程一样。"而加拿大哥伦比亚癌症研究所 Smith 基因组科学中心（Canada's Michael Smith Genome Sciences Centre，BC Cancer Agency）主任 Robert Holt 则认为："合成生物学与传统的重组 DNA 技术之间的界限仍然是模糊的。从根本上说，合成生物学正在利用获得的'元件'进行下一层次的工作 —— 对细胞进行工程化操作。"

美国总统生命伦理研究委员会（Presidential Commission for the Study of Bioethical Issues）在 2010 年的一个报告中称，"合成生物学是一个科学学科，依赖于化学合成的 DNA，通过标准化和自动化的过程，创造全新的生物体，或增强了特征或性能的生物体以满足人类的需要"。

"合成生物学"网站 (http://www.syntheticbiology.org) 中对合成生物学的描述则是：合成生物学旨在设计和构建新的生物功能元件、装置和系统；根据应用目的，重新设计已有的天然生物系统。

Nature Biotechnology 杂志在 2009 年 12 月的一个合成生物学专辑中，就合成生物学的定义发表了众多领域内专家的不同见解。如美国 Stanford University 的 Christina Smolke 认为合成生物学是一种生物设计与遗传编程的方法，可以应用于多种生物工程领域，如代谢工程等。美国 Stanford University 的 Drew Endy 认为，通过探索如何改造或组装生命分子，合成生物学为理解生命工作方式提供了一种新的科学途径。美国 Flagship Ventures 公司的 David Berry 则认为，合成生物学是一种工具，称之为合成生物技术似乎更为恰当，这是因为其利用当代生物技术（如 DNA 测序、DNA 合成等）设计生成另一种生物工具以完成最终的任务，是一种技术手段。

近年来，合成生物学受到科学界、社会公众及媒体等各界人士的日益重视。从逐年增长的论文数量也可看出合成生物学的发展趋势。1970 年从 0 开始，到 1986 年还不到百篇，1990~2000 年停滞在 500 余篇，2010 年超过 1000 篇，2015 年上升到 2800 多篇。

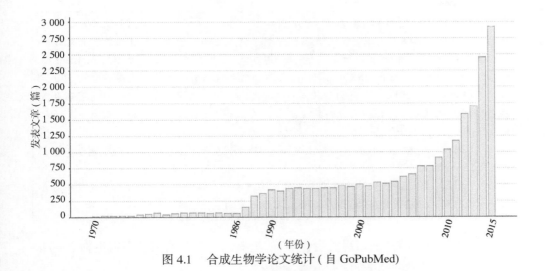

图 4.1 合成生物学论文统计（自 GoPubMed）

框 4.3 **有关合成生物学的评论**

2004 年，美国 MIT 出版的 *Technology Review* 期刊中文版将合成生物学评为"将改变世界的十大新技术之一"。

2010 年，在 *Science* 期刊评出的"十大科学突破"中，合成生物学名列第二位。*Nature* 评出的年度"十二件重大科学事件"中，合成生物学名列第四位。*Scientific American* 期刊将合成生物学选入"年度十大科学新闻之一"。*Times* 杂志将合成生物学列为"十大医学突破"之一。*IBTimes* 期刊将合成生物学列为"十大科学发现"之一。中国《科技日报》将合成生物学列为"国际十大科技新闻"之一。

2011 年，*Nature* 期刊将合成生物学列为预测的 2011 年"十三件重要发现与事件"之一。

2012 年，*Nature* 期刊将合成生物学领域的人工基因组研究列为 2012 年"值得关注的十大科学进展和事件"之一。*World Economic Forum* 杂志评出的 2012 年"十大新兴科技"，合成生物学位列第二位。*The Scientists* 期刊将"合成生物学相关的基因合成服务"列为 2012 年生命科学"十大创新性的产品与服务"之一。

框 4.4 **各国政府和欧盟近年来对合成生物学的支持和资助**

2006 年，美国 NSF (National Science Foundation，国家科学基金会) 资助 2000 万美元建立"合成生物学研究中心"。2011 年，*Science* 报道美国 DARPA (Defense Advanced Research Projects Agency，国防先进研究项目局) 首次拨款 3000 万美元，资助名为"Cellular Factories"的合成生物学项目，推动"细胞组件"的标准化相关研究和技术开发工作，并于 2013 年追加 1.1 亿美元。而在 2012 年，美国 DOE 也资助 1200 万美元支持利用合成生物学来开发生物燃料和产品的研究项目。

2005 年，欧盟在"第六框架 (Sixth Framework Programme)"规划中发表了《合成生物学 —— 将工程应用于生物学》的报告，提出了合成生物学的定义及研究范围，并展望了未来 10~15 年合成生物学在生物医药、生命化学的拓展、可持续化学工业、环境与能源、生物材料等方面的前景，并于 2007 年启动了"合成生物学"计划的 18 个项目。

2009 年，欧洲分子生物学组织 (European Molecular Biology Organization) 发布了《发展合成生物学 —— 欧洲合成生物学发展战略》的报告，指出若要加强欧洲在合成生物学领域的竞争力，必须整合欧盟目前的各种研发计划，制定全面发展战略，并规划在未来 2~3 年内，投入研发资金约 2500 万欧元。

2008 年，英国 BBSRC (Biotechnology and Biological Sciences Research Council，生物技术与生物科学理事会) 提出要在该领域保持和提高其国际领先地位，明确将合成生物学列为优先资助的研究领域，资助近 1000 万英镑。2009 年，英国皇家工程院发布了《合成生物学：范围、应用和意义》的蓝皮书。展望了合成生物学的未来，建议在英国建合成生物学研究中心，每个中心 10 年预算将超过 6000 万英镑。2012 年，英国 EPSRC (Engineering and Physical Sciences Research Council，工程与物理科学研究理事会) 宣布将资助 500 万英镑开发平台技术。2012 年，英国的技术战略委员会、生物技术与生物科学研究理事会、工程与物理科学研究理事会和经济和社会研究理事会斥资 650 万英镑支持和鼓励企业开拓合成生物学新的产业应用。

2010~2011 年，中华人民共和国科技部（以下简称科技部）在"973"计划中先后部署了 3 个合成生物学相关专项，总经费达 1.4 亿元人民币。2012 年，科技部"863"计划部署了"合成生物学专项"，研究经费达 7500 万元人民币。2013 年至今，科技部及其他基金委每年均会选取具有重大研究及应用价值的合成生物学项目予以资助。

合成基因组将成为"基因组的生物学"的重要部分，即"合成基因组生物学（The Biology of Synthetic Genomics)。"

第二节　合成生物学的发展史

按照合成生物学的现有定义，合成生物学的发展史可追溯到 19 世纪的第一个有机物——尿素的合成。

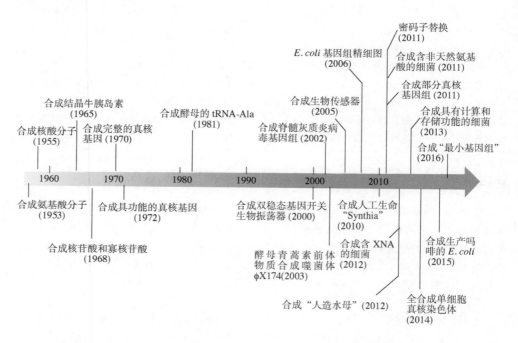

图 4.2　合成生物学发展史上的部分重要事件

合成生物学的发展可分为人工合成"前基因"材料、寡核苷酸和基因、遗传装置、代谢途径和全基因组这样 5 个阶段。

一、人工合成"前基因"生物材料 (1828 年~)

这一阶段的主要成果是尿素与氨基酸的合成，标志着人工合成生命物质的开始。

框 4.5	"前基因"生物材料的合成

1828 年，德国 University of Göttingen（哥廷根大学）的 Friedrich Wöhler 利用氰酸铵首次合成了有机物——尿素。

1953 年，美国 Uchicago of Chicago（芝加哥大学）的 Stanley Miller 模拟地球的原始环境，探索小分子有机物发生过程。

1965 年，中国科学院上海生物化学研究所的龚岳亭等团队获得了第一个人工合成的蛋白质——结晶牛胰岛素，是当时人工合成的最大的且有生物活性的天然有机化合物。

图 4.3　Stanley Miller　　　　图 4.4　主要贡献者龚岳亭及其论文

二、人工合成寡核苷酸和基因 (1955 年~)

遗传密码是人类解读的第一种自然语言。遗传密码的解读提供了编码基因与非编码序列的概念。DNA 测序技术为合成核苷酸链的准确性提供了质控标准，而"遗传工程"技术的诞生则使生物技术和生物产业发生了革命性的变化。

以化学方法合成 3′-5′ 磷酸二酯键 (3′-5′ phosphodiester bond) 的成功，开启了人工合成寡核苷酸和基因的新篇章。目前已经成功人工合成的基因实例很多，其中大部分基因在一定程度上能表达活性。从此，继 Miller 实验之后，合成生物学开始了对生命起源和演化的探索。

框 4.6	寡核苷酸和基因的合成

1955 年，英国 University of Edinburgh（爱丁堡大学）的 Alexander Todd 等首次人工合成核酸分子。

1968 年，美国 MIT 的 Har Gobind Khorana 等化学合成一条短 ssDNA。这是第一次合成寡核苷酸链。

1970 年，美国的 Khorana 等用化学方法合成了第一个的完整基因——77 nt 的酵母 Ala-tRNA（酵母丙氨酸转移核糖核酸）基因。

1972 年，美国 NYU (New York University，纽约大学) 的 Peter Price 和 James Conover 等实验室首次人工合成了真核生物的结构基因——家兔和人的珠蛋白基因。

1973 年，美国 Stanford University（斯坦福大学）的 Stanley Cohen 和 UC San Francisco（旧金山的加州大学）的 Herbert Boyle 等，精确地把基因导入细胞并表达生长激素释放抑制激素 GRIH，从而建立了重组 DNA 技术。

1981 年，由中国科学院上海细胞生物学研究所等多方组成的王德宝团队首次合成了活性生物大分子 Ala-tRNA（酵母丙氨酸转移核糖核酸），其合成的大分子 RNA 具有与天然分子相同的化学结构和完整的生物活性。

2000 年，美国 Foundation for Applied Molecular Evolution（应用分子演化基金会）的 Steven Benner 等向细胞 DNA 中导入了非天然核苷酸。

2001 年，美国 TSRI（The Scripps Research Institute，斯克里普斯研究所）的 Peter Schultz 等通过向 *E.coli* 中导入 "tRNA/ 氨酰 -tRNA 合成酶"，使之合成非天然的氨基酸。

图 4.5 王德宝

2003 年，Schultz 等发明了一种导入非天然氨基酸人工密码子的方法，首次向酵母中导入了 5 种非天然氨基酸。

2009 年，日本研究人员应用纳米技术合成了只有 1 bp 的且是世界最短的 dsRNA 片段和只有 3 bp 的 dsDNA 片段。

2011 年，英国 MRC Laboratory of Molecular Biology（分子生物学实验室）的 Philipp Holliger 等设计出第一个 RNA 合成酶，这种酶能合成长达 95 nt 的 RNA。2011 年，美国 Harvard University（哈佛大学）的 George Church 利用 MAGE（Multiplex Automated Genome Engineering，多重自动基因组改造）技术实现了 *E.coli* 中 314 个终止密码子的替换。

2012 年，美国 ASU（Arizona State University，亚桑那州立大学）的 John Chaput 等合成了可折叠并可与蛋白结合的 TNA（Threose Nucleic Acid）。Holliger 等合成的 XNA（包括 PNA、TNA、ANA 等）可像 DNA 和 RNA 一样贮存遗传信息和复制。美国 Harvard University 的 Kit Parker 利用大鼠的心脏细胞和硅胶制造出了一个 "人造水母"，将合成生物学推向了新的水平，即可用生物组织和非生物材料构建新的生物体。

框 4.7   **亚磷酰胺三酯法寡核苷酸链的合成**

DNA 化学合成是合成生物学的重要基础技术。

合成通量、合成长度和准确率是传统的 DNA 合成方法的瓶颈。由于准确率不高（平均每 100~200 nt 便会出现一个合成差误），寡核苷酸合成长度往往较短（较常见的合成长度为 60~200 nt）。超过该范围，每个碱基的合成成本显著升高，而准确率则下降。

1955 年，Todd 等首开核酸分子人工合成的先河。固相亚磷酰胺三酯法成为目前最常用的寡核苷酸链的合成方法，该方法具有偶联且起始反应物比较稳定的特点，被广泛应用于大部分自动寡核苷酸合成仪。

亚磷酰胺三酯法是将 DNA 固定在固相载体上，合成的方向是 3' 端向 5' 端，相邻的核苷酸通过 3'-5' 磷酸二酯键连接。

亚磷酸三酯法合成循环首先脱掉 CPG（Controlled Pore Glass，可控微孔玻璃珠）单体上的第一个核苷酸 5'-OH 基团上的保护基（DMTr，二甲基三苯甲基）；活化新的核苷酸单

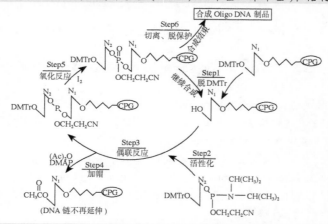

图 4.6   亚磷酸三酯法合成流程示意图

体 (phosphoramidite)，准备与第一个核苷酸进行反应；第二个核苷酸与第一个核苷酸发生偶联反应，将没有反应的第一个核苷酸的 5'-OH "加帽 (capping)"，使其不再参与反应；将核苷亚磷酸酯氧化成更稳定的核苷磷酸酯 (即将三价磷氧化成五价磷)；重复循环直至合成完所需的寡核苷酸 DNA 序列。结束后，将寡核苷酸 DNA 分子从 CpG 上切下，进行进一步的纯化。

在生物体内，DNA 聚合酶能以每秒 1000 个以上核苷酸的速度合成 DNA 序列，辅以完善的纠错系统，DNA 合成的差误率可以控制在亿分之一到百亿分之一。相比之下，目前最好的人工合成仪的速度是每个核苷酸 300 秒，且差误率较高，合成的片段长度和通量也不理想。如何向自然界学习，开发新的合成技术，加快合成速度，提高合成通量，减少差误率，降低合成成本，增加寡核苷酸合成长度，一直是重要的的研究方向。

三、人工设计和合成遗传装置 (2000 年~)

遗传装置是指将最基本的生物元件以一定的逻辑方式组合起来形成的具有特定功能的遗传单元。

从 2000 年开始，在 *E. coli* 和酵母等生物体内构建了基因电路、基因开关、生物传感器和振荡器等遗传装置 (device) 并实现了特定功能。

框 4.8　　　　　　　　　　　生物的遗传装置和系统

基因电路 (gene circuit，或称基因线路、遗传电路)：由各种调节元件和被调节的基因装配而成。旨在实现在给定条件下定时定量表达目的基因产物。

基因开关 (toggle switch，基因拨动开关)：是指某种化学诱导物存在或缺失时，或者在两个独立的外源刺激作用下，基因处于两种状态中的一种。

基因元件 (genetic element)：是生物系统中具有独立功能的最小单位，如不同功能的启动子、增强子及基因控制的所有功能因子。涉及相同系统的的元件有时也合称为组件。

生物传感器 (biosensor)：是利用生物活性物质 (即生物部件，biological parts) 作为敏感元件，配以适当的换能器 (即信号传导器) 所构成的分析检测工具。

生物振荡器 (biological oscillator)：由正、负反馈环组成，包含一个或多个震荡变量。可用于定义心跳、脑波及日夜节律的周期。

生物反应器 (bioreactor)：生物反应器是利用生物体所具有的生物功能，在体外或体内通过生化反应或生物自身的代谢获得目标产物的装置。

将多个装置组合在一起得到更为复杂的调控结构或生物功能，形成具有完整生物学功能的代谢或调控网络，便构成了常规的"系统"。

框 4.9　　　　　　　　　　　遗传装置的设计和人工合成

2000 年，美国 Boston University (波士顿大学) 的 Timothy Gardner 等首次在 *E. coli* 中构建了一个具有双稳态调控功能的基因开关。美国 California Institute of Technology (加州理工学院) 的 Michael Elowitz 等构建了第一个生物振荡器。

2004 年，美国 The Rockefeller University (洛克菲勒大学) 的 Albert Libchaber 等合成了第一个模拟人造生物 —— "囊生物反应器 (vesicle bioreactors)"，由蛋清中的脂肪分子和 *E. coli* 细胞提取物组成，只能在配制好的化合物中存活数天。

2005 年，美国 MIT 的研究人员在 *E. coli* 中构建了第一个生物传感器，使细菌能对不同的光照条件作出应答。

四、人工设计和合成代谢途径 (2000 年 ~)

合成生物学开始并成功地把原先只有自然界多细胞生物（主要指植物）才能生产的代谢产物，改为以单细胞原核生物 (*E. coli*) 或单细胞真核生物（酵母）在实验室完成工业生产。这是合成生物学走向工业化的先声。

框 4.10　　　　　　　　　　　　**代谢途径的设计和合成**

2003 年，美国 UC Berkeley 的 Keasling 等在 *E. coli* 中第一次成功构建了合成青蒿素的代谢网络并合成了青蒿酸。2006 年这一团队又将多个青蒿素生物合成基因导入酵母中，成功合成了青蒿酸，并通过对代谢网络不断改造和优化而提高了产量。

2008 年，美国 UC (University of California, 加利福尼亚大学) 的 Shota Atsumi 等在 *E. coli* 中实现了可作为生物燃料的丁醇（如异丁醇，正丁醇，2-甲基-1-丁醇和3-甲基-1-丁醇）的高效生产。

2010 年，美国 LS9 公司的 Andreas Schirmer 等在蓝细菌（蓝藻）中分离了产石油烃的关键基因并导入 *E. coli* 成功表达。美国 MIT 和 Tufts University（塔夫斯大学）在 *E. coli* 中成功合成紫杉醇 (paclitaxel) 的前体 taxadiene 和 taxadiene-5-alpha-ol。

2011 年，美国 Rice University（莱斯大学）的研究人员通过逆转 β-氧化循环方向而合成了长链烃化合物，为生物石油的生产奠定了基础。

2011 年，新加坡 NTU (Nanyang Technology University, 南洋理工大学) 的团队在 *E. coli* 中构建了第一个由具有群体感应、杀死和细胞溶解装置构成的遗传系统，通过产生和释放绿脓杆菌素以检测和杀死致病的绿脓假单胞菌。

2011 年，中国 HKU (University of Hong Kong, 香港大学) 黄建东 (Huang Jiandong) 团队在 *E. coli* 中构建了具有群体密度感应系统的基因调控网络，控制 *E. coli* 菌落的运动模式，使其构成一个重复图案并实现条纹数量的控制。这是首次利用基因回路的设计来反向解析微生物图案形成原理的尝试。

2013 年，美国 MIT 的卢冠达 (Timothy Lu) 构建了具有逻辑运算和存储功能的、能编码 DNA 数据的细菌细胞环路。

2014 年，美国 Stanford University（斯坦福大学）的 Christina Smolke 利用酵母合成吗啡以及其他天然或者半天然的类似物。

2015 年，美国 UC Berkeley 的 John Dueber 等用酵母实现了吗啡合成代谢过程前半部分的主要过程，即从葡萄糖转化为中间产物 S-心果碱；加拿大 Concordia University（肯考迪亚大学）的 Vincent Martin 等利用酵母将 R-心果碱转化为吗啡；2015 年，英国 University of York（约克大学）的 Thilo Winzer 确认了使 S-心果碱转变为 R-心果碱的 STORR 酶蛋白复合物。这是人们首次人工重建罂粟在自然条件下产生吗啡的整条代谢途径。

五、人工设计和合成全基因组 (2002 年 ~)

人类首次设计和合成的基因组是 2002 年完成的脊髓灰质炎病毒 (Poliomyelitis Virus, PV) 基因组 (7.5 Kb)，而首个原核生物"Synthia（辛西娅）"基因组的合成是合成生物学的另一个重要的里程碑成果。

2011 年开始，由美国、英国、中国、澳大利亚合作的第二代酵母 (Sc2.0) 基因组计划 将开启人工合成真核基因组的新篇章。

框 4.11 　　　　　　　　　　　**全基因组的设计和合成**

　　2002 年，美国 SUNY（纽约州立大学）的 Jeronimo Cello 等制造了第一个人工合成的病毒——脊髓灰质炎病毒。这一人工合成的病毒基因组不仅可以指导合成与天然病毒蛋白质同样的蛋白质，而且它们同样具有侵染宿主细胞的活力。这一工作的完成耗时 3 年。

　　2003 年，美国 JCVI 的 Venter 等仅用了 14 天时间就合成了噬菌体 ψX174 的基因组。该病毒基因组大小约 5386 bp，含有 11 个基因。将合成的基因组 DNA 注入宿主细胞，宿主细胞的反应和感染了自然的 ψX174 噬菌体的细胞一样。

　　2005 年，美国、加拿大与日本的团队合作，分析了 1918 年西班牙流感病毒的 DNA 片段，并据此合成了该流感病毒的编码血凝素（Hemagglutinin，简称 HA 蛋白）和神经氨酸酶（Neuraminidase，简称 NA 蛋白）的基因，进而获得了新的流感病毒，并表现出与西班牙亚型流感病毒相近的致病性。

　　2007 年，JCVI 创立了"基因组移植（genome transplantation）"技术，即在两种不同支原体之间进行基因组转移的技术，将蕈状支原体（*Mycoplasma mycoides*）的基因组转入完全去除 DNA 的山羊支原体（*Mycoplasma capricolum*）细胞内，实现了完整基因组在不同物种之间的转移。

　　2008 年，美国 Vanderbilt University（范德堡大学）的 Michelle Becker 等设计并合成了重组的蝙蝠 SARS 样冠状病毒，将该基因组中受体结合结构域（Receptor-Binding Domain，RBD）替换为 SARS 病毒的 RBD，成功感染了体外培养的人呼吸道上皮细胞（Human Airway Epithelial cells，HAE）以及小鼠。这一长 29.7 Kb 的 RNA 序列是当时合成的最大的可以自我复制的基因组。

　　2008 年，JCVI 实现了在体外合成第一个原核基因组生殖道支原体（*Mycoplasma genitalium*）的基因组 DNA，为人造生命奠定了基础。

　　2010 年，首个人造生命诞生。JCVI 首次从头人工合成了长达 1 Mb 的蕈状支原体基因组 "Synthia"，并在山羊支原体受体细胞中成功复制、翻译并传代。

　　2011 年，美国 NYU 的 Jef Boeke 团队人工合成了两个酵母染色体，并将其转入酵母细胞。标志着人工合成生物基因组的研究又迈出了重要一步。

　　2014 年，Boeke 等合成了第一条人工设计和合成的、能行使正常功能的酵母染色体，向人工设计和合成微生物等生命体迈出了一大步。

框 4.12 　　　　　　　　　　　**最小基因组的设计和合成**

　　最小基因组（minimal genome）是指能够维持细胞生命在最适环境条件（最丰富的营养，最适宜的温度、湿度、酸碱度等，无外界环境压力）下生存必需的最小数目基因的集合。在科学上，最小基因组对于研究生命起源有着重要的意义。

　　生物在长期演化过程中，通过基因水平转移（horizontal gene transfer）等方式，不断地摄入外源基因，并将其保留在生物自身基因组内，致使基因组出现了容量渐增化、结构复杂化、功能多效化等现象。如果能够去除基因组上大量的非必需基因从而简化基因组，也许在降低基因组复杂度的同时，也可以减小非必需代谢途径的干扰等遗传噪音（genomic noises），提高细胞对底物和能量的利用效率。

　　从技术的角度来说，生产出一种或几种非蛋白质的天然有机物或自然界中不存在的有机物，最理想的是有一个类似"工程细胞"的"底盘细胞"。这个"底盘细胞"的最重要的特点是具有最大程度的"兼容性"与"通用性"。"兼容性"与"通用性"首先是物理学概念，即可以接纳多个大的"代谢途径"的（多个）基因后仍能行使正常的生物学功能；其次是生物学概念：这一近乎"万能"的"底盘细胞"仅含有生存所必需的遗传物质，其与引入的代谢途径的相互干扰达到最小化。

　　传统的最小基因组研究主要有两种方法，一是通过比较基因组的研究预测非必需基因并进行删除，二是通过随机基因敲除的方法用实验手段获得最小基因组，这两种方法可合称为"自上而下（top-down）"的策略。

这两种方法都存在一定的弊端。比较基因组的预测缺乏实验验证，而基因敲除方法在敲除单个基因时可能不影响生物个体生存，但将一组非必需基因同时敲除时，则不能保证个体依然可以存活。因此，要将生殖道支原体（*Mycoplasma genitalium*）中482个基因通过敲除的方法得到含约300个基因的最小基因组，其难度可想而知。

按照这一策略，日本 Tokyo Metropolitan University（东京都立大学）的 Masayuki Hashimoto 等删除了 *E.coli* 的 Δ16 菌株基因组中 1.38 Mb（约29.7%）的序列；日本 Nara Institute of Science and Technology（奈良科技研究所）的 Takuya Morimoto 等将枯草芽孢杆菌（*Bacillus subtilis*）删除了 873.5 Kb（约20.7%）的序列；日本 Hiroshima Institute of Technology（广岛技术研究所）Kiriko Murakami 成功删除了酿酒酵母（*Saccharomyces cerevisiae*）共计 531.5 Kb（约5%）的序列；日本 Kitasato University（北里大学）的 Mamoru Komatsu 证明阿佛曼链霉菌（*Streptomyces avermitilis*）中 1.67 Mb（约18.54%）的序列可以被删除。

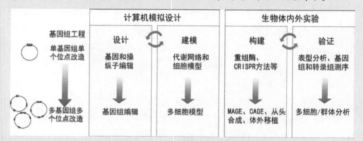

图 4.7　最小基因组的设计与构建示意图

最小基因组构建方式可分为单基因组单位点改造和多基因组多位点改造两种方式，前者改造通量小，任务繁重。不论采用哪种方式构建最小基因组，均需通过：① 计算机模拟设计来区分必需基因或序列、非必需基因或序列等信息，计算机建模形成最小基因组细胞模型。② 利用重组酶等基因敲除技术（单基因组单位点改造）或 MAGE、从头合成等高通量精简基因组方式（多基因组多位点改造）获得最小基因组。③ 对最小基因组菌株的表型等或群体生长形态进行分析，验证最小基因组的功能。

框 4.13　　　　　　　　最小基因组研究的模式生物——生殖道支原体

支原体是自然界最简单的原核生物之一。生殖道支原体基因组大小为 582.97 Kb，仅有 482 个编码基因，为已测序物种中基因组最小的物种。

1995 年，美国 NCBI 的 Eugene Koonin 通过生殖道支原体和流感嗜血杆菌（*Haemophilus influenzae*）的基因组比较分析，发现两个物种有 240 个基因存在直系同源（orthologous），并以此为依据推测生殖道支原体的最小基因组含约 250 个基因。

Venter 等用基因敲除方法，对生殖道支原体的基因进行了逐个敲除，证明该菌株基因组含 265~300 个基因，这一结论与比较基因组的研究结果相近。

Venter 并提出了"自下而上（bottom-up）"的策略，即通过合成生物学的方法人工设计和构建最小基因组。

2016 年 3 月 25 日，Venter 等又发表了第一个人工设计和合成的"最小基因组"。

框 4.14　　　　　　　　　　　　DNA 合成技术的改进

受到 MPH 测序技术 —— 高通量平行测序技术的启发，Church 试图通过芯片技术构建 DNA 微阵列来加大通量，但合成差错率较高。为了解决这个问题，采用了测序、错配识别蛋白（MutS）酶切等方法，从寡核苷酸文库中挑出正确的寡核苷酸序列进行 PCR 扩增。

芯片设计和寡核苷酸库合成是在一张芯片上，紧密排列数十万乃至上亿个"簇"，平行地、高通量地合成寡核苷酸链。理论上，有望每个核苷酸的合成成本降低到 1 美分以下。

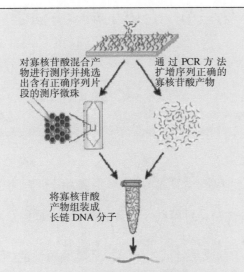

图 4.8　芯片合成寡核苷酸过程示意图

　　芯片合成 DNA 片段至少有两个相似的策略：德国 Comprehensive Biomarker Center（综合生物标志物中心）的 Mark Matzas 用测序技术挑出正确的寡核苷酸序列进行扩增。而美国 Harvard University 的 Sriram Kosuri 则效仿生物体内的机制，用另一张芯片合成与之前所得寡核苷酸链反向互补的序列，然后与第一张芯片的核苷酸进行杂交，再选择互补配对的序列以降低差误。同时，Kosuri 提出了"寡核苷酸库合成（Oligo Library Synthesis，OLS）"的概念和体外连接的技术，即通过芯片合成寡核苷酸的序列设计，在一张芯片上同时合成数千种寡核苷酸，将它们洗脱后进行一步连接，便可自动连接成所需的超长 DNA 片段。

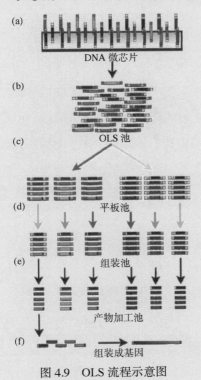

图 4.9　OLS 流程示意图

　　基于芯片合成技术的合成仪 AZCO Oligo Array 已经上市。尽管仍受合成长度、准确率等问题的影响，但该技术的前景不可估量。

第三节　合成生物学方法学

合成基因组学的方法学可分为两个主要方面：设计和合成。

"设计"是基于基因组等学科对生命奥秘的探索，以计算机辅助的技术手段"书写"包括所有基因组组分，如一个组件、装置乃至系统，是合成基因组的核心技术。"合成"则是综合运用化学、基因组学、分子生物学和"遗传工程"的基因操作技术，将设计的组件、装置或系统进行实体构建，并检验其生物学功能。

合成生物学的方法学可分为两部分 —— 全基因组和基因组组分的设计和合成。

一、全基因组的设计和合成

全基因组的设计和合成是合成生物学中最具颠覆性的领域，也是合成生物学趋于成熟的标志。

基因组 DNA 序列的设计是合成生物学研究的核心。

DNA 测序技术已成为人类解读遗传密码、验证设计与化学合成序列必需的工具。而书写 DNA 序列的技术，即人工设计 DNA 化学合成和组装技术的发展，直接推动了合成生物学的研究以及人类创造新生命的步伐。

（一）Synthia

首个人造生命 —— Synthia（含意为"合成体"或"人造儿"）诞生于 2010 年的 JCVI 研究院。

Synthia 是以计算机为"父母"并能够进行自我复制的第一个人造生命体，是合成生物学发展史上最伟大的里程碑之一。基因组大小 1.08 Mb。整个项目耗时 15 年，研究投入超过 4000 万美元。

329:52, 2010　Science

Creation of a Bacterial Cell Controlled by a Chemically Synthesized Genome

Daniel G. Gibson,[1] John I. Glass,[1] Carole Lartigue,[1] Vladimir N. Noskov,[1] Ray-Yuan Chuang,[1] Mikkel A. Algire,[1] Gwynedd A. Benders,[2] Michael G. Montague,[1] Li Ma,[1] Monzia M. Moodie,[1] Chuck Merryman,[1] Sanjay Vashee,[1] Radha Krishnakumar,[1] Nacyra Assad-Garcia,[1] Cynthia Andrews-Pfannkoch,[1] Evgeniya A. Denisova,[1] Lei Young,[1] Zhi-Qing Qi,[1] Thomas H. Segall-Shapiro,[1] Christopher H. Calvey,[1] Prashanth P. Parmar,[1] Clyde A. Hutchison III,[2] Hamilton O. Smith,[2] J. Craig Venter[1,2+]

图 4.10　Synthia 与 JCVI-syn1.0 的论文

框 4.15　　　　　　　　　　**Synthia 基因组中的"水印"**

Venter 等通过将英文字母转换成 3 位碱基信息，加入了 4 段"水印"序列，分别为：① 编码 E-mail 链接 (mroqstiz@jvci.org) 的 HTML 代码；②作者名单及 James Joyce 的名言："To live，to err，to fall，to triumph，to recreate life out of life"；③作者名单及 Robert Oppenheimer 的名言："See things not as they are，but as they might be"；④作者名单及 Richard Feynman 的名言："What I cannot build，I cannot understand"。

这些"水印"的重要启示是：基因组中确实可以保留一些没有特定功能的"垃圾"，尽管这只是演化过程的一个时间段。

框 4.16　　　　　Synthia 的生命伦理与生物安全问题

　　美国 *Times* 杂志第一时间报道了 Synthia 的问世，引来了社会各界的强烈反响。美国总统奥巴马敦促总统生物伦理研究委员会"评估此研究将给医学、环境、安全等领域带来的任何潜在影响、利益和风险，并向联邦政府提出行动建议，保证美国能够在伦理道德的界限之内，以最小的风险获得此研究成果带来的利益。"

　　经过数月的调查和辩论，总统生物伦理研究委员会最终为合成生物学开了绿灯，声称"没有必要暂时停止对有争议的新兴领域——合成生物学的研究，也没有必要对其施加新的控制"，并建议生物学家在该领域的研究过程中保持"自律"，遵守现有的相关法律与规范。梵蒂冈 (Vatican) 随后也表示了对 Synthia 问世的欢迎。

图 4.11　Craig Venter

　　Synthia 的"诞生"过程是：先将蕈状支原体进行全基因组测序，对基因组序列进行重新设计（如精简了 4 Kb 的序列，而加入水印、抗生素抗性基因、*lacZ* 基因等序列）；用化学方法合成所需的寡核苷酸；用 Gibson 策略进行组装，形成约 100 Kb 的 DNA 大片段；将 DNA 片段连接成完整的人工基因组；将人工基因组导入山羊支原体的"去基因组"受体细胞进行培养；以 X-gal-lacZ 系统选择含人工基因组的细胞。

　　Synthia 还不能算是完整意义上的"新生命"。但这个"人造生命"的诞生，证明了体外化学合成基因组的可行性，将对未来生命科学的发展产生深远的影响。

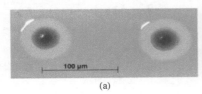 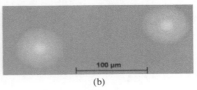

图 4.12　Synthia 的 X-gal/lacZ 选择系统

X-gal/lacZ 是"遗传工程"常用的原核选择系统。在培养基中加入 X-gal 进行蓝白斑筛选，(a) 含 lacZ 的人工合成菌株可以表达 β 半乳糖甘酶，将 X-gal 转化为蓝色；(b) 野生型菌株不含 *lacZ* 基因仍保持为白色。

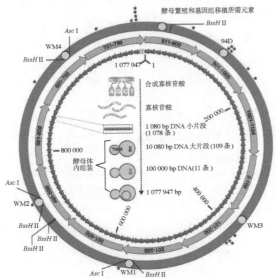

图 4.13　Synthia 组装策略示意图

①将化学合成的寡核苷酸链组装成约 1080 bp 的 DNA 小片段（橙色箭头，1078 条），②进而组装成为 109 个 10 Kb 左右的 DNA 片段（蓝色箭头）并克隆进酵母环状 DNA 质粒，③进一步组装成为 11 个 100 Kb 左右的 DNA 大片段（绿色箭头），④最终通过酵母体内的同源重组实现完整基因组（红色圆环）的组装。图中标注了人工设计信息，包括多态性位点（* 表示）、人为加入的"水印"序列（黄色圆形表示），以及 *Asc* I 和 *BssH* II 两种内切酶的酶切位点。

    DNA 片段的组装主要思路是在两段需要拼接的 DNA 片段的末端，保留一定长度的重叠区 (overlap)；用酶切产生 DNA 单链黏性末端（或在寡核苷酸序列设计时直接预留出黏性末端），使得两段 DNA 片段可以通过碱基互补配对结合在一起；通过 DNA 聚合酶的作用，补全 DNA 链缺口并实现片段的连接。

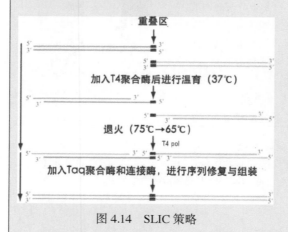

图 4.14   SLIC 策略

1) SLIC (Sequence and Ligase Independent Cloning) 策略

    该策略基于 T4 DNA 聚合酶的外切酶活性。在环境中不存在 dNTP 时，聚合酶具有 3' 末端外切酶活性，将 dsDNA 的 3' 末端切除并暴露自由的 5' 端。此时，两段相邻 DNA 序列的重叠区被完全暴露为单链黏性末端，可通过配对实现 DNA 片段的连接。

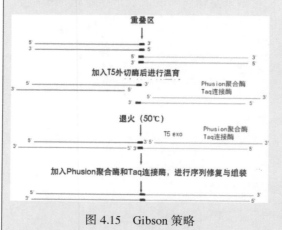

图 4.15   Gibson 策略

2) Gibson 策略

    该策略利用 T5 外切酶具有的 5' 端外切酶活性，消化 dsDNA 的 5' 末端，暴露出 3' 黏性末端而使片段连接。反应温度都控制在 50℃，实现酶切和连接一步反应。所有 DNA 片段会按照设计的顺序依次组装在一起，以提高工作效率，这是目前最常用的 DNA 组装策略。

    这一策略原名为"一步等温法体外重组 (one-step isothermal *in vitro* recombination)"，此后以主要发明人 Daniel Gibson 命名。

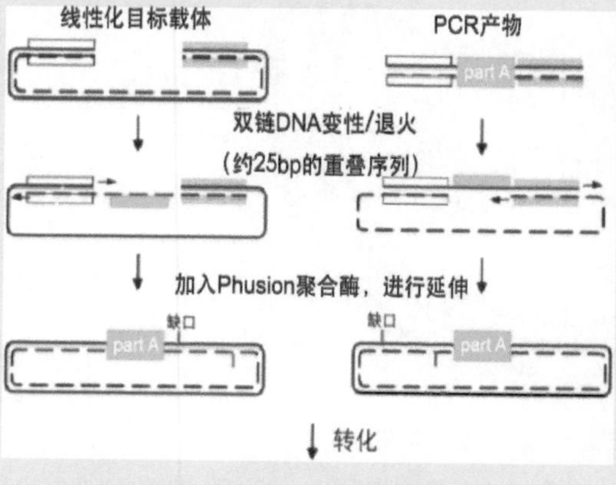

3) CPEC(Circular Polymerase Extension Cloning) 策略

    该策略的原理与 PCR 非常类似。升温后 dsDNA 变性为 ssDNA；由于相邻的 DNA 片段间存在重叠区，退火后 ssDNA 与上下游的 ssDNA 片段连接；随后用 DNA 聚合酶将配对的序列"延伸"，补平所有未配对的部分。

图 4.16   CPEC 策略

（二）第二代酵母基因组计划

第二代酵母 (Sc2.0) 基因组计划是重新设计、合成第一个单细胞真核生物全基因组的国际合作计划，是合成基因组学的又一个里程碑。

人工酵母可以用来验证人工真核生物基因组的活性，以及在减数分裂和有性生殖中的活性；通过对内含子、转位子等元件的精简，验证其在酵母基因组中的非必要性；通过在每个非必需基因的非转录区域加入 LoxP 位点，应用 Cre/LoxP 重组酶系统实现非必需基因的高通量敲除和重组。

框 4.18   **Cre/LoxP 系统**

Cre/LoxP 系统是组织特异性"基因敲除"的重要技术。当相邻的两个 LoxP 位点序列方向相同时 [图 4.17 (a)]，Cre 酶可以敲除两个位点中间的序列；当两个 LoxP 位点序列方向相反时，两个 Lox 位点中间的序列可发生颠倒，重组 [图 4.17 (b)]。

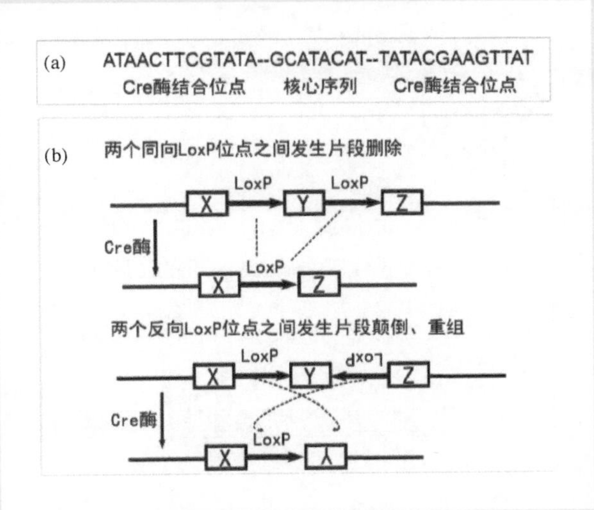

图 4.17   Cre/LoxP 系统工作原理示意图

由美国 NYU 的 Jef Boeke 发起，美国、中国、英国、澳大利亚、新加坡等多个国家参与，中国天津大学、清华大学和华大基因等共承担了 30% 以上的工作任务。该项目自 2012 年启动，预计 5 年完成，所有的研究结果将对全世界的研究人员公布。这充分体现了合成生物学界将承继 HGP 的"共需、共为、共有、共享"的精神。

这一计划采用美国 John Hopkins 团队开发的 Biostudio 软件完成染色体设计。与野生染色体相比，II 号人工染色体 (Syn II) 共修改约 10.26% 的序列，其中引入 10 456 bp 外源序列，包括 267 个 loxPsym 位点和 2 个 UTC (Universal Telomere Cap)，删除 53 839 bp 序列，包括 31 个转位因子、19 个编码基因、13 个 tRNA 基因、22 个内含子；14 946 bp 单碱基替换，其中包括 1064 个 PCR Tag，90 个 TAG → TAA。

人工染色体的合成采用分级组装的策略。合成染色体被逐级切分为 chromosome、megachunk (~30 Kb)、chunk (~10 Kb)、minichunk (2-3 Kb)、building block (~750 bp)、oligos (60~120 nt)。利用 SOE-PCR (Splicing Overlap Extension PCR，重叠延伸 PCR) 将 oligos 组装成 building block；利用 Gibson 策略实现 building block 到 minichunk、minichunk 到 chunk 大片段的组装。以 megachunk 为单位，利用同源重组和 LEU2、URA3 标记交替筛选的策略，逐步替换野生（自然）染色体，实现人工染色体的全人工合成。II 号人工染色体采用双向合成半染色体、然后再将半合成染色体整合的策略，缩短了人工染色体合成周期。

从表现型、基因组稳定、DNA 复制、增殖等基本生物学功能，以及人工染色体诱导可塑性等，对 II 号人工染色体菌株的生物学功能进行了全方位系统研究，结果表明 II 号人工染色体具有与野生染色体相同的稳定、强健的生物功能，且具有与野生染色体相同的诱导可变性。

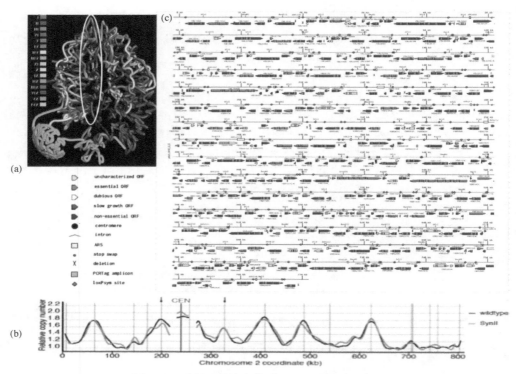

图 4.18　酵母Ⅱ号染色体和 Syn Ⅱ 的设计和合成

(a) 酵母染色体的 3D 模拟图；(b) 酵母Ⅱ号染色体的全序列设计；
(c) 自然与人工设计的Ⅱ号染色体的 DNA 拷贝数比较。

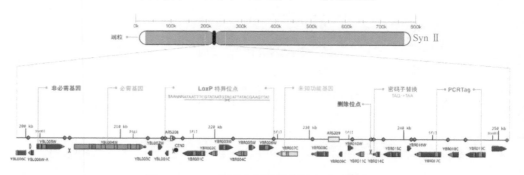

图 4.19　Syn Ⅱ部分区域的设计与合成示例

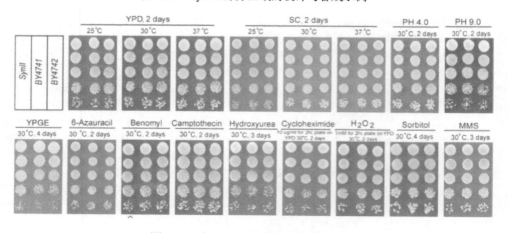

图 4.20　含 Syn Ⅱ的酵母菌落形态示例

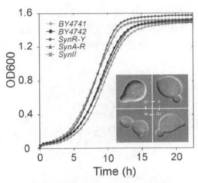

图 4.21　含 Syn Ⅱ 的酵母菌株与野生型菌株的生长曲线比较

图右下角为不同细胞周期的酵母细胞显微形态。与野生染色体相比，Ⅱ号人工染色体 (Syn Ⅱ) 序列删除了约 13.8% (47 841 bp, 31 6617 → 272 907)，包括 21 个转位因子、10 个 tRNA 基因和 7 个内含子；5410 bp 单碱基替换，其中包括 372 个 PCRTag、43 个 TAG → TAA。其中引入 4744 bp 外源序列，包括 99 个 loxP 位点和 2 个 UTC。

二、基因组组分的设计与合成

基因组组分是指一个基因组的所有组成部分，如系统、代谢网络和途径及遗传装置（包括特定反应的装置以及基因电路、基因开关、基因元件、生物传感器、生物振荡器等），也包括遗传物质的改造和遗传密码的改写。

（一）代谢途径的设计和改建

通过改造工程细胞的代谢途径，引进新的酶或其他相关基因，形成生产"工业化产物"的完整代谢途径，是最有前途的合成生物学策略。

将改造的代谢途径转入"通用底盘细胞"（或含"最小基因组"的人造细胞）中构建"细胞工厂"，最终获得目标天然有机物，是合成生物学的重要方向之一。

改造细胞原有代谢途径的一般流程包括：通过测定全基因组或与某个天然产物相关的基因组区段，分析相应代谢途径，并详细解析代谢途径中已有酶的结构、特性、调控机制及底物、产物的"反馈"调控（正向调节、负向反馈）等关系，通过计算机辅助技术构建代谢模型；解析"底盘细胞"现有代谢途径相关酶，特别要注意对于合成目标产物缺少哪些酶的基因、原基因组是否有干扰合成目标产物代谢途径所有的酶或其他因子等。一方面通过基因组编辑等技术将不利于合成目标产物的成分删除掉；另一方面人工合成或从别的生物（天然产生目标物质的生物）中克隆这些代谢酶的基因，并"转"进"底盘细胞"。

青蒿素和吗啡的成功合成是代谢途径重新设计和人工改造的两个范例。

1. 青蒿素合成途径的重新设计和改造

Keasling 等首先于 2003 年在 *E. coli* 中成功构建了青蒿素的合成网络。

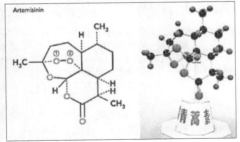

图 4.22　黄花蒿及青蒿素分子结构示意图

这一思路的要点是利用合成生物学的方法，将酵母、青蒿中的代谢途径相关的多种酶导入 *E. coli*，并对代谢途径进行重新设计和调控、平衡和优化，以及与代谢网络其他通路的关联和干扰，成功提高了紫穗槐二烯的产量，并避免 *E. coli* 因中间产物积累而中毒的问题。

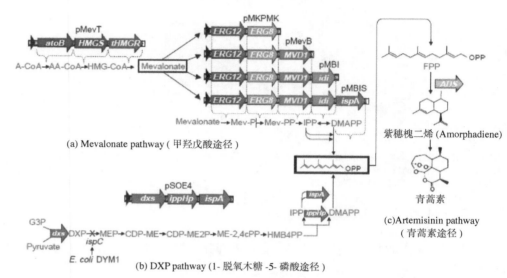

图 4.23　*E. coli* 中青蒿素的合成网络

(a) 酵母中引入甲羟戊酸途径 (mevalonate pathway)；(b) 通过 1- 脱氧木糖 -5- 磷酸途径 (DXP Pathway) 中 pSOE4 操纵子的优化引入 *ispC* 基因，切断原有 DXP 途径以维持 *E. coli* 代谢内环境；(c) 从青蒿中引入青蒿素合成的重要前体物质紫穗槐二烯合成酶 ADS (Amorpha-4, 11-diene Synthase) 基因并进行密码子优化。

Keasling 等于 2006 年将酵母作为工程细胞实现了青蒿素前体物质青蒿酸的工业化生产，并通过对代谢网络的不断改造和优化实现了高产。

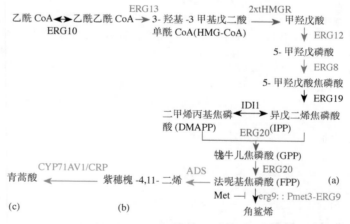

图 4.24　酵母中青蒿酸代谢途径的设计

(a) FPP(Farnesyl PyrophosPhate，法尼基焦磷酸）合成途径的改造（包括高表达 *tHMGR* 基因限制 FPP 向固醇转化、ERG9 角鲨烯合成酶的抑制、UPC2-1 的高表达等），(b) 紫穗槐二烯的合成酶基因；(c) 从青蒿中导入将紫穗槐二烯转化成为青蒿酸 (artemisinic acid) 的 P450 氧化还原酶 (CYP71AV1/CRP) 等。其中蓝色为酵母固有代谢途径，紫色为 UPC2-1 高表达途径，红色为 ERG9 抑制途径，绿色为从青蒿中引入的 FPP 到青蒿酸的代谢途径。

在相关代谢途径重新设计的酵母中，紫穗槐二烯的产量可达到 153 mg/L，与之前相比提高了约 500 倍。同时，Keasling 还开发了新的青蒿酸提纯技术，使纯度达到 95%，每升反应液可提取 76 mg 青蒿酸。美国 *Discover* 期刊于 2006 年末，将 Keasling 评选为 "年度最有影响力的科学家"。更有意义的是，总成本低于当时种植的青蒿草中提取的市场价，这是合成生物学发展史上的一个重要事件。

框 4.19　　　　　　　　　**屠呦呦和青蒿素**

　　青蒿素及其衍生物为主的药物已成为当今世界上最主要的抗疟疾药之一。WHO 在 2015 年 9 月发布的《实现关于疟疾的千年发展目标》报告中提到，与 2000 年相比，全球疟疾新增感染人数下降 37%，死亡率下降 60%，相当于 620 万人的生命被拯救。

　　青蒿素的主要贡献者中国科学家屠呦呦于 2011 年获 Lasker 临床医学奖、2015 年获诺贝尔生理学或医学奖。

图 4.25　屠呦呦

中国中医科学院终身研究员兼首席研究员，青蒿素研究开发中心主任。

　　此外，美国 MIT 的 Gregory Stephanopoulos 和 LS9 的 Schirmer 于 2011 年通过上游异戊烯焦磷酸模块和下游萜类模块的重新设计与改造，成功地以 E. coli 生产紫杉醇的前体物质 —— 紫杉二烯，产量达到 1.03 g/L，产量提高了近 15 倍，为实现工业化生产药用萜类物质奠定了基础。

2. 吗啡合成途径的重新设计和重建

　　吗啡合成途径的重新设计和合成，并实现合成生物学生产，是合成基因组学的又一重要里程碑。

　　吗啡合成全代谢途径的设计包括不同物种的"原始基因"的筛选和整合；不同自然途径的巧妙简化；"组学"和遗传学、分子生物学等技术的综合使用等。

　　吗啡是人类最早使用的镇痛药。当前吗啡生产主要是从植物罂粟中提取。复杂的分子结构给吗啡的化学合成增加了难度和成本。作为毒品的一大种类，全球为反毒、缉毒此类毒品付出了极大代价，据报道，每年要牺牲上百个缉毒人员。而这又在客观上抬高了制毒、贩毒的赢利。

　　吗啡的生物合成途径较为复杂，由葡萄糖起始至吗啡的全合成，需 33 个反应，30 多个酶参与。

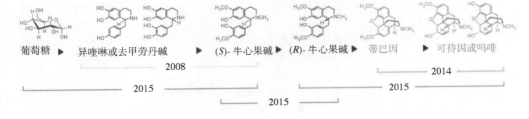

图 4.26　酵母产吗啡合成途径中不同模块的实现时间

　　吗啡生物合成途径可分为以下 3 个模块：蔗糖→葡萄糖→ L- 酪氨酸；L- 酪氨酸→ (S)- 牛心果碱；(S)- 牛心果碱→ (R)- 牛心果碱→吗啡。

1) 蔗糖→葡萄糖→L- 酪氨酸

这是在吗啡合成途径中最早了解的一个模块，属于连接中心代谢反应和特异性的吗啡前体 (S) - 牛心果碱合成反应途径。

E. coli 最早作为工程细胞用来构建吗啡合成途径。2008 年，日本的 Ishikawa Prefectural University（石川县立大学）的 Minami 团队对 L- 酪氨酸高产 *E. coli* 菌株进行改造使其以多巴胺生成 (S) - 牛心果碱，产量达到 55 mg/L。由于当时 L- 酪氨酸转化为 4 - 羟苯乙酯 (4-HPAA) 的过程还不清楚，他们将藤黄微球菌中的 MAO (MonoAmine Oxidase，单胺氧化酶) 导入 *E. coli*。在 MAO 的作用下，多巴胺脱氨转变为 4-HPAA，将多巴胺和 4-HPAA 偶联起来，巧妙地简化了途径。

但是，吗啡生物合成的下游步骤，由 (S) - 牛心果碱生成苄基异喹啉类生物碱的过程需要细胞色素 P450 酶的参与，而 *E. coli* 的原核表达系统很难合成具有生物活性的 P450 酶。虽然 *E. coli* 和酵母"共培养"的方法基本上能解决这一难题，但是其培养过程较烦琐，培养条件较难控制。此外，*E. coli* 可能分泌外毒素，所以不适宜吗啡的生物合成。

与 *E. coli* 相比，酵母其自身即可合成和利用 L- 酪氨酸，且真核细胞为 P450 酶的修饰和膜定位提供了更好的条件，无疑更适合于生物碱类次级代谢产物的生产。据报道，酵母产 (S) - 牛心果碱的产量已达到 8.06×10^{-2} mg/L。

2) L- 酪氨酸→ (S)- 牛心果碱

牛心果碱的镜像异构转换是整个吗啡合成途径的关键步骤。

加拿大 Concordia University（康考迪亚大学）的 Fossati 等发现，参与吗啡前体的合成沙罗泰里啶 (Salutaridine) 的合成酶 SAS 和 CPR 均具有严格的镜像异构选择性，只可利用 (R) - 牛心果碱，而不能利用 (S) - 牛心果碱。若要实现最终产物吗啡的合成，只能够通过向培养基中添加 (R) - 牛心果碱或其下游产物。而后，英国 University of York（约克大学）的 Winzer 证实了催化该对镜像异构转化反应的是一种细胞色素 P450 单氧化酶和醛 - 酮还原酶的融合蛋白 STORR [(S) - to (R) - Reticuline]。通过 STORR 蛋白的基因的 3 个突变体，以及定量质谱的结构分析，证明了这一步骤的成功。

加拿大 University of Calgary（卡尔加里大学）的 Scott Farrow 通过在酵母中分别表达罂粟 STORR95 蛋白酶的氧化区、还原区及来自于大红罂粟的同源酶，分别以 (S) - 牛心果碱、1, 2- 去氢牛心果碱和 (R)- 牛心果作为底物，详尽分析而确定了在不同条件下该酶的生化结构和功能。其中很重要的一个发现是 1, 2- 脱氢牛心果碱合成酶 (1, 2-Dehyd Roreticuline Synthase，DRS) 催化的最适 pH 和 1, 2- 脱氢牛心果碱还原酶 (1, 2-Dehyd Roreticuline Reductase，DRR) 正向催化的最适 pH 在 7.8 左右，而 DRR 反向催化的最适 pH 在 8.8 左右，还发现这种融合蛋白使两种酶之间的间隔缩短，便于代谢物质的高效转化，从而不需要改变底物 Km 值和催化效率即可增加产物产量。这对其他代谢途径的改造很有启发意义。

3) (S) - 牛心果碱→ (R) - 牛心果碱→吗啡

Fossati 等以 (R) - 牛心果碱为底物，实现了罂粟来源的 *SalSyn*、*106 SalR*、*SalAT* 基因在酵母中的功能性表达，最终成功合成吗啡。

对吗啡生物合成过程中的每一步反应，以及参与反应的每一种酶的结构特点和性质进行比较后，就可以改造或构建每一步反应的关键酶及反应体系。但是在酵母中完整地重建这条包含有 30 多种酶的复杂途径，且确保所有酶都能功能性表达，仍是一个巨大的挑战。

Smolke 团队 2014 年在酵母中实现了由蒂巴因 (thebaine) 到吗啡的转化，2015 年实现了由酪氨酸到 (S)- 牛心果碱。在酵母中成功构建了含有 21 个酶的蒂巴因合成通路以及含有 23 个酶的氢可待因合成通路，涉及 24 个不同的表达元件，其中 11 个来自植物（伊朗罂粟、罂粟、加利福尼亚罂粟、黄连）、1 个来自哺乳动物（大鼠）、2 个来自一种细菌（假单胞菌）的 14 种酶，共有 24 个基因。

人类使用罂粟植物作为鸦片、镇定剂玛咖及止痛药物原料已经有数千年的历史。如今有研究表明，通过将酵母与植物、细菌及啮齿动物的基因混合转化成二甲基玛咖，通过进一步调整，酵母还可转化为氢可酮（一种广泛使用的止痛药）。通过调整酵母途径，可以合成更有效、成瘾性更小的麻醉剂和止痛剂。

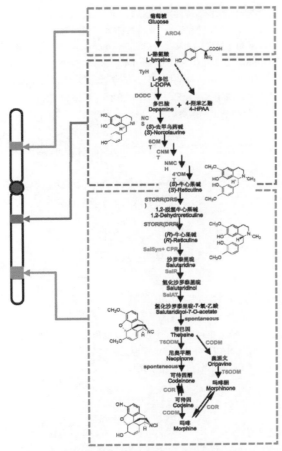

图 4.27　酵母生产吗啡的合成总途径

（二）系统和装置的设计与组装

通常，一个遗传装置可以应答特定的输入信号并产生输出信号。

最简单的遗传装置由感受器 (receptor)、转换器 (inverter) 和报告器 (reporter) 3 部分组成。报告器（基因）是研究基因调控的重要工具，以简单、快速、定量等特点而受到青睐。常用的报告基因有绿色荧光蛋白 (Green Fluorescent Protein，GFP) 和红色荧光蛋白 (Red Fluorescent Protein，RFP) 等，以及早期的 X-gal/lacZ 和其他生化显色反应。一般被插入在所需检测基因的下游，将不易被检测的基因产物转换为易于观察或测量的信号，表征所需检测的基因的表达情况。所谓转换器，实际上执行的是相似于电子电路中"非门 (NOT gate)"的作用，通过生物电路实现信号反转的作用，即将"信号 – 响应"的基因电路转换为"无信号 – 响应"的电路。

最著名的遗传装置是原核 lacI-PllacI 操纵子。lacI 蛋白可以接受 IPTG (Isopropyl β -D-1-thiogalact-opyranoside) 的抑制，也可以抑制 PllacI (LacI-repressed promoter) 的启动，是典型的有特定信号响应的装置。此外，通过相似序列简构建的融合蛋白可同时表达两种蛋白的功能，实现特殊的信号传导功能。用小分子信号物质和有特殊结构的 RNA 序列构成的原核操纵子能够实现转录的精细调控，也是生物装置的典型代表。

通过细胞间通讯装置实现多细胞的协同作用则构成了更为高级的多细胞系统，能够行使完整功能的"系统"。

在构建系统的过程中，需要用数学方法和生物信息学工具进行大量的模型分析和"建模"工作。生物化学中常用到的米式方程 (Michaelis-Menten equation)、希尔方程 (Hill equation)，描述细胞生长状态的 Logistic 模型，聚类分析、分类分析等模式识别方式都是重要的工具。如 E. coli 中乳糖操纵子的双稳态模型诠释了基因表达的"全或无"现象，是基因开关设计的理论基础。

稳定性、稳健性 (robustness，"鲁棒"性) 和响应性是反映构建系统性能的重要指标。所谓稳定性反映的是人工模块受到外界扰动时恢复和维持稳定的能力；稳健性即系统的"健壮"性，反映的是人工模块自身结构参数变化时恢复和维持原有状态的能力；响应性指人工模块对信号改变的快速反应能力。

在进行系统性能评价时标准定量尤为重要。PoPS (Polymerations Per Second，每秒 RNA 聚合酶) 可以用于衡量转录水平，RiPS (Ribosomal initiations Per Second，每秒核糖体通过量) 可以用来衡量翻译水平。

除了反应系统稳定性、鲁棒性、响应性的指标外，还要对遗传稳定性、RNA 丰度等指标进行评测，以加强装置、系统的标准化程度和可靠度。能够反应转录和翻译正确率和丰度的工具包括 DNA、RNA 和蛋白质测序，将在标准化的系统评价体系中发挥更大的作用。

在现阶段的合成生物学研究中，最常用的是基因转录调控网络（系统）的设计。

通过 DNA 序列的设计，实现多个基因转录水平的相互调控，形成基因电路。与电子电路相类似，基因电路中也存在各种逻辑装置、开关装置、记忆装置或其他系统。最重要的问题是多个基因的相互作用和网络方面互相干扰。

（三）基因元件的设计和"生物砖"

基因元件是生物系统中具有独立功能的最小单位。

基因元件可以是一段 DNA 序列，也可以是一个蛋白质，也包括常用来做诱导物 (inducer) 的小分子物质。目前开展的合成生物学研究中，DNA 序列中的转录调控元件颇受关注。利用合成生物学技术，可对每种转录调控元件进行设计和改造，实现对基因表达的精准调控。

1. 基本元件

自然的基因组序列中包含的主要元件有：启动子 (promoter)、RBS (Ribosome Binding Site，核糖体结合位点)、CDS (CoDing Sequence，编码序列) 及报告基因 (reporter)、转录终止子 (terminator)、RNA 稳定性元件、增强子 (enhancer)、沉默子 (silencor)、绝缘子 (insulator) 等。

真核生物在转录本的非翻译区中存在的 RNA 酶靶位点、小 RNA 靶位点等也可称为元件。因而通过这些元件可以实现基因转录与翻译的精细调控。同时，基因序列中存在的非翻译区也为人工元件、装置提供了插入位点。

1）启动子

启动子是合成生物学研究中最重要的元件。启动子扮演着"开关"的角色，与 RNA 聚合酶结合，控制转录起始时间和位置。要注意的是，一个启动子可以调控一个以上的基因，也就是说，并非每个基因都有相对应的启动子。在一个启动子控制的转录"单元"内也可以存在多个基因，如 E. coli 中约有 3500 个基因，但只有 2000 余个启动子。不同的启动子可以通过改变其与 RNA 聚合酶及多个转录因子相结合的能力来影响转录水平。不同的启动子的启动强度也有着数百倍的差距。部分启动子可通过与特异性的转录因子蛋白结合控制转录的开闭。例如，lacI、TetR、cI 这 3 个基因的表达，分别抑制 PtetR、Pcl、PlacI 3 个启动子的作用而构成了 3 对操纵子。

2）核糖体结合位点

核糖体结合位点是位于启动子下游、编码区起始密码子上游的序列，存在于转录单元的 5′ NTR 内。其作用是在转录完成后与核糖体结合启动翻译过程。在原核生物中，核糖体结合位点中有一段 SD 序列 (Shine-Dalgarno sequence)，与核糖体的 rRNA 进行互补配对而使转录本的 5′ 端形成二级结构，通过影响核糖体的自由能来影响翻译过程。因此，SD 序列的序列信息与下游起始密码子的距离对翻译过程影响很大。在合成生物学中，可以通过改变核糖体结合位点的序列和位置来实现代谢途径的增强或抑制。

3）转录终止子

转录终止子存在于转录单元的 3′ 端末尾，其功能是终止转录。终止子分为依赖 ρ 因子的终止子和不依赖 ρ 因子的终止子两类。前者行使终止功能需要 ρ 因子的协助，后者行使功能主要靠 mRNA 的二级结构，即在终止子序列中一般含有较长的富含 GC 的回文结构，在转录后能够形成稳定的茎环结构，使 RNA 聚合酶脱落而达到终止转录的目的；茎环结构后随富含 AT 的连续序列使转录本与 DNA 结合力降低，进一步达到终止转录的目的。不同终止子的终止效率各异。并非每个终止子都能完全终止转录，同一个转录本内的转录终止位点也并不一定相同。在合成生物学的应用中，为了避免相邻转录本间的干扰，保证该转录本的完整性，常在转录本末端插入强终止子或串联多个终止子。

4）增强子

增强子位于启动子上游、启动子下游甚至基因的内含子中，也可能位于离基因很远的另一基因组位置。增强子能够成百上千倍地增强启动子活性。专一型增强子有很高的专一性，只有在特定的转录因子存在的条件下才发挥作用；而诱导型增强子表达活性通常需要特定的启动子参与。通过为转录单元设计单一或串联的增强子，可实现转录水平的极大提高。在生物电路或生物传感装置的应用中，增强子可方便地实现信号的放大。

生物元件的重新设计和改进主要基于它们的 DNA 序列，是合成生物学应用的重要方面，也是多年来“遗传工程”的积累。

2. 标准化元件——“生物砖”

生物砖 (BioBrick) 是最早出现的标准化生物元件的理念，也是早期合成生物学研究最基础的概念之一。

为了简化常规“遗传工程”操作中对基因转化与筛选的烦琐步骤，使得人们能够像组装计算机那样更加方便、高效的使用生物元件，催生了极富创造性的“生物砖”概念。生物砖像用标准元件组装一辆汽车或一架飞机一样，用标准的生物元件组装成一个完整的生命体。

Endy 和 Knight 等成立了生物砖基金会 (The BioBricks Foundation，BBF) 以制定和维护生物元件的标准并支持标准化的研究。标准化的生物砖大多来自于 iGEM 竞赛并储存于 PartsRegistry 数据库，储存包括生物砖编号、类型、来源、序列、性能等在内的信息，方便使用者查询和使用。

值得注意的是，成本不断下降的全基因组成 DNA 大片段合成正与 BioBrick 形成互促之势。

框 4.20　　**生物砖的两种构建策略**

策略一：BioBrick 策略——常规酶接法

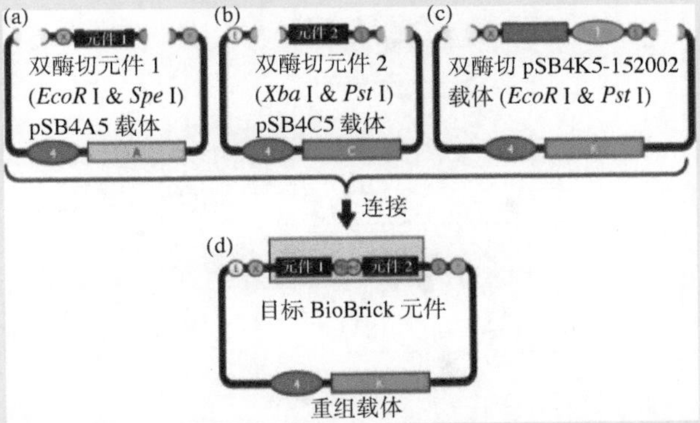

图 4.28　用标准生物砖构建重组载体的流程

(a) 利用 *EcoR* I 和 *Spe* I 双酶切 pSB4A5 载体获得标准元件 1；(b) 利用 *Xba* I 和 *Pst* I 双酶切 pSB4C5 载体获得标准生物砖 2；(c) 利用 *EcoR* I 和 *Pst* I 双酶切载体 pSB4K5-152002 载体获得载体骨架；将生物砖 1、生物砖 2 和载体骨架置于同一体系内进行连接反应，即可获得含有目标生物砖 (1、2) 的重组载体 (d)。

BioBrick 设计中有特定的结构序列和组装标准，重要的是“接头”的设计。每一个生物砖首尾都有 2 ~3 个限制性内切酶识别序列和酶切位点，酶切之后可以得到黏性末端，但不影响基因原有或设定的功能。虽然限制酶不同，但切出的黏性末端可以配对 (如 *Bam*H I 和 *Bgl* II，以及 *Spe* I 和 *Xba* I) 而连接后不会被限制性酶切开。使用不同的限制性内切酶按照不同的顺序进行酶切，就可以将不同的生物砖组装起来。

分别用 *Bam*H I/*Xho* I 和 *Bgl* II /*Xho* I 酶切连有生物砖 A/B 的载体，将获得的产物通过黏性末端连接的方式获得重组载体，此载体中会有 6 bp 的 *Bam*H I/*Bgl* II "疤痕"序列。

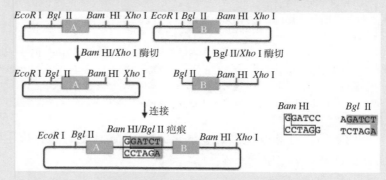

图 4.29　基于 *Bam*H I 和 *Bgl* II 两种酶的生物砖的连接

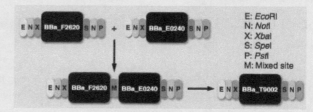

图 4.30　生物砖的连接方法

　　BioBrick 的设想虽然巧妙却需要在每个生物元件中至少留下 6 bp 的酶切位点"伤疤"序列，对于序列较短的生物元件如核糖体结合位点、启动子来说会造成不小的影响；而且，所用内切酶种类多，繁多的酶切和连接步骤使得组装过程变得冗长。所有元件酶切后获得的黏性末端相同，组装元件时必须两两相连，无法实现所有元件的同时连接。

　　策略二：GoldenGate 策略 —— 一步连接法

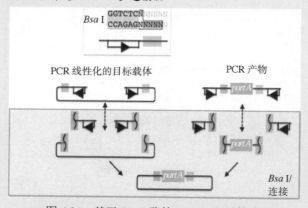

图 4.31　基于 *Bsa* I 酶的 GoldenGate 策略

　　美国 JCVI 的 Daniel Gibson 提出的 GoldenGate 策略，使生物砖可以实现"边酶切边连接"的一步组装且不在序列内留下"伤疤"。这个策略基于限制性内切酶 *Bsa* I 的特性，该酶的识别序列和酶切位点是分开的 —— 6 个碱基的识别位点在酶切后完全在所需序列之外，因此不会留下"伤疤"。*Bsa* I 酶切出来长度为 4 nt 的黏性末端序列，鉴于此特点可以自由地设计酶切序列所产生的黏性末端。

　　GoldenGate 策略增加了用于组装的黏性末端的数目和种类的选择（理论上可以有 256 种黏性末端），可以实现多个元件的一步组装。

框 4.21　　　　　　　　　　　　　**iGEM**

　　iGEM（international Genetically Engineered Machine competition，国际遗传工程的机器设计竞赛），由美国 MIT 主办，是合成生物学领域的国际性学术竞赛，主要参与者是大学的在校本科生。

　　iGEM 期望通过全球竞赛的形式，回答合成生物学中的一个核心问题——能否在活细胞中使用可互换的标准化组件构建简单的生物系统，并且加以操纵。每支队伍尝试使用标准化后的生物模块元件库，利用标准化的基因工程方法，以特定目的拼装成人工生物系统，进行操纵和测量。

　　随着 iGEM 国际影响力的提高，参赛队伍也逐年增多。2013 年有 204 支队伍参加，2014 年有来自全球 32 个国家的 245 支队伍参赛。国际知名的大学如 MIT、Harvard、Stanford、Berkeley、Cambridge 均参加角逐。中国天津大学和北京大学于 2007 年首先参与 iGEM，而后清华大学、中国科学技术大学、上海交通大学也都参与了竞赛。每年的竞赛受到 *Nature*、*Science*、*Scientific American*、*The Economist* 等杂志，以及 BBC 这样著名媒体的关注并进行专题报道。

　　iGEM 要求学生自主选题，只能利用课余时间完成实验，充分锻炼学生的独立工作能力和团队协作能力，同时也培养了学生对于科学的热情和兴趣。参赛学生可将研究所取得的成果提交给 MIT 的竞赛组委会，供全球的科学家共享。此外，该项竞赛为不同国家、不同专业的大学生提供了一个相互交流的国际舞台。

图 4.32　iGEM 部分获奖者

框 4.22　　　　　　　　　　　**T7 噬菌体重构实例**

　　2004 年，美国 Stanford University（斯坦福大学）的 Drew Endy 等通过化学合成 DNA 片段实现了 T7 噬菌体基因组的合成，并将这一新生命体命名为 T7.1。这是第一个使用选择合适的 Biobrick 元件及其组合的实例。

　　首先，对 T7 噬菌体进行详细的基因组注释，标注出每个功能片段（核糖体结合位点、编码序列、终止子、RNA 酶结合位点等）和限制性内切酶的位点。由于限制性内切酶种类有限，先将基因组序列分为 6 个区域，在每个区域间隔处插入特异的限制性内切酶位点，以保证对每个区域进行独立的操作。这样就保证了在每个区域内不会有重复的酶切位点。

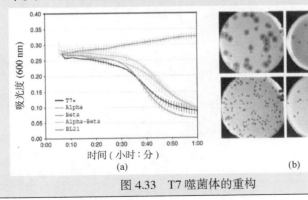

图 4.33　T7 噬菌体的重构

在 T7 噬菌体基因组中，广泛存在相邻基因序列的重叠。Endy 将发生重叠的基因序列进行拆分，用同义突变的方法删除上游基因中原本行使核糖体结合位点和起始密码子功能的序列和下游基因中行使终止密码子效应的序列，并在两端基因中间加入酶切位点以利于组合、连接。

由于替换了野生型 T7 的 α 区域与 β 区域、同时还替换了两个区域的 4 种病毒进行侵染实验。实验证明，重构后的病毒活性与野生型相近。

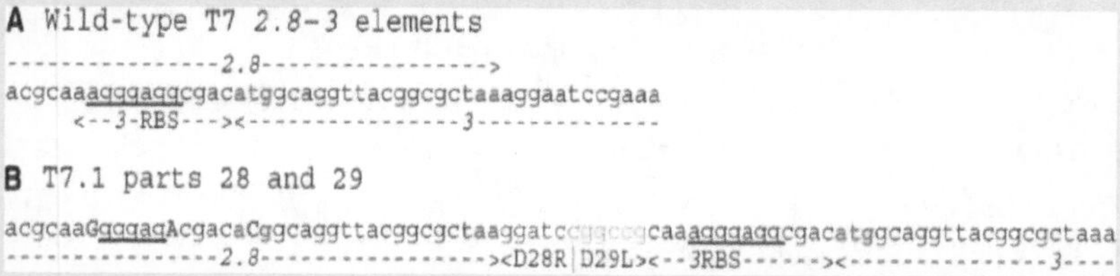

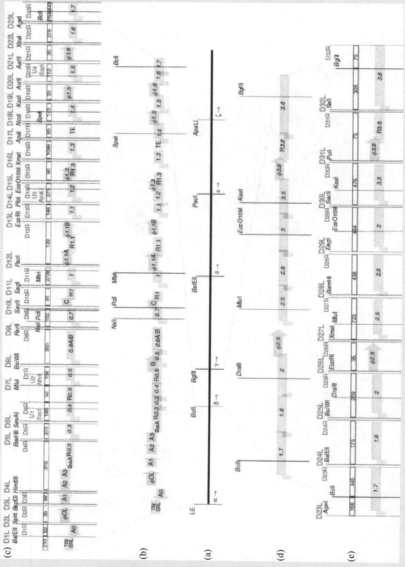

图 4.34　野生型与 T7 噬菌体的部分序列

图 4.35　T7 噬菌体基因组的重构示意图

(b) 和 (d) 为野生型 T7 噬菌体的详细注释，蓝紫色代表编码区，紫色代表核糖体结合位点，粉色为 RNA 酶识别位点，黄色为终止子，绿色为启动子。(c) 和 (e) 为 T7.1 噬菌体中 α 和 β 片区共 32 个区域的详细设计。

（四）遗传密码的改写与遗传物质的改造

合成生物学提供了一种前所未有的方式来进行遗传密码的改写与遗传物质的改造。

地球上的生命是不是"最合理"的结构？是否还有别的生命体结构？为解答这类问题，合成与地球上已知生命完全不同的人造生命，一直是人类的梦想。一方面，合成生物学为了解生命的本质、起源与进化，特别是探究"天外生命"是否存在等问题开辟了新途径；另一方面，通过合成新的生命形式以验证自然生命体中必不可少的"组件"也成为可能。

利用合成生物学来改写与扩充密码子表并合成非天然氨基酸，是探索生命起源与演化最富挑战性的研究。

在自然界中，组成蛋白质的天然氨基酸只有 20 种，而 4 种碱基的三联体排列组合的遗传密码，则有 64 个密码子，其中有 61 个被用来编码 20 种天然氨基酸，剩余的 3 种则作为终止密码（非氨基酸密码）。这一编码规则几乎适用于所有生物体。

1. 非天然氨基酸的导入

通过改写和扩充密码子或 tRNA，向原核生物或真核生物基因组中导入非天然氨基酸对应编码序列的尝试已经得以实现。

框 4.23　　　　　　　　　**非天然氨基酸的合成**

2001 年，美国的 Schultz 等通过导入唯一对应的全新 tRNA- 密码子、对应的氨酰 -tRNA 合成酶和非天然氨基酸，实现了在原核细胞中合成 13 种非天然氨基酸的目的。

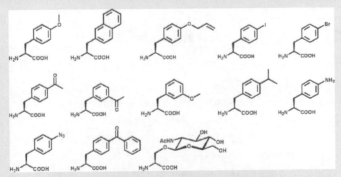

图 4.36　原核生物中 13 种非天然氨基酸

2003 年，这一团队又发明了一种向酵母中导入非天然氨基酸密码子的方法，成功地向细胞蛋白质中掺入了 5 种非天然氨基酸。

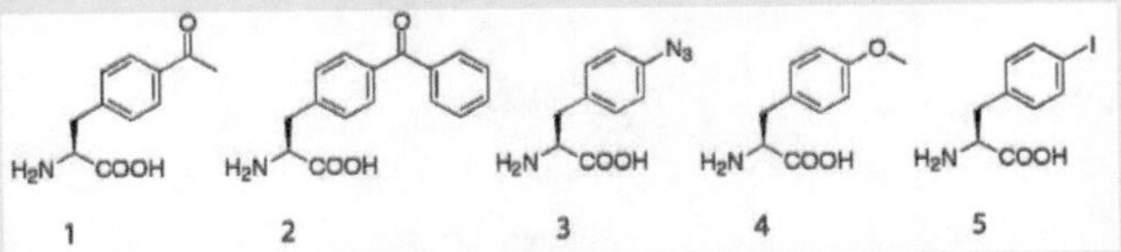

图 4.37　被导入酵母的 5 种非天然氨基酸

2011 年，美国 Salk Institute（萨克研究所）的 David Johnson 把改变了的终止密码子导入 *E. coli* 的基因组序列中，使之具备合成含非天然氨基酸的蛋白质的能力。

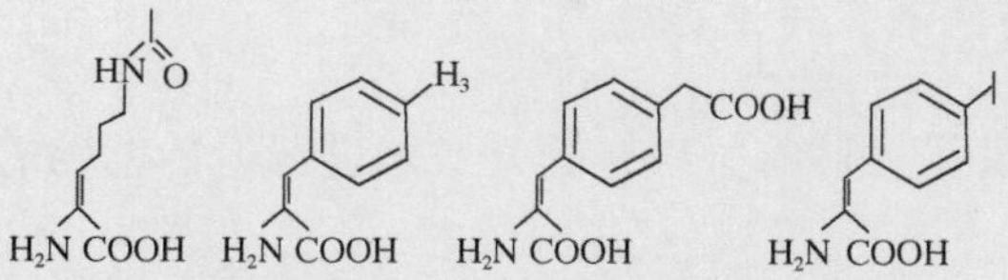

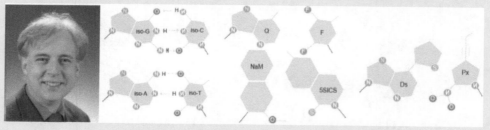

图 4.38　嵌入蛋白质中的非天然氨基酸

人工导入用于编码非天然氨基酸的遗传密码的技术要点是：首先把 *E. coli* 基因组中的无义密码 UAG 转变为新的遗传密码，然后通过遗传工程的方法诱导天然的 tRNA 突变。从中筛选出可以结合特定的某种非天然氨基酸并且有相应反密码子 CUA 的特异 tRNA。在此基础上从氨酰 -tRNA 合成酶突变库中，筛选出可专一结合这种特殊 tRNA 的氨酰 -tRNA 合成酶。通过这 3 个步骤，成功地将一种非天然氨基酸，按照预定的指令（密码子）导入蛋白质之中，使 *E. coli* 的遗传密码第一次得到了人为的扩充。在随后的工作中，这一策略可以用来在天然蛋白质中添加很多不同的非天然氨基酸。

非天然氨基酸的结构与天然氨基酸的差别主要是 R 基（侧链）。人工直接导入非天然氨基酸具有实际应用的巨大潜力。例如，把用荧光素或生物素标记的氨基酸整合进蛋白质以用于检测；将重原子标记的氨基酸整合进蛋白质，可直接用于分析蛋白质晶体结构；将一些非天然氨基酸掺入蛋白质可显著改变蛋白质的化学性质，从而为药物研制及化合物合成提供了强有力的新工具。

2. 非天然核苷酸的合成

非天然核苷酸的研究主要有 3 个目的：一是改善现有的自然核苷酸的功能，即获得更加稳定的特定结构；二是扩展核苷酸（"碱基对"）的类型，丰富遗传密码的多样性；三是探索宇宙可能存在的与地球已知生命形式不同的遗传物质的组成及生命的起源物质。

框 4.24　　　　　　　　　　　　　非天然碱基对的人工合成

早在 2000 年，Steven Benner 就设想通过引入自然生物体内不存在的非天然核苷酸来发展人工遗传系统以支持人工生命形式。

首先由 DNA 组成结构入手，即重构磷酸骨架和非天然碱基。有研究表明，当用中性化学基团替换 DNA 骨架中带负电荷的磷酸基团时，重构的磷酸骨架会出现"自我折叠"现象，改变了原有功能。现在已能合成 iso-C/iso-G、Q/F、NaM/5SICS、Ds/Px 等，这些非天然碱基对可被聚合酶识别从而进行 DNA 复制和转录。

这类非天然核苷酸在复制或转录过程中可能出现不稳定配对现象，但这并不影响其实际应用价值。如西门子 (Siemens) 公司利用 iso-C/iso-G 碱基提高了病人血液中病毒检测的灵敏度。除此之外，通过扩充密码子数量使生命体可以储存更多的信息，或者构建一个完全由非天然核苷酸组成的人工基因组的生物体。

1990~2006 年先后开发出非天然碱基对 X/K，iso-C/iso-G 和 Z/P 碱基对等。

图 4.39　Steven Benner 及非天然碱基对实例

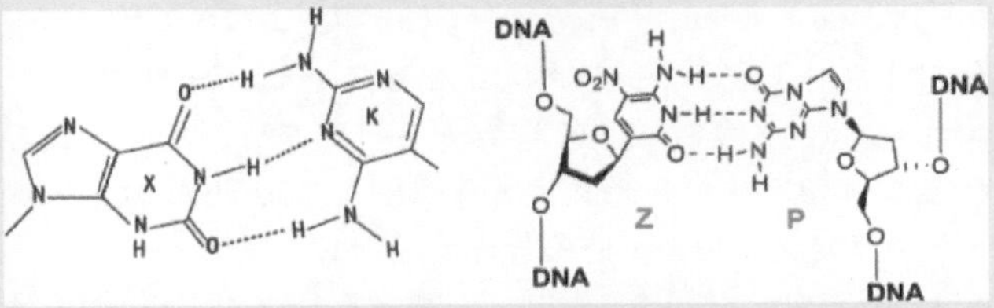

图 4.40　非天然碱基对 x：k 和 z：p

此外，Ichiro Hirao 等也成功开发了 x：y, s：y, v：y 及外源的 s：T 碱基对。

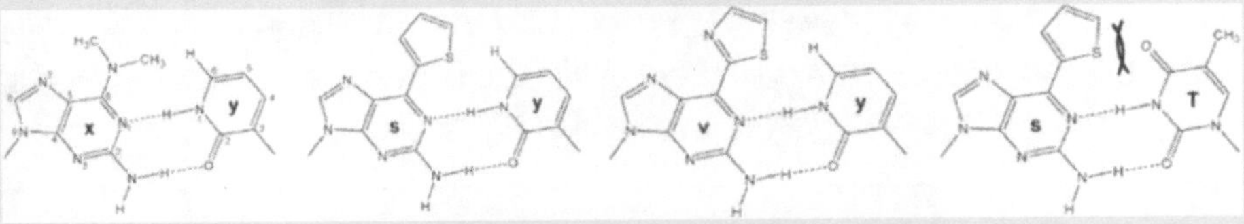

图 4.41　非天然碱基对 x：y, s：y, v：y 和 s：T

2014 年，美国 The Scripps Research Institute（斯克里普斯研究所）的 Denis Malyshev 构建了一种含非天然碱基对 d5SICS-dNaM 的细菌，只要提供 DNA 复制所需的特殊原料，这一独特的细菌细胞几乎可以正常地复制这些非天然的 DNA 分子。

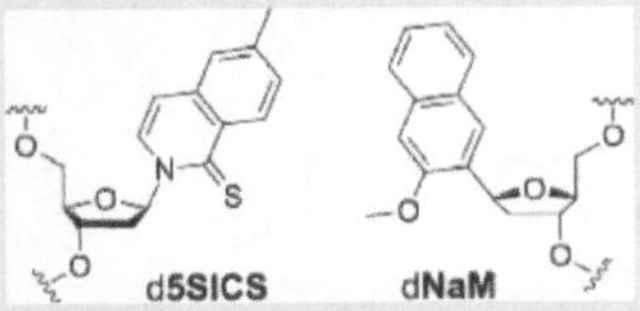

图 4.42　非天然碱基对 d5SICS-dNaM

框 4.25　　　　　磷酸核糖骨架的改造

以自然界中不存在的、人工合成的 DNA 骨架（XNA）来改造"核（戊）糖磷酸骨架"，具有与 RNA/DNA 相似的结构与功能，对探索宇宙中可能存在的生命形式具有重要的意义。

XNA 的"骨架"比 RNA/DNA 或 DNA/DNA 更加稳定。XNA 能像 DNA 一样存储遗传信息，是由于它所用的"链齿"（也就是碱基）和 DNA 的一样，因此，XNA 链和 DNA 链之间可如 DNA 的两条单链那样"互补"，实现遗传信息的传递。

PNA（Peptide Nucleic Acid，肽核酸）是颇受关注的一种分子，它能像 DNA 和 RNA 一样存储遗传信息，"骨架"却类似于蛋白质的肽链，比真正核酸的"核糖-磷酸骨架"简单、稳固。因而可以推论，在 DNA、RNA 和蛋白质出现之前，PNA 可能也是地球生命起源的最早遗传信息携带者之一。

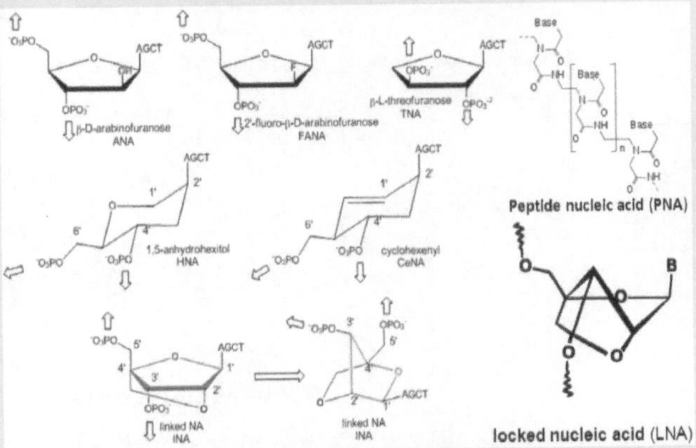

图 4.43　几种 XNA 结构示意图

2000 年，瑞士 Federal Institute of Fechnology（联邦理工学院）的 Albert Eschen-moser 和他的同事报道了他们开发的 TNA —— 一种建立在 α-L-threofuranosyl 核酸骨架上的 XNA。TNA (Threose Nucleic Acid，苏糖核酸) 的糖链使用的是苏糖，不同于 RNA 的核糖和 DNA 的脱氧核糖。由于苏糖分子比核糖和脱氧核糖要小得多，故 TNA 具有更易成形的优势，其可折叠的三维结构可与指定蛋白结合，进而行使类似于酶的催化功能。

DNA 链上的遗传信息可以传递到 XNA 上，随后再传回另一条 DNA 链，遗传信息传递的准确度高达 95% 以上。此外，如果满足一些前提条件，部分 XNA 聚合物在试管中能如同 DNA 或 RNA 一样演化成不同形态，说明 XNA 拥有 DNA 的两个关键功能 —— 遗传和演化。

由于人造的 XNA 在分子构成上与 DNA 并不完全相同，这说明 DNA 不一定是携带生命遗传密码的唯一载体。地球上的生物之所以都采用了 DNA 来携带遗传信息，是因为地球生命起源之初，环境中适于 DNA 复制的分子较为丰富。而在宇宙中其他地方，由于环境的不尽相同，也许存在与地球上的遗传信息载体不相同的生命形式。

框 4.26　　　　　　　　***E. coli* 终止密码子替换 —— MAGE 和 CAGE**

在遗传密码表中，由于密码子的简并性 (64 个密码子只编码 20 种氨基酸)，这不管是对自然界还是对希望重写生命的科学家来说一定是过于奢侈了。

在自然界的生物中，有 3 个终止密码 (UAG、UAA 和 UGA)，对应于 DNA 序列的 TAG、TAA 和 TGA。由于无法结合到任何 tRNA 上，终止密码子不存在其他可编码氨基酸的密码子那样的密码子"偏好"。因此，理论上这 3 个终止密码子所行使的功能不会有任何差别。所以，如果仅用其中一种密码子行使终止功能，而"解放"另外两种密码子，可以用于实现编码新的人工氨基酸形成新的蛋白质。Church 团队开发的 MAGE 技术和 CAGE (Conjugative Assembly Genome Engineering，接合组装基因组改造) 技术所完成的 *E. coli* 密码子替换实验在一定程度上证明了这一想法的可行性。

E. coli 中最稀有的终止密码子是 TAG，仅仅出现了 314 次，最多的是 TAA (统计数据显示，*E. coli* MG1655 野生型 TAA 数量为 2678 个)。Church 将这 314 个 TAG 终止密码子替换成为 TAA，空出 TAG 密码的位置。将 32 个菌株分别替换这 314 个 TAG 密码子，平均每个菌株 10 个。然后将替换了密码子的外源 DNA 序列引入 *E. coli* 内并与要替换的目标序列实现同源重组。但是，这样的替换效率很低，不可能对所有菌株的全部 10 个位点都实现重组替换。因而，需要不断重复 λRed 重组技术直至所有位点都被成功替换。

MAGE 的工作原理相似于 PCR，通过温度和时间的调控，自动进行 λRed 同源重组的循环。当每个菌株都通过 MAGE 完成了所有同源替换后再通过 CAGE，将替换完成的位点逐步重组到一个菌株中，最终得到替换了所有 314 个终止密码子 TAG 的菌株。

通过对 MAGE 的修改和参数调整，Church 将其运用于人的干细胞的改造。有人将 MAGE 的装置称为"制造超人的机器"。Church 认为这些技术的改进及广泛应用"只是时间问题"。

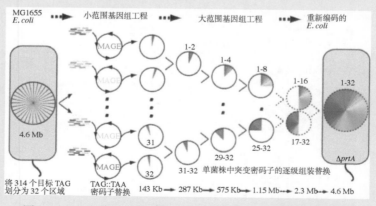

图 4.44　32 个菌株所有突变位点整合到一个菌株的路线示意图

第四节　合成生物学的应用及展望

一、合成生物学的应用实例

(一)环境及作物监测系统

生物传感器在环境及作物监测领域有着重要的应用价值。

生物传感器(由感受器、转换器和报告器组成),能将不易感知或测量的信号转换为肉眼可见或便于测量的信号。

1.芳香烃生物传感器

2007 年,英国 University of Glasgow(格拉斯哥大学)团队成功构建了检测芳香族污染物的生物传感器。这个生物传感器由 3 部分组成。首先,感受器中 3 个基因编码的蛋白质(XylR、DntR、DmpR)能分别与芳香族污染物结合,启动 *phz* 基因的表达。其次,转换器中 *phz* 基因编码的蛋白能将分支酸转化为绿脓素(pyocyanin);而绿脓素作为 *E. coli* 中的电子载体将氧化还原反应中产生的电子迅速转移;最后,构造原电池,在两根电极中间放入半透膜,允许氢离子自由通过,由绿脓素携带的电池正极的电子可以向负极转移并与氢离子结合产生电信号(报告器)。

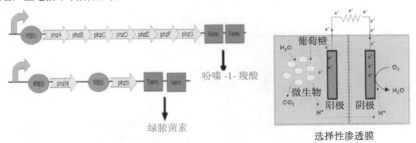

图 4.45　*phz* 基因模块和原电池模块示意图

2.砷离子生物传感器

英国 Edinburgh University(爱丁堡大学)的团队于 2006 年设计了水体中监测砷离子的生物传感器,将微量的砷浓度信号转换为 pH 浓度的改变以便于检测,为化学污染物的生物监测提供了新思路。

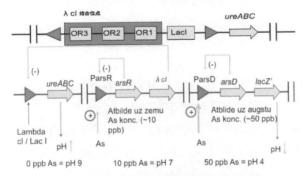

图 4.46　砷离子生物传感器的设计示意图

该系统共有 3 个装置,相对于水体的 3 种状况:① lac I 处于长期表达状态并可抑制 Lambda λ 启动子。

在无砷离子而只有乳糖存在的情况下，乳糖与 Lac I 结合可以解除对 P_{Lambda} 启动子的抑制，*ureABC* 基因表达可催化尿素分解为二氧化碳和氨，水体呈碱性。②当砷离子浓度较低（约 10 ppb）时，对砷离子敏感性较高的 P_{arsR} 启动，ArsR 与砷离子结合解除对 P_{arsR} 的抑制，λ cI 表达并抑制 P_{Lambda}，关闭尿素分解途径，水体呈中性；③当砷离子浓度较高（例如 50ppp）时，相应高浓度砷离子的 P_{asrD} 启动，砷离子与 AsrD 结合并解除 AsrD 对 P_{asrD} 的抑制，lacZ 表达分解乳糖生成乳酸和乳糖酸，水体呈酸性。这样便能判断水体中砷离子存在与否及浓度高低了。

另一创意是在作物根部或叶片中拼装生物传感器，能向遥感卫星递送放大的、即时的、精准的有关土壤营养成分、水分、湿度、作物根须及其他部位生长实况的所有重要参数，这对于现代的"大田农业"是非常重要的。

（二）疾病监控系统

生物传感器在人体正常生理和疾病监控方面的应用是合成生物学的另一方向。

这一应用的成功案例，是 2011 年新加坡 NTU 的 Nazanin Saeidi 发明的一种由具有群体感应、杀死和细胞溶解装置构成的遗传系统。

装有这种系统的 *E. coli* 通过产生和释放绿脓杆菌素，检测和杀死绿脓假单胞菌（一种致病菌），在活细胞内抑制绿脓假单胞菌生长率可达到 99 %，可作为一种抗菌剂用于抗绿脓假单胞菌或其他感染性病原菌。该系统由绿脓假单胞菌检测（*Pseudomonas aeruginosa* detector）装置、pyocin S5 细胞素产生（pyocin S5 generation）装置和；pyocin S5 细胞素的释放（releasing pyocin S5）装置构成。

LasR 是一种能与绿脓假单胞菌的酰基高丝氨酸环内酯（acyl-homoserine lactone 3OC12- HSL）结合的转录因子，转录起始于 luxR 启动子。该转录因子被转入 *E. coli* 中，能起绿脓假单胞菌检测装置的作用。

pyocin S5 编码基因能产生 pyocin S5（绿脓杆菌素，一种具有强杀菌活性的细菌素，该细菌素仅对绿脓假单胞菌有效，对 *E. coli* 无效），可被 luxR 启动子启动。将 luxR 置于 pyocin S5 编码基因的上游，导入 *E. coli* 中。当 LasR 与 3OC12- HSL 结合，luxR 启动子启动转录过程后，对应的编码基因表达而产生 pyocin S5。

为了保证产生的 pyocin S5 能够释放到 *E. coli* 细胞外，编码 colicin E7（一种 *E. coli* 素，为溶解蛋白，同样可被 luxR 启动子启动）的基因也被导入改造的 *E. coli* 中，在一定浓度下该蛋白能使 *E. coli* 细胞膜穿孔，使积累的 pyocin S5 释放到 *E. coli* 细胞外行使杀菌功能。

这一类传感器已有很多设计的思路，对于人类疾病特别是肿瘤细胞的监控有很大的应用潜力。

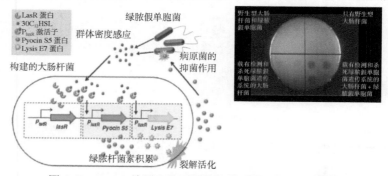

图 4.47　*E. coli* 检测和杀死绿脓假单胞菌系统的示意图

（三）生物能源

应用合成生物学生产生物燃料，主要有两条途径：一是通过改造微生物，用传统技术难以分解的木质素和纤维素生成小分子能源物质（如氢气、甲烷、乙醇、丁醇等）；二是通过改造微生物的脂肪酸生成途径实现近似于石油的脂肪酸、脂肪醇、蜡酯乃至长链烃的生物合成，来代替天然石油。

1. 丁醇的合成生物学生产

乙醇一直是生物能源研究的重点。由于乙醇自身存在燃烧值低、有一定腐蚀性、易挥发、易吸湿、难提纯等不足，难以成为生物燃料的最佳替代。而丁醇的燃烧值较高、腐蚀性低、不易挥发、不易溶于水。

丁醇的能量密度为 29.2 MJ/ L，远远高于乙醇 (19.6 MJ/L) ，接近于汽油 (32 MJ/L) ，是理想的汽油替代品。

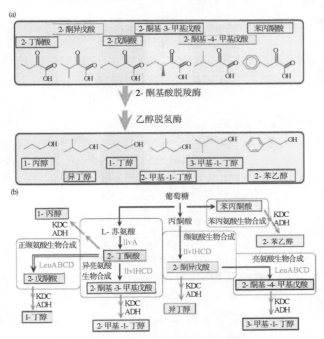

图 4.48　*E.coli* 生产丁醇的代谢途径示意图

a) *E.coli* 的 6 条氨基酸合成途径中的 2- 酮酸中间产物，及其在 KDC 和 ADH 作用下转化的丁醇相关产物；
b) *E.coli* 中利用 2- 酮酸为原料的丁醇及其衍生物的合成途径。

Atsumi 等在 2008 年实现了丁醇在 *E. coli* 中的工业化生产。在 *E. coli* 体内，2- 酮酸是氨基酸合成途径的中间产物，在 2- 酮酸脱羧酶 (KDC，2-Keto-acid decarboxylase) 和醇脱氢酶 (ADH，Alcohol DeHydrogenase) 的共同作用下可以转化为丁醇或其衍生物。因此，Atsumi 从酿酒酵母等微生物中选择了 5 种 KDH 酶来比较其活性，最终选择了乳酸乳球菌中的 *Kvid* 基因作为 KDH 酶的基因。同时，为了高效表达 2- 酮酸，优化了 ilvIHCD 的启动子，敲除了合成副产物的相关基因和与丙酮酸竞争相关的基因，并用 *alsS* 基因替换 *E. coli* 的 *ilvIH* 基因。最终，采用高表达苏氨酸的菌株做底盘细胞，用以生产 1- 丁醇。异丁醇的产量达到 22 g/L，相当于每克葡萄糖原料生产 0.35 g 异丁醇。

2011 年，美国 UC Berkeley 的张嘉瑜 (Michelle Chang) 等再次改进了丁醇的合成途径，将传统的 5 个 *phaA*、*phaB*、*crt*、*ccr*、*adhE2* 基因构成的 1-丁醇生产途径改造为 *phaA*、*hbd*、*crt*、*ter*、*adhE2* 构成的途径，将产量提高到 4650 ± 720 mg/L。

2. 生物石油

除了丁醇，另一设想是用微生物直接生产石油。

藻类生长迅速，培养成本低，可大规模吸收二氧化碳，对高浓度油的耐受程度高，是非常理想的生物燃料工厂。利用藻类生产能源可以利用自然海区附近的水体和土地资源，既无第一代能源消耗大、与"粮食争地"的弊端，又没有碳排放。Andreas Schirmer 等在蓝细菌（蓝藻）中找到了产烃的相关关键基因，导入 *E.coli* 中表达，烃类产量达到 40 mg/L。2011 年 8 月，美国 Rice University 的研究人员通过逆转 β- 氧化循环方向，实现了生物燃料和其他长链化合物的合成。2010 年 6 月，美国 DOE 发布《美国藻类生物燃料技术路线图》用于指导藻类生物燃料领域未来的工作和资助。

（四）生物材料

以合成生物学生成生物基材料，取代或部分取代现代的金属与石油基（塑料）材料，是合成生物学的另一方向。

自然的生物材料是人类生存之所需，如蚕丝、麻类、木材、蜂蜡等。根据合成生物学的基本原理，所有生物材料都可以由生物来人工制造。

聚羟基脂肪酸酯(Polyhydroxyalkanoate, PHA)是由多细菌合成的一类结构多变的胞内聚酯，是生物体内主要的能量和碳源的储藏物质，作为可降解的"生物塑料"有着广泛的应用前景。但高昂的生产成本、复杂的生产工艺等，使PHA在与石油化工的竞争中处于劣势。合成生物学为PHA的工业化生产提供了一条新途径。

框 4.27　　　　　　　　　　　**嗜盐菌基因组的重新设计**

2014年，中国清华大学陈国强团队对嗜盐菌(*Halomonas*)进行基因组的重新设计改造，包括抑制部分DNA甲基化系统、删除3个PHA解聚酶等。获得的嗜盐菌能在无灭菌和连续工艺过程中，以海水为主要介质，高效生产各种PHA，大幅度降低了PHA的生产成本。2015年，陈国强团队又将PHA家族的聚(3-羟基丙酸酯)[Poly(3-hydroxypropionate), P3H]和共聚物(3-羟基丁酸酯-3-羟基丙酸酯)[poly(3-hydroxybutyrate-co-3-hydroxypropionate)，P3HB-co-3HP]合成通路导入*E.coli*中，在48小时内，以葡萄糖为碳源，实现了5g/L细胞干重，含18% P3HP和42% P(3HB-co-84 mol% 3HP)的产量。

23:78, 2014 | Metab Eng

Metab Eng. 2014 May;23:78-91. doi: 10.1016/j.ymben.2014.02.006. Epub 2014 Feb 22.

Development of Halomonas TD01 as a host for open production of chemicals.

Fu XZ[1], Tan D[1], Aibaidula G[2], Wu Q[1], Chen JC[1], Chen GQ[3]

⊕ Author information

图 4.49　　主要贡献者陈国强及其论文

（五）DNA 计算

基于核酸序列的"生物计算机"是一个大胆的设想和尝试。

生物计算机与电子计算机相比有以下优点：首先，生物可以通过自我繁殖，以极其低廉的成本行使近乎无限的储存和运算能力，克服了电子计算机在储存和运算能力上的瓶颈；其次，生物及生物大分子通过自由结合和自我复制实现高效的并行计算，能够解决一些电子计算机通过串行计算难以解决的问题。

框 4.28　　　　　　　　　　　**"烤饼问题"**

"烤饼问题"是一个著名的数学问题。大致内容如下：有一叠随机摆放的烤饼，每个烤饼都有一个焦面和一个背面，朝向随机且大小各不相同。每次只能翻转一个或相邻的几个烤饼，直到将所有烤饼自下而上、由大到小且焦面朝上排放为止，问需要多少次才能解决问题。

当拷贝数为 n 时，可能的翻转数为 $2^n n!$。对于电子计算机而言，当 n 逐渐增大时，进行计算所需要的资源会以指数增长以至于难以解决问题。而对于微生物而言，随着自身的不断繁殖，并行的"运算能力"也以指数形式增长，在解决此类问题时有着显著优势。

美国 Arizona State University（亚利桑那州立大学）的 Karmella Haynes 团队将氨苄抗性基因随机打断，作为有着正反方向和特定排布顺序的"烤饼"，用 Hin/hix 重组酶系统处理 *E. coli* 进行烤饼的"翻转"，则 *E. coli* 体内便会产生各种 DNA 拼装结果。当培养基中大到数十亿个 *E. coli* 菌体时，使用四环霉素处理，只有恰巧按顺序排好氨苄抗性基因的菌株才能存活下来。

利用类似的方法，研究人员利用生物电路解决了哈密顿路径(Hamilton path)问题。

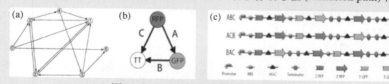

图 4.50　　三节点汉密顿路径示意图

(b) 中 GFP 为绿色荧光蛋白、RFP 为红色荧光蛋白、TT 为双终止子。

框 4.29 试管中的 DNA 计算机

美国 California Institute of Technology（加州理工大学）的钱璐璐于 2011 年构建了迄今为止最大规模的 DNA 计算网络。该网络由 74 个 DNA 分子构成，不但实现了传统的逻辑门（logic gates）功能，甚至能够计算 15 以下的整数平方根并将结果向下取整。

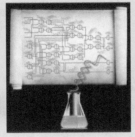

332:1196, 2011 Science
Scaling Up Digital Circuit Computation with DNA Strand Displacement Cascades
Lulu Qian[1] and Erik Winfree[1,2,3]*

图 4.51 钱璐璐和"试管中的 DNA 计算机"示意图及其论文

（六）DNA 信息存储

现有电子计算机的硬盘存储设备绝对无法同 DNA 相提并论。DNA 固有的高密和"长寿"优势，使之成为一个极具吸引力的信息存储介质。

理论分析表明，以 DNA 为基础的存储方案的前景在规模上远远超出了目前的全球信息量，为大规模、长时间而不经常访问的数字存储提供了一个理想的载体。同时 DNA 体积小而密集，无需任何电力支持，更容易传输和保存。

最先出现的 DNA 信息存储系统是在活体细胞的基因组中书写数据。虽然基因物质本身就是天然的数据存储介质，但缺少支持可靠且可逆地将信息写入活体 DNA 的工具。早在 2007 年，就成功使用细菌 DNA 储存数据，可保存千年。而后续发展可以把数据存储在 DNA 里并经受长达 2000 年存档衰变，证明可以寻求基于 DNA 的存储解决方案而不是几十年就损坏的传统硬盘来保存信息和数据。

2012 年，美国 Stanford University（斯坦福大学）的 Drew Endy 团队创建了一种活体细胞 DNA 能够重复编码、擦写和存储数据的新系统，命名为"重组酶可寻址数据（Recombinase Addressable Data，RAD）模块"。RAD 可借助改编自噬菌体的丝氨酸和切除酶来按需"翻转"和还原特定的 DNA 序列，形成类似于计算机的"永久性数据存储"能在无功耗的情况下储存信息。随后，在单个微生物内对 RAD 模块进行了测试，在缺乏基因表达的情况下也能被动存储信息，十分可靠。此外，即便细胞经历 100 余次的分裂之后，保存信息的性能也没有发生退化，这对支持组合化的数据存储十分重要。

胞内 DNA 信息存储存在着两个最大的不利因素。首先，细胞会死亡；其次，细胞复制时会引入新的突变而改变数据。

2012 年 8 月，Church 团队创建了一个没有细胞的 DNA 信息存储系统，其思路是用一台喷墨式打印机将化学合成的 DNA 短链固定在一个玻璃微芯片的表面上。将编码文件分割为小的数据块，并将这些数据转化为 DNA 的"4 字母表"，其中 A、C 和 G、T 分别对应非典型的数字存储语言 0 和 1。每个 DNA 片段包含有一个数字"条形码"，记录了前者在原始文件中的位置。阅读这些数据需要一部 DNA 测序仪和一台计算机，重新按顺序装配所有的片段并将它们转化回数字格式。计算机同时还具有纠错功能——每块数据都将被复制上千次，通过与其他拷贝进行比对，任何微小错误都能够得到识别与修复。

基于该套系统，在 DNA 芯片上成功编码了 Church 曾参与编纂的一部遗传学教科书。这也成为世界上第一例以 DNA 为介质的信息存储系统。

2013 年，EMBL-EBI 的研究人员也做了 DNA 存储数据的尝试，证明 DNA 能够作为长期数据存储的媒介。他们将 250 万 bit 的数据编码到了 DNA 链中，包括 Martin Luther King 的演讲"我有一个梦想"的 MP3，一张 EMBL-EBI 的 JPG 照片，Watson 与 Crick 那篇有关 DNA 双螺旋结构的论文的 PDF 版本，以及所有莎士比亚十四行诗 TXT 文本。所获得的 DNA 样本经研究人员解码，准确率可达 100%。再次展示了 DNA 作为高密度媒介长期存储海量信息的前景。

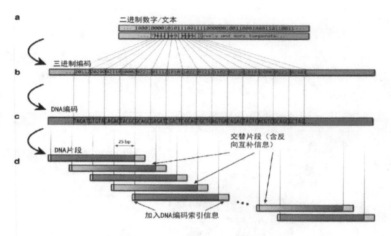

图 4.52　DNA 存储系统设计示意图

2015 年年初，Harvard university 的 George Church 成功开发了一项新技术，可以将约 700 TB 的数据储存进 1 g DNA 之中，将之前使用 DNA 存储数据容量的纪录提高了 1000 倍。具体存储方法是为 A、T、G 和 C 分别赋予二进制值 (T 和 G = 1，A 和 C = 0)，随后通过微流体芯片对基因序列进行合成，从而使该序列的位置与相关数据集相匹配。当需要对数据进行读取时，只需再将基因序列还原为二进制即可。为了方便读取数据，研究人员还在每一个 DNA 片断的头部加入了 19 bit 的地址块 (address block)，用此记录其在原始文件中的位置。

可以预测，DNA 储存将会成为未来数据存档的新途径，届时 DNA 将不仅仅是生物分子，亦是非生命的数据储存条带。

二、合成生物学和人类未来的思考

合成基因组学和合成生物学将成为生命科学的最高发展阶段。合成生物学将颠覆生命科学和生物产业的现有发展理念、思维模式和运作方式，对人类的未来产生深远的影响。

（一）改变人类对生存方式的思维和生物产业的格局

动物的驯养和植物的农作 (domestication)，是人类文明的曙光及迄今生存和生产的主要方式。农作物和家养动物 (家畜、家禽) 为人类的生存所系。

现代生命科学的发展，特别是基因组学等组学与其他学科的发展，以及现代分析生化技术的改进，使我们认识到，人类生存所依赖的天然基本有机物质实际上只有数百种，包括为人熟知的 4 种核苷酸、20 种天然氨基酸，以及它们不同的修饰分子，数十种维生素及所有其他有机分子等。

基于动物、植物、微生物的全基因组分析，已阐明了大多数 (即使还不是全部) 人类生存所依赖的有机物质在生命体内的自然代谢途径和代谢网络，而合成生物学又给我们提供了重新设计和组建这些代谢途径的可能性。青蒿素和吗啡这么复杂的有机物质的合成生物学生产，为我们描绘了利用微生物"工程细胞"来实现这类有机物质工业化生产的前景。

合成生物学将改变人类食物的生产方式，因而改变对生存方式的思维。这是人类文明发展和知识宝库的重大飞跃。

合成生物学的发展将改变对现代大农业可持续发展的思维和格局。

广义的生物产业 (包括生产动植物的现代农业，生产药物、营养品和调味品等的发酵工业) 上万年的发展历程，现代化农业多年积累的"老问题"与出现的"新问题"，使我们不得不考虑现代农业与人类发展的关系和可持续性发展等严肃的问题。

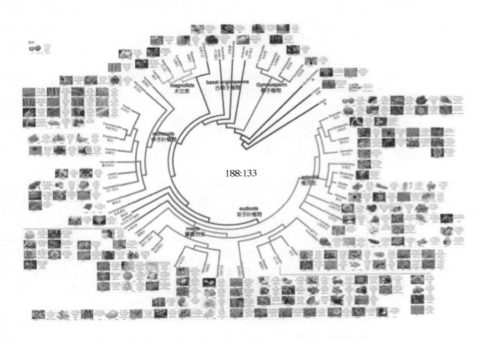

图 4.53 现代农业的主要农作物（188 种）和全基因组序列已经分析
主要代谢途径已经阐明的 133 个物种

合成生物学的生命伦理挑战是人类是否有"干涉自然的权利"。

"干涉自然的权力"本身历来就是一个伪命题。人类的第一声呱呱和第一次落地，就意味着对自然的参与和"干涉"。从那时开始，真正的命题便不再是有没有"干涉"的"权力"问题，而是"如何干涉"的方式和程度问题。

科学是在与无知、谬误、偏见的争斗和自我修正的过程中不断提高和发展的。现代科学的发展已摈弃了"向自然界（单向）索取"而导致的自然界的"报复"，而建立了"与自然界和谐共处"的理念，并接受了自然界更多"恩赐"的现实可能性。而这种"和谐"正是正确、适度地使用了"干涉自然的权利"。现代科学问世几百年来，至少已给我们证明了科学技术可以使自然更加和谐、更加美丽的前景。

合成生物学的安全是可控的，因为合成生物学的本质是可控的。

合成生物学的主要生产方式是类似于现有"生物工程"的室内发酵罐生产，比任何的"室外"方式都更为可控。

发酵罐生产的最重要的环境安全问题是废液的排放和废渣的处理方式。废液经简单、可靠的无菌处理后利用的要点是减少用水并使"废液"不废，循环使用。与其他生产方式的区别是，它最终的废液排放量较任何一种其他方式已大幅度降低。最终的废渣也与废液一样，已较自然方式的原有体积大为减小，更易保存并转化成另一种方式的"生物质"，经无菌处理后也可用于制造可渗水建筑材料和有机肥料。

合成生物学可能生产的可致病（如新的生命体）或污染环境的产品，都可按现有的 BSL (Biosafety Shelter Laboratory，生物安全防护实验室 2 至 4 级标准）进行行政监管以保证安全，例如 BSL-3、BSL-4 以及惯称的 P3、P4。

合成生物学的任何研究都是在实验室里进行的。对于研究实验室的资质、研究人员的审查、研究项目的批准、研究过程的监控、研究产品的产业化，特别是未知物向环境的排放，都没有对现有生物产业的监管和程序提出新的问题和挑战。

生物"黑客"的出现，炊房里的"生物实验室"的问世，其起因是由于所有现代化技术包括所有生物制造的入门"门槛"较低，而不是合成生物学特有的风险。例如，吗啡有可能在大城市的一个居民区的一个住户的"炊房"里制造，这改变的是全球性产毒、贩毒的地域和缉毒、反毒的战线所在位置（如原先在国界上或产地与销售地之间，而现在有可能发生在同一个城市，甚至于同一个街区、同一幢大楼）。事实上，使用非合成生物学的现有生物制造手段照样可以制造炭疽菌、流感等所有病原，现在也都已有了行之有效的防护方案。

综上所述，合成生物学改变的只是生物防护的格局和方式，但并没有改变其相对的可控性，也没有对现有的全球性的禁止生物武器和化学武器及"应对生物恐怖袭击"的现有框架提出新的挑战。

（二）合成生物学与人类的未来

1. 工程细胞的全基因组设计

合成生物学工业化生产的工程细胞无疑还是单细胞的原核生物（以 E.coli 为主）和真核生物（以酵母为主）。

这两类细胞的全基因组设计和合成都已有成功的经验，而且有望在 5~10 年内将总体成本降低到 1 个碱基/1 美分的水平。这样，一个类似于酵母的真核基因组的全合成只要 12 万美元，而类似于 $E.\ coli$ 的原核基因组只要 5 万美元，比任何一种微生物的育种方案都更加经济。

工程细胞设计的另一种思路是 "底盘细胞＋代谢途径"。这里的"底盘细胞"的设计思路类似于通用的"最小基因组"。最主要的特点是遗传噪音小和兼容度大，而任何一个有机物质的合成相关的代谢途径所需要的基因都能接受，并且没有不可克服的代谢及调控方面的冲突。这在经济成本上有很大的优势。

正因为更多的动植物和微生物的全基因组的测序和分析，所有人类需要的有机物质的代谢途径都可以阐明，特别是不同代谢途径组成的代谢网络的互作和兼容。至于 $de\ novo$ 化学合成和 CRISPR 或其他新技术技术的选择，则要从经济角度加以考量。

自养化能与嗜盐 "工程细胞" 的筛选与设计是很严峻的挑战，现有的自养化能微生物生长缓慢，也难以承载额外的代谢途径来生产、积累额外的其他代谢产物。

2. 合成生物学的碳基原料

合成生物学要成为生物产业的一部分，首先要考虑解决它的大规模工业化生产需要的原料问题。有机来源的糖类（特别是葡萄糖），也许还有化石来源的醇类，可以考虑为合成生物学工业化生产的主要碳源。

绿色植物的 "光合作用" 的终端产物是糖。这就决定了合成生物学的重要工作就是对自然生态的所有植物所产生的含糖物质 —— 木质素和纤维素等的高速度、高效率、低成本（包括砍伐、收获、收集、运输、粗加工和去杂质等加工成本）的加工利用。

自养型生物（包括光能和化能）是合成生物学应该考虑的另一重要方面。生命初始形式是自养化能生物。但后来有了效率高过无数倍的自养光能生物的出现，自养化能生物就成了"自然界还没有来得及完成而放弃的生命形式。"

现存的自养化能生物（只有微生物）的繁殖与生长极慢，远不能适应工业化的要求。而嗜盐类微生物（包括其他嗜性微生物）给我们提供了新的思路：用自养化能生物作为可靠的、更可持续的补充。

"吃" —— 不仅是为了生存，对食物的选择已成为人类文化多样性的组成部分。3D 生物打印机的出现使食物在色、香、味、形等各方面都可满足不同的"美食"要求，而不只是各种营养物按比例混合而成的"食液"或"食酱"。其前提仍是合成生物学能以工业化生产所有的维生素、糖分、无机盐和膳食纤维等食物要素。

合成生物学使植物的原始态生长成为可能，因为我们需要只是"原料"（糖及其他碳源，还有氧气），而不是最终产品，种什么、什么时候成熟都不是主要问题。只有这样，原始的自然生态、科学的生态种植才将成为可能。

现在就要着手研究自然生态生长的各种乔木、灌木、草本和地被植物，研究现有农作物的秸秆和其他废料（如玉米芯）等的处理与糖化的相关酶的筛选，以及所有步骤的工业化和经济化考量，以解决碳基有机原料的问题。重视改进以煤炭、石油生产甲醇等碳基原料的工业化流程，降低成本。

3. "一大四位" 的未来农业

人类未来农业与食物的考虑也许是"一大四位"的精准农业。"一大"就是大数据，涉及未来农业的各个方面;"四位"就是根据其规模和模式,把现代大农业分为大田农业、特色农业、室内农业和合成农业。

1) 大田农业

大田农业就是工业化的现代农业,是永远不可或缺的主要生产方式。要继续在适种地区（大面积平原、适宜的气候、完善的水利设施等所有条件俱备）发展大田化、机械化、自动化、数据化（数据库）和智能化,达到高产优质、绿色环保、成本低廉的目的。还要发展大宗水果和家畜的大规模现代化种植和饲养。

大田农业是以大数据为基础的。要考虑:

(1) 以多年、多地区（以至于全球）的气象数据,预测至少两年内大气候和地区"小气候"的可能变化,特别要实现对旱灾、涝灾和可能的病虫害大规模爆发的精准预测。根据后几年的气候预测决定后一年要种植的物种、品种的选择和即时育种,避免或降低气候变化而造成的全面性和毁灭性的灾害。此外,还要考虑全球性农业产品的生产、物流和市场的预测。

(2) 培养不同抗性的农作物品种以适应气象大数据选择的需要。这里,基因组合成和基因组编辑等技术将发挥重要作用。

(3) 以合成生物学等技术设计不同用途的生物传感器,其设计要求是能提供适用于观测卫星的遥感信息,如土壤湿度传感器,有机物及氮磷钾等元素以及病虫害的传感器,特别是土壤中微生物类群变化和作物生长状况的传感器等。根据传感器 —— 卫星观测的网络,及时有效地预报土壤和植物生长、病虫害发生的动态。在全面实现喷灌和滴灌系统的基础上,真正实现水分、肥料、农药的因地、因时、因作物的精准使用,创造"环境友好、资源节约"的现代农业。

2) 特色农业

对于适合地方气候、环境条件,有地方特色与文化积累,并具有较高经济价值的地方物种与品种,要因地制宜,因市场制宜。加强种质资源的挖掘和序列化,发挥基因组合成和基因组编辑在育种中的作用。对于杂粮、水果等规模相对较大的特色物种,要参照大田农业,实现数据化与智能化。

3) 室内农业

室内农业就是要改变几千年来"靠天吃饭"的局面,打造适合作物生长的"小气候"。荷兰等国的室内立体种植（包括品种选择与育种,种植密度和管理方式,以及液体种植和病虫害防控等新技术,特别是高营养、高附加值的食用菌的育种和种植）和"立体养殖"等尝试已在成本下降等多方面积累了很多经验,有很多可参考之处。

4) 合成农业

合成农业指的是合成生物学的工业化生产农业产品。打通合成基因组学育种、碳基生物原料的配置等各个环节,使之逐渐成为现代大农业的一部分。

合成生物学还处在始发阶段,将对人类的未来产生深刻地影响,具有高度远见的设计,事关大局,事关将来。这不只是幻想,而是青年一代现在就应该开始,毕生参与实现的梦想。

第五部分　基因组伦理学

没有伦理，科学就没有灵魂；没有科学，人类就没有力量。

—— 一位丹麦先哲

No ethics, science has no soul. No science, man has no power.

——A Danish philosopher

第一节 生命伦理学是基因组学的题中应有之义

正如本书第一部分第一篇的第一节里所说的："因为生命科学的特殊性，学习基因组学，还要学习生命伦理和生物安全相关问题的基本概念。"

作为自然科学中与生命本源最为接近、对人类社会影响最大的学科之一，同时基于人类社会一员的共同责任和专业科技工作者的社会责任，基因组学应该将人文 (H, Humanity) 精神放在生命伦理相关讨论的首位，关注科技与民众的关系和政策的制定 (P, Public-relationship, Policy-making)、文化 (C, Culture) 多样性、经济 (E, Economy) 及生物安全和生物防护 (S, Safety 和 Security) 等新问题，在 HGP 把伦理 (E, Ethics) 已扩展到 ELSI (Ethical, Legal and Social Issues/Implications, 伦理、法律、社会问题) 的基础上，进一步扩展为基因组相关的广义的生命伦理问题：HELPCESS。

HELPCESS 讨论的基点是：①生命伦理讨论应是积极的 (active) 。"科学在本质上是伦理的"，人类的生存与发展离不开科学；生命伦理讨论首先以鼓励生命科学研究、促进生命科学的健康发展为目的，在这个意义上，伦理讨论应该是"正向"地为科学研究"正名顺言"，为创新开发"鸣锣开道"，为科学造福人类"保驾护航"；②生命伦理讨论要比科学研究先行，而且要与社会监督与政府监管同步；③生命伦理讨论应是平等的。包括专业人士、媒体、民众在内的相关方都可以作为社会的一部分或一个成员参与，任何方式的政治化、经济化、甚至"民粹化"行为，都是不应默许和鼓励的。

第二节 基因组伦理学的八个方面

一、H: 将"人"字写在天上

第一个字母 H 是英文单词 Humanity 的首字母。

H 在此处的含义是人类进步、人道主义和人文精神。对生命科技工作者而言，作为人类社会的一员应铭记生命科学为人类服务的使命、自身肩负的人道主义责任及应当发扬的人文精神。将 H 排在首位，目的也在于此。

如果说 19 世纪以达尔文为代表的博物学家是受好奇心驱动的话，与其他科学领域一样，生命科学越来越以"探索自然规律"（包括好奇心）与满足"社会需求"的"双驱原创力"来驱动。我们不应忘却生命科学与自然、与生命、与人类自身及今天、明天紧密相连的灵魂。也正因为如此，从事基因组学与生命科学的研究，有理由树立"以人为本"的自豪感，享受"想人之未想、知人之未知，为人之未为，成人所未成"的乐趣。

就基因组领域来说，从 HGP 创立"共需、共有、共为、共享"的精神开始，基因组学界就一直推动其研究成果为全球科学界所共享。1996 年 2 月发表的《百慕大原则》(Bermuda Rules)，承诺将 HGP 研究的基因组原始数据及时上传公共数据库为全世界科学研究免费使用。这不仅是当代生命科学家的创举，也是现代人类超越国界、种族、文化、信仰，为追求科学进步和人类健康而携手努力的里程碑。

第一次明确地把生命科学研究与人类进步、人道主义与人文精神联系在一起的或许是 2000 年 6 月 26 日举行的"人类基因组草图"庆典，其中最引人注目的是其主题："解读生命天书，人类进步的里程碑 (Decoding the Book of Life, A Milestone for Humanity)"。为保障科学发展的成果为全人类共享，来自美国、英国、日本、法国、德国以及中国的参与者，在科技发展史上前所未有地放弃了本来可能获得的合法的经济利益，反对基因组序列和遗传信息本身的专利，使发展中国家与发达国家第一次一同站在生物产业发展的新起跑线上，形成"共需、共有、共为、共享"的 HGP 精神下的国际合作的新文化和新运作模式。这一精神和文化随后被写进 UNESCO (United Nations Educational, Scientific and Cultural Organization，联合国教科文组织) 的《世界人类基因组与人权宣言》、《人类基因数据宣言》与联合国的《千禧年宣言》等重要文件。

倘若我们诚心诚意而又心平气和地将人类进步、人道主义和人文精神放在生命伦理相关问题的首位，我们或许会对很多问题得出不同的结论。尽管现代农业技术的代表性技术植物基因操作 (gene manuplation) 已问世 30 余年，CRISPR 等基因组编辑技术已显示其潜在的广泛应用。其技术安全性和生产应用已普及全球，在不少国家已得到妥善监管，但另外一些国家的争论却实际上给决策者出了难题。

二、E: 生命伦理是生命科学的准则

第二个字母 E 是英文单词 Ethics 的首字母。

生命伦理讨论的核心问题应当是社会层面的保护人类尊严的问题和个体层面保护研究参与者 (participant) 的人权问题。2005 年，联合国教科文组织通过的《世界生命伦理和人权宣言》已将"人的尊严和人权"摆在了生命伦理原则的首位。

伦理是人类文明与文化的重要性组成部分。广义伦理学的一般定义是研究伦理的科学。而作为一门学科，"生命伦理学"属于"应用伦理学"的一个分支，这一狭义的"伦理学"研究的是与生命相关的伦理问题，有它特定的研究内容。而在实践中，生命伦理讨论却包含众多与生命科学不断演变的领域。

在这一意义上，本书所提出的 HELPCESS 可以理解为基因组学相关的"广义的生命伦理学。"

伦理学与生命科学结缘于人类历史上最黑暗的一页：第二次世界大战期间德国纳粹与日本 731 部队的生物医学研究人员所犯下的侵犯人权、泯灭人性的罪行丧尽天良、罄竹难书，至今让人不寒而栗。

战争结束后，在地球的一面，人类在历史上第一次把自辩为"不问政治"的"专业人士"送上了法庭：纽伦堡国际军事法庭对 Karl Brandt 等 12 名医生和专业人士进行了审判，将"（获得）人类受试者自愿同意绝对必要"的伦理原则写入了《纽伦堡法典》(The Nuremberg Code)。不幸的是，在地球的另一面，"禁止使用核武器"的呼声，被扭曲成"使用核武器的反思和忏悔"，并被列为"现代生命伦理学的起源"。

在之后的 30 年间，生命伦理学学界开始审视涉及人类受试者的生物医学研究，研究如何保护受试者、如何以符合伦理规范的方式开展有关研究。1979 年，美国健康、教育与福利部颁布了《贝尔盟报告：保护人类受试者的伦理原则和准则》，提出"尊重、有益、不伤害、公正"的原则，并随后建立起从国家层面到相关基层单位伦理委员会 (Institutional Review Board，IRB) 和相应的伦理审查制度。经过多年实践，这些原则和伦理审查制度已得到世界其他国家的普遍认可，尽管还必须在实践中进一步提高。UNESCO 也于 2005 年通过了《世界生命伦理和人权宣言》，确认"人的尊严和人权"、"尊重人的脆弱性和人格"、"尊重文化多样性和多元化"、"互助与合作"、"利益共享"、"保护环境、生物圈和生物多样性"等原则，且提出"隐私与保密"、"不歧视和不诋毁"、"保护人类后代"等与生命科学息息相关的原则，给全世界生命科学、环境科学和生物医学的研究提出了更高的要求。

生命伦理的讨论在 20 世纪 90 年代进入一个新时期：HGP 这一世纪性的重大科学研究计划，使科学界与伦理学界都看到有关人类基因组所有权、反对遗传歧视等问题的讨论已超出狭义的伦理讨论范畴，而将法律、社会问题包括进来，即成为我们现在常说的 ELIS 以及 HELPCESS。

有关具体的伦理命题越来越多，常见的有"参与者知情同意的程序和内容"；IRB 的组成和职能；"全人类"基因组的全人类归属和"个人"基因组的个人所有权；网络、数据安全与个人信息的保密和隐私保护；对各种形式（如就业、保险中使用遗传信息）的遗传歧视的坚决反对、研究中的意外发现及其知情权；"不

知之权"的定义与实行；直接给用户 (direct-to-customer) 的遗传信息的选择，乃至"动物福利"、"动物权利"、"动物伦理"和"生态伦理"等。

当前，要特别注意刚刚开始的以基因组标准化序列为基础的"无创"遗传检测，包括植入前、产前的检测，特别对于非整倍体 (如21-三体、18-三体、13-三体等)的检测结果的精确应用。一方面要尊重"父母之权"；另一方面要强调 "人人生而平等"，营造与遗传病患者平等相处的氛围和善待"弱势群体"的文化。

伦理和科研专业人员是"一条战壕里的战友"，共同承担科学正确发展的使命。把伦理研究看成是对科学的牵制、约束和平衡的想法和作法是值得商榷的。

图 5.1　人人生而平等，老幼其乐融融

三、L: 有法可依、"无" 法则立、违法必究

第三个字母 L 是英文单词 Legal 的首字母，主要指生命科学研究需要遵循制定和各种法律、法规。

严格地说，伦理和法律属于不同的范畴。伦理讨论关注"应该做什么、应该如何做 (才符合伦理标准)"的问题，法律则规定"什么是合法的，如何做至少是不违法的"、"什么是违法的、绝对不允许做"的问题。将"法律"列入 ELSI 主要是因为在生命伦理讨论中常常包含如何通过法律手段引导或规范相关操作和应用的内容。在这个意义上，法律被有些人理解为伦理讨论的"终结"，尽管可以因法律的修改程序而使伦理的讨论"起死回生"。

从学术讨论到落实相关法律规定的路径和程序复杂：耗时。例如上文提到的"知情同意"，从 1947 年纽伦堡审判提出"知情同意"的伦理原则，到 1974 年美国健康、教育与福利部颁布《45 CFR 46》管理规定正式将"保护受试者"写进联邦法令，再到美国健康、教育与福利部 1979 年出台集伦理原则和操作指南为一体的《贝尔盟报告》(The Belmont Report)，最后到 1991 年由美国 15 个政府机构共同签发颁布的保护人类受试者联邦政策，历时近半个世纪。另一个例子是反对遗传歧视的立法。自 1990 年比利时率先立法反对遗传歧视以来，欧洲绝大多数国家都陆续建立相应的法律规范。在美国，历时 13 年讨论之后，于 2008 年 5 月 21 日颁布了《遗传信息反歧视法案》(Genetic Information Nondiscrimination Act, GINA)，任何形式基于遗传信息的就业或保险歧视将受到法律的制裁。这是继反对种族歧视和性别歧视之后在法律层面禁止的歧视，是人类文明进步的第三个里程碑，具有全人类的、历史性的重大意义。

现代生物科技日新月异的发展和国际合作的增多，对国际法学界提出愈加严峻的挑战。一方面，"全球化"和国际合作研究需要包括研究法律在内的协调机制；另一方面，由于政治、文化、社会、经济背景和科学技术发展程度的不同，各国政府对某项生命科学研究或生物技术应用的意见很难达成一致，建立一致的国际法律法规就更难实现。各国、各地区法律政策的"双重标准"不仅给相应的科学研究制造了种种障碍，更是对伦理学"普世性"的极大挑战。更有甚者，利用发展中国家相关法律不完善、管理制度不健全的情况，一些在发达国家非法的研究，居然在欠发达国家自行其事。

作为从事生命科学的研究者，我们也需时刻谨记"己所不欲、勿施于人"，要在遵守不同国家和地区法律法规的基础上，将人道主义和国际遵循的伦理原则放在心中，并积极帮助推进相关法律和管理制度的完善。

四、P: 科学决策与"鱼水之情"

第四个字母 P 是英文单词 Policy Making 和 Public Relationship 的首字母。

这里我们谈到的科学决策与"法律问题"相似而不相同，包括各种法律条文在内的"硬政策"，也包括科学界的各种学术团体、研究机构出台的指导性文件、宣言、倡议、内部政策等"软政策"与自律。

近年来，"管理"(governance) 的概念逐步得到重视，自上而下、自下而上的"双向治理"也在科研活动的实践中得以实施。这一过程要求科学界的科研机构和每个科研人员承担更多的责任，在尊重自然和科学规律、保证研究的科学性的同时，需要全面考虑所从事的研究自身，及其应用过程中对他人或社会可能带来的各种影响。

此外，P 也代表另外一层意思，即公众与生命科学界的相互关系 (public relationship)。

在相当长的历史时期内，科学家在民众心中是伟大、无私和高尚的"圣人"。网络时代知识传播方式的革新拉近了民众与科学知识的距离，却在一定程度上客观地拉远了大众与科学家的距离。

在新媒体快速发展的 20 世纪八九十年代，以"克隆人"和"扮演上帝"为题的当代传媒故事，在科幻小说、好莱坞电影的烟熏火燎下，把科学家悄然塑造成科学怪人，"科技应用不能由科学家做主"的呼声此起彼伏，而科学研究的公益性也遭到民众和社会的质疑。一些发达国家不时掀起的"反科学"潮流才让科学家真正认识到在民众间蔓延的信任危机，而科学界害群之马的负面作用、伦理学界的一些人的"一部分科学已走向反面"之说更为之推波助澜。

在此，我们再次呼吁同仁走出"象牙塔"，携手生命伦理学、社会学和新闻媒体等专家，走入民众传播科学的理念、文化、原理与知识；使用各种传媒工具与其他方式搭建与民众良性互动的交流平台，并逐步使科学决策及执行透明化，让民众参与科技政策制定、科研项目设计、执行监管、技术应用、知识传播的系统过程之中，例如，邀请附近的社团代表参与 IRB 的工作。

五、C: 科学也是美丽的

第五个字母 C 是英文单词 Culture 的首字母。

单独提出"文化"的概念是希望对科学家之间的文化差异、科学及其应用在不同文化背景遭遇的挑战等问题能得到更多的重视。

与其他自然科学不同，生命科学是以"生命"为研究对象，同一项研究或技术应用在不同的历史、文化、社会、政治环境中的境遇可能截然不同。特别是各种宗教都具有长期复杂的历史、社会、文化背景，其教义在不同程度上影响着信徒对科学技术的理解和看法。毋庸置疑，我们需要尊重文化尤其是宗教的多样性，寻求妥善处理由于不同文化 (宗教) 背景而带来的一些问题。

值得深思的是，随着技术的变革和讨论的深入，人们与文化、宗教有关的观点也会发生变化。

我们既不能以"宗教"的眼光看待不同的文化、宗教背景的论点，也不能用宗教教义的某些描述来反对新科学、新技术。很多拥有宗教信仰的科学家正试图以现代科学的观点来重新"解释"各自教义中的一些描述、弥合古老宗教与当代科学间的鸿沟，是非常值得鼓励和支持的。而我们与他们的交流，也许应该是"我不能同意你的观点，但我欣赏你对信念的忠诚，尊重你的良知和人品"。

当然，我们所说的文化不仅是宗教，也包括科学的世界观、理念、方法论和运作的思路。如 HGP 创造了"一种新的文化——合作的文化"，就是一个较为具体的例子。

有人说，"社会科学是求善，自然科学是求真，文化艺术是求美。"尽管这样的说法有割裂之嫌，生命科学在履行求真使命的同时，还应以社会一员的身份与全人类的成员一起求善，更要颂扬生命的美，让科学之花开得更加美丽。

六、E: "无形之手"与科学的未来

第六个字母 E 是英文单词 Economy 和 Education 的首字母。

不能否认，经济和市场的因素已成为影响科技、政策、科研发展和应用方向的"无形之手"，不管我们的主观愿望如何。

　　首先，政府资助的科研项目必须考虑社会效益和经济回报。在某些情况下，某些国家的政府有关部门对经济问题的重视甚至已远远高于任何伦理方面的讨论。最典型的例子便是 2008 年美国加州政府关于"直接给消费者的遗传检测 (direct-to-consumer genetic testing)"态度前后的剧变：在政府以伦理的理由下令严禁销售这类遗传检测不到半年时间，又决定彻底放弃该管制，其很重要的原因是不想把这价值数亿元的产业拱手让人。

　　其次，奖励政策对讨论的影响。尽管"科学家企业家化"已在不少发达国家成为潮流，一部分人却质疑"下海为谋私利"，把"科学家办企业"笼统地视为"科学家与某技术有利益关系"，而转移了技术应用讨论的方向。在这里，有关"转基因"的辩论就是一个很好的例子：支持和反对"转基因"技术应用的双方都被对方指责为"受某利益集团支持"或是"利益相关者"。

　　第三，宏观方面的考虑，如何平衡"社会需求"导向和探索自然奥秘和发现科学规律导向。伦理讨论更要为基础研究和科学发现"保驾护航"，需要我们从伦理角度阐明其对人类发展和社会进步的重要性。

　　我们需要清晰地区别和平衡国家（地区）利益、产业应用和个人利益对当代科学研究产生的正反两反面的可能影响，全力推动全人类的福祉。

　　第四，我们应积极探索当代科技产业发展的新模式，积极倡导公共研究与私人企业的合作模式 (public-private-partnership)。如国际千人基因组计划在恪守"公益研究、免费共享"这一原则的前提下，吸收了好多私人公司参与。大型制药企业与公共研究机构合作，共同推进公益药物的研发也是一个很好的例子。2009 年美国礼来 (Lilly)、默克 (Merck)、辉瑞 (Pfizer) 公司联合组建了一家独立的、非盈利的亚洲癌症研究团队 (Asian Cancer Research Group) 为全球癌症基因组的研究开创了一种新的模式，所有成果与数据都与全球免费共享。

　　当然，E 也是 Education 的首字母。一个国家的发展水平，除与经济、科技紧密相关外，与教育者、以及受教育者的知识储备和质量也密不可分。教育是人类的未来，生命伦理的教育不仅要面向成年人，还要面向青少年儿童。科普是现有学校教育不足的补课，也是对科学新进展的更新和"充电"。生命伦理的科普问题，是教育者的教育方式和传播内容问题，也是受教育者获取知识、提高素养、甄别对错的过程。另外，教育者先受教育，科研工作人员首先要接受生命伦理的教育。

七、S: 防患于未然

　　第七个字母 S 是英文单词 Safety 和 Security 的首字母，即生物安全与生物防护问题。

　　生物安全和生物防护是生命科学技术应用中不能回避的问题，也是政府和民众最关心的问题。但两者与我们之前提到的伦理问题有着深刻的区别，不能与其混淆；否则，既不利于理解现代生物技术的实质，也不益于有关伦理讨论的开展。

　　生物安全讨论的是科研应用过程中意外出现的问题及风险控制，如研究工作对大众（包括实验员）短期、长期的健康可能造成的损害（包括可能的新病原产生与扩散），对环境、生态可能造成的破坏等。生物防护应对的则是生物技术的非和平使用、有意使用生物技术开展恐怖主义活动的问题。

　　对这两个问题，一是要作到"有法可依"、加强相关法规的建立、实验室和研究申批和论证的过程管理，二是在新技术出现后要及时定位"新"问题与"新"风险。由发明、使用、应用这些技术的研究人员在发明、应用之初，就考虑并建议即时的、与合适对象进行合适范围合适方式的讨论，并即提请 IRB 介入监督。所有媒体与专业杂志都要采取负责任的态度。"基因组合成"和"基因组编辑"技术的飞跃性发展，"炊房黑客"的必然性出现，生物安全的讨论尤为重要。

　　生物安全首先涉及政府有关部门的法律法规。

　　"禁"的一个例子是流感病毒的一些研究。2012 年 1 月 31 日，美国国家生物安全咨询委员会 (U.S. National Science Advisory Board for Biosecurity) 在 Nature 和 Science 杂志上同时发表《禽流感病毒适应性研究值得忧虑》(Adaption of Avian Flu Virus Are a Cause for Concern) 一文，就美国、荷兰研究人员对"H5N1 禽流感病毒能在哺乳动物中传播"的新近发现提出"不在公开场合完整发表这一结论的建议"。在这篇建议稿中，委员会对该研究团队的工作给予了肯定，但在综合分析研究结果发布后可能带来的问题，作出了艰难选择："对生命科学而言，这是一个前所未有的建议。在全面细致地分析发表文章可能带来的益处和潜在伤害后，我们得出上述结论"。尽管科学界还是有人对限制科学言论自由提出质疑，该研究团队还是同意暂缓有关研究。

生物防护是很严肃的命题。生命科学界谴责一切生物恐怖袭击，绝不参与有关设计、研制、提供、保存的任一环节。编者曾呼吁国际生命科学界开始"生命伦理和生物安全"誓言的讨论，特别在合成基因组学和合成生物学同时进入产业化的今天，对于生物恐怖主义绝不能掉以轻心。

八、S: 为了人类福祉与社会和谐

第八个字母 S 是英文单词 Society 的首字母，在 ELSI 中指生命科学研究可能产生的社会问题和影响。

基因组研究对个人、家庭、族群和社会可能造成的影响是社会问题讨论的重点。遗传检测结果对本人、其家人可能造成的心理、就业、婚配、家庭关系等方面的影响是必须妥善应对的，否则将诱发出对遗传歧视的忧虑，而拒绝应该接受的检测或选择"不知之权"。

2008 年 5 月 21 日，美国总统签署的《遗传信息反歧视法案》，就是对这一忧虑在法律层面上作出的回应。而中国广东出现的"中国基因歧视第一案"（一地方法院判定一种常染色体隐性遗传病的携带者为病人）首次将该类问题推向公众的视野。但面对诸多发生在家庭、群体、社会层面的问题，一要靠法制建设的完善和及时到位，同时需要普及遗传学知识，通过长期不懈的努力，才有可能真正消除此类恐惧，使遗传学惠及当代及后代人的健康。

回顾 HELPCESS 所代表的复杂交织的种种问题时，我们希望本书的读者 —— 未来的生命科学家们和所有对生命科学感兴趣的人都能理解，选择生命科学研究作为自己的工作和事业，就意味着承担使用这些研究成果造福人类和大自然的义务。编者非常想疾声呼吁："不科学是毫无伦理可言的"，"爱上科学是最大的幸运"。如果说爱不爱科学是掌握在自己手里的选择的话，历史会不会证明"科学是最伦理的"，要靠我们大家、特别是未来的科学家的共同努力。

参 考 书 目

（一）推荐参考书

杜传书等 . 2015. 医学遗传学（第 3 版）. 北京：人民卫生出版社 .

杨金水 . 2013. 基因组学（第 3 版）. 北京：高等教育出版社 .

赵寿元，乔守怡 . 2001. 现代遗传学（第 2 版）. 北京：高等教育出版社 .

Brown T A. 2002. Genome 2 (2nd edition). London: Garland Science. (袁建刚等译 . 北京：科学出版社，2006)

Clark B. 1977. The genetic code. London：Edward Arnold.

Collins F. 2010. The language of life: DNA and the revolution in personalized medicine. New York: Harper Collins. (杨焕明等译 . 长沙：湖南科学技术出版社，2010)

Harper P S. 2010. Practical genetic counselling (7th edition). London: Edward Arnold.

Hehenberger M. 2015. Nanomedicine. New York: Pans Stanford Publishing.

Jobling M, et al. 2014. Human evolutionary genetics (2nd edition). New York: Garland Science.

Micklos D A, Freyer G A. 2003. DNA Science (2nd edition). New York: CSHL Press. (陈永青等译 . 北京：科学出版社，2005)

O'Brien S. 2005. Tears of the cheetah: The genetic secrets of our animal ancestors. Richmond: St. Martin's Griffin. (朱小健等译 . 北京：北京大学出版社，2015)

Schrodinger E. 1956. What is life? New York: Anchor Books. (罗辽复等译 . 长沙：湖南科学技术出版社，2007)

Stern C. 1950. Principles of human genetics. New York: W.H. Freeman . (吴旻译 . 北京：科学出版社，1979)

Sulston J, Ferry G. 2002. The common thread. London: Bantam Press. (杨焕明等译 . 北京：中信出版社，2003)

Watson J D, et al. 2013. Molecular biology of the gene (7th edition). New York: Pearson Education.(杨焕明等译 . 北京：科学出版社，2015)

（二）主要参考书

中文参考书

陈竺等 . 2014. 基因组科学与人类疾病 . 北京：科学出版社 .

戴灼华等 . 2008. 遗传学（第 2 版）. 北京：高等教育出版社 .

邓子新，喻子牛 . 2014. 微生物基因组学及合成生物学进展 . 北京：科学出版社 .

贺林等 . 2013. 临床遗传学 . 上海：上海科学技术出版社 .

李佩珊，许良英 . 1999. 20 世纪科学技术简史 . 北京：科学出版社 .

刘祖洞等 . 2013. 遗传学（第 3 版）. 北京：高等教育出版社 .

谈家桢，赵功民 . 2002. 中国遗传学史 . 上海：上海科技教育出版社 .

杨焕明，冯小黎 . 2014. 基因组学方法 . 北京：科学出版社 .

赵寿元 . 2010. 英汉基因和基因组专业词汇 . 上海：复旦大学出版社 .

英文参考书

Gibson G, Muse S V. 2009. A primer of genome science (3rd edition). Sunderland：Sinauer Associates.

Griffiths A, et al. 2015. An introduction to genetic analysis (11th edition). New York：W. H. Freeman.

Hartwell L, et al. 2014. Genetics: From genes to genomes. New York：McGraw-Hill Education.

Korf B R，Irons M B. 2013. Human genetics and genomics. New York: Wiley-Blackwell.

Kulkarni S, Pfeifer J. 2014. Clinical genomics. New York: Academic Press.

Kumar D, Eng C. 2014. Genomic medicine: Principles and practice.Oxford: Oxford University Press.

Lesk A M. 2012. Introduction to genomics. Oxford: Oxford University Press.

Rose N. 2014. The politics of life itself: Biomedicine, power, and subjectivity in the twenty-first century (information). Princeton: Princeton University Press.

Samuelsson T. 2012. Genomics and bioinformatics: An introduction to programing tools for life scientists. Cambridge: Cambridge University Press.

Starkey M, Elaswarapu R. 2010. Genomics: Essential methods. New York: Wiley-Blackwell.

Straalen N, Roelofs D. 2011. An introduction to ecological genomics. Oxford: Oxford University Press.

Strachan T, et al. 2014. Genetics and genomics in medicine. New York: Garland Science.

Streit W, Daniel R. 2010. Metagenomics: Methods and protocols. New York: Humana Press.

Vogel F, Motulsky A G. 1996. Human genetics：Problems and approaches (3rd edition). Berlin: Springer.

参 考 文 献

第一部分　基因组学概论

第一篇　《基因组学》导读

"生命是序列的"

Watson J D, Crick F H. 1953. Genetic implications of the structure of deoxyribonucleic acids. Nature, 171(4361)：964-967.

"生命是数据的"

Sulston J, Ferry G. 2002. The common thread. London: Bantam Press.

转化实验

Avery O T, Macleod C M, Mccarty M. 1944. Studies on the chemical nature of the substance inducing transformation of pneumococcal types：Induction of transformation by a desoxyribonucleic acid fraction isolated from Pneumococcus Type III. Journal of Experiental Medicine, 79 (2): 137-158.

Griffith F. 1966. The significance of pneumococcal types. Journal of Hygiene, 27(2): 113-159.

转导实验

Zinder N D, Lederberg J. 1952. Genetic exchange in salmonella. Journal of Bacteriol, 64 (5): 679-699.

DNA 双螺旋结构

Watson J D, Crick F H. 1953. Molecular structure of nucleic acids: A structure for deoxyribose nucleic acid. Nature, 171 (4356): 737-738.

RNA 结构

Holley R W, Apgar J, Everett G A, et al. 1965. Structure of a ribonucleic acid. Science, 147 (3664): 1462-1465.

遗传密码的解读

Crick F H C. 1962. The geretic code. Scientific American, 207(4): 66-74.

Nirenberg M W. 1963. The genetic code: II. Scientific American, 208 (3): 80-94.

Crick F H C. 1966. The genetic code: III. Scientific American, 215 (4): 55-62.

SBS 测序

Sanger F, Coulson A R. 1975. A rapid method for determining sequences in DNA by primed synthesis with DNA polymerase. Journal of Molecular Biology, 94(3): 441-448.

SBC 测序

Maxam A M, Gilbert W. 1977. A new method for sequencing DNA. Proceedings of the National

Academy of Sciences of the United States of America, 74(20): 560-564.

生命之树

Zhang G J, Li C, Li Q Y, et al. 2014. Comparative genomics reveals insights into avian genome evolution and adaptation. Science, 346 (6215): 1311-1320.

Zhou Q, Zhang J L, Bachtrog D, et al. 2014. Complex evolutionary trajectories of sex chromosomes across bird taxa. Science, 346 (6215): 1332-1341.

国际千人基因组

Redon R, Ishikawa S, Fitch K R, et al. 2006. Global variation in copy number in the human genome. Nature, 444 (7118): 444-454.

Wang J, Wang W, Li R Q, et al. 2008. The diploid genome sequence of an Asian individual. Nature, 456 (7218): 60-65.

Li G, Ma L J, Song C, et al. 2009. The YH database: the first Asian diploid genome database. Nucleic Acids Research, 37: 1025-1028.

1000 Genomes Project Consortium. 2010. A map of human genome variation from population-scale sequencing. Nature, 467(7319): 1061-1073.

1000 Genomes Project Consortium. 2012. An integrated map of genetic variation from 1092 human genomes. Nature, 491 (7422): 56-65.

1000 Genomes Project Consortium. 2015. A global reference for human genetic variation. Nature, 526 (757): 68-74.

Sudmant P H, Tobias R, Gardoner E J, et al. 2015. An integrated map of structural variation in 2504 human genomes. Nature, 526 (7571): 75-81.

META 基因组

Qin J Y, Li R Q, Raes J, et al. 2010. A human gut microbial gene catalogue established by metagenomic sequencing. Nature, 464 (7285): 59-65.

Li J H, Jia H J, Cai X H, et al. 2014. An integrated catalog of reference genes in the human gut microbiome. Nature Biotechnology, 32 (8): 834-841.

Ji B, Nielsen J. 2015. From next-generation sequencing to systematic modeling of the gut microbiome. Frontiers in Genetics, 6(219): 1-9.

干细胞与 iPS

Takahashi K, Yamanaka S. 2006. Induction of pluripotent stem cells from mouse embryonic and adult fibroblast cultures by defined factors. Cell, 126 (4): 663-676.

Yu J Y, Vodyanik M A, Smuga-Otto K, et al. 2007. Induced pluripotent stem cell lines derived from human somatic cells. Science, 318 (3): 154-155.

Zhao X Y, Li W, Lv Z, et al. 2009. iPS cells produce viable mice through tetraploid coplementation. Nature, 461 (7260): 86-90.

生命伦理

Hudson K L, Rothenberg K H, Andrews L B, et al. 1995. Genetic discrimination and health-insurance-

An urgent need for reform. Science, 270 (5235): 391-393.

Fuller B P, Kahn M J, Barr P A, et al. 1999. Policy forum: Ethics-privacy in genetics research. Science, 285(5423): 1359-1361.

Miller P S. 2000. Is there a pink slip in my genes? Journal Health Care Law Policy, 3: 225.

Anderlik M R, Rothstein M A. 2001. Privacy and confidentiality of genetic information: What rules for the new science? Annual Review of Genomics and Human Genetics, 2(1): 401-433.

人类基因组

The International Human Genome Sequencing Consortium. 2001. Initial sequencing and analysis of the human genome. Nature, 409 (6822): 860-921.

Venter J C, Adams M D, Myers E W, et al. 2001. The sequence of the human genome. Science, 291(3): 1304-1352.

International Human Genome Sequencing Consortium. 2004. Finishing the euchromatic sequence of the human genome. Nature, 431(21): 931-945.

Chen Z, Zhao G P. 2009. Human genomics in China-Ten years endeavor: From planning to implementation. Science in China, 52(1): 2-6.

HapMap

International HapMap Consortium. 2003. The international hapmap project. Nature, 426(6968): 789-796.

International HapMap Consortium. 2004. Integrating ethics and science in the International Hapmap Project. Nature Reviews Genetics, 5(6): 467-475.

International HapMap Consortium. 2005. A haplotype map of the human genome. Nature, 437(7063): 1299-1320.

International HapMap Consortium. 2007. A second generation human hapltype map of over 3. 1 million SNPs. Nature, 449(7164): 851.

ICGP

International Cancer Genome Consortium. 2010. International network of cancer genome projects. Nature, 464(7291): 993-998.

Dove E S, Joly Y, Tasse A M, et al. 2015. Genomic cloud computing: Legal and ethical points to consider. European Journal of Human Genetics, 23(10): 1271-1278.

水稻基因组

Yu J, Hu S N, Wang J, et al. 2002. A draft sequence of the rice genome (*Oryza sativa* L. ssp. *indica*). Chinese Science Bulletin, 296 (5565): 79-92.

Goff S A, Darrell R, Lan T H, et al. 2002. A draft sequence of the rice Genome (*Oryza sativa* L. ssp. *japonica*). Science, 296(5565): 92-100.

Feng Q, Zhang Y J, Hao P, et al. 2002. Sequence and analysis of rice chromosome 4. Nature, 420(6913): 316-320.

Yu J, Wang J, Lin W, et al. 2005. The genomes of *Oryza sativa*: A history of duplications. PLoS Biology, 3(2): 266-280.

Yu J, Wong G K S, Liu S Q, et al. 2007. A comprehensive crop genome research project: The superhybrid rice genome project in China. Philosophical Transactions of the Royal Society of London. Series B, Biological sciences, 362(1482): 1023-1034.

"共为、共享"

Su Y, Guo Z, Yang H, et al. 2012. Collaboration and sharing: A new culture of international genomics community. Asian Biotechnology and Development Review, 14(1): 75-80.

第二篇　基因组学的发展史

HGP 史

Dulbecco R. 1986. A turning point in cancer research: Sequencing the human genome. Science, 231(4742): 1055-1056.

Cantor C. 1990. Orchestrating the Human Genome Project. Science, 248(4951): 49-51.

Hudson T J, Stein L D, Gerety S S, et al. 1995. An STS-based map of the human genome. Science, 270(5244): 1945-1954.

Collins F S, Patrinos A, Jordan E, et al. 1998. New goals for the US Human Genome Project: 1998-2003. Science, 282(5389): 682-689.

Deloukas P, Schuler G D, Gyapay G, et al. 1998. A Physical Map of 30, 000 Human Genes. Science, 282(23): 744-746.

Green E D, Watson J D, Collins F S. 2015. Human genome project: Twenty-five years of big biology. Nature, 526 (7571): 29-31.

E. coli 基因组

Blattner F R, Plunkett G, Bloch C A, et al. 1997. The complete genome sequence of *Escherichia coli* K-12. Science, 277(5331): 1453-1462.

酿酒酵母基因组

Goffeau A, Barrell B G, Bussey H, et al. 1996. Life with 6000 genes. Science, 274(5287): 546-567.

秀丽线虫基因组

C. elegans Sequencing Consortium. 1998. Genome sequence of the nematode *C. elegans:* A platform for investigating biology. Science, 282(5396): 2012-2018.

黑腹果蝇基因组

Adams B M D, Al E, Adams M D, et al. 2000. The genome sequence of *Drosophila melanogaster*. Science, 287(5461): 2185-2187.

拟南芥基因组

Arabidopsis Genome Initiative. 2000. Analysis of the genome sequence of the flowering plant *Arabidopsis thaliana*. Nature, 408(6814): 796-815.

河豚鱼基因组

Cordell J. 2002. Whole-genome shotgun assembly and analysis of the genome of *Fugu rubripes*.

Science, 297(5585): 1301-1310.

小鼠基因组

Mouse Genome Sequencing Consortium. 2002. Initial sequencing and comparative analysis of the mouse genome. Nature, 420(2915): 520-562.

Church D M, Goodstadt L, Hillier L D W, et al. 2009. Lineage-specific biology revealed by a finished genome assembly of the mouse. PLoS Biology, 7(5): e1000112.

人类 24 个染色体的精细图

Dunham I, Shimizu N, Roe B A, et al. 1999. The DNA sequence of human chromosome 22. Nature, 402(6761): 489-495.

Hattori M, Fujiyama A, Taylor T D, et al. 2000. The DNA sequence of human chromosome 21. Nature, 405(18): 311-319.

Deloukas P, Matthews L H, Ashurst J, et al. 2001. The DNA sequence and comparative analysis of human chromosome 20. Nature, 414(20): 865-871.

Heilig R, Eckenberg R, Petit J L, et al. 2003. The DNA sequence and analysis of human chromosome 14. Nature, 421(6960): 601-607.

Skaletsky H, Kuroda-Kawaguchi T, Minx P J, et al. 2003. The male-specific region of the human Y chromosome is a mosaic of discrete sequence classes. Nature, 423(6942): 825-837.

Hillier L W, Fulton S R , Fulton A L, et al. 2003. The DNA sequence of human chromosome 7. Nature, 424(10): 157-164.

Mungal A J, Palmer S A, Sims S K, et al. 2003. The DNA sequence and analysis of human chromosome 6. Nature, 425(23): 805-811.

Dunham A, Matthews L H, Buton J, et al. 2004. The DNA sequence and analysis of human chromosome 13. Nature, 428(6982): 522-528.

Grimwood J, Gordon L A, Olsen A, et al. 2004. The DNA sequence and biology of human chromosome 19. Nature, 428(6982): 529-535.

Humphray S J, Oliver K, Hunt A R, et al. 2004. DNA sequence and analysis of human chromosome 9. Nature, 429(11): 369-374.

Deloukas P, Earthrowl M E, Graham D A, et al. 2004. The DNA sequence and comparative analysis of human chromosome 10. Nature, 429(27): 375-381.

Schmutz J, Martin J, Terry A, et al. 2004. The DNA sequence and comparative analysis of human chromosome 5. Nature, 431(16): 268-274.

Martin J, Han C, Gordon L A, et al. 2004. The sequence and analysis of duplication-rich human chromosome 16. Nature, 432(23): 988-994.

Ross M T, Grafham D V, Coffey A J, et al. 2005. The DNA sequence of the human X chromosome. Nature, 434(7031): 325-337.

Hillier L W, Graves T A, Fulton L A, et al. 2005. Generation and annotation of the DNA sequences of human chromosomes 2 and 4. Nature, 434(7034): 724-731.

Nusbaum C, Zody M C, Borowsky M L, et al. 2005. DNA sequence and analysis of human chromosome 18. Nature, 437(7058): 551-555.

Nusbaum C, Mikkelsen T S, Zody M C, et al. 2006. DNA sequence and analysis of human chromosome 8. Nature, 439(19): 331-335.

Taylor T D, Noguchi H, Totoki Y, et al. 2006. Human chromosome 11 DNA sequence and analysis including novel gene identification. Nature, 440(7083): 497-500.

Scherer S E, Muzny D M, Buhay C J, et al. 2006. The finished DNA sequence of human chromosome 12. Nature, 440(7082): 346-351.

Zody M C, Garber1 M, Sharpe1 T, et al. 2006. Analysis of the DNA sequence and duplication history of human chromosome 15. Nature, 440(30): 671-675.

Zody M C, Manuel G, Adams D J, et al. 2006. DNA sequence of human chromosome 17 and analysis of rearrangement in the human lineage. Nature, 440 (7087): 1045-1049.

Muzny D M, Scherer S R, Wang J, et al. 2006. The DNA sequence, annotation and analysis of human chromosome 3. Nature, 440 (7088): 1194-1198.

Gregory S G, Barlow K F, Mclay K E, et al. 2006. The DNA sequence and biological annotation of human chromosome 1. Nature, 441(7091): 315-321.

ENCODE 计划

The ENCODE Project Consortium. 2007. Identification and analysis of functional elements in 1% of the human genome by the ENCODE pilot project. Nature, 447(7146): 799-816.

Djebali S, Davis C A, Angelika M, et al. 2012. Landscape of transcription in human cells. Nature, 489(7414): 101-108.

The ENCODE Project Consortium. 2012. An integrated encyclopedia of DNA elements in the human genome. Nature, 489(7414): 57-74.

人类蛋白质组计划

Kim M S, Pinto S M, Getnet D, et al. 2014. A draft map of the human proteome. Nature, 509(7502): 575-581.

Wihelm M, Schlegl J, Hahne H, et al. 2014. Mass-spectrometry-based draft of the human proteome. Nature, 509(7502): 582-587.

Zhang B, Wang J, Wang X J, et al. 2014. Proteogenomic characterization of human colon and rectal cancer. Nature, 513(7518): 382-387.

第二部分　基因组学的方法学

第一篇　DNA 测序

直读法

Holley R, Everett G A, Madison J T, et al. 1965. Nucleotide sequences in the yeast alanine transfer ribonucleic acid. The Journal of Biological Chemistry, 240(5): 2111-2128.

酵母 Ala-tRNA 的序列分析

Hani J, Feldmann H. 1998. tRNA genes and retroelements in the yeast genome. Nucleic Acids Research, 26(3): 689-696.

PCR

Saiki R K, Gelfand DH, Stoffel S, et al. 1988. Primer-directed enzymatic amplification of DNA with a thermostable DNA polymerase. Science, 239(4839): 487-491.

Bartlett J M, Stirling D. 2003. A short history of the Polymerase Chain Reaction. Methods in Molecular Biology, 226(1): 3-6.

Saiki R K, Scharf S, Faloona F, et al. 1985. Enzymatic amplification of beta-globin genomic sequences and restriction site analysis for diagnosis of sickle cell anemia. Science, 230(20): 1350-1354.

以 M13 噬菌体制备 ssDNA

Specthrie L, Bullitt E, Horiuchi K, et al. 1992. Construction of a microphage variant of filamentous bacteriophage. Journal of Molecular Biology, 228(3): 720-724.

最早的 DNA 测序

Wu R , Taylor E. 1971. Nucleotide sequence analysis of DNA. II. Complete nucleotide sequence of the cohesive ends of bacteriophage lambda DNA. Journal of Molecular Biology, 57(3): 491-511.

Wu R. 1972. Nucleotide sequence analysis of DNA. Nature New Biology, 236(68): 198-200.

^{3}H 用于测序的掺入标记

Padmanabhan R, Jay E, Wu E, et al. 1974. Chemical synthesis of a primer and its use in the sequence analysis of the lysozyme gene of bacteriophage T4. Proceedings of the National Academy of Sciences of the United States of America, 71(6): 2510-2514.

Sanger 的 "加减法"

Sanger F, Coulson A R. 1975. A rapid method for determining sequences in DNA by primed synthesis with DNA polymerase. Journal of Molecular Biology, 94(3): 441-448.

Pyrosequencing

Nyren P, Pettersson B, Uhlen M, et al. 1993. Solid phase DNA minisequencing by an enzymatic luminometric inorganic pyrophosphate detection assay. Analytical Biochemistry, 208(1): 171-175.

Ronaghi M, Karamohamed S, Pettersson B, et al. 1996. Real-time DNA sequencing using detection of pyrophosphate release. Analytical Biochemistry, 242(1): 84-89.

Bhattacharyya D, Sinha R, Hazra S, et al. 2013. *De novo* transcriptome analysis using 454 pyrosequencing of the Himalayan mayapple, *Podophyllum hexandrum*. BMC Genomics, 14(1): 1594-1598.

Wada 的测序自动化设想

Wada A. 1975. One step from chemical automations. Nature, 257(5528): 633-634.

Wada A. 1987. Automated High-speed DNA sequencing. Nature, 325(6107): 771-772.

"四色荧光" 标记

Smith L M, Fung S, Hunkapiller M W, et al. 1985. The synthesis of oligonucleotides containing an aliphatic amino group at the 5' terminus: Synthesis of fluorescent DNA primers for use in DNA sequence analysis. Nucleic Acids Research, 13 (7): 2399-2412.

Smith L M, Sanders J Z, Kaiser R J, et al. 1986. Fluorescence detection in automated DNA sequence analysis. Nature, 321(6071): 674-679.

Prober J M, Trainor G L, Dam R J, et al. 1987. A system for rapid DNA sequencing with fluorescent chain-terminating dideoxynucleotides. Science, 238(4825): 336-341.

Philp Green 的 Phred-Phrap

Ewing B, Hillier L, Wendl M C, et al. 1998. Basecalling of automated sequencer traces using phred. I. Accuracy assessment. Genome Research, 8(3): 175-185.

Ewing B, Green P. 1998. Basecalling of automated sequencer traces using phred. II. Error probabilities. Genome Research, 8(3): 186-194.

第一台毛细管电泳测序仪 (ABI Prism310)

Sell S M, Lugemwa P R. 1999. Development of a highly accurate, rapid PCR-RFLP genotyping assay for the methylenetetrahydrofolate reductase gene. Genetic Testing, 3(3): 287-289.

e-PCR

Williams R, Peisajovich S, Miller O, et al. 2006. Amplification of complex gene libraries by emulsion PCR. Nature Methods, 3(7): 545-550.

Ion Torrent

Pennisi E. 2010. Semiconductors inspire new sequencing technologies. Science, 327(5970): 1190.

Rothberg J M, Wolfgang H, Rearick T H, et al. 2011. An integrated semiconductor device enabling non-optical genome sequencing. Nature, 475(7356): 348-352.

Rusk N. 2011. Torrents of sequence. Nature Methods, 8(1): 44.

Rohde H, Qin J J, Cui Y J, et al. 2011. Open-Souce Genomic Analysis of Shga-Toxin-Producing E. colin O104: H14. The New England Journal of Medicine, 365(8): 718-724.

桥式 PCR

Bing D H, Boles C, Rehman F N. 1996. Bridge amplification: A solid phase PCR system for the amplification and detection of allelic differences in single copy genes. Genetic Identity Conference Proceedings of the Seventh International Symposium on Human Identification.

Illumina

Ju J Y, Kim D H, Bi L R, et al. 2006. Four-color DNA sequencing by synthesis using cleavable fluorescent nucleotide reversible terminators. Proceedings of the National Academy of Sciences of the United States of America, 103(52): 19635-19640.

Bentley D R, Balasubramanian S, Swerdlow H P, et al. 2008. Accurate whole human genome sequencing using reversible terminator chemistry. Nature, 456 (7218): 53-59.

CG 测序仪

Peters B A, Kermani B G, Sparks A B, et al. 2012. Accurate whole-genome sequencing and haplotyping from 10 to 20 human cells. Nature, 456(7406): 190-195.

SOLid

Ondov B D, Anjana V, Passalacqua K D , et al. 2008. Efficient mapping of Applied Biosystems SOLiD ™ sequence data to a reference genome for functional genomic applications. Bioinformatics, 24(23): 2776-2777.

Shendure J, Porreca J G, Reppas N B, et al. 2005. Accurate multiplex polony sequencing of an evolved bacterial genome. Science, 309 (5741): 1728-1732.

磁场测序

Linnarsson S. 2012. Magnetic sequencing. Nature Methods, 9 (4): 339-341.

力谱测序

Ding F, Maria Manosas, Michelle M Spiering, et al. 2012. Single-molecule mechanical identification and sequencing. Nature Methods, 9(4): 367-372.

HeliScope

Thompson J F , Steinmann K E. 2010. Single molecule sequencing with a HeliScope Genetic analysis system. Current Protocols in Molecular Biology, Chapter 7: Unit 7. 10, 1-14.

RNA 测序

Chu Y, Corey D R. 2012. RNA sequencing: Platform selection, experimental design, and data interpretation. Nucleic Acid Therapeutics, 22(4): 271-274.

Southern 印迹

Southern E M. 1975. Detection of specific sequences among DNA fragments separated by gel electrophoresis. Journal of Molecular Biology, 98(3): 503-517.

质粒克隆

Polisky B, Bishop R J, Gelfand D H. 1976. A plasmid cloning vehicle allowing regulated expression of eukaryotic DNA in bacteria. Proceedings of the National Academy of Sciences of the United States of America, 73(11): 3900-3904.

WGOM（全基因组光学图谱）

Hongzhi Cao, Hastie A R , Dandan C, et al. 2014. Rapid detection of structural variation in a human genome using nanochannel-based genome mapping technology. GigaScience, 3: 34.

外显子组测序

Biesecker L G. 2010. Exome sequencing makes medical genomics a reality. Nature Genetics, 42(1): 13-14 .

Teer J K , Mullikin J C. 2010. Exome sequencing: The sweet spot before whole gnomes. Human Molecular Genetics, 19(R2): R145-R151.

Yi X, Liang Y, Huerta-Sanchez Emilia, et al. 2010. Sequencing of 50 human exomes reveals adaptation to high altitude. Science, 329(2): 75-78.

Leslie L G, Biesecker M D, Green R C. 2014. Diagnostic clinical genome and exome sequencing. New England Journal of Medicine, 370(371): 1169-1170.

家系测序

Roach C J, Glusman1 G, Smit A F A, et al. 2010. Analysis of genetic inheritance in a family quartet by whole-genome sequencing. Science, 328(5978): 636-639.

单细胞 DNA 测序

Navin N, Kendal J, Troge J, et al. 2011. Tumour evolution inferred by single-cell sequencing. Nature, 472 (7341): 90-94.

Xu X, Hou Y, Yin X, et al. 2012. Single-cell exome sequencing reveals single-nucleotide mutation characteristics of a kidney tumor. Cell, 148(5): 886-895.

Hou Y, Song L, Ping Z, et al. 2012. Single-cell exome sequencing and monoclonal evolution of a JAK2-negative myeloproliferative neoplasm. Cell, 148(5): 873-885.

Zong C, Lu S, Chapman A R, et al. 2012. Genome-wide detection of single-nucleotide and copy-number variations of a single human cell. Science, 338(6114): 1622-1626.

Hou Y, Fan W, Yuan L, et al. 2013. Genome analyses of single human oocytes. Cell, 155(7): 1492-1506.

DOP-PCR

Grant S F A, Berkel S, Nentwich U, et al. 2002. SNP genotyping on a genome-wide amplified DOP-PCR template. Nucleic Acids Research, 30(22): 442-448.

Arneson N, Hughes S, Houlston R, et al. 2008. Whole-genome amplification by degenerate oligonucleotide primered PCR (DOP-PCR). CSH Protocols, 3(1):1~6.

Indexing

Lam T W, Sung W K, Tam S L, et al. 2008. Compressed indexing and local alignment of DNA. Bioinformatics, 24(6): 791-797.

基因组速览

Wernersson R, Schierup M H, Jørgensen F G, et al. 2005. Pigs in sequence space: A 0. 66X coverage pig genome survey based on shotgun sequencing. BMC Genomics, 6(1): 1-7.

流式细胞术

Fulwyler M J. 1965. Electronic separation of biological cells by volume. Science, 150(150): 910-911.

C 值与 C 值悖论

Greilhuber J, Dolezel J, Lysak M A, et al. 2005. The origin, evolution and proposed stabilization of the terms 'genome size' and 'C-value' to describe nuclear DNA contents. Annals of Botany, 95(1): 255-260.

古 DNA 测序

Avila-Arcos M C, Cappellini E, Romero-Navarro J A, et al. 2011. Application and comparison of large-scale solution-based DNA capture-enrichment methods on ancient DNA. Scientific Reports, 1(8): 74-78.

Orlando L, Ginolhac A, Zhang G, et al. 2013. Recalibrating Equus evolution using the genome sequence of an early Middle Pleistocene horse. Nature, 499(7456): 74-78.

Shapiro B, Hofreiter M. 2014. A paleogenomic perspective on evolution and gene function: New insights from ancient DNA. Science, 343(6169): 1236573.

FFPE 的 DNA 扩增

Aviel-Ronen S, Zhu C Q, Coe B P, et al. 2006. Large fragment Bst DNA polymerase for whole genome amplification of DNA from formalin-fixed paraffin-embedded tissues. BMC Genomics, 7(1): 1-10.

Klopfleisch R, Weiss A T, Gruber A D, et al. 2011. Excavation of a buried treasure—DNA, mRNA, miRNA and protein analysis in formalin fixed, paraffin embedded tissues. Histology & Histopathology, 26(6): 797-810.

SMART-Seq (单细胞 RNA 测序)

Ramsköld D, Luo S, Wang Y C, et al. 2012. Full-length mRNA-Seq from single-cell levels of RNA and individual circulating tumor cells. Nature Biotechnology, 30(8): 777-782.

lncRNA

Bassett A R, Akhtar A, Barlow D P, et al. 2014. Considerations when investigating lncRNA function in vivo. Elife, 3(8): 1023-1033.

Yang G, Lu X, Yuan L, et al. 2014. LncRNA: A link between RNA and cancer. Biochimica et Biophysica Acta, 1839(11): 1097-1109.

Khorkova O, Hsiao J, Wahlestedt C, et al. 2015. Basic biology and therapeutic implications of lncRNA. Advanced Drug Delivery Reviews, 87: 15-24.

ncRNA

Veneziano D, Nigita1 G, Ferro A, et al. 2015. Computational approaches for the analysis of ncRNA through deep sequencing techniques. Frontiers in Bioengineering & Biotechnology, 2(3): 77.

miRNA

Ambros V. The functions of animal microRNAs. 2004. Nature, 431(7006): 350-355.

Bartel D P. 2004. MicroRNAs: Genomics, biogenesis, mechanism, and function. Cell, 116(2): 281-297.

Chen X, Ba Y, Ma L, et al. 2008. Characterization of microRNAs in serum: A novel class of biomarkers for diagnosis of cancer and other diseases. Cell Research, 18(10): 997-1006.

Nouraee N, Mowla S J. 2015. miRNA therapeutics in cardiovascular diseases: Promises and problems. Frontiers in Genetics, 6: 232.

无基因组参考序列的转录组分析

Strickler S R, Bombarely A, Mueller L A, et al. 2012. Designing a transcriptome next-generation sequencing project for a nonmodel plant species. American Journal of Botany, 99(2): 257-266.

Ward J A, Ponnala L, Weber C A, et al. 2012. Strategies for transcriptome analysis in nonmodel plants. American Journal of Botany, 99(2): 267-276.

qPCR

Yeh S H, Tsai C Y , Kao J H, et al. 2004. Quantification and genotyping of hepatitis B virus in a single reaction by real-time PCR and melting curve analysis. Journal of Hepatology, 41(4): 659-666.

Boggy G J, Woolf P J. 2010. A mechanistic model of PCR for accurate quantification of quantitative PCR data. PLoS One, 5(8): e12355.

精子的转录组分析

Montjean D, Grange P D L, Gentien D, et al. 2012. Sperm transcriptome profiling in oligozoospermia. Journal of Assisted Reproduction & Genetics, 29(1): 3-10.

Bansal SK, Gupta N, Sankhwar S N, et al. 2015. Differential genes expression between fertile and infertile spermatozoa revealed by transcriptome analysis. PLoS One, 10(5): 1-21.

单细胞 lncRNA 分析

Cabili M N, Dunagin M C, McClanahan P D, et al. 2015. Localization and abundance analysis of human lncRNAs at single-cell and single-molecule resolution. Genome Biology, 16(1): 1-16.

Kim D H, Marinov G K, Pepke S, et al. 2015. Single-cell transcriptome analysis reveals dynamic changes in lncRNA expression during reprogramming. Cell Stem Cell, 16(1): 88-101.

单细胞 RNAome 分析

Xue Z, Huang K, Cai C, et al. 2013. Genetic programs in human and mouse early embryos revealed by single-cell RNA sequencing. Nature, 500(7464): 593-597.

Yan L, Yang M, Guo H et al. 2013. Single-cell RNA-Seq profiling of human preimplantation embryos and embryonic stem cells. Nature Structural & Molecular Biology, 20(9): 1131-1139.

Guo f, Yan L, Guo H, et al. 2015. The transcriptome and DNA methylome landscapes of human primordial germ cells. Cell, 161(6): 1437-1452.

Western 印迹

Towbin H, Staehelin T, Gordon J et al. 1979. Electrophoretic transfer of proteins from polyacrylamide gels to nitrocellulose sheets: Procedure and some applications. Proceedings of the National Academy of Sciences of the United States of America, 31(4): 4350-4354.

MacPhee D J. 2010. Methodological considerations for improving Western blot analysis. Journal of Pharmacological & Toxicological Methods, 61(2): 171-177.

CpG islands

Takai D, Jones P A. 2002. Comprehensive analysis of CpG islands in human chromosomes 21 and 22. Proceedings of the National Academy of Sciences of the United States of America, 99(6): 3740-3745.

Saxonov S, Berg P, Brutlag D L, et al. 2006. A genome-wide analysis of CpG dinucleotides in the human genome distinguishes two distinct classes of promoters. Proceedings of the National

Academy of Sciences of the United States of America, 103(5): 1412-1417.

Cohen N M, Kenigsberg E, Tanay A. 2011. Primate CpG islands are maintained by heterogeneous evolutionary regimes involving minimal selection. Cell, 145(5): 773–786.

ChIP

Nelson J, Denisenko O, Bomsztyk K. 2009. The fast chromatin immunoprecipitation method. Methods in Molecular biology, 567: 45-57.

Collas P. 2010. The current state of chromatin immunoprecipitation. Molecular Biotechnology, 45(1): 87-100.

ChIP-Seq

Park P J. 2009. ChIP-Seq: Advantages and challenges of a maturing technology. Nature Reviews Genetics, 10(10): 669-680.

Northrup D L, Zhao K. 2011. Application of ChIP-Seq and related techniques to the study of immune function. Immunity, 34(6): 830-842.

Furey T S. 2012. ChIP-Seq and beyond: New and improved methodologies to detect and characterize protein-DNA interactions. Nature Reviews Genetics, 13(12): 840-852.

核小体与外饰基因组

Henikoff S, Furuyama T, Ahmad K. 2004. Histone variants, nucleosome assembly and epigenetic inheritance. Trends in Genetics, 20(7): 320-326.

Gunjan A, Paik J, Verreault A. 2005. Regulation of histone synthesis and nucleosome assembly. Biochimie, 87(7): 625-635.

重亚硫酸盐测序 (BS-Seg)

Meissner A, Gnirke A, Bell G W, Ramsahoye B, et al. 2005. Reduced representation bisulfite sequencing for comparative high-resolution DNA methylation analysis. Nucleic Acids Research, 33(18): 5868-77.

Cokus S J, Feng S, Zhang X, et al. 2008. Shotgun bisulphite sequencing of the *Arabidopsis* genome reveals DNA methylation patterning. Nature, 452(7184): 215-219.

甲基化敏感性的限制酶测序 (MRE-Seq)

Fouse S D, Nagarajan R O, Costello J F, et al. 2010. Genome-scale DNA methylation analysis. Epigenomics, 2(1): 105-117.

甲基化 DNA 免疫沉淀测序 (MeDIP)

Weber M, Davies J J, Wittig D, et al. 2005. Chromosome-wide and promoter-specific analyses identify sites of differential DNA methylation in normal and transformed human cells. Nature Genetics, 37(8): 853-862.

甲基化结合域捕获技术 (MBD-CAP)

Rauch T A, Zhong X, Wu X, et al. 2008. High-resolution mapping of DNA hypermethylation and hypomethylation in lung cancer. Proceedings of the National Academy of Sciences of the United States of America , 105(1): 252-257.

单细胞外饰基因组分析

Kantlehner M, Kirchner R, Hartmann P, et al. 2011. A high-throughput DNA methylation analysis of a single cell. Nucleic Acids Research, 39(7): e44.

Nawy T. 2013. Single-cell epigenetics. Nature Methods, 10(11): 1060-1060.

Bheda P, Schneider R. 2014. Epigenetics reloaded: The single-cell revolution. Trends in Cell Biology, 24(11): 712-723.

Smallwood S A, Lee H J, Angermueller C, et al. 2014. Single-cell genome-wide bisulfite sequencing for assessing epigenetic heterogeneity. Nature Methods, 11(8): 817-820.

Cusanovich D A, Daza R, Adey A, et al. 2015. Epigenetics: Multiplex single-cell profiling of chromatin accessibility by combinatorial cellular indexing. Science, 348(6237): 910-914.

GWAS

Zhang X J, Huang W, Yang S, et al. 2009. Psoriasis genome-wide association study identifies susceptibility variants within LCE gene cluster at 1q21. Nature Genetics, 41(2): 205-210.

Visscher P M, Brown M A, McCarthy M I, et al. 2012. Five years of GWAS discovery. American Journal of Human Genetics, 90(1): 7-24.

Korte A, Farlow A. 2013. The advantages and limitations of trait analysis with GWAS: A review. Plant Methods, 9(14): 227-235.

MWAS

Tringe SG, von Mering C, Kobayashi A, et al. 2005. Comparative metagenomics of microbial communities. Science, 308(5721): 554-557.

Turnbaugh PJ, Hamady M, Yatsunenko T, et al. 2009. A core gut microbiome in obese and lean twins. Nature, 457(7228): 480-484.

Qin J, Li Y, Cai Z, et al. 2012. A metagenome-wide association study of gut microbiota in type 2 diabetes. Nature, 490 (7418): 55-60.

Yaung S J, Deng L , Li N, et al. 2015. Improving microbial fitness in the mammalian gut by in vivo temporal functional metagenomics. Molecular Systems Biology, 11(1): 1-17.

meta-GWAS

Jordan B. 2011. Tales of the genome. Crohn's disease: from GWAS to meta-GWAS. Medecine Sciences M/s, 27(27): 323-325.

Martin J E, Assassi S, Diaz-Gallo L, et al. 2013. A systemic sclerosis and systemic lupus erythematosus pan-meta-GWAS reveals new shared susceptibility loci. Human Molecular Genetics, 22(19): 4021-4029.

CRISPR

Ishino Y, Shinagawa H , Makino K, et al. 1987. Nucleotide sequence of the *iap* gene, responsible for alkaline phosphatase isozyme conversion in *Escherichia coli*, and identification of the gene product. Journal of Bacteriology, 169(12): 5429-5433.

Jansen R, Embden J D，Gaastra W, et al. 2002. Identification of genes that are associated with DNA repeats in prokaryotes. Molecular Microbiology, 43(6): 1565-1575.

Mojica FJ, Díez-Villaseñor C，García-Martínez J, et al. 2005. Intervening sequences of regularly spaced prokaryotic repeats derive from foreign genetic elements. Journal of Molecular Evolution, 60(2): 174-182.

Jinek M，Chylinski K，Fonfara I, et al. 2012. A programmable dual-RNA-guided DNA endonuclease in adaptive bacterial immunity. Science，337(6096): 816-821.

Cong L, Ran F A，Cox D, et al. 2013. Multiplex genome engineering using CRISPR/Cas systems. Science, 339(6121): 819-823.

Zhang F, Wen Y，Guo X, et al. 2014. CRISPR/Cas9 for genome editing: Progress, implications and challenges. Human Molecular Genetics, 23(1): 40-46.

Hsu P D，Lander E S，Zhang F, et al. 2014. Development and applications of CRISPR-Cas9 for genome engineering. Cell，157(6): 1262-1278.

Sternberg S H, Doudna J A. 2015. Expanding the Biologist's Toolkit with CRISPR-Cas9. Molecular Cell，58(4): 568-574.

Rath D, Amlinger L，Rath A, et al. 2015. The CRISPR-Cas immune system: Biology, mechanisms and applications. Biochimie, 437: 119-128.

Zhang F. 2015. CRISPR-Cas9: Prospects and challenges. Human Gene Therapy，26(7): 409-410.

表达芯片

Schena M, Shalon D，Davis R W, et al. 1995. Quantitative monitoring of gene expression patterns with a complementary DNA microarray. Science，270(5235): 467-470.

Lashkari D A, Derisi J L, Mccusker H J, et al. 1997. Yeast microarrays for genome wide parallel genetic and gene expression analysis. Proceedings of the National Academy of Sciences of the United States of America, 94(24): 13057-13062.

DNA 重组技术

Jackson D A, Symons R H，Berg P, et al. 1972. Biochemical method for inserting new genetic information into DNA of Simian Virus 40: Circular SV40 DNA molecules containing lambda phage genes and the galactose operon of *Escherichia coli*. Proceedings of the National Academy of Sciences of the United States of America, 69(10): 2904-2909.

Cohen S N, Chang A C，Boyer H W, et al. 1973. Construction of biologically functional bacterial plasmids in vitro. Proceedings of the National Academy of Sciences of the United States of America, 70(11): 3240-3244.

第二篇　序列组装和分析

"峰图" 分析

Bonfield J K, Beal K F, Betts M J, et al. 2002. Trev: A DNA trace editor and viewer. Bioinformatics, 18(1): 194-195.

Lander-Waterman 模型

Lander E S, Waterman M S. 1988. Genomic mapping by fingerprinting random clones: A mathematical analysis. Genomics, 2(3): 231-239.

de novo 组装

Wang J, Wong G K, Ni P, et al. 2002. RePS: A sequence assembler that masks exact repeats identified from the shotgun data. Genome Research, 12(5): 824-831.

Li R, Li Y, Kristiansen K, et al. 2008. Sequence analysis SOAP: Short oligonucleotide alignment program. Bioinformatics, 24(5): 713-714.

Imelfort M, Edwards D. 2009. *De novo* sequencing of plant genomes using second generation technologies. Briefings in Bioinformatics, 10(6): 609-618.

Li R, Zhu H, Ruan J, et al. 2010. *De novo* assembly of human genomes with massively parallel short read sequencing. Genome Research, 20(2): 265-272.

Cao H, Wu H, Luo R, et al. 2015. *De novo* assembly of a haplotype-resolved human genome. Nature Biotechnology, 33(6): 617-622.

OLC (Overlap-layout-Consensus)

Myers E W, Sutton G G, Delcher A L, et al. 2000. A whole-genome assembly of *Drosophila*. Science, 287(5461): 2196-2204.

Pop M. 2009. Genome assembly reborn: Recent computational challenges. Briefings in Bioinformatics, 10(10): 354-366.

de Bruijn 图

Zhang F, Lin G. 1987. On the de Bruijn-Good graphs. *Acta Math* Sinica, 30(2): 195-205.

Zerbino D R, Birney E. 2008. Velvet: Algorithms for de novo short read assembly using de Bruijn graphs. Genome Research, 18(5): 821-829.

Compeau P E, Pevzner P A, Tesler G. How to apply *de Bruijn* graphs to genome assembly. Nature Biotechnology, 2011, 29(11): 987-991.

Li Z, Chen Y, Mu D, et al. 2012. Comparison of the two major classes of assembly algorithms: Overlap-layout-consensus and *de-bruijn*-graph. Briefings in Functional Genomics, 11(1): 25-37.

"穷举"法

Gutin G, Yeo A, Zverovich A, et al. 2002. Traveling salesman should not be greedy: Domination analysis of greedy-type heuristics for the TSP. Discrete Applied Mathematics, 117(1-3): 81-86.

Bendall G, Margot F. 2006. Greedy type resistance of combinatorial problems. Discrete Optimization, 3(4): 288-298.

杂合基因组研究

Zhang Q, Chen W, Sun L, et al. 2012. The genome of *Prunus mume*. Nature Communications, 3(4): 187-190.

BLAST

Lipman D J, Pearson W R. 1985. Rapid and sensitive protein similarity searches. Science, 227(4693): 1435-1441.

Pearson W R, Lipman D J. 1988. Improved tools for biological sequence comparison. Improved tools for biological sequence comparison, 85(8): 2444-2448.

Altschul S F, Gish W, Miller W, et al. 1990. Basic local alignment search tool. Journal of Molecular Biology, 215(3): 403-410.

SNP

Lachance J, Tishkoff S A. 2013. SNP ascertainment bias in population genetic analyses: Why it is important, and how to correct it. Bioessays News & Reviews in Molecular Cellular & Developmental Biology, 35(9): 780-786.

De Wit P, Pespeni M H, Palumbi S R. 2015. SNP genotyping and population genomics from expressed sequences - current advances and future possibilities. Molecular Ecology, 24(10): 2310-2323.

InDel

Kondrashov A S, Rogozin I B. 2004. Context of deletions and insertions in human coding sequences. Human Mutation, 23(2): 177-185.

Lapunzina P, López R O, Rodríguez-Laguna L, et al. 2014. Impact of NGS in the medical sciences: Genetic syndromes with an increased risk of developing cancer as an example of the use of new technologies. Genetics & Molecular Biology, 37(1): 241-249.

CNV

Riggs E R, Ledbetter D H, Martin C L, et al. 2014. Genomic variation: Lessons learned from whole genome CNV analysis. Current Genetic Medicine Reports, 2(3): 146-150.

Pirooznia M, Goes F S, Zandi P P, et al. 2015. Whole-genome CNV analysis: Advances in computational approaches. Frontiers in Genetics, 6(138): 1-9.

编码基因注释

Li H, Liu J, Xu Z, et al. 2005. Test data sets and evaluation of gene prediction programs on the rice genome. Journal of Computer Science & Technology, 20(4): 446-453.

假基因

Vanin E F. 1984. Processed pseudogenes: Characteristics and evolution. Brazilian Archives of Biology & Technology, 782(3): 231-241.

Zheng D, Frankish A, Baertsch R, et al. 2007. Pseudogenes in the ENCODE regions: Consensus annotation, analysis of transcription, and evolution. Genome Research, 17(6): 839-851.

16S rRNA

Noller H F, Green R, Heilek G, et al. 1995. Structure and function of ribosomal RNA. Biochemical Journal, 73(11-12): 997-1009.

非编码基因

Elgar G, Vavouri T. 2008. Tuning in to the signals: Noncoding sequence conservation in vertebrate genomes. Trends in Genetics, 24(24): 344-352.

Pennisi E. 2012. Genomics. ENCODE project writes eulogy for junk DNA. Science, 337(6099): 1159-1161.

基因家族

Daugherty L C, Seal R L, Wright M W, et al. 2012. Gene family matters: Expanding the HGNC resource. Human Genomics, 6(1): 1-6.

同源基因

Sattler R. 1984. Homology—a continuing challenge. Systematic Botany, 9(4): 382-394.

Scotland R W. 2010. Deep homology: A view from systematics. Bioessays News & Reviews in Molecular Cellular & Developmental Biology, 32(5): 438-449.

Haggerty L S, Jachiet P A, Hanage W P, et al. 2014. A pluralistic account of homology: Adapting the models to the data. Molecular Biology & Evolution, 31(3): 501-516.

相似性分析 (Similarity analysis)

Eckert H, Bajorath J. 2007. Molecular similarity analysis in virtual screening: Foundations, limitations and novel approaches. Drug Discovery Today, 12(5-6): 225-233.

"分子钟" 假说

Li W H, Tanimura M, Sharp P M, et al. 1987. An evaluation of the molecular clock hypothesis using mammalian DNA sequences. Journal of Molecular Evolution, 25(4): 330-342.

Xia X. 2009. Information-theoretic indices and an approximate significance test for testing the molecular clock hypothesis with genetic distances. Molecular Phylogenetics & Evolution, 52(3): 665-676.

"中性演化"

Kimura M. 1968. Evolutionary rate at the molecular level. Nature, 217(5129): 624-626.

Kimura M. 1977. Preponderance of synonymous changes as evidence for the neutral theory of molecular evolution. Nature, 267(5608): 275-276.

McGill B J. 2003. A test of the unified neutral theory of biodiversity. Nature, 422(6934): 881-885.

Nee S, Stone G. 2003. The end of the beginning for neutral theory. Trends in Ecology & Evolution, 18(9): 433-434.

最大似然法用于系统发育分析 (PAML)

Yang Z, et al. 1997. PAML: A program package for phylogenetic analysis by maximum likelihood. Computer Applications in the Biosciences Cabios, 13: 555-556.

Yang Z, et al. 2007. PAML 4: Phylogenetic analysis by maximum likelihood. Molecular Biology & Evolution, 24: 1586-1591.

系统发生树 (Phylogenetic tree)

Fitch W M, Margoliash E. 1967. Construction of phylogenetic trees. Science, 155(155): 279-284.

Fitch W M. 1971. Toward defining the course of evolution: Minimum change for a specified tree topology. Systematic Zoology, 20(4): 406-416.

TreeFam

Li H, Coghlan A, Ruan J, et al. 2006. TreeFam: A curated database of phylogenetic trees of animal gene families. Nucleic Acids Research, 34(1): D572-D580.

Schreiber F, Patricio M, Muffato M, et al. 2014. TreeFam v9: A new website, more species and orthology-on-the-fly. Nucleic Acids Research, 42(D1): 922-925.

House-keeping genes

Butte A J, Dzau V J, Glueck S B, et al. 2001. Further defining housekeeping or "maintenance," genes focus on "a compendium of gene expression in normal human tissues". Physiological Genomics, 7(2): 95-96.

Eisenberg E, Levanon E Y. 2003. Human housekeeping genes are compact. Trends in Genetics, 19(7): 362-365.

Zhu J, He F, Hu S, et al. 2008. On the nature of human housekeeping genes. Trends in Genetics, 24(10): 481-484.

基因岛

Langille M G, Brinkman F S. 2009. IslandViewer: An integrated interface for computational identification and visualization of genomic islands. Bioinformatics, 25(5): 664-665.

Langille M G, Hsiao W W, Brinkman F S, et al. 2010. Detecting genomic islands using bioinformatics approaches. Nature Reviews Microbiology, 8(5): 373-382.

第三部分 基因组的生物学

第一篇 人类基因组

泛基因组

Li R, Li Y, Zheng H, et al. 2010. Building the sequence map of the human pan-genome. Nature Biotechnology, 28(1): 57-63.

古人类起源

Rasmussen M, Guo X, Wang Y, et al. 2011. An Aboriginal Australian genome reveals separate human dispersals into Asia. Science, 334(6052): 94-98.

中国藏族人

Huerta-Sánchez E, Jin X, Asan, et al. 2014. Altitude adaptation in Tibetans caused by introgression of Denisovan-like DNA. Nature, 512(7513): 194-197.

胎儿游离 DNA 的发现

Lo Y M, Corbetta N, Chamberlain P F, et al. 1997. Presence of fetal DNA in maternal plasma and serum. Lancet, 350(9076): 485-487.

HPV

Syrjänen K J. 1987. Biology of human papillomavirus (HPV) infections and their role in squamous cell carcinogenesis. Medical Biology, 65(1): 21-39.

细胞杂交

Bolund L, Ringertz N R, Harris H. 1969. Changes in the cytochemical properties of erythrocyte nuclei reactivated by cell fusion. Journal of Cell Science, 4(1): 71-78.

癌症

Rous P. 1910. A transmissible avian neoplasm (sarcoma of the common fowl). The Journal of Experimental Medicine, 12: 696~705.

癌症外饰组学

Gui Y, Guo G, Huang Y, et al. 2011. Frequent mutations of chromatin remodeling genes in transitional cell carcinoma of the bladder. Nature Genetics, 43(9): 875-878.

Cancer Genome Atlas Research Network. 2014. Comprehensive molecular characterization of urothelial bladder carcinoma. Nature, 507(7492): 315-322.

靶药物

Drews J, Ryser S. 1997. The role of innovation in drug development. Nature Biotechnology, 15(13): 1318-1319.

Lynch H T, Chapelle A D L. 2003. Genomic medicine: Hereditary colorectal cancer. New England Journal of Medicine, 348(10): 919-932.

AD（阿尔兹海默病）

Selkoe D J. 2001. Alzheimer's disease: Genes, proteins, and therapy. Physiological Reviews, 81(2): 741-766.

疟疾、疟蚊和疟原虫

Gardner M J, Hall N, Fung E, et al. 2002. Genome sequence of the human malaria parasite *Plasmodium falciparum*. Macmillan, 419(6906): 498-511.

Holt R A, Subramanian G M, Halpern A, et al. 2002. The genome sequence of the malaria mosquito *Anopheles gambiae*. Science, 298(5591): 129-149.

第一个癌症（白血病）的全基因组测序与分析

Ley T J, Mardis E R, Ding L, et al. 2008. DNA sequencing of a cytogenetically normal acute myeloid leukaemia genome. Nature, 456(7218): 66-72.

乳腺癌的单细胞测序

Navin N, Kendall J, Troge J, et al. 2011. Tumour evolution inferred by single-cell sequencing. Nature, 472(7341): 90-94.

同源不依赖的 RNA 病毒检测

Wu Q, Wang Y, Cao M, et al. 2012. Homology-independent discovery of replicating pathogenic circular RNAs by deep sequencing and a new computational algorithm. Proceedings of the National Academy of Sciences of the United States of America, 109(10): 3938-3943.

食管鳞癌的全基因组分析

Song Y, Li L, Ou Y, et al. 2014. Identification of genomic alterations in oesophageal squamous cell cancer. Nature, 509(7498): 91-95.

EBV 与鼻咽癌

Liu P, Fang X, Feng Z, et al. 2011. Direct sequencing and characterization of a clinical isolate of Epstein-Barr virus from nasopharyngeal carcinoma tissue by using next-generation sequencing technology. Journal of Virology, 85(21): 11291-11299.

HBV 与肝细胞癌

Sung W K, Zheng H, Li S, et al. 2012. Genome-wide survey of recurrent HBV integration in hepatocellular carcinoma. Nature Genetics, 44(7): 765-769.

同卵双生外饰基因组

Fraga M F, Ballestar E, Paz M F, et al. 2005. Epigenetic differences arise during the lifetime of monozygotic twins. Proceedings of the National Academy of Sciences of the United States of America, 102(30): 10604-10609.

新生儿和百岁老人的 DNA 甲基化组

Heyn H, Li N, Ferreira H J, et al. 2012. Distinct DNA methylomes of newborns and centenarians. Proceedings of the National Academy of Sciences of the United States of America, 109(26): 10522-10527.

DNA 甲基化程度与年龄

Marioni R E, Shah S, McRae A F, et al. 2015. DNA methylation age of blood predicts all-cause mortality in later life. Genome Biology, 16(1): 1-12.

DNA 重排与年龄

Zubakov D, Liu F, van Zelm M C, et al. 2010. Estimating human age from T-cell DNA rearrangements. Current Biology, 20(22): R970.

Jeffery 的 DNA 指纹

Jeffreys A J, Wilson V, Thein S L. 1985. Hypervariable 'minisatellite' regions in human DNA. Nature, 314(6006): 67-73.

眼睛颜色推测

Liu F, van Duijn K, Vingerling J R, et al. 2009. Eye color and the prediction of complex phenotypes from genotypes. Current Biology, 19(5): 192-193.

发色推测

Walsh S, Liu F, Wollstein A, et al. 2013. The HIrisPlex system for simultaneous prediction of hair and eye colour from DNA. Forensic Science International Genetics, 7(1): 98-115.

DNA 与面貌重构

Liu F，van der Lijn F，Schurmann C, et al. 2012. A genome-wide association study identifies five Loci influencing facial morphology in Europeans. PLoS Genetics, 8(9): e1002932.

HLA 分型

Erlich H. 2012. HLA DNA typing: Past, present, and future. Tissue Antigens, 80(1): 1-11.

外饰组

Schultz M D，He Y，Whitaker J W, et al. 2015. Human body epigenome maps reveal noncanonical DNA methylation variation. Nature, 523(7559): 212-216.

第二篇　动物基因组

黑猩猩基因组

The Chimpanzee Sequencing and Analysis Consortium. 2005. Initial sequence of the chimpanzee genome and comparison with the human genome. Nature, 437(7055): 69-87.

红毛猩猩基因组

Locke D P，Hillier L W，Warren W C, et al. 2011. Comparative and demographic analysis of orangutan genomes. Nature, 469(7331): 529-533.

猴基因组

Rhesus Macaque Genome Sequencing and Analysis Consortium. 2007. Evolutionary and biomedical insights from the rhesus macaque genome. Science, 316: 222-234.

Ebeling M，Küng E，See A, et al. 2011. Genome-based analysis of the nonhuman primate *Macaca fascicularis as* a model for drug safety assessment. Genome Research, 21(10): 1746-1756.

Yan G，Zhang G，Fang X, et al. 2011. Genome sequencing and comparison of two nonhuman primate animal models, the cynomolgus and Chinese rhesus macaques. Nature Biotechnology, 29(11): 1019-1023.

大熊猫基因组

Yang H. 2010. Sequencing and analysis of the giant panda genome. Science in China (Series C: Life Sciences), 53: 1047.

Zheng Y, Cai J，Li J, et al. 2010. Sequencing, annotation and comparative analysis of nine BACs of giant panda (*Ailuropoda melanoleuca*). Science in China (Series C: Life Sciences), 53(1): 107-111.

Li R，Fan W，Tian G, et al. 2010. The sequence and *de novo* assembly of the giant panda genome. Nature, 463(7279): 311-317.

Wu J，Xiao J，Yu J. 2012. Latest notable achievements in genomics. Science China Life Sciences, 55(55): 645-648.

Zhao S，Zheng P，Dong S, et al. 2013. Whole-genome sequencing of giant pandas provides insights into demographic history and local adaptation. Nature Genetics, 45(1): 67-71.

北极熊基因组

Liu S, Lorenzen E D，Fumagalli M, et al. 2014. Population genomics reveal recent speciation and rapid evolutionary adaptation in polar bears. Cell, 157(4): 785-794.

家犬基因组

Lindblad-Toh K, Wade C M, Mikkelsen T S, et al. 2005. Genome sequence, comparative analysis and haplotype structure of the domestic dog. Nature, 438(7069): 803-819.

Wang G D, Zhai W, Yang H C, et al. 2013. The genomics of selection in dogs and the parallel evolution between dogs and humans. Nature Communications, 4: 1860.

东北虎基因组

Cho Y S, Hu L, Hou H, et al. 2013. The tiger genome and comparative analysis with lion and snow leopard genomes. Nature Communications, 4: 2433.

家猪基因组与甲基化组

Fang X, Mou Y, Huang Z, et al. 2012. The sequence and analysis of a Chinese pig genome. GigaScience, 1(1): 1-11.

Groenen M, Archibald A L, Uenishi H, et al. 2012. Analyses of pig genomes provide insight into porcine demography and evolution. Nature, 491(7424): 393-398.

Li M, Wu H, Luo Z, et al. 2012. An atlas of DNA methylomes in porcine adipose and muscle tissues. Nature Communications, 3: 850.

骆驼基因组

Wu H, Guang X, Al-Fageeh M B, et al. 2014. Camelid genomes reveal evolution and adaptation to desert environments. Nature Communications, 5: 5188.

牦牛基因组

Qiu Q, Zhang G, Ma T, et al. 2012. The yak genome and adaptation to life at high altitude. Nature Genetics, 44(8): 946-949.

牛基因组

Elsik C G, Tellam R L, Worley K C, et al. 2009. The genome sequence of taurine cattle: A window to ruminant biology and evolution. Science, 324(5926): 522-528.

藏羚羊基因组

Ge R L, Cai Q, Shen Y Y, et al. 2013. Draft genome sequence of the Tibetan antelope. Nature Communications, 4: 1858.

家山羊基因组

Dong Y, Xie M, Jiang Y, et al. 2013. Sequencing and automated whole-genome optical mapping of the genome of a domestic goat (*Capra hircus*). Nature Biotechnology, 31(2): 135-141.

绵羊基因组

Jiang Y, Xie M, Chen W, et al. 2014. The sheep genome illuminates biology of the rumen and lipid metabolism. Science, 344(6188): 1168-1173.

马基因组

Wade C M, Giulotto E, Sigurdsson S, et al. 2009. Genome sequence, comparative analysis, and population genetics of the domestic horse. Science, 326(5954): 865-867.

驴基因组

Huang J L, Zhao Y P, Bai D Y, et al. 2015. Donkey genome and insight into the imprinting of fast karyotype evolution. Scientific Reports, 5: 14106.

大鼠基因组

Gibbs R A, Weinstock G M, Metzker M L, et al. 2004. Genome sequence of the Brown Norway rat yields insights into mammalian evolution. Nature, 428(6982): 493-521.

中国仓鼠

Lewis N E, Liu X, Li Y X, et al. 2013. Genomic landscapes of Chinese hamster ovary cell lines as revealed by the *Cricetulus griseus* draft genome. Nature Biotechnology, 31(8): 759-765.

裸鼹鼠基因组

Kim E B, Fang X, Fushan A A, et al. 2011. Genome sequencing reveals insights into physiology and longevity of the naked mole rat. Nature, 479(7372): 223-227.

盲鼹鼠基因组

Fang X, Nevo E, Han L, et al. 2014. Genome-wide adaptive complexes to underground stresses in blind mole mole rats *Spalax*. Nature Communications, 5(3966).

达马拉鼹鼠

Fang X, Seim I, Huang Z, et al. 2014. Adaptations to a subterranean environment and longevity revealed by the analysis of mole rat genomes. Cell Reports, 8(5): 1-11.

小须鲸基因组

Yim H S, Cho Y S, Guang X, et al. 2014. Minke whale genome and aquatic adaptation in cetaceans. Nature Genetics, 46(1): 88-92.

白鳍豚基因组

Zhou X , Sun F, Xu S, et al. 2013. Baiji genomes reveal low genetic variability and new inights into secondary aquatic adaptations. Nature Communications, 4: 2708.

袋鼠基因组

Renfree M, Papenfuss A T, Deakin J E, et al. 2011. Genome sequence of an Australian kangaroo, *Macropus eugenii*, provides insight into the evolution of mammalian reproduction and develoment. Genome Biology, 12(8): R81.

鸭嘴兽基因组

Warren W C, Hillier L W, Marshall Graves J A, et al. 2010. Genome analysis of the platypus reveals unique signatures of evolution. Nature, 453(7192): 175-183.

鸡基因组

Hillier L W, Miller W, Birney E, et al. 2004. Sequence and comparative analysis of the chicken genome provide unique perspectives on vertebrate evolution. Nature, 432(2004): 695-716.

鸭基因组

Huang Y, Li Y, Burt D W, et al. 2013. The duck genome and transcriptome provide insight into an avian influenza virus reservoir species. Nature Genetics, 45(7): 776-783.

朱鹮基因组

Li S, Li B, Cheng C, et al. 2014. Genomic signatures of near-extinction and rebirth of the crested ibis and other endangered bird species. Genome Biology, 15(12): 557.

鸽子基因组

Shapiro MD, Kronenberg Z, Li C, et al. 2013. Genomic diversity and evolution of the head crest in the rock pigeon. Science, 339(6123): 1063-1067.

隼基因组

Zhan X, Pan S, Wang J, et al. 2013. Peregrine and saker falcon genome sequences provide insights into evolution of a predatory lifestyle. Nature Genetics, 45(5): 563-566.

流苏鹬基因组

Lamichhaney S, Fan G, Widemo F, et al. 2016. Structural genomic changes underlie alternative reproductive strategies in the ruff (*Philomachus pugnax*). Nature Genetics, (1) 48: 84.

龟与鳖基因组

Wang Z, Pascual-Anaya J, Zadissa A, et al. 2013. Corrigendum: The draft genomes of soft-shell turtle and green sea turtle yield insights into the development and evolution of the turtle-specific body plan. Nature Genetics, 45(6): 657-657.

壁虎基因组

Liu Y, Zhou Q, Wang Y, et al. 2015. *Gekko japonicus* genome reveals evolution of adhesive toepads and tail regeneration. Nature Communications, 6: 10033.

文昌鱼

Huang S F, Chen Z L, Yan X Y, et al. 2014. Decelerated genome evolution in modern vertebrates revealed by analysis of multiple lancelet genomes. Nature Communication, 5: 5896.

家蚕基因组

Xia Q Y, Zhou Z Y, Lu C, et al. 2004. A draft sequence for the genome of the domesticated silkworm (*Bombyx mori*). Science, 306(10): 1937-1939.

Xia Q Y, Guo Y, Zhang Z, et al. 2009. Complete resequencing of 40 genomes reveals domestiction events and genes in silkworm (*Bombyx*). Science, 326(5951): 433-436.

飞蝗基因组

Wang X, Fang X, Yang P, et al. 2014. The locust genome provides insight into swarm formation and long-distance flight. Nature Communications, 5: 2957.

蜘蛛基因组

Sanggaard K W, Bechsgaard J S, Fang X, et al. 2014. Spider genomes provide insight into composition and evolution of venom and silk. Nature Communications, 5: 3765.

蝎子基因组

Cao Z, Yu Y, Wu Y, et al. 2013. The genome of *Mesobuthus martensii* reveals a unique adaptation model of arthropods. Nature Communications, 4: 2602.

牡蛎基因组

Zhang G, Fang X, Guo X, et al. 2012. The oyster genome reveals stress adaptation and complexity of shell formation. Nature, 490(7418): 49-54.

章鱼基因组

Albertin C B, Simakov O, Mitros T, et al. 2015. The octopus genome and the evolution of cephalopod neural and morphological novelties. Nature, 524(7564): 220-224.

血吸虫基因组

Zhou Y, Zheng H, Chen X, et al. 2009. The *Schistosoma japonicum* genome reveals features of host-parasite interplay. Nature, 460(7253): 345-351.

第三篇　植物基因组

植物基因组

Gregory T R, Nicol J A, Tamm H, et al. 2007. Eukaryotic genome size databases. Nucleic Acids Research, 35 (Database issue): D332-D338.

Heslop-Harrison J S, Schwarzacher T. 2011. Organisation of the plant genome in chromosomes. Plant Journal for Cell & Molecular Biology, 66(1): 18-33.

Masoudi-Nejad A, Movahedi S, Jáuregui R, et al. 2011. Genome-scale computational analysis of DNA curvature and repeats in Arabidopsis and rice uncovers plant-specific genomic properties. BMC Genomics, 12(12): 1-11.

Pichersky E, Gerats T. 2011. The plant genome: an evolutionary perspective on structure and function. Plant Journal for Cell & Molecular Biology, 66(1): 1-3.

植物次生代谢

Seki M, Kamei A, Yamaguchi-Shinozaki K, et al. 2003. Molecular responses to drought, salinity and frost: Common and different paths for plant protection. Current Opinion in Biotechnology, 14(14): 194-199.

琴叶拟南芥基因组

Hu T T, Pattyn P, Bakker E G, et al. 2011. The *Arabidopsis lyrata* genome sequence and the basis of rapid genome size change. Nature Genetics, 43(5): 476-481.

条叶蓝芥基因组

Dassanayake M, Oh D H, Haas J S, et al. 2011. The genome of the extremophile crucifer *Thellungiella parvula*. Nature Genetics, 43(9): 913-918.

盐芥基因组

Wu H J, Zhang Z, Wang J Y, et al. 2012. Insights into salt tolerance from the genome of *Thellungiella salsuginea*. Proc. Proceedings of the National Academy of Sciences of the United States of America, 109(30): 12219-12224.

水稻基因组

Burr B. 2002. Mapping and sequencing the rice genome. Plant Cell, 14(3): 521-523.

Zhao W, Wang J, He X M, et al. 2004. BGI-RIS: An integrated information resource and comparative analysis workbench for rice genomics. Nucleic Acids Research, 32: D377-D382.

Yu J, et al. 2005. The genomes of *oryza sativa*: A history of duplications. PLoS Biology, 3(2): e38.

The 3000 Rice Genomes Project. 2014. The 3000 rice genomes project. GigaScience, 3(1): 1-6.

谷子基因组

Zhang G Y, Liu X, Quan Z W, et al. 2012. Genome sequence of foxtail millet (*Setaria italica*) provides isights into grass evolution and biofuel potential. Nature Biotechnology, 30(6): 549-554.

玉米基因组

Schnable P S, Ware D, Fulton R S, et al. 2009. The B73 maize genome: Complexity, diversity, and dynamics. Science, 326(5956): 1112-1125.

Wang X F, Elling A A, Li X Y, et al. 2009. Genome-wide and organ-specific landscapes of epigenetic modifications and their relationships to mRNA and small RNA transcriptomes in maize. Plant Cell 21(4): 1053-1069.

Lai J S, Li R Q, Xu X, et al. 2010. Genome-wide patterns of genetic variation among elite maize inbred lines. Nature Genetics, 42(11): 1027-1030.

高粱基因组

Zheng L Y, Guo X S, He B, et al. 2011. Genome-wide patterns of genetic variation in sweet and grain sorghum (*Sorghum bicolor*). Genome Biology, 12(11): 287-302.

小麦基因组

Ling H, et al. 2013. Draft genome of the wheat A-genome progenitor *Triticum urartu*. Nature, 496(7443): 87.

Jia J Z, Zhao S C, Kong X Y, et al. 2013. *Aegilops tauschii* draft genome sequence reveals a gene repertoire for wheat adaptation. Nature, 496(7443): 91-95.

International Wheat Genome Sequencing Consortium. 2014. A chromosome-based draft sequence of the hexaploid bread wheat (*Triticum aestivum*) genome. Science, 345(6194): 1251788.

Marcussen T, Sandve S R, Heier L, et al. 2014. Ancient hybridizations among the ancestral genomes of bread wheat. Science, 345(6194): 285-287.

Pfeifer M, Kugler K G, Sandve S R, et al. 2014. Genome interplay in the grain transcriptome of hexaploid bread wheat. Science, 345(6194): 1250091(1-7) .

Choulet F, Alberti A, Theil S, et al. 2014. Structural and functional partitioning of bread wheat chromosome 3B. Science, 345(6194): 1249721(1-7).

大麦基因组

International Barley Genome Sequencing Consortium, et al. 2012. A physical, genetic and functional sequence assembly of the barley genome. Nature, 491(4726): 711-716.

马铃薯基因组

The Potato Genome Sequencing Consortium. 2011. Genome sequence and analysis of the tuber crop potato. Nature, 475(7355): 189-195.

黄瓜基因组

Huang S W, Li R Q, Zhang Z H, et al. 2009. The genome of the cucumber, *Cucumis sativus* L. Nature Genetics, 41(2): 1275-1281.

白菜基因组

The *Brassica rapa* Genome Sequencing Project Consortium, et al. 2011. The gnome of the mesopolyploid crop species *Brassica rapa*. Nature Genetics, 43(10): 1035-1040.

西红柿基因组

Sato S, Tabata S, Hirakawa H, et al. 2012. The tomato genome sequence provides insights into fleshy fruit evolution. Nature, 485(7400): 635-641.

辣椒基因组

Qin C, Yu C S, Shen Y O, et al. 2014. Whole-genome sequencing of cultivated and wild peppers provides insights into *Capsicum* domestication and specialization. Proceedings of the National Academy of Sciences of the United States of America, 111(14): 5135-5140.

西瓜基因组

Guo S G, Zhang J G, Sun H H, et al. 2013. The draft genome of watermelon (*Citrullus lanatus*) and resequencing of 20 diverse accessions. Nature Genetics, 45(1): 51-58.

甜瓜基因组

Garcia-Mas J, Lorente-Galdós B, Melé M, et al. 2012. The genome of melon (*Cucumis melo* L.). Proceedings of the National Academy of Sciences of the United States of America, 109(29): 11872-11877.

香蕉基因组

D'Hont A, Denoeud F, Aury J M, et al. 2012. The banana (*Musa acuminata*) genome and the evolution of monocotyledonous plants. Nature, 488(7410): 213-217.

葡萄基因组

Jaillon O, Aury J M, Noel B, et al. 2007. The grapevine genome sequence suggests ancestral hexaploidization in major angiosperm phyla. Nature, 449(7161): 463-467.

梨基因组

Wu J, et al. 2013. The genome of the pear (*Pyrus bretschneideri* Rehd.). Genome Research, 23(2): 396-408.

大豆基因组

Schmutz J, Cannon S B, Schlueter J, et al. 2010. Genome sequence of the palaeopolyploid soybean. Nature, 463(7278): 178-183.

木豆基因组

Varshney R K, Chen W B, Li Y P, et al. 2011. Draft genome sequence of pigeonpea (*Cajanus cajan*), an orphan legume crop of resource-poor farmers. Nature Biotechnology, 30(1): 83-89.

棉花基因组

Wang K B, Wang Z W, Li F G, et al. 2012. The draft genome of a diploid cotton *Gossypium raimondii*. Nature Genetics, 44(3): 1098-1103.

Li F, et al. 2014. Genome sequence of the cultivated cotton *Gossypium arboreum*. Nature Genetics, 46: 567.

杨树基因组

Tuskan G A, DiFazio S, Jansson S, et al. 2006. The genome of black cottonwood, *Populus trichocarpa*. Science, 313(5793): 1596-1604.

胡杨基因组

Ma T, Wang J Y, Zhou G K, et al. 2013. Genomic insights into salt adaptation in a desert poplar. Nature Communications, 4:2797.

毛竹基因组

Peng Z H, Lu Y, Li L B, et al. 2013. The draft genome of the fast-growing non-timber forest species moso bamboo (*Phyllostachys heterocycla*). Nature Genetics, 45(4): 456-461.

梅花基因组

Zhang Q X, Chen W B, Sun L D, et al. 2012. The genome of *Prunus mume*. Nature Communications, 3(4): 187-190.

兰花基因组

Cai J, Liu X, Vanneste K, et al. 2015. Corrigendum: The genome sequence of the orchid *Phalaenopsis equestris*. Nature Genetics, 47(3): 186-186.

甲藻基因组

Lin S J, Cheng S F, Song B, et al. 2015. The *Symbiodinium kawagutii* genome illuminates dinoflagellate gene expression and coral symbiosis. Science, 350(6261): 691-694.

第四篇　微生物基因组

酵母基因组

Piskur J, Lin Z H, Marcet-Houben M, et al. 2012. The genome of wine yeast *Dekkera bruxellensis* provides a tool to explore its food-related properties. International Journal of Food Microbiology, 157(2): 202-209.

黄曲霉基因组

Liu S Y, Lin J Q, Wu H L, et al. 2012. Bisulfite sequencing reveals that *Aspergillus flavus* holds a hollow in DNA methylation. PLoS One, 7(1): 277.

灵芝基因组

Chen S L, Xu J, Liu C, et al. 2012. Genome sequence of the model medicinal mushroom *Ganoderma lucidum*. *Nature Communications*, 3(2): 177-180.

鼠疫耶尔森菌（鼠疫杆菌）基因组

Yang R, Guo X K, Yang J, et al. 2009. Genomic research for important pathogenic bacteria in China. Science in China (Series C: Life Sciences), 52(1): 50-63.

Cui Y, Yu C, Yan Y F, et al. 2013. Historical variations in mutation rate in an epidemic pathogen, *Yersinia pestis*. Proceedings of the National Academy of Sciences of the United States of America, 110(2): 577-582.

腾冲嗜热菌基因组

Bao Q Y , Tian Y Q, Li W, et al. 2002. A complete sequence of the *T. tengcongensis* genome. Genome Research, 12(5): 689-700.

农杆菌 Ti 质粒

Herrera-Estrella L, Depicker A, Van Montagu M, et al. 1983. Expression of chimaeric genes transferred into plant cells using a Ti-plasmid-derived vector. Nature, 303(5914): 209-213.

RNA 病毒

Jia Z, Mao Y R, Zhang F J, et al. 2013. Antiretroviral therapy to prevent HIV transmission in serodiscordant couples in China (2003-11): A national observational cohort study. Lancet, 382(9889): 1195-1203.

流感病毒

Liu D, Shi W, Shi Y, et al. 2013. Origin and diversity of novel avian influenza A H7N9 vruses causing human infection: Phylogenetic, structural, and coalecent analyses. Lancet, 381(9881): 1926-1932.

环境 META

Schmidt T M, Delong E F, Pace N R, et al. 1991. Analysis of a marine picoplankton community by 16S rRNA gene cloning and sequencing. Journal of Bacteriology, 173(14): 4371-4378.

Wang L, Liu B, Zhou Z M, et al. 2009. Research progress in genomics of environmental and industrial microorganisms. Science in China (Series C: Life Sciences), 52(1): 64-73.

土壤 META

Handelsman J, Rondon M R, Brady S F, et al. 1998. Molecular biological access to the chemistry of unknown soil microbes: A new frontier for natural products. Chemistry & Biology, 5(10): R245-249.

口腔 META

Eren A M, Borisy G G, Huse M S, et al. 2014. Oligotyping analysis of the human oral microbiome. Proceedings of the National Academy of Sciences of the United States of America, 111(28): E2875-E2884.

人类肠道病毒

Dutilh B E, Cassman N, McNair K, et al. 2014. A highly abundant bacteriophage discovered in the unknown sequences of human faecal metagenomes. Nature Communications, 5: 4498.

病毒组与大肠炎

Norman J M, Handley S A, Baldridge M T, et al. 2015. Disease-specific alterations in the enteric virome in inflammatory bowel disease. Cell, 160(3): 447-460.

HIV 和人体 META

Liu C M, Osborne B J W, Hungate B A, et al. 2014. The semen microbiome and its relationship with local immunology and viral load in HIV infection. PLoS Pathogens, 10(7): 295-295.

海洋病毒

Breitbart M, Salamon P, Andresen B, et al. 2002. Genomic analysis of uncultured marine viral communities. Proceedings of the National Academy of Sciences of the United States of America, 99(22): 14250-14255.

Mizuno C M, Rodriguez-Valera F, Kimes N E, et al. 2013. Expanding the marine virosphere using metagenomics. PLoS Genetics, 9(12): e1003987.

雾霾与 META

Cox M J, Cookson W O C M, Moffatt M, et al. 2013. Sequencing the human microbiome in health and disease. Human Molecular Genetics. 22(R1): R88-94.

Cao C, Jiang W J, Wang B Y, et al. 2014. Inhalable microorganisms in Beijing's PM2. 5 and PM10 pollutants during a severe smog event. Environmental Science Technology, 48(3): 1499-1507.

人类肠道 META

David L A, Maurice C F, Carmody R N, et al. 2014. Diet rapidly and reproducibly alters the human gut microbiome. Nature, 505(7484): 559-563.

Li J H, Jia H J, Cai X H, et al. 2014. An integrated catalog of reference genes in the human gut microbiome. Nature biotechnology, 32(8): 834-841.

Nielsen H B, Mathieu A, Sierakowska J A, et al. 2014. Identification and assembly of genomes and genetic elements in complex metagenomic samples without using reference genomes. Nature Biotechnology, 32(8): 822-828.

第四部分　基因组的设计和合成

合成生物学

Fu X Z, Tan D, Aibaidula G, et al. 2014. Development of Halomonas TD01 as a host for open production of chemicals. Metabolic Engineering, 23(2): 78-91.

Qian L, Winfree E. 2011. Scaling up digital circuit computation with DNA strand displacement cascades. Science, 332(6034): 1196-1201.

牛胰岛素合成

龚岳亭, 杜雨苍, 黄惟德等. 1965. 结晶牛胰岛素的全合成. 科学通报, 16(11): 941-950.

化学合成基因组

Gibson D G, Glass J I, Lartigue C, et al. 2010. Creation of a bacterial cell controlled by a chemically synthesized genome. Science, 329(5987): 52-56.

Kwok R. 2012. Chemical biology: DNA's new alphabet. Nature, 491(7425): 516-518.

基因组组分合成

Pinheiro V B, Holliger P. 2012. The XNA world: Progress towards replication and evolution of synthetic genetic polymers. Current Opinion in Chemical Biologe, 16(S3-4): 245-252.

Schaerliab Y, Isalan M. 2013. Building synthetic gene circuits from combinatorial libraries: Screening and selection strategies. Molecular Biosystems, 9(7): 1559-1567.

Goldman N, Bertone P, Chen S Y, et al. 2013. Towards practical, high-capacity, low-maintenance information storage in synthesized DNA. Nature, 494(7435): 77-80.

Isaacs F J, Carr P A, Wang H, et al. 2011. Precise manipulation of chromosomes *in vivo* enables genome-wide codon replacement. Science, 333(6040): 348-353.

酵母染色体合成

Annaluru N, Muller H, Mitchell L A, et al. 2014. Total synthesis of a functional designer eukaryotic chromosome. Science, 344(6179): 55-58.

Dymond J S, Richardson S M, Coombes C E, et al. 2011. Synthetic chromosome arms function in yeast and generate phenotypic diversity by design. Nature, 477(7365): 471-476.

RNA 编辑

Benne R, Van den Burg J, Brakenhoff J P, et al. 1986. Major transcript of the frameshifted cox II gene from trypanosome mitochondria contains four nucleotides that are not encoded in the DNA. Cell, 46(6): 819-826.

第五部分　基因组伦理学

纽伦堡法庭 . 1946. 纽伦堡法典 .

Office of Human Subject Research. Nuremberg Code. 1949. Control Council Law 2: 181.

世界医学协会联合大会 . 1964. 赫尔辛基宣言 .

The U. S. Department of Health & Human Services. 1979. The Belmont Report.

联合国 . 1998. 国际人类基因组和人权宣言 .

Pellegrino ED, et al. 1999. The origins and evolution of bioethics: Some personal reflection. Kennedy Institute of Ethics, 9: 73.

联合国科教文组织 . 2003. 国际人类基因数据宣言 .

联合国科教文组织 . 2005. 国际生物伦理与人权宣言 .

The U. S. White House. 2008. The Genetic Information Nondiscrimination Act of 2008.

The U. S. Department of Energy. 2010. Ethical, Legal, and Social Issues Research.

Presidential Commission for the Study of Bioethical Issues. 2010. New Directions: The ethics of synthetic biology and emerging technologies.

Rohde H, Qin J J, Cui Y J, et al. 2011. Open-Source Genomic Analysis of Shiga-Toxin–Producing *E. coli* O104: H4. The New England Journal of Medicine, 365(8): 718-724.

常用术语与缩写简释

adaptor（俗译"接头"）：一般指可将两个 DNA 片段连接在一起的一小段 DNA。有时也指有助于一个 DNA 分子与某基质连接的一小段 DNA。其末端或为黏性或为平头。可根据需要及有关信息设计与合成。

aDNA (ancient DNA，古 DNA)：从古生物化石、生物遗体、遗迹的永久冻土及沉积物等材料中获得的古代生物 DNA 分子。一般指 300 年以上的样本。

alignment（比对）：指将一段新产生的序列与"参考序列"或其他已知序列进行比较、分析的过程。

alternative splicing（可变剪切，也译为替换剪切）：大多数真核基因转录产生的 mRNA 前体按一种方式剪除内含子产生一种 mRNA，因而只产生一种蛋白质。但有些基因产生的 mRNA 前体可按不同的方式选择性地剪除内含子以至于外显子产生出两种或更多种 mRNA。

Alu (Alu 重复序列)：人类基因组中 SINE 家族的一员，因可被限制性内切核酸酶 Alu I 识别而得名。在人类基因组中至少有 50 万~100 万份拷贝，也就是说平均 3~6 Kb 就有一个 Alu 序列。典型的 Alu 序列单位长度为 282 bp，由两个同源但有差别的部分构成。

amplicon（扩增子）：原指基因组的一个 DNA 片段通过扩增形成的多个拷贝。现常指一个 PCR 反应产生的所有 DNA 分子。

aneuploidy（非整倍体）：指某一个染色体的增加或减少，如 21- 三体、18- 三体、X- 单体等。

antisense strand（反意义链）：也称模板链，指基因的 DNA 双链中，转录时作为 mRNA 合成模板的那条单链。据"互补"原则合成的 mRNA 的序列与"意义链"组相同（仅有 T 与 U 之别）。

assembly（拼接，组装）：把"下机序列 (reads)"连接成基因组片段或全基因序列的过程。一般把从"下机序列"连接成 contig 的过程译为拼接，而把 contig 连接成 scafold 的过程译为组装或构建。

AP-PCR (arbitrarily primed PCR，随机引物 PCR)：又称随机扩增多态性 DNA (Random Amplified Polymophic DNA，缩写为 RAPD)，是在常规 PCR 的基础上发展起来的一种非特异性扩增的 PCR 技术。在 AP-PCR 扩增中，引物的序列是随机的，扩增出来的片段也是非特异和异质性的。AP-PCR 与常规 PCR 的另一个明显的不同是前者不需知道模板 DNA 的序列。

BAC (Bacterial Artificial Chromosome，细菌人工染色体)：是指一种以细菌的染色体外复制机器为基础构建的环状 dsDNA 载体。其主要特点是可克隆的外源"插入片段"长度可长达 100 Kb，且操作方便，是定位"克隆霰弹法"的主要载体。

barcode（生物条码）：一般指一个物种或一个个体特有的代表性 DNA 片段序列。有时也指一类生物（如纲、目、科、属、亚种等）的 DNA 序列标记。在测序技术中，有时与 indexing 同义，指在 MPH(大规模平行高通量) 测序过程中"接头"所包含的用来区分不同样本的序列。

base calling（碱基识别）：将测序仪给出的信号（如电泳条带或其扫描条带，或其他信号）解读为 T、C、A、G 的过程。

b-PCR (bridge-PCR，桥式 PCR)：特指 Illumina 测序仪中制备模板的一种方法，因将模板像"桥"那样将两端固定在基质上进行 PCR 反应而得名。

bit（"比特"）：即 binary digit（二进制数）位的缩写。一个 bit 就是一个二进制数的最小单元。在生物信息学中，1 个 nt 相当于一个 byte（字节），一般需要 6 或 8 个 bits 来编码。

CCD (Charge-Coupled Device，**电荷耦合装置**)：是一种半导体器件，能够把光学影像转化为数字信号。装有此装置的仪器被称为 CCD 图像传感器或 CCD 照相机。

cDNA (complementary DNA，**互补 DNA**)：与 RNA 链互补的 ssDNA。以 RNA 为模板，在逆转录酶的作用下以 dNTP 合成。要注意的是：有时也将这一 ssDNA 以 DNA 聚合酶作用下以 dNTP 合成的 dsDNA 称为 cDNA，如"cDNA 文库"。

ccDNA (closed circular DNA)：闭合（没有缺口）的环状 dsDNA。

cccDNA (covalently closed circular DNA，**共价闭合环状 DNA**)：一般特指细胞外乙型肝炎病毒 DNA。这是一种松弛环状的 dsDNA (relaxed circular DNA，rcDNA) 分子，是乙肝病毒前基因组 RNA 复制的原始模板。

ChIP-Seq (Chromatin ImmunoPrecipitation Sequencing，**染色质免疫沉淀测序**)：通过染色质免疫沉淀技术特异性地富集与结合蛋白相互作用的 DNA 片段，再进行纯化与 MPH 测序，从而得到全基因组范围内可以与结合蛋白相互作用的 DNA 区段的序列的技术。

circDNA (**环状 DNA**)：分为环状 ssDNA 和环状 dsDNA 两种，通常存在于病毒、细菌和真核生物的线粒体和叶绿体中，一般比线性 DNA 分子更稳定。

CNV (Copy Number Variation，**拷贝数变异**)：基因组变异的一种方式。例如把一条染色体分成 A-B-C-D 四个区段，则 A-B-C-C-D/A-C-B-C-D/A-C-C-B-C-D 发生了 C 区段的扩增而 A-B-D 则发生了 C 区段的缺失。扩增的位置可以是连续扩增如 A-B-C-C-D，也可以是在其他位置的扩增，如 A-C-B-C-D。CNV 一般不包括不改变拷贝数目的倒位 (inversion) 或易位 (translocation)，但包括在广义的 SV (Structure Variation) 定义之中。

consensus sequence (**一致序列或称一致性序列**)：是指 DNA 测序仪获得的"下机序列 (reads)"拼接、组装起来的单一序列。它在定义上一般包括 contig（不间断连续序列）和 scaffold（可间断的连续长序列），一般可搁置 MAF。

contig (**或 super-contig**)：是指一段中间没有任何 gap 而每一个碱基都能明确定义的连续序列重叠群。得到 contig 的过程一般译为拼接 (assembly)。

cosmid (**黏粒**)：指含有黏端位点 (cos) 的质粒。由人工构建的含有 λ 噬菌体 DNA 的 cos 序列和质粒复制子的载体组成。由于使用方便，插入片段长度居中 (30-40 Kb) 并大小较为一致而被广泛使用。

CpG island (**CpG 岛**)：是指基因组 DNA 的一个区域，长度为 300~3000 bp，富含 CpG 二核苷酸的一些区域，主要存在于管家基因 (house-keeping genes) 的 5' 启动子区域。其中 CpG 中 C 的甲基化可能是一些基因的一种"外饰"调控方式，导致基因转录被抑制或表达水平降低。

C-value (**C 值**)：生物体的单倍体基因组所含 DNA 总量称为 C 值，源于 DNA 分子动力学研究。

deletion (**缺失**)：基因组变异的一种方式，指遗传物质（基因 DNA 序列或染色体或片段）的丢失。按发生缺失的部位又分为末端缺失和中间缺失两类。

de novo sequencing (**de novo 测序，从头测序**)：不依赖于任何已知的基因组参考序列和其他序列信息，而直接对某个物种的全基因组 DNA 进行测序，然后利用生物信息学工具对下机序列进行拼接和组装（即 de novo assembly），从而获得该基因组的全序列或连续的大片段 (contig 或 scaffold)。

DEP (Digital Expression Profile，**数字表达谱**)：以序列为基础的表示基因表达水平的图谱。利用 MPH 测序技术和生物信息学工具，将特异性酶切所获得的序列 (tag) 进行测序，该 tag 被测得的次数作为对应基因的转录本的数目。最理想的 DEP 是使用单分子测序技术以避免常见 MPH 测序技术模板的不均一扩增。常规的 RNA 测序也可用于 DEP，但对数据分析有更多严格的要求。而对 ncRNA，如 miRNA 等的 DEP，则需要采取别的方法。可归于 RNAome 研究，但区别于以鉴定编码基因为主要目的的转录组 (transcriptome) 研究。

depth（或 sequencing depth，测序深度）：指测序得到的所有下机序列的总和除以所测基因组估计大小所得到的倍数，以 X 表示（原意为倍数，常读为 X) 与以前曾用的 "覆盖倍数" 近义。

DNA sequencing (DNA 测序，DNA 序列分析、曾译 DNA 定序)：指分析特定 DNA 片段的碱基序列，也就是确定某一特定位置是腺嘌呤 (A) 或胸腺嘧啶 (T) 或胞嘧啶 (C) 或鸟嘌呤的 (G) 排列顺序的技术。从技术角度，包括 Northern (RNA) 测序、Western 测序与 Eastern 测序。

DNA methylation (DNA 甲基化)：DNA 甲基化是指在 DNA 甲基化转移酶的作用下，在基因组 CpG 二核苷酸的 C^5（胞嘧啶的 5' 碳位）以共价键结合一个甲基基团。甲基化是基因表达的主要调控方式之一，已经成为外饰遗传学和外饰基因组学的重要研究内容，现已开发了很多研究技术。全基因组的所有甲基化序列的总和称为甲基化组 (methylome)。

DOP-PCR (Degenerate Oligonucleotide Primer-PCR，兼并寡核苷酸引物 PCR)：一种用于特殊目的 PCR 技术。引物设计时，在 3' 端的一个或几个位置设计并不严格互补的核苷酸，以扩增模板 DNA 中不一定严格互补的 DNA 序列。一般应用于降低因模板 DNA 的变异而不能扩增的可能性。

draft sequence（基因组框架序列，又译 "基因组序列草图" 或 "草图序列"）：MPH 前常用的名词，与精细图（或完成图）对应。一般标准是测序得到的基因组序列，对基因组覆盖率和基因覆盖率都要达到或超过 90%，序列精度在 99% 以上。草图序列对 Sanger 技术的测序深度一般要求 6X 以上。

driver gene（驱动基因，又直译为 "司机基因"）：与癌症发生、发展相关或导致癌症发生的主要基因，大多含有 non-synonymous 即引起氨基酸序列改变的变异。驱动基因的突变发生在癌症发生的早期，但也有证据发生在癌症的治疗过程中而又导致癌症的复发。

duplication（重复，或 "加倍"）：指演化过程中，一个特定区段的 DNA 分子产生了相邻（串联）或别处散在的相同区段，也发生在全基因组或染色体的水平的过程。有别于 DNA 单链依 "互补" 形成双链的 replication（译为复制）。全基因复制常译为 "加倍" 或 "加倍化" 或 "扩张 (expansion)"。

e-PCR (electronic PCR，电子 PCR 或 emulation PCR，乳液 PCR)：是利用生物信息学数据库作为平台，借助相应的分析运算软件，模拟 PCR 实验来搜索所查询的 DNA 序列 (query sequence) 是否含有 "节点" 位点或序列并确定其在已知基因组图谱的位置。现在也作为 emulsion PCR（乳液 PCR）的缩写。

epigenetics（外饰遗传学）：研究序列外饰的遗传学。外饰遗传一般统指在基因组 DNA 序列本身 (T、C、A、G) 没有改变的情况下，由于碱基的不同方式的化学修饰，而影响遗传特性的现象，对基因调控起重要作用。已知的外饰方式有 DNA 甲基化 (DNA methylation) 及已知与甲基化有关的基因组印记 (genomic impriting) 和基因沉默 (gene silencing) 等，以及组蛋白的各种化学修饰（称 "组蛋白组" 或 "组蛋白密码"），染色质重塑 (chromatin reprofiling) 以及各种具不同结构与功能的 ncRNA（非编码 RNA)，特别是 miRNA；也包括所有其他机制不明，与序列相关而不改变序列本身的基因调控方式。曾译为 "表观遗传学"。

Euler Graph（欧拉图）：通过图（无向图或有向图）中所有边且每边仅通过一次的通路称为欧拉通路，相应的回路称为欧拉回路，具有欧拉回路的图称为欧拉图。

exome（外显子组）：基因组全部外显子 (exon) 区域的 DNA 分子的集合。

exon（外显子）：真核基因的初级转录本经剪接加工（剪除内含子和其他一些序列）后保留的部

分所对应的基因组 DNA 序列。要注意一个基因的外显子和它的编码序列长度的区别。编码序列是一个基因的外显子中与遗传密码对应的编码蛋白质的序列，而第一个外显子的启动密码子本身、上游的 5' 非翻译区 (5' - NTR) 和调控序列，以及最后一个外显子的终止密码子的下游的 3' 非翻译区和其他序列都是不翻译的。因此一个基因的外显子的长度总是大于它的编码序列的长度。

exosome（外泌体或出胞体）：是一种能被大多数细胞分泌的微小膜泡，具有脂质双层膜结构，直径 40~100 nm。发现于 1983 年，曾被误认为只是一种细胞的废弃物。不同细胞分泌的外泌体具有不用的组成成分和功能，可作为疾病诊断的生物标志。

FASTA：一种序列存储格式。第一行以 ">" 开头，而跟随 ">" 的是序列的 ID 号（即唯一的标识符）及对该序列的描述信息；第二行开始是序列内容，序列短于 61 nt 的，则一行排列完；序列长于 61 nt 的，则每行存储 61 nt，最后剩下小于 61 nt 的，在最后一行排列完。

FASTQ：FASTQ 是 FASTA 的一种派生格式。第一行以 "@" 符号开头，后面紧跟一个序列的描述信息；第二行是该序列的内容；第三行以 "+" 符号开头，后面可以是该序列的描述信息，也可省略；而第四行是第二行中的序列内含每个碱基所对应的测序质量值。

FFPE (Formalin-Fixed Paraffin-Embedded)：福尔马林固定的石蜡包埋的（组织样本）。

fine sequence（基因组精细图，又称 finished sequence，完成图）：基因组精细图对基因组覆盖率和基因覆盖率都要达到或超过 99 %，序列精度在 99.99 % 以上。Sanger 技术的测序深度一般要求 10X 以上。考虑到一个物种基因组的多样性（不同个体的基因组差异）、多个参数的不断修正，以及全基因组 "霰弹法" 和 "*de novo* 组装" 的广泛使用，现在一般不大使用 "完成图 (finished map)" 一词，精细图也不如以前常用，而代之以具体的 N50 等参数来描述。从另一意义上说，一个物种的基因组测序是难以完成的研究。

FISH (Fluorescence *in situ* Hybridization，荧光原位杂交技术)：是利用荧光标记的特异核酸探针与细胞内相应的靶 DNA 分子杂交（或与玻片上的染色体或间期染色质杂交），通过荧光显微镜，将探针对应的 DNA 区段分子在染色体或染色质上进行定位的技术。

fosmid：源于 *E.coli* 的 F 质粒元件的质粒。因操作方便且克隆片段长度适中而广泛使用

GC content (GC 含量)：全基因组范围内或在特定基因组序列中的 4 种碱基中，G（鸟嘌呤）和 C（胞嘧啶）所占的比率。在实际分析中要特别注意 windows（观察窗口）的大小。

gene（基因）：在形式（经典）遗传学上，是一个生物体的遗传物质的传递和功能的单位；在细胞遗传学中，一般与 "位点" 近义。在分子生物学上，是一段具特定功能的 DNA 片段；在基因组学或生物信息学上，是遗传信息的单位。一般是指编码蛋白质的 "编码基因"，但也常指编码 rRNA 或 tRNA 的 "基因"。

gene coverage（基因覆盖率）：指测序得到的一致序列总长度中所含有的已知编码蛋白的基因数目占所测基因组的基因估计总数的百分比。

gene density（基因密度）：指一个基因组或一个基因组区段中含基因的相对数量，一般以 "N 个基因 /Mb" 表示。

gene family（基因家族）：是来源于同一个始祖基因通过基因重复（复制）而产生两个或更多的拷贝而构成的一组基因。在结构和功能上具有明显的相似性，编码相似的蛋白质产物，同一家族基因可以紧密排列在一起，形成一个基因簇；但通常是分散在同一染色体的不同位置，或者存在于不同的染色体上，各自具有不同的表达调控模式。

gene fusion（基因融合）：基因组中位置不同的两个或多个基因中的一部分或全部整合到一起，形成的一个新基因。形成的新基因称为融合基因 (fusion gene)，该基因有可能翻译出一个新的、功能不同的融合蛋白。

genome（**基因组**）：在形式（经典）遗传学上，是一个生物体的所有基因的总和（集合）；在细胞遗传学上，是一个生物体的所有染色体的总和；在分子生物学上，是一个生物体（单倍体的细胞核，或细胞器（线粒体、叶绿体）或病毒、质粒）所含的全部 DNA 分子（或 RNA 分子）的总和；在生物信息学上，是一个生物体（单倍体的细胞核，或线粒体、叶绿体等细胞器，或病毒、质粒）的所有遗传信息的总和。

genome annotation（**基因组注释**）：利用生物信息学方法和工具分析基因组的序列，确定所有蛋白编码基因及其他具生物学功能的因子或"元件"的过程。

genome coverage（**基因组覆盖率**）：指测序获得的一致性序列总长度和占这一全基因组估计大小的百分比。由于基因组中的超高 GC 或超低 GC，即超过 AT、重复序列等复杂结构的存在以及其他技术和生物学原因，一般高级生物的基因组覆盖率还难以达到 100 %。测序最终组装获得的序列往往无法覆盖所有的区域，这部分没有获得的区域就称为 gap。例如一个细菌基因组覆盖率是 98%，那就意味着所有 gap 的总长度为 2 % 左右。

genotype and phenotype（**基因型与表现型**）：基因型是指某一生物体的全基因组或所有基因和其他功能因子以至于一个 DNA 区段或"基因"的合称，有时也作为基因组的特定区段或含特异遗传标记的区域或特定位置特征或遗传信息的合称，如某一"表现型（性状）"对应的"基因型"。表现型（也称为表型）是指一个特定性状（有时也指几个性状的总和），是基因型和环境共同作用的结果。在经典遗传学中，表现型一般能 observable，measurable 和 describable，即"可观察的，可度量的，可描述的"，而在现代遗传和基因组学中，广义的表现型组（也称表型组）可以泛指生物学中与基因组对应的所有表型以及其他"组"，如 RNA 组，蛋白组与代谢组等。研究 genotype 和 phenotype 的过程分别称为 genotyping（基因型分析）和 phenotyping（表现型分析或称表型分析）。

golden standard（**金标准**）：指当前临床医学或有关监管部门公认的诊断疾病的最可靠、最准确、最好的标准参数。

gene ontology (GO **注释**)：原意为基因存在的实体或本体及其相似度，在基因组学中，是指对基因功能的注解和分类。GO 强调基因产物在细胞中的功能以及在代谢途径或信号通路中的作用和相互关系而将其分门别类。GO 常作为支持其他 OBO (Open Biology Ontologies) 类型的本体数据库。

GS (Genome Survey，**基因组速览**)：是指在全基因组测序开始之前，先进行的深度较浅（一般 Sanger 法测序低于 2X，MPH 测序低于 10X）的尝试性测序，以估计基因组大小、杂合度并预估测序深度等参数。

GWAS (Genome-Wide Association Study，**遍基因组关联分析**)：是指使用遍及全基因组范围的一种常用的研究遗传标记、基因或染色体区段与某一表型相互之间的关联的群体研究技术。

Hamilton Graph（**哈密顿图**）：若存在一条环，经过图中的每一个节点恰好一次，这个环称作哈密尔顿环 (Hamilton cycle)，具有哈密尔顿环的图称为哈密尔顿图。

HGP (Human Genome Project，**人类基因组计划**)：由美国、英国、法国、德国、日本和中国科学家共同参与并完成的人类一个个体全基因组 DNA 测序和分析的科研计划。HGP 是自然科学史上最为重要的国际合作计划之一。

homology（**同源性**）：分为 orthology（直系同源或"纵向同源"）和 paralogy（旁系同源或"横向同源"）。指演化过程中源于同一始祖祖先的分支之间的关系。在演化上或系统发育的共同来源而呈现的本质上的相似性，但其功能不一定相同。同源的区段分布于不同物种基因组之间的称为 orthology。存在于同一基因组之中的称为 paralogy。

InDel (Insertion/Deletion，**插入 / 缺失**)：基因组中小片段（一般为 2~5 bp) 的插入或缺失。

Interactomies（互作组学）：着重研究蛋白质组中所有蛋白相互作用（互作组）的科学。

iPS (induced pluripotent stem cells, 诱导泛能干细胞, 也译为诱导多能干细胞或诱导全能干细胞)：最初是日本的 Shinya Yamanaka 于 2006 年利用病毒载体将四个转录因子 (*Oct4*, *Sox2*, *Klf4* 和 *c-Myc*) 基因的组合转入分化的体细胞中，使其重编程而得到的类似胚干细胞 (ES) 的一种可培养并分化的细胞类型。

Kb (Kilobasepair, 即一千个碱基对)：dsDNA 的一个常用的长度单位，等于 1000 bp。而 1 Mb (Megabase, 百万碱基) 即相当于 100 万个 bp，1 Gb 即 10 亿个 bp。要注意的是，bp 是指 dsDNA，表示 RNA 或 ssDNA 时的长度，一定要用 nt (nucleotide)，而 Kb，Mb 等则可通用。

K-mer：就是长度为 k 的一个核苷酸序列片段。生物信息分析的重要方法，隔位选取 k 长度的序列片段，用于组装等诸多技术。

labs-on-a-chip：又称 "微流控" 芯片技术，是在芯片上用纳米技术设计和制作、并能进行一系列生化反应的技术。

Lander-Waterman curve (Lander-Waterman 曲线, 或 Lander-Waterman 模型, 或 L-W 曲线)：以发明者 Eric Lander 和 Michael Waterman 命名的一个数学模型。此模型为霰弹法随机序列的片段用计算机进行自动拼接和组装奠定了理论基础。

laser capture (Laser Capture Microdissection, LCM, 激光捕获显微切割技术)：是一项在显微镜直视下应用激光技术从组织中或组织切片上获取一个或数个特殊细胞的技术。

LINE(Long INterspersed Elements, 长散在因子, 长散在重复序列)：原意为散在分布的长 "因子 / 序列"，现特指哺乳动物基因组中的一类长重复序列。

lnc RNA (long non-coding RNA, 长非编码 RNA)：长度大于 200 nt 的非编码 RNA，其中可含有较小的调控 RNA 或其他小 RNA。

long range PCR (L-PCR)：大片段聚合酶连锁反应 (PCR)。

λ phage(λ 噬菌体)：一种温和噬菌体。在感染其寄主细胞后，通常呈溶源状态而与宿主共生。可人工诱导或自然发生溶菌现象而释出宿主细胞。是经典的 DNA 克隆载体。

MDA (Multiple Displacement Amplification, 多重置换扩增)：与 DOP-PCR 相似，但能在多个位置上进行特殊的 PCR 反应，常用于单细胞基因组 DNA 的扩增。

metagenome (META 基因组, 曾译为宏基因组或元基因组)：指特定自然环境中或某样本中全部微生物的总和，包含可培养的和未可培养的微生物的基因组（包括细菌、真菌、古菌及单细胞微小原生动物 [如线虫] 基因组）。META 样本可指含 META 基因组的混合样本，而 META 测序则指对混合样本的 "混合测序"。在得到 "混合序列" 后以生物信息学方法注释所有不同微生物物种的全基因组、基因或 ORF。研究 metagenome 的学科称为 metagenomics。

methylation rate（甲基化率）：在技术上，是指在甲基化测序中能检出的甲基化胞嘧啶占所有甲基化胞嘧啶的比率。而在生物学的意义上，甲基化率是指在一个基因组区段内所有可能发生的甲基化位置上实际发生甲基化的比率。

microbiome（复数为 microbiota, 微生物组群）：某一生态环境的某一 META 样本所含的所有微生物种类。

miRNA (microRNA, 微 RNA)：在真核生物中发现的一类内源性的具有调控功能的非编码 RNA，其大小一般为 22 nt。miRNA 与 RNA 诱导沉默复合体 (RNA Induced Silencing Complex, RISC) 结合，并将此复合体与其互补的 mRNA 序列结合，根据靶序列与 miRNA 的互补程度，从而导致靶序列降解或干扰靶序列的翻译过程。

mismatch（错配）：指 dsDNA 两条链间存在的碱基非互补现象。

MPH (Massively Parallel High-throughtput，**大规模平行高通量测序技术**)：曾被称为"第二代测序技术"或"下一代"(Next Generation Sequencing，NGS) 或现阶段测序 (Now-Generation Sequencing，NGS) 技术，是测序技术的一个重要突破。在测序基质上，可以一次对几百万到几亿条模板 DNA 分子同时"平行"进行序列测定，具有高通量、大规模的特点。

multiplex PCR (**多重 PCR，又称多重引物 PCR 或复合 PCR**)：在同一 PCR 反应体系里加上多对的引物，同时扩增出多个的 amplicon 的 PCR 反应。其反应原理，反应试剂和操作过程与一般 PCR 相同，但引物的设计要特别考虑引物和产物的长度，留反应体系中的复性温度要合适并协调，避免相应干扰或冲突，而产物不同长度则利于分离和结果的分析。

MWAS (Metagenome-GWAS)：将遍基因组关联研究 (GWAS) 用于 META 基因组分析的研究技术。要注意与 meta-GWAS (meta analysis of GWAS) 的区别，后者是将数个 GWAS 数据进行更大规模的再分析。

N50：N50 表示总数的一半。如"N50 $_{Contig}$ 的长度为 n Mb"，表示 contig 总数一半的连续序列长度为 n Mb；"N50 $_{Scaffold}$ 的长度为 n Mb"，则表示 scaffold 总数一半的间断连续序列长度为 n Mb。N50 常用来指序列组装的参数 (如 contig 一般在 500 Kb 以上，而 scaffold 为 1M 以上。现作为 MPH 测定全基因组的主要参数，已部分取代了 Sanger 时代的草图和"完成图"等术语。

NTR (Non-Translated Region，**也称为 Untranslated Region，UTR，非翻译区**)：是指不编码蛋白质的 mRNA 序列，位于真核基因的第一个外显子启动密码子上游 (称为 5'-NTR) 和最后一个外显子的终止密码子的下游 (3'-NTR)。

OD (optical density，**光密度**)：表示某一物质在某一个特定波长下的光吸收度。

ORF(Open Reading Frame，**开放阅读框**)：一段连续的 DNA 序列，具有遵循"遗传密码"编码一个多肽的潜力。一般是用生物信息学工具从基因组序列中注释得到。

overlapping gene (**重叠基因**)：是指两个或两个以上的基因共有一段 DNA 序列，或是指一段 DNA 序列含两个或两个以上基因的组成部分。

pan-genome (**泛基因组**)：源自微生物基因组学。泛基因组是指某一物种所有已测的个体基因组序列特征的合称，包括所有个体共有的核心基因组 (core genome，在所有菌株中都存在的基因组序列) 和非共有基因组 (dispensable genome，在 2 个或 2 个以上的菌株中存在的基因组序列)，以及某一菌株特有的基因组序列。这一概念现在被用于人类与其他生物的基因组。即根据一个物种已测定的所有个体的基因组共有的序列，以及某个群体或个体特有的基因组区段的合称。

passenger gene (**后随基因，又译"继发"基因或直译为"乘客"基因**)：是与癌症发生发展相关的非主要基因，或因癌症细胞基因组不稳定而导致的非特异性的随机变异，一般含 synonymous 变异。要注意的是，后随、继发产生的变异基因也可能和肿瘤的抗药性等获得性状有关。

pathway annotation (**代谢途径或信号通路注释**)：通过代谢途径或信号传导通路的分析，来确定该基因组是否有某一完整的相关途径或通路，或以此来预测一个基因的功能及其在某途径与通路中的作用。

phasing (**分相，又称 haplotyping，单体分型**)：二倍体基因组的 DNA 分子一个来自母源，另一个来自父源。将每一位置上的"杂合"碱基，如将 SNP 的一个位置上的两个同位碱基都分别定位至母体或父母 DNA 分子的技术。

Phred：Phil Green 提出的作为衡量 DNA 测序质量的一个参数。Phred 质量值被广泛用来衡量 DNA 测序仪的性能，或用来评价和比较不同测序方法或同一序列的质量好坏。

phylogenesis（系统发生，也称系统发育）：是指在演化过程中生物种系的发生和发展。

phylogentic tree（系统发生树）：又名分子演化树，是生物信息学中描述不同生物之间的相关关系的一种方法。通过系统分类分析可以帮助了解所有生物的演化史及亲缘关系。分为有根树 (rooted tree) 和无根树 (unrooted tree) 两类。

polyploidy（多倍体）：指体细胞中含有三个或三个以上的同一染色体的个体。多倍体在生物界广泛存在，常见于高等植物中，源于演化过程中的全基因组加倍。

purifying selection（纯化选择）：负选择的一种，指某位点突变的等位基因对该物种的生存有害而在演化过程中被淘汰。

qPCR (quantitative PCR，定量 PCR)：有时也称即时 PCR，是一种在 PCR 反应中，以荧光染剂检测每次循环的产物总量的技术。用外标法（以荧光杂交探针杂交来保证特异性）通过检测 PCR 每一过程的扩增效率达到精确定量起始模板数的目的，同时以内标法有效地排除假阴性结果。

RAD (Restriction-site Associated DNA)：一种分析基因组序列的简化技术，是一种对酶切产生的基因组标签序列 (tags) 进行测序，得到经过选择的而有代表性的基因组序列标记。

raw data：原始的、未经任何处理的序列数据，一般与"下机序列 (reads)"同义。

reads：可称"下机序列"。是 DNA 测序中从测序仪中直接输出的序列的原始数据。

reference sequence（参考序列）：一个基因组的参考序列是指通过一个或少数个体的基因组测序得到的一致（性）序列，常用来"代表"这一物种的基因组序列。在实际使用时常作为比对 (alignment) 的参考依据，以初步定义这个物种的常见基因组变异，如 SNP、CNV 等。

re-sequencing（重测序）：对已有参考序列的物种的不同个体进行的基因组测序。由于同一物种的个体基因组差异很大，都必定有技术上的新挑战和科学上的新发现，因此该术语现已不常使用，以免被误解为另一实验室对已测序的同一个体进行没有意义的重复测序。

run：指测序仪单次的上机测序反应。

SBH (Sequencing By Hybridization，杂交测序)：通过固定在芯片上的已知序列的寡核苷酸与生物样本进行分子杂交，根据产生的杂交图谱来推导样本的 DNA 序列，也可将扩增的样本 DNA 固定在芯片上，而以特殊设计的寡核苷酸作为探针进行杂交的测序技术。

S (sedimentation coefficient，Svedberg coefficient，沉降系数)：是反映生物大分子在离心场中向下沉降速度的一个指标，值越高，则分子质量越大。

SBS (Sequencing By Synthesis，"边合成边测序"，即 Sanger 测序)：Sanger 等发明的测序技术，其原理是在 DNA 聚合酶的作用下，据新链中掺入的碱基来确定模板 DNA 序列的测序技术。

scaffold：指由若干 contig 组成的、仍有一定数目和不同长度的 gap 的大片段序列。一般要求所含的连续序列的排列顺序和方向明确，如根据 cDNA 和遗传标记的信息，或者 DNA 大片段提供的两端短序列等信息组装的片段。

selective sweep（选择性剔除）：指由于较强的负选择，将一个突变位点或一个 DNA 片段去除的演化过程。

sequencing accuracy（序列精度）：指所测得的每一个碱基的准确程度，一般以 Q 值表示，$Q_{20} = 99\%$ 的精度，而 $Q_{40} = 99.99\%$ 的精度。

shotgun sequencing（"霰弹"测序法）：一种无需各类复杂的物理图谱或遗传图谱，直接将整个基因组 DNA（或大片段的克隆）打成不同大小的片段来构建 shotgun 文库，对文库进行随机测序，最后运用生物信息学方法将测序片段拼接、组装成全基因组（"全基因组霰弹法"）或大片段（如"克隆霰弹法"）序列的技术。

SINE (Short Interspersed Element)：原意为短散在因子。指重复单位（核心序列）短于 500 bp 散在分布的重复序列。如灵长类所特有的 Alu 家族。

SNP (Single Nucleotide Polymorphism，**单核苷酸多态性**)：指在基因组水平上由单个核苷酸位点的变异所引起的 DNA 序列多态性。

SOAP (Short Oligonucleotide Analysis Package)：华大基因编写的一款生物信息分析软件包。

Southern Blotting (Southern **印迹**，又称 Southern transfer，Southern **转移**)：研究分子生物学的一项基本技术，是 DNA 分析的通用方法。以发明者 Southern 而得名。要点是将电泳胶上已分离的 DNA 酶切片段原位转移（通常通过虹吸现象）到一张滤纸上固定好，再以放射性标记的 DNA 探针进行杂交，以"放射自显影"在胶片上显示 DNA 片段的酶切条带的大小。

splicing/splisome (**剪接/剪接体**)：剪接是初级转录体剪除内含子 (splicing) 的过程，剪接体为一参与剪接的蛋白复合物。

split gene (**隔裂基因**)：绝大多数真核基因都为隔裂基因。一个基因的序列被若干个非编码序列（内含子）分隔而得名。

ssDNA (single strand DNA)：单链 DNA。大部分 DNA 为双螺旋结构 (dsDNA)，经热或碱处理后变为单链状态的 DNA 链。

stem cells (**干细胞**)：一类具有自我复制能力 (self-renewing) 的多潜能细胞。在一定条件下，可以分化成多种类型的细胞、组织或器官。可分为全能干细胞，泛能干细胞与多能干细胞。

STR (Short Tandem Repeats，**短串联重复序列**，又称微卫星 DNA)：是一类简单的寡核苷酸串联重复序列，其重复单位为 2~6 bp，重复次数 20~60 次左右，其长度通常小于 150 bp，分布在所有染色体中，是重要的单"位点"、多"等位"的遗传标记。广泛用于遗传学和法医研究。

STS (Sequence-Tagged Site，**序列标签位点**)：是已知核苷酸序列的 DNA 片段，是基因组中任何单拷贝的短 DNA 序列，长度在 100~500bp 之间。在 HGP 中用来作物理标记，来制备"物理图"。

SV (Structure Variation，**基因组结构变异**)：广义的 SV 包括 SNP、CNV、InDel 等所有涉及基因组结构的变异。

16S rDNA (16S ribosome DNA)：指的是基因组中编码核糖体 RNA (rRNA) 分子对应的 DNA 序列（有时称为 RNA 基因）。细菌 rRNA 按沉降系数分为 5S、16S 和 23S rRNA。16S rRNA 普遍存在于原核生物中，其大小约 1540 nt，既含有高度保守的序列区域，又有中度保守和高度变异的序列区域，其可变区序列因细菌种类或株系不同而异。保守序列基本保守，所以可利用与保守序列互补的 DNA 序列来设计引物来扩增 16S rDNA 片段，对细菌进行分类鉴定。

tag：广义的 tag 只是指一个标记。基因组学与技术是指一小段 DNA 序列，常用来分别标记某一个样本，广泛用于 multiplex PCR 或 indexing 中，有时与 adapter 近义。

targeted region sequencing (**靶区域测序**)：指利用特制的 beit（"诱饵"，一般为特殊设计含特定序列的片段）对靶区域的 DNA 分子进行捕获 (DNA capture)，随后进行测序的技术。

throughput (**通量**)：原指物质分子移动量的大小，指某种物质在每秒内通过每平方厘米的假想平面的摩尔或毫尔数。在 DNA 测序中指一台测序仪一个 run 所产生的序列总量。

trace (**峰图**)：Sanger 测序得到的四色扫描图。由于与某一碱基的代表性条带强度相应而呈高低不一的"峰"，因此译为"峰图"。现在某些 MPH 测序也提供模拟的"峰图"。

transcriptome (**转录组**)：是某物种的某组织或细胞内所有转录本 (transcript) 的集合。具组织特异性，生长阶段特异性及内外环境生理的反应性。狭义的转录组指所有 mRNA 的集合。广义的转录组则指某一生理条件下，细胞内所有转录产物的集合，包括 mRNA、rRNA、 tRNA 及 ncRNA。有时与 RNAome 同义。严格地说，RNAome 分析还包括 DEP 等其他分析。

TSD (Tandem Segment Duplication，串联片段重复）：由序列相同的 DNA 片段串联组成的重复区域。

vector（载体）：把一个"目的" DNA 片段通过重组 DNA 技术，转移进受体细胞中去进行扩增和表达的运载工具。经改造的细菌质粒 (plasmid) 是重组 DNA 技术中常用的载体。其他的载体有 λ 噬菌体、cosmid、fosmid、BAC 和 YAC 等。

Western Blotting：将电泳胶中的蛋白质原位转印到膜上再进行研究的技术，因其技术上相似于 Southern Blotting 而得名。

WGOM（"全基因组光学制图"，Whole Genome Optical Mapping)：是通过纳米技术将线性基因组 DNA 单分子固定在芯片上，使用限制性内切酶原位消化后再以荧光标记所有的片段，最后根据荧光信息来定义 DNA 片段的长度和位置。每个 DNA 分子都具有独特的酶切片段长度组合，利用这些 DNA 分子之间的重叠关系可以绘制一个图谱来定位 scaffold 的位置及相互关系并进行分析，是基因组序列组装的重要配套技术。

whole exome sequencing（全外显子组测序）：相对于"全基因组测序"而言，全外显子组测序是指仅测定外显子组的所有外显子（一般还包括基因上游的全部或部分调控序列和靠近剪接位置的部分内含子序列，以及基因下游与加尾等有关的序列）。一般可以用专门设计的芯片通过 DNA 捕获 (DNA capture) 得到，并以 MPH 测序。有别于分析一或数个外显子的外显子测序 (exon seguencing)

YAC (Yeast artificial chromosomes，酵母人工染色体）：一种能够克隆长达 1 Mb 的 DNA 片段的线性载体，含有酵母染色体中的着丝点、复制起点和两个端粒。其突出优点是插入片段巨大，曾在构建 HGP 初期的物理图中发挥很大作用，与脉冲场电泳技术 (PFGE) 和 rare cutter（稀有切点内切酶）组成了大片段 DNA 分子的研究系统。其主要缺点在生物学上可能含"嵌合体"，在技术上制备不易，分离纯化困难，现在已很少使用。现在把环状酵母质粒也称为 YAC。